·四川大学精品立项教材·

天然高分子材料

TIANRAN GAOFENZI CAILIAO

主　编　廖学品
副主编　肖　霄　郭俊凌

四川大學出版社
SICHUAN UNIVERSITY PRESS

项目策划：蒋　玙
责任编辑：蒋　玙　肖忠琴
责任校对：唐　飞
封面设计：墨创文化
责任印制：王　炜

图书在版编目（CIP）数据

天然高分子材料 / 廖学品主编. — 成都 : 四川大学出版社，2022.1（2023.1 重印）
ISBN 978-7-5690-5029-5

Ⅰ. ①天… Ⅱ. ①廖… Ⅲ. ①高分子材料 Ⅳ. ① TB324

中国版本图书馆 CIP 数据核字（2021）第 195193 号

书名　天然高分子材料

主　　编	廖学品
出　　版	四川大学出版社
地　　址	成都市一环路南一段 24 号（610065）
发　　行	四川大学出版社
书　　号	ISBN 978-7-5690-5029-5
印前制作	四川胜翔数码印务设计有限公司
印　　刷	四川煤田地质制图印务有限责任公司
成品尺寸	185mm×260mm
印　　张	26
字　　数	631 千字
版　　次	2022 年 1 月第 1 版
印　　次	2023 年 1 月第 2 次印刷
定　　价	62.00 元

◆ 读者邮购本书，请与本社发行科联系。
电话：(028)85408408/(028)85401670/
(028)86408023　邮政编码：610065
◆ 本社图书如有印装质量问题，请寄回出版社调换。
◆ 网址：http://press.scu.edu.cn

四川大学出版社
微信公众号

前　言

现代人类社会发展所需要的能源、化学品以及高分子材料均以碳为核心，而石油、煤炭等化石资源被快速消耗，并产生了严重的环境污染问题。生物质具有可再生、低污染、分布广泛、资源丰富以及碳中性（碳中和）等特点，是唯一的可再生碳源，以生物质为原料是解决未来人类可持续发展和环境问题的必然选择。天然高分子材料是以生物质为原料，通过物理、化学或生物转化获得的具有不同用途的功能材料。因此，天然高分子材料也可称为生物质材料。

基于生物质资源的生物质能源、生物质化学品和生物质材料等方面的研究和开发是解决资源和环境问题、实现人类可持续发展和生态文明的有效途径，已经受到各国政府、科研机构和产业界的高度重视，并成为许多国家的优先发展战略，获得了大量成果，在某些领域已取得重大突破并形成了产业链。我国于2016年正式加入《巴黎协定》，并承诺在2060年前实现碳中和的目标。因此，生物质能源、生物质化学品及生物质材料的产品和技术开发是未来我国实现碳中和目标的重要支撑。

为适应生物质材料科学和技术的发展，我们组织编写了《天然高分子材料》一书。本书全面系统地阐述了天然高分子材料的基本概念、基本理论、研究方法、应用领域以及发展趋势，涉及多糖（纤维素、淀粉、甲壳素与壳聚糖）、蛋白质（大豆蛋白、胶原蛋白）以及酚类（植物多酚）等天然高分子材料。全书共9章，四川大学廖学品教授编写第1章和第8章，四川大学肖霄副研究员编写第2～7章，四川大学郭俊凌教授和尚娇娇副研究员共同编写第9章，全书由廖学品教授和郭俊凌教授审定。

本书可作为大学本科生物质化学与工程专业方向教材，也可供从事生物质材料研究开发、生产和应用的工程技术人员参考。

在编写本书时，我们参考和引用了大量文献资料，在此向原作者表示衷心感谢！

由于编者水平有限，编写内容难免存在差错和纰漏，敬请读者批评指正。

目　录

第1章 概 论

1.1 天然高分子的定义

天然高分子（Natural polymer）是指没有经过人工合成，天然存在于动物、植物及微生物体内的大分子有机化合物。天然高分子都处于一个完整而严谨的超分子体系内，一般由多种天然高分子以高度有序的结构排列起来。天然高分子化合物可以分为：多肽、蛋白质、酶等；多聚磷酸酯、核糖核酸、脱氧核糖核酸等；多糖（如淀粉、肝糖、菊粉、纤维素、甲壳素等）；橡胶类（如巴西橡胶、杜仲胶等）；树脂类（如阿拉伯树脂、琼脂、褐藻胶等）。通常，矿物类高分子不被认为是天然高分子。因此，天然高分子一般泛指生物质。人类对天然高分子的利用始终伴随着人类的进化与发展，与人类的社会生产和生活密不可分，人类赖以生存的世界是无数个层次不同的天然高分子体系组成的和谐的统一体。因此，天然高分子对于人类的重要性绝不仅仅表现在衣、食、住、行上，更是可作为未来主要的可再生的物质资源。天然高分子作为可再生、可持续发展的资源，其高效利用是未来“碳中和”发展战略的必然选择。

1.2 天然高分子的特点

天然高分子的主要特点是可再生性、低污染性、广泛分布性、资源丰富性，以及碳中性（碳中和）。

1. 可再生性

按照天然高分子的定义，其是由各种生物产生的，这里的各种生物包括所有的植物、微生物及以植物、微生物为食物的动物。只要整个地球环境有生命存在，这种过程就会不断地延续下去。同时，理论上天然高分子的产生只依赖太阳、CO_2 和 H_2O，且会不断地产生各种不同的天然高分子。现代社会发展所需要的能源和有机化学品，以及高分子材料均以碳为核心，而天然高分子与石油、煤炭、矿物质不同，是唯一的一种可再生的碳源，可以被永续利用。

2. 低污染性

天然高分子主要含C、H、O三种元素，部分生物质还含有N、S、Cl等元素。通常认为，天然高分子可在环境中被生物利用以延续生命并产生新的生物质，排放物主要是CO_2和H_2O，而其所含的N主要用于维持生物的生命活动并参与N循环。据测算，将农林废弃物经加工后作为燃料，其SO_2排放量是煤的1/28、天然气的1/8。因此，天然高分子具有低污染性。

3. 广泛分布性

天然高分子是地球上存在最广泛的物质，它包括所有动物、植物和微生物以及由这些有生命的物质派生、排泄和代谢而产生的有机质。从陆地到海洋，从茫茫戈壁到雪域高原都能找到各种不同的生物，只要有生物存在的地方就一定存在天然高分子，只是种类和数量不同而已。每年地球上生长的植物所含纤维素高达千亿吨，超过了现有石油总储量，这是大自然给予人类的一种廉价而又取之不尽的可再生资源。

4. 资源丰富性

绿色植物利用叶绿素通过光合作用，把CO_2和H_2O转化为葡萄糖，并把光能储存在其中，再进一步把葡萄糖聚合成淀粉、纤维素、半纤维素、木质素等构成植物本身的物质。据估计，作为植物类的天然高分子的主要成分——木质素和纤维素每年以约1640亿吨的速度再生，如以能量换算这相当于石油产量的15～20倍。如果这部分资源得到有效利用，人类就拥有了一个取之不尽的资源宝库。

5. 碳中性

气候变化是人类面临的全球性问题，随着各国二氧化碳排放，温室气体猛增，对生命系统形成威胁。在这一背景下，世界各国以全球协约的方式减排温室气体。2016年，中国正式加入《巴黎气候变化协定》，该协定将推动全球应对气候变化行动，并积极向绿色可持续的增长方式转型，避免过去几十年严重依赖石化产品的增长模式继续对自然生态系统构成威胁，其核心就是控制温室气体（主要是CO_2）的排放，并在未来确定的时间内实现碳中和。我国提出到2030年实现“碳达峰”、2060年实现“碳中和”的目标。

碳中性（碳中和）是指国家、企业、产品、活动或个人在一定时间内直接或间接产生的二氧化碳或温室气体排放总量，通过植树造林、节能减排等形式，以抵消自身产生的二氧化碳或温室气体排放量，实现正负抵消，达到相对“零排放”。

要实现“碳中和”，需要能源系统和制造业的颠覆性变革，从以化石能源为主转向以可再生能源为主，从以不可再生碳资源为主转向以可再生碳资源为主；除需解决能源“碳中和”的问题，还必须解决以石化、天然气及煤为原料的化学品及材料生产的“碳中和”问题。

天然高分子主要由有机高分子组成，光合作用合成植物类有机高分子（纤维素、淀粉等），动物以它们为食并转化为动物类有机高分子，而植物类和动物类有机高分子又可以被微生物降解成水和二氧化碳，形成可持续的生态体系，不改变或基本不改变大气中二氧化碳的总量，因此天然高分子本身是碳中性（碳中和）的。图1.1为天然高分子（生物质）的碳循环过程。

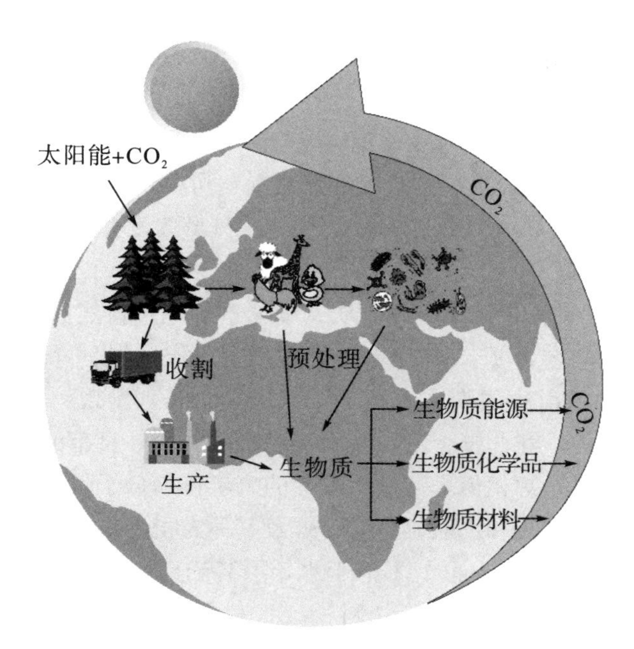

图1.1 天然高分子（生物质）的碳循环过程

1.3 天然高分子的分类

天然高分子是天然存在于动物、植物和微生物内的大分子有机化合物。天然高分子主要分为多聚糖类（包括淀粉、纤维素、木质素、甲壳素等）、多聚肽类（主要包括蛋白质、酶、激素、蚕丝等）、遗传信息物质类（主要包括 DNA、RNA）、动植物分泌物类（主要包括天然橡胶、植物多酚、生漆、虫胶等）。

1.3.1 多聚糖类

常见的多聚糖有纤维素、淀粉、甲壳素。

纤维素（Cellulose）是植物细胞壁的主要结构成分，通常与半纤维素、果胶和木质素结合在一起，不溶于水及一般有机溶剂。纤维素的基本单位是葡萄糖，它是由300～2500个葡萄糖残基通过 $\beta-1,4$ 糖苷链连接而成的聚合物。纤维素是自然界中分布最广、含量最多的一种多糖，占植物界碳含量的50％以上。棉花的纤维素含量接近100％，为天然的最纯纤维素来源。一般木材中，纤维素占40％～50％，还有10％～30％的半纤维素和20％～30％的木质素。纤维素是分子量最大的糖类，人的消化系统不能将它分解，因此它不能为人体提供能量。但研究发现，纤维素（主要是膳食纤维）有利于肠内有益细菌的生存，能促进肠胃的蠕动，对人体健康有利。自然界中有的细菌能够将它分解成简单的葡萄糖。

淀粉（Starch）是高等植物中储存能量的高分子，是比纤维素简单的糖类。淀粉是高分子碳水化合物，是由葡萄糖分子聚合而成的多糖。其基本构成单位为 α－D－吡喃葡萄糖，分子式为（$C_6H_{10}O_5$）$_n$。淀粉有直链淀粉和支链淀粉两类。前者为无分支的螺旋结构；后者以 24～30 个葡萄糖残基以 α－1,4－糖苷键首尾相连而成，在支链处为 α－1,6－糖苷键。淀粉是人类重要的食物和原材料，可分解为简单的葡萄糖供人体吸收利用。淀粉在人的口腔里的唾液淀粉酶的作用下被分解为麦芽糖，因此人在多次咀嚼米粉时，能够感觉到甜味。

甲壳素（Chitin）又称甲壳质、几丁质、蟹壳素等，是自然界中唯一带正电荷的天然高分子聚合物，化学名为 β－(1,4)－2－乙酰氨基－2－脱氧－D－葡萄糖，分子式为（$C_8H_{13}O_5N$）$_n$，1811 年由法国学者布拉克诺（Braconno）发现。自然界中，甲壳素广泛存在于低等植物菌类，虾、蟹、昆虫等甲壳动物的外壳，真菌的细胞壁中。甲壳素的化学结构和植物纤维素非常相似，都是六碳糖的多聚体，分子量都在 100 万以上。甲壳素溶于浓盐酸、磷酸、硫酸和乙酸，不溶于碱及其他有机溶剂，也不溶于水。甲壳素的脱乙酰基衍生物壳聚糖（Chitosan）不溶于水，可溶于部分稀酸。甲壳素的应用范围很广泛，在工业上可用于布料、衣物、染料、纸张和水处理等方面；在农业上可做杀虫剂、植物抗病毒剂；渔业上可做养鱼饲料；还可做化妆品美容剂、毛发保护、保湿剂等；医疗用品上可做隐形眼镜、人工皮肤、缝合线、人工透析膜和人工血管等。

1.3.2 多聚肽类

多聚肽类主要包括蛋白质、酶、激素、蚕丝等。

蛋白质（Protein）存在于一切动植物细胞中，是由多种氨基酸组成的天然高分子化合物，其相对分子质量为 30000～300000 Da。蛋白质是生命的物质基础，是有机大分子，是构成细胞的基本有机物，是生命活动的主要承担者。没有蛋白质就没有生命，它是与生命及各种形式的生命活动紧密联系在一起的物质。机体中的每一个细胞和所有重要组成部分都有蛋白质参与。蛋白质占人体重量的 16%～20%，即一个 60 kg 重的成年人其体内约有蛋白质 9.6～12.0 kg。在材料领域中，正在研究与开发的蛋白质主要包括胶原蛋白、大豆蛋白、玉米醇溶蛋白、菜豆蛋白、面筋蛋白、角蛋白和丝蛋白等，多用于黏结剂、生物可降解塑料、纺织纤维和各种包装材料领域。

胶原蛋白（Collagen）又称胶原，是由三条肽链拧成的螺旋形纤维状蛋白质。胶原蛋白是动物结缔组织的重要蛋白质，结缔组织除含 60%～70%的水分外，胶原蛋白占 20%～30%。由于有高含量的胶原蛋白，结缔组织具有了一定的结构与机械力学性质，以达到支持、保护肌体的作用。胶原蛋白是生物科技产业最具关键性的原材料之一，也是需求量十分庞大的最佳生物医用材料，其应用领域包括医用材料、化妆品、食品工业等。

丝素蛋白（Silk fibroin）是一种从蚕丝中提取的天然高分子蛋白。蚕丝是熟蚕结茧时所分泌丝液凝固而成的连续长纤维，也称天然丝，是一种天然纤维，是人类利用最早的动物纤维之一。蚕丝是古代中国文明产物之一，相传黄帝之妃嫘祖始教民育蚕。据考古发现，约 4700 年前中国人民已利用蚕丝制作丝线、编织丝带和简单的丝织品；商周时期，古人用蚕丝织制罗、绫、纨、纱、绉、绮、锦、绣等丝织品。蚕有桑蚕、柞蚕、蓖麻蚕、木薯蚕、柳蚕和天蚕等。蚕丝主要由内层的丝素蛋白和外层的丝胶蛋白两部分构成，丝素蛋白占70%～80%，丝胶蛋白占20%～30%。丝素蛋白具有特殊氨基酸组成，其中甘氨酸约占43%，丙氨酸约占30%，比氨酸约占12%。丝素蛋白提纯工艺简单，广泛用于服装、手术缝合线、食品发酵、食品添加剂、化妆品、生物制药、环境保护、能源利用等领域。

1.3.3　动植物分泌物类

动植物分泌物类主要包括天然橡胶、植物多酚、生漆。

天然橡胶（NR）是一种以顺−1,4−聚异戊二烯为主要成分的天然高分子化合物，占91%～94%，其余为蛋白质、脂肪酸、灰分、糖类等非橡胶物质。橡胶与钢铁、石油和煤并称为四大工业原料。天然橡胶应用非常广泛，在工业、农业及日用品行业得到了广泛使用。1492年，远在哥伦布发现美洲大陆以前，中美洲和南美洲的当地居民已开始利用天然橡胶；1888年，英国人邓录普（Dunlop）发明了充气轮胎，促使汽车轮胎工业飞跃性发展；2019年，全球天然橡胶产量达1376万吨。

植物多酚（Plant polyphenols）是一类广泛存在于植物体内的具有多元酚结构的次生代谢物，主要存在于植物的叶、木、皮、果内，其资源量达到亿吨，是植物资源综合利用的重要对象。在许多针叶树皮中，植物多酚含量高达20%～30%。狭义上认为植物多酚是单宁（Tannins）或鞣质，其相对分子质量为500～3000 Da；广义上，其还包括小分子酚类化合物（如花青素、儿茶素、栎精、没食子酸、鞣花酸、熊果苷等天然酚类）。植物多酚具有较强的抗氧化能力，可与蛋白质、生物碱、多糖发生反应，还可与多种金属离子形成稳定的配合物。因此，植物多酚在制革、食品、化妆品、医药、环境等领域获得了广泛应用。

生漆（Oriental lacquer），俗称“土漆”，又称“国漆”或“大漆”，是漆树的主要次生代谢产物，主要由漆酚、漆多糖、漆酶、糖蛋白和水分、脂肪酸、少量金属离子等物质组成。漆酚是由系列邻苯二酚衍生物组成的混合物，主要由饱和漆酚、单烯漆酚、双烯漆酚和三烯漆酚等含有不饱和脂肪族侧基的漆酚类化合物组成。生漆是人类所知、所用最早的优良天然涂料，素有“涂料之王”的美誉，常用作名贵漆器的漆膜，它所显示的耐久性是近代合成涂料无法比拟的。生漆具有耐腐、耐磨、耐酸、耐溶剂、耐热、隔水和绝缘性好、富有光泽等特性，是军工、工业设备、农业机械、基本建设、手工艺品和高端家具等的优质涂料。

1.4 天然高分子的应用领域

1.4.1 天然高分子的传统应用领域

传统天然高分子主要应用于造纸、皮革、制糖和发酵等产业（木材、燃料等直接利用方式不在此列），是我国轻工支柱产业；是与“三农”关联度高、富民就业的民生产业，在扩大内需、吸纳就业、促进城镇化发展等方面发挥了重要作用，为我国轻工业和国民经济发展做出了重要贡献。

造纸是人类最早大规模利用植物类天然高分子（植物纤维素）的产业之一，已形成很好的天然高分子利用平台。目前，我国造纸行业不管是在产量还是消费总量上，均居世界首位，约占世界总产量的1/4。

皮革制造是典型的动物类天然高分子（皮胶原）加工利用产业。在改革开放的发展进程中，我国的皮革和皮革制品加工技术水平不断进步，产品质量大幅提升，并获得了国际市场的广泛认可，已成为世界公认的皮革及其制品的制造大国，皮革产量占世界总产量的20%以上，皮鞋产量占世界总产量的51%。

发酵产业是对微生物、植物、动物等天然高分子资源的综合利用。我国主要生物发酵产品产量从2010年的1800万吨增加到2016年的2629万吨，年总产值从2000亿元增至3000多亿元，且食品行业中绝大部分也属于发酵行业。目前，我国生物发酵产业产品总量居世界第一位，成为名副其实的发酵产业大国。

造纸、皮革、制糖和发酵等行业均属于传统产业，其能源和水资源的消耗大，污染物排放量大，面临越来越急迫的环保压力。因此，一方面，这些传统行业急需融合多学科技术，促进其向绿色、生态及产品的高附加值和功能化方向转型升级；另一方面，需要大力发展生物质资源的综合、循环利用技术（如制浆造纸过程中的半纤维素和木质素、制革过程中边角废料及油脂等的资源化利用）。这些发展趋势正促进相关传统产业与材料、化学品及能源等新兴产业有机衔接。

此外，天然高分子传统上也用于饲料、肥料等领域。

1.4.2 天然高分子的未来应用领域

进入21世纪，随着资源、环境问题日益突出，特别是由于化石资源日益枯竭，工业革命以来长期依赖石油和煤等化石资源为原料的能源和化学工业面临着严峻挑战。据估计，地球上已探明储量可开采的煤、石油和天然气等化石资源将分别在未来200年、40年和60年内消耗殆尽。因此，开发和利用可再生资源已成为世界各国寻求可持续发展的主要方向。在众多的自然资源中，天然高分子以其资源丰富、可持续再生、清洁环保、价格低廉等特点而被认为是目前唯一具有可替代石化资源的天然资源。因此，基于天然高分子资源的能源、化学品和材料等方面的研究和开发是解决资源和环境问题、实现人类可持续发展和生态文明的有效途径，已受到各国政府、科研机构和产业界的高度重视，并已成为许多国家优先发展的战略领域。

天然高分子的主要利用途径是能源、化学品和天然高分子材料，是未来实现碳中和的关键。

1.4.2.1 能源

源自天然高分子的生物质能源是目前世界上应用最广泛的可循环和可再生能源，其消费总量仅次于煤炭、石油、天然气，位居第四位。从化学组成来看，天然高分子是包含C、H、O等元素的化合物，与常规的矿物能源（如石油、煤等）属于同一类，因此其特性和利用方式与矿物燃料具有一定的相似性。人们可充分利用目前已建立起来的常规能源技术开发利用生物质能源，这也是开发利用生物质能源的优势之一。利用生物质能源可以实现二氧化碳的近零排放，从根本上解决能源消耗带来的气候变化问题。

生物质能源产品包括燃料乙醇、生物柴油、生物丁醇和氢等。而乙醇是其中的一个非常重要的产品，这是因为乙醇可以直接用作燃料，同时又是合成其他化学品的前体或原料。

生物质能源也是各国生物质开发优先发展的方向之一。据专家预测，到2050年，利用农、林、工业残余物及能源作物等生产的生物质能源可能以相当于或低于化石燃料的价格，提供世界60%的电力和40%的燃料，使全球CO_2的排放量减少54亿吨碳。美国国会于2000年6月通过了《生物质R&D法案》，欧盟于1997年发布了《能源的未来：可再生资源》白皮书，瑞典等欧洲国家把生物质能源作为替代核能的首要选择，日本于2002年12月通过了《日本生物质综合战略》。2015年，美国燃料乙醇产量为4423万吨，巴西燃料乙醇产量为2121万吨，我国燃料乙醇产量（产能）为210万吨左右。生物质能源已占德国末端能耗7%，德国政府的目标是到2030年，电力的18%、热能的15%均通过生物质能源获得。

1.4.2.2 化学品

源自天然高分子的生物质化学品可以分为中间化学品、专用化学品和酶制剂三个大类。中间化学品在经济发展中起着集成链接作用，生物质化学品可有效降低对石油的依赖，是天然高分子产品的一个重要目标市场；而专用化学品是高价值产品，在2007年其市场销售额达到了3800亿美元，且每年还以10%～20%的速度增加，专用化学品包括除草剂、用于食品的膨松剂和增稠剂、药物、植物生长调节剂等，同样是高价值产品；酶制剂基本是以生物质为原料通过发酵法生产，主要用于生物催化剂、食品添加剂、洗涤剂、药物、诊断试剂等。2004年9月经济合作与发展组织（OCED）的研究报告指出，各国政府应大力支持和鼓励生物质高附加值的生物质化学品生产领域的技术创新，减小其与传统化石原料的价格差距，以最终达到替代的目的。欧盟提出了到2030年，要实现生物基原料替代6%～12%的化工原料、30%～60%的精细化学品由生物质制造的目标。理论上，90%的传统石油化工产品都可由生物质制造获得。

1.4.2.3 天然高分子材料

天然高分子材料是以天然高分子资源为原材料，通过物理、化学和生物学手段，加工制造出性能优良、环境友好、用途广泛、可再生并能替代石化资源的新型材料。天然高分子材料在民用、军用、农用、医用工程领域有着大规模的需求，是未来材料研究开发的重要领域。例如，可生物降解的热塑性塑料（如淀粉酯、乙酸纤维素混合物、聚交酯、热塑性蛋白和聚羟基丁酸酯），显示了巨大的替代来源于石化原料的相关材料的前景，是当前各国竞相发展的绿色产业；生物医用材料是生命科学和材料科学交叉的产物，目前已成为各国研发的热点。开发环境友好、可持续循环利用的生物质材料（如高强度纤维材料、膜材料、天然高分子复合材料和功能材料等），可最大限度地替代塑料、钢材、水泥等不可再生材料，是国际新材料产业发展的重要方向和我国战略性新兴产业。许多国家都在积极资助和鼓励天然高分子材料资源的利用和开发，美国能源部预计到2050年，以植物等可再生资源为基本化学结构的材料比例要达到50%。以天然高分子及其衍生物合成的高分子材料通常具有较好的可生物降解性，符合人类可持续发展战略，也是未来实现碳中和的重要支撑。

1.5 天然高分子材料概述

由于植物、动物及微生物提供的生物质资源中含有羟基、氨基、羧基、醚键等功能基团，可通过物理、化学、机械等方法创制出满足不同需要的天然高分子新材料，也可通过化学降解、生物降解及化工分离过程将天然高分子转化为制备高分子材料的单体原料。同时，通过微生物合成途径也可获得天然高分子材料。

1.5.1 天然高分子材料的定义

天然高分子材料是由植物、动物及微生物等生命体衍生得到的材料，主要是由有机高分子物质组成，在化学成分上生物质材料主要由C、H、O构成，有时还含有N、S等元素。由于天然高分子材料是由植物、动物及微生物等生命体衍生物组成，未经修饰的天然高分子材料易被自然界的微生物降解为H_2O、CO_2和其他小分子，这些降解产物能再次进入自然界循环。因此，天然高分子材料具有可再生和可生物降解的重要特征。

目前，存在多个与天然高分子材料相关或相近的概念，主要有生物体材料、生物材料、生态材料、生物基材料等。下面将从它们的内涵和应用方面说明它们与生物质材料的区别和联系。

（1）生物体材料（Biological material），是在生物体中合成的，具有组成某种组织细胞的成分，诸如纤维蛋白、胶原蛋白、磷脂、糖蛋白等，通常是指蛋白质、核酸、脂类（脂质）和多糖4大类，有时也称为生物大分子或生物高分子（Biomacromolecule）。

由生物体材料和生物质材料的定义可知，二者比较接近。但生物体材料偏向于强调具体组成某种组织细胞的成分，因此木材、秸秆等由纤维素、半纤维素、木质素等生物质材料组成的复合体就不能归入生物体材料，而应该是生物质材料。而胶原蛋白主要来自家畜动物的皮、肌腱、骨骼等组织，应当属于生物体材料。因此，生物体材料或生物大分子是一类特殊的生物质材料。

(2) 生物材料（Biomaterial），也称为生物医学材料（Biomedical material），是用于与生命系统接触和发生相互作用的，并能对其细胞、组织和器官进行诊断治疗、替换修复或诱导再生的一类天然或人工合成的特殊功能材料。生物材料本身不是药物，其治疗途径是以与生物机体直接结合和相互作用为基本特征。广义上讲，生物材料包括生物体材料和生物医学材料。生物材料有人工合成材料和天然材料，有单一材料、复合材料，以及活体细胞或天然组织与无生命的材料结合而成的杂化材料。生物材料可以是天然高分子材料，例如用于制备人工肾的铜氨法再生纤维素和醋酸盐纤维素、制备人工血浆用的羟乙基淀粉等；生物材料也可以是金属材料、合成高分子材料或无机材料等，例如制备颅骨和关节的钛合金、钛金属、不锈钢、磷酸三钙、羟基磷灰石，以及人工晶体用聚甲基丙烯酸甲酯、硅树脂等。因此，生物材料和天然高分子材料是有交叉的。

(3) 生态材料（Ecomaterial），是指同时具有优异应用性能和优良环境协调性的材料。所谓的环境协调性是指资源和能源消耗少、环境污染小和循环再利用率高。生态材料的概念是在20世纪80年代基于能源、资源和环境污染等压力，人们强调材料与环境可持续发展关系的背景下提出来的。它通过研究材料整个生命周期的行为，强调材料对环境的影响，因此可包括所有材料（如金属材料、合成高分子材料、复合材料、陶瓷等），只要通过生态设计能够实现与环境协调的材料，都是生态材料。

(4) 生物基材料（Bio-based material），按照美国材料与试验协会（ASTM）的定义，其是一种有机材料，其中碳是经过生物体的作用后可再利用的资源。生物基材料强调经过生物体的作用后含碳可再利用的有机材料，而不注重材料的可生物降解性和可再生性，因此其涵盖了生物蜡、天然橡胶等不易降解的有机材料，在内涵上生物基材料包含了天然高分子材料。

1.5.2 天然高分子材料的分类

天然高分子材料的种类繁多，目前尚无统一的分类方法，通常可按照来源、组分、化学结构单元、应用领域等来分类。

1.5.2.1 按照来源分类

(1) 植物基天然高分子材料，是指由植物衍生得到的天然高分子材料或直接利用具有细胞结构的植物本体作为材料。常见的由植物衍生得到的天然高分子材料有纤维素、木质素、半纤维素、淀粉、植物蛋白、果胶、木聚糖、魔芋葡甘聚糖、果阿胶、鹿角菜胶等；直接利用具有细胞结构的植物本体实际上是由上述植物衍生得到的天然高分子“复合”组成的复合材料，如木材、稻秸、麦秸、玉米秸等作物秸秆，以及藤类、树皮等。

（2）动物基天然高分子材料，是指由动物衍生得到的天然高分子材料或直接利用具有细胞结构的动物的部分组织作为材料。常见的由动物衍生得到的天然高分子材料有甲壳素、壳聚糖、动物蛋白、透明质酸、紫虫胶、丝素蛋白、核酸、磷脂等，直接利用具有细胞结构的动物的部分组织主要是皮（制革）、毛等。

（3）微生物基天然高分子材料，是指通过微生物的生命活动合成出的一种可生物降解的聚合物，主要有出芽霉聚糖、凝胶多糖、黄原胶、聚羟基烷酸酯、聚氨基酸等。也可将源自微生物并通过聚合反应得到的高分子材料纳入微生物基天然高分子材料的范畴。

1.5.2.2 按照组分分类

（1）均质天然高分子材料，是指每个天然高分子材料分子都具有相同或相似的化学结构组分，如纤维素、木质素、半纤维素、淀粉、蛋白质、木聚糖、魔芋葡甘聚糖、甲壳素、核酸、黄原胶、聚羟基烷基酯等，它们的特征是结构已知或可以用化学结构式表达。均质天然高分子材料又可分为均聚型和共聚型天然高分子材料。与合成高分子材料分类类似，前者表示天然高分子材料由一种化学结构组成（类似均聚高分子材料），组成单一、易于纯化、化学性质差异小，如纤维素和聚木糖分别只由吡喃型 D－葡萄糖基和 D－木糖基聚合得到，如图 1.2 所示；后者表示天然高分子材料分子链中由多种化学结构组成（类似共聚高分子材料），如海藻酸钠是由 α－L－古罗糖醛酸（GC）和 β－D－甘露醛酸（MM）形成的共聚物，如图 1.3 所示，而半纤维素则是由戊糖基、己糖基、己糖醛酸及脱氧己糖基构成的支化线性高分子。

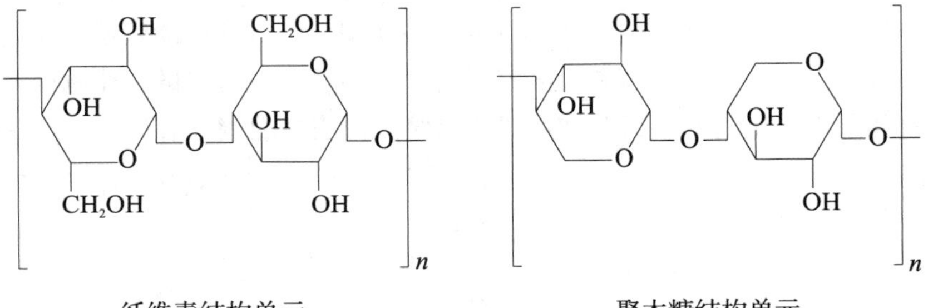

纤维素结构单元　　聚木糖结构单元

图 1.2　纤维素与聚木糖的结构单元

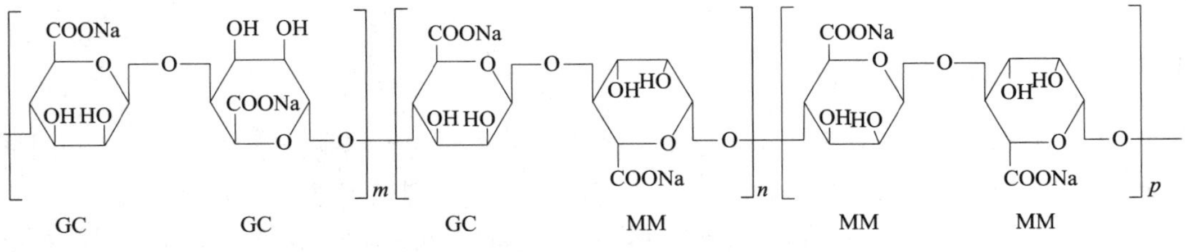

图 1.3　海藻酸钠的组成结构单元

（2）复合天然高分子材料，是指材料中同时含有两种以上结构单元而组成不同的分子的材料。它是一种混合物或复合体（如木材、作物秸秆、树皮、毛、皮等），主要由纤维素、木质素、半纤维素、其他多糖、果胶、胶原、角蛋白、黏蛋白或脂类等天然高分子材料组成，其主要特点是多组分，通常具有细胞残留结构。

1.5.2.3 按照所含的化学结构单元分类

可分为多糖类、蛋白质类、核酸、脂类（脂质）、酚类、聚羟基烷酸酯、聚氨基酸、综合类等。

（1）多糖类天然高分子材料，指分子结构单元由吡喃基或/和呋喃糖基组成的有机高分子物质，常见的多糖类生物质材料有纤维素、半纤维素、淀粉、木聚糖、魔芋葡甘聚糖、甲壳素、壳聚糖、黄原胶等。

（2）蛋白质类天然高分子材料，指分子结构单元含有肽键（酰胺键）的有机高分子物质，常见的蛋白质类天然高分子有大豆蛋白、丝蛋白、胶原、角蛋白、酪蛋白、藤壶胶、明胶、透明质酸等。

（3）核酸天然高分子材料，是由核苷酸聚合而成的大分子，是构成生命现象非常重要的一种高分子，主要指核糖核酸（RNA）和脱氨核糖核酸（DNA）。

（4）脂类（脂质）天然高分子材料，指分子结构单元中含有机酯键的有机高分子物质。它包含由动物体内衍生出的脂质和通过微生物的生命活动合成出的聚酯。动物体内衍生出的脂质主要有磷脂、神经磷脂、糖脂、紫胶等，单个脂类分子虽然小（分子量750～1500 Da），但上千个脂质分子经常结合在一起，形成非常大的结构，可像高分子那样发挥作用。因此，脂类结构也可纳入生物大分子之列，核酸就是一种磷酸酯。由微生物通过生命活动合成出的一种可生物降解的聚酯通常称为聚羟基烷基酯，也称为聚羟基脂肪酸酯（Polyhydroxyalkanoate，PHA），目前报道的聚羟基脂肪酸酯有聚3－羟基丁酸（PHB）、聚3－羟基戊酸、聚3－羟基己酸、聚3－羟基庚酸、聚3－羟基辛酸、聚3－羟基壬酸及它们的共聚物等。

（5）酚类天然高分子材料，是指分子结构单元中含有丰富的酚羟基或酚的衍生生物，属于多酚类的天然高分子材料有木质素、大漆（国漆、生漆、土漆、木漆）、单宁等。由于酚类易溶于水，通常不单独作为材料使用，需要进一步聚合或固定在水不溶介质上。

（6）聚氨基酸天然高分子材料，是指分子结构单元含有一种氨基酸形成的酰胺键的有机高分子物质。这里所说的聚氨基酸指由微生物通过生命活动合成出的一种可生物降解的聚合物，目前报道的聚氨基酸主要是聚 γ－谷氨酸（PGA）和聚 ε－赖氨酸（PL）等。

（7）综合类天然高分子材料，指材料或分子中同时含有两种以上不同类别的化学结构单元的高分子物质，如某明胶膜中含有明胶和壳聚糖，阿拉伯树胶由多糖和阿拉伯胶糖蛋白（GAGP）组成，木材和作物秸秆由多糖（纤维素与半纤维素）和多酚类（木质素）天然高分子复合而成。

1.5.3 天然高分子材料的利用途径

目前，天然高分子材料已逐渐得到广泛应用。像合成高分子材料一样，天然高分子材料可制成塑料、工程塑料、纤维、涂料、胶黏剂、絮凝剂、功能材料、复合材料等，应用在生产生活的各个领域。天然高分子材料的研究和开发途径主要包括以下四个方面：

（1）直接利用，即直接利用自然界的天然高分子制成材料，是人类最早对天然高分子材料的利用方式，且很多方法还沿用至今。例如，曾经的皮革是将动物的皮经脱水后直接用于御寒；将棉花纺线再制成布匹等；将木材做成家具、工艺美术品等；将纤维素溶液溶解于铜铵溶液或尿素/氢氧化钠溶液后纺丝制成纤维；将淀粉和蛋白质在增塑剂作用下热加工成型，将淀粉等直接作为药用辅料；将微生物合成的聚酯直接加工成型为塑料等。

（2）化学改性，是天然高分子材料利用的主要途径。天然高分子的分子结构中含有—OH、—COOH、$—NH_2$ 等活性基团，是进行化学改性的基础。化学改性是指对天然高分子原料进行衍生化、接枝和交联等，以提高天然高分子材料的性能。例如，现代制革技术是将原料皮经预处理后再经鞣制（化学交联）、复鞣、染色加脂等工序，以提高皮革的质量和穿着舒适性；将多酚接枝在胶原纤维上，用于吸附去除水体中的金属离子，解决了多酚的水溶性问题；将蛋白塑料酰化后可热成型制备出抗水性较高的纤维，对木质素接枝聚苯乙烯后得到热成型的膜材料，交联天然高分子可明显提高材料的强度和耐水性。

（3）复合或共混，是提高材料的综合性能和降低成本最经济、简便的方法。它将两种以上的天然高分子原料通过复合或共混制备成具有更好品质的新材料。目前，木质素是最常用的橡胶增强填料，已被用于部分代替炭黑等无机材料。明胶的亲水性很强，单独的明胶膜脆性大，通常需要与壳聚糖、合成高分子等共混以提高其性能。将纳米高Z元素氧化物负载（共混）在天然皮革上，得到了可穿戴的X射线辐射防护材料。

（4）转化利用，是将天然高分子转化成如甲烷、乙醇等小分子的化工原料，作为进一步合成天然高分子化学品及天然高分子材料的平台物质。例如，将木材、木质素、单宁、淀粉树皮等在苯酚或聚乙二醇存在的情况下液化，转变成为活性基团更多、分子量更小的产物，这些产物被用作制备塑料、泡沫、胶黏剂等高分子材料。将天然高分子通过热裂解可制备燃油、燃料、乙醇等生物质能源，同时还能获得生物炭材料；通过微生物发酵技术可制备出多种聚合物单体，如乳酸等。

1.5.4 天然高分子材料的发展趋势

天然高分子的应用面临两大任务：一是开发石化基产品的替代品，如燃料乙醇、生物柴油及其他目前主要以石化基原料生产的化学品，石化资源的有限性与人类对产品需求的无限性之间的矛盾决定了石化原料将很快被消耗殆尽，需要寻找可再生的替代资源以满足人们的需求；二是开发天然高分子新功能材料，为适应社会的进步、人们生活质量的提高和物质需求的多样化，需不断开发能满足各种需求的新产品。总之，天然高分子基产品主要是燃料、化学品和材料，至2050年40%的石化燃料将被生物燃料替代，而天然高分子基化学品和材料占市场总份额的45%。为达到这一预期目标，在未来几十年内需要突破以下6个关键技术。

1.5.4.1 高效率、低能耗预处理技术

预处理是天然高分子加工的起始步骤，针对不同的天然高分子原料和后续的转化技术需求，开发高效率低能耗的原料预处理技术是未来必须解决的关键技术。秸秆等木质纤维素原料的预处理技术研究较为深入，目前酸预处理和气爆预处理都已产业化。由于酸预处理技术对设备要求高、污染严重而逐渐被淘汰；气爆预处理技术无污染且能耗较低，是较为理想的技术，但还需进一步完善，如开发连续气爆技术等降低能耗和效率。微波技术和辐射技术也逐渐应用于秸秆预处理。目前，对动物类天然高分子基的预处理技术特别是溶解技术还有待进一步研究。

1.5.4.2 生物化学转化技术和高效分离纯化技术

尽管天然高分子材料已获得了广泛应用，但由于生天然高分子原料的特殊性（亲水性、成分复杂），很多天然高分子材料的性能还难以达到石化基合成高分子材料的性能。因此，未来可通过生物化学转化技术获得类似石化原料的小分子化工原料，再通过聚合等方法合成高分子材料，这类天然高分子材料可称为生物质合成高分子材料。为此，未来需要研究如何通过生物和化学的方法从天然生物质中获得更多的小分子化工原料，研究开发高效分离纯化技术，以提高产率和纯度。

1.5.4.3 天然高分子基功能材料制备技术

天然高分子原料具有各自不同的特点，未来应根据生物质的结构特征和生物化学性质，充分利用其多层级结构及亲水而不溶于水的特点，研究开发具有不同功能的天然高分子基材料，例如，在胶原纤维上接枝植物多酚的金属离子吸附材料，在胶原纤维上负载高Z元素离子的可穿戴辐射防护材料，胶原纤维表面疏水改性后的油水分离材料等。

1.5.4.4 天然高分子化学纤维

天然高分子化学纤维包括天然高分子再生纤维和天然高分子合成纤维。再生纤维素纤维是从植物中提取纤维素制成浆粕，经过加工制成的纤维，再生蛋白质纤维主要从动植物中提取天然蛋白质经纺丝制成；此外，再生甲壳质与壳聚糖纤维、海藻纤维均具有抑菌止血等作用，已广泛应用于医用纺织领域。典型的天然高分子合成纤维主要以植物或微生物为原料，以化学或生物的方法制备单体原料，再经聚合纺丝获得天然高分子合成纤维，目前已有聚乳酸（PLA）纤维、聚对苯二甲酸丙二醇酯（PTT）纤维、聚羟基脂肪酸酯纤维等天然高分子合成纤维。天然高分子化学纤维来源于自然，具有优良的生物相容性和生物降解性，现已成为纺织化工界的开发热点，天然高分子纤维将成为未

来纺织业的主要发展潮流。

天然高分子再生纤维未来的主要发展方向是开发多种溶解性能好、绿色环保、可循环使用的溶剂，同时降低生产成本。以纤维素为例，目前已开发出离子液体及氢氧化钠/尿素（或硫脲）新溶剂体系，并且建立了能制备出满意性能纤维的绿色工艺。天然高分子化学纤维未来需要研究开发高效获取单体原料的生物化学技术，如定向降解技术、催化转化技术、高效工程菌株及酶制剂技术。

1.5.4.5 天然高分子碳材料

天然高分子碳不仅可作为吸附剂去除多种环境介质中的污染物，降低污染物的生态危害，还在固碳和减少温室气体排放等方面表现出巨大的应用潜力，可用于土壤改良及土壤修复、废水处理及大气污染治理。此外，天然高分子碳材料可吸收有机物质腐烂时释放至大气的二氧化碳，帮助植物有效储存其光合作用所需的二氧化碳。因此，充分利用天然高分子碳材料是未来实现碳中和的有效技术手段。

近年来，天然高分子碳材料得到了快速发展。但天然高分子碳材料的进一步发展仍面临一些挑战，不同来源、不同制备方法获得的天然高分子碳，其结构和性能相差很大。因此，未来应重点研究天然高分子碳的活化技术、掺杂技术及其应用技术。同时，在天然高分子碳材料制备过程中，要充分考虑生物质的全价利用，充分合理利用生物质资源。

1.5.4.6 仿生材料

在天然高分子材料发展过程中，我们要对天然高分子本身固有的生物功能进行研究，并从中获得灵感，如根据荷叶的表面结构特征构筑的超疏水材料，根据鲨鱼皮的结构特征生产的减阻防污材料等。仿生材料的研究和开发已成为高分子材料研究的热点领域。仿生材料以大自然生物体的精妙构造及特性作为研究目标，将生物的结构特性、能量变换及信息过程运用到仿生材料中。仿生材料具有自然界能产生特殊性能的某些结构特点，如何可控地构筑这些结构成为研究的关键。如何有序地将来源于生物质资源的各种天然高分子原料组合在一起实现特殊的结构和性质，将成为一个新兴的研究方向。

未来天然高分子资源利用的相关技术将深刻影响能源、材料、医药、食品、环境保护等多个国民经济支柱产业的发展，对我国传统产业的转型升级也将起到极为重要的作用。能源、化工、材料、生物等科学和技术的高速发展使得天然高分子的高效利用成为可能。我国的天然高分子资源利用产业正处于技术攻坚和商业化应用开拓的关键阶段，需要从战略性和前瞻性方面进行总体布局，通过学科交叉融合突破关键核心技术，形成多个天然高分子新兴产业，推动我国社会经济绿色增长和可持续发展。

参考文献

段久芳．天然高分子材料［M］．武汉：华中科技大学出版社，2016．

方向晨．生物质在能源资源替代中的途径及前景展望［J］．化工进展，2011，30（11）：2333－2339．

高振华，邸明伟．生物质材料及应用［M］．北京：化学工业出版社，2019．

胡玉洁，何春菊，张瑞军. 天然高分子材料［M］. 北京：化学工业出版社，2020.
黄进，夏涛. 生物质化工与材料［M］. 2版. 北京：化学工业出版社，2018.
贾冬玲，王梦亚，李顺. 天然纤维素物质模板制备功能纳米材料研究进展［J］. 科学通报，2014，59（14）：1369－1381.
卢清杰，周仕强，陈明鹏. 生物质碳材料及其研究进展［J］. 功能材料，2019，50（6）：28－37.
马晓宇，刘婷婷，崔素萍. 生物质材料的制备及其资源化利用进展［J］. 北京工业大学学报，2020，46（10）：1204－1212.
秦雅鑫，李桂英，安太成. 生物炭环境应用过程中的生态和健康风险研究进展［J］. 科学通报，2021，66（1）：5－20.
谭天伟，陈必强，张会丽，等. 加快推进绿色生物制造助力实现“碳中和”［J］. 化工进展，2021，40(3)：1137－1141.
佟威，熊党生. 仿生超疏水表面的发展及其应用研究进展［J］. 无机材料学报，2019，34（11）：1133－1134.
万殊姝，沈兰萍，郭晶. 可持续发展绿色纤维发展现状与应用前景［J］. 针织工业，2021（1）：30－33.
王华平，乌婧. 纤维科普：生物基化学纤维［J］. 纺织科学研究，2021（2）：58－61.
王申宛，郑晓燕，校导，等. 生物炭的制备、改性及其在环境修复中应用的研究进展［J］. 化工进展，2020，39（S2）：352－361.
王晓晨. 生物质基氮掺杂碳材料的研究进展［J］. 化学研究，2020，31（2）：154－162.
张俐娜，陈国强，蔡杰，等. 基于生物质的环境友好材料［M］. 北京：化学工业出版社，2011.
张世鑫，陈明光，吴陈亮，等. 生物质利用技术进展［J］. 中国资源综合利用，2019，37（4）：79－85.
郑学晶，霍书浩. 天然高分子材料［M］. 北京：化学工业出版社，2016.

第 2 章　纤维素材料

2.1　纤维素简介

纤维素（Cellulose）是地球上最古老而又最丰富的生物质资源之一，人类对纤维素材料的认识和利用已拥有超过 2000 年的历史。纤维素是一种多糖，从结构上看，它是由多个葡萄糖分子以 $\beta-1,4$ 糖苷键连接组成的，其分子式为（$C_6H_{10}O_5$）$_n$。纤维素是植物细胞壁的主要成分，是自然界中分布最广、含量最多的一种多糖，占植物界碳含量的 50%以上。同时，纤维素也是一种可再生的高分子材料，已可部分取代传统石油基合成高分子材料（如合成纤维、合成塑料、合成橡胶等）。充分利用纤维素生物质资源和研究开发新型先进的纤维素材料，是可持续发展对人类提出的新要求，因此，纤维素基材料性能的提升和改进是目前国内外科学家研究的热门课题。

2.1.1　纤维素结构

纤维素是法国科学家 Payen 在从木材中提取化合物时，发现并分离得到的一种脱水葡萄糖聚合物。后来经过科学研究证明，纤维素是由 $\beta-1,4$ 糖苷键连接的以脱水－D－葡萄糖单元构成的天然高分子，两个相邻的糖单元结构互成 180°交错，其化学结构如图 2.1 所示。天然纤维素的聚合度一般为 1000～20000，相对分子量为 20000～2500000。纤维素链是定向的，具有不对称的末端结构：一端为具有还原性的半缩醛结构，另一端为非还原性的羟基结构。纤维素分子中的每个葡萄糖残基均有三个羟基，包含一个位于 C6 位的伯羟基和两个分别位于 C2、C3 位的仲羟基，这三个羟基可发生一系列的化学反应（如酯化、醚化等）。因此，可通过在纤维素的羟基上进行化学反应以制备具有各种功能的纤维素衍生物。

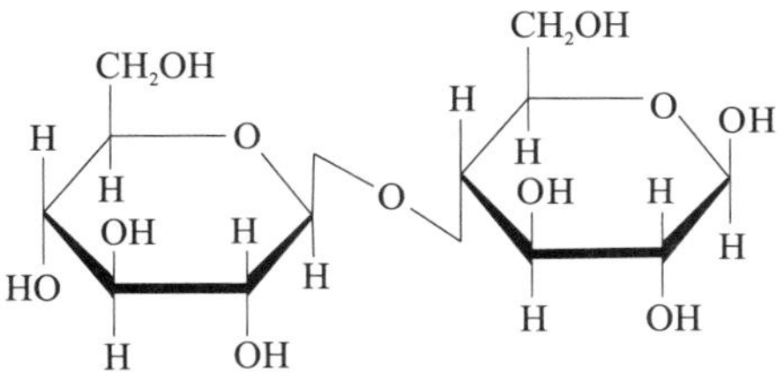

纤维二糖

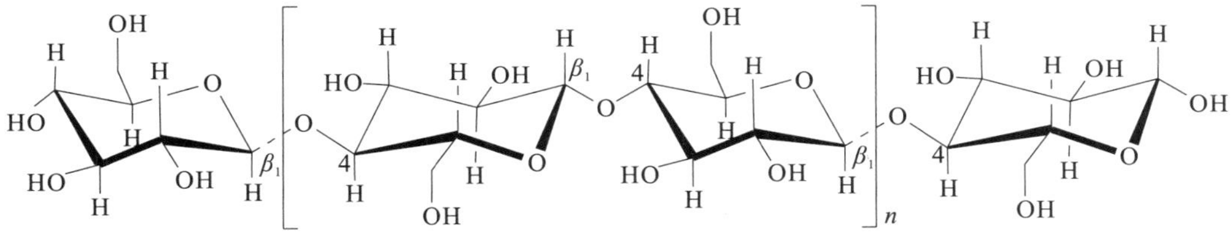

纤维素

图 2.1　纤维素的化学结构

由于纤维素糖残基的存在，分子链中的大量羟基使得分子链间及分子内存在大量氢键（图 2.2），这些氢键使纤维素大分子牢固结合，使纤维素具有高度的规整结构，从而具备了良好的耐化学腐蚀性和耐溶剂性。

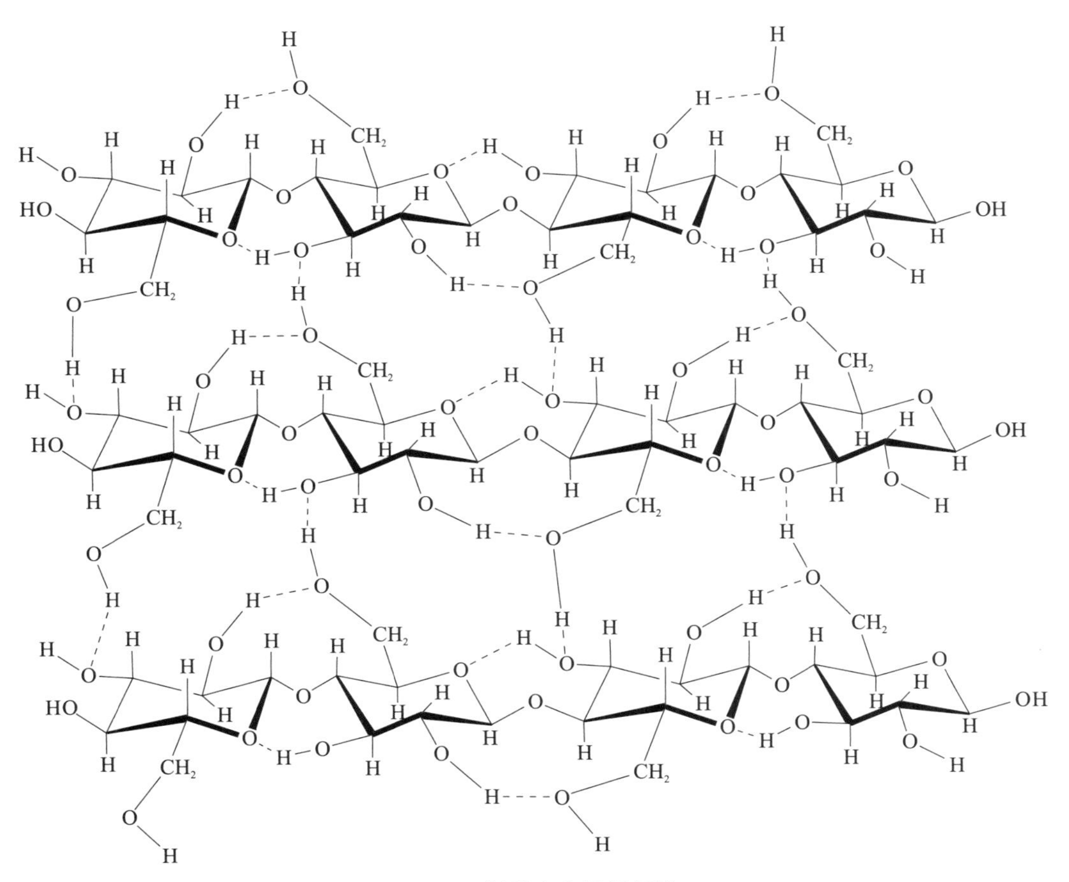

图 2.2　纤维素分子间氢键

天然的植物纤维素大分子为无支链的线性分子，呈绳索状长链排列和复杂的多级结构，一根纤维由多根纤维素分子链组成，每束由100～200根平行的纤维素大分子链聚集成直径约为10～30 nm的微纤维；微纤维进一步聚集成束，形成纤维束。在纤维束的结构链中，分布着纳米级的晶体和无定型部分，并依靠分子间的氢键和范德华力形成大分子结构和纤维形态。其中，排列规则的纤维素结晶区约占分子组成的85%；结构疏松、排列不规整的无定型区约占分子组成的15%。天然的Ⅰ型纤维素晶体为单斜，分子链沿纤维伸展方向排布。来源不同的纤维素结晶结构有所差异，见表2.1。纤维素晶体和无定型纤维素之间主要依靠氢键和范德华力保持大分子结构和纤维形态，要实现纤维素的溶解需破坏这些作用力。

表2.1　纤维素的结晶结构

类型	来源	尺寸/nm			β/℃
		a	*b*	*c*	
纤维素Ⅰ	棉花 棉花，丝光处理棉花，黏纤	0.821	1.030	0.790	83.3
纤维素Ⅱ		0.802	1.036	0.903	62.8
		0.801	1.036	0.904	62.9
纤维素Ⅲ		0.774	1.030	0.990	58.0
纤维素Ⅳ		0.812	1.030	0.799	90.0

2.1.2　天然纤维素

纤维素是植物细胞壁的主要成分之一，在植物中，纤维素主要是通过叶绿素与水和二氧化碳进行光合作用合成的。根据植物来源，天然纤维素可分为棉纤维、木材纤维、草类纤维和韧皮纤维等。

（1）棉纤维。棉纤维是纯度最高的天然纤维素，它是在棉籽表皮上生长发育而成的纤维，其纤维素含量接近100%，是植物纤维中重要的纤维素来源。

（2）木材纤维。在自然界中，木材是天然纤维素最主要的来源。木质纤维素除含有纤维素之外，还含有木质素和半纤维素。木材是以纤维素为基质、木质素为填充剂所组成的三维体型结构的复合体系。木材中的纤维素与半纤维素和木质素共存，半纤维素以氢键与纤维素分子连接，并缠绕纤维素，与木质素通过阿魏酸和对香豆酸相连。不同木材及植物不同部位的纤维素、木质素和半纤维素含量和化学组成均有差异，典型的阔叶木和针叶木的木质纤维素组成见表2.2。

表2.2　典型的阔叶木和针叶木的木质纤维素组成

名称	针叶木中含量/%	阔叶木中含量/%	名称	针叶木中含量/%	阔叶木中含量/%
纤维素	42±2	45±2	木质素	28±3	20±4
半纤维素	27±2	30±5	提取物	3±2	5±3

(3) 草类纤维。草本科植物（如禾本科和竹科等），其茎部富含大量纤维素（如小麦秸秆、玉米秸秆、竹茎等）。与木材相比，草类所含纤维素的纤维长度较短，非纤维细胞比率较高。同时，草类纤维中半纤维素所含比例较高，木质素含量相对较低。

(4) 韧皮纤维。典型的韧皮纤维包括亚麻、剑麻、桑皮、大麻、黄麻、红麻、棉秸皮等。其中，各种麻类纤维素含量较高，是良好的纺织工业原料，其他韧皮纤维则可用于造纸工业。麻类纤维具有较好的韧性，其断裂伸长率可同玻璃纤维相媲美。

(5) 细菌纤维素。为了和植物纤维素相区别，人们把由微生物合成的纤维素统称为细菌纤维素。在自然界中，植物纤维素通常与木质素、半纤维素相伴而生，因此要获得高纯度的植物纤维素存在一定困难，在提纯分离过程中会产生大量废水，对环境造成污染，同时也增加了高纯度纤维素的生产成本。相对于植物纤维素，细菌纤维素纯度较高，且具有更高的分子量和结晶度。细菌纤维素的长径比也比植物纤维素高，这些更长更细的纤维素有利于制备微小的纤维产品。许多微生物都可以合成纤维素，常见的能够合成细菌纤维素的微生物包括醋酸菌属、土壤杆菌属、根瘤菌属、假单胞菌属、产碱菌属、气杆菌属、固氮菌属、无色杆菌属和八叠球菌属等。

从结构和化学组成上来看，细菌纤维素和植物纤维素非常相似，但由于其具有高纯度、高结晶度、高分子量的特性，使得细菌纤维素具有更好的物理化学性能。研究表明，细菌纤维素相比于植物纤维素，具有更好的力学性能，其杨氏模量高达 1.5×10^{10} Pa。

2.1.3　合成纤维素

除了植物细胞壁，天然纤维素还可以来源于细菌等微生物的合成。近年来，随着科学研究的发展和进步，人工合成纤维素也取得了重大进展，主要的合成方法是酶催化法和化学合成法。尽管纤维素的结构看似简单，但想要实现人工合成制备结构精确可控的纤维素却相当困难。人工合成纤维素主要有两种合成路线：酶催化和葡萄糖衍生物的开环聚合。由于技术的限制，人工合成纤维素的聚合度较低，通常只有几十，分子量较低，尚不能达到自然界中高结晶度、高聚合度的纤维素织态结构，更无法满足现代工业的需要。

2.1.3.1　酶催化制备人工合成纤维素

早在 1992 年，Kobayashi 等在生物体外 30℃的条件下，用纯化的纤维素酶在乙腈缓冲溶液中催化聚合氟化糖苷配糖体，制备出聚合度为 22 的人工合成纤维素，产率为 54%。通过对此方法进行改进，还可人工合成纤维素的衍生物（如 6－O 甲基纤维素等）。透射电子显微镜（TEM）可用来对聚合反应进行检测，先把纤维素酶吸附到铜网上，可以观察纤维素酶分子的集合体，直径约为 30 nm。在加入底物时，聚合反应就开始进行，仅仅 30 s 内就可观察到纤维素的合成。同时，可观察到更大的直径约为 100 nm的纤维素酶集合体和合成的纤维素及络合物。

2.1.3.2 开环聚合人工合成纤维素

人工合成纤维素还可通过低聚糖等葡萄糖衍生物进行阳离子开环聚合制备。Nakatsubo 等以 3，6－二邻－苄基－R－D 葡萄糖和 1,2,4－邻叔戊酸盐为原料，以三苯基碳正离子四氟硼酸酯为催化剂，用阳离子开环聚合的方法合成了 3，6－二邻－苄基－2－叔戊酰－β－D 吡喃型葡萄糖，除去保护基后得到纤维素Ⅱ型晶体，聚合度约为 19。

2.2 纤维素的性质

2.2.1 纤维素的物理、化学和生理性质

2.2.1.1 纤维素的吸湿与解吸

纤维素从大气中吸取水或水蒸气称为吸湿；因大气中水蒸气压降低而从纤维素中放出水分或水蒸气称为解吸。纤维素吸湿的内在原因是因为在纤维素的无定形区中，仅部分羟基形成氢键，而另一部分羟基仍保持游离状态。由于羟基是极性基团，易于吸附极性水分子，并与吸附的水分子形成氢键结构。纤维素吸附水蒸气的现象对纤维素许多重要性质有影响，如随着纤维素吸湿量的变化引起纤维润胀或收缩；同时，吸湿也会影响纤维的强度性质和电学性质。

纤维素吸附的水可分为两部分。一部分为结合水，它进入纤维素无定形区并与纤维素羟基形成氢键。结合水又称化学结合水，在吸附之初有强烈的吸着力并释放热量，导致纤维素润胀并使纤维素对电解质溶解力下降。另一部分一般称为游离水或毛细管水，它是当纤维素吸湿达饱和后，水分子继续进入纤维的细胞腔和各孔隙中形成的多层吸附水。结合水属于化学吸附，而游离水属于物理吸附。

环境的相对湿度越大，纤维素吸湿越迅速，且随着相对湿度的增加，吸着水量迅速增加。吸湿后纤维发生润胀，但不改变其结晶结构，这说明吸着水只在无定形区，结晶区并没有吸附水分子。相对湿度较低（20％～25％）时，水分子会吸附在无定形区的游离羟基上并形成氢键，此时吸湿量相对较低，为 2％～4％；随着相对湿度增加（20％～60％），纤维素的氢键会被进一步破坏，导致更多羟基游离，此时吸湿量会缓慢增加；当相对湿度大于 60％时，由于纤维的进一步润胀，释放更多的游离羟基，会产生更多的吸附中心；达到高相对湿度时，吸水量迅速增加，这是多层吸附造成的。

当相对湿度达 100％时，纤维素的吸湿量称为纤维饱和湿分，也叫作纤维饱和点。绝干的纤维素吸湿会放热，所释放的热量称为润湿热或吸着热。吸着热在纤维素绝干时最大，并随着吸湿量的增加而减少，当达到纤维饱和点时吸着热为零。纤维素吸收1 g 液态水所放出的热量称为微分吸着热，各种纤维为绝干时的微分吸着热基本相同，其数

值介于 1.20～1.26 kJ/g H_2O 或 21～23 kJ/mol H_2O，恰好等同于纤维素氢键的键能，说明水是通过氢键与纤维素结合而形成结合水的。

2.2.1.2　纤维素的润胀

纤维素吸收润胀剂后其体积变大，分子间内聚力减小，固体变软，但不失其表观均匀性，这种现象称为润胀。

纤维素润胀可分为有限润胀和无限润胀。其中，有限润胀是指纤维素吸收润胀剂的量有一定限度，其润胀的程度亦有限度。有限润胀又可分为纤维素结晶区之间的润胀和纤维素结晶区内的润胀。纤维素结晶区之间的润胀是润胀剂只接触到纤维素的无定形区和结晶区表面，而纤维素的结晶区不发生变化。纤维素结晶区内的润胀则是润胀剂充分占领了整个无定形区和结晶区并形成润胀化合物，产生新的结晶格，多余的润胀剂不能进入新的晶格，只能发生有限润胀。此时，由于润胀剂与纤维素结合形成新的结晶形态，因此 X 射线衍射发生变化。

纤维素的无限润胀是指润胀剂连续无限的进入纤维素无定形区和结晶区，达到无限润胀，其过程即纤维素的溶解过程，关于纤维素的溶解将在下部分进行详细介绍。

润胀度即纤维润胀时直径增大的程度，一般以百分率来表示。影响润胀度的因素主要有纤维素的种类、润胀剂的种类、浓度及润胀温度等。由于纤维素羟基具有极性，因此一般纤维素的润胀剂多为极性溶剂，包括水、甲醇、乙醇、苯胺等。磷酸和各种碱溶液也是纤维素的良好润胀剂，其中碱溶液最为常用，且不同碱溶液的润胀性能不同。金属离子半径越小的碱溶液，其对周围水分子的吸引力越强，越容易形成直径较大的水合离子，越容易进入纤维素的无定形区和结晶区。因此，典型的碱溶液纤维素润胀能力为 LiOH＞NaOH＞KOH＞RbOH＞CsOH。

2.2.1.3　纤维素的表面电化学性质

纤维素纤维具有高比表面积，当与水或溶液接触时表面可获得电荷。由于纤维素含有羟基等基团，因此在水溶液中一般表现出负电性，在接近纤维的溶液中则其正电子浓度大；远离纤维的溶液中正电子浓度随之减小。如图 2.3 所示，纤维表面带负电荷的 a 及其吸附的浓度较大的正电荷层 b 合称为吸附层，此层随纤维运动而运动。而从吸附层向外延伸至电荷为零、厚度为 c 的层称为扩散层，该层不随纤维运动。吸附层和扩散层合称为扩散双电层，且扩散双电层的正电荷等于纤维表面的负电荷。

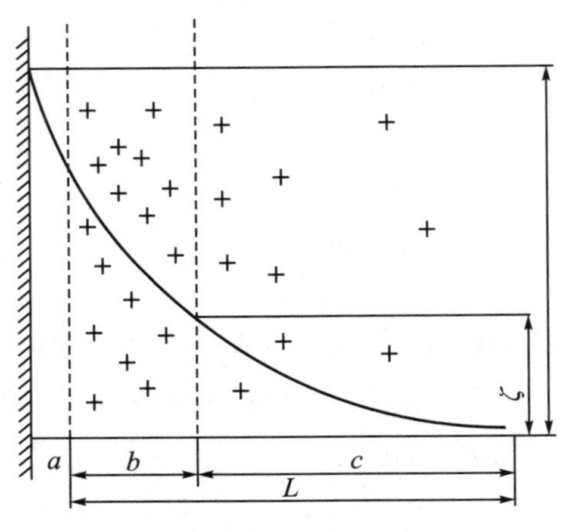

图 2.3　**纤维素表面双电层**

设在扩散双电层中过剩正电子浓度为零处的电位为零，此时纤维表面吸附层与扩散层之间的界面上发生相对运动而产生的电位差称为动电位或 Zeta 电位（ξ 电位）。Zeta 电位代表分散在液相介质中带电颗粒的有效电荷，其绝对值越大，溶液粒子间的相互排斥作用越强，分散体系越稳定；Zeta 电位的绝对值越小，粒子间的相互斥力越弱，当 Zeta 电位趋向零时，溶液分散体系不稳定，会出现絮凝。

加入电解质可以改变液相中带电离子的分布，电解质的浓度增大，吸附层内的离子增多，扩散层变薄，电位下降。当加入足够多的电解质时，电位下降为零，扩散层的厚度也为零，此时称为等电点。不同纤维素样品的 Zeta 电位不同，就绝对值而言，纤维越纯，Zeta 电位越大。pH 为 6.0～6.2 的水溶液中，棉纤维的 Zeta 电位为－21.4 mV，α 纤维素为－10.2 mV，而未漂硫酸盐木浆是－4.2 mV。

pH 对 Zeta 电位有很大的影响，pH 增大，电位绝对值增大；当 pH 降至 2.0 时，Zeta电位接近 0。

2.2.2　纤维素的溶解

纤维素的溶解是纤维素进行化学反应以制备各种功能材料的先决条件。纤维素的溶解性取决于溶剂和纤维素的相互作用，即其与分子间作用力的强度有关，因此纤维素的溶解性受其化学结构所制约。

纤维素是一种高分子化合物，具有结构的复杂性，因此，纤维素的溶解比小分子化合物的溶解缓慢且复杂。由于高分子化合物与溶剂分子尺寸相差悬殊，两者的分子运动速度存在显著差异，因此溶剂分子能很快渗透入高聚物中，而高分子化合物向溶剂的扩散却异常缓慢。一般高分子化合物的溶解过程经历三个阶段：首先溶剂分子渗透入高分子化合物内部，使高分子化合物发生润胀；其次在高分子化合物的溶剂化程度能摆脱高分子化合物之间的相互作用时，高分子才向溶剂中扩散，进入溶解阶段；最后高分子化合物均匀分散于溶剂中，实现溶解。

由于纤维素存在结晶区和无定型区，且纤维素之间通过大量氢键和范德华力构成纤维素的大分子组装结构和复杂的纤维形态，因此天然纤维素难溶于大多数溶剂。这一难溶解的特点大大增加了纤维素加工改性的难度，限制了天然纤维素的应用。因此，要实现纤维素的广泛利用，就必须先实现纤维素的溶解，开发溶解性强、廉价、环保的纤维素溶剂是纤维素实现工业应用的关键。

目前，科研工作者已尝试多种不同溶剂或溶剂体系以实现纤维素溶解。其中，溶解能力是考查纤维素溶剂性能的最重要的指标，包括纤维素在溶剂中的溶解度、溶解速度、溶解过程中的降解程度等。纤维素溶剂的主要性能指标还包括再生纤维素材料的物理性能、溶剂的毒性、稳定性和可回收性等。纤维素溶剂主要通过溶剂分子和纤维素之间的物理相互作用或化学共价结合作用，消除纤维素分子链之间的氢键，破坏纤维素的结晶结构，使纤维素以单分子链的形式分散在溶剂中，从而形成均相溶液，因此纤维素溶剂主要分为非反应性溶剂和反应性溶剂两类。

2.2.2.1　非反应性溶剂

不与纤维素发生化学反应的溶剂称为非反应性溶剂，这类溶剂不参与纤维素的衍生化及其他化学反应，仅通过溶剂与纤维素之间的相互作用使溶剂与纤维素之间形成新的氢键以破坏取代原有纤维素分子内和分子间的氢键，将纤维素溶解成单分子。这种溶剂通过破坏纤维素分子间氢键使纤维素分子呈单分子状态分散在溶液中，形成均相溶液体系，提高了纤维素羟基的反应活性，起活化纤维素分子与改性试剂之间的化学反应的作用。研究表明，在纤维素溶解过程中，新生成的氢键键能大于 21 kJ/mol 时才能使纤维素溶解。常用的非反应性溶剂主要包括混合碱溶剂、有机/无机溶剂体系、离子液体体系等。

1. $NaOH/CS_2$ 溶剂体系

纤维素浸没于 NaOH 溶液中可产生碱纤维素，分子上的羟基氢被取代，经老化降解后纤维素的聚合度降低，并进一步与 CS_2 形成纤维素黄原酸酯，其过程如图 2.4 所示。

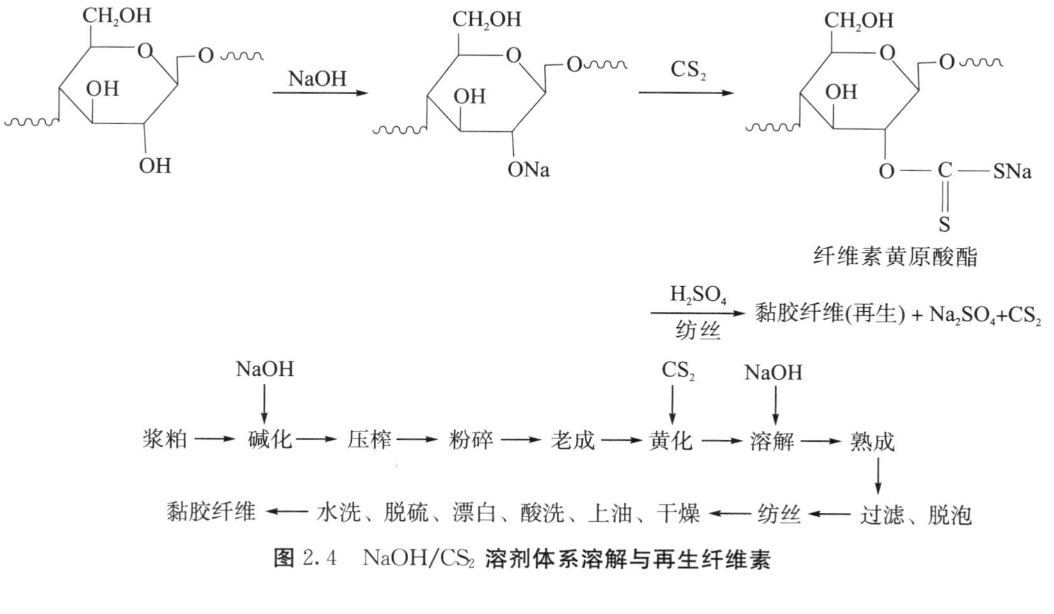

纤维素黄原酸酯

$\xrightarrow[\text{纺丝}]{H_2SO_4}$ 黏胶纤维(再生) + Na_2SO_4 + CS_2

浆粕 → 碱化(NaOH) → 压榨 → 粉碎 → 老成 → 黄化(CS_2) → 溶解(NaOH) → 熟成 → 过滤、脱泡 → 纺丝 → 水洗、脱硫、漂白、酸洗、上油、干燥 → 黏胶纤维

图 2.4　$NaOH/CS_2$ 溶剂体系溶解与再生纤维素

纤维素黄原酸酯在强碱溶液中可形成黏胶液，黏胶液可通过牵引拉伸、快速凝固等方法制得黏胶纤维，该方法制备的纤维材料具有良好的物理机械性能。其界面呈锯齿形皮芯结构，纵向平直有沟横，是一种应用较为广泛的化学纤维。由于吸湿性好，穿着舒适，可纺性优良，其常与棉、毛、合成纤维等混纺、交织，用于制作各类服饰和纺织品。然而，传统方法生产黏胶纤维存在一定缺陷，主要包括工艺冗长、能耗巨大、有毒害气体和废水排放高等问题。比如，在黏胶纤维生产过程中，有大量的 CS_2、H_2S 及 SO_2 排放，以及一些含锌废水、甲硫醇、康硫醇等的排放。每生产 1 t 黏胶纤维，约释放150 m^3 废气和排放 500～1000 t 废水。因此，目前多采用尿素代替 CS_2，与纤维素反应生成纤维素氨基甲酸酯，并采用相同的方法生产黏胶纤维，降低排放。

2. NaOH/硫脲和 NaOH/尿素溶剂体系

在 NaOH 溶液中添加尿素或硫脲可使纤维素在溶剂中的溶解度增加。张俐娜等人创建的新型快速溶解纤维素的 NaOH/尿素溶剂体系采用 7% NaOH 与 12%尿素复配，可在低温下实现纤维素的高效溶解，并可成功纺丝。NaOH/尿素溶剂体系在室温下并不能实现纤维素的完全溶解，但将溶液预冷至－12℃～－10℃时则可快速溶解纤维素。该溶剂体系对草浆、棉短绒、甘蔗渣浆等天然纤维素和黏胶丝、纤维素无纺布等再生纤维素均有较好的溶解性，所得的纤维素溶解液是透明的，且溶解度可达 100%。

通过变温红外光谱和广角 X 射线衍射（WAXS）等手段对 NaOH/尿素水溶液分析发现，该溶液在低温下形成了高度稳定的氢键网络结构，创建了新的复合物。在普通 NaOH 水溶液中，OH^- 和 Na^+ 分别以 $[OH(H_2O)_n]^-$ 和 $[Na(H_2O)_m]^+$ 形式存在，在室温下水和缔合水之间的快速交换使得 $[OH(H_2O)_n]^-$ 和 $[Na(H_2O)_m]^+$ 难以形成和保持新的络合物结构；而在低温下，慢的交换则会使缔合离子容易保持结构。因此，在低温时，$[OH(H_2O)_n]^-$ 容易与纤维素链结合形成新的氢键缔合物从而破坏纤维素分子间的氢键，尿素或硫脲破坏纤维素分子内氢键，二者协同作用能有效破坏纤维素分子间和分子内氢键而使其溶解，同时尿素和硫脲能阻止纤维凝胶的产生。NaOH/尿素溶剂小分子和纤维素大分子之间在低温下形成新的稳定氢键网络结构，导致分子自组装形成包合物，溶液中的尿素水合物形成表面外套将 NaOH 和纤维素分子链包裹在其中，使之稳定溶解。

预冷至－12℃的 NaOH/尿素水溶液可实现对聚合度小于 500 的纤维素的快速溶解，且能保持长时间稳定状态，是一种稳定的均相体系。在凝固剂等其他化学品的作用下，该溶剂体系可纺出力学性能良好、染色性高的再生纤维素丝，可用于制备各种新型纤维素丝、膜、水凝胶、气凝胶、支架等复合材料。

3. LiCl/DMAc 溶剂体系

英国 Courtaulds 公司开发的氯化锂/二甲基乙酰胺（LiCl/DMAc）多组分溶剂可溶解纤维素，且在溶解过程中纤维素不发生明显的降解。LiCl/DMAc 是一种无机电解质与强极性非质子溶剂混合的有机/无机溶剂系统，呈无色透明状，可溶解相对高分子量的纤维素（如棉短纤维、细菌纤维素等）。同时，溶解后的纤维素 LiCl/DMAc 溶液的稳定性良好，不会随时间和温度的改变而发生明显变化。DMAc 中的 O 含有弧电子对，其先与 LiCl 中有空轨道的 Li 作用形成配位键，生成偶极－离子络合物，从而改变 LiCl

的电荷分布，使 Cl^- 的负电荷增强，增加了其进攻纤维素羟基的能力。Cl^- 与纤维素的羟基中的氢原子形成氢键，从而破坏了纤维素分子内和分子间的氢键。Cl^- 与纤维素分子内葡萄糖单元上的羟基质子相连，并与 $[Li-DMAc]^+$ 形成平衡，电荷间的相互作用促进溶剂逐渐渗透至纤维素表面，使其溶解，其机理如图 2.5 所示。该溶解体系可使纤维素分子因电荷排斥和膨胀效应的影响而完全分开，破坏分子间的缔合作用，从而使纤维素完全溶解。LiCl/DMAc 溶液可使用水作为再生剂获得再生纤维素，且所得纤维质量优于普通黏胶纤维。LiCl/DMAc 溶剂体系一般需要在高温下（>150℃）进行纤维素溶解，且纤维素一般需要进行预活化处理。当 LiCl 含量为 5%～7%时，LiCl/DMAc 溶剂体系一般可溶解纤维素并形成质量浓度为 15%～17%的纤维素溶液。

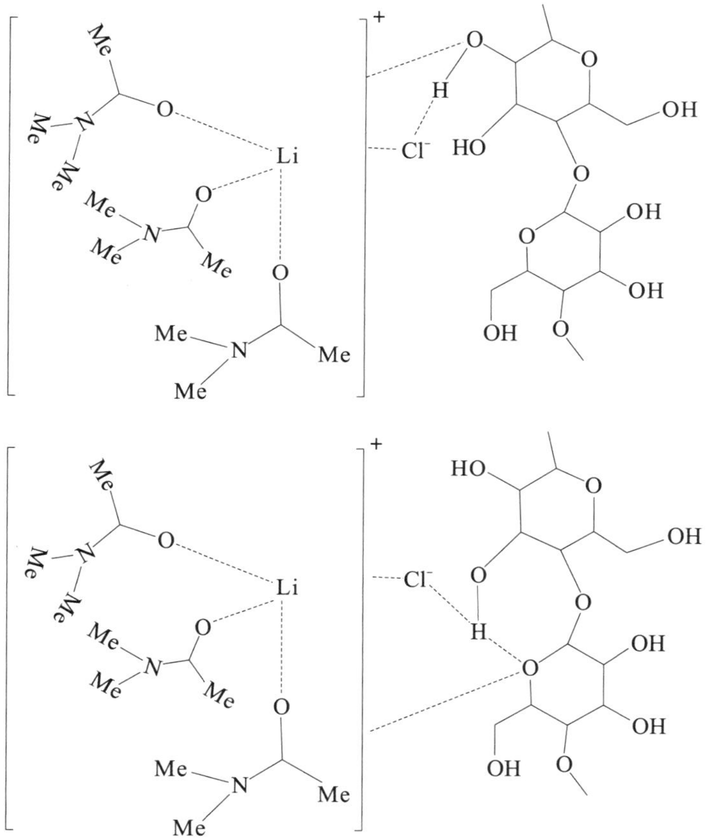

图 2.5　LiCl/DMAc 溶解纤维素机理

然而，LiCl/DMAc 溶剂价格昂贵，且 LiCl 回收困难，为了降低溶剂消耗量，可采用溶剂蒸汽热活化，先在减压加热条件下将 LiCl 固体与纤维素混合，再一同加入 DMAc 来实现纤维素的溶解。

4. 金属盐配合物

金属盐配合物是最早用于溶解纤维素的溶液，包括铜氨溶液、铜乙二胺溶液、镉乙二胺溶液、酒石酸铁钠溶液等。纤维素可溶解于金属盐配合物溶液中，并以分子水平分散。例如，在铜氨溶液中，Cu^{2+} 可与纤维素吡喃环 C2、C3 位的羟基 O 形成五元螯合环，破坏纤维素分子内和分子间的氢键，因此纤维素可溶解于高浓度的铜氨溶液中（图2.6）。

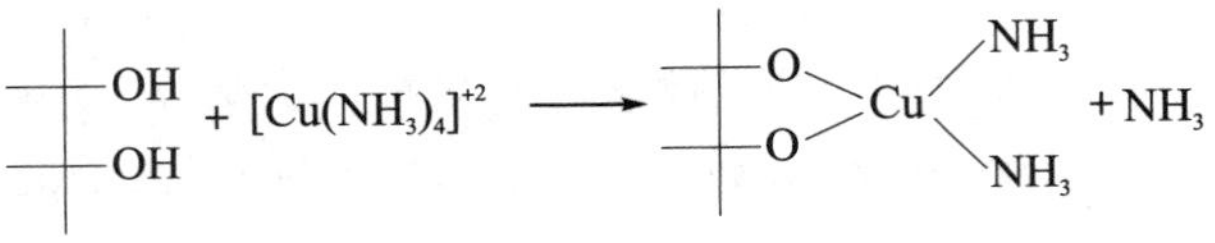

$$\begin{matrix}-OH\\-OH\end{matrix} + [Cu(NH_3)_4]^{+2} \longrightarrow \begin{matrix}-O\\-O\end{matrix}\!>Cu\!<\!\begin{matrix}NH_3\\NH_3\end{matrix} + NH_3$$

图 2.6　**铜铵溶剂溶解纤维素**

铜氨溶液对纤维素的溶解能力很强，纤维素在其中的溶解度主要取决于纤维素的聚合度、溶解温度，以及金属配合物的浓度。溶解纤维素后，经混合、过滤、脱泡、纺丝、酸洗、水洗等工序可制得铜氨人造丝，具有优异的染色性、显色性、爽滑性和抗静电性。铜氨人造丝还具有优良的吸湿和放湿性能，适合用于功能性服装面料。但是，铜氨溶剂存在不稳定性，对空气和氧敏感，溶解过程如果有氧存在，会使纤维素发生剧烈的氧化降解，严重影响产品质量。同时，采用铜氨溶剂溶解纤维素对铜和氨的消耗量都很大，难以回收，会造成严重的环境污染。

5. N－甲基吗啉－N－氧化物（NMMO）

N－甲基吗啉－N－氧化物是近年来开发的一种新型纤维素溶剂，可较好地溶解纤维素并得到成纤、成膜性能良好的纤维素溶液。NMMO是脂肪族环状叔胺氧化物，具有强偶极性，其分子中的强极性官能团 N →O 上的氧原子的两对弧对电子与纤维素葡萄糖单元的羟基形成强氢键 Cell—OH ··· O ← N，生成纤维素—NMMO 络合物（图 2.7）。这种络合作用首先从纤维素的非结晶区开始，然后在加热和搅拌的作用下，络合作用逐渐深入结晶区内，破坏纤维素的聚集态结构，最终使纤维素完全溶解，整个过程是直接溶解的过程，没有衍生物生成，不发生化学反应。由于 NMMO 中的N—O 键具有强极性，因此能够破坏纤维素分子内和分子间的氢键，使其溶解。NMMO 作为纤维素溶剂，可制得纤维素浓度高达 30％的溶液，且对高聚合度的纤维素仍有很强的溶解能力。NMMO 对纤维素的溶解性还与其含水率有关，当 NMMO 的水含量上升时，其纤维素溶解能力会下降，且当含水量大于 17.0％时其溶解性完全丧失。当 NMMO 含水量为 13.3％时，有最佳的纤维素溶解状态，熔点约为 76℃。

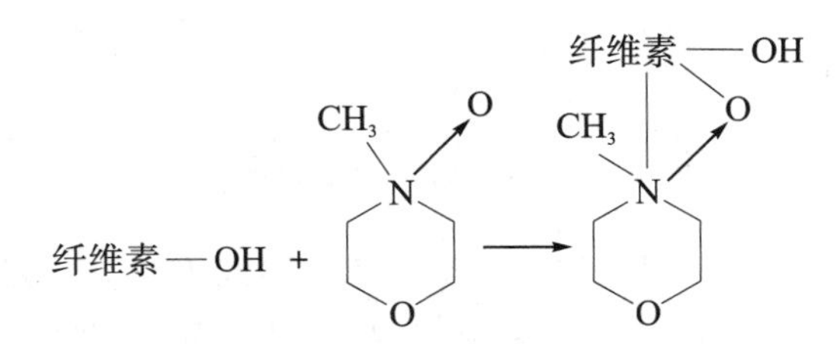

图 2.7　NMMO **溶解纤维素机理**

与传统采用 $NaOH/CS_2$ 溶剂制备的黏胶纤维相比，NMMO 法制备再生纤维素的过程简单、成本低，且 NMMO 溶解毒性小，大大降低了环境压力。另外，NMMO 法所制备的 Lyocell 纤维降解程度较低，具有很高的结晶度和取向度，相邻晶胞之间作用力强，所得纤维强度高、尺寸稳定性好，是一种性能优异的新型高性能纤维。该纤维具有手感柔软、悬垂性好、模量高、延伸性好、穿着舒适等优点，且具有丰富的色彩和光泽，适合作为轻薄高档服装面料，还能与合成纤维及其他纤维进行混纺以改善其性能。

6. 离子液体

离子液体是指熔点低于 100℃的低熔点盐，其由阳离子和阴离子构成，通常为大体积有机离子，由于晶格“软化”造成了其低熔点的性质。与传统有机溶剂、水、超临界流体等溶剂相比，离子液体具有很多优势，包括对多种有机和无机化合物具有良好的溶解性；具有较高离子传导性；热稳定性好；液态温度范围较宽；极性较高，溶剂化性能好；低挥发性、氧化性和燃烧性；低黏度、高比热容；优良的水和空气稳定性；易回收，可循环使用；制造设备简单、易于制造。2002 年，Rogers 发现 1－丁基－3－甲基咪唑氯盐（[bmim]Cl）离子液体可溶解纤维素，除此之外，科学研究者陆续发现有多种咪唑型离子液体对纤维素均有良好的溶解性能，包括 1－丙烯基－3－甲基咪唑氯盐（[amim]Cl）、1－乙基－3－甲基咪唑氯盐（[emim]Cl）等。常见的离子液体纤维素溶剂见表 2.3。

表 2.3　常见的离子液体纤维素溶剂

离子液体	方法	溶解度（质量分数）	离子液体	方法	溶解度（质量分数）
[C_4min]Cl	加热（100℃）	10%	[C_4min] SCN	微波	5%～7%
[C_4min]Cl	加热（70℃）	3%	[C_4min] [BF_4]	微波	不溶解
[C_4min]Cl	加热（80℃）＋超声	5%	[C_4min] [PF_6]	微波	不溶解
[C_4min]Cl	微波加热 3～5 s	25%，清澈黏稠溶液	[C_6min]Cl	加热（100℃）	5%
[C_4min]Br	微波	5%～7%	[C_8min]Cl	加热（100℃）	轻微溶解

离子液体是纤维素的直接溶剂，纤维素在离子液体中溶解时不发生衍生化反应，但纤维素在离子液体中溶解会逐渐变细变短，在纤维素溶解前后，其形貌会发生变化。在离子液体溶解纤维素的过程中，离子液体的阴、阳离子与纤维素羟基中的氧原子和氢原子相互作用，破坏纤维素分子间和分子内的氢键，形成新的作用力，实现纤维素的溶解。以 [bmim]Cl 为例，在常温下它只能使纤维素湿润，随着温度升高，纤维素首先在溶剂中溶胀，且有纤维素组成的集束结构逐渐变得松散。在加热条件下离子液体的离子对发生解离，形成游离的 $[bmim]^+$ 和 Cl^-，阴离子 Cl^- 与纤维素葡萄糖羟基上的氢原子形成氢键，而 $[bmim]^+$ 则和纤维素葡萄糖羟基上的氧原子作用，破坏纤维素分子内原有氢键，导致纤维素在离子液体中溶解。纤维素在离子液体中溶解后稳定性出色，在 [bmim]Cl 中完全溶解后成透明、淡黄色溶液，且冷却后可保持液体状态，纤维素不会析出，也不会发生结晶和固化。

离子液体对纤维素的溶解能力受阴离子的氢键接受能力和阳离子侧链的结构的影响。例如，烷基咪唑氯盐中高浓度的 Cl^- 增强了溶剂破坏纤维素氢键的能力，而阳离子基团的不饱和度越大、侧链越短、亲水性越强，其溶解纤维素效果越好。此外，阳离子侧链碳原子数为偶数时，溶剂溶解性更好，侧链碳原子数为4时，溶解效果最好。侧链基团对离子液体纤维素溶解能力的影响顺序为侧链含羟基＞侧链含双键＞侧链含烷基，如果同时具有双键和羟基，则该型离子液体对纤维素的溶解能力最强。

烷基咪唑氯盐类离子液体均为亲水性，可以任意比例与水互溶，因此可以水为凝固剂对离子液体溶解的纤维素进行再生，也可通过加入乙醇、丙酮等有机溶剂实现纤维素的再生。此外，当离子液体溶解纤维素的含量超过10%时，溶液在偏光显微镜下具有光学各向异性的溶质液晶特征，而纤维素的液晶溶液在进行挤出时，纤维素的刚性分子链易沿剪切力的方向取向，可制备超高强度和模量的再生纤维。纤维素再生后，通过减压蒸馏除去挥发性溶剂后，离子液体可以回收循环利用。

2.2.2.2 反应性溶剂

反应性溶剂可与纤维素反应，并实现纤维素溶解。溶剂溶解纤维素时，溶剂分子的空间位阻效应和化学反应性降低了纤维素的结晶区内的羟基数目，破坏了纤维素分子内和分子间的氢键，促进了纤维素分子的溶解。反应性溶剂主要包括聚甲醛－二甲亚砜（DMSO）、甲酸/硫酸、四氧化二氮/二甲基甲酰胺（DMF）等。其中，聚甲醛－DMSO能有效溶解纤维素，且在该溶剂体系中纤维素几乎不发生降解。因此，该溶剂可用于制备取代度高的功能化非离子型纤维素衍生物或纤维素酯。聚甲醛受热分解产生的甲醛与纤维素羟基发生反应生成羟甲基纤维素，羟甲基纤维素能溶解在DMSO中。随着甲醛继续加入，羟甲基会继续反应生成长链的亚甲基氧链，末端羟基功能化后形成具有类似氧乙烯非离子表面活性剂的物质。而在聚甲醛－DMSO溶剂中，以吡啶或醋酸盐催化，醋酸、丁酸、邻苯二甲酸酐、马来酸酐等可与纤维素发生酯化反应。四氧化二氮/DMF溶剂体系主要用于合成纤维素无机酸酯。四氧化二氮/DMF溶剂溶解纤维素时，四氧化二氮先与纤维素反应生成中间产物纤维素亚硝酸酯，从而溶解于DMF。该溶剂体系所溶解的纤维素成本低、易于控制纺丝条件，主要用于制备纤维素磷酸酯、硫酸酯等无机纤维素酯。

2.2.3 纤维素物理改性功能材料

纤维素作为一种天然高分子，具有不熔融、难溶解、不耐腐蚀、强度低、尺寸稳定性低等特点。因此，通过对纤维素进行物理改性以改善纤维素的溶解性、物理强度等，可以赋予其新的性能，以拓展纤维素的应用领域。目前，各种纤维素的改性材料已广泛应用于生物、医药、食品、环境等领域，下面首先介绍部分纤维素功能化改性材料。

2.2.3.1 纳米纤维素

在纳米尺度范围控制纤维素分子及其超分子聚集体，设计组装稳定的具有优异性能的新型纳米材料，成为纤维素科学的前沿领域。与传统粉体纤维素和微晶纤维素相比，纳米纤维素具有许多优良性能，如高纯度、高聚合度、高结晶度、高亲水性、高物理机械强度、高透明度等。

纳米纤维素可看作天然植物纤维素分子的聚集形态的基元纤维，其横截面积约为 3 nm×3 nm，长度约为 30 nm。基元纤维则聚集形成截面约为 12 nm×12 nm、长度不固定的微原纤维。微原纤维束周围被无定型的半纤维素缠绕，半纤维素与木质素通过酯键和醚键连接。天然纤维的物理强度主要来自纤维素原纤维，为天然纤维的骨架，半纤维素和木质素主要起黏合剂和填充剂的作用，它们的力学性能不佳。因此，如果能成功分离纤维素，则有望提高所得纤维的力学强度，获得性能优异的新材料。纳米纤维素具有高比表面积、高力学性能等特点，可应用于医疗、日化、建筑、食品等领域。纳米纤维素的研究已成为纤维素科学研究的热点之一，如何高效制备分离纳米纤维素，拓展纳米纤维素在材料中的应用，是目前的研究重点。

采用酸水解法或酶水解法选择性降解无定形部分，可制备得到纤维素晶体，再通过超声波分散或其他物理震荡分散可制得纳米纤维素晶须或晶体。采用静电纺丝法也可制得纳米纤维素，将纤维素溶解在溶剂中，调整溶剂系统、纤维素分子量、纺丝条件等可制得直径为 80～750 nm 的稳定纳米纤维素纤维。采用物理法（包括机械搅拌、高速研磨等）也可制备得到纳米纤维素。但物理法所制备的纳米纤维素需采用特殊装备，并需要高压，因此能耗较高，且所制备的纳米纤维素粒径分布较宽。

2.2.3.2　纤维素微球

将纤维素制成微珠或微球形状，可用作吸附剂，其具有来源丰富、价格低廉、可降解、生物相容性好及环境友好等优点，可广泛应用于蛋白质、重金属离子等的分离和纯化。球形的纤维素吸附剂不仅具有疏松和亲水性网络结构的基体，还具有比表面积大、高通透性和高力学性能等优点。以 NMMO 溶剂体系溶解纤维素，通过程序降温反相悬浮技术制备纤维素微球，可制得粒径分布为 10～600 nm 的样品。

2.2.3.3　再生纤维素纤维

纤维素纤维是性能优良的纺织原材料，黏胶法是制备再生纤维素纤维最普通的方法，但污染严重。Lyocell 纤维柔软舒适，大大改善了传统黏胶纤维在物理力学强度等方面的不足。以 NMMO 溶剂体系溶解并再生纺丝所制备的 Lyocell 纤维在医用织物、卫生用品、服装中均有应用，但溶剂价格较高、回收困难。氢氧化钠/尿素、氢氧化钠/硫脲体系可替代黏胶纤维工艺生产无硫的再生纺丝纤维素，且纤维表面光滑、结构致密、力学性能好。以离子液体溶剂体系溶解纤维素并用水再生，可制备再生纤维素纤维，其力学性能接近 Lyocell 纤维，且纤维更细，可应用于催化剂载体、组织工程、生物传感器等方面。

2.2.3.4　纤维素膜

将纤维素溶解后再生，也可制备纤维素膜。纤维素膜材料可应用于透析、膜分离、选择性气体分离、药物缓释、细胞吸附等领域。采用醋酸纤维素水解或衍生溶解并再生，均可制备得到透明、分布均匀、力学性能优异的再生纤维素膜材料。例如，以 NMMO、LiCl/DMAc 或离子液体等非反应性溶剂溶解纤维素后进行再生，再利用流延法在模具中成膜，通过沉淀剂或塑化剂可制得纤维素膜。

2.2.3.5 纤维素凝胶

气凝胶是水凝胶或有机凝胶干燥后的产物，是一种用气体替代凝胶中的液体而不改变凝胶本身的网络结构或体积的特殊凝胶，具有纳米级的多孔结构和高孔隙率，是目前已知的密度最小的固体材料之一。天然纤维素凝胶一般是以天然纤维素网络结构为基础的气凝胶，以天然纤维素为原料，将其溶解后首先制备纤维素凝胶，然后通过冷冻干燥或超临界流体干燥，可制备得到纤维素气凝胶。纤维素气凝胶具有高比表面积、高孔隙率、低密度、高力学性能等优点，密度可低至 0.008 g/cm^3，压缩应变可达 70%。利用纤维素富含羟基的性质，通过氢键作用进行物理交联，也可制备得到纤维素气凝胶。纤维素气凝胶作为一种新型功能材料，具有气凝胶的特性，同时也保留了纤维素优良的生物相容性、可降解性等优点，在轻工、医药等领域有良好的应用前景。

2.2.4 纤维素的化学反应

2.2.4.1 纤维素化学反应的基本原理

纤维素是由 D−吡喃葡萄糖以 $\beta-1,4$ 糖苷键连接而成的线性大分子，在分子链的每个葡萄糖单元的 C2、C3、C6 位置都有 3 个活泼羟基，赋予了纤维素一系列羟基化学反应的可能性。通过化学试剂与纤维素的羟基进行反应，可为纤维素引入新的官能团，为纤维素带来相应的物理化学性质。纤维素的羟基可发生多种不同反应，主要包括氧化反应、醚化反应、酯化反应、接枝共聚反应等。

衍生反应试剂与纤维素羟基接触的难易程度是影响纤维素化学改性效果的主要因素。纤维素葡萄糖单元的 C6 位羟基与其他羟基相比其空间位阻较小，具有相对更高的反应活性。纤维素的结晶度也对化学改性活性有明显的影响，天然纤维素有结晶区和无定型区，反应溶剂容易到达无定型区及结晶区表面，但进入纤维素结晶区内进行反应比较困难。同时，由于纤维素结晶区内氢键的作用，不存在自由羟基，因此大多数反应试剂仅渗透到纤维素的无定形区与部分游离羟基进行反应。因此，要实现纤维素的衍生化改性，就必须对纤维素采用溶剂溶解，在溶解的过程中破坏结晶区内部的氢键，形成均相溶液，使纤维素葡萄糖单元的大量羟基释放出来，提高其反应可及性。

纤维素羟基活化也可提高纤维素化学衍生改性的效果。采用化学、物理等多种方法对纤维素进行处理，可破坏纤维素分子间和分子内氢键，增加改性时对纤维素羟基的可及性。

2.2.4.2 纤维素氧化反应

纤维素氧化指的是将纤维素葡萄糖单元上的羟基氧化，从而为纤维素引入新的官能团（如羧基、醛基、酮基、烯醇基等）。这样，经过氧化的纤维素其原有的物理化学性质会发生变化，生成新的氧化纤维素。

纤维素的氧化反应，一般可将葡萄糖单元 C6 位上的羟基氧化成醛基或羧基，或将 C2 和 C3 位上的羟基氧化生成酮基，或氧化开环形成二醛或羧基等。通过选择合适的氧化剂，可在不引发纤维素葡萄糖单元开环反应的情况下，将葡萄糖单元 C6 位的羟基氧化为羧基。如使用 TEMPO 作为氧化剂，可增加纤维素表面亲水性，从而制备纳米纤维素；采用 4－甲酰胺－TEMPO 作为氧化剂，可将葡萄糖单元 C6 位的羟基氧化为羧基，并增加纤维素表面阴离子羧基含量，提高纤维素亲水性，可作为阳离子聚电解质的吸附剂；采用 4－乙酰胺－TEMPO/NaClO/$NaClO_2$ 作为氧化剂处理纤维素，可获得具有高透光性和剪切增黏性的纳米纤维素晶体；采用不同浓度的高锰酸钾－丙酮溶液对原料进行氧化，可引发纤维素形成自由基，降低纤维素的亲水性，同时可生成高活性的 Mn^{3+}，可用于引发纤维素接枝共聚反应。

2.2.4.3　纤维素酯化反应

纤维素酯类是指在酸催化作用下，纤维素分子链中的羟基与酸、酸酐、酰卤等发生酯化反应的生成物。根据与其反应的酸的种类不同，纤维素酯类可分为无机酸酯和有机酸酯。

纤维素无机酸酯是指纤维素分子链中的羟基与无机酸（如硝酸、硫酸、磷酸等）进行酯化反应的生成物。其中，最重要并已形成工业化生产的是纤维素硝酸酯和纤维素硫酸酯。纤维素有机酸酯是指纤维素分子链中的羟基与有机酸、酸酐或酰卤反应的生成物。

1. 纤维素无机酸酯

（1）纤维素硝酸酯。工业上通称为硝化纤维素，是一种重要的纤维素无机酸酯和工业产品。纤维素硝酸酯广泛应用于涂料、胶黏剂、日用化工、皮革、印染、制药和磁带工业等领域，而棉绒浆或木浆又是生产纤维素硝酸酯的原料。其中，棉绒浆含有的纤维素较纯净，但价格较高，工业上常用木浆。纤维素的硝化作用是一个典型的酯化反应，即由醇（纤维素羟基）和酸（HNO_3）作用生成酯和水的反应（图 2.8）。

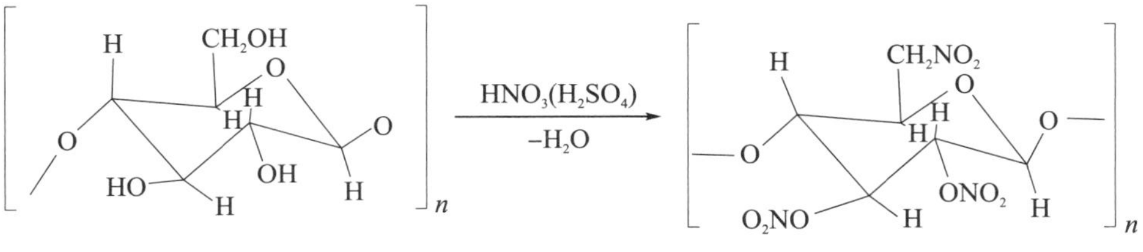

$HNO_3(H_2SO_4)$，$-H_2O$

纤维素　　　　硝化纤维

$$NO_2OH+2H_2SO_4 \rightleftharpoons NO_2^++2HSO_4^-+H_3O^+$$

$$Cell—(OH)_3+nHNO_3 \rightleftharpoons Cell\begin{cases}(ON_2)_n\\(OH)_{3-n}\end{cases}+nH_2O$$

图 2.8　纤维素硝酸酯化反应

理论上，纤维素硝酸酯的取代度可达 3.0。但实际生成的产物多数取代度小于 3.0。

在进行纤维素的硝化时，若单用硝酸，且浓度低于75%时，几乎不发生酯化反应。当硝酸浓度达到77.5%时，约50%的羟基被酯化；用无水硝酸便可制得二取代纤维素硝酸酯。若要制取较高取代度的产物，则必须使用酸类的混合物，如HNO_3/H_2SO_4混合酸体系。

（2）纤维素硫酸酯。其广泛使用于洗涤剂、照片的抗静电涂料、采油的黏度变性剂、食品与化妆品及药物的增稠剂，以及低热能的食品添加剂。常见的纤维素硫酸酯有两种制备方法，如下：

制法一：将纤维素直接与70%～75%的浓硫酸作用，并用温和的碱中和而得。这种方法制得的纤维素硫酸酯易发生严重降解，产量低且热稳定性差。

制法二：改用硫酸和C3～C8醇类的混合物，以制取均匀且降解少的纤维素硫酸酯。其中，若用硫酸和异丙醇的混合物与纤维素反应，可制得水溶性和热稳定性好的纤维素硫酸酯。

（3）纤维素磷酸酯。由于磷酸基团的存在，其具有阻燃性和离子交换能力。低含磷量的纤维素磷酸酯用木浆或棉绒浆与熔融的尿素中的磷酸作用而制成。反应温度及尿素磷酸纤维素的组成均对产物的性质有极大的影响（图2.9）。

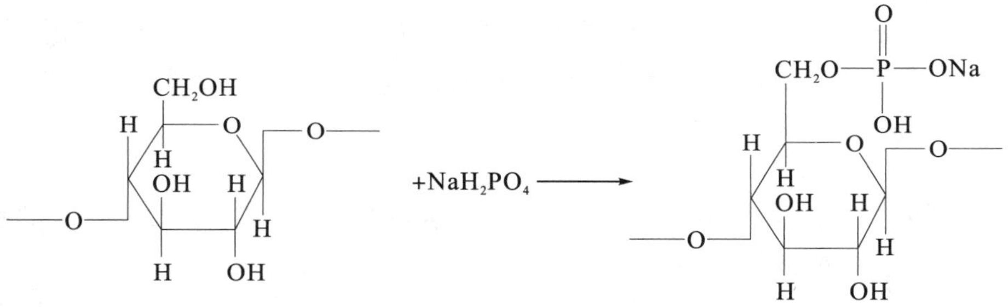

$+NaH_2PO_4 \longrightarrow$

图2.9　纤维素磷酸酯化反应

制法一：制备高含磷量的纤维素磷酸酯，必须使用过量的尿素、高温（140℃）和较短的反应时间（约15 min）。

制法二：将纤维素与磷酰氯反应，可生成低取代度的磷酸酯。若直接在熔融的尿素磷酸中熔胀，可制得水溶性纤维素磷酸酯。

2. 纤维素有机酸酯

纤维素有机酸酯是指纤维素分子链中的羟基与有机酸、酸酐或酰卤发生反应的生成物。由于纤维素高分子间存在氢键的数目众多、结晶结构及形态复杂，有机酯化剂在反应体系中的扩散会受到不同程度的阻碍，酯化反应能力明显低于含羟基的低分子有机化合物。在生成纤维素有机酸酯的反应中，除甲酸酯外，其他任何有机酸都不可能使纤维素完全酯化。只有在催化剂的存在下，用相应的酸酐、酰卤与纤维素反应才能得到预期的酯化效果。纤维素酯化反应速率随酯化剂分子量的增加而降低，酯化产品的强度、熔点、密度及吸湿性等也随取代基分子量的增加而降低。纤维素有机酸酯主要有纤维素甲酸酯、乙酸酯、丙酸酯、丁酸酯、乙酸丁酸酯、高级脂肪酸酯、芳香酸酯和二元酸酯等。受酯化剂来源的限制，有实用价值且已形成规模性工业生产的纤维素有机酸酯主要有纤维素乙酸酯、纤维素乙酸丙酸酯及纤维素乙酸丁酸酯。

（1）纤维素甲酸酯。在室温下，以硫酸为催化剂，用浓甲酸处理纤维素即可制得纤维素甲酸酯。纤维素甲酸酯对热水很不稳定，甚至空气中的湿气也会使它逐渐分解。因此，纤维素甲酸酯没能获得实际应用。

（2）纤维素乙酸酯。通常称为醋酸纤维素或乙酸纤维素，是最为重要的一种纤维素有机酸酯，也是最早进行商品生产且不断发展的纤维素有机酸酯（图 2.10）。其广泛应用于纺织、塑料、香烟滤嘴、包装材料、胶片、水处理反渗透膜、涂料、人工肾脏等领域。

$$\text{Cell—OH}+(\text{CH}_3\text{CO})_2\text{O}\longrightarrow\text{Cell—O—COCH}_3+\text{CH}_3\text{COOH}$$

图 2.10　纤维素乙酸酯的制备

纤维素乙酸酯的合成是一个由非均相至均相的反应。虽然纤维素不能溶解在乙酸中，但乙酸却是纤维素乙酸酯的良好溶剂。反应从纤维素的无定形区开始，然后进入结晶区。起始为多相，经历纤维素纤维的逐层反应—溶解—裸露新的纤维表面—继续反应，直至最后成为单一均相。因此，溶液过程的乙酰化实际上是从多相逐渐过渡到均相的反应。由于反应的要求，作为工业原料的纤维素不需要保留一定的含水量（2%～5%），不应使用高温干燥，以防止由于体系中生成较多的氢键而使原料的反应能力下降。通常在加入乙酸酐之前，要先用乙酸或含有部分硫酸的乙酸对纤维素进行溶胀处理，以利于反应底物和酯化剂均匀混合，同时有利于催化剂硫酸均匀分布，以制备酯化度和分子量都更可控的纤维素乙酸酯。

由于乙酰化是放热反应，在加入乙酸酐之前，应先将纤维素和溶胀剂的混合物冷却，然后加入冷却过的乙酸酐，搅拌混合时也需要继续冷却，最后才加入剩余的催化剂。在规定条件下制得的取代值为 2.9 的纤维素三乙酸酯，通常称为初级纤维素乙酸酯，这一类初级纤维素乙酸酯的脆性大。由于硫酸作为催化剂存在于反应中，在乙酰反应中还会生成部分的纤维素硫酸酯，影响产品的稳定性，且初级纤维素乙酸酯只能溶于冰醋酸（CH_3COOH）、二氯甲烷（DCM）、吡啶（Pyridine）和 N，N－二甲基甲酰胺（DMF）等有限的溶剂，溶解能力十分有限。因此，常常对初级纤维素乙酸酯进行一定程度的水解反应，降低酯化度，制得的取代度为 2.2～2.7 的产品称为二级纤维素乙酸酯。水解反应的主要作用是增加纤维素乙酸酯的溶解度，具体过程是从纤维素三乙酸酯上除去若干乙酰基，同时或多或少地除去结合的纤维素硫酸酯，从而在提高溶解度的同时，改进纤维素乙酸酯的热稳定性。

当纤维素分子中含有一定数量的伯羟基（5～8 个葡萄糖残基上有一个伯羟基）时，便可溶解于工业上常用的溶剂丙酮中，使其溶解性能大大增加。但并不是取代度为 2.2～2.7 的纤维素乙酸酯都有很好的溶解性能，如果不先制成初级纤维素乙酸酯，而是直接酯化到取代度为 2.2～2.7 的纤维素乙酸酯，就不能溶于丙酮中。这是纤维素分子中伯、仲羟基的化学反应能力不同造成的。在酯化反应和水解反应中，伯羟基的反应能力大于仲羟基。当纤维素乙酸酯水解时，伯羟基容易被皂化，因此游离伯羟基的数目比游离仲羟基多，当纤维素乙酸酯中有足够多的游离伯羟基时，才能溶于丙酮和其他有机溶剂。直接酯化到取代值为 2.2～2.7 的纤维素乙酸酯的情况则与此相反，游离仲羟基的数目比游离伯羟基多，因此溶解性能不好。此外，当游离伯羟基过多时，由于分子内形成氢键的能力增强，纤维素乙酸酯的溶解性能也将变差。若进一步将二级纤维素乙酸酯水解，制备取代度约为 0.75 的纤维素乙酸酯，便可得到水溶性纤维素乙酸酯。工业上制备纤维素乙酸酯的方法可分为多相体系的乙酰化和溶液过程的乙酰化。

①多相体系的乙酰化。多相体系的乙酰化实际上是在纤维素的乙酰化过程中，在体系中使用惰性稀释剂（如苯、甲苯、吡啶等）替代或部分替代酯化混合物中的醋酸，使纤维素自始至终保持纤维状结构。高氯酸是该体系中常用的催化剂，因为在催化反应的同时，高氯酸不与纤维素反应生成酸酯。此多相体系的反应时间约为 2 h，温度为 38℃。

②溶液过程的乙酰化。除上述纤维素制三乙酸酯外，几乎所有的纤维素乙酸酯都采用溶液过程的乙酰化制备。此法以醋酸为溶剂，硫酸为催化剂，醋酐为酯化剂。

实际上，纤维素分子中的羟基不可能全部酯化，不同酯化程度的醋酸纤维有不同的性能和用途。酯化程度接近 100％的用于电影胶片和绝缘材料的生产制造，酯化程度达 80％的用于人造丝和香烟的过滤嘴的制备，酯化程度为 70％左右的用于制造塑料和清漆。酯化程度大的醋酸纤维在有机溶剂中溶解性小。醋酸纤维对光稳定，不燃烧，耐酸不耐碱。

（3）纤维素混合酯。在制备纤维素乙酸酯的过程中，向体系中加进一些丙酰基或丁酰基，可得到纤维素混合酯，即纤维素乙酸丙酸酯或纤维素乙酸丁酸酯。混合酯具有一些优异特性，如柔韧性和透明性，容易加工，且可扩大溶解纤维素乙酸酯选用的溶剂范围，并提高对增塑剂和合成树脂的相容性。纤维素混合酯可采用从多相反应转为均相反应的方法（与纤维素乙酸酯的流程相似）制备。丙酰基或丁酰基与乙酰基含量的比值可由酯化混合溶液中酯化剂浓度的高低来调节。混合酯化剂可用不同比例的乙酸酐和丙酸或丁酸，也可用丙酸酐或丁酸酐和乙酸的混合溶液，所得产品可具有两种组分。

2.2.4.4 纤维素醚化反应

天然纤维素经过碱化、醚化反应的产物，其羟基的氢被烃基取代，可制成纤维素醚。合成纤维素醚的反应与酯化作用类似，经由一个水合氢离子中间体，再与过量的醇反应生成醚（图 2.11）。制备的纤维素醚可根据取代基种类、醚化程度、溶解性能及有关应用性能等，分成不同的类别。按分子链取代基类型可分为单醚和混合醚两类，前者指含有一种取代基的纤维素醚，后者则指含有两种以上不同的取代基的纤维素醚，这种混合醚可视为单醚的改性衍生物。例如，甲基纤维素为单醚，羟丙基甲基纤维素为混合醚，是甲基纤维素的重要改性衍生物之一。根据溶解性能，又可将纤维素醚分为水溶性纤维素醚和有机溶剂可溶纤维素醚。目前工业上所生产的纤维素醚基本上都属于水溶性纤维素醚，习惯上按取代基电离性质分为离子型和非离子型两类。离子型有羧甲基纤维素和磺酸乙基纤维素；非离子型的品种较多，其中最重要的是甲基纤维素和羟乙基纤维素。

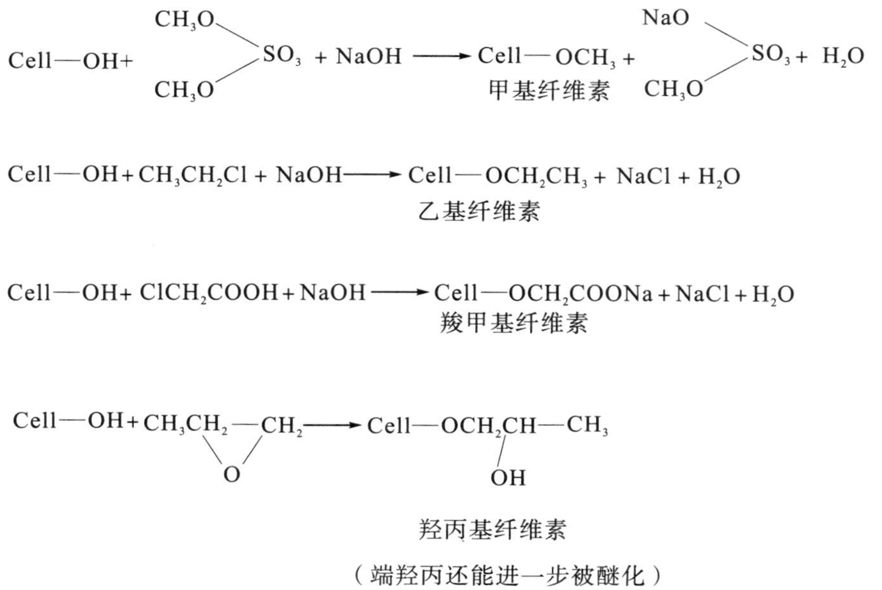

$$Cell—OH + (CH_3O)_2SO_2 + NaOH \longrightarrow Cell—OCH_3 + CH_3O(NaO)SO_2 + H_2O$$

甲基纤维素

$$Cell—OH + CH_3CH_2Cl + NaOH \longrightarrow Cell—OCH_2CH_3 + NaCl + H_2O$$

乙基纤维素

$$Cell—OH + ClCH_2COOH + NaOH \longrightarrow Cell—OCH_2COONa + NaCl + H_2O$$

羧甲基纤维素

$$Cell—OH + CH_3CH_2—CH_2(—O—) \longrightarrow Cell—OCH_2CH(OH)—CH_3$$

羟丙基纤维素

（端羟丙还能进一步被醚化）

图 2.11　典型纤维素醚的制备

由于通常以碱纤维素作为醚类衍生物的原料，因此，纤维素醚化的基本原理主要是基于以下三个有机化学反应。

（1）Williamson 醚化反应，可制备甲基纤维素、乙基纤维素和羧甲基纤维素。

$$Cell—OH + NaOH + RX \longrightarrow Cell—OR + NaX + H_2O$$

（2）碱催化烷氧基化反应，可制备羟乙基纤维素、羟丙基纤维素和羟丁基纤维素。

$$Cell—OH + CH_2OCHR + NaOH \longrightarrow Cell—OCH_2—CHR$$

（3）碱催化加成反应（Michael 加成反应）。反应过程主要是一个活化的乙烯基化合物与纤维素羟基发生加成反应（图 2.12）。

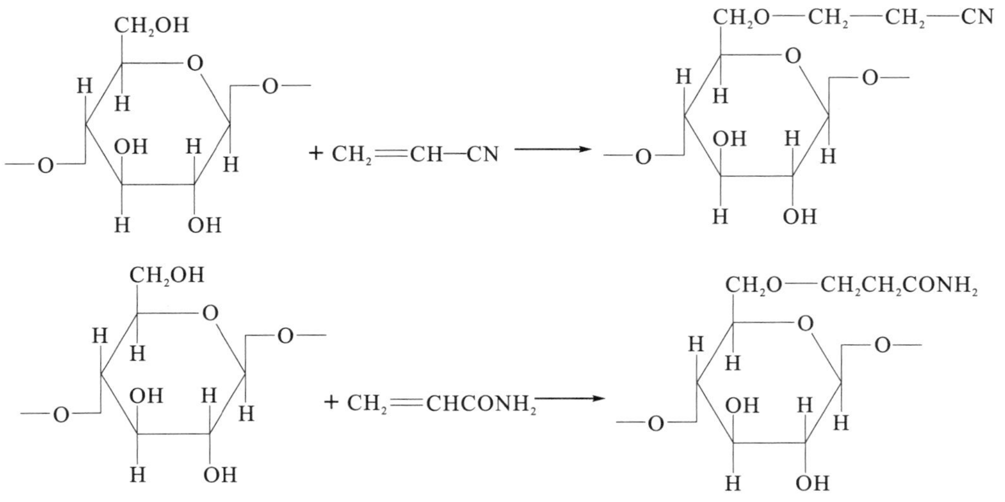

$$\text{纤维素葡萄糖单元}(CH_2OH) + CH_2{=}CH—CN \longrightarrow \text{纤维素葡萄糖单元}(CH_2O—CH_2—CH_2—CN)$$

$$\text{纤维素葡萄糖单元}(CH_2OH) + CH_2{=}CHCONH_2 \longrightarrow \text{纤维素葡萄糖单元}(CH_2O—CH_2CH_2CONH_2)$$

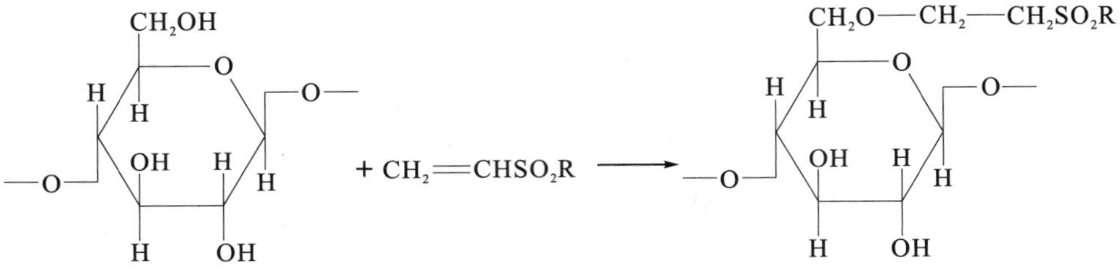

图 2.12 纤维素 Michael 加成反应

纤维素分子与上述试剂反应后，氰乙基化产物使纤维素纤维织物具有防腐性，氨基甲酸乙基化产物使纤维素纤维织物对活性染料的染色反应性提高，乙烯砜型加成产物本身就是活性染料，染色反应时与纤维素纤维形成共价键结合。

表征纤维素醚的两个重要指标是取代基的性质和取代度（DS）。因为它们决定了产物在水中或有机溶剂中的溶解度和絮凝性能。对于羟烷基纤维素，多采用摩尔取代度（MS）来表征，它表示每个脱水葡萄糖单位所生成醚基的总数，其中包含侧链所生成的醚基。

将纤维素进行醚化后，纤维素醚与纤维素相比，很多性质发生了改变（如溶解性能、熔融性质、可降解性能等）。由于分子链中引入了取代基团，纤维素分子内与分子间的部分氢键被破坏，分子间距离扩大，使纤维素醚能够溶解在水或溶剂中，极大地扩大了纤维素的应用。

纤维素醚在水中或有机溶剂中的溶解特性取决于取代基的性质、取代度（DS）及取代基分布的影响。取代基团的特性是指取代基本身的溶解性及取代基团的体积或大小。取代基的溶解性是指取代基团的亲水、憎油特性。若取代基是强亲水性，则纤维素醚的溶解性能较好，在高取代度时仍能保持溶解性。如主要是憎水性醚基，在较高取代度（如 DS>2）时，纤维素醚在水中的溶解性能就会消失。且憎水性纤维素醚在水中的溶解性对于温度很敏感，在较高温度下，已溶解的物质会发生热凝胶化作用，但冷却后可以再次溶解于水中。只含阴离子基团的纤维素醚，不管其取代度为多少，除能溶解在强极性溶剂（如二甲基亚砜）中外，几乎不能溶于其他有机溶剂。取代基的体积越大，越容易使大分子链分开，分子间距离扩大，氢键减少，溶解所需要的取代度相应降低。相反，若取代基的体积越小，要得到相同的溶解性则需要更大的取代度。

2.2.4.5 纤维素的接枝共聚反应

纤维素是一种天然高分子化合物，其用作材料时存在一些性能弱势（如机械强度不足、尺寸不稳定、不耐腐蚀等）。通过在纤维素羟基上引入功能基团或功能单体，可显著改善纤维素的各项性能，实现纤维素的材料化应用，提高产品价值。纤维素的接枝共聚反应是纤维素常用的材料化功能改性方法。

纤维素的接枝共聚反应是指在纤维素的主链上引入其他化合物，一般主要发生在纤维素 C2、C3 位的羟基上。纤维素的接枝共聚反应主要包括自由基引发接枝和离子引发接枝。

1. 自由基引发接枝

自由基引发接枝是纤维素最常见、应用最广的一种引发接枝技术，常见的方法包括高锰酸钾引发接枝、过硫酸盐引发接枝、四价铈引发接枝、光引发接枝、Fentons试剂引发接枝、高能辐射引发接枝等。按类型可分为氧化法、Fentons试剂法和辐射法三大类。

（1）氧化法。典型的氧化法接枝纤维素一般采用四价铈离子促使纤维素产生自由基，然后与接枝单体（如丙烯腈、丙烯酰胺、氯乙烯等）进行反应。反应一般发生在纤维素葡萄糖基的C2、C3位羟基上。高锰酸盐、过硫酸盐、三价锰等氧化剂都通过相同的氧化机理来实现纤维素的自由基引发接枝。

（2）Fentons试剂法。Fentons试剂是由H_2O_2和Fe^{2+}配置而成的溶液，具有氧化还原作用，常用于水处理等领域。Fentons试剂法引发纤维素接枝时，Fe^{2+}首先与H_2O_2反应释放一个·OH自由基，然后自由基与纤维素葡萄糖基上的羟基反应形成H_2O和带自由基的纤维素，随后自由基再与待接枝单体进行接枝共聚，形成纤维素接枝共聚产物。常用的接枝单体包括丙烯酸、乙烯酸乙酯、甲基丙烯酸甲酯等。

（3）辐射法。采用紫外线、γ射线等对纤维素进行辐射可使纤维素产生自由基，然后可再与单体进行接枝。进行辐射照射时，纤维素C2、C3位羟基电离产生H^+和纤维素自由基，然后纤维素自由基再与丙烯酸、丙烯酰胺等单体接枝得到接枝共聚物。

2. 离子引发接枝

纤维素与碱发生反应，可产生纤维素负离子，然后可与丙烯腈、丙烯酸等进行接枝共聚反应。整个接枝共聚反应的过程可归纳为链引发、链增长和链终止。以丙烯腈接枝纤维素反应为例，其过程如下：

$$\text{Cell—O}^-\text{Na}^+ + \text{CH}_2\text{=CHCN} \longrightarrow \text{Cell—O—CH}_2\text{—C}^-\text{HCN} + \text{Na}^+ \qquad \text{链引发}$$

$$\text{Cell—O—CH}_2\text{—C}^-\text{HCN} \longrightarrow \text{Cell—O—(CH}_2\text{—CH(CN))}_n\text{—CH}_2\text{—C}^-\text{HCN} \qquad \text{链增长}$$

$$\text{Cell—O—(CH}_2\text{—CH(CN))}_n\text{—CH}_2\text{—C}^-\text{HCN} \longrightarrow \text{Cell—O—(CH}_2\text{—CH(CN))}_n\text{—CH}_2\text{CH}_2\text{CN} \qquad \text{链终止}$$

纤维素接枝共聚反应既可保留纤维素原有特性，又通过加入接枝单体提高了纤维素的其他性能（如亲/疏水性、阻燃性、耐酸碱性等），扩大了纤维素的应用范围。同时，纤维素接枝共聚反应一般发生在纤维素的无定形区或结晶区表面，并不改变纤维素的晶体结构。因此，纤维素接枝共聚反应是以纤维素为基材制备多种纤维素基功能材料的良好方法。

2.2.4.6 纤维素交联反应

一些化学试剂可与纤维素葡萄糖基上的羟基发生反应，从而将不同纤维素分子链连接起来，这称之为纤维素的交联反应。交联纤维素可提高其多种物理化学性能（如力学稳定性、弹性、强度等）。纤维素交联反应与纤维素的来源、纤维形态、交联剂类型、交联工艺等密切相关，上述因素均可显著影响纤维素交联的效果。目前，纤维素交联主要通过交联剂与纤维素形成醚键连接或酯键连接。

1. 醚化交联反应

纤维素羟基可以和多种醛基化合物、N－羟基化合物及环氧基化合物发生交联反应。

醛类化合物是最常用的交联剂之一。以甲醛为例，纤维素与甲醛可在酸性条件下发生缩合反应，形成大分子交联并释放 H_2O，反应如下：

$$2\text{Cell—OH}+\text{CH}_2\text{O}\longrightarrow\text{Cell—O—CH}_2\text{—O—Cell}+\text{H}_2\text{O}$$

醛类交联的羟醛缩合反应一般在高温酸性条件下进行，其他如乙二醛、丙二醛及脂肪二醛均可与纤维素发生交联反应。同时，纤维素内葡萄糖基的不同羟基之间也可发生分子内交联反应。

N－羟基化合物也可与纤维素发生反应实现纤维素的交联。常用的N－羟基化合物包括三聚氰胺甲醛树脂、脲甲醛树脂等。以三聚氰胺甲醛树脂为例，其与纤维素的交联反应如下：

$$2\text{Cell—OH}+\text{C}_3\text{N}_3(\text{NHCH}_2\text{OH})_3\longrightarrow\text{Cell—OH}_2\text{CHN—C}_3\text{N}_3(\text{NHCH}_2\text{OH})\text{—NHCH}_2\text{O—Cell}+2\text{H}_2\text{O}$$

环氧基化合物也可与纤维素的羟基进行反应实现纤维素的交联。以环氧氯丙烷为例，在碱性条件下，通过含氧三元环的开环反应，环氧氯丙烷可以与纤维素羟基反应形成稳定的分子间交联，反应如下：

$$2\text{Cell—OH}+\text{Cl—CH}_2\text{—}\underset{\text{O}}{\text{CH—CH}_2}\longrightarrow\text{Cell—O—CH}_2\text{—CH(OH)—CH}_2\text{—O—Cell}$$

2. 酯化交联反应

酸酐、酰氯、二元羧酸、二异氰酸酯等可以与纤维素葡萄糖基上的羟基发生酯化反应，形成交联。典型的酯化交联剂包括苯二甲酸酐、琥珀酰氯、己二酸、庚二酸、2,4－二异氰酸甲苯酯等。以酰氯为例，室温下在DMF溶液中纤维素可与酰氯发生酯化反应，形成稳定交联，反应如下：

$$2\text{Cell—OH}+\text{Cl—}\overset{\text{O}}{\overset{\|}{\text{C}}}\text{—(CH}_2)_n\text{—}\overset{\text{O}}{\overset{\|}{\text{C}}}\text{—Cl}\longrightarrow\text{Cell—O—}\overset{\text{O}}{\overset{\|}{\text{C}}}\text{—(CH}_2)_n\text{—}\overset{\text{O}}{\overset{\|}{\text{C}}}\text{—O—Cell}+2\text{HCl}$$

相比醚化交联反应，纤维素酯化交联反应产物的稳定性相对较低，在碱性溶液中易被水解。因此，工业化纤维素酯化交联仍需继续深入研究。

2.3　纤维素材料的合成及应用

2.3.1　纤维素基水处理材料

纤维素作为一种广泛易得的天然高分子，可通过一系列物理、化学改性制备纤维素基水处理材料。其中，纤维素基水处理材料主要以纤维素为载体。水处理材料的载体的种类很多，如硅胶、膨润土、壳聚糖、淀粉等。然而，这些材料都不是理想的无毒、易得、价廉、含量丰富的材料。纤维素作为世界上最丰富的天然有机物（占植物界碳含量的50%以上），其具有可再生性、可生物降解性、生物相容性好、无毒等优点。同时，纤维素含有大量的伯羟基和仲羟基，其中伯羟基的活泼性较强，可经过化学改性或吸附等手段获得纤维素衍生型水处理材料。其中，纤维素作为载体可实现水溶液中非金属离子、重金属离子或有机分子的吸附，从而达到分离的目的。

出于对微生物生长繁殖特点、载体用后处理和污染物回收方便的考虑，通常希望载体的降解时间是可以人为控制的。例如，某些细菌在实际使用一段时间后会出现退化现象，需要更换新的菌种。如果载体填料的降解时间和细菌的使用时间相同，成本低廉的载体部分变为少量污泥，只需对污泥进行处理即可，简化了后续处理的工作量。此外，由于部分纤维素载体在使用过程中降解为可溶性低碳糖，为细菌代谢提供碳源，因此，其特别适用于处理低化学需氧量（COD）和低生化需氧量（BOD）的废水（如酸性矿山废水等）。赵薇等对纤维素载体降解及生物膜附着的影响因素进行了考查，以期实现对纤维素载体降解速度的控制。

2.3.1.1　吸附金属离子

羧基、磺酸基、磷酸基、伯胺基、巯基、黄原酸酯等基团可以吸附带正电的重金属阳离子，因此，以纤维素为载体并在纤维素葡萄糖基上修饰获得上述基团，所得材料可用于去除水中的重金属离子。

纤维素作为载体可不经过接枝链实现基团修饰，即纤维素与功能吸附/脱附基团直接相连。纤维素的活泼伯羟基为修饰功能吸附基团奠定了良好的基础，常见的巯基型和黄原酸酯型纤维素基吸附材料即采用直接修饰法获得。采用纤维素与巯基乙酸进行酯化反应，可制备巯基型纤维素基吸附材料，并可应用于多种元素的富集分离。以纤维素为载体，在碱性条件下与CS_2反应可制备得到黄原酸酯型纤维素基吸附材料，这种黄原酸酯型纤维素基吸附材料具有良好的吸附去除重金属离子能力。纤维素与巯基乙酸进行酯化反应如下：

$$\text{Cell—OH} + \text{HOOCCH}_2\text{SH} \longrightarrow \text{Cell—OOCCH}_2\text{SH} + \text{H}_2\text{O}$$

以纤维素为载体，以环氧基化合物为接枝链，可在纤维素上接枝多种功能吸附基团，实现对不同物质的高效吸附。环氧氯丙烷可与纤维素的伯羟基发生醚化反应，其另一端的环氧基团开环后可连接功能基团，实现纤维素载体的功能化。以纤维素为载体、环氧氯丙烷为接枝链、亚氨基乙二酸为功能吸附/脱附基团，可制备亚氨基乙二酸型纤维素基吸附材料，该材料可高效吸附废水中的Cu(Ⅱ)、Pb(Ⅱ)、Fe(Ⅲ)、Ni(Ⅱ)、Cd(Ⅱ)、Co(Ⅱ)等重金属离子。以黏胶纤维为载体、环氧氯丙烷为接枝链、环糊精为吸附基团，可制备环糊精型纤维素基吸附材料。该吸附材料对模拟水样中的重金属离子Cu^{2+}、Pb^{2+}、Cd^{2+}等有良好的吸附能力。环氧氯丙烷与纤维素的伯羟基发生醚化反应如下：

$$\text{Cell—OH} \xrightarrow{\text{NaOH(3\%)}} \text{Cell—Na} \xrightarrow[\text{OH}^-]{\text{Cl—CH}_2\text{—}\overset{\text{O}}{\text{CH—CH}_2}} \text{Cell—O—CH}_2\text{—}\overset{\text{O}}{\text{CH—CH}_2}$$

通过自由基引发接枝共聚，将多种烯烃类化合物接枝到纤维素葡萄糖基的伯羟基上，可显著增加纤维素的接枝率，大大增加了功能吸附基团的数量，可有效提高纤维素基吸附材料吸附金属离子的能力。以纤维素为载体、甲基丙烯酸缩水甘油酯为烯烃单体、N-甲基葡萄糖胺为功能吸附基团可制备N-甲基葡萄糖胺型纤维素基吸附材料。该吸附材料可高效吸附水中的Ge(Ⅳ)、Te(Ⅵ)等，且具有良好的重复利用性能，一般至少可重复使用3～5次。活化的乙烯基化合物与纤维素羟基发生Michael加成反应如下：

$$\text{Cell—OH} + \text{H}_2\text{C}{=\!=}\text{CH—Y} \longrightarrow \text{Cell—OCH}_2\text{CH}_2\text{—Y}$$

在自由基引发接枝共聚制备纤维素基吸附材料时，自由基的数量对接枝率有直接影响，因此，引发剂种类、引发剂浓度等对接枝纤维素材料的性能有直接影响。采用高能电子束也可引发纤维表面产生大量的自由基，以达到接枝甲基丙烯酸缩水甘油酯的目的。

除甲基丙烯酸缩水甘油酯外，其他接枝链也可实现纤维素的接枝。采用氧化法可在纤维素载体上接枝丙烯腈，使得纤维素葡萄糖主链上获得多个氰基，再通过氰基与羟胺的偕胺肟化反应使纤维素载体带有偕胺肟基，这种偕胺肟基纤维素吸附材料可高效吸附水中的金属离子，其中对Cu^{2+}的吸附容量达246 mg/g，对Ni^{2+}的吸附容量达188 mg/g。以过氧化苯甲酰为引发剂，可引发纤维素与丙烯酰胺和丙烯酸接枝共聚，制备聚丙烯酰胺/丙烯酸型纤维素基吸附材料，具有良好的吸附重金属离子的效果。以微晶纤维素为载体、偶氮二异丁腈为引发剂，可引发纤维素与连有咪唑的烯烃单体接枝共聚，从而制备高性能纤维素基吸附材料，可有效吸附Cu^{2+}、Pb^{2+}、Ni^{2+}等水溶液中常见的金属离子。

纤维素作为水处理材料载体时，通过接枝共聚反应在纤维素上修饰的接枝基团对纤维素金属吸附材料的吸附性能有显著影响，不同接枝基团的吸附能力均有差异。采用硝酸铈铵作引发剂可在纤维素载体上接枝聚丙烯酸（PAA）、甲基聚丙烯酰胺（PNMBA）、聚2-丙烯酰胺-2-甲基丙磺酸（$PAASO_3H$）、丙烯酸及2-丙烯酰胺-2-甲基丙磺酸等多种不同纤维素基吸附材料，这些纤维素基吸附材料对重金属离子Pb^{2+}、Cu^{2+}和Cd^{2+}的吸附能力有所不同，其中，接枝聚丙烯酸的纤维素基吸附材料具有最高的重金属离子吸附能力。

2.3.1.2　吸附阴离子

通过在纤维素载体上修饰一些含氮的基团（如伯胺基、仲胺基、叔胺基、季铵盐、吡啶基等），以及在纤维素上负载金属离子形成螯合，可制备纤维素基水处理材料以吸附除去水中的有害阴离子。

以黏胶纤维为载体、环氧氯丙烷为接枝链、环糊精为吸附基团，可制备环糊精型纤维素基吸附材料，利用环糊精对 CrO_4^{2-} 的吸附特异性，其可用于废水中 CrO_4^{2-} 的吸附。

含氮基团作为吸附功能基团有良好的吸附阴离子的性能。同时，环氧氯丙烷也是接枝含氮基团的良好接枝链。以棉纤维为载体，与环氧氯丙烷进行醚化反应，可制备三乙醇胺纤维素基阴离子吸附材料，该吸附材料可大量吸附水溶液中的有害阴离子（如 As^{3+}、F^- 等）。采用椰子纤维与环氧氯丙烷进行醚化反应，再将二甲胺接枝到反应物上，用浓盐酸进行处理，可得到纤维素基阴离子吸附材料，用来吸附大量的水溶液中的 AsO_4^{3-}。

甲基丙烯酸缩水甘油酯同样可作为接枝链通过自由基引发接枝在纤维素上接枝含氮基团。以纤维素为载体、甲基丙烯酸缩水甘油酯为烯烃单体、N－甲基葡萄糖胺为功能吸附基团可制备纤维素基阴离子吸附材料，该吸附材料对水溶液中的 AsO_3^{3-}、AsO_4^{3-} 均表现出优良的吸附性能，且重复使用 13 次后其吸附性能未有明显改变。

在纤维素上负载金属离子可制备负载金属型纤维素吸附材料，用于吸附水溶液中的阴离子。例如，将 Fe(Ⅲ）负载于木棉纤维素上，可制备 Fe－纤维素吸附材料。该材料对水中的 AsO_4^{3-} 有良好的吸附能力，经过处理后的水中 AsO_4^{3-} 含量大大降低，可达到饮用水标准。Zn－Al 双金属氢氧化物修饰于纤维素上，可制备 Zn－Al－纤维素吸附材料，用于吸附水中的 F^-。当 Zn－Al 的负载率为 27％时，该材料对 F^- 的吸附能力可达 5.29 mg/g。

2.3.1.3　吸附有机物

在纤维素载体的羟基上，经过醚化、接枝共聚等反应，可为纤维素引入羧基、胺基等基团，可吸附染料、杀虫剂、苯胺类、酚类等有机化合物。

以纤维素为原料，采用环氧氯丙烷和二甲胺分别进行醚化和胺化反应，可制成带正电荷的季铵盐改性产物。其中，环氧氯丙烷作为接枝链，二甲胺作为吸附功能基团。这种带正电荷的纤维素季铵盐对溶液中带负电荷的有机染料有良好的吸附能力，具有较大的吸附容量，一般为 170 mg/g 以上。

以小麦秸秆纤维素为原料，通过纤维素醚化反应，可在纤维素 C2、C3 位羟基引入羧甲基或季氨基，形成阴离子型或阳离子型纤维素吸附材料。如果在醚化反应同时引入这两种基团，则可制备两性纤维素吸附材料。其中，阴离子型纤维素基吸附材料对阳离子型染料亚甲基蓝有较好的吸附作用，而阳离子型纤维素基吸附材料可很好地吸附阴离子型染料甲基橙和茜素绿。常用的有机染料一般分为阴离子型和阳离子型染料。传统的染料吸附剂一般只能吸附其中一种类型的染料，因此对含染料的废水进行处理时效果有限。由于两性纤维素基吸附材料同时具有阴离子和阳离子基团，可同时吸附阴离子型或阳离子型染料，因此其对以上几种染料都有良好的吸附作用。

纤维素水凝胶、气凝胶也可有效吸附各种有机染料。以羧甲基纤维素为原料，采用过硫酸铵进行引发，用 N－N 亚甲基双丙烯酰胺进行交联，可合成羧甲基纤维素－壳聚糖－丙烯酸水凝胶。该水凝胶对阳离子型染料亚甲基蓝有较好的吸附能力，可在 4 h 内达到吸附平衡且吸附容量高达 1629 mg/g。

以纤维素微纤为原料，采用乙烯基三甲氧基硅烷作为偶联剂可对纤维素进行化学交联，得到的纤维素悬浮液经冷冻干燥后，可制备获得纤维素气凝胶。通过巯基－烯点击反应（Click Reaction）可将多种不同的吸附功能基团引入纤维素气凝胶中，进而制备羧基化和氨基化的纤维素气凝胶（图 2.13）。这种纤维素气凝胶既具有纤维素气凝胶的高比表面积、高孔隙率的优点，又具备大量吸附功能基团，非常适合吸附各种有机染料。该羧基/氨基化纤维素气凝胶可高效吸附有机染料活性蓝和罗丹明 B，对这两种染料的吸附率均接近 100％。同时，这种纤维素气凝胶吸附材料有良好的重复使用性能，即便重复使用超过 5 次，还具有极高的染料吸附率，吸附率可超过 95％。

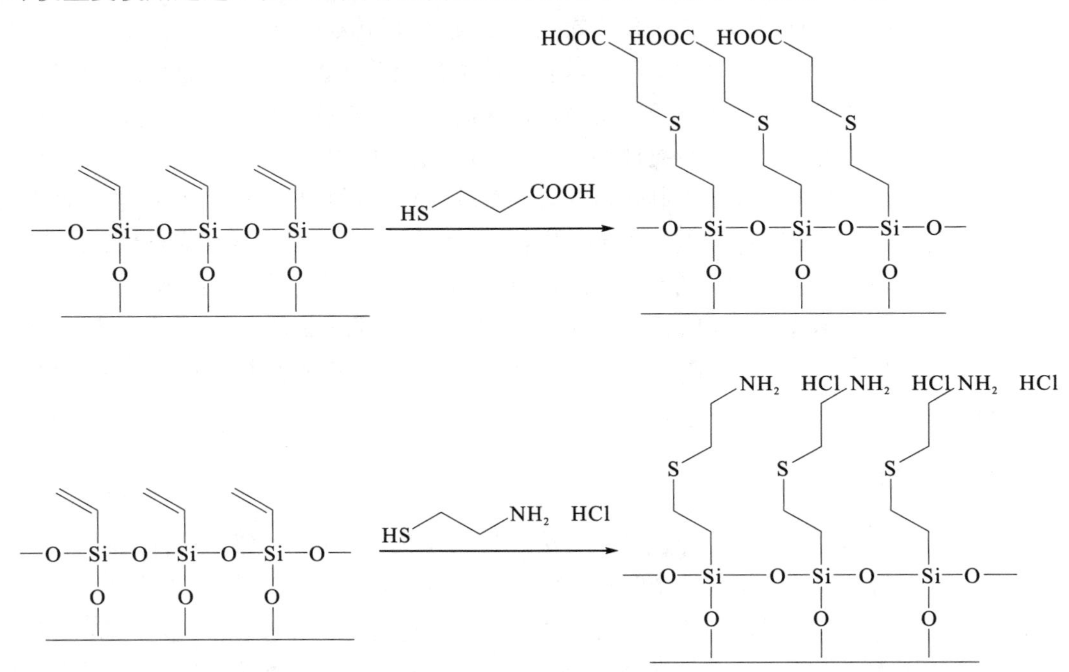

图 2.13　纤维素巯基－烯点击反应（Click Reaction）

除了染料，目前各种芳香有机物也是目前环境污水中不易处理的成分。以纤维素为载体，可制备纤维素基吸附材料用于吸附水溶液中的各种芳香化合物。以纤维素为原料，2－溴异丁酰溴为酰化试剂，在离子液体（AMIMCl）中通过原子转移自由基聚合法（ATRP），可将甲基丙烯酸甲酯（MMA）接枝到纤维素上制备纤维素－g－PMMA 共聚物。这种纤维素基吸附材料对 2,4－二氯酚（2,4－DCP）具有较好的吸附性能，且其吸附机理以化学吸附为主，最高的静态吸附容量可达 237 mg/g。

以纤维素为载体，以 3－氯－2－羟丙基三甲基氯化铵为醚化剂，通过纤维素醚化反应可制备季铵型阳离子纤维素基吸附材料。这种季铵盐改性纤维素可有效吸附溶液中含磺酸基、羧基、羟基的芳香化合物，且该季铵盐改性纤维素对水溶性芳香化合物的吸附容量很大。经吸附使用后的季铵盐改性纤维素可用碱对所吸附的芳香化合物进行洗脱，从而吸附材料可以回收利用，且吸附性能并未发生明显变化。

2.3.1.4　吸附蛋白质

纤维素通过醚化、酯化、接枝共聚、交联等反应，也可获得功能基团并制备纤维素基吸附材料用于多种蛋白质的吸附，可广泛应用于蛋白质的分离和提纯。以纤维素作为载体、二甲基甲酰胺作为交联剂并用磷酸进行功能化修饰，可制备磷酸化纤维素蛋白质吸附材料。由于磷酸化交联纤维素表面带有电荷，因此其通过静电作用吸附蛋白质。同时，由于磷酸化交联纤维素通过静电吸附与蛋白质作用，因此不会改变蛋白质的化学结构，且吸附速度快，适用于各种酶的吸附且可保持酶活性。这种磷酸化交联纤维素吸附容量大，可快速达到吸附平衡。

纤维素经硫酸酯化反应生成的纤维素硫酸酯，可与壳聚糖进一步进行交联复合，经挤出成型后可制备壳聚糖－纤维素硫酸酯复合小球材料。壳聚糖－纤维素硫酸酯复合小球具有良好的吸附牛血清蛋白的能力，且纤维素硫酸酯的取代度对其吸附能力有显著影响。在纤维素取代度为 0.58、壳聚糖与纤维素硫酸酯的比例为 1∶1 时，制备的复合材料具有最佳的吸附能力。此时，纤维素硫酸酯和壳聚糖在反应过程中会发生复杂的相互作用，可形成稳定结构，且在复合小球的表面和内部均存在大量沟壑和孔洞，大大提高了材料的比表面积。这种纤维素酯化复合材料可用作多种蛋白质的吸附分离及回收利用。

以纤维素为原料，利用环氧氯丙烷对纤维素进行交联并加入亚氨基二乙酸在纤维素表面接入功能基团，这种纤维素基材料可与金属离子 Cu^{2+}、Fe^{3+}、Zn^{2+}、Ni^{2+} 等螯合制得亲和吸附剂，可用于吸附牛血清蛋白。同时，在螯合亲和性强的金属离子（如 Cu^{2+}）时，其对蛋白质的吸附以配位作用为主，静电作用为辅；在螯合亲和性弱的金属离子（如 Fe^{2+}、Zn^{2+}、Ni^{2+}）时，纤维素基吸附材料对蛋白质的吸附以静电作用为主，配位作用为辅。因此，采用弱亲和性的金属离子进行螯合所制得的吸附剂，在吸附蛋白质之后可很容易地采用多种方法改变电荷，从而实现蛋白质的洗脱，有利于材料的重复利用。同时，这种方法也有利于蛋白质的吸附分离和纯化。

2.3.2　纤维素基纺织材料

以纤维素为原料，可制备多种纤维素基材料，并可广泛应用于纺织工业，包括用作纺织上浆剂、印染浆的增稠剂、纺织品印花材料等。其中，纤维素经过醚化反应制备的各种纤维素醚，在纺织行业应用极为广泛。

纤维素与氯乙酸在 NaOH 的作用下经过 Williamson 醚化反应可制备羧甲基纤维素，反应如下：

$$Cell—OH+NaOH+CH_3Cl \longrightarrow Cell—OCH_3+NaCl+H_2O$$

羧甲基纤维素对大多数纤维都具有黏着性，可明显改善纤维之间的结合。因此，羧甲基纤维素常在纺织行业中被用作上浆剂，其极佳的黏度稳定性可显著提高上浆的均匀性，提高织造效率。

羧甲基纤维素还可用作纺织整理剂。作为纺织整理剂，羧甲基纤维素的主要作用是增加纤维的抗皱性能，使纤维能够持久耐皱，从而提高纺织品的平整性和耐久性。

纤维素经过碱催化烷氧基化反应可制备羟乙基纤维素，也可广泛应用于纺织工业。反应如下：

$$Cell—OH+CH_2OCH_3+NaOH \longrightarrow Cell—OCH_2CH_3$$

羟乙基纤维素对纤维具有良好的黏着性，可用作纺织上浆剂，改善纤维织物的结合及稳定性。经过羟乙基纤维素处理的各种纤维具有良好的耐磨性，并显著改善了其耐火性、抗污性、收缩稳定性等，显著提高了纺织品的品质，提升了纺织品的耐穿性。此外，采用不同浓度的羟乙基纤维素上浆，可调控纺织品的性质。例如，采用3.5%～5.0%浓度的羟乙基纤维素上浆后，可改善棉纤维的手感，使其性状和手感与亚麻相似；如果将羟乙基纤维素浓度提高至6.0%～8.0%对棉纤维进行处理，则所获得的织物其硬挺性显著提高，耐洗性和收缩稳定性也明显改善。

羟乙基纤维素在纺织染整过程中也发挥着重要作用，可作为匀染剂。羟乙基纤维素在染整过程中可控制水的释放并可允许水连续流动，因此在印染辊上不需添加胶黏剂，使其敞开时间增长，有利于形成更好的胶黏膜，提高了沾染均匀性，且加入羟乙基纤维素不会明显增长织物印染后的干燥时间。例如，将阳离子染料的醇溶液加入羟乙基纤维素中，可印染丙烯酸类织物。羟乙基纤维素和磺化月桂酸于水中搅和的印染浆可局部印染于聚烯烃织物（如聚丙烯），且在聚烯烃织物干燥后，可进行定域印染。

在纺织印染时，羟乙基纤维素还可作为增稠剂提高织物的上染率、均匀性等。羟乙基纤维素适合作为丙烯酸基黏合剂的增稠剂，来增稠织物背面涂料和层压组分，可使织物印染均匀。在地毯染色中，羟乙基纤维素具有极佳的整体配伍性，其增稠效果好。同时，羟乙基纤维素杂质含量低，因此其不干扰染色的吸收和颜色的扩展，避免了在染色过程中出现斑点，提高了染色的均匀性。

其他纤维素醚（如羟乙基羧甲基纤维素、羟丙基羧甲基纤维素、乙基羟乙基纤维素等），也可作为纺织用上浆剂、匀染剂、增稠剂等，提高纺织品的各项性能。

2.3.3 纤维素基造纸材料

众所周知，纸张的主要成分为纤维素，而除纸张、纸浆之外，纤维素衍生材料还在造纸工业中扮演着重要的角色，多种纤维素醚、细菌纤维素等都被广泛应用于造纸行业作为各种造纸助剂（如纸张增强剂、表面施胶剂、乳化稳定剂、涂料保水剂及特殊纸质材料等）。下面将分别对各种纤维素衍生材料在造纸工业中的应用进行介绍。

2.3.3.1　纤维素醚在造纸工业中的应用

纤维素醚是纤维素碱化后通过 Williamson 醚化反应、烷氧基醚化反应及 Michael 加成反应得到的产物，其羟基被取代形成醚键。纤维素醚在造纸工业中有着广泛的应用。

1. 表面施胶剂

纤维素在 NaOH 的作用下经过 Williamson 醚化反应可制备羧甲基纤维素。在造纸工业中，羧甲基纤维素钠可作为纸张表面施胶剂以提高纸张表面强度。相比于目前工业上常用的表面施胶剂（如聚乙烯醇、变性淀粉等），羧甲基纤维素钠在用量降低 30%的情况下可提高施胶表面强度约 10%，是一种非常有应用前途的造纸表面施胶剂。一方面，相比氧化淀粉，羧甲基纤维素具有更优越的表面施胶性能，且羧甲基纤维素的添加量对于其表面施胶性能有显著影响。另一方面，羧甲基纤维素不但可提高纸张的表面强度，还可提高纸张的吸墨性能，提升染色效果，可显著提高纸张表面强度和纸张的性能。

除了羧甲基纤维素，一些纤维素混合醚也可用作造纸表面施胶剂以提高纸张性能。其中，甲基羧甲基纤维素具有一定的施胶性能，可作为浆内施胶剂，增强纸张表面施胶强度。同时，甲基羧甲基纤维素还可用作造纸助留助滤剂，提高纸张细小纤维和填料的留着率。

2. 乳化稳定剂

纤维素醚的水溶液具有优良的增稠作用，添加纤维素醚可显著增加乳液分散介质的黏度，防止乳液沉淀分层。因此，纤维素醚可广泛应用于乳液制备，对造纸所需胶体乳液的制备具有重要作用。同时，不同乳液对稳定剂的需求有所不同，对于阴离子乳液（如阴离子分散松香胶），添加羧甲基纤维素、羟乙基纤维素、羟丙基纤维素等作为稳定剂和保护剂，可显著提高阴离子乳液的稳定性；对于阳离子乳液（如阳离子分散松香胶、AKD、ASA 等），添加羟丙基纤维素、甲基纤维素等作为保护剂可提高乳液胶体的稳定性。例如，采用较高黏度的羧甲基纤维素（黏度为 800～1200 mPa・s），对含 20%滑石粉、1%分散松香胶的漂白亚硫酸盐木浆进行浆内施胶时，其施胶度可明显提高。此时，由于羧甲基纤维素的加入，松香乳液的稳定性极佳，也提高了胶料的保留率。

3. 纸张增强剂

羧甲基纤维素可作为造纸过程中纸浆的纤维分散剂和纸张增强剂，羧甲基纤维素钠与纸浆具有同样的电荷，因此可促进纸浆纤维的分散，从而提高纤维的均匀度。同时，羧甲基纤维素可增加纸浆纤维之间的键合作用，进而提高成品纸张的各项力学性能，包括抗张强度、撕裂强度、耐穿孔度等。其中，纸浆中羧甲基纤维素的含量对纸张的强度影响最为显著，当用量低于 1%时，其纸张增强效果并不明显，纸张的断裂伸长率和耐弯折度提升较少；当羧甲基纤维素用量介于 1%～2%时，此时成品纸的断裂伸长率和耐弯折度有很大提高；相对的，进一步提升纸浆中的羧甲基纤维素用量并不能明显提高成品纸的力学性能，反而会影响施胶度。

2.3.3.2 细菌纤维素在造纸工业中的应用

相比于普通植物源的纤维素，细菌纤维素纯度更高，且具有更高的分子量和结晶度，因此在造纸工业中其可用于制备一些具有特殊需求的材料。例如，细菌纤维素可用来制备声音振动膜。声音振动膜一般需具备两个特性，声音传播速度快及声音清晰度高。而决定声音传播速度和清晰度的是材料的杨氏模量和内耗。材料的杨氏模量越大，声音传播速度越快；内耗越高，产生的声音越清晰，杂音越小。醋酸菌纤维素具有高纯度、高结晶度、高聚合度及分子高度取向的特性，使其具有优良的力学性能。醋酸菌纤维素是由极细的高纯纤维素组成的超密结构，经热压处理后可获得层状膜，因此膜的层与层之间会形成更多氢键，从而显著提高其机械强度。醋酸菌纤维素经热压处理后，杨氏模量可达 30 GPa，比有机合成纤维的强度高 4 倍，更远远高于植物源纤维素。因此，以醋酸菌纤维素为原料制备的声音振动膜材料具有声音振动传递快、内耗高的特点，显著提高了音响振动膜的品质。目前，传统的铝制振动膜的声音传递速度为 5000 m/s，内耗为 0.002；松木纸振动膜的声音传递速度为 500 m/s，内耗为 0.04。而醋酸菌纤维素振动膜的声音传递速度高达 5000 m/s，内耗为 0.04，且可在极宽的频率范围内实现上述性能，因此以醋酸菌纤维素制备的音响具有音色清晰、洪亮的特点，可完美取代制作工艺复杂、成本高的铝制振动膜。

细菌纤维素的结晶度高、聚合度高、分子取向性好，因此具有较高的物理机械强度和较好的吸水、吸湿性等。细菌纤维素可作为造纸添加剂加入纸浆中，可提高纤维素羟基之间的作用，从而增强氢键作用，显著提高成品纸的干/湿强度、吸水性及耐用性等，从而制备具有特殊性能的纸张。例如，添加细菌纤维素制备的纸张，可用于各种货币的印刷制备，具有很高的强度和耐用性。将细菌纤维素通过超声粉碎，然后加入纸浆中，可显著增强成品纸张强度。将细菌纤维素加入化学浆，可改变成品纸的光学性质并增强纸张的力学性能。如果将细菌纤维素充分分散，然后与木浆混合并添加适量的苯酚树脂，则所制成的成品纸将获得细菌纤维素优秀的抗张、抗压能力，这是因为其具备良好的抗膨胀性能和弹性。

细菌纤维素还可通过氢键与植物纤维黏附，从而改善植物纤维的性能，制备特种纸。例如，将染色的细菌纤维素通过氢键作用吸附于植物纤维上，可制备新型的含有少量细菌纤维素的防伪纸，具有良好的鉴别性和很高的表层强度，可用作各种防伪标签。向植物纤维原料中添加细菌纤维素，可制造薄层印刷纸，此时细菌纤维素黏附在植物纤维表面，因此可显著降低成品纸的孔隙，从而提高成品纸的强度和印刷性能。这种添加细菌纤维素的纸张具有优秀的抗冲击能力，可承受印刷时油墨产生的冲击力，特别适合于印刷大字典和词汇手册等油墨使用较多的印刷品。图 2.14 为细菌纤维素修饰剑麻纤维。

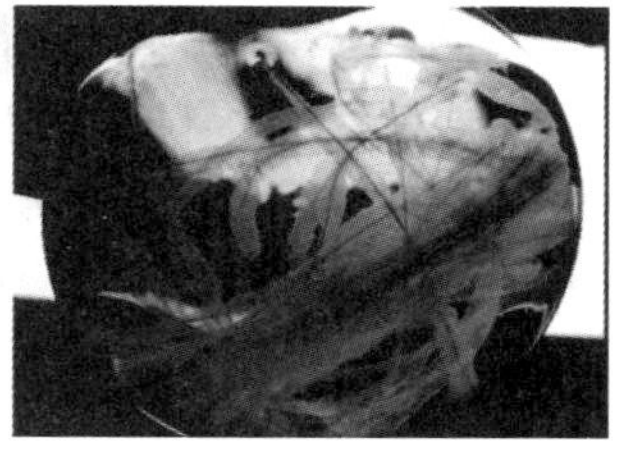

图 2.14　细菌纤维素修饰剑麻纤维（右图为在细菌纤维素中培养两天后）

由于细菌纤维素具有高结晶度、高分子取向性的特点，利用其制备气体吸附材料可显著提高材料的吸附容量。这主要是由于细菌纤维素的分子排布规整，有更多羟基可与待吸附物充分接触。例如，加入细菌纤维素制备碳纤维素吸附纸板，所得材料具有比普通碳纤维素吸附纸板更高的吸附容量。同时，细菌纤维素的加入还可提高纤维纸板的物理性能，降低吸附填料的流失。在用于诸如防毒面具等产品时，这些特点十分重要。

2.3.4　纤维素基生物医学材料

2.3.4.1　纤维素衍生生物医学材料

天然纤维素可发生氧化、酯化、醚化等反应而得到各种纤维素醚、酯衍生物。这些纤维素衍生材料在医药上广泛用于增稠、缓释、控释、成膜等，本节重点介绍三种常用的纤维素衍生材料在生物医药领域中的应用。

1. 纤维素醚生物医学材料

纤维素通过 Williamson 醚化反应、烷氧基化反应、加成反应等，可制备甲基纤维素、乙基纤维素和羧甲基纤维素等纤维素醚，这些纤维素醚在生物医学领域同样有着广泛的应用。

（1）甲基纤维素材料。

甲基纤维素（MC）是纤维素通过 Williamson 醚化反应制备的甲基醚，可用作药剂辅料，具有口服安全、在肠道内不被吸收、易被代谢等特点；可用作片剂的黏合剂具有改善药物崩解及溶出的作用；可用作液体药剂的助悬、增稠、乳化稳定剂，提高液体药物的稳定性；可用作薄膜包衣材料，用于药物的封装。

甲基纤维素还可作为黏弹剂用于治疗白内障手术的软壳技术中（软壳技术是指两种不同性质的黏弹剂联合使用，以提高手术安全性、保护角膜内皮、使患者在术后能快速恢复视力的技术）。在治疗白内障时联合使用甲基纤维素和透明质酸钠，可保护患者的角膜内皮，显著提高手术安全性，对患者术后恢复有显著的促进作用。相关手术应用研究表明，甲基纤维素具有极佳的保护角膜内皮效果和安全性。

（2）乙基纤维素材料。

乙基纤维素（EC）是纤维素通过 Williamson 醚化反应制备的乙基醚。乙基纤维素在制药中具有广泛用途，可用作片剂黏合材料，用于药剂的成型；可用作药物骨架材料制备多种类型的缓释片骨架；可用作乙基纤维素混合膜制备缓释包衣材料，实现药物的运载和在人体中的缓释；乙基纤维素还可用作包囊辅料制备缓释微囊，这种胶囊可载药直达人体肠胃；乙基纤维素还可用作载体材料制备固体药物分散体。

采用乙基纤维素作为骨架材料，用湿法制粒压片可制备石杉碱甲亲水凝胶片。乙基纤维素的用量、黏度等因素对这种凝胶片的释放有明显的影响。乙基纤维素用量越多，释放越缓慢；乙基纤维素的黏度越大，药物的释放也越缓慢。同时，这种药物的体外释放符合一级动力学方程和 Higuchi 方程。

乙基纤维素可作为高分子纳米药物载体，有效提高药物的生物利用度和疗效。例如，以乙基纤维素为载体，可负载环丙沙星，制备环丙沙星纳米粒子。通过透析法进行体外释放度研究，发现纳米药物的平均粒径为 690 mm，载药量为（33.90±0.54）%，包封率为（90.40±0.48）%。药物在体外释放 105 h 后，药的释放率为 86.38%，表明采用乙基纤维素制备的环丙沙星纳米粒子具有明显的缓释效果。

制备乙基纤维素药物载体，一般可采用乳化溶剂挥发法、溶剂法或喷雾干燥法制备微球或固体分散体，得到纳米药物载体。例如，以乙基纤维素为基材，通过乳化—溶剂扩散技术可制备阿司匹林微球。这种方法制备乙基纤维素药物载体的制备工艺较简单、重现性好。药物在体外呈现较好的漂浮性能与缓释特性，所获得的微球形态圆整、大小均匀，粒径范围为 45～200 μm，载药量可达 32%，包封率为 20.5%。

乙基纤维素可作为胶囊型药物的囊材，实现水溶性药物的控制释放。乙基纤维素胶囊的制备可采用相分离—凝聚法、油中干燥法等将乙基纤维素和所载药物共同溶解在甲苯溶液中，在搅拌的同时逐渐滴加石油醚使乙基纤维素凝聚，即形成微胶囊，然后再过滤、洗涤并干燥即可得到成品。以乙基纤维素为囊材，采用物理化学法还可制备蜂胶型微囊。这种乙基纤维素基蜂胶微囊的圆整度好、粒径分布均匀并具有较好的缓释性能。

（3）羟丙基纤维素和羟丙基甲基纤维素。

羟丙基纤维素（HPC）是一种以碱纤维素为原料与环氧丙烷醚化而成的不同取代基的非离子型纤维素醚。通过控制醚化反应的条件，可以调控羟丙基纤维素的取代度，而羟丙基纤维素的性能与羟丙基的含量及聚合度有关。在医药中高取代度的羟丙基纤维素可用作药物包衣材料、成膜材料、缓释材料、增稠剂、助悬剂、凝胶剂等，低取代度的羟丙基纤维素（L－HPC）可用作片剂崩解剂和黏合剂。

羟丙基纤维素可作为液体药物包衣材料，实现药物的负载与释放。作为溶液态药物包衣材料时，羟丙基纤维素的效果优于甲基纤维素，但在对液体进行包衣时易发黏，导致控制包衣成型有困难，在实践中可加入少量滑石粉改善其包衣性能。

低取代度的羟丙基纤维素可作为高效崩解剂实现药物的崩解。同时，低取代度的羟丙基纤维素还具有崩解和黏合双重性能，使用它制得的药物片剂经过长期储存后其崩解度不受影响。相比之下，采用淀粉、糖粉等辅料制备的片剂，在经过长期储存后崩解的时限普遍延长。因此，将低取代度的羟丙基纤维素应用于片剂生产，可显著提升片剂药物的质量。研究表明，低取代度的羟丙基纤维素能缩短去咳片、呋喃唑酮片的崩解时限，提高甲硝唑片崩解度，改善西咪替丁片的崩解性能，提高环丙沙星片、卡马西平片的溶出度，以及加速对乙酰氨基酚片、阿司匹林片和马来酸氯苯那敏片的崩解，提高这三种片剂的溶出度。

羟丙基甲基纤维素（HPMC）是羟丙基纤维素进一步被醚化取代制成的一种非离子型纤维混合醚。羟丙基甲基纤维素在用作医药材料时具有乳化、增稠、助悬、增黏、黏合、胶凝和成膜等特性，可作为黏合剂、崩解剂、缓（控）释材料、包衣成膜材料等，在药剂中具有广泛的用途，特别适用于作为缓、控释药物制剂的辅料。羟丙基甲基纤维素已被列入 GRAS（被普遍接受为安全的材料），欧洲接受其为食品添加剂，并列入 FDA（美国食品药品监督管理局）非活性成分指南中（用于眼用制剂、口服胶囊剂、混悬剂、糖浆剂、片剂、外用和阴道用药制剂）。

羟丙基甲基纤维素具有出色的成膜性能，相比于其他成膜材料（如丙烯酸树脂等），其具有高水溶性的优势。羟丙基甲基纤维素可溶于水，因此在成膜时不用加入有机溶剂，具有操作简单、环境污染小的特点。目前，羟丙基甲基纤维素是我国最广泛使用的医药薄膜包衣材料。羟丙基甲基纤维素可溶于胃肠液和 70%的乙醇溶液中，因此有利于药物在肠胃中的释放。羟丙基甲基纤维素作为药物包衣薄膜时，通常用量为 2%～4%，具有优秀的成膜性，所形成的膜呈透明状，因此可保有原料药剂原有的形状字迹、沟槽等。

羟丙基甲基纤维素溶液根据所溶解的样品浓度不同，具有不同的黏度，利用高、低不同浓度的羟丙基甲基纤维素溶液进行适当配比，可控制羟丙基甲基纤维素水化作用的快慢与凝胶保持时间的长短，从而实现成膜材料的控制。此外，低黏度的羟丙基甲基纤维素溶液可与渗透性包衣材料配合使用，从而控制药物的扩散速率。

（4）羟乙基纤维素。

羟乙基纤维素（HEC）是纤维素在氢氧化钠作用下通过过烷氧基化反应所得的非离子水溶性纤维素醚，一般为白色易流动的粒状粉体，无味。羟乙基纤维素具有生物相容性好、亲水性高、有发泡膨胀性等特点，适合用于制备药物载体。采用溶剂蒸发方法，以海藻糖与羟乙基纤维素组合物作为基质材料，可制备羟乙基纤维素微球，用于负载万古霉素。这种新型微球型药物可较好地保护万古霉素药物，使药物具有长期储存性和良好的热稳定性，因此，特别适用于皮肤严重烧伤或含脓的局部抗生素治疗。羟乙基纤维素具有良好的亲水性和膨胀性，且是非晶态聚合物。因此，羟乙基纤维素微球与水性介质接触时，会导致微球膨胀，从而提高了亲水性，形成凝胶状的黏稠分散体，并逐渐变得可渗透，使药物定量扩散。因此，羟乙基纤维素微球负载的万古霉素可持续释药超过 48 h，从而满足药物持续释放的需求。

（5）羧甲基纤维素。

羧甲基纤维素（CMC）也是纤维素通过 Williamson 醚化反应所得的一种水溶性纤维素醚。羧甲基纤维素的钠盐具有更好的实用价值，因此，CMC 通常指羧甲基纤维素钠。羧甲基纤维素钠在医药工业中可作针剂的乳化稳定剂、片剂的黏结剂和包衣薄膜材料等，同时，羧甲基纤维素钠还是安全可靠的抗癌药物载体。

以羧甲基纤维素钠进行成膜，所得膜材料可作为组成工程材料（如人造皮肤、敷料等）应用于临床。例如，羧甲基纤维素所制备的膜材料加入传统中药养阴生肌散可获得新型养阴生肌膜，在临床上可应用于皮肤磨削手术创面和外伤性创面。动物模型研究表明，这种羧甲基纤维素膜可防止创伤感染，相当于传统的纱布敷料。同时，在控制创伤组织液渗出和快速愈合上，羧甲基纤维素膜远远优于传统纱布，可减轻手术后水肿并降低对创口的刺激作用。

羧甲基纤维素钠还可以负载药物作为口腔溃疡贴膜用于多种口腔疾病的治疗。同时，加入一些辅料可提高羧甲基纤维素钠膜的性能。例如，用聚乙烯醇与羧甲基纤维素钠及聚羧乙烯以 3∶6∶1 的比例进行混合，所得的膜具有最佳效果。这种添加辅料的羧甲基纤维素钠口腔溃疡贴膜相比未添加辅料的样品，其黏附性及释放速率均明显增加，可显著增加缓释膜的黏附力，并延长膜在口腔内的滞留时间，同时还可提高膜材料中药物的药效。

2. 纤维素酯生物医学材料

纤维素酯作为常见的纤维素衍生物，也具有出色的材料性能，可广泛应用于生物医药领域。

（1）纤维素乙酸酯。

纤维素乙酸酯（CA）也叫作醋酸纤维素，是纤维素与乙酸酐发生乙酰化反应的产物。相比于纤维素，醋酸纤维素分子中的羟基大量被乙酰基取代，仅有少量羟基保留，因此降低了纤维素分子结构的规整性，使得醋酸纤维素的吸湿性降低、耐热性提高。因此，醋酸纤维素具有良好的成膜性能，可用作薄膜材料。目前，醋酸纤维素是医药上常用薄膜包衣材料之一，包括一醋酸纤维素或二醋酸纤维素，两者皆为白色粉末，密度为 1.33～1.36 g/L，在乙醇和丙酮中具有较好的溶解性。

采用醋酸纤维素溶于丙酮－乙醇混合液中，可对乙酰氨基酚、茶碱等药物进行喷雾，形成包衣薄膜材料。通过调节醋酸纤维素的浓度、溶液比例等，可调节包衣材料的组成，进而控制药物的释放速度。

材料的亲/疏水性对其所载药物在体内的持续释放有显著影响，疏水性强的载体材料可提高药物在体内的释放时间，因此常用疏水性材料作为药物载体实现药物在体内的持续释放。疏水性材料的作用是限制活性药物裸露在胃液或是肠液中，以抑制活性药物在载体中的扩散。因此，载体材料必须在胃液或肠液中能保持良好形态，不与胃液或肠液发生反应。同时，作为药物载体，其必须为无毒或低毒性。醋酸纤维素具有较好的疏水性且无毒无害，取代度约为 2.5 的醋酸纤维素是良好的药物载体材料。将醋酸纤维素与活性药物及赋形剂均匀混合，然后压制成型，这种醋酸纤维素负载药物同时具有醋酸纤维素的疏水性和药物的亲水性，因此可在体内持续释放扩散。例如，醋酸纤维素与茶碱和磷酸盐混合制得的药物片剂可在体内持续释放茶碱。同时，少量的醋酸纤维素就能显著缓释茶碱，醋酸纤维素与茶碱的混合比例可低至 1∶12。

（2）芳香族混合纤维素酯。

醋酸纤维素酞酸酯（CAP）是部分乙酰化的纤维素的酞酸酯，是纤维素先与乙酸酐反应生成醋酸纤维素，然后羟基进一步被邻苯二甲酸酐酯化取代所制成的一种纤维素混合酸酯。醋酸纤维素酞酸酯中含乙酰基 19.1%～23.5%、酞酰基 30.0%～36.0%。醋酸纤维素酞酸酯一般呈白色纤维状粉末，不溶于水、乙醇、烃类及氯化烃，可溶解于丙酮或丙酮－乙醇的混合溶剂体系中，吸湿性不强。醋酸纤维素酞酸酯长期处于高温、高湿状态下会缓慢分解，从而增加了游离酸含量并改变了黏度，影响使用，因此在储存时应注意避免高温状态，同时保持样品干燥。

醋酸纤维素酞酸酯不溶于水和部分有机溶剂，因此，可用作药物包衣膜材料，实现药物的缓释。一般情况下，在配置溶液时加入8%～10%的醋酸纤维素酞酸酯，同时加入20%～30%的增塑剂。将混合溶液喷涂至药物表面，即可形成均匀的醋酸纤维素酞酸酯包衣膜。表面覆盖醋酸纤维素酞酸酯包衣膜的药物一般会增重7%～10%。

醋酸纤维素酞酸酯进行包衣成膜时，一般使用质量分数为8%～12%的丙酮－乙醇混合溶液，其成膜性好，操作方便。包衣后的片剂不溶于酸性溶液，但可溶解于pH为5.8～6.0的缓冲溶液中，胰酶能促进其消化。醋酸纤维素酞酸酯作为肠溶包衣材料时一般加入酞酸二乙酯作增塑剂，由于使用时需加入有机溶剂溶解，溶剂挥发污染环境，会造成易燃易爆等不安全因素。研究发现，茶碱及其衍生物与醋酸纤维素酞酸酯直接混压制成片剂后，其崩解时间会延缓，且延缓时间与醋酸纤维素酞酸酯的含量正相关。以0.1 mol/L的HCl和pH为7.4的磷酸盐的缓冲溶液对醋酸纤维素酞酸酯包衣茶碱进行溶解研究，发现在两种溶液中醋酸纤维素酞酸酯都会显著抑制药物的释放。

醋酸纤维素酞酸酯因溶剂中含有丙酮，一般在喷涂醋酸纤维素酞酸酯包衣前须在药物上喷涂一层惰性纤维素醚，既能避免药物和丙酮直接接触，又可保证包衣膜不与活性药物直接接触。所采用的惰性纤维素醚一般有羟丙基甲基纤维素、羟丙基纤维素等。

（3）羟丙基甲基纤维素酞酸酯（HPMCP）。

羟丙基甲基纤维素酞酸酯是纤维素醚羟丙基甲基纤维素中其他羟基再经过纤维素酯化反应得到的酞酸半酯，其甲氧基、羟丙氧基和羧苯甲酰基的百分比不同，可有不同规格的产品。羟丙基甲基纤维素酞酸酯通过羟丙基甲基纤维素与邻苯二甲酸酐以酯化反应制备而得，相对分子质量一般在20～120 kDa。常温下，羟丙基甲基纤维素酞酸酯为无臭、无味的白色颗粒，不溶于水和酸性溶液，可溶解于pH为5.0～6.8的缓冲溶液；不溶于正己烷，但在丙酮－甲醇、丙酮－乙醇或甲烷－氯甲烷混合溶剂中有较好的溶解度。

羟丙基甲基纤维素酞酸酯可作为药物的肠溶性薄膜包衣材料，是性能优良的新型药物包封材料。羟丙基甲基纤维素酞酸酯无味且不溶于唾液，作为薄膜包衣材料可掩盖片剂或颗粒药物的各种臭味、苦味等异味，且安全无毒副作用。

采用羟丙基甲基纤维素酞酸酯作为包衣材料时，需首先将其溶解于甲醇－二氯甲烷（1∶1）或丙酮－乙醇（1∶1）溶液中。一般情况下，羟丙基甲基纤维素酞酸酯包衣材料的用量约为药物质量的5%～10%。羟丙基甲基纤维素酞酸酯包衣在体内不会被胃液溶解或分解，同时，它可在小肠上端快速膨化溶解，因此是良好的肠溶包衣材料，非常适合各种肠道吸收药物的载药释放。

作为药物包衣材料，羟丙基甲基纤维素酞酸酯具有成膜性好、溶解的pH较低、溶解速度快、理化性质稳定等优点。除广泛应用于各种肠溶制剂（如颗粒剂、片剂、胶囊剂）外，还可作为高分子载体，制备药物的微囊、微球及药物的缓释或控释制剂等。大部分非甾体镇痛消炎药及其他对胃有刺激性的药物和在胃液中不稳定的药物均可使用。

3. 其他纤维素基生物医学材料

除了各种纤维素衍生醚、酯之外，以纤维素为原料，采用化学交联或接枝的方法，可将纤维素制备成膜、微球、凝胶等多种形式，且具有良好的生物相容性，可用于生物医学材料。例如，以纤维素为原料，用 NaOH/尿素溶剂体系实现纤维素的溶解，并采用环氧氯丙烷进行交联，可制备化学交联的纤维素膜，所得纤维素膜具有良好的力学性能，断裂强度高达 137.4 MPa，断裂伸长率为 18.3%。这种纤维素膜具有自适应透气性和良好的生物相容性，可作为绷带用作生物医学材料。

纤维素水凝胶也可用作生物医学材料。例如，在碱/尿素溶剂体系中采用少量环氧氯丙烷对纤维素进行化学交联，继而在稀硫酸中再生可得到纤维素水凝胶。由于氢键的物理交联，形成了一个松散的氢键网络。在再生过程中，预拉伸化学交联纤维素水凝胶并在几秒钟内松弛，可构建各向异性和褶皱图案的纤维素水凝胶。通过调整预拉伸应变和酸处理时间可调节纤维素水凝胶的褶皱间隔和排列的纳米结构。因此，连续的穿透厚度模量梯度与酸渗透方向一致，可实现双交联，导致自起皱结构的形成。这种预拉伸纤维素水凝胶经酸处理后，杨氏模量可提高 2000 倍，可作为伤口敷料在生物医学材料中具有潜在的应用前景。

2.3.4.2 细菌纤维素在医用材料中的应用

细菌纤维素（BC）由于具有独特的生物亲和性、生物相容性、生物可降解性、生物适应性和无过敏反应，以及特有的高持水性和高结晶度、良好的纳米纤维网络、高张力和强度，尤其是良好的机械韧性，在组织工程支架、人工血管、人工皮肤及治疗皮肤损伤等方面具有广泛的用途，是国际生物医用材料研究的热点之一。

1. 组织工程支架

细菌纤维素可作为医用组织工程支架，应用于人体或动物的相关医疗。良好的生物相容性对于组织工程支架的构建是必不可少的，细菌纤维素作为天然纤维素，其优良的生物相容性与生俱来。将细菌纤维素植入老鼠体内 1～12 周，并利用组织免疫化学和电子显微镜技术，从慢性炎症反应、异物排斥反应及细胞向内生长和血管生成等方面来考查植入细菌纤维素的体内相容性，发现植入的细菌纤维素周围并无肉眼和显微镜可见的炎症反应，且没有纤维化被膜和巨细胞生成。这说明植入细菌纤维素与组织融为一体，并不会导致慢性炎症和异物排斥。因此，细菌纤维素可作为组织工程支架，应用于各种医学场景。

天然的细菌纤维素具有优良的生物相容性和机械韧性，但其应用于组织工程支架时，有时需要一些其他的特殊性能来满足要求。通过一系列的纤维素物理化学反应可对细菌纤维素官能团进行修饰，可引入新的功能基团，赋予细菌纤维素其他新的性能。例如，采用硫酸和磷酸，分别对细菌纤维素进行酯化反应，得到硫酸化和磷酸化的细菌纤维素酯。将细菌纤维素硫酸酯和磷酸酯分别接入以胶原蛋白Ⅱ为基质的牛软骨细胞，考查天然细菌纤维素及细菌纤维素硫酸酯和磷酸酯对牛软骨细胞体外生长的影响，探究其性能和生物相容性，发现天然细菌纤维素具有优秀的机械性能，足够支持牛软骨细胞在胶原蛋白Ⅱ基质上生长增殖。与常用的组织培养用材料（如塑料和海藻酸钙）相比，天然细菌纤维素可更好地支持牛软骨细胞生长增殖并提高成活率。硫酸化和磷酸化的细菌纤维素与天然纤维素相比，不能进一步促进软骨细胞的生长，但也保持了天然细菌纤维素促进牛软骨细胞生长增殖的特点。但是，与天然细菌纤维素相比，细菌纤维素硫酸酯和磷酸酯具有更好的物理机械性能。不论是天然细菌纤维素还是硫酸化或磷酸化细菌纤维素，它们都不会带来炎症反应，因此细菌纤维素在软骨组织工程中是一种非常有潜力的生物支架材料。

2. 人工血管

细菌纤维素可通过菌体调控制备获得不同直径的管状细菌纤维素，可作为人工血管用于多种血管手术中。众所周知，当血管由于动脉硬化、血管老化或破损等原因不能正常工作时，需进行血管移植重建。目前，许多血管重建手术由于自体血管来源有限、异体血管排异作用强烈、来源少、价格昂贵等因素，需要使用人工合成血管。目前，大于6 mm的人工血管在临床上使用最广泛的一般为编织型的涤纶聚酯血管和膨体聚四氟乙烯血管。这些材料具有结构稳定性好、在体内长期稳定不发生降解等特点。然而，以上高分子材料也存在缺陷和不足，如血栓或血管堵塞无法采用高分子材料人工血管进行替换，而直径较小的动、静脉人血管等也无法采用人工高分子血管替代。

细菌纤维素具有良好的生物亲和性、相容性和适应性，人体对细菌纤维素无过敏反应，因此，与普通人工高分子材料相比，以细菌纤维素为原料制备人工血管具有诸多优势。此外，细菌纤维素的高分子量、高结晶度、高机械强度，也充分满足了人工血管的需求。

Bacterial Synthesized Cellulose（BASYC）是细菌纤维素作为人工血管应用于临床的一个典型代表。它是基于细菌纤维素开发的一种应用于显微外科手术的人工血管技术。该方法是在D－葡萄糖培养基中，以A. xylinum细菌为菌体制备形成内径小于3 mm的管状结构的细菌纤维素，这种管状细菌纤维素可用于临床手术，并具有良好的效果，人体无明显炎症或排异现象。

通过大鼠实验可验证BASYC在显微外科手术中作为人造血管的可行性。大鼠的微脉管插补术研究发现，1 mm内径的BASYC在湿润的状态下具有机械强度高、持水能力强、内壁粗糙程度低等特点，说明BASYC具有用于显微外科手术中人工血管的巨大潜力。同时，BASYC具有良好的生物活性和相容性，对于术后恢复和避免炎症及排异反应至关重要。将BASYC长期植入老鼠体内长达1年，然后借助组织免疫和电子显微镜等手段研究老鼠的内皮细胞、肌肉细胞、弹性结构和结缔组织等不同结构的变化，发现植入的BASYC和周围组织接触的区域并无明显的炎症和排异现象。

细菌纤维素人工血管具有与天然血管内腔表面类似的平滑度，因此用作人工血管时不容易形成血栓，管状的细菌纤维素完全符合显微外科手术对于人工血管生物学和物理学的要求，未来可望在更多的医疗手术中用作人工血管，解决目前困扰血管移植、血管重建等手术的一系列问题。

3. 人工皮肤

细菌纤维素可通过溶解、再生成膜的方法制备出具有优良机械性能和生物相容性的膜材料，这些膜材料可作为人工皮肤用于烧伤、创伤的治疗及恢复。目前，已有多个皮肤伤病医疗单位报道大量应用细菌纤维素膜治疗烧伤、烫伤、褥疮、皮肤移植、创伤和慢性皮肤溃疡等取得成功的实例，现已有用其制成的人工皮肤、纱布、绷带和创可贴等伤科敷料商品。与其他人工皮肤和伤科敷料相比，细菌纤维素膜的主要特点是：在潮湿情况下，其机械强度高，对液、气及电解质有良好的通透性，与皮肤相容性好、无刺激性，可有效缓解疼痛，防止细菌的感染和吸收伤口渗出的液体，促进伤口的快速愈合，有利于皮肤组织生长。此膜还可作为缓释药物的载体携带各种药物，利于皮肤表面给药促使创面的愈合和康复。细菌纤维素膜用作皮肤修复时的生物作用机理主要是支持人类角化细胞的生长、增生和移动，但对成纤维细胞没有明显作用。

细菌纤维素还可制备创伤敷料膜用于治疗二级和三级烧伤。研究表明，将细菌纤维素膜创伤敷料直接覆盖在新鲜烧伤达 9%～18%的创面上，观察创伤及伤口周围环境的变化，观测表皮生长，检测微生物和研究组织病理学，发现细菌纤维素膜是一种很好的促进烧伤愈合的材料。导致细菌纤维素优良效果的原因可能是多方面的，包括：①细菌纤维素膜在湿润环境中可促进组织再生并有效减轻疼痛；②细菌纤维素膜特殊而规整的纳米结构促进细胞相互作用、促进组织再生、减轻疼痛及减少疤痕组织生成；③采用细菌纤维素膜敷料可在伤口处安全、方便地施加药物。

Biofill 和 Gengiflex 是两种目前广泛应用的细菌纤维素膜产品。其中，Biofill 细菌纤维素膜作为人体皮肤替代品已成功应用于二、三级皮肤烧伤、皮肤移植及慢性皮肤溃疡等疾病的治疗。已有的病例显示 Biofill 已成功治疗超过 300 个病人，具有快速减轻疼痛、加速伤口愈合、消除术后不适感、减少感染概率等特点。Biofill 细菌纤维素膜可随表皮再生而自然脱落，显著减少治疗时间和成本。然而相对于自体皮肤，Biofill 细菌纤维素膜目前存在的缺陷是在大范围移动过程中缺少弹性，未来通过研究改良这种细菌纤维素的结构可有效改善其弹性。

4. 神经接口

纤维素具有独特的纤维结构及优良的物理机械性能，同时，纤维素还具有良好的生物相容性。以纤维素为基质，可制备纤维素基神经电极，用于神经接口材料。这其中，细菌纤维素相比普通植物源纤维素具有更好的性能，有研究发现以细菌纤维素为基底能制备出超柔性多通道的神经电极。这种细菌纤维素神经电极材料具有较低的杨氏模量(120 kPa)，在重复折叠弯曲条件下，拥有优秀的导电性能，在植入大鼠脑皮层采集的神经信号时具有较好的信噪比。同时，细菌纤维素具有优秀的生物相容性和适应性，长期植入细菌纤维素神经电极并不会导致炎症或排异反应。这种细菌纤维素基神经电极材料未来可用作神经接口广泛应用于相关治疗。

目前，关于细菌纤维素的研究主要集中在附加值较高的生物医学材料，如组织工程支架、骨支架、软骨支架、人工血管、人工皮肤及药物载体等方面。然而，目前能应用到临床上的商业化细菌纤维素产品还不多，大部分研究目前还停留在细胞水平和动物实验等初级阶段，距离实际的临床应用还有距离。但是，由于细菌纤维素具有优秀的生物亲和性、生物相容性、生物适应性和良好的生物可降解性，因此这种天然纤维素必将作为性能优异的新型纳米生物医学材料引领新时代生物医学材料的发展。

2.3.5 食品工业应用

2.3.5.1 作为膳食纤维使用

纤维素可作为膳食纤维添加剂应用于食品工业。纤维素基膳食纤维在主食方面的应用主要表现为在米饭、面条和馒头中的添加。在米饭中添加纤维素纤维，可增加米饭蓬松清香的口感；在面条中添加，则可改变面条的韧性。纤维素纤维在焙烤食品中的应用最为广泛，主要产品有高膳食纤维面包、蛋糕、饼干、桃酥等。膳食纤维的加入可改善产品持水力，吸附大量水分，有利于产品凝固和保鲜，同时降低了成本（如可用纤维素纤维来稳定米糠粉）。

纤维素纤维添加到饮料和乳制品中使其营养成分更为丰富。我国已有生产液态膳食纤维牛奶及其相关液态产品的专利，膳食纤维在液态牛奶中的添加量为7.2～22.4 kg/t。将纤维素纤维添加到酸奶酪中，可大大改变酸奶酪的口感及流变特性。

膳食纤维还可添加到肉制品、膨化产品、糖果、冰激凌及调味品等产品中。将不同种类的纤维素添加到香肠制品中，香肠在气味和色泽上无明显变化，但添加膳食纤维的香肠在质地和弹性上都明显优于不添加膳食纤维的产品。此外，将膳食纤维添加到冰激凌中，可改善冰激凌的口感，使其滑润细腻，加入膳食纤维的冰激凌其膨胀率可提高至98%，抗融性显著提高。

2.3.5.2 食品抗氧化剂

以微晶纤维素为原料，将抗氧化基团没食子酸连接在纤维素分子骨架上，可制备不被人体吸收、保持或增强其抗氧化性能的没食子酰微晶纤维素酯。没食子酰微晶纤维素酯具有极佳的抗氧化性，可作为食品抗氧化剂用于食品工业。没食子酰微晶纤维素酯对多种自由基均有不同程度的清除作用，其对DPPH自由基的清除能力略低于维生素C（VC）和没食子酸；对超氧阴离子自由基的清除能力明显高于没食子酸，在较低质量浓度时略高于VC，在较高质量浓度时略低于VC；对羟基自由基的清除能力接近VC，但低于没食子酸；对烷基自由基的清除能力明显高于没食子酸，但低于VC。质量浓度在5 mg/mL以下，没食子酰微晶纤维素酯浓度对DPPH自由基、羟基自由基、超氧阴离子自由基、烷基自由基的清除率最高分别达到了82.9%、23.2%、35.7%、48.9%。

对纤维素进行复合改性可制备具有抗菌性能的纤维素材料，可应用于食品包装。与应用最广泛的食品包装材料聚乙烯（PE）相比，纤维素基包装材料不仅可以抑制食品中细菌的滋生，延长食品的保质期，而且在自然环境中易降解，环保无污染。用含不同浓度氧化锌纳米粒子的乙基纤维素-明胶溶液进行静电纺丝制备复合材料，可制备具有优良的表面疏水性、水稳定性和抗菌活性的复合纤维素材料，在食品包装中具有潜在的应用前景。除此之外，采用溶液浇注法可制备TiO_2纳米粒子嵌入的纤维素醋酸酯聚合物薄膜，这种TiO_2纳米粒子包埋复合膜具有良好的抗菌能力和较好的机械性能，可用作抗菌食品包装。

2.3.5.3 食品包装材料

以纤维素为基础可制备各种纤维素基可降解薄膜，有望作为包装材料用于食品工业。例如，纳米纤维素可用于提高纤维素薄膜的力学性能，用不同比例的纤维素晶须可制备再生纤维素薄膜，随着纤维素晶须的加入，纤维素纳米复合膜的拉伸强度可显著提高。同时，纤维素具有无毒性和生物可降解性，用作食品包装时具有安全、可降解的特点。此外，采用纤维素水凝胶作为基材可制备疏水性纤维素复合膜。通过疏水－亲水界面相互作用，纤维素水凝胶的孔隙可用于促进短毛状 12－羟基十八酸（HOA）晶体在其表面的生长，从而获得高疏水性。通过溶剂蒸发法可控制结晶，使 HOA 沿亲水性纤维素孔壁生长，最终制备疏水性纤维素复合膜。这种纤维素复合膜具有很高的疏水性和生物降解性，未来可作为新型可生物降解包装材料用于食品工业。

2.3.6 工程领域应用

纤维素材料在工程领域也有良好的应用前景。通过对天然木材进行改性，除去其中的木质素和半纤维素，可制备高强度纤维素材料，作为结构材料用于工程领域。例如，采用两步法对天然木材进行转化处理，首先用氢氧化钠和亚硫酸钠溶液除去天然木材中的部分木质素和半纤维素，然后利用热压法使细胞壁完全塌陷，使纤维素纳米纤维完全致密化制得超强木材（图 2.15），其强度、韧性和抗冲击性能比原来提高 10 倍，高于轻质钛合金，而质量仅为钢材的 1/6。由于纤维素纳米纤维具有更大的尺寸稳定性，使其有望成为一种低成本、高性能、质轻的钢材替代品。在天然木材中，沿着木材的生长方向，含有很多直径为 20～80 μm 的管状通道，通过化学处理除去部分木质素和半纤维素后，纤维束得以保留，而原本木质素和半纤维素的部分则变成孔道，使得木材多孔化。当沿垂直于木材生长方向于 100℃温度下进行热压时，可使纤维素完全致密化。如果完全除去半纤维素和木质素，则纤维束结构容易坍塌，这是因为植物细胞壁中半纤维素缠绕在纤维束表面，并与木质素通过阿魏酸和对香豆酸相连，形成对纤维束的填充和支撑作用，如果完全除去半纤维素和木质素，则不利于保持纤维形态，热压成型后会形成沟槽导致材料性能的下降。保留部分半纤维素和木质素，可使细胞壁之间紧紧黏结在一起，所得的超级木材的强度明显增大。超级木材拉伸强度高达 587 MPa，是未处理木材的 11.5 倍，高于传统的塑料。超级木材的冲击韧性是普通木材的 8.3 倍，划痕硬度及硬度模量分别是普通木材的 30.0 倍和 13.0 倍。这种两步法处理的木材有望替代多种工程材料，低廉的生产成本更使其极具应用前景。

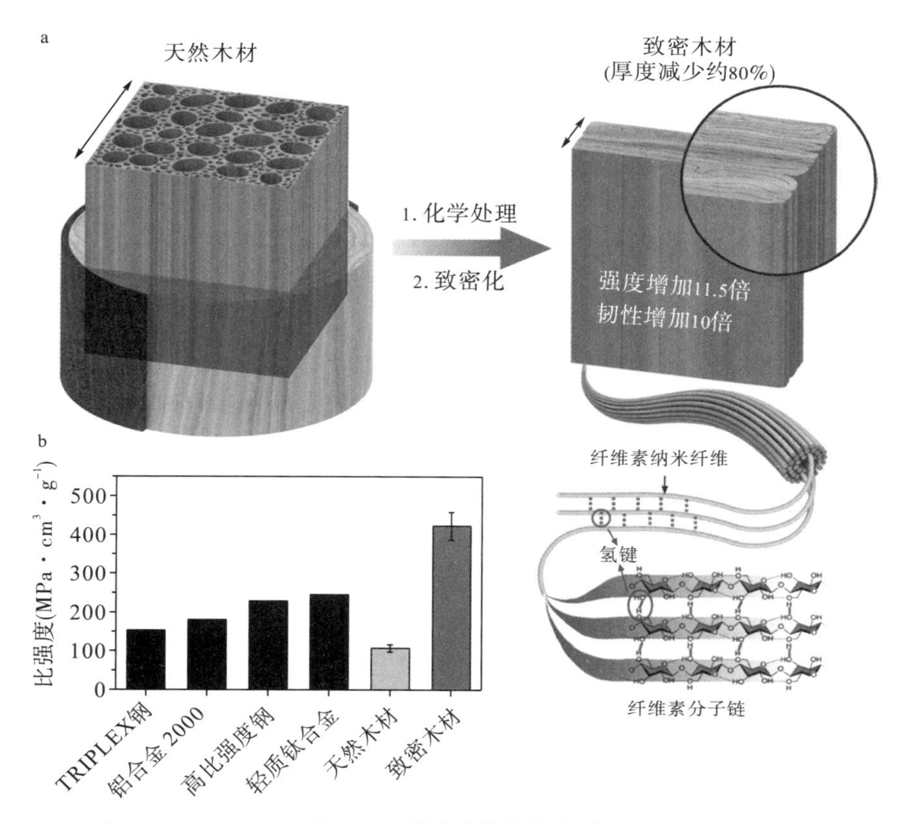

图2.15 纤维素基超强木材

通过脱木质素和木材致密化过程，可制造出具有高力学强度和被动冷却特点的纤维素基材料。这种纤维素制冷木材的抗张强度高达404.3 MPa，约为天然木材的8.7倍，该木材由纤维素纳米纤维组成，这些纤维不吸收可见光波段的光，可散射太阳辐射（图2.16），如果用于建筑材料，在室内制冷过程中可节能20%～60%，尤其在炎热和干燥的气候中节能效果更为明显。同时，这种材料可吸收室内产生的热量，这些热量以不同的波长被反射到环境中。在较为凉爽的夜晚，木材有助于释放室内的热量，由此它们可以日夜两用。

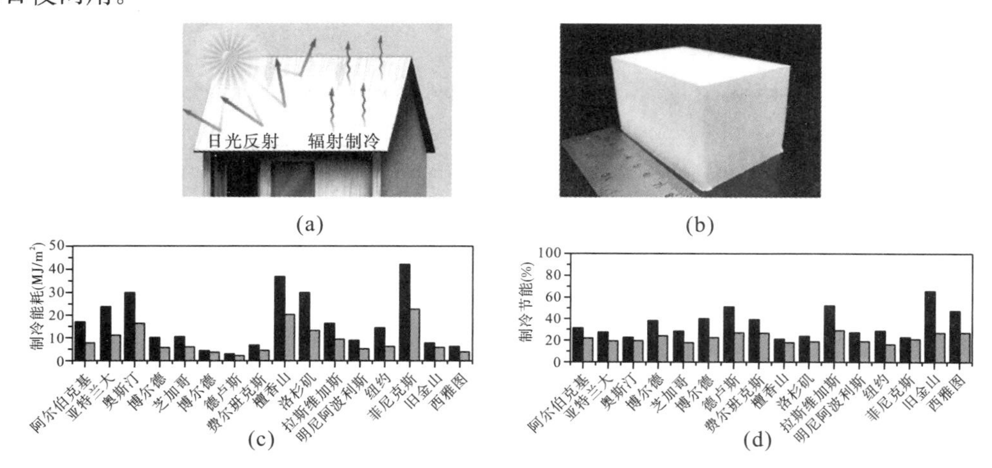

图2.16 纤维素基热辐射吸收木材

参考文献

Adhikari C R，Parajuli D，Inoue K. Pre－concentration and separation of heavy metal ions by chemically modified waste paper gel [J]. Chemosphere，2008，72 (2)：182－188.

Atia A A. Synthesis of a quaternary amine anion exchange resin and study its adsorption behaviour for chromate oxyanions [J]. Journal of Hazardous Materials，2006，137 (2)：1049－1055.

Bellomo E G，Davidson P，Imperor－Clerc M. Aqueous cholesteric liquid crystals using uncharged rodlike polypeptides [J]. Journal of the American Chemical Society，2004，126 (29)：9101－9105.

Biganska O，Navard P，Bedue O. Crystallisation of cellulose/N－methylmorpholine－N－oxide hydrate solutions [J]. Polymer，2002，43 (23)：6139－6145.

Biganska O，Navard P. Phase diagram of a cellulose solvent：N－methylmorpholine－N－oxide－water mixtures [J]. Polymer，2003，44 (4)：1035－1039.

Chang C Y，Zhang L Z，Zhou J P. Structure and properties ofhydrogels prepared from cellulose in NaOH/urea aqueous solutions [J]. Carbohydrate Polymers，2010，82 (1)：122－127.

Delahaye E P，Jimenez P，Perez E. Effect of enrichment with high content dietary fiber stabilized rice bran flour on chemical and functional properties of storage frozen pizzas [J]. Journal of Food Engineering，2005，68 (1)：1－7.

Dello S M，Bertola N，Martino M. Influence of dietary fiber addition on sensory and rheological properties of yogurt [J]. International Dairy Journal，2004，14 (3)：263－268.

Gan W T，Chen C J，Wang Z Y. Dense，self－formed char layer enables a fire－retardant wood structural Material [J]. Advanced Functional Materials，2019，29 (14)：1807444.1－1807444.9.

Guo X J，Du Y H，Chen F H. Mechanism of removal of arsenic by bead cellulose loaded with iron oxyhydroxide (beta－FeOOH)：EXAFS study [J]. Journal of Colloid and Interface Science，2007，314 (2):427－433.

Helenius G，Backdahl H，Bodin A. In vivo biocompatibility of bacterial cellulose [J]. Journal of Biomedical Materials Research Part A，2006，76 (2)：431－438.

Higuchi A，Tamai M，Ko Y A. Polymeric membranes for chiral separation of pharmaceuticals and chemicals [J]. Polymer Reviews，2010，50 (2)：113－143.

Holbrey J D，Reichert W M，Swatloski R P. Efficient，halide free synthesis of new，low cost ionic liquids：1,3－dialkylimidazolium salts containing methyl－ and ethyl－sulfate anions [J]. Green Chemistry，2002，4 (5):407－413.

Inukai Y，Tanaka Y，Matsuda T. Removal of boron (Ⅲ) by N－methylglucamine－type cellulose derivatives with higher adsorption rate [J]. Analytica Chimica Acta，2004，511 (2)：261－265.

Kadokawa J I，Murakami M A，Kaneko Y. A facile method for preparation of composites composed of cellulose and a polystyrene－type polymeric ionic liquid using a polymerizable ionic liquid [J]. Composites Science and Technology，2008，68 (2)：493－498.

Kamitakahara H，Hori M，Nakatsubo F. Substituent effect on ring－opening polymerization of regioselectively acylated alpha－D－glucopyranose 1,2,4－orthopivalate derivatives [J]. Macromolecules，1996，29 (19)：6126－6131.

Klemm D，Einfeldt L. Structure design of polysaccharides：Novel concepts，selective syntheses，high value applications [J]. Macromolecular Symposia，2001，163 (1)：35－48.

Klemm D，Schumann D，Udhardt U. Bacterial synthesized cellulose－artificial blood vessels for microsurgery [J]. Progress in Polymer Science, 2001, 26 (9): 1561—1603.

Kobayashi S, Makino A, Matsumoto H. Enzymatic polymerization to novel polysaccharides having a glucose—N—acetylglucosamine repeating unit, a cellulose — chitin hybrid polysaccharide [J]. Biomacromolecules, 2006, 7 (5): 1644—1656.

Li R, Chang C Y, Zhou J P. Primarily industrialized trial of novel fibers spun from cellulose dope in naoh/urea aqueous solution [J]. Industrial & Engineering Chemistry Research, 2010, 49 (22): 11380—11384.

Li T, Zhai Y, He S M. A radiative cooling structural material [J]. Science, 2019, 364 (6442): 760—763.

Lima M M D, Borsali R. Rodlike cellulose microcrystals: Structure, properties, and applications [J]. Macromolecular Rapid Communications, 2004, 25 (7): 771—787.

Liu D T, Xia K F, Yang R D. Synthetic pathways ofregioselectively substituting cellulose derivatives: A review [J]. Current Organic Chemistry, 2012, 16 (16): 1838—1849.

Mandre N R, Panigrahi D. Studies on selective flocculation of complex sulphides using cellulose xanthate [J]. International Journal of Mineral Processing, 1997, 50 (3): 177—186.

Mckelvey J B, Benerito R R. Epichlorohydrin — triethanolamine reaction in preparation of quaternary cellulose anion exchangers [J]. Journal of Applied Polymer Science, 1967, 11 (9): 1693—1701.

Nakatsubo F, Kamitakahara H, Hori M. Cationic ring — opening polymerization of 3, 6 — di — O — benzyl—alpha — D — glucose 1,2,4 — orthopivalate and the first chemical synthesis of cellulose [J]. Journal of the American Chemical Society, 1996, 118 (7): 1677—1681.

Orlando U S, Baes A U, Nishijima W. Preparation of agricultural residue anion exchangers and its nitrate maximum adsorption capacity [J]. Chemosphere, 2002, 48 (10): 1041—1046.

Pommet M, Juntaro J, Heng J. Surface modification of natural fibers using bacteria: depositing bacterial cellulose onto natural fibers to create hierarchical fiber reinforced nanocomposites [J]. Biomacromolecules, 2008, 9 (6): 1643—1651.

Qi H S, Yang Q L, Zhang L N. The dissolution of cellulose in NaOH—based aqueous system by two—step process [J]. Cellulose, 2011, 18 (2): 237—245.

Sanchavanakit N, Sangrungraungroj W, Kaomongkolgit R. Growth of human keratinocytes and fibroblasts on bacterial cellulose film [J]. Biotechnology Progress, 2006, 22 (4): 1194—1199.

Schumann D A, Wippermann J, Klemm D O. Artificial vascular implants from bacterial cellulose: Preliminary results of small arterial substitutes [J]. Cellulose, 2009, 16 (5): 877—885.

Song J W, Chen C J, Zhu S Z. Processing bulk natural wood into a high — performance structural material [J]. Nature, 2018, 554 (7691): 224—228.

Svensson A, Nicklasson E, Harrah T. Bacterial cellulose as a potential scaffold for tissue engineering of cartilage [J]. Biomaterials, 2005, 26 (4): 419—431.

Swatloski R P, Spear S K, Holbrey J D. Dissolution of cellose with ionic liquids [J]. Journal of the American Chemical Society, 2002, 124 (18): 4974—4975.

Wang H, Gurau G, Rogers R D. Ionic liquid processing of cellulose [J]. Chemical Society Reviews, 2012, 41 (4): 1519—1537.

Yang D, Peng X W, Zhong L X. Effects of pretreatments on crystalline properties and morphology of cellulosenanocrystals [J]. Cellulose, 2013, 20 (5): 2427—2437.

Yang J C, Du M D, Wang L. Bacterial cellulose as a supersoft neural interfacing substrate [J]. Acs Applied Materials & Interfaces, 2018, 10 (39): 33049－33059.

Yu M Q, Sun D W, Huang R. Determination of ultra－trace gold in natural water by graphite furnace atomic absorption spectrophotometry after in situ enrichment with thiol cotton fiber [J]. Analytica Chimica Acta, 2003, 479 (2): 225－231.

Zhang Y G, Chan J Y G. Sustainable chemistry: Imidazolium salts in biomass conversion and CO_2 fixation [J]. Energy & Environmental Science, 2010, 3 (4): 408－417.

Zhao S L, Wu X H, Wang L G. Electrostatically generated fibers of ethyl－cyanoethyl cellulose [J]. Cellulose, 2003, 10 (4): 405－409.

Zhou L L, Wu T H, Wu Y. Degradation and conversion of cellulose in ionic liquids [J]. Progress in Chemistry, 2012, 24 (8): 1533－1543.

董凡瑜，刘刻峰，刘静. 还原响应型羧甲基纤维素基纳米药物载体的构建及其性能研究 [J]. 离子交换与吸附，2020 (1): 12－20.

方舟，黄凤林，罗来福. 乙基纤维素用作药物载体的研究进展 [J]. 化工设计通讯，2019，45 (8): 204－205.

房瑜红，张光华. 纤维素醚的特性及其在造纸工业中的应用 [J]. 陕西科技大学学报，2006，24 (4): 140－144.

黄军，翟华敏. 铈盐引发阔叶浆与 GMA 接枝共聚的研究 [J]. 林产化学与工业，2008，28 (1): 39－43.

李建，周冠成，朱文远. 功能性乙基纤维素复合微球的制备及性能 [J]. 中国造纸学报，2017，32 (1):40－44.

李伟，王锐，刘守新. 纳米纤维素的制备 [J]. 化学进展，2010，22 (10): 2060－2070.

龙柱，杨红新. 羧甲基纤维素改善纸张强度的研究 [J]. 中华纸业，2003，24 (10): 42－44.

彭志刚，刘高峰，冯茜. 氨基磺酸乙基纤维素微胶囊的制备及缓释性能 [J]. 现代化工，2019，39 (1):119－122，124.

秦益民. 制作医用敷料的羧甲基纤维素纤维 [J]. 纺织学报，2006，27 (7): 97－99.

邱湘龙，李振华，朱兴一. 药用辅料羟丙基纤维素在制剂中的应用 [J]. 中国现代应用药学，2007，24 (Z2): 693－695.

邵自强，李志强，付时雨. 天然纤维素基医药辅料的研究及应用 [J]. 纤维素科学与技术，2006，14 (3):52－58.

邵自强，徐雅青，王文俊. 羟丙基甲基纤维素酞酸酯的制备与性能测定 [J]. 华西药学杂志，2008，23 (2): 183－184.

时育武. 羟乙基纤维素在纺织工业上的应用 [J]. 化学工程师，1995 (5): 55－56.

孙理彬. 甲基纤维素在深前房高度近视白内障患者手术中的临床应用 [J]. 实用防盲技术，2014，9 (1):28－29，37.

孙笑寒，包德才. 阿司匹林微胶囊的制备及其体外释放行为的研究 [J]. 现代化工，2012，32 (4): 68－70.

唐爱民，梁文芷. 纤维素的功能化 [J]. 高分子通报，2000 (4): 1－9.

唐义林. 甲基纤维素和透明质酸钠制作软壳技术 [J]. 国际眼科杂志，2010，10 (4): 782－783.

万军民，胡智文，陈文兴. 纤维素纤维接枝 β－环糊精的合成及其富集金属离子研究 [J]. 高分子学报，2004 (4): 566－572.

王先秀. 新型的微生物合成材料——醋酸菌纤维素 [J]. 中国酿造，1999 (1)：1－2.
王新霞，林亚玲，张国庆. 羟基乙酸乙基纤维素微球的研制 [J]. 第二军医大学学报，2012，33 (5)：532－535.
危华玲. 羟丙基纤维素在片剂方面的应用 [J]. 中国药业，2002，11 (5)：59－60.
武慧超，杜守颖，陆洋. 药用辅料羟丙基甲基纤维素在制剂中的应用 [J]. 中国实验方剂学杂志，2013，19 (17)：360－365.
夏友谊，万军民. β－环糊精接枝纤维素纤维的研究 [J]. 广州化学，2005，30 (4)：21－25.
许海霞，李振国，张滇溪. 纤维素新溶剂的研究进展 [J]. 合成纤维，2006，35 (9)：18－21，24.
阎立峰，谭琳，杨帆. 壳核型磁性纳米纤维素微球的超声制备及表征 [J]. 化学物理学报，2004，17 (6):762－766.
杨辉，高红芳. 反溶剂法制备肉桂醛/乙基纤维素微胶囊及其表征 [J]. 高分子材料科学与工程，2017，33 (7)：121－125.
叶代勇. 纳米纤维素的制备 [J]. 化学进展，2007，19 (10)：1568－1575.
袁金霞，王婷，黄显南. 细菌纤维素在造纸工业中的应用研究进展 [J]. 纸和造纸，2016，35 (7)：42－46.
张继颖，胡惠仁. 新型生物造纸添加剂——细菌纤维素 [J]. 华东纸业，2009，40 (6)：70－73.
张金明，张军. 基于纤维素的先进功能材料 [J]. 高分子学报，2010 (12)：1376－1398.
张夕瑶，王永禄，王栋. HPMC 胶囊的体内外研究现状与应用展望 [J]. 中国生化药物杂志，2014 (1):138－141.
赵薇. 水处理用纤维素载体降解及生物膜附着性能的研究 [D]. 天津：天津大学，2008.

第3章　木质素材料

1838年，法国化学家和植物学家P. Payen从木材中分离纤维素时发现一种物质总是与纤维素、半纤维素伴生在一起，且含碳量更高，他将此物质称为“Lamatière Ligneuse Vertable”（法语：真正的木质物质）。1857年，德国学者F. Schulze分离出了这种化合物，并称之为“Lignin”。Lignin从木材的拉丁文“Lignum”衍生而来，中文译为“木质素”或“木素”。木质素与纤维素（Cellulose）和半纤维素（Hemicellulose）构成植物骨架。木质素主要存在于木和草类植物中，还存在于所有维管植物中，在自然界的储量极为丰富，每年全球通过光合作用可产生1500亿吨木质素。就总量而言，木质素仅次于纤维素和甲壳素（Chitin），是自然界中第三丰富的天然大分子有机物质。木质素在植物生长发育及工农业生产中具有重要作用，人类利用植物中的纤维素已有几千年的历史。20世纪初，Klason木质素定量法实现了木质素的定量研究，松柏醇起源学说解释了木质素的生物合成。20世纪四五十年代，木质素通过“乙醇分解实验”及“脱氢聚合实验”实现了其分解和聚合。然而，由于木质素结构复杂，目前为止一直未能被良好的利用。鉴于木质素是一种极其丰富的天然资源，在资源日趋短缺的今天，人们越来越重视对木质素的研究、开发及利用。

3.1　木质素简介

3.1.1　木质素来源

在自然界中，木质素普遍存在于种子植物中，一般认为藻类植物中不存在木质素，苔藓植物是否具有木质素目前尚有疑问。土壤和江河湖海的沉积物中也普遍存在木质素，甚至有些天然水体中也有木质素。木质素的特殊结构使之具有较高的化学稳定性和抗微生物降解的能力，死亡的植物及掉落到土壤中的树叶或果实腐烂后，木质素残留于土壤中，经雨水或流水冲刷，成为江河湖海中沉积物的有机组分。沉积物中的木质素是海洋环境中陆源有机物的一种良好的生物标志物，其在海洋生物、地球化学的研究中具有很高的科学价值。

在成熟植物的根、茎、叶、皮、果实壳及种子里存在着结构和分子量不同的木质素。植物越成熟，其木质素的含量越高。植物的种属不同，其化学组成有很大的差别，木质素含量在树种间存在差异。例如，裸子植物的木质素比被子植物的木质素含量高，热带产木材的木质素比温带产木材的木质素含量略高，针叶木的木质素比阔叶木的木质素含量略高。

同一植物的不同部位的木质素含量同样具有较大差别。例如，云杉树干、树枝、韧皮、外皮木质素含量分别为28%、34%、16%、27%；稻草茎秆木质素含量仅为12%，其穗部、节部、叶及叶鞘的木质素含量分别为33%、27%、30%和30%。

在植物的不同生长发育阶段，其木质素含量也有很大的差别，木质素填充于细胞壁内的纤维框架内的过程有可能导致个体内木质素的非均匀分布，树干越高，木质素含量越低，即垂直分布上的不均匀性。

个体内木质素含量除在垂直分布上的变化外，在径向分布上也会出现差异，大多数针叶木心材的木质素比边材少，在阔叶木中则无明显差异。树干的下部，春材的木质素含量较多，中间部分大致相同；而在树干的上部，秋材的木质素含量较多。木质素的含量与原材料所处的温度、经度、年平均温度及降雨量等关系并不密切，也与胸径及年轮无关。

在植物细胞壁中，木质素主要分布在木质部的管状分子和纤维、厚壁细胞、厚角细胞、特定类型表皮细胞的次生细胞壁（Secondary wall）中。典型的细胞壁是由胞间层（Intercellular layer）、初生壁（Primary wall）及次生壁（Secondary wall）组成的，次生壁又分外层（S1）、中层（S2）和内层（S3）。一般地，木质素在植物结构中的分布是有一定规律的，胞间层的木质素含量最高，细胞内部的木质素含量则减小，次生壁内层的木质素又增大。在裸子植物尤其是在典型的针叶木的管胞中，细胞壁复合胞间层中的木质素含量超过50%，而次生壁的S2层（次生壁中层）中的木质素含量不到20%。由于次生壁在细胞壁中占有大量的体积，而胞间层较薄，因此木材中大部分木质素存在于次生壁中。细胞角隅区木质素化程度常比复合胞间层高，木质素含量一般超过70%。年轮内细胞壁形态的变化可能会引起早材和晚材中木质素含量的不同，晚材管胞的次生壁较厚，复合胞间层的木质素含量减少，导致晚材木质素含量降低。S1层（次生壁外层）的木质素化程度也是变化的，其木质素含量通常比S2层低。在S1与S2交界处，木质素的分布极不均匀。S3层比相邻的S2层的木质素化程度高。在被子植物尤其是在典型的阔叶木导管的次生壁和胞间层中含有愈创木基结构单元的木质素，而纤维次生壁及薄壁细胞的细胞壁主要含有紫丁香基结构单元的木质素，同时也存在愈创木基结构单元的木质素。阔叶木次生壁和细胞间层中木质素的分布与针叶木相似，但阔叶木次生壁木质素化程度比针叶木管胞低。

3.1.2　木质素化学结构

木质素的化学结构是天然高分子领域中最为艰深的课题之一，至今科学界尚未明确木质素化学结构的全部细节。木质素是单体间以C—C键和醚键随机聚合的极其复杂的网状高分子，其没有严格的固定结构。一方面，酸水解虽然可以使醚键断裂，但木质素有羟基的结构部分很多，这些活性基团在酸性条件下成为活性中心而易于反应，可发生自身的缩合反应，使木质素的结构变得更为复杂而难以获得有用的结构信息。另一方面，木质素结构单元间的C—C键连接，导致酶解的方法难以获得有用的结构信息。因此，不得不采用苯丙烷单体聚合为模型化合物（分子片段），再对模型化合物拼接成大分子模型的方法进行简化研究木质素的结构。同时，木质素自身结构中含有活性基团，在分离、提取时很容易造成结构的变化，至今也没能成功地从植物组织中分离出保持原有结构的木质素。此外，木质素是植物体内产生了纤维素和半纤维素之后才产生的，与纤维素和半纤维素紧密结合在一起，分离更为困难。因此，作为结构异常复杂的无定形高分子，木质素尚不能用结构通式来描述，只能从元素组成、官能团、各单元间结合形式等方面来予以描述。木质素结构鉴定表见表3.1。

表3.1　木质素结构鉴定表

位置	构型	说明	含量/%
侧链 C_γ	CH_2OH	松柏醇	0.06
	CH_2OH	伯羟基	0.69
	CH_2OR	松树松香酚	0.17
	CO	内酯	0.04
	CHO	松柏醛	0.02
	CH_2	γ−6缩合	0.01
C_β	CH	β−醚	0.41
	CH	β−6缩合	0.04
	CH	苯基香豆满	0.14
	CH	松树松香酚	0.22
	CH	β−1缩合	0.11
	CHD	末端基	0.09
C_α	CHOH	苯甲醇	0.29
	CH	松树松香酚	0.21
	CH	苯基香豆满	0.10
	CHO—芳基	α−芳香醚	0.05
	CHO—糖	木质素−碳水化合物	0.06
	CO	α−羰基	0.06
	CHO	甘油醛	0.15
	CHD	末端基	0.09
芳香环 C_1	C	5−1缩合	0.01
	C	β−1缩合	0.11
	C	二苯基醚缩合	0.02
	C	侧链	0.85

续表3.1

位置	构型	说明	含量/%
C_2	CHD	甲氧基	1.00
	C—OCH_3		0.85
	CHD		0.10
	C		0.05
C_4	C		1.00
C_5	CHD	未缩合单位	0.38
	C	联苯	0.28
	C	二苯基醚	0.112
	C	香豆满	0.14
	C	5—1 缩合	0.01
	C	5—6 缩合	0.01
	C—OCH_3	紫丁香基单元	0.06
C_6	CHD	未缩合单元	0.95
	C	6—5 缩合	0.01
	C	β—6 缩合	0.04
羟基	O	二苯基醚缩合	0.02
	O	β—芳基醚	0.41
	CHO—芳基	α—芳基醚	0.05
	O	二苯基醚	0.12
	O	苯基香豆满	0.10
	OH	酚羟基	0.30

3.1.2.1　木质素基本结构单元

木质素是由苯基—丙烷类单体通过烷基—烷基、烷基—芳基、芳基—烷基等化学键连接起来的芳香族天然高分子物质。根据甲氧基的数量和位置的不同，可将单体分为对羟基苯基型（H）、愈创木基型（G）和紫丁香基型（S）（图 3.1）。天然木质素并不是由上述单体简单连接而成的，而是由三种醇单体（对香豆醇、松柏醇、芥子醇）经过无规则的偶合或加成反应形成的。

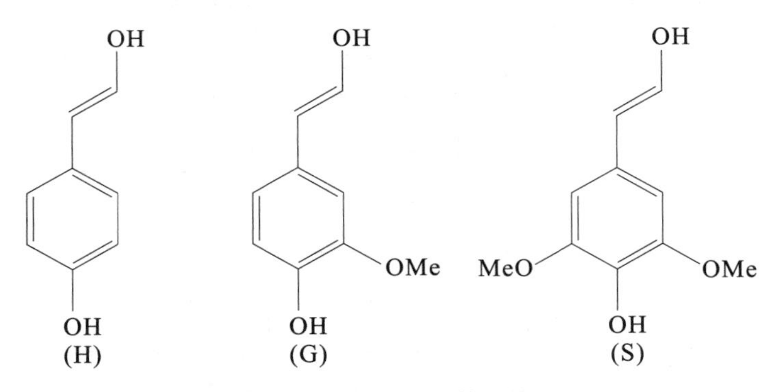

图 3.1 木质素三种基本单元

3.1.2.2 元素及官能团

一般认为，木质素主要含碳、氢和氧三种元素，质量分数分别约为 60%、6%、30%，此外还含有约 0.67%的氮元素。木质素的元素组成随着植物品种、产地和分离方法的不同而不同。

木质素结构中含有多种官能团，包括甲氧基（$—OCH_3$）、羟基（—OH）、羰基（—CO）、羧基（—COOH）等，它们在原木质素结构中的存在和分布与木质素的种类有关，在分离木质素结构中的存在和分布还与提取分离的方法有关。正是由于有许多官能团的存在，木质素具有多种化学性质，能发生多种化学反应。

1. 羟基

羟基是木质素的主要官能团之一，其在木质素中的存在状态可分为两种：一种为连接与木质素结构单元苯环上的酚羟基，另一种为连接在木质素结构单元侧链上的醇羟基。

酚羟基存在于苯环的 C4 位，小部分以羟基形式存在，称为游离酚羟基，这种木质素结构单元称为酚型结构单元。除此之外的大部分酚羟基与其他木质素侧链或苯环生成醚键，一般称为醚化酚羟基，这种木质素结构单元常称之为非酚型结构单元。

连接在木质素结构单元侧链上的醇羟基，也可分为游离羟基和醚化羟基两种形式。

2. 羰基

木质素结构单元的侧链上连接有羰基。这些羰基可分为与苯环共轭的羰基和非共轭的羰基两种（图 3.2）。

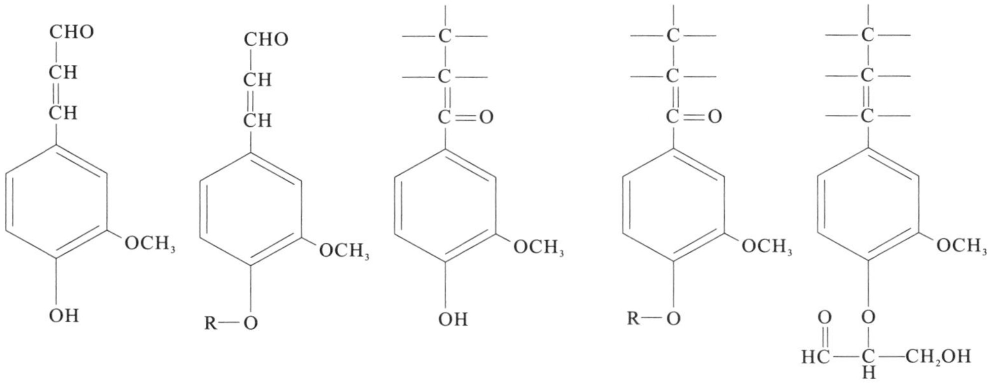

Ⅰ　<0.01/OMe　Ⅱ　0.03/OMe　Ⅲ　<0.01/OMe　Ⅳ　0.06/OMe　Ⅴ　0.10/OMe

图 3.2　羰基存在的形式及数量

3. 羧基

绝大部分木质素中并不含有羧基，只有在云杉磨木木素中发现有少量的羧基，这些羧基可能是在磨木木素制备过程中生成的，也可能是由于木质素酯键受到破坏而形成的。

4. 甲氧基

甲氧基广泛存在于木质素中，主要位于木质素结构单元苯环的 C4 位，尤其是紫丁香基和愈创木基的木质素结构单元中，甲氧基的含量较高。

5. 碳碳双键

木质素结构单元的侧链上存在碳碳双键这种不饱和键，目前已发现针叶木木质素侧链存在肉桂醇（$—C_\alpha H=C_\beta H—C_\gamma H—OH$）和肉桂醛（$—C_\alpha H=C_\beta H—C_\gamma HO$）结构。木质素在制浆过程中会在侧链产生更多的碳碳双键，这些不饱和键与其他离子相互作用，是木质素呈深色的主要原因之一。同时，这些不饱和的双键提高了木质素的反应活性，是木质素聚合反应和其他化学反应的重要官能团。

3.1.2.3　芳香环及侧链结构

木质素结构中存在的芳香环可分成非缩合型结构和缩合型结构两类。非缩合型芳香环由对羟基苯基、愈创木酚基、紫丁香基构成。针叶木木质素主要含有愈创木酚基，但也有少量的紫丁香基和对羟基苯基存在；阔叶木木质素主要含有愈创木酚基和紫丁香基，但也有少量的对羟基苯基存在。不同的木质素含有不同比例的这三种芳香环结构。缩合型芳香环有三种：C5 或 C6 的连接结构、联苯型结构、二苯醚型结构。对羟基苯基的 C2、C3、C5、C6 位也会形成一些缩合型结构，但是非常复杂。

木质素的侧链结构主要包括 α－乙二醇侧链结构、丙三醇侧链结构、松柏醇型和松柏醛型侧链结构、α－醇羟基或醚型侧链结构、酯型结构等。

综上所述，木质素的基本结构单元为三种。苯环侧链 3 个碳原子上存在不同类型的基团［如 α－碳原子上可以有羟基、烷氧基、芳氧基、羰基等，β－碳原子上可以有芳氧基、羰基、羟基等，γ－碳原子上可以有羟基和醛基等（图 3.3）］。

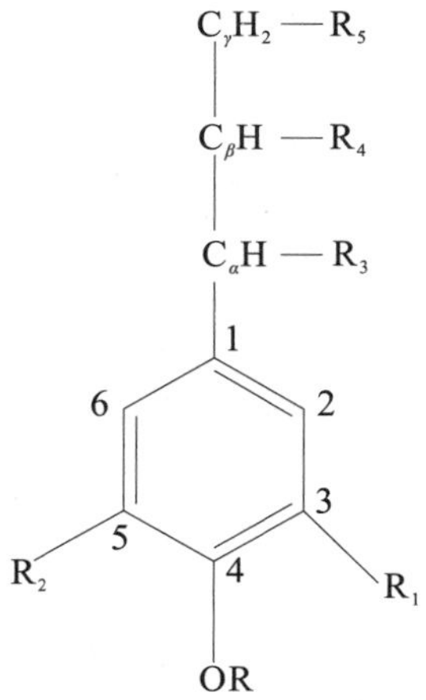

图 3.3 木质素的苯基丙烷结构单元

3.1.2.4 木质素结构单元的连接

木质素有三种基本结构单元，每一种结构单元的苯环上有不同的官能团，即使没有官能团取代的位置，其氢原子也具有一定的反应活性，苯环侧链上有各种官能团同样具有一定的反应活性，因此三种结构单元之间可以以各种各样的、无规可循的方式连接，木质素的结构十分复杂。经过长期研究，现代科学一般认为木质素的三种结构单元之间主要通过醚键和 C—C 键连接，分别占 2/3～3/4 和 1/4～1/3，连接键的类型主要包括以下 8 种。

1. β—O—4 键型

β—O—4 键型的连接在木质素大分子中最为重要（图 3.4）。例如，针叶木木质素大约有一半的结构单元间是以 β—O—4 键型连接的，具有代表性的是愈创木基甘油—β—O—松柏醇醚。当木质素经化学处理或在制浆化学反应过程中这种结构的醚键断开时，造成木质素大分子的解离，不难看出这种结构在木质素的溶解和解离过程中起着重要的作用。

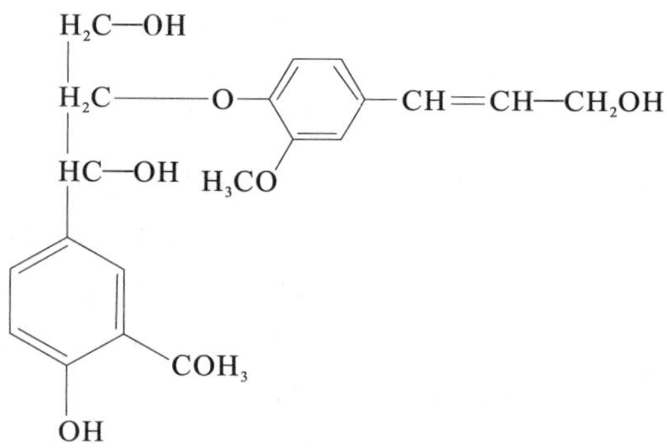

图 3.4 愈创木基甘油—β—O—松柏醇醚

2. β—5 键型

β—5 键型属于缩合型结构，以苯基香豆满型结构及其开环型结构为代表（图 3.5）。苯基香豆满型结构是在松柏醇脱氢聚合物中发现的，由原木质素的水解、氢解等分离出苯基香豆满型结构的分解产物，开环型结构也可由酸解、氢解等产物中分离出来的木质酚类而推测出。

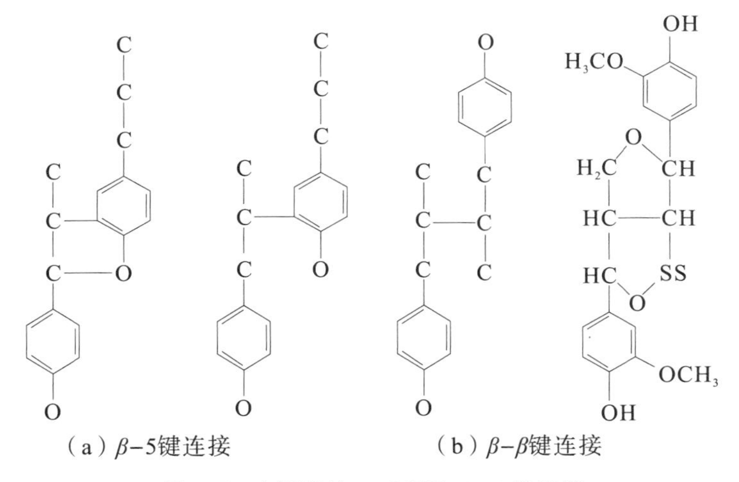

图 3.5　木质素的 β—5 键和 β—β 键连接

3．β—β 键型

β—β 键型是以松树树脂酚为代表的木酚素型结构。在松柏醇脱氢聚合物中可以找到外消旋松脂酚型结构，这种结构可作为 β—β 键型连接的代表（图 3.5）。这种结构类型可由木质素氢解或水解得到。β—β 键型连接在针叶木木质素中含量很少，而在阔叶木木质素中含量较多。

4．5—5 键型

5—5 键型连接是联苯型结构（图 3.6），Paw 早在 1955 年就从硝基苯氧化木质素的产物中分离出了脱氢双香草醛并推测出了这种结构，同时证明了它不是在反应中产生的二级产物。

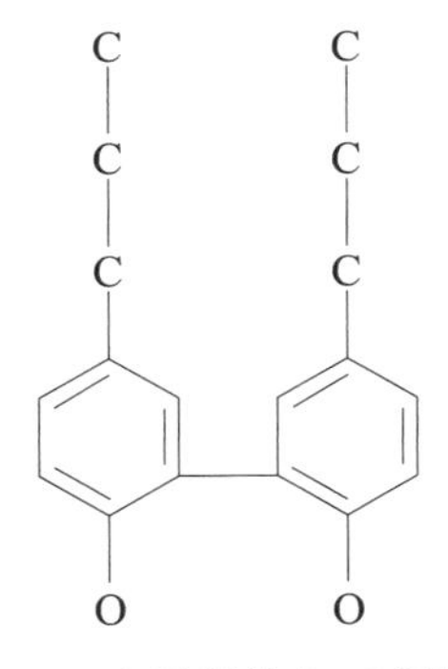

图 3.6　木质素的 5—5 键连接

5．5—O—4 键型

5—O—4 键型连接最早是从云杉木质素的高锰酸钾氧化产物中分离出来的，是一种 5—O—4 型二苯基醚的分解酸，后来又分离出两种 5—O—4 键型的三聚体（图 3.7）。

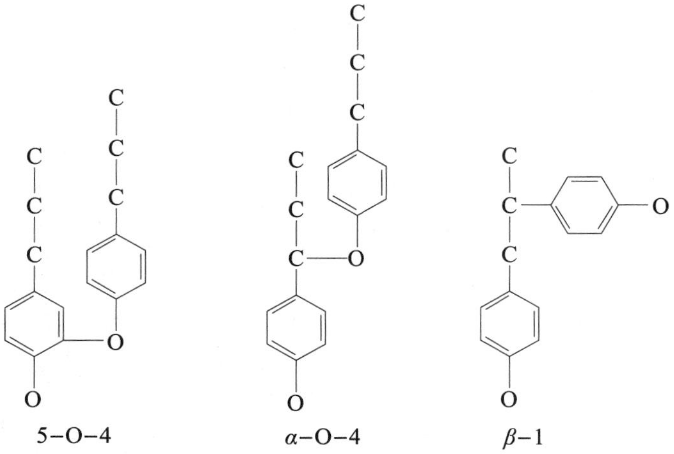

图 3.7 木质素的 5—O—4 键、α—O—4 键和 β—1 键连接

6. α—O—4 键型

α—O—4 键型结构是非环状的苯甲醇芳基醚型结构（图 3.7），α—O—4 键是由木质素生物合成过程中生成的中间体——醌甲基化物进行酚的加成而得到的。在松柏醇脱氢聚合物的中间体中发现，其量为 0.05～0.09 个/甲氧基。

7. β—1 键型

β—1 键型连接也可称为二芳基丙烷型结构（图 3.7），最早是由 Nimz 从山毛榉水解产物中分离出来的，后来用二氧六环－水溶液水解云杉原木质素和水曲柳原木质素也分离出了各种愈创木基、紫丁香基及其共聚体的 β—1 键型化合物。Freudenberg 等在松柏醇脱氢产物中也发现有 β—1 键型连接。这种 C6—C3—C6 型的结构，是游离基偶合反应伴随侧链脱氢而产生的，有两种反应机理，如图 3.8 所示。

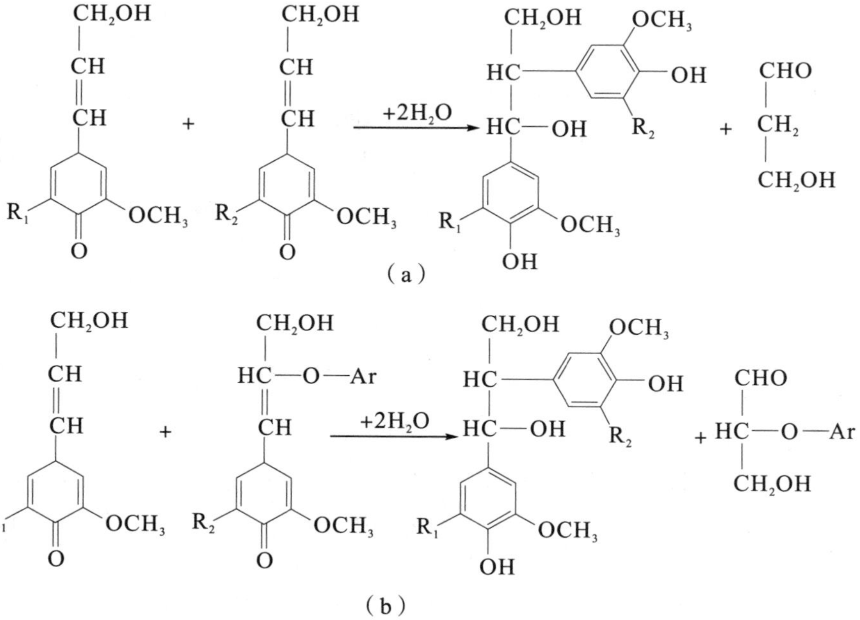

图 3.8 β—1 键型结构两种反应机理

8. β－6 和 β－2 等其他键型

β－6 和 β－2 键型结构是在甲基化－高锰酸钾氧化的分解产物中分离出半蒎酸而推测出来的。

3.1.2.5 木质素－碳水化合物复合体

木质素除各结构单元之间有化学键连接外，与碳水化合物也通过化学键进行连接。目前，学术界普遍认为木质素与半纤维素之间通过化学键连接，通常将这种木质素和碳水化合物之间通过化学键连接的结合体称为木质素－碳水化合物复合体（Lignin－Carbohydrate Complex，LCC）。LCC 可能含有多种连接键类型，这主要是由于组成半纤维素的糖基较多，能与木质素形成化学键连接的半纤维素糖基有 D－木糖、D－半乳糖、D－甘露糖、L－阿拉伯糖、4－O－甲基－D－葡萄糖醛酸等。这些糖基与木质素形成 LCC 时的连接键如下。

1. α 醚键

木质素结构单元侧链的 C_α 位可以与半纤维素糖基形成醚键连接。α 醚键连接的主要位置有 L－阿拉伯糖的 C2 和 C3 位以及 D－半乳糖的 C3 位；D－木糖的 C2 或 C3 位以及 D－甘露糖的 C3 位。α 醚键具有较好的稳定性，无论是在酸性还是碱性条件下，均具有一定的稳定性。

2. 苯基糖苷键

木质素的酚羟基或侧链醇羟基可以与半纤维素的苷羟基形成苯基配糖键。苯基糖苷键在酸性条件下易水解，高温水热环境亦可导致苯基糖苷键的水解。

3. 酯键

木质素侧链上的 C_α 位可以和木糖侧链的 4－O－甲基－D－葡萄糖醛酸形成酯键连接。木质素与半纤维素的酯键并不稳定，室温下碱处理就可将 LCC 的酯键断裂。

4. 缩醛键

木质素侧链上的 C_γ 位可以和碳水化合物的有利羟基之间形成缩醛键连接。γ 位碳上的醛基与半纤维素糖单元上的羟基首先形成半缩醛键，并进一步与其他游离羟基成键，最终形成缩醛键。

5. 自由基结合形成的醚键

自由基结合形成的醚键也是由糖单元羟基与木质素侧链羟基形成的醚键连接。其键强度比 α 醚键和酯键高，可一定程度耐酸/碱水解，同时也不会被糖苷酶分解。

除化学键连接之外，木质素与碳水化合物之间还存在大量氢键，且这些氢键相互作用较强，数量较多，总键能比共价键更高。

3.2 木质素的性质

3.2.1 木质素的物理性质

原木木质素是一种白色或接近无色的不溶性固体物质。通常见到的木质素的颜色在浅黄色和深褐色之间，这是在分离、制备过程中造成的，且因制备方法不同，木质素会呈现出不同深浅的颜色。采用不同方法提取木质素对其结构的破坏程度不同，生成的发色基团和助色基团的数量和种类也不同。

木质素的相对密度为1.35～1.50，不同来源、不同种类的木质素的密度不同。相同种类的木质素因测定方法的差异也会导致其密度有差别。

原木木质素在水或大部分有机溶剂中均不溶解，也不能水解成为木质素单体。采用各种方法分离得到的木质素是否溶解与溶剂的溶解性参数和氢键结合能息息相关。溶解参数为42～46 $(J/mL)^{1/2}$时，其氢键结合能越大，溶解性越好，溶解的木质素反应性也越强。木质素通常以聚集体的形式存在，其结构中存在许多极性基团，尤其是较多的羟基造成了很强的分子内和分子间氢键。因此，原木木质素不溶于绝大多数溶剂，特别是各种有机溶剂。但是，经分离或衍生化后的木质素发生缩合或降解，其溶解性得到改善，继而可分为可溶性和不可溶性木质素。前者为无定形结构，后者则保持了原纤维的形态结构。酚羟基和羧基的存在使木质素能在浓的强碱溶液中溶解。工业木质素的种类繁多，易溶于碱液，除木质素磺酸盐类外，大多数不溶于水，木质素磺酸盐通常能溶于稀碱水、盐溶液和缓冲溶剂。碱木素由于缺乏强亲水性基团而水溶性不好，特别是在中性和酸性条件下其溶解度很低。但是，碱木素与环氧乙烷反应后，可以借助寡聚氧化乙烯链的亲水性提高其水溶性。

木质素溶液的黏度通常是将木质素溶解后测定的。通常情况下，木质素溶液的黏度较低，这主要是由于木质素的溶解性较差（如不同浓度的云杉乙醇木质素的比黏度为0.050～0.078）。

原木木质素和大多数分离木质素（除酸木质素和铜氨木质素外）具有热塑性，玻璃化转变温度（T_g）明显，但没有确定的熔点。木质素的热性质与化学结构、分子量、缩合度、分子间非共价键相互作用、分离和反应过程中化学修饰等因素有关。软木与硬木木质素因分子内氢键作用的差别而表现出不同的 T_g，分离木质素的 T_g 因分子量和化学结构的差异而介于127℃～193℃。分子量增加导致 T_g 增加，对某种木质素的各个级分的测试结果表明，T_g 与分子量存在线性关系，由此可采用热软化法测定不溶木质素的分子量。含水木质素的 T_g 明显下降。此外，与酚羟基相关的分子间氢键有助于木质素分子的热运动，而体现出较低的 T_g。木质素的热稳定性良好，热重分析结果显示木质素从235℃开始失重，至300℃仅仅减重2%（质量分数）。

木质素因含有芳香环而表现出不同于碳水化合物的光学性质。木质素对紫外光的吸收作用可用于开发防紫外线辐射的材料。

木质素还表现出与碳水化合物不同的电化学性质，木质素在电泳中向阳极移动，是一种高分子电解质。采用玻璃纤维滤纸的电泳法可研究木质素和碳水化合物之间的结合及其开裂情况。

可溶性木质素衍生物还具有胶体性质，能够形成凝胶或作为分散剂和表面活性剂使用。

木质素具有较高的热值，其燃烧热一般大于100 kJ/g。这主要是由于木质素具有苯丙烷结构单元，因此木质素可作为燃料提供能源。

木质素在自然界中储量丰富，且其分子结构中存在大量的芳香基、酚羟基、醇羟基、羰基、甲氧基、羧基、共轭双键等多种活性基团，因此，利用木质素开发功能材料一直受到研究人员的关注。通过化学反应、复合改性等方法致力于研究高性能、低成本的木质素改性材料或化学品，或者通过可设计的降解方法制得重要的化工原料。

3.2.2 木质素的溶解

木质素可分为不溶性木质素和可溶性木质素两大类，其中可溶性木质素又根据溶剂不同分为多种类型。

3.2.2.1 无机溶剂

含有亚硫酸钙、镁、钠或铵的酸性亚硫酸盐溶液可溶解木质素，溶解过程中原本木质素被磺化，变为水溶性的木质素磺酸盐而溶出。木质素磺酸盐的分离可用超滤法、无机盐的沉淀法或盐析法等。实验室中分离少量的木质素磺酸盐可用凝胶过滤法。工业上由亚硫酸盐纸浆分离木质素磺酸盐时，一般加石灰乳，去除亚硫酸钙后喷雾干燥。

碱溶液也可溶解木质素，将木材与碱溶液共热后溶解的木质素称为碱木质素。可分为单独用氢氧化钠溶液加热溶解的木质素和用氢氧化钠-硫化钠溶液加热溶解的硫酸盐木质素（或称为硫木质素）。碱木质素是木材与碱溶液（NaOH或$NaOH+Na_2S$）共热后，在碱溶液中加无机酸沉淀而得。由于沉淀物中混有半纤维素，因此需要继续用二氧六环与乙醚进行纯化。

采用硫酸也可溶解木质素，硫酸与木质素共热反应溶解得到硫酸盐木质素，其中含有1%～3%的硫元素。在工业上分离硫酸盐木质素时，将无机酸加入硫酸盐制浆废液中，调节pH为9.0～9.5，将生成的沉淀物水洗过滤，得到硫酸盐木质素。

3.2.2.2 酸性有机溶剂

在有机溶剂（如甲醇、乙醇、丁醇、异丁醇、戊醇、乙二醇、苯甲醇等）中加入少量无机酸作为催化剂也可溶解分离木质素。例如，在云杉木粉中加入10倍量的5%盐酸-乙醇溶液，加热回流6～10 h后，可得到木质素溶解液，浓缩后注入水中，可得到得率为6%～7%的褐色乙醇木质素。在溶解过程中，木质素结构中的烷氧基多数结合于侧链的α位上。除醇溶剂外，也可用二氧六环、苯酚等溶解木质素。用酸性硫醇类、氢硫基醛酸处理木粉，则可分离出含有氢硫基和氢硫基乙酸的木质素。

3.2.2.3 中性有机溶剂

木质素的一部分可溶于甲醇、乙醇、丙酮等中性溶剂。例如，96%乙醇可分离出约占云杉木材木质素 10%的分离木质素，称为 Brauns 天然木质素；用丙酮－水（17∶3）溶液作为萃取剂分离出丙酮木质素等。然而，在中性有机溶剂中木质素的溶解率相对较低，并不是理想的溶解木质素的方法。

3.2.3 木质素的化学性质

木质素的化学反应活性是由结构单元中的功能基和结构单元间的连接键决定的，结构组成的不均一性造成了木质素大分子各部位化学反应性能的差异。木质素分子结构中存在大量的芳香基、酚羟基、醇羟基、羰基、甲氧基、羧基、共轭双键等多种活性基团，因此木质素可发生多种化学反应。

以木质素为基础制备功能性材料的化学反应主要包括以下两类：①通过磺化、羟甲基化、烷基化等衍生化反应制备木质素磺酸盐、离子交换树脂、吸附剂和表面活性剂等木质素衍生材料和化学品；②利用化学方法合成木质素接枝共聚物。

3.2.3.1 木质素衍生化反应

1. 木质素磺化反应

木质素的磺化改性主要有高温磺化、磺甲基化和氧化磺化三种类型。传统的高温磺化使用亚硫酸钠在高温条件下对碱木质素进行处理，在苯环侧链上引入磺酸基，得到水溶性良好的产物。磺甲基化反应一般使用亚硫酸钠和甲醛在碱性条件下高温处理，碱木质素可直接与羟甲基磺酸根离子反应，也可在羟甲基化后与亚硫酸氢根离子进行亲核置换反应，最终得到磺甲基化碱木质素。氧化磺化反应是先将木质素氧化降解为分子碎片，然后进行磺化，再用偶联剂进行偶联，得到磺化度和分子量较高的磺化木质素。

木质素的磺化反应在制浆工艺中有着非常重要的意义。在亚硫酸盐法生产纸浆的工艺中，正是亚硫酸盐溶液与木粉中的原本木质素发生了磺化反应，引进了磺酸基，增加了木质素亲水性，得到的木质素磺酸盐可在酸性蒸煮液中进一步发生水解，使半纤维素解聚，木质素磺酸盐溶出，从而实现纤维素与木质素和半纤维素的有效分离，得到纸浆。

2. 木质素羟甲基化反应

木质素与甲醛可在碱性或酸性介质中发生羟甲基化反应。工业碱木质素一般溶于碱性介质中，当 pH>9 时，苯香环上游离的酚羟基发生离子化，同时酚羟基邻、对位反应点被活化，可与甲醛反应，从而引入羟甲基。在木质素酚羟基的邻位上发生的羟甲基化反应称为“Lederer－Manasse 反应”，引入的羟甲基接在苯环上，如图 3.9 所示。当木质素的 α 位有质子且 β 位有吸电子基团时，则羟甲基化反应发生在木质素的 α 位，即“Tollens 反应”（图 3.9）。对于具有 C_α 和 C_β 双键的木质素单元，则羟甲基化反应发生在双键上，称为“Prings 反应”（图 3.9）。碱木质素苯环上的酚羟基对位有侧链，只能在邻位发生 Lederer−Manasse 反应，但草类碱木质素中含有紫丁香基型木质素结构单元，两个邻位均有甲氧基存在，不能进行羟甲基化。

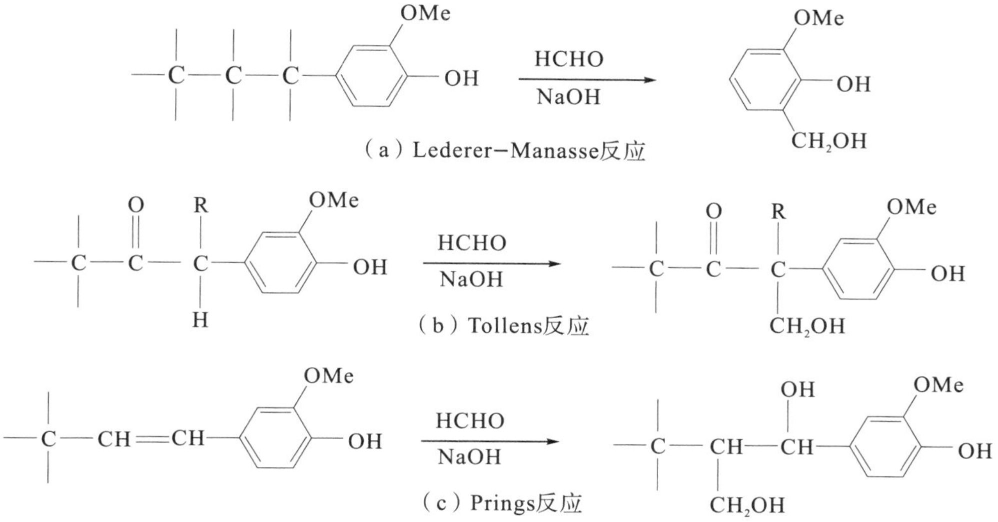

（a）Lederer−Manasse反应

（b）Tollens反应

（c）Prings反应

图 3.9　木质素的羟甲基化反应

羟甲基化反应常作为活化反应用于木质素的进一步改性。例如，羟甲基化的碱木质素与亚硫酸钠、亚硫酸氢钠或二氧化硫发生磺化反应（图 3.10）。磺化后的碱木质素有很好的亲水性，可用作染料分散剂、石油钻井泥浆稀释剂、水泥减水剂、增强剂或离子交换树脂等功能产品。

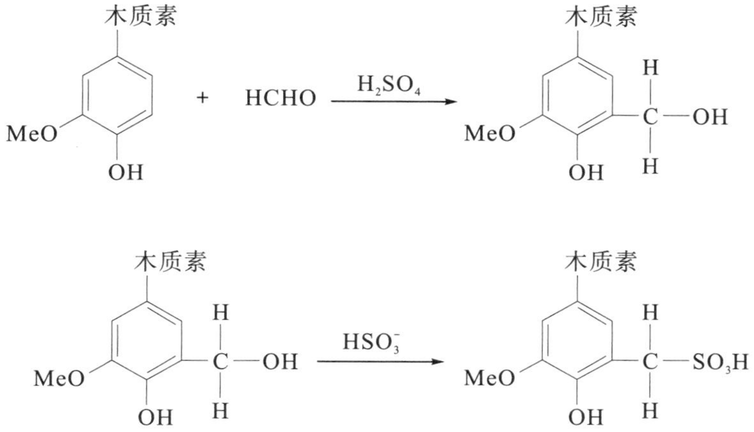

图 3.10　木质素的磺化反应

3. 木质素胺甲基化反应

胺甲基化反应（Mannich 反应）是指胺类化合物与醛类和含有活泼氢原子的化合物所进行的缩合反应，该反应的基本特征是活泼氢原子被胺甲基取代（图 3.11）。对于木质素酚类大分子，苯环键的共轭作用使之具有一定的亲核性，易受到亲电的 Mannich 试剂的进攻，在酚羟基的邻位无取代基的情况下（即使对位未被取代），胺甲基化反应主要发生在邻位，当邻位被取代时，反应会在对位发生。

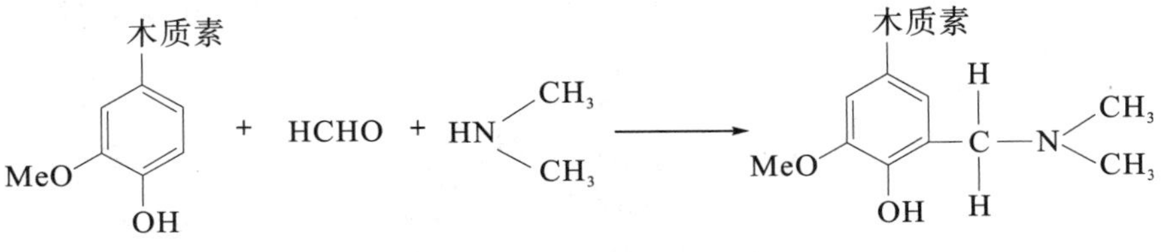

图 3.11　木质素的 Mannich 反应

木质素的 Mannich 反应通常使用小分子有机胺，研究发现，使用高级脂肪胺可得到表面活性更好的木质素胺化产物。不同链长的高级脂肪胺/甲醛改性木质素季铵盐的效果不同，十二胺和甲醛对木质素改性的产物的表面活性最好，表面张力较木质素季铵盐的表面张力明显要低一些，乳化能力则更好。

4. 木质素烷基化反应

木质素最主要的用途之一是用来做工业表面活性剂，但因缺乏理想的亲油和亲水性基团，天然木质素和工业碱木质素在有机相和水相中的溶解度均不高，表面活性也很差。磺化或氧化降解反应可增强木质素的亲水性能，而其高亲油性能则需要进行烷基化改性（图 3.12）。在烷基化改性方面，目前的代表性技术是对木质素还原性降解后再进行烷基化反应。首先使用一氧化碳和氢气在高温、高压和催化剂作用下对木质素进行还原性降解，得到分子量较小的木质素单体，然后在 125℃～175℃下与环氧化合物反应 2 h。还原降解后的木质素分子量有明显降低，但木质素羟基的含量有所升高。另外，在反应过程中，先用含有 6～15 个碳的长链烷基酚与甲醛在 50℃～120℃下反应 15～180 min，然后再将反应物与碱木质素在 100℃～160℃下反应 30～300 min，能得到烷氧化改性木质素的油溶性表面活性剂。因此，以表面活性剂为目标的烷基化改性木质素产品目前也多以木质素裂解物为反应物。

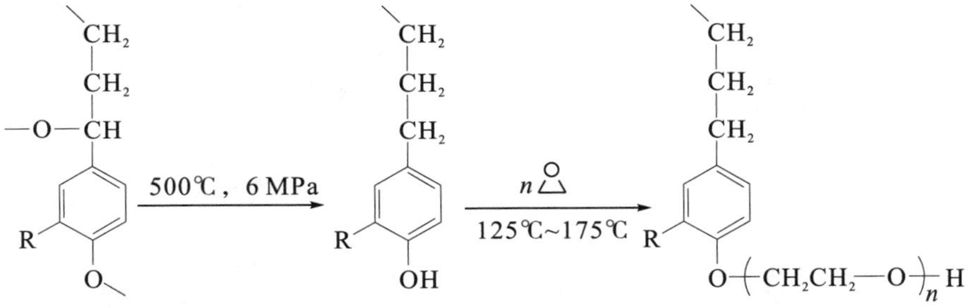

图 3.12　木质素的烷基化反应

5. 木质素季铵盐反应

木质素季铵盐改性的一般途径是：首先让环氧氯丙烷与三甲胺盐酸盐在碱性条件下反应，合成环氧值较高的环氧丙基三甲基氯化铵中间体；再以此中间体与木质素反应，得到木质素季铵盐（图 3.13）。改性木质素季铵盐可用作表面活性剂，具有较好的表面张力和乳化能力，可用于印染、纺织、石化等行业。

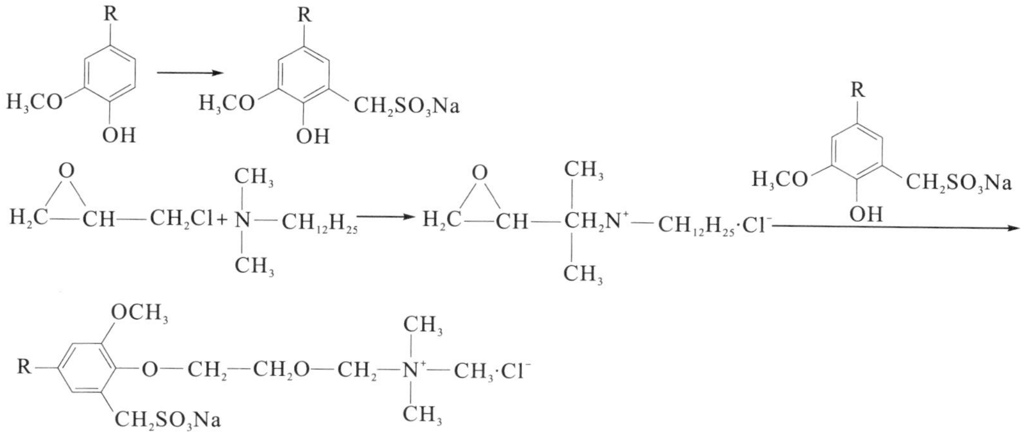

图 3.13　木质素的季铵盐反应

3.2.3.2　木质素接枝共聚

接枝共聚法是对木质素进行聚合改性的重要方法，是制备功能大分子材料的有效化学方法。木质素的接枝共聚改性主要是通过其丰富的羟基进行的。不同木质素的羟基含量、脂肪族羟基和酚羟基比例存在差异，脂肪族羟基和酚羟基的反应活性不同，羟基含量和羟基种类是影响木质素改性的主要因素。木质素接枝共聚改性主要包括引发接枝和偶合接枝。

1. 引发接枝

引发接枝成功与否很大程度上取决于单体的聚合反应。引发接枝最重要的步骤是合成木质素大分子引发剂（木质素与大分子引发剂的接枝物），再由大分子引发剂聚合。首先对木质素主链进行改性，使其具有初始活性位点（大多数初始活性位点都是由木质素上羟基进行改性形成的）；然后，单体在木质素大分子自由基（或引发剂）上发生聚合反应，从而得到木质素接枝共聚物。可控自由基聚合（CRP）是最常见的聚合方法，它通过控制大分子引发剂的初始活性位点密度来控制接枝密度，并控制接枝聚合物的长度。在各种 CRP 方法中，原子转移自由基聚合（ATRP）法、可逆加成−断裂链转移聚合（RAFT）法、开环聚合（ROP）法和自由基聚合（RP）法最为常见。

ATRP 接枝反应条件相对温和，是最有效的可控聚合方法之一，典型的 ATRP 接枝反应需要一种金属配合物（通常由卤化铜和含氮配体组成）（图 3.14）。常用 2−溴异丁酰溴（BiBB）制备木质素大分子引发剂，BiBB 通过酯键与木质素大分子相连接，所得到的 BiBB 改性木质素大分子引发剂易于与丙烯酸酯等单体发生聚合反应，并表现出很高的反应效率。

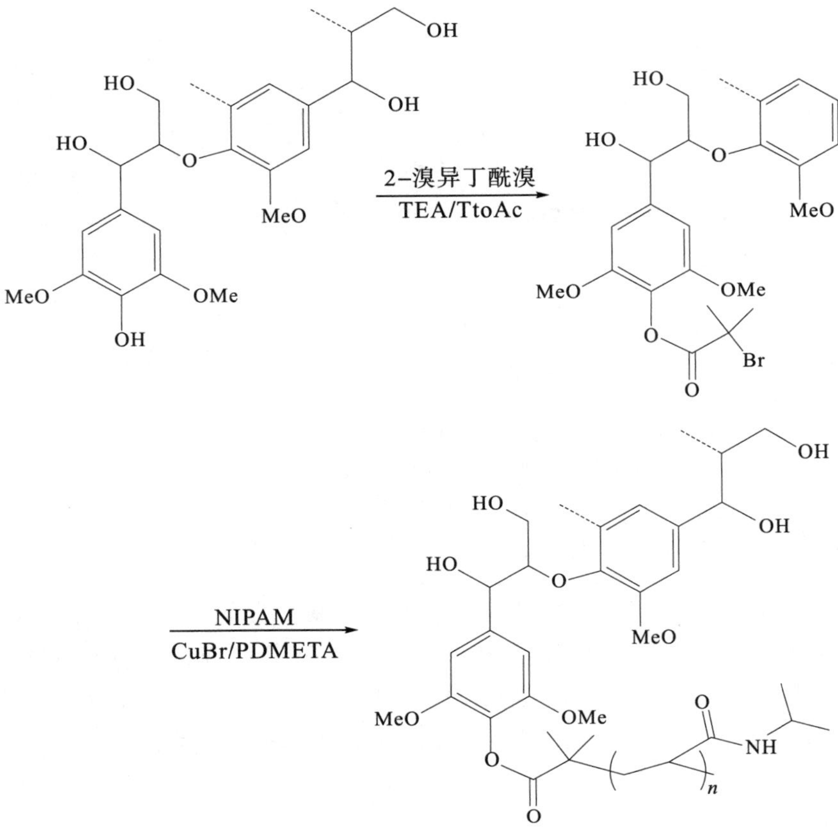

图 3.14　木质素的典型 ATRP 接枝反应

由于木质素的溶解性较差，除大分子引发剂对其有影响外，反应介质的选择也是影响 ATRP 接枝反应的一个重要因素。根据木质素的来源和制备方法，木质素在普通有机溶剂或水溶剂中的溶解性有明显差异。例如，针叶木硫酸盐木质素只溶于较强的极性溶剂（如二甲基亚砜、二甲基甲酰胺和二甲基乙酰胺等），而其改性后的木质素溶解性高很多，可溶解于多种溶剂（如四氢呋喃、二氯甲烷、氯仿和丙酮等）。ATRP 接枝反应所得的木质素接枝共聚物的溶解性一般会进一步提高，其在四氢呋喃、二氯甲烷、氯仿、丙酮和水等多种溶剂中都具有较高的溶解度。

RAFT 法是另一种常用的用于合成木质素可控接枝共聚物的方法，更多地用于新合成的单体。典型的 RAFT 法是：首先，通过酯键修饰木质素以在木质素上接入 RAFT 试剂部分；其次，乙烯基单体在木质素上与该 RAFT 试剂部分聚合。木质素上的接枝聚合物包括丙烯酰胺和大豆油衍生物接枝共聚物等（图 3.15）。偶氮二异丁腈通常用于引发聚合，DMF 是聚合的常用溶剂。几乎所有应用 RAFT 法制备木质素基接枝共聚物的报道都表明，RAFT 法对接枝密度和接枝聚合物长度均有很好的控制作用，所得产物的分子量分布窄。

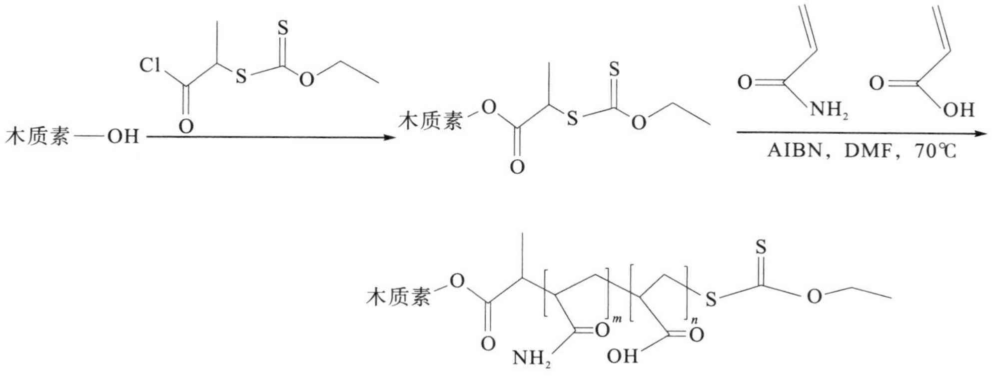

（a）

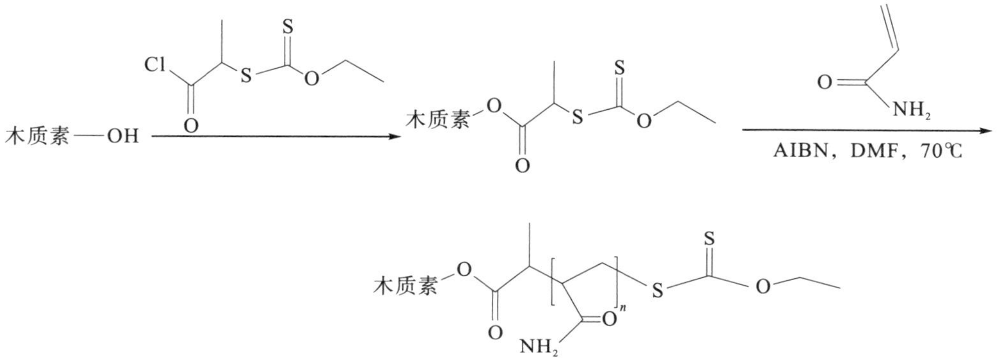

（b）

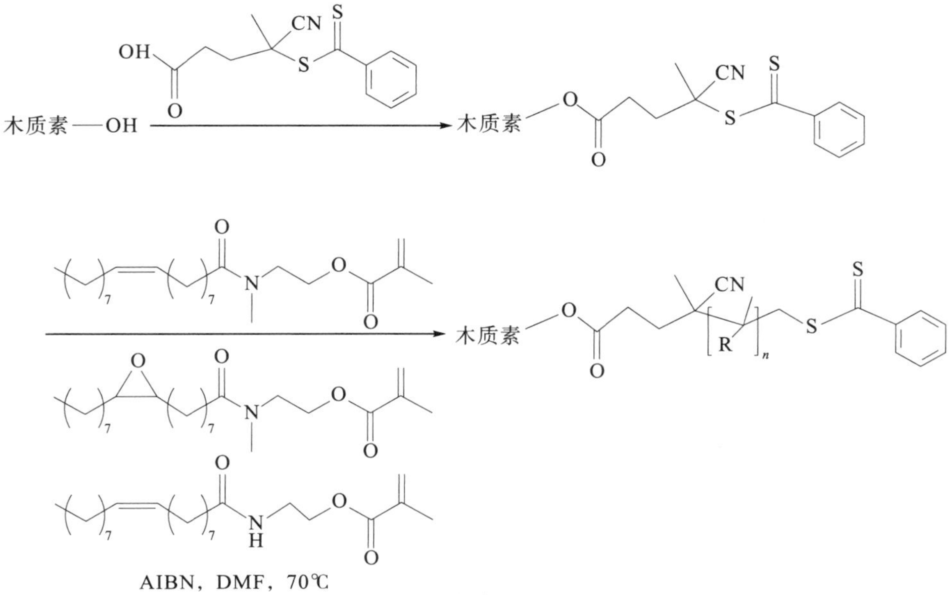

（c）

图 3.15　RAFT **法合成木质素－丙烯酰胺和大豆油衍生物接枝共聚物**

除此之外，RAFT 法也用于聚合具有与木质素单体单元相似的化学结构的丙烯酸酯。木质素引发单体的基础结构是愈创木酚、木焦油醇、4－乙基愈创木酚和香草醛，使用的 RAFT 试剂一般是 2－氰基－2－丙基苯二硫酸盐。

ROP 法是指环状化合物单体经过开环加成转变为线形聚合物的反应，是一种链增长聚合，木质素也可以通过 ROP 法制备接枝共聚物（图 3.16）。例如，利用开环聚合法将 ε－己内酯和 L－丙交酯开环聚合到木质素大分子上，可得到木质素－聚(ε－己内酯－co－L－丙交酯）接枝共聚物。由于聚 ε－己内酯的柔性链存在，制备的木质素－聚 ε－己内酯接枝共聚物类似橡胶材料，显示出优异的机械和耐热性能。采用开环聚合方法，将丙交酯接枝到木质素上，可制备成木质素纳米纤维，具有抗氧化作用。

（a）木质素–聚(ε –己内酯–co–L–丙交酯)接枝共聚物

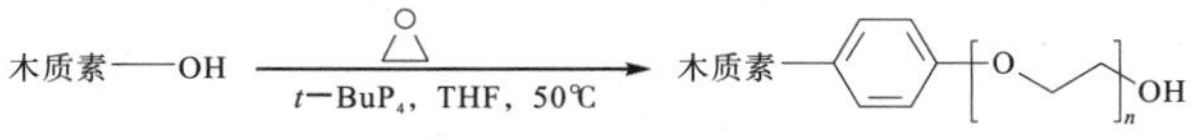

（b）木质素–聚乙二醇接枝共聚物

图 3.16　木质素－聚(ε－己内酯－co－L－丙交酯）接枝共聚物和木质素－聚乙二醇接枝共聚物

采用自由基与木质素反应，也可得到木质素接枝共聚物。例如，将磺化丙酮甲醛缩合物与碱木质素反应，可得到木质素－磺化丙酮甲醛接枝共聚物，具有良好的分散性能，可用作导电聚合物。木质素或木质素磺酸盐也可在 Cl^-－H_2O_2、Fe^{2+}－H_2O_2、过氧硫酸盐、Ce^{4+}等自由基引发剂的引发下与丙烯酰胺、丙烯酸、苯乙烯、甲基丙烯酸甲酯等烯类单体发生接枝共聚反应。

2. 偶合接枝

合成聚合物可以利用偶合接枝法通过共价键结合到木质素大分子上。与引发接枝相比，偶合接枝法适用于更多的聚合物，且反应条件和纯化方法更简单。常用的偶合接枝法有点击化学法、光催化法等。

点击化学法是一种方便有效的偶合接枝反应方法，由于点击化学反应没有或只有极少的副反应，因此不需要复杂的纯化步骤。鉴于这些优点，点击化学法被广泛应用于木质素接枝聚合，利用叠氮化物的点击化学反应可将聚乙二醇、聚己内酯和聚乳酸接枝到木质素大分子上，甚至可以合成木质素－木质素接枝物，具有很好的通用性（图 3.17）。

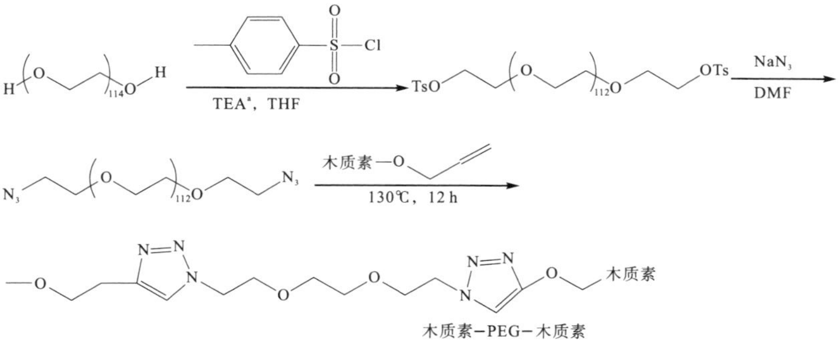

H O O H (114); O S O Cl; TEA[a]，THF → TsO O O OTs (112); NaN$_3$ / DMF →

N_3 O O N_3 (112); 木质素—O; 130℃，12 h →

O N=N N O O N N=N O 木质素

木质素–PEG–木质素

（a）木质素-聚乙二醇

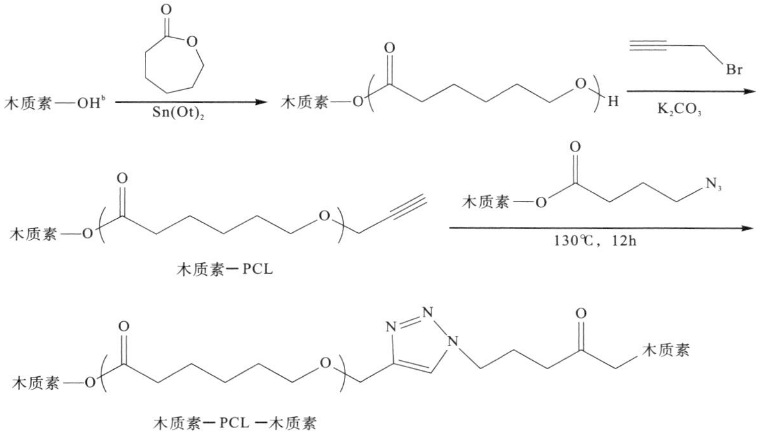

木质素—OH[b]; O O; $Sn(Ot)_2$ → 木质素—O O O H; Br; K_2CO_3 →

木质素—O O O; 木质素—O O N_3; 130℃，12h →

木质素–PCL

木质素—O O O N=N N O 木质素

木质素–PCL –木质素

（b）木质素-聚己内酯

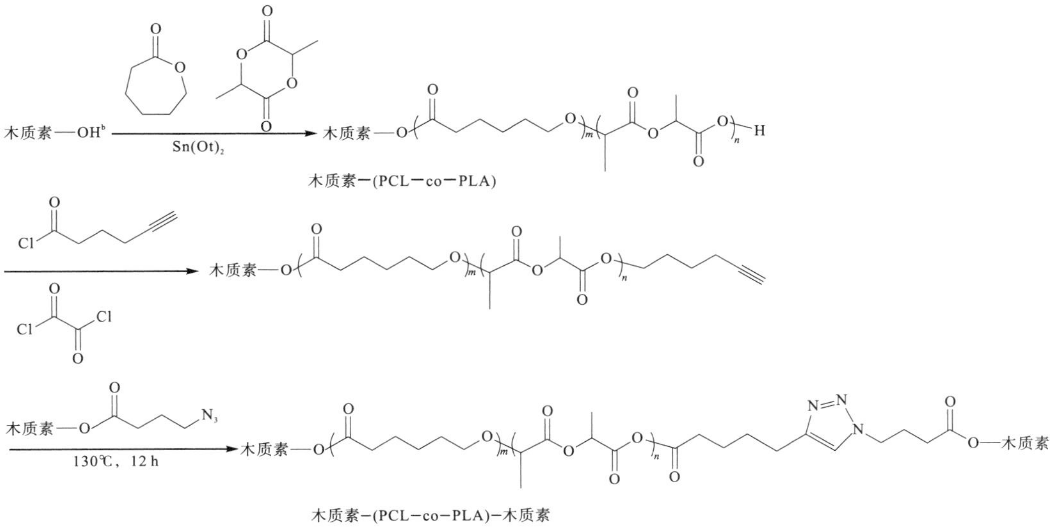

木质素—OH[b]; O O; O O O O; $Sn(Ot)_2$ → 木质素—O O O m O O O n H

木质素–(PCL–co–PLA)

Cl O; Cl O Cl O → 木质素—O O O m O O O n

木质素—O O N_3; 130℃，12 h → 木质素—O O O m O O O n O N=N N O O—木质素

木质素–(PCL–co–PLA)–木质素

（c）木质素-聚己内酯-co-聚乳酸

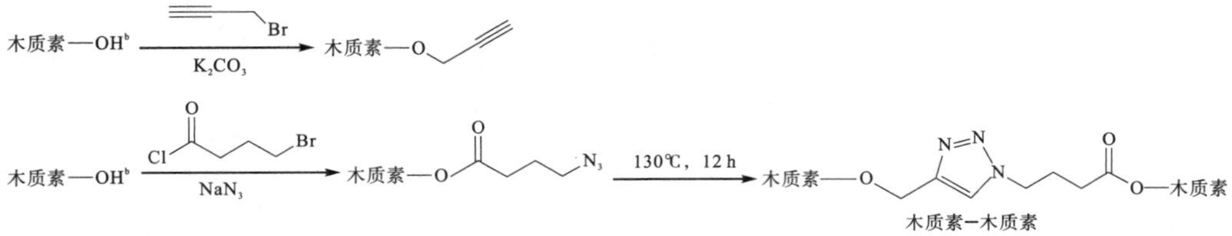

(d) 木质素-木质素

图 3.17 木质素－聚乙二醇、木质素－聚己内酯、木质素－聚己内酯－co－聚乳酸、木质素－木质素接枝物的合成

光催化法也可实现木质素的偶合接枝。采用蓝光为光源，并利用 $Ru(bpy)_3Cl_2$ 作为催化剂，可使含硫化合物与烯烃改性木质素发生硫醇－烯反应，该反应效率高，转化率高达 93%～97%，并可通过光源的开关控制反应的进行与停止。在自然光下该反应也可进行，反应 4 h 后木质素硫醇接枝反应可达 95%的转化率。因此，这种方法是一种新型高效、低能耗且环境友好型的木质素改性方法。

3.2.4 木质素物理共混

除利用化学反应性质直接制备木质素改性材料之外，木质素更多的是作为聚合物填料，与其他材料进行共混复合以改善材料的性能。目前，木质素已被广泛用于共混改性橡胶、聚乙烯、聚丙烯、聚氨酯、酚醛树脂、聚乙烯醇、聚乙二醇、环氧树脂、聚乳酸、聚丁二酸丁二醇酯、聚－3－羟基叔丁酯、淀粉塑料、蛋白质塑料等材料。在提高材料性能的同时降低成本，且利用纺丝、静电纺丝、自组装、溶胶－凝胶等技术可制备出纤维、纳米纤维、薄膜、发泡材料、水凝胶等木质素改性材料，某些材料还可作为前驱体转化成碳膜、碳纤维等材料。

3.2.4.1 木质素填充改性橡胶

木质素可与橡胶进行共混，制备木质素填充复合改性橡胶。木质素是既有芳香环刚性的基本结构又有柔顺侧链，既有众多反应活性基团又有较大比表面积的微细颗粒状亚高分子物质，因而可作为优良的补强剂替代炭黑填充改性橡胶。木质素的羟基和橡胶中共轭双键的π电子云能形成氢键，还可与橡胶发生接枝、交联等反应，从而起到增强的作用。实际应用中的关键问题是如何提高木质素与橡胶的相容程度。木质素填充橡胶主要是通过工艺改良和化学改性两种方式解决木质素在橡胶基质中的分散问题，同时利用木质素分子的反应活性构筑树脂－树脂、树脂－橡胶及橡胶交联的多重网络结构。

木质素与常用的炭黑或其他无机增强材料相比，最大的优势就在于其具有大量多种类型的活性官能基，能够容易地通过化学反应实现不同的物理性质，不仅能扩链增加分子量以发挥更好的增强作用，还能够形成与橡胶更相容的链结构以利于分散。例如，将木质素甲醛改性后，降低了因酚羟基引起的木质素分子自聚集形成的超分子微粒的趋势，提高了粒子与橡胶基质的表面亲和力并促进了分散，同时还增强了木质素本体的强度。此外，利用醛和二胺将分散于天然橡胶中的木质素分子相互联结，伴随着化学交联和协同效应，在柔软的橡胶网络中形成了贯穿较完整、坚硬的木质素网络，经过热处理后可改善橡胶的力学、磨耗和撕裂性能，同时赋予材料优良的耐油和耐老化性能。对比木质素和炭黑填充橡胶后材料的性能，可以发现木质素可以实现高含量填充且填充后密度小，木质素填充的橡胶光泽度更好、耐磨性和耐屈挠性增强、耐溶剂性提高。同时，如果使用硫黄改性木质素对橡胶进行填充共混，还能防止硫化橡胶的喷硫并加快其硫化速率。此外，研究表明木质素的加入能有效提高天然橡胶在空气中抗热氧化降解的能力。例如，改性木质素与橡胶共混制备出氧指数超过 30%的难燃级弹性材料，使其发烟量显著下降。

同类型木质素在橡胶基质中分布的颗粒尺度越小，与橡胶的相容性越高，则其化学作用越强、补强作用越明显。目前，通常采用共沉、干混、湿混工艺将木质素填充到橡胶中，借助搅拌和射流装置，产生一定的剪切力细化木质素颗粒，同时借助水等小分子抑制木质素粒子间氢键导致的黏结。但是，分离过程将改变木质素的物化性质，而强的表面作用将导致木质素微细颗粒的团聚。因此，必须进行碱活化分散和化学改性以产生更加疏松的木质素颗粒结构，以便在混炼时剪切变细。通过动态热处理、羟甲基化等技术，可实现木质素粒子在纳米尺度的分散，在橡胶中的尺寸可达 100～300 nm。

3.2.4.2　木质素共混改性聚烯烃

木质素可与聚乙烯（PE）、聚丙烯（PP）、聚氯乙烯（PVC）、聚甲基丙烯酸甲酯（PMMA）、聚乙烯醇（PVA）、乙烯－乙烯乙酸酯共聚物等合成高分子进行共混，在保持甚至提高材料性能的同时有效地降低成本。在共混体系中，木质素起着刚性粒子增强的作用，会影响材料在韧性方面的性能，同时对材料的热稳定性、光稳定性等性能有一定的影响。木质素的加入会降低材料冲击强度，因此在实际应用中可添加适量的增塑剂来平衡木质素的影响。增塑木质素的玻璃化转变温度会下降，溶解度参数较大的增塑剂与木质素的相容性较好，增塑剂对 100 份木质素添加量为 30 份时效率最高。

含有大量极性官能团的木质素与非极性 PE 和 PP 之间的相容性不好，须采用增容方法提高木质素与 PE 和 PP 之间的相容性。例如，对于 PE－木质素共混物可通过乙烯－丙烯酸共聚物增容剂和钛酸酯配合使用，木质素含量达 30%（质量分数），在改善材料力学性能的同时可提高 PE 的击穿电压。熔融共混时可应用催化接枝技术增容 PE－木质素共混物，通过小分子催化剂使两相间发生化学反应，界面作用的提高赋予材料更好的力学性能。对于 PP－木质素共混物，通过加入 PP 接枝共聚物作为增容剂或先对木质素环氧化可极大地改善组分间的相容性，特别是马来酸酐接枝 PP 可以与木质素进一步发生酯化反应，提高二者之间的相容性。填充木质素会对 PP 的力学性能、老化性能、热稳定性、阻燃性能、导电性质和其在光、热、氧下的降解行为产生显著的影响，但在力学性能方面，添加填充木质素优于添加碳酸钙或滑石粉等无机填充剂，且密度更低。

与木质素共混复合可提高 PP 的抗氧化性，控制木质素的官能团数量和分子量可提高其与 PP 的相容性。组分间良好的相容性能够满足材料使用性能的要求，而木质素与 PP 的相容性主要取决于木质素在 PP 中的溶解能力，可通过木质素聚集体的尺寸进行控制。当木质素的分子量和羟基含量都较低时，其在PP中的溶解性能最佳。木质素的受阻酚结构对自由基的捕获能力较强，使其成为光稳定剂，加入辛基苯二胺能进一步强化其效果。添加了木质素的聚乙烯吡咯啉流延膜经热重分析和红外光谱表征，发现在辐射后其热稳定性下降的趋势减弱。

PVC、PMMA和PVA分子中含有大量的极性基团，因此它们与木质素之间具有较好的相容性，加入木质素进行共混复合对于改善这些材料的性能有积极的作用。例如，木质素的受阻酚结构可捕获自由基而终止链反应，从而提高PVC的热稳定性和抗紫外光降解性。木质素上的羰基和羟基能分别与PVC的氢原子和氯原子之间产生强的相互作用，有利于其材料力学性能的提高。

对木质素进行羟丙基或己内酯衍生化，可以进一步提高它与含极性基团聚烯烃的相容性。经己内酯修饰的木质素可提高其极性并得到星型结构的接枝共聚物，因此与PVC形成的共混物具有很好的相容性，出现单一 T_g 且符合Fox方程。己内酯修饰的木质素以10～30 mm的尺度分散在PVC基质中，使材料的杨氏模量和拉伸强度增加而断裂伸长率降低。虽然在PVA与木质素共混体系中观测到明显的两相结构，但由于体系中两组分间存在很强的氢键作用，促使PVA与木质素共混物中的部分木质素在PVA相中与PVA分子相互作用、联系。同时，该体系中木质素的分子内氢键也并非完全损害材料的性能，由于分子内氢键形成的木质素超分子微区对于共混材料的增强起着重要的作用，因此，木质素成分的引入可显著提高PVA材料的热、光化学稳定性。

3.2.4.3 木质素-天然高分子复合材料

将木质素与天然高分子及其衍生物共混，可望开发出性能优良的可完全生物降解的热塑性复合塑料。在木质素-淀粉共混体系中，木质素及其聚集体与支链淀粉的相容性更好而使其内部结构相对无序。同时，木质素的结构对相容性也有较大影响，不同结构的木质素在淀粉中粒子的尺寸和分布不同，较小分子量的木质素形成的粒子尺寸较小甚至达到纳米尺度，反映出较好的相容性。这是改善材料力学性能的基础，甚至可望产生某些特殊功能。例如，低分子量木质素与极性或非极性的基质均能较好相容，并对淀粉塑料增塑。木质素磺酸盐和疏水性牛皮纸木质素分别作为淀粉薄膜的填料，研究结果发现，木质素磺酸盐对淀粉膜具有一定的增塑作用，二者间具有良好的相容性，但不能提高淀粉膜的耐水性；加入疏水性牛皮纸木质素后能改善淀粉膜的力学性能且提高了其抗水性，同时其小分子量级分起着增塑剂的作用。此外，利用电子束辐照可提高木质素改性淀粉膜的抗水性，其中木质素发生自由基交叉耦合反应形成疏水致密网络进而降低了材料对水的浸润性。同时，工业木质素及其羟丙基衍生物在甘油增塑剂的作用下，通过熔融共混方法填充改性大豆蛋白塑料，热压成型得到一系列具有较高抗水性能的共混样品。为了进一步提高蛋白塑料的性能，可采用二苯基甲烷-4，4′-二异氰酸酯（MDI）原位增容、戊二醛交联和微晶纤维素填充改性等方法。由于木质素和纤维素、半纤维素在植物中共存，同时还与一些蛋白质发生结构作用，可考虑将其与这些组分或其衍生物复合，期望得到仿生材料。虽然半纤维素与木质素在植物中共存，但半纤维素与木质素的共混材料却呈现相分离的形态，而通过添加木质素-碳水化合物的共聚物能在一定程度上提高它们的相容性。将纤维素衍生化，得到的产物也尝试用于与木质素共混形成多相材料（如羟丙基纤维素）。另外，通过反应活性挤出将纤维素醋酸酯及丙酸酯与木质素共混，得到的材料具有较高的强度和模量。将木质素酯化后分别与醋酸或丁酸纤维素形成熔融和溶液共混物，研究发现木质素酯与纤维素酯之间均可发生酯交换反应，导致相界面间产生强烈的相互作用，相区尺度降到 15～30 mm。

3.2.4.4　其他木质素复合材料

木质素也可用于制备环氧树脂。主要方法有以下三种：木质素衍生物与通用环氧树脂共混、环氧化改性木质素衍生物及在环氧化前先通过改性木质素以提高其反应活性。其中，木质素与环氧化合物在固化剂作用下形成的复合材料，通过互穿聚合物网络形式可获得较高的相容性。木质素环氧树脂的黏结强度非常好，将木质素共混入环氧树脂并于 100℃加热处理 2 h 后，环氧树脂的黏结强度可提高 78%。但是，大多数木质素环氧树脂材料存在有机溶剂溶解性差及加工性能不好的缺点。利用木质素磺酸、水解木质素和牛皮纸木质素可制备离子交换树脂。将硫酸处理牛皮纸制浆废液得到的木质素与甲醛或糠醛聚合，得到磺化木质素离子交换树脂。国内已分别利用木质素磺酸盐和碱木素合成大孔球形木质素阳离子交换树脂和阴离子交换树脂，并利用制得的木质素阳离子交换树脂进一步制备出具有良好吸附功能的球形多孔木质素碳化树脂。

利用木质素可制备热固性树脂。将木质素作为填料加入热固性未饱和聚酯或大豆油树脂中，木质素在其中起到了增塑的作用，导致模量降低，但玻璃化转变温度增加。利用马来酸酐和环氧豆油修饰木质素后，可在一定程度上解决其与未饱和树脂的溶剂——苯乙烯不相容的问题，特别是马来酸酐修饰的木质素由于其含有双键还可进行自由基反应而提高了力学性能。用这种木质素改性树脂处理纤维，添加的适量木质素在树脂与纤维界面形成的互锁结构提高了界面黏结强度，进而改善了复合材料的性能。酯化木质素与丙烯酸环氧豆油和苯乙烯未饱和热固性树脂体系也可用于处理天然纤维，木质素丁酯的引入同样改善了树脂与麻纤维的界面作用，促进了二者的黏合，提高了材料的弯曲强度。针对上述酯化木质素在苯乙烯中的溶解性问题，通过对木质素丁酯和木质素丙烯酸甲酯的研究，建立了相关的溶解模型理论。

基于木质素的热塑性，采用低分子量聚酯或聚醚进行增塑制备出力学性能优良的共混材料。将牛皮纸木质素进行烷基化得到结构和拉伸行为与聚苯乙烯相似的衍生物。将该木质素衍生物与脂肪族聚酯共混，聚酯作为增塑剂能够有效地提高材料的伸长率，且共混组分间具有良好的相容性。聚酯链上的羰基与木质素的羟基能够发生氢键作用以实现聚酯的增塑效果，但要实现这种增塑作用的最佳条件是二者之间的氢键强度要适中，相互作用太强将明显破坏超分子微区的结构，反而不利于提高材料的综合性能。随着聚酯含量的增加，共混材料的强度下降而伸长率增加，同时伴随着由脆性塑料转向增韧塑料进而显示出弹性体特征的转变，应力屈服点在含聚 1,4－己二酸亚丁酯时出现并在达到 40wt%后消失。因此，在平衡材料强度和韧性及加工的流动性方面，需考虑在聚合物组分与木质素氢键作用破坏木质素超分子结构并实现增塑效果的同时，保留适量木质素刚性超分子结构对材料强度的贡献。基于该思路，将烷基化和丙烯酸化木质素与低

T_g聚合物共混得到相容材料，其中低T_g聚合物作为增塑剂。低T_g聚合物含量的增加加强了其与木质素分子的相互作用，进而破坏了木质素超分子结构，反映为共混材料强度的降低、伸长率增加。添加这些低T_g聚合物后，纯木质素脆性材料呈现出弹性体特征的应力应变曲线，将这些低T_g聚合物进行组合后与木质素共混，可在一定程度上控制材料强度和伸长率之间的平衡。

木质素还可与可生物降解聚酯共混。将木质素填充聚乳酸，最高含量可达20wt%，两组分间具有较强的分子间相互作用，虽然杨氏模量保持恒定，但拉伸强度和伸长率有所降低，木质素的存在可加速聚乳酸的降解。用马来酸酐接枝的聚己内酯作为增容剂，通过反应挤出得到聚己内酯-木质素共混物，所得材料具有较高的杨氏模量和较强的界面黏合，在40wt%的木质素添加量时其断裂伸长率超过500%。此外，高含量的木质素作为无毒的生物稳定剂，提高了聚己内酯复合材料在户外的使用寿命。聚己内酯与木质素的共混物还能通过机械共混溶液流延的方法制备，溶液流延易于使木质素组分在材料内均匀分散并因分子间氢键而具有部分相容性。随着木质素含量的增加，强度和伸长率下降而杨氏模量增加，含25wt%木质素的材料具有最优的力学性能。此外，木质素粒子复合改性结晶聚-3羟基叔丁酯时，体现出明显的成核性能，通过对基质结晶行为的研究发现，添加木质素促使球晶生长速率加快，但对晶体结构和结晶度完全没有影响，木质素或其酯化衍生物对结晶性聚合物组分结晶度的促进作用，使材料在室温下的模量明显增加。相同的木质素成核促进结晶的作用还发生在木质素-聚对苯二甲酸乙二酯（PET）复合材料体系中，PET的结晶度和晶体尺寸增加。

牛皮纸木质素和有机溶胶木质素分别与聚醚聚氧化乙烯（PEO）进行共混，在其他体系中木质素分子上的形成分子间氢键能力较差的酚羟基却与PEO链上的氧具有较强的氢键作用，因此在整个共混比例下都可得到相容性良好的复合材料。在共混体系中，PEO与木质素间的特征相互作用破坏了木质素的超分子结构，少量木质素作为成核剂增加了PEO的结晶微区数目，但当木质素含量偏高时，PEO结晶度和晶区尺寸下降。木质素的侧链起着内增塑剂的作用，而PEO则赋予了材料优良的热变形性质。整体来看，PEO对木质素起到了必要的增塑作用，虽然使木质素材料的强度有所下降，但伸长率却从约0.6%增加到约20.0%。

3.3 木质素材料及应用

3.3.1 生物医学应用

木质素作为一种天然高分子材料，无毒（高分子量木质素）且可生物降解，在生物医药领域有良好的应用前景（如药物载体、抗菌材料、药物分散剂、组织工程等领域）。

3.3.1.1 药物载体

木质素具有复杂的化学结构，通过一系列的木质素物理、化学反应，可制备新型木质素材料应用于药物载体。以碱木质素为原料、聚乙二醇为交联剂，利用叠氮化物点击化学反应可通过超声辅助的偶合接枝制备聚乙二醇交联的木质素包油微球，可作为药物载体应用于生物医学领域。以香豆素作为模型药物载入这种聚乙二醇交联的木质素微球中，发现木质素微球负载香豆素的纳米粒子表现出良好的生物相容性，且香豆素的释放未受木质素结构的影响。

以碱木质素为原料，利用对甲苯磺酸钠作为良溶剂，通过溶剂物理作用，加入水可制备得到木质素纳米粒子，可用作药物载体，具有良好的药物释放性、生物相容性和一定的 pH 敏感性。木质素磺酸钠是天然木质素的化学改性产品，呈黄褐色细粉状态，带芳香气，无毒无害。

除了碱木质素，其他木质素也可作为原料制备药物载体。例如，以硫酸盐木质素为原料，通过透析法，并分别加入铁和四氧化三铁，可分别制备木质素纳米粒子、铁-木质素纳米粒子和四氧化三铁-木质素纳米粒子。这些纳米粒子具有良好的递送释放索拉菲尼和卡培他滨等药物的能力，在药物磁递送领域有良好的应用潜力。同时，这种木质素基纳米粒子的体外细胞毒性、溶血性及过氧化氢释放等药物载体相关性能良好，具有很好的使用安全性。

木质素还可与其他天然高分子通过化学交联制备新型生物医学材料，如木质素可与纤维素在环氧氯丙烷中进行化学交联制备超吸水型纤维素-木质素水凝胶用作药物载体。首先采用冷冻法将纤维素溶解在 NaOH 水溶液中，其次将其与木质素在环氧氯丙烷中混合进行化学交联，即获得具有高溶胀能力的水凝胶。若将具有广泛生物效应的多酚掺入该水凝胶中，水凝胶多酚的释放取决于基质中的木质素含量，木质素含量增加，多酚的释放百分比增加。因此，水凝胶的溶胀和药物释放过程可通过改变木质素含量来控制，这种木质素-纤维素复合水凝胶可作为药物载体，在生物医学领域具有应用潜力。

利用双分子亲核取代反应（SN2 反应）可将木质素的酚羟基由烷基、羧基或氨基进行取代，然后通过溶剂作用可制备功能化的木质素纳米颗粒，可用作药物载体以实现细胞成像。这种功能化的木质素纳米颗粒可包载有机染料，在体内实现细胞成像。功能木质素纳米颗粒对负载的水系染料具有光保护作用和光增强作用，使其不易被分解并可提高医学成像分辨率。这种基于木质素功能化改性的纳米材料对于未来医学成像、生物医药材料的发展都具有重要的意义，显著拓展了木质素的应用领域。

3.3.1.2　抗菌材料

木质素还可以通过包载一系列具有抗菌作用的金属粒子，制备新型木质素基抗菌材料。木质素本身具有大量酚羟基，有一定的抗菌作用。同时，利用木质素包裹银纳米颗粒，并在最外层覆盖阳离子聚电解质，可具有长期稳定的抗菌作用。一方面，聚电解质层可增强金属粒子与细菌细胞膜的黏性，可有效杀死很多类型的细菌（包括大肠杆菌、绿脓杆菌等）。另一方面，木质素具有一定的生物降解性，且可在一段时间内损耗银纳米颗粒，从而降低银排放对环境的污染。因此，木质素基抗菌材料具有极好的环保性、安全性和长期稳定的抗菌性能，可作为抗菌材料，应用于生物医药领域和日常生活中的各种场景。

3.3.1.3 药物分散剂

木质素苯环和侧链上有大量羟基，通过这些羟基的化学反应，可将各种功能基团引入木质素，制备各种功能材料。例如，通过木质素的磺化反应可制备木质素磺酸钠，可用来替代传统表面活性剂，作为药物分散剂制备反式白藜芦醇纳米乳（图 3.18）。木质素磺酸钠不仅具有良好的乳化和分散性能，而且由于木质素中含有大量的双键、苯环等抗紫外线基团，可明显提高药物乳液在光照条件下的稳定性。这种基于木质素及木质素衍生物的分散材料，在药物制剂及药物储存方面具有很好的应用前景。

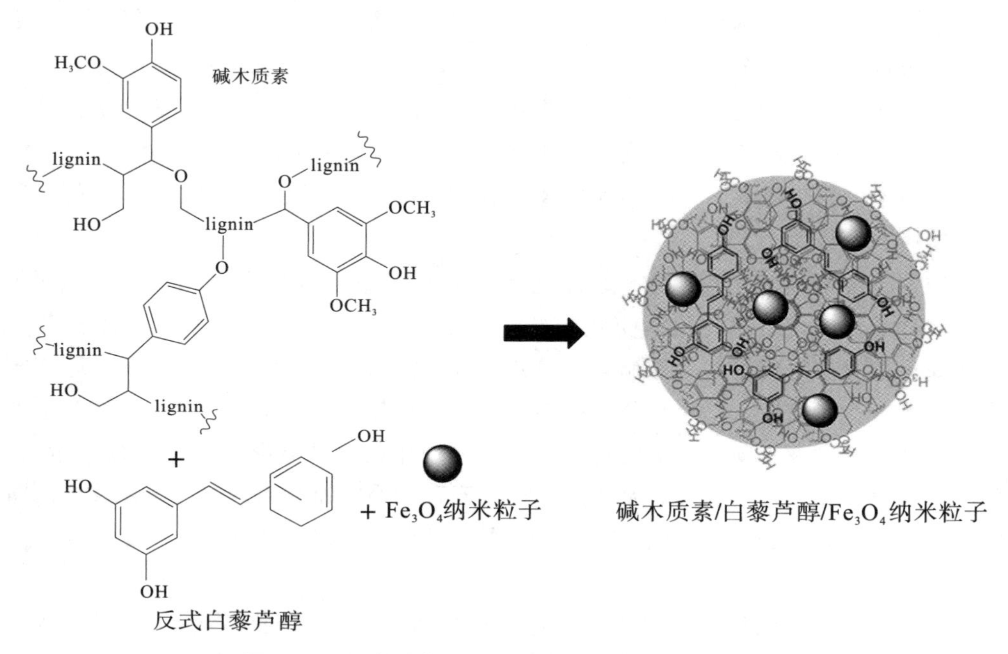

图 3.18 碱木质素/反式白藜芦醇/Fe_3O_4 纳米粒子

3.3.1.4 组织工程

水凝胶固有的结构特征与天然细胞外基质类似，在组织工程领域是一种非常好的生物材料。木质素具有抗氧化、抗菌性和稳定性，可与黄原胶、纤维素和壳聚糖等多种化合物交联复合制备水凝胶材料，可作为组织工程材料应用于生物医学领域。木质素的来源及种类对水凝胶的性能影响较大，将不同种类的木质素（白杨木木质素、一年生木质纤维木质素、木质素环氧改性树脂）与黄原胶混合，以环氧氯丙烷作为交联剂，可交联制备生物可降解的木质素－黄原胶复合水凝胶，木质素的种类会影响水凝胶的稳定性和亲水性。这种木质素基复合水凝胶具有极好的吸水、保水性能，可用作组织工程材料。同时，木质素的添加量对水凝胶的性能有决定性影响，木质素的掺入量和结构等也会影响水凝胶的热稳定性、亲水性和生物相容性。

3.3.2　工程塑料应用

由于木质素与苯酚和异氰酸酯具有反应能力，因此木质素具有用于塑料工业，特别是作为工程塑料的主要成分的潜力。同时，木质素的高冲击强度和耐热的本质也符合作为工程塑料的基本性质。各种不同来源、采用不同方法提取的木质素通过化学反应和物理共混制得的复合材料均可用作塑料使用，大多数体系的木质素添加量在25wt%～40wt%。

通过化学改性提高木质素的性能以满足工程塑料的性能需求，是木质素制备工程塑料的重要方法。例如，通过木质素的羟基烷基化反应，可以制得羟丙基木质素，改善木质素的黏弹性，所制备的羟丙基木质素可作为热固性工程塑料的预聚物。

虽然通过修饰木质素开发工程塑料被广泛地研究，但在木质素结构上引入环氧苯酚、酯和异氰酸酯结构通常产生脆性材料，只可作为胶黏剂、漆、分散剂和薄膜，不能作为结构材料。如果在聚合物网络结构中引入聚醚和类似橡胶的软段组分，可得到增韧的玻璃态热固性树脂。将该原则应用于木质素材料，利用木质素羟基、乙烯基等官能团，通过相应的化学反应制备弹性聚氨酯、丙烯酸酯和环氧树脂时引入聚醚等组分作为木质素材料的增韧单元，可促进增强材料在受力变形时的塑性响应，使脆性明显下降，玻璃化转变温度显著降低。例如，含软段的木质素聚氨酯的结构会显著影响其性质，不同软段对木质素聚氨酯的影响不同，向羟丙基木质素分别引入聚丁二醇和聚乙二醇软段可制备木质素热固性聚氨酯，这些软段可极大的影响聚氨酯的力学性能和热性能，且不同软段的作用不同。由此可见，根据需求向木质素聚氨酯材料中引入不同软段，可显著提高木质素聚氨酯材料用作工程塑料的性能。

木质素上活性羟基与异氰酸酯反应可制备聚氨酯材料，根据得到的材料的性能可用作工程塑料、胶黏剂、泡沫、薄膜等。用不同类型的木质素及其羟烷基化衍生物与不同异氰酸酯反应制备的聚氨酯，其性能受组成和分子结构的影响（如木质素类型、含量、分子量及异氰酸酯类型、NCO/OH摩尔比等因素）。羟烷基化衍生木质素克服了木质素中因存在少量羰基而易与异氰酸酯生成凝胶状非均相高聚物的缺点，同时木质素基团活性和数目及高分子量级分的增加均使材料模量增大、T_g增加。

为了解决木质素基聚氨酯硬度太高、易脆的问题，使用较柔顺的异氰酸酯硬段或引入聚乙二醇（PEG）软段，可得到力学性能优良且不易碎的木质素基聚氨酯材料。引入三羟基官能团聚酯三醇，调节适当的NCO/OH摩尔比和木质素含量有利于材料内部三维网络的形成，可制得坚韧的聚氨酯。在此过程中，木质素分子充当交联剂和硬链段的双重作用，分子量的增大使交联密度增加，木质素含量低于30%（质量分数）且分子量较低时聚氨酯具有优良的弹性。

部分木质素充当硬段组分后，会因自身的热不稳定性导致材料热稳定性下降。因此，适当含量、适中分子量的木质素在NCO/OH摩尔比较低时与软段二醇协同和异氰酸酯反应才能得到性能优良的聚氨酯材料，且通常添加木质素会导致强度增加和伸长率降低。

制备木质素基聚氨酯的关键在于提高两者之间的化学反应程度。增加木质素醇羟基的数量，通过甲醛、环氧乙烷或环氧丙烷等进行羟烷基化或接枝聚己内酯可将木质素与聚氨酯复合，使部分木质素参加聚氨酯的固化反应，也能够达到改善材料力学性能的目的。

对木质素进行接枝共聚修饰，将木质素骨架和接枝聚合物侧链的性质有效地结合是开发木质素工程塑料的另一个方法。接枝共聚物的性能主要取决于接枝侧链和木质素的分子量，同时也依赖于接枝侧链的化学结构和数量，以及木质素与接枝链之间的键接类型。这些木质素接枝共聚物可作为木质素与其他热塑料共混物的增容剂，还能直接开发成高性能材料。例如，目前已开发出高木质素含量的热塑性材料，其主要木质素成分是85wt%的牛皮纸木质素和烷基木质素。将未经任何衍生化的牛皮纸木质素与聚乙烯醋酸酯共混并以二甘醇、苯甲酸和茚为增塑剂（牛皮纸木质素、聚乙烯醋酸酯和增塑剂的质量比为 16∶2∶1），配成 82%的吡咯烷溶液后通过流延成型制得牛皮纸木质素含量为85wt%的材料。该材料的拉伸强度和拉伸模量随木质素的重均分子量增加而增加，可分别达到 25 MPa 和 1.5 GPa，且其玻璃化转变温度为 29.9℃，熔融指数也表明其完全适合挤出成型。此外，由牛皮纸木质素经醚化反应制备的烷基木质素，在未使用任何相容脂肪族聚酯作增塑剂的情况下以二甲亚砜作溶剂流延成型，可得到烷基木质素工程塑料。这种 100%乙基/甲基化的牛皮纸木质素材料的拉伸强度和拉伸模量分别为37 MPa 和 1.9 GPa。以上两种高木质素含量的复合材料拥有可与现行通用的石油基聚合物相比拟的力学性能。

除了化学改性，物理共混也能提高木质素材料的性能，使其可用作工程塑料。例如，将木质素与聚乙烯醇共混，两组分间没有相分离，注射成型的材料具有较好的力学性能。

将木质素与聚氨酯复合也能达到改善材料力学性能的目的。该复合材料的力学性能的改善主要依赖于聚氨酯与木质素之间的反应程度。采用不同类型的木质素填充聚氨酯，可增加复合材料的杨氏模量，提高其力学性能。木质素与聚氨酯共混物体系中存在一定程度的微相分离，相区间存在相互作用，这说明适度的微相分离结构有利于提高聚氨酯的力学性能。溶胀实验测定的聚氨酯交联键间的平均分子量，说明木质素与弹性体基质的相互作用程度小于二氧化钛填充的聚氨酯。羟丙基木质素聚氨酯－聚甲基丙烯酸甲酯复合材料中交联键之间的分子量随木质素含量的增加而减小，当木质素含量超过25%（质量分数）时，形成完善的互穿聚合物网络结构，其拉伸性能、动态力学性能及热性能的变化都符合双连续相特点，说明木质素完全成为聚氨酯网络的一部分(图 3.19)。

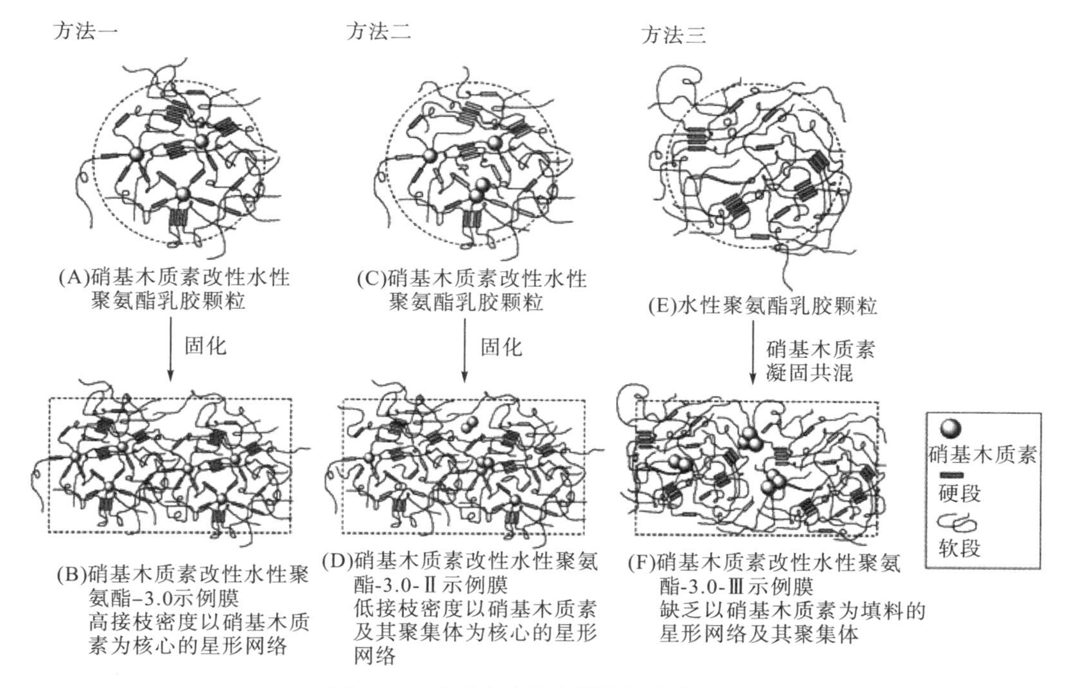

图 3.19 木质素改性水性聚氨酯的方法

通常，木质素作为生物质组分引入材料的目的是得到高木质素填充量的复合材料，进而提高材料的生物质载量并降低成本。然而，当引入极少量的木质素硝酸酯（<5.5wt%）与聚氨酯复合形成接枝互穿聚合物网络结构后，材料的抗张强度和伸长率都有显著提高。这是由于硝化木质素与聚氨酯分子上的—NCO发生接枝反应，形成以硝化木质素为中心接枝多个聚氨酯链段的大星型网络结构，同时伴随着聚氨酯分子及其网络之间的相互缠结和穿透。研究表明，2.8%的木质素硝酸酯、MDI、交联剂三羟甲基丙烷及摩尔比为1.20的NCO/OH，能获得最佳的复合聚氨酯材料拉伸强度和断裂伸长率。同时，在低木质素含量（<9.3wt%）的聚氨酯体系中，木质素的加入也会导致复合材料的强度、韧性和伸长率同步提高，分别增加370%、470%和160%，且在木质素含量为4.2wt%时复合材料的热/力学性质最佳。

将木质素硝酸酯同步增强、增韧聚氨酯的思路移植于水性聚氨酯体系，在合成水性聚氨酯的过程中选择三个阶段，即在聚氨酯预聚物扩链时、加水乳化时和乳化完成后引入木质素硝酸酯，可有效提高水性聚氨酯复合材料的性能。聚氨酯预聚物扩链时加入木质素硝酸酯能制备出含有以木质素硝酸酯为中心的星形网络结构的材料；在水性聚氨酯加水乳化阶段加入木质素硝酸酯，进而形成接枝程度较低的以木质素硝酸酯或其聚集体为中心的星形网络结构；乳化完成后加入木质素硝酸酯，由于乳化过程已完成，木质素硝酸酯以聚集体填充于基质并与基质形成物理作用。

在三个阶段引入木质素硝酸酯改性水性聚氨酯的乳液粒子和膜的结构示意图如图3.19所示。所制备的材料的机械强度和伸长率的顺序随着加入木质素硝酸酯的时间节点依次降低，在第一阶段加入木质素硝酸酯，效果最佳。由此可见，木质素硝酸酯与基质反应形成的星形网络对材料有同步增强、增韧的作用。然而，如果加入过多木质素硝酸酯，会导致木质素硝酸酯的自聚集，虽然聚集体可凭借其刚性能极大地提高材料的模量，但会显著降低材料的强度。综合来看，在聚氨酯预聚物扩链阶段引入 3.0wt%的木质素硝酸酯制备的木质素硝酸酯改性水性聚氨酯具有最佳的强度和伸长率，两者皆可提高 1.8 倍，特别是强度可达 71.3 MPa。

除了木质素硝酸酯，其他木质素衍生物也可用于改性水性聚氨酯。例如，利用木质素磺酸钙可以与水性聚氨酯材料复合进行改性。由于木质素磺酸钙不能溶解于有机溶剂，因此只能在乳化阶段或乳化完成后加入复合水性聚氨酯体系。木质素磺酸钙的增强效果明显，添加 6.5wt%～7.0wt%的木质素磺酸钙可使改性的水性聚氨酯达到最高强度。与之相对的，增韧则需要减少木质素磺酸钙的添加量，在添加 1.5wt%木质素磺酸钙时，木质素磺酸钙改性水性聚氨酯具有最好的韧性。随着木质素磺酸钙含量的增加，木质素磺酸钙发生自聚集，聚集体提高了水性聚氨酯材料的模量，但会降低材料的伸长率。

3.3.3 环境领域应用

木质素基材料在环境领域有众多的应用。例如，木质素可以作为絮凝剂用于水处理，可以作为吸附材料吸附油污、染料、金属离子等。与其他糖类生物质组分如纤维素、半纤维素相比，木质素独特的复杂芳基结构为其提供了众多化学反应活性位点，使木质素可通过多种不同化学反应制备各种材料。因此，以木质素为原料制备各种新型材料应用于环境领域也是目前研究的热点。

3.3.3.1 絮凝剂

改性木质素作为水处理中的絮凝剂是其综合利用的一个重要方面。改性木质素分子存在具有反应活性的官能团，在絮凝过程中易于形成化学键，对促进溶解状有机物的吸附和胶体、悬浮颗粒的网捕方面起着重要作用。例如，碱木质素和木质素磺酸盐等因具有磺酸基、羟基等活性基团，可“捕集”废水中的一些阳离子基团和重金属离子，能直接用作絮凝剂处理各种废水。将从草浆黑液中提取的碱木质素用于处理味精浓废液，能将其中 95%的菌体沉降、回收并制成高蛋白饲料。将碱木质素与聚合氧化铝、聚丙烯酰胺絮凝剂对酿造废水和染料合成废水的处理效果进行对比发现，碱木质素具有相对较高的浊度、色度和 COD 去除率，显示出较好的絮凝效果。

木质素作为絮凝剂有较好的水处理效果，进一步对其进行化学改性，可拓展木质素絮凝剂使用的 pH 范围并进一步提高其絮凝效果。例如，木质素季铵盐、木质素接枝聚丙烯酰胺、改性木质素胺和交联木质素等一系列木质素化学改性产品都是良好的絮凝剂。

木质素季铵盐是一种良好的絮凝剂，可用于废水处理。将环氧氯丙烷与三甲胺盐酸盐在碱性条件下反应，合成环氧值较高的环氧丙基三甲基氯化铵中间体，再以此中间体与木质素反应，可得到木质素季铵盐。木质素季铵盐阳离子絮凝剂可用于处理染料废水、印染废水等多种难以处理的废水，其对色度和 COD 均具有较高的去除水平，且用量少，成本低。木质素季铵盐适合在弱酸性条件下使用，最佳投入量一般为 2～3 g/L，脱色率可达 94.02%，是一种性能较好的酸性染料废水絮凝剂。图 3.20 为壳聚糖和木质素的三元共聚物染料絮凝剂。

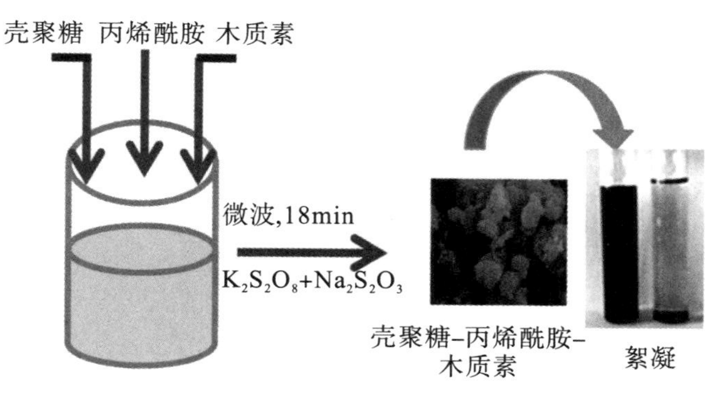

图 3.20　壳聚糖和木质素的三元共聚物染料絮凝剂

木质素与丙烯酰胺接枝可制得木质素接枝聚丙烯酰胺，可作为絮凝剂用于废水处理。与丙烯酰胺接枝明显提高了木质素絮凝剂的分子量，且综合了聚丙烯酰胺组分的絮凝功能。

利用木质素分子上的酚羟基及其 a 碳原子较强的反应活性，与脂肪胺及其衍生物能发生 Mannich 反应，将仲胺、叔胺等基团键接到木质素分子上进而可制得具有阳离子特性的改性木质素胺絮凝剂。将碱木质素与醛、多胺在水溶液中加热回流，通过发生 Mannich 反应合成出在酸性和碱性溶液中均能溶解的阳离子化木质素絮凝剂。这种阳离子化木质素絮凝剂可将高岭土悬浊液絮凝，其具有比碱木质素絮凝剂更优异的絮凝沉降性能。

如果将木质素胺的反应介质变为有机溶剂，加入交联剂控制木质素胺的分子量，可使合成的改性木质素胺絮凝剂具有两性特性，能在更宽的 pH 值范围内溶解，具有非常好的絮凝效果。利用交联剂能有效提高木质素絮凝剂的分子量，改善絮凝、脱色效果，其主要表现在拓宽了絮凝剂的使用酸碱度范围，且絮凝体的颗粒较大，沉降性能明显变优。

此外，还有其他化学改性方法也能有效提高木质素絮凝剂的性能。通过碱木质素和环氧试剂（如氯化三甲基胺、氯化缩水甘油基三甲基胺等）反应，可制成碱木质素阳离子型絮凝剂，具有良好的絮凝性能；碱木质素与一氯代乙酸和丙烯腈等通过皂化反应，可制得羧乙基木质素和氨丙基木质素。

金属离子对木质素磺酸盐的絮凝性能也有一定影响。例如，高分子量且含铬的木质素磺酸盐，比含其他金属离子的木质素磺酸盐的絮凝作用强，具有用于水处理的潜力。

木质素的分子量也对木质素作为絮凝剂的性能有影响。例如，通过二苯甲烷对木质素进行综合改性，可增加木质素的平均分子量且改善木质素分子的空间构型。除此之外，还可将木质素与聚氧化烷或其他试剂交联，与低级脂肪族醛聚合或氧化缩聚，所得到的木质素基絮凝剂具有更好的絮凝效果，固液分离时悬浊物易过滤。

通过共混、复配等物理方法，也可以制备木质素基絮凝材料用于水处理。其中，复配能利用不同物质间的协同作用来提高絮凝效果，是提高木质素絮凝性能的有效方法。木质素磺酸盐与膨润土按照一定配比组成复合絮凝剂，用于处理乳晶中的蛋白质，比单独使用其中任何一种效果都好，蛋白质的回收率可达 90%，同时，膨润土的加入使这种复合絮凝剂的使用 pH 值范围增大。目前，这种基于木质素磺酸盐和膨润土的复合絮凝剂已应用于食品工业的废水处理。

除了作为主要絮凝剂，木质素还可作为助凝剂与其他絮凝材料共混，提高絮凝效果。例如，味精浓废水中含有大量蛋白质、残糖等，黏性大，难以压缩沉降且呈强酸性，悬浮颗粒带较强的正电荷，采用聚丙烯酸钠作为主要絮凝剂，木质素作为助凝剂，天然沸石作为吸附剂预处理味精浓废水，产生的絮凝体粗大、沉降迅速，上清液的色度和浊度都大大降低，COD 去除率为 47%、固体悬浮物去除率为 89%，具有极好的处理效果。同时，木质素是一种廉价的可再生生物质资源，它的加入还有助于减少聚丙烯酸钠的投入量，有利于降低运行成本及碳排放量。

3.3.3.2　吸附材料

通过化学方法对木质素进行针对性改性，可制备一系列的木质素基吸附材料，用于水处理以吸附重金属、油污、染料等。

以工业碱木质素为原料，通过木质素在酸性条件下的酚化反应，可引入更多酚羟基，从而提高其化学反应活性，进一步通过接枝反应可在木质素上引入氨基和 CS_2，制备木质素基重金属吸附材料。酸性酚化后的木质素的活性位点可由 2.29 mmol/g 提高至 7.05 mmol/g，从而大大提高木质素氨基和 CS_2 的接枝效率。具有高接枝效率的木质素改性吸附材料，对 Pb（Ⅱ）具有良好的吸附作用。其中，Pb（Ⅱ）溶液的初始浓度、pH 值及木质素基吸附材料的用量和吸附时间都对吸附性能有影响。这种木质素改性吸附材料对 Pb（Ⅱ）的最大吸附量高达 130.2 mg/g，最大去除率可达 100%。此外，该木质素基吸附材料还具有良好的循环使用性，循环使用 5 次后其吸附 Pb（Ⅱ）的去除率仍高于 85%，说明这种木质素基吸附材料可用于处理水中的重金属，具有良好的应用前景。

木质素基吸附材料还可用于吸附处理印染工业中的含染料废水。工业染料废水中含有大量的染料（如甲基橙、MB）和重金属（Cd^{2+}、Ni^{2+}、Cu^{2+}），它们之间存在吸附竞争现象，国内外对共同吸附重金属离子和有机染料的吸附材料的研究较少，因此，实现染料和重金属的共同吸附是亟待解决的难题。利用木质素，可开发对有毒有机化合物和金属离子均具有优异吸附性的廉价生物基吸附材料。例如，通过物理共混的方式，将碱木质素与壳聚糖以不同质量比混合，可通过两者间较弱的氢键连接制备新型木质素－壳聚糖复合材料。这种木质素－壳聚糖复合材料可同时有效去除废水中的有机污染物和金属离子，壳聚糖与碱木质素质量比为 1∶1 时，复合材料对各种染料和 Cr^{6+} 的吸附效率最高。吸附机理为壳聚糖上的质子化氨基和羟基与染料阴离子和 Cr^{6+} 发生静电吸引作用，且复合物的氨基、羟基和染料的羰基之间产生了化学键链接。这种复合材料的制备方法简单，充分利用了造纸和纤维素生物乙醇工业中常见的废弃副产品，原料成本也显著降低。

木质素还可作为表面活性剂或吸油剂等用于油污吸附。将木质素和十二烷基环氧甘油醚（DGE）在 N，N－二甲基苄胺的催化下进行反应，可引入亲油性的长脂肪链，可有效提高木质素的亲油性能。所得产物再通过氯磺酸磺化接入亲水性磺酸根离子，可得到木质素基阴离子型表面活性剂 SD－AL。不同的反应温度（95℃～110℃）中，环氧基和木质素羧基的反应为主要反应。当浓度低于 0.4%时，木质素基阴离子型表面活性剂 SD－AL 溶液的表面张力低于商业化的表面活性剂 SDBS，表明其具有较好的表面活性。在相同的磺化条件下，DGE 和木质素在 110℃条件下所合成的木质素表面活性剂具有最低的临界胶束浓度（CMC），即为 5.00×10^{-2}%，相应的表面张力为29.17 mN/m。

除了制备阳离子型表面活性剂，木质素还可通过接枝反应制备阴离子型表面活性剂。以环氧氯丙烷和乙二胺对木质素进行接枝反应，可合成胺化木质素阴离子表面活性剂 L3，采用盐酸对其进行中和，可获得阳离子型的木质素表面活性剂 L4。对这两种表面活性剂的性能进行比较发现：L3 的起泡性和乳化性优于 L4，L3 和 L4 具有相似临界胶束浓度，约为 1.0%，但各自临界胶束浓度下的表面张力分别为 42.89 mN/m 和 36.33 mN/m，说明 L4 表面活性优于 L3。总的来说，两种胺化木质素表面活性剂都具有较好的表面活性作用，可分别作为洗涤剂和分散剂，用于油污的处理。

木质素还可与氧化石墨烯进行共混复合，并通过自组装制备木质素－石墨烯复合气凝胶，用于吸附水中的有机物或油污。将疏水木质素和氧化石墨烯在乙醇水溶液中进行水热处理，可自组装制备木质素－石墨烯复合气凝胶（LGA）。LGA 具有优越的物理性质，如超低密度（体积密度为 3.0 mg/cm）、高疏水性（水滴接触角为 127°）和大孔结构分布（孔径分布为 50～200 μm）等。所得木质素－石墨烯复合气凝胶对不同油类和有机溶剂的吸附性能可达自身重量的 167～350 倍。进一步将木质素－石墨烯复合气凝胶在 N_2 氛围中进行碳化后，再对油类和有机溶剂进行吸附测试表明，碳化后的 LGA 对油类和有机溶剂的吸附总质量没有太大改变，但经计算后发现吸附倍数可达自身重量的 254～522 倍，表明木质素－石墨烯复合气凝胶在石油泄漏和工厂有机溶剂泄漏等应急处理方面具有很好的应用前景。

3.3.4　纺织工业应用

木质素及木质素基改性材料在纺织工业上也有广泛的应用，可作为分散剂、均染剂、乳化稳定剂等。例如，硫酸盐木质素的碱性盐和木质素磺酸一样具有表面活性，可作为分散剂使用。木质素可作为染色的均染剂使用，使棉布或人造纤维布染色均匀，延迟染料在织物表面的吸附速度，且其分散作用对不溶于水的醋酸人造丝的染色具有特殊效果。同时，木质素可代替价格高的磷酸盐和树脂酸皂等润湿剂和表面活性剂用于工业上清洗微小悬浮颗粒。

通过硫酸制浆法得到的硫酸盐木质素的钠盐可用作乳化稳定剂。虽较现有的乳化稳定剂，其需要剧烈搅拌，但硫酸盐木质素乳化稳定剂一旦形成乳液后就十分稳定，在冷冻及加热或有弱酸、碱、盐存在时也可保持乳化状态，可用作纺织工业中的乳化稳定剂。此外，根据 Mannich 反应将硫酸盐木质素与二甲胺和甲醛反应得到的木质素胺衍生物，可作为乳化稳定剂使沥青、染料等多种不同乳液稳定。

木质素通过在其酚羟基上进行接枝共聚反应，可制备木质素基表面活性剂，用于染料的脱色。例如，采用碱木质素与 3－氯－2－羟丙基三甲基氯化铵反应，可通过木质素酚羟基的醚化反应（图 3.21）合成得到木质素基阳离子表面活性剂，具有良好的水溶性，可用于脱除水系染料。利用环氧氯丙烷、N，N－二甲基乙烯胺与木质素进行醚化反应，可合成得到木质素改性季铵盐（图 3.22），可用于染料脱色。当 pH=2、木质素改性季铵盐用量为 1.0 g/L 时，其对染料的脱色率达到 89%～100%。

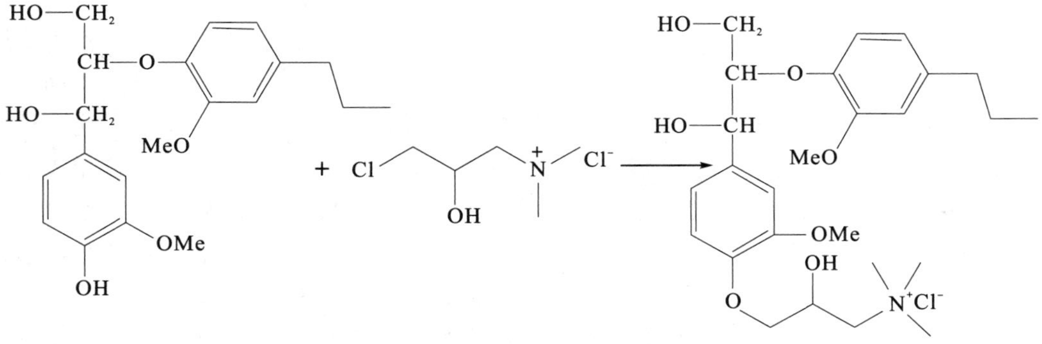

图 3.21　碱木质素与 3－氯－2－羟丙基三甲基氯化铵反应

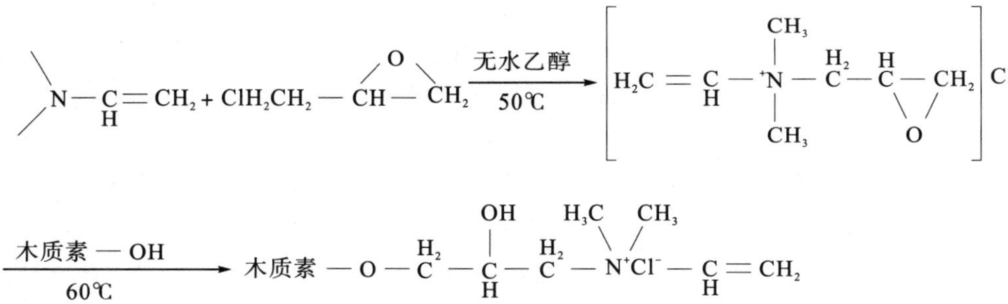

图 3.22　木质素与环氧氯丙烷、N，N－二甲基乙烯胺反应

木质素及木质素改性材料还可作为染料分散剂广泛用于纺织印染行业。木质素基染料分散剂由于其原料来源于制浆废液，具有原料丰富，可生物降解，对动物、人体均无害等优点，使其在印染行业中的应用越来越受到印染工作者的重视。例如，采用亚硫酸盐制浆法得到的木质素磺酸盐可作为染料分散剂，用于各种分散染料的印染。染料分散剂在助染过程中主要是作为表面活性剂来防止分散染料的聚集，它主要通过静电斥力和空间位阻来避免染料颗粒团聚。以木质素磺酸盐作为染料分散剂时，磺酸基主要提供静电斥力，因此木质素磺酸盐的磺化度对其染料分散效果有显著影响。木质素磺酸盐的分子量则对其空间位阻作用具有决定性影响，分子量相对较高的木质素磺酸盐其空间位阻一般较强。具有高磺化度和高分子量的木质素磺酸盐可有效提高分散染料在上染过程中的上染率和稳定性。由于硫酸盐制浆法对木质素原有结构有一定的破坏，会导致木质素重聚，活性基团变少，并使木质素的颜色变深，不利于其作为染料分散剂。因此，以木质素为原料，通过其他磺化反应制备磺化木质素是制备木质素基染料分散剂的最佳选择。

以碱木质素（AL）为原料，通过高温磺甲基化反应，可制备不同磺酸基含量的磺甲基化碱木质素（SAL），作为染料分散剂用于分散染料上染。这种制备磺化木质素的方法以木质素为原料，加入甲醛和亚硫酸钠，通过甲醛与木质素的反应可在木质素的苯环和侧链上引入更多羟基，进而亚硫酸钠与木质素羟基反应生成磺甲基化的木质素。在木质素加入量为 25.0%、反应温度为 180℃、反应时间为 4 h、反应体系 pH=11、n（亚硫酸钠）：n（甲醛）=3.5：1 时，具有最好的反应效果。反应工艺条件对磺化木质素产物的磺酸基含量有影响，调节亚硫酸钠用量可调节磺酸基含量，在磺酸基含量为 1.2～1.4 mmol/g 时磺甲基化碱木质素具有较优的综合性能，尤其是高温稳定性出色。在 130℃高温处理后染料分散液的平均粒径最低为 14.347 μm，明显优于商品染料分散剂 UNA（86.125 μm）和 NNO（59.886 μm）。

甲醛可在木质素上引入羟基，从而为木质素提供更多的磺化反应活性位点，提高木质素磺化反应的磺化度。然而，甲醛的加入还可能引发木质素的缩聚反应，改变木质素的结构，不利于木质素的磺化反应。因此，采用其他磺化方法制备磺化木质素，也可提高木质素的磺化度，使其作为磺化木质素染料分散剂用于纺织行业。同时，通过化学交联的方法，可有效控制磺化木质素的分子量，以提高其空间位阻，促进其染料分散性能。例如，以碱木质素为原料，分别采用 3－氯－2－羟基丙磺酸钠和环氧氯丙烷对碱木质素进行醚化接枝磺化和醚化交联改性，可制备一种颜色较浅的羟丙基磺化碱木质素。与普通磺甲基化法产物磺甲基化木质素相比，羟丙基磺化碱木质素的磺酸基含量和分子量得到显著提升，酚羟基的含量减少约 80%。与来源于酸法制浆废液的木质素磺酸钠（NaLS）、磺甲基木质素及萘系分散剂（SNF）相比，羟丙基磺化碱木质素对分散染料的分散性、高温稳定性及上染率都有显著提高作用，对染料的还原性作用有显著的降低。羟丙基磺化碱木质素的颜色由碱木质素的深棕色变为浅黄色，从而显著减少了对纤维的沾污。采用不同环氧氯丙烷的用量，可交联合成不同分子量的羟丙基磺化碱木质素，分子量可控制在 8100～14830。对比磺甲基木质素，交联后的羟丙基磺化碱木质素中 80%的酚羟基被封闭，且其含量随着分子量的增加而降低。随着分子量的增加及酚羟基含量的减少，羟丙基磺化碱木质素对纤维的沾污性显著降低，表明采用环氧氯丙烷醚化封端技术是调控羟丙基磺化碱木质素分子量的有效方法，可显著提高木质素系染料分散剂的性能。

木质素的来源和结构对其磺化产物用作染料分散剂有显著影响，不同来源的木质素磺酸盐和磺化木质素的结构特征及用作染料分散剂的性能不同。木质素磺酸盐比普通磺化碱木质素具有更好的耐高温稳定性和对纤维的沾污性。其中，重均分子量较大的杨木木质素磺酸钠具有良好的高温稳定性，分子量高、色度和酚羟基含量较低的马尾松木质素磺酸钠对纤维的沾污最轻。木质素磺酸盐的分子量和磺酸基含量越高，提供的空间位阻和静电斥力作用越大，制备分散染料的高温稳定性越优。木质素磺酸盐颜色越深，酚羟基含量越高，对纤维的沾污越严重；磺酸基含量的增加有助于减轻木质素磺酸盐对纤维的沾污。因此，每种木质素磺酸盐均有不同的染料分散特性。7 种粗木质素磺酸盐

(杨木木质素磺酸钠、杨木木质素磺酸钙、蔗渣木质素磺酸镁、松木木质素磺酸钙、UltrazineNa、提纯磺化碱木质素、马尾松木质素磺酸钙）作为染料分散剂对分散蓝79的分散助磨效果、还原性、热稳定性及上染效果等均有所不同。总体而言，7种木质素磺酸盐基本具有较好的助磨效果，球磨后染料粒径保持在2.5 μm左右，其中杨木木质素磺酸钠和蔗渣木质素磺酸镁分散剂的助磨性较差，染料的粒径分别为3.56 μm和6.31 μm。高温处理后，分子量相对较低的提纯磺化碱木质素作为分散剂分散的染料粒径从2.33 μm增大为67.07 μm，说明低分子量会导致其高温稳定性下降。加入木质素磺酸盐后，染料的还原水解率从5%大幅增加至30%左右。除提纯磺化碱木质素外，其他木质素磺酸盐都可维持85.5%（±1.0%）左右的较高的上染率。除马尾松木质素磺酸钙的沾染不匀性值达到5.48之外，其余木质素磺酸盐分散剂的匀染性都较差；从分散剂对涤纶纤维的沾污程度看，UltrazineNa和马尾松木质素磺酸钙的沾污都较轻，提纯磺化碱木质素对纤维沾污严重。总体而言，分子量和亲水官能团含量都会影响其高温稳定性；分散剂对染料的还原作用主要是由分散剂的酚羟基引起的；温度、酚羟基含量、分子量及色度值都是影响沾污的重要因素。酚羟基封端会显著提高木质素磺酸盐的染料分散性能，封端后的样品对染料的还原水解有较好的抑制作用，还原水解率从26%减小至12%。封端会提高其高温分散稳定性及对染料的还原水解作用，使得染料的上染率有所提高，且对纤维的沾污程度减轻。

3.3.5 木材工业应用

木质素可与其他聚合物进行共混，制备木质素基胶黏剂，可应用于木材加工领域，包括木质素酚醛树脂（LPF)、木质素脲醛树脂（LUF）和木质素聚氨酯（LPU）三个体系。

3.3.5.1 木质素酚醛树脂

由于木质素分子中含有大量的苯酚结构单元，特别是愈创木基的对羟苯基的邻位空位具有很强的反应活性，可在一定条件下参与苯酚－甲醛缩合制备酚醛树脂的反应。同时，木质素结构单元上还含有醛基，因此在合成木质素酚醛树脂时，木质素既可在碱性条件下作为酚与甲醛反应，又可在酸性条件下作为醛与苯酚反应。利用木质素替代苯酚可提高木质素的经济价值。木质素酚醛树脂可作为胶黏剂广泛应用于木材工业，用于制备各种胶合板、人造板。木质素充当酚醛树脂的原料，主要通过以下三种方法融入材料：①通过控制调节酸碱性来控制木质素与苯酚或甲醛的反应次序制备酚醛树脂；②木质素可以参与反应制备酚醛树脂，通过共聚交联产生较好的化学亲和性；③木质素参与酚醛树脂的固化反应过程，与酚醛树脂分子链形成接枝共聚物，起扩链的作用。这三种方法得到的木质素酚醛树脂性能依次略有下降，但木质素用量却可以逐渐增加，利用牛皮纸木质素代替苯酚的比例最高达50%（质量分数）。此外，木质素还可直接通过共混改性酚醛树脂，虽然木质素在材料形成过程中没有参与化学反应，但其与酚醛树脂结构的相似性及与极性基团诱导的相互作用导致了组分间的部分相容。另外，可针对性地引入第三组分聚合物以弥补引入木质素造成的性能下降（如韧性下降可考虑引入与其相容的柔性聚合物）。

将适量木质素引入酚醛树脂不仅能较好地保持材料原有的力学性能和热稳定性，还可明显提高材料的绝缘性和高温下的模量。但是，木质素分子体积大、芳环上的位阻大，无论与苯酚、甲醛还是酚醛树脂反应，都存在反应活性不足的缺点，甚至还会阻碍苯酚与甲醛的正常缩合。通常，将木质素进行脱甲基化和羟甲基化改性后，可明显提高其反应活性。例如，利用羟甲基化木质素代替部分线型酚醛树脂，可得到体积和表面电阻系数增大的材料。但是，该改性木质素的添加仍会导致酚醛树脂力学性能的下降，加入 5%（质量分数）的氯化橡胶复合后可提高复合酚醛树脂的性能。总之，任何化学修饰都无法完全解决木质素分子的空间结构较大和反应活性点相对较少的问题，利用其完全代替苯酚是极为困难的。

源于造纸工业的含有木质素的废液具有相对较高的黏度和黏性，可直接用于开发胶黏剂。例如，含有木质素磺酸钠的硫酸盐废液在氢氧化钠存在下与甲醛共热，再与苯酚在 80℃～10℃反应 1 h，制得的木质素基胶黏剂可用于制备微粒木板、硬木板和夹板。利用含有木质素的造纸黑液开发木质素酚醛树脂胶黏剂的主要优点是能够降低产品的成本，无论使用亚硫酸盐废液还是牛皮纸黑液都比酚醛树脂的成本低。亚硫酸盐废液中的木质素磺酸与苯酚和甲醛缩聚制得特别适合于生产纤维板的胶黏剂。当木质素磺酸胶黏剂经硝基苯修饰后能产生高的挠曲强度。研究表明，对于 20 mm 厚的单层和三层粒子板，木质素亚硫酸盐废液对酚醛树脂的替代量可分别达约 25%和 35%，同时木质素的加入不会明显降低人造板的力学性能。

以碱木质素为原料，通过水热液化可获得富含小分子酚类的液体，可用于制备木质素基酚醛树脂胶黏剂。碱木质素在无催化剂的水热条件下进行液化，可对气体组分、挥发性有机物组分、水溶性油组分、重油组分及固体残渣组分产物进行分级，其中液化产物有用于合成木质素基酚醛树脂的可能性。碱木质素在无催化剂水热条件下的转化率（100%－固体残渣得率）小于 63.0%，且液化产物组成复杂。液化过程中可以生成大量的小分子酚类化合物，存在于水溶性有机物和重油组分中。其中，重油组分中的酚类活性位点含量高于原料木质素，且该组分的活性位点含量随液化温度的升高而逐渐增加，因此，木质素液化重油组分是替代苯酚用于酚醛树脂胶黏剂合成的理想原料。以工业木质素为原料，同样通过水热液化制备木质素重油组分，可进一步制备木质素酚醛树脂胶黏剂。这种木质素基胶黏剂可替代 10%～60%的苯酚，以这种木质素酚醛树脂胶黏剂粘接的胶合板在保证性能的前提下可显著降低胶合产品的甲醛释放量。

除此之外，在木质素酚醛树脂的基础上加入更多组分，可制备多元缩聚树脂，可作为胶黏剂用于木材工业。例如，以工业木质素在碱性条件下加入苯酚、尿素和甲醛可合成木质素－苯酚－尿素－甲醛四元共缩聚树脂。木质素大分子可在 pH≥10 的碱性合成条件下参与反应并嵌入共缩聚树脂体系中，并明显降低共缩聚树脂在施胶应用过程中的甲醛释放量。

由于木质素的来源和分离方法的差异造成了其化学结构的多样性，因而会影响木质素酚醛树脂胶黏剂的性能，木质素结构差异的影响可通过接枝共聚的方法消除，主要是使木质素表面结构经接枝后趋向均一，从而提高木质素酚醛树脂胶黏剂产品的稳定性。

3.3.5.2 木质素脲醛树脂

木质素还可用来制备木质素脲醛树脂，可用作胶黏剂用于木材工业。从环境和健康的角度考虑，脲醛树脂因缓慢水解释放出甲醛，目前作为木材胶黏剂已受到越来越多的限制。因此，关于木质素脲醛树脂胶黏剂的研究较少，通常脲醛树脂中10%～50%的组分可被含有木质素的造纸废液取代，由木质素代替后可使脲醛树脂的甲醛释放量减少10%～18%。这是由于造纸废液中木质素成分与脲醛树脂发生反应，形成了更稳定的化学结构，从而固定了甲醛。利用硫酸盐制浆法废液开发的木质素脲醛树脂胶黏剂，其干、湿剪切强度均较好，适用于人造板的生产。

对木质素进行氨化改性，可进一步降低木质素脲醛树脂的甲醛释放。当用氨化硫酸盐制浆法废液取代45%脲醛树脂，在木材黏结时可节约28%的树脂用量，并使甲醛释放量降低50%。

3.3.5.3 木质素聚氨酯

木质素聚氨酯也可作为胶黏剂用于木材工业。木质素聚氨酯胶黏剂具有相对较高的稳定性，在保护环境和人体健康方面具有明显优势，可利用木质素衍生物预聚物与聚酯醚多元醇和多种异氰酸酯（包括环己二异氰酸酯亚甲基多二异氰酸酯、甲苯二异氰酸酯）反应制得木质素聚氨酯胶黏剂。羟烷基牛皮纸木质素、有机溶剂木质素、蒸汽爆破木质素和硫酸木质素分别与交联剂（如多亚甲基多亚苯基异氰酸酯和含甲氧基的甲基三聚氰胺）作用均可制备乳液和溶剂型木质素聚氨酯木材胶黏剂。这种木质素聚氨酯胶黏剂用于木材的黏结时，其剪切强度和木材失效率可与间苯二酚甲醛树脂和环氧树脂的效果相比拟。此外，由于室温下多异氰酸酯与水的反应相当慢，因此含木质素的造纸废液可直接与多异氰酸酯混合制备木材胶黏剂。木质素的多孔结构因可吸收异氰酸酯与水反应形成的气体，不会影响黏结质量。研究结果表明，由含木质素的造纸废液制备的木质素聚氨酯胶黏剂用于生产纤维板，能达到板材的各项标准要求，且性能与脲醛树脂和酚醛树脂相近。但是，为了获得充分的黏结强度和抗水性，木质素在与异氰酸酯反应前必须用甲醛先修饰以获得足够的羟基数目，这样才能保证木质素与异氰酸酯反应后的产品具有符合要求的交联结构。此外，利用木质素及其共聚物制备木质素聚氨酯胶黏剂前进行羟丙基化修饰，可使木质素聚氨酯达到木材胶黏剂的各项性能要求。

参考文献

Amen－Chen C，Pakdel H，Roy C. Production of monomeric phenols by thermochemical conversion of biomass：A review [J]. Bioresource Technology，2001，79 (3)：277－299.

Aro T，Fatehi P. Production and application of lignosulfonates and sulfonated lignin [J]. Chemsuschem，2017，10 (9)：1861－1877.

Boerjan W，Ralph J，Baucher M. Lignin biosynthesis [J]. Annual Review of Plant Biology，2003，54 (1)：519－546.

Braunecker W A, Matyjaszewski K. Controlled/living radical polymerization: Features, developments, and perspectives [J]. Progress in Polymer Science, 2007, 32 (1): 93-146.

Brebu M, Vasile C. Thermal degradation of lignin—a review [J]. Cellulose Chemistry and Technology, 2010, 44 (9): 353-363.

Cauley A N, Wilson J N. Functionalized lignin biomaterials for enhancing optical properties and cellular interactions of dyes [J]. Biomaterials Science, 2017, 5 (10): 2114-2121.

Chaochanchaikul K, Sombatsompop N. Stabilizations of molecular structures and mechanical properties of PVC and wood/PVC composites by Tinuvin and TiO_2 stabilizers [J]. Polymer Engineering & Science, 2011, 51 (7): 1354-1365.

Chen L, Zhou X, Shi Y, et al. Green synthesis of lignin nanoparticle in aqueous hydrotropic solution toward broadening the window for its processing and application [J]. Chemical Engineering Journal, 2018, 346: 217-225.

Chen Q, Gao K, Peng C, et al. Preparation of lignin/glycerol-based bis (cyclic carbonate) for the synthesis of polyurethanes [J]. Green Chemistry, 2015, 17 (9): 4546-4551.

Ciolacu D, Oprea A M, Anghel N, et al. New cellulose-lignin hydrogels and their application in controlled release of polyphenols [J]. Materials Science and Engineering: C, 2012, 32 (3): 452-463.

Cusola O, Valls C, Vidal T, et al. Rapid functionalisation of cellulose-based materials using a mixture containing laccase activated lauryl gallate and sulfonated lignin [J]. Holzforschung, 2014, 68 (6): 631-639.

Czegen Z, Jakab E, Bozi J, et al. Pyrolysis of wood-PVC mixtures. Formation of chloromethane from lignocellulosic materials in the presence of PVC [J]. Journal of Analytical and Applied Pyrolysis, 2015 (113):123-132.

Dai L, Liu R, Hu L Q, et al. Lignin nanoparticle as a novel green carrier for the efficient delivery of resveratrol [J]. ACS Sustainable Chemistry & Engineering, 2017, 5 (9): 8241-8249.

Danielson B, Simonson R. Kraft lignin in phenol formaldehyde resin. Part 1. Partial replacement of phenol by kraft lignin in phenol formaldehyde adhesives for plywood [J]. Journal of Adhesion Science and Technology, 1998, 12 (9): 923-939.

Danielson B, Simonson R. Kraft lignin in phenol formaldehyde resin. Part 2. Evaluation of an industrial trial [J]. Journal of Adhesion Science and Technology, 1998, 12 (9): 941-946.

Diop A, Mijiyawa F, Koffi D, et al. Study of lignin dispersion in low-density polyethylene [J]. Journal of Thermoplastic Composite Materials, 2015, 28 (12): 1662-1674.

Enomoto-Rogers Y, Iwata T. Synthesis of xylan-graft-poly (l-lactide) copolymers via click chemistry and their thermal properties [J]. Carbohydrate Polymers, 2012, 87 (3): 1933-1940.

Feldman D, Banu D, Natansohn A, et al. Structure-properties relations of thermally cured epoxy-lignin polyblends [J]. Journal of Applied Polymer Science, 1991, 42 (6): 1537-1550.

Figueiredo P, Lintinen K, Kiriazis A, et al. In vitro evaluation of biodegradable lignin-based nanoparticles for drug delivery and enhanced antiproliferation effect in cancer cells [J]. Biomaterials, 2017 (121): 97-108.

Gandini A, Lacerda T M. From monomers to polymers from renewable resources: Recent advances [J]. Progress in Polymer Science, 2015 (48): 1-39.

Glasser W G, Barnett C A, Rials T G, et al. Engineering plastics from lignin Ⅱ. Characterization of hydroxyalkyl lignin derivatives [J]. Journal of Applied Polymer Science, 1984, 29 (5): 1815—1830.

Gu R, Sain M M, Konar S K. A feasibility study of polyurethane composite foam with added hardwood pulp [J]. Industrial Crops and Products, 2013 (42): 273—279.

Guo L, Zhang B, Wang Z, et al. Preparation of phenolic resin composites with functional ionic liquids and their liquefaction product of wood powder [J]. Acta Polymerica Sinica, 2015 (5): 556—563.

Holmberg A L, Karavolias M G, Epps T H. RAFT polymerization and associated reactivity ratios of methacrylate—functionalized mixed bio—oil constituents [J]. Polymer Chemistry, 2015, 6 (31): 5728—5739.

Hou X, Sun F, Yan D, et al. Preparation of lightweight polypropylene composites reinforced by cotton stalk fibers from combined steam flash—explosion and alkaline treatment [J]. Journal of Cleaner Production, 2014 (83): 454—462.

Huang C F, Nicolay R, Kwak Y, et al. Homopolymerization and block copolymerization of N—vinylpyrrolidone by ATRP and RAFT with haloxanthate inifers [J]. Macromolecules, 2009, 42 (21):8198—8210.

Kadla J F, Kubo S. Miscibility and hydrogen bonding in blends of poly (ethylene oxide) and kraft lignin [J]. Macromolecules, 2003, 36 (20): 7803—7811.

Kai D, Ren W, Tian L, et al. Engineering poly (lactide)—ligninnanofibers with antioxidant activity for biomedical application [J]. ACS Sustainable Chemistry & Engineering, 2016, 4 (10): 5268—5276.

Kharade A Y, Kale D D. Lignin—filled polyolefins [J]. Journal of Applied Polymer Science, 1999, 72 (10):1321—1326.

Kim Y S, Kadla J F. Preparation of a thermoresponsive lignin—based biomaterial through atom transfer radical polymerization [J]. Biomacromolecules, 2010, 11 (4): 981—988.

Konkolewicz D, Krys P, Matyjaszewski K. Explaining unexpected data via competitive equilibria and processes in radical reactions with reversible deactivation [J]. Accounts of Chemical Research, 2014, 47 (10): 3028—3036.

Kubo S, Kadla J F. Poly (ethylene oxide)/organosolv lignin blends: Relationship between thermal properties, chemical structure, and blend behavior [J]. Macromolecules, 2004, 37 (18): 6904—6911.

Laurichesse S, Avérous L. Chemical modification of lignins: Towards biobased polymers [J]. Progress in Polymer Science, 2014, 39 (7): 1266—1290.

Lee H, Jakubowski W, Matyjaszewski K, et al. Cylindrical core—shell brushes prepared by a combination of ROP and ATRP [J]. Macromolecules, 2006, 39 (15): 4983—4989.

Li J, He Y, Inoue Y. Thermal and mechanical properties of biodegradable blends of poly (L—lactic acid) and lignin [J]. Polymer International, 2003, 52 (6): 949—955.

Li Y, Sarkanen S. Alkylated kraft lignin—based thermoplastic blends with aliphatic polyesters [J]. Macromolecules, 2002, 35 (26): 9707—9715.

Li Y, Sarkanen S. Miscible blends of kraft lignin derivatives with low—T_g polymers [J]. Macromolecules, 2005, 38 (6): 2296—2306.

Liu H, Chung H. Self—healing properties of lignin—containingnanocomposite: Synthesis of lignin—

graft－poly（5－acetylaminopentyl acrylate）via RAFT and click chemistry [J]. Macromolecules, 2016, 49 (19): 7246－7256.

Lou T, Cui G, Xun J, et al. Synthesis of a terpolymer based on chitosan and lignin as an effective flocculant for dye removal [J]. Colloids and Surfaces A: Physicochemical and Engineering Aspects, 2018 (537): 149－154.

Lu Y, Wei X, Zong Z, et al. Structural investigation and application of lignins [J]. Progress in Chemistry, 2013, 25 (5): 838－858.

Matsushita Y, Yasuda S. Preparation and evaluation oflignosulfonates as a dispersant for gypsum paste from acid hydrolysis lignin [J]. Journal of Applied Polymer Science, 2005, 96 (4): 465－470.

Matyjaszewski K, Tsarevsky N V. Nanostructured functional materials prepared by atom transfer radical polymerization [J]. Nature Chemistry, 2009, 1 (4): 276－288.

Matyjaszewski K, Xia J. Atom transfer radical polymerization [J]. Chemical Reviews, 2001, 101 (9):2921－2990.

Nair V, Panigrahy A, Vinu R. Development of novel chitosan－lignin composites for adsorption of dyes and metal ions from wastewater [J]. Chemical Engineering Journal, 2014 (254): 491－502.

Ouyang X, Ke L, Qiu X, et al. Sulfonation of alkali lignin and its potential use in dispersant for cement [J]. Journal of Dispersion Science and Technology, 2009, 30 (1): 1－6.

Pan H. Synthesis of polymers from organic solvent liquefied biomass: A review [J]. Renewable and Sustainable Energy Reviews, 2011, 15 (7): 3454－3463.

Peng P, Cao X, Peng F, et al. Binding cellulose and chitosan via click chemistry: Synthesis, characterization, and formation of some hollow tubes [J]. Journal of Polymer Science Part A: Polymer Chemistry, 2012, 50 (24): 5201－5210.

Qian Y, Qiu X, Zhong X, et al. Lignin reverse micelles for UV－absorbing and high mechanical performance thermoplastics [J]. Industrial & Engineering Chemistry Research, 2015, 54 (48): 12025－12030.

Qin Y, Yang D, Qiu X. Hydroxypropyl sulfonated lignin as dye dispersant: Effect of average molecular weight [J]. ACS Sustainable Chemistry & Engineering, 2015, 3 (12): 3239－3244.

Raschip I E, Hitruc G E, Vasile C, et al. Effect of the lignin type on the morphology and thermal properties of the xanthan/lignin hydrogels [J]. International Journal of Biological Macromolecules, 2013 (54): 230－237.

Richter A P, Bharti B, Armstrong H B, et al. Synthesis and characterization of biodegradable lignin nanoparticles with tunable surface properties [J]. Langmuir, 2016, 32 (25): 6468－6477.

Saraf V P, Glasser W G, Wilkes G L, et al. Engineering plastics from lignin. Ⅵ. structure－property relationships of PEG－containing polyurethane networks [J]. Journal of Applied Polymer Science, 1985, 30 (5): 2207－2224.

Saraf V P, Glasser W G, Wilkes G L. Engineering plastics from lignin. Ⅶ. structure property relationships of poly (butadiene glycol) －containing polyurethane networks [J]. Journal of Applied Polymer Science, 1985, 30 (9): 3809－3823.

Sen S, Patil S, Argyropoulos D S. Thermal properties of lignin in copolymers, blends, and composites: A review [J]. Green Chemistry, 2015, 17 (11): 4862－4887.

Silmore K S, Gupta C, Washburn N R. Tunable pickering emulsions with polymer－grafted lignin nanoparticles (PGLNs) [J]. Journal of Colloid and Interface Science, 2016 (466): 91—100.

Spiridon I, Teaca C A, Bodirlau R. Preparation and characterization of adipic acid—modified starch microparticles/plasticized starch composite films reinforced by lignin [J]. Journal of Materials Science, 2011, 46 (10): 3241—3251.

Sun X F, Sun R C, Tomkinson J, et al. Isolation and characterization of lignins, hemicelluloses, and celluloses from wheat straw by alkaline peroxide treatment [J]. Cellulose Chemistry and Technology, 2003, 37 (3—4): 283—304.

Sun Y C, Wen J L, Feng X, et al. Fractional and structural characterization oforganosolv and alkaline lignins from Tamarix austromogoliac [J]. Scientific Research and Essays, 2010, 5 (24): 3850—3864.

Sun Y, Yang L, Lu X, et al. Biodegradable and renewable poly (lactide)—lignin composites: Synthesis, interface and toughening mechanism [J]. Journal of Materials Chemistry A, 2015, 3 (7): 3699—3709.

Tang C, Zhang S, Wang X, et al. Enhanced mechanical properties and thermal stability of cellulose insulation paper achieved by doping with melamine—grafted nano—SiO_2 [J]. Cellulose, 2018, 25 (6):3619—3633.

Thakur V K, Thakur M K, Raghavan P, et al. Progress in green polymer composites from lignin for multifunctional applications: A review [J]. ACS Sustainable Chemistry & Engineering, 2014, 2 (5):1072—1092.

Thielemans W, Can E, Morye S S, et al. Novel applications of lignin in composite materials [J]. Journal of Applied Polymer Science, 2002, 83 (2): 323—331.

Thielemans W, Wool R P. Butyrated kraft lignin as compatibilizing agent for natural fiber reinforced thermoset composites [J]. Composites Part A: Applied Science and Manufacturing, 2004, 35 (3): 327—338.

Thielemans W, Wool R P. Lignin esters for use in unsaturated thermosets: Lignin modification and solubility modeling [J]. Biomacromolecules, 2005, 6 (4): 1895—1905.

Tortora M, Cavalieri F, Mosesso P, et al. Ultrasound driven assembly of lignin into microcapsules for storage and delivery of hydrophobic molecules [J]. Biomacromolecules, 2014, 15 (5): 1634—1643.

Upton B M, Kasko A M. Strategies for the conversion of lignin to high—value polymeric materials: Review and perspective [J]. Chemical Reviews, 2016, 116 (4): 2275—2306.

Vanholme R, Meester B D, Ralph J, et al. Lignin biosynthesis and its integration into metabolism [J]. Current Opinion in Biotechnology, 2019, 56: 230—239.

Wang B, Chen T Y, Wang H M, et al. Amination of biorefinery technical lignins using mannich reaction synergy with subcritical ethanol depolymerization [J]. International Journal of Biological Macromolecules, 2018 (107): 426—435.

Wang B, Wen J L, Sun S L, et al. Chemosynthesis and structural characterization of a novel lignin—based bio—sorbent and its strong adsorption for Pb (Ⅱ) [J]. Industrial Crops and Products, 2017, 108: 72—80.

Wang H, Pu Y, Ragauskas A, et al. From lignin to valuable products—strategies, challenges, and prospects [J]. Bioresource Technology, 2019 (271): 449—461.

Wang Y Y, Cai C M, Ragauskas A J. Recent advances in lignin—based polyurethanes [J]. Tappi Journal, 2017, 16 (4): 203—207.

Whittington L E, Naae D G, Davis C A, et al. Conversion of lignin into surfactants [J]. Abstracts of

Papers of the American Chemical Society，1990（200）：13.

Wu Y，Wang J，Qiu X，et al. Highly efficient inverted perovskite solar cells with sulfonated lignin doped PEDOT as hole extract layer [J]. ACS Applied Materials & Interfaces，2016，8（19）：12377－12383.

Xin J，Li M，Li R，et al. Green epoxy resin system based on lignin and tung oil and its application in epoxy asphalt [J]. ACS Sustainable Chemistry & Engineering，2016，4（5）：2754－2761.

Xu Y，Yuan L，Wang Z，et al. Lignin and soy oil－derived polymericbiocomposites by "grafting from" RAFT polymerization [J]. Green Chemistry，2016，18（18）：4974－4981.

Yang A，Jiang W. Studies on a cationically modified quaternary ammonium salt of lignin [J]. Chemical Research in Chinese Universities，2007，23（4）：479－482.

Zhao B，Chen G，Liu Y U，et al. Synthesis of lignin base epoxy resin and its characterization [J]. Journal of Materials Science Letters，2001，20（9）：859－862.

Zhao X，Zhang Y，Hu H，et al. Effect of lignin esters on improving the thermal properties of poly (vinyl chloride) [J]. Journal of Applied Polymer Science，2019，136（11）：47176.

白孟仙. 木质素磺酸盐的结构特征及其作为染料分散剂的性能 [D]. 广州：华南理工大学，2013.

曹双瑜，胡文冉，范玲. 木质素结构及分析方法的研究进展 [J]. 高分子通报，2012（3）：8－13.

陈昌洲. 木质素功能化及其复合材料的构筑 [D]. 北京：北京林业大学，2017.

李航，吴文涛. 甲基丙烯酸锌在 NBR/木质素中的应用 [J]. 合成橡胶工业，1995，18（6）：357－359.

吕晓静，杨军，王迪珍，等. 木质素的高附加值应用新进展 [J]. 化工进展，2001，20（5）：10－14.

秦延林. 羟丙基磺化碱木质素染料分散剂及草酸预处理制备纳米纤维素的研究 [D]. 广州：华南理工大学，2016.

邱学青，楼宏铭，杨东杰，等. 工业木质素的改性及其作为精细化工产品的研究进展 [J]. 精细化工，2005，22（3）：161－167.

沈晓骏，黄攀丽，文甲龙，等. 木质素氧化还原解聚研究现状 [J]. 化学进展，2017，29（1）：162－178.

陶用珍，管映亭. 木质素的化学结构及其应用 [J]. 纤维素科学与技术，2003（1）：44－57.

王兵. 木质素结构解析及其 Pb（Ⅱ）吸附和抗紫外性能的研究 [D]. 北京：北京林业大学，2019.

王迪珍，林红旗，罗东山，等. 木质素在丁腈橡胶阻燃中的应用 [J]. 高分子材料科学与工程，1999（2）:126－128.

王迪珍，罗东山. NBR－26/木质素树脂硫化胶的结构与性能 [J]. 合成橡胶工业，1992，15（1):12－15.

许凤，陈嘉川，孙润仓. 三倍体毛白杨纤维形态学参数及木质素微区分布的研究 [J]. 林产化学与工业，2003，23（4）：66－70.

杨军，王迪珍，罗东山. 木质素增强橡胶的技术进展 [J]. 合成橡胶工业，2001（1）：51－55.

杨军，王迪珍，张仲伦，等. 羟甲基化木质素用量对 PVC/NBR 热塑性弹性体性能的影响 [J]. 合成橡胶工业，2001（6）：39－41.

杨昇. 木质素表征及其合成环保酚醛树脂胶粘剂研究 [D]. 北京：北京林业大学，2017.

张志鸣. 羧甲基化木质素磺酸盐染料分散剂的制备与表征 [D]. 广州：华南理工大学，2015.

郑大锋，邱学青，楼宏铭. 木质素的结构及其化学改性进展 [J]. 精细化工，2005，22（4）：249－252.

第4章　淀粉材料

4.1　淀粉简介与结构

淀粉（Starch）是绿色植物进行光合作用的产物，是碳水化合物的主要储存形式。与石油化工原料相比，淀粉来源广泛、价格低廉、可生物降解、易于改性，是环境友好和符合可持续发展要求的材料。

淀粉是由许多葡萄糖分子脱水聚合而成的一种高分子碳水化合物，分子式可写为$(C_6H_{10}O_5)_n$。各种淀粉的n值相差较大，其从大到小的顺序为：马铃薯＞甘薯＞木薯＞玉米＞小麦＞绿豆。不同来源淀粉的物理和化学性能存在较大差异。淀粉广泛存在于高等植物的根、块茎、籽粒、髓、果实、叶子中。大米中含70%～85%，小麦中含53%～70%，玉米中约含65%，马铃薯中约含20%。在美国，淀粉主要来源于玉米。在欧洲，马铃薯淀粉产量较高。目前在我国所利用的淀粉中，80%为玉米淀粉，14%为木薯淀粉，另外6%为其他薯类淀粉（如马铃薯、甘薯等）、谷类淀粉（如小麦、大米、高粱淀粉等）及某些野生植物淀粉。

在植物细胞中，天然淀粉总是与含氮物质、纤维素、油脂、矿物质、灰分等共存。脂类化合物与淀粉分子链结合成络合结构，对淀粉的糊化、膨胀和溶解有强的抑制作用。玉米和小麦淀粉中脂类化合物的含量较高，可占干基质量的0.8%～0.9%；马铃薯和木薯淀粉只含有少量的脂类化合物，约为0.1%。含氮物质主要包括蛋白质、缩胺酸、氨基酸、核酸和酶等，其中蛋白质的含量最高。高含量的蛋白质会使淀粉在使用过程中产生臭味或其他气味，水解时易变色或蒸煮时易产生泡沫。玉米、小麦淀粉中的蛋白质含量比马铃薯、木薯淀粉高。灰分是指淀粉颗粒在特定温度下完全燃烧后的残余物。天然马铃薯淀粉的灰分含量相对较高，主要成分是磷酸钾、铜、钙和镁盐。由于淀粉颗粒不溶于水，可以利用这一性质，采用水磨法工艺将非淀粉杂质除去，得到高纯度的淀粉产品。植物的来源不同，其淀粉的组成和分子结构也不相同。

4.1.1　淀粉的化学结构和超分子结构

淀粉是由直链结构和支链结构的两种淀粉大分子构成的，称为直链淀粉（Amylose）和支链淀粉（Amylopectin）。在天然淀粉中，直链淀粉占20%～30%，支链淀粉占70%～80%。有的淀粉不含直链淀粉，完全由支链淀粉组成，如黏玉米、黏高粱和糯米淀粉等。实验室分离提纯直链淀粉和支链淀粉的方法一般用正丁醇法，即用热水溶解直链淀粉，然后用正丁醇结晶沉淀分离得到纯直链淀粉，淀粉颗粒中的直链淀粉和支链淀粉可以用几种不同的方法分离开，如醇络合结晶法、硫酸镁溶液分步沉淀法等。醇络合结晶法是利用直链淀粉与丁醇、戊醇等生成络合结构晶体，易于分离；支链淀粉存在于母液中，这是实验室中小量制备的常用方法。硫酸镁溶液分步沉淀法是利用直链和支链淀粉在不同硫酸镁溶液中的沉淀差异分步沉淀分离的。

直链淀粉存在于淀粉内层，组成淀粉颗粒质。它水解时得到唯一的二糖为麦芽糖及唯一的单体为葡萄糖，这表明它是由 α－1,4－糖苷键连接成的大分子。每个直链淀粉分子含有 100～6000 个葡萄糖单元，即相对分子质量为 10^5～10^6 Da。直链淀粉也存在微量的支化现象，分支点是 α－(1，6)－D－糖苷键连接，平均每 180～320 个葡萄糖单元有一个支链分支点，α－(1，6)－D－糖苷键占总糖苷键的 0.3%～0.5%。但由于支链的数量很少，且支链较长，对直链淀粉的性质影响较小。直链淀粉的分子结构如图 4.1 所示。

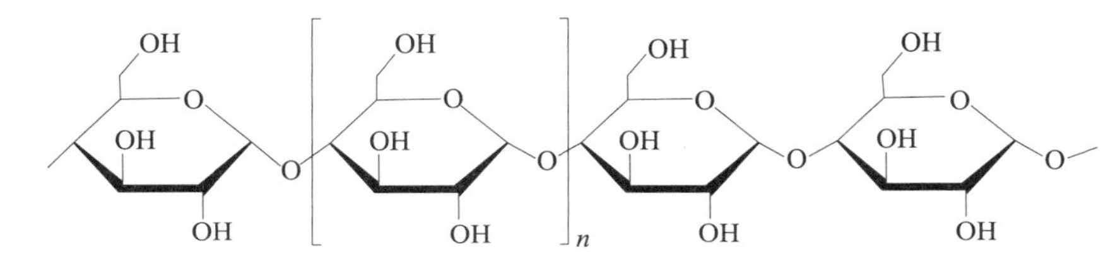

图 4.1　直链淀粉的分子结构

直链淀粉是一种线形聚合物，其结构呈卷绕着的螺旋形，直链淀粉中每 6 个葡萄糖单元组成螺旋的一个螺距，在螺旋内部只有氢原子，羟基位于螺旋外侧。分子链中葡萄糖残基之间有大量氢键存在，如图 4.2 所示。同时，淀粉中的水分子也参与形成氢键结合，与不同的淀粉分子形成氢键，形同架桥。氢键的键能虽然不大，但由于数量众多，使得直链淀粉分子链保持螺旋结构，这种紧密堆集的线圈式结构使直链淀粉在其水溶液中逐渐形成不溶性沉淀。在加热条件下氢键受到破坏，此时直链淀粉可以溶解于热水中，由于直链淀粉水溶液的黏度较小，溶液不稳定，静置后可析出沉淀，因此直链淀粉的凝沉性较强。

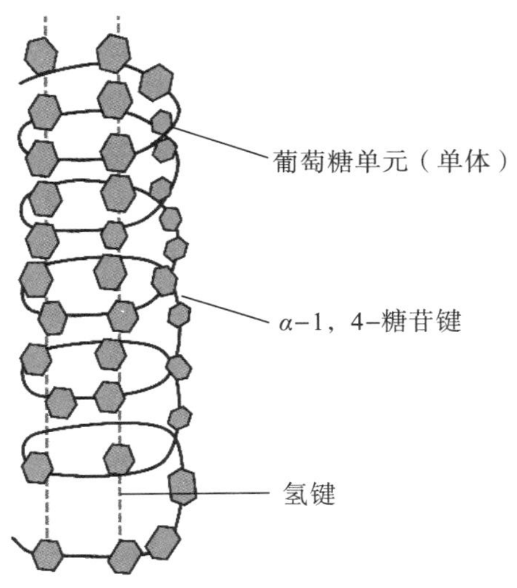

图 4.2　直链淀粉分子间氢键与螺旋结构

用碘液可鉴别直链淀粉。碘在水溶液中形成多碘化合物离子，如三碘化合物、五碘化合物。直链淀粉的螺旋管状内径恰好可允许碘分子插入其中（图 4.3）。直链淀粉遇碘时，I^{3-} 和 I^{5-} 便钻入淀粉螺旋管内呈链状排列形成淀粉－碘的络合物，络合物不断吸引自由电子形成 I^{9-} 和 I^{15-}。螺旋管内部呈憎水性的直链淀粉持有少量水分子，水分子与缺电子的多碘化合物相互作用，呈现深蓝色。加热时，直链淀粉－碘络合物结构被破坏，蓝色便消失；当溶液再次冷却时，直链淀粉－碘化合物的蓝色再次出现。在分析化学中，应用这种反应以可溶性淀粉溶液作为碘是否存在的指示剂。直链淀粉能够结合约等于它质量的 20％的碘。

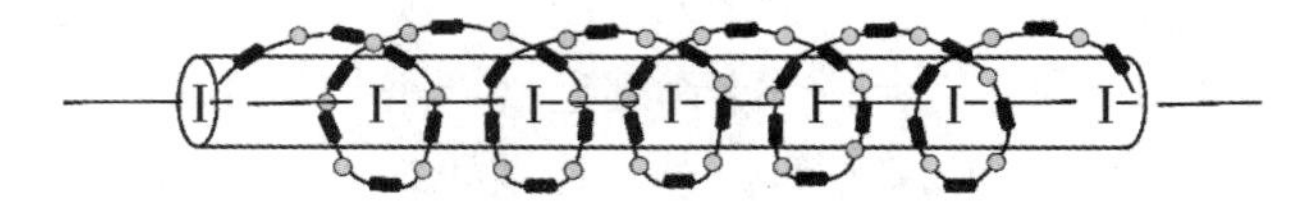

图 4.3　直链淀粉与碘之间的相互作用

利用直链淀粉与碘之间存在的这种特殊的、非常灵敏的相互作用，可以确定淀粉中直链淀粉的含量，这种方法被称为碘亲和力法。目前，自然界中尚未发现完全由直链淀粉构成的植物品种。普通品种的淀粉多由直链淀粉和支链淀粉共同组成，其中少数品种均由支链淀粉组成，不同品种淀粉中直链淀粉与支链淀粉的质量分数见表 4.1。

表 4.1　不同品种淀粉中直链淀粉与支链淀粉的质量分数

淀粉	直链淀粉含量/％	支链淀粉含量/％	淀粉	直链淀粉含量/％	支链淀粉含量/％
玉米	27	73	糯米	0	100
黏玉米	0	100	小麦	27	73
高直链淀粉玉米	70	30	马铃薯	20	80
高粱	27	73	木薯	17	83
黏高粱	0	100	甘薯	18	82
稻米	19	81			

支链淀粉存在于淀粉的外层，组成淀粉皮质。支链淀粉是以数千个 D－葡萄糖残基中的一部分通过 α－1,4－糖苷键连接成的一条长链为主链，再通过 α－1,6－糖苷键与由 20～30 个 D－葡萄糖残基构成的短链相连形成支链，支链上每隔 6～7 个 D－葡萄糖残基再形成分支，第二条链又连接到第三条链上，如此反复，形成了树枝状的复杂高分子，如图 4.4 所示。支链淀粉的主链和支链均呈螺旋状，各自均为长短不一的小直链。支链淀粉与酸作用，最后生成 D－葡萄糖，但在水解过程中生成的二糖中除麦芽糖外，还有以 α－1,6－糖苷键连接的异麦芽糖，这是支链淀粉中有 α－1,6－糖苷键存在的一个证明。

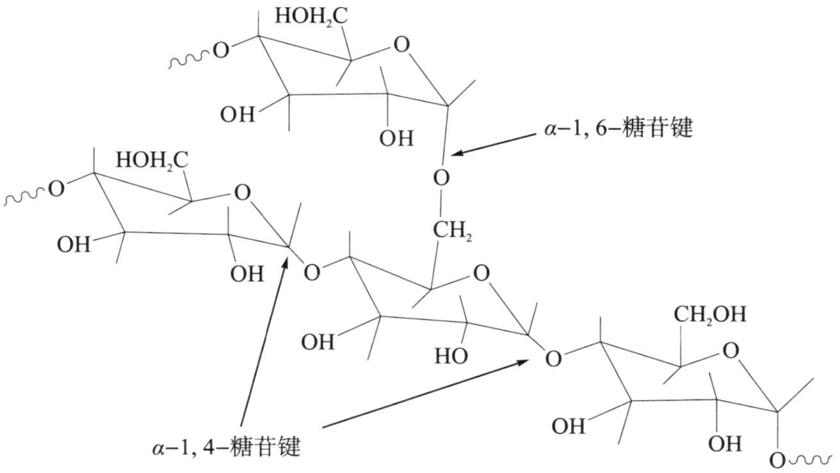

图 4.4　支链淀粉的结构

支链淀粉的平均聚合度高达 100 万以上，相对分子质量在 2 亿以上，是天然高分子化合物中相对分子质量最大的。支链淀粉不溶于水，但它不像直链淀粉分子那样排列紧密，比较松散，易与水分子接近，水合的程度增加，生成的胶体黏性很大，形成黏滞糊精。

支链淀粉遇碘也会有显色反应。其中，直链在 40 个 D－葡萄糖残基以上者遇碘变蓝，以下者则变红棕或黄色。碘钻入长短不一的螺旋卷曲管内会显示出不同的颜色，蓝色和红色相混合使得支链淀粉遇碘显示红紫色。

4.1.2　淀粉的组织结构

淀粉的种类很多，一般按来源可分为以下四类：①禾谷类淀粉，主要包括玉米、大米、大麦、小麦、燕麦和黑麦等；②薯类淀粉，在我国以甘薯、马铃薯和木薯为主；③豆类淀粉，主要有蚕豆、绿豆、豌豆和赤豆等；④其他淀粉，在一些植物的果实（如香蕉、芭蕉、白果等）和基髓（如西米、豆苗、菠萝等）中含有淀粉。另外，一些细菌、藻类中亦有淀粉或糖原。不同种类的淀粉粒具有不同的形状，一般淀粉粒的形状为球形、卵形和多角形，如小麦、黑麦、粉质玉米淀粉颗粒为球形。不同来源的淀粉颗粒的大小也相差很大，一般以颗粒长轴的长度表示淀粉粒的大小，介于 2～120 μm。商业淀粉中，以马铃薯淀粉颗粒最大（15～120 μm），大米淀粉颗粒最小（2～10 μm）。但是在显微镜或电镜下观察，可看到淀粉颗粒具有一些共性，都呈现类似洋葱的环层结构，有的可看到明显的环纹和轮纹，各环层共同围绕着一个被称为粒心或核的点。最新的研究结果表明，淀粉颗粒的表面存在微孔结构，其中小麦淀粉的孔径为 10～50 nm，而马铃薯淀粉的孔径为 200～500 nm。

4.1.3　淀粉的结晶结构

淀粉是一种半结晶聚合物，结晶度一般为 25%～50%。淀粉的结晶硬壳层与半结晶软壳层相互交替，而管道状无定形区则穿插于结晶硬壳之中。在结晶区淀粉分子链是有序排列的，而在无定形区淀粉分子链是无序排列的，这两种结构在密度和折射率上存在差别，即产生各向异性现象，因此偏振光通过淀粉颗粒时形成了偏光十字。各种植物淀粉颗粒的X射线衍射图形可归纳成从A型到B型结晶连续变化的系列，而位于变化的中间状态称为C型，也可将C型定义为A型和B型的混合物。谷物淀粉大多属A型，根茎和球根茎类的淀粉大多属B型，而块根和豆类淀粉则属C型者居多。各种不同的晶型彼此之间存在着相互转化作用，由于A型结构具有较高的热稳定性，使淀粉在颗粒未破坏的情况下就能从B型变为A型。建立在六折双螺旋链基础上的直链淀粉A型和B型晶体的晶胞参数如下：A型单斜晶胞，$a=2.12$ nm，$b=1.17$ nm，$c=1.07$ nm，$y=123.5°$，每个晶胞结合8个水分子；B型六边形晶胞，$a=b=1.85$ nm，$c=1.04$ nm，每个晶胞结合36个水分子。淀粉颗粒的结晶区在直链淀粉之中不存在，而存在于支链淀粉之内。直链淀粉分子和支链淀粉分子的侧链都是直链，趋向平行排列，相邻羟基间经氢键结合成散射状结晶“束”的结构，可视为双螺旋结构。淀粉颗粒中水分子也参与氢键结合，水分子可以和不同的淀粉分子形成氢键，水分子介于中间，形同架桥。氢键的强度虽然不高，但数量众多，因此结晶束具有一定的强度，导致淀粉具有较强的颗粒结构。结晶束之间的区域分子排列无平行规律性，为较杂乱的无定形区。支链淀粉分子庞大，可以穿过多个结晶区和无定形区，为淀粉颗粒结构起到骨架作用。淀粉颗粒中结晶区约为颗粒体积的25%～50%，其余为无定形区。结晶区和无定形区并无明确的界线，其变化是渐进的。

4.2 淀粉的性质

淀粉大分子结构中的苷键和羟基决定其化学性质，也是淀粉各种变性可能性的内在因素。苷键断裂使淀粉聚合度降低，大分子降解，而位于葡萄糖残基的伯、仲碳原子上的羟基均具有伯、仲醇基的氧化、酯化、醚化反应能力，故可制得相应衍生物。

植物淀粉粒子一般都是由直链淀粉和支链淀粉组成。直链淀粉和支链淀粉的主链相互叠缠为束，分支交接成网，形成很多空隙，产生了很多固有特性，如糊化性、不溶性、黏变性等。若将交联网状组织稍为破坏、松解或接上一些其他官能团化合物，其性质就可能产生不同程度的改变，从而得到变性淀粉。

采用物理方法（如热、机械、放射性或高频率辐射）、化学方法（如酸、碱、氧化性、各种反应性化合物）及生物化学方法，可使原淀粉的结构（包括淀粉分子的化学结构和超分子结构）发生改变，使其物理性质和化学性质发生改变，使淀粉变性或改性。所获得的出现特定性能和用途的淀粉产品叫变性淀粉或改性淀粉。

用物理法改性淀粉主要是改变淀粉颗粒的形貌，使之成为微粉、薄膜或珠状，并不改变淀粉的化学结构。淀粉分子链上含有大量活泼的羟基，可通过氧化反应、交联反应、醚化反应、酯化反应等来制备一系列性能各异的淀粉衍生物，如酯化类变性淀粉、醚化类变性淀粉、交联类变性淀粉、接枝共聚类变性淀粉。化学法是淀粉改性的主要方法，是淀粉衍生化成为改性淀粉材料的重要途径之一。变性淀粉的三个重要参数包括取代度（衡量变性类型和变性程度）、淀粉黏度特性及淀粉的稳定性（耐高温稳定性、耐低温稳定性、耐酸稳定性、耐剪切稳定性、抗老化稳定性等）。此外，淀粉还可与其他聚合物、填料、添加剂等进行共混和复合，以获得性能各异的材料。

4.2.1　淀粉的化学性质

从结构上看，淀粉是由 D－葡萄糖组成的天然高分子聚合物，其化学反应主要来自葡萄糖单元的羟基反应，包括酯化、醚化、氧化、接枝共聚、交联等。除此之外，适当的酸处理也会导致淀粉变性，获得酸变性淀粉。

淀粉进行化学反应时，涉及如下一些基本概念：

（1）取代度（Degree of Substitution，DS）：取代度指每个 D－吡喃葡萄糖残基中被取代的羟基数。淀粉中葡萄糖残基中有 3 个可被取代的羟基，因此淀粉取代度的最大值为 3。

$$DS=162w/[100M_r-(M_r-1)w]$$

式中，w 为取代物质量分数；M_r为取代物相对分子质量，无论是单体还是聚合物都按整体计算。

（2）单体转化率：单体转化为合成高分子（包括未接到淀粉分子上的高分子）的量占投入单体总量的百分比，反映了单体的利用率。

（3）接枝百分率：接枝到淀粉分子上的单体总量占整个淀粉接枝共聚物总量的百分比，反映了接枝共聚物分子的大小和合成高分子占接枝共聚物分子的比例。

（4）接枝频率：淀粉分子形成的接枝链之间的平均葡萄糖单位数量，反映了接枝点的密度和接枝链的相对长度。

4.2.1.1　酸变性淀粉

酸变性淀粉是天然淀粉在低于其糊化温度下经无机酸处理得到的变性产物。制备酸变性淀粉时，将淀粉乳在 40℃～60℃温度下加硫酸或盐酸，搅动数小时，达到所要求的转化度后将酸中和、过滤或离心分离、水洗后干燥而得。酸变性淀粉的主要特性是分子缩小，糊黏度降低，碱值增加，在热水中的溶解量增加，热糊流度增加，因此可在高浓度下煮糊，冷却后形成坚硬的凝胶，适合于制造胶基软糖。酸变性黏玉米淀粉糊冷却后能保持透明不胶凝，适合于制造再湿性胶纸带。由于其成膜性能和胶黏性好，适用于纱支上浆、包装袋的黏合剂。酸变性淀粉往往作为其他淀粉衍生物的预处理，随后可采用醚化等其他方法使淀粉的性质能满足下一步变性处理的要求。

酸变性淀粉的生产工艺流程如图 4.5 所示。

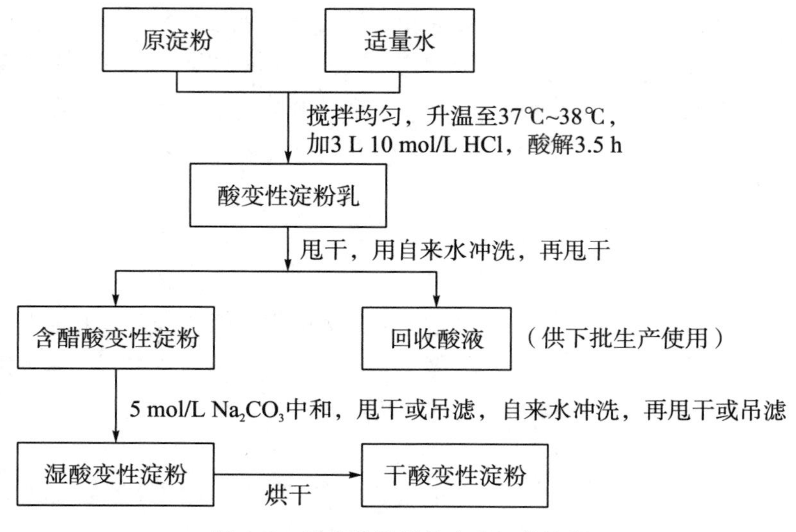

图 4.5　酸变性淀粉的生产工艺流程

在酸变性淀粉的生产中，淀粉乳含量为 36%～40%。酸作为催化剂，不参与反应。不同的酸的催化作用不同，盐酸最强，其次为硫酸和硝酸。酸的催化作用与酸的用量有关，酸用量大，则反应激烈。当反应温度在 40℃～55℃时，体系黏度变化趋于稳定，因此，在酸变性淀粉的生产中反应温度一般选在 45℃～55℃。

淀粉经酸变性处理后，其非结晶部分结构被破坏，颗粒结构变得脆弱。酸变性淀粉具有较低的热糊黏度，即其热糊流度较高。酸变性淀粉的冷热糊黏度比值大于原淀粉，因此易发生凝沉。酸变性组分的相对分子质量随流度增加而降低。酸解反应发生在颗粒的表面和无定形区，颗粒仍处于晶体结构，具有偏光十字。酸变性淀粉一般主要以碎片分散形式而不是膨胀形式被溶解，其糊液对温度的稳定性减弱，受热易溶解，冷却则凝胶化。酸变性淀粉的用途很广，在纺织工业可用作经纱浆料；在建筑行业可用于制备无灰浆墙壁结构用的石膏板；在食品行业可用于制造胶姆糖；在造纸行业可利用酸变性淀粉黏度低的特点，在不破坏强度的情况下高浓度作业，用作纸浆的表面施胶剂。

4.2.1.2　淀粉的酯化

淀粉因其结构单元上富含羟基，可发生酯化反应生成淀粉酯，也称为酯化淀粉。很多酸都能与淀粉发生酯化反应，包括无机酸和有机酸。常用的无机酸有硝酸、硫酸、磷酸等，常用的有机酸有甲酸、乙酸、丙酸和硬脂酸等，酯化反应如下：

$$\text{Starch—OH} + (H_3C—CO)_2O \xrightarrow{NaOH} \text{Starch—O—}\overset{\overset{O}{\|}}{C}—CH_3 + CH_3COO^-Na^+ + H_2O$$

酯化是利用羧基和淀粉六元环上的羟基反应。淀粉羟基被长链取代后，淀粉分子间氢键大大减弱，使得淀粉分子可在较低温度下运动，从而达到降低熔融温度的目的。酯化后的淀粉双螺旋链结构被破坏，更容易被酶进攻，其可降解性能得到进一步提高。

1. 醋酸酯化淀粉

醋酸酯化淀粉又称为乙酰化淀粉或淀粉醋酸酯，是淀粉葡萄糖单元上的羟基与醋酸进行酯化反应所得到的变性淀粉，也是酯化淀粉中最普遍、最重要的一种。

相比于天然淀粉，醋酸酯化淀粉引入了新的基团，其物理化学性质有所改变。由于在淀粉分子中引入了乙酰基，削弱了分子间的氢键作用，醋酸酯化淀粉具有一定的热塑性，热加工性能好于天然淀粉。醋酸酯化淀粉的膨胀率和溶解度均大于天然淀粉，且随着乙酰基含量的增加，其膨胀率和溶解度呈上升趋势。由于乙酰基空间位阻较大，使一部分水溶性大分子降解成可溶性小分子，因此醋酸酯化淀粉的极性增强、亲水能力增大，溶解度、膨胀率较原淀粉高。由于支链淀粉分子之间存在较强的结合力，支链淀粉不易溶出导致其较低的溶解度和膨胀率，而醋酸酯化淀粉则不同，由于引入淀粉分子的乙酰基之间存在排斥力作用及乙酰基的引入降低了分子之间的结合力，这些都使醋酸酯化淀粉的溶解度和膨胀率有所提高。

醋酸酯化淀粉根据取代度可分为高（2～3）、中（0.3～1）、低（0.01～0.2）取代醋酸酯化淀粉三类。其共同特征是糊化温度降低，凝沉性减弱，对酸、热的稳定性有所提高，淀粉糊的稳定性、透明度增加，冻融稳定性好，黏度增大，储存更加稳定，并具有良好的成膜性。

醋酸酯化淀粉的制备主要分为两个步骤：预氧化和乙酰化。其中，预氧化主要发生在淀粉颗粒的无定形区或低结晶区，起到切断苷键、降低聚合度的作用，从而有利于酯化反应的进行。淀粉经预氧化，可降低浆液黏度，提高热稳定性。常用的氧化剂有次氯酸钠、氯酸钠、双氧水、溴水等，其中次氯酸钠的氧化降解作用比较有效，能大幅度降低浆液黏度，提高热稳定性。次氯酸钠分解产生的氧原子具有很强的氧化能力，新生氧原子把羟基氧化成醛基，最后氧化成羧基。预氧化具体过程如下：将淀粉和水以 30∶70 的比例搅拌，用 1 mol/L 的 NaOH 溶液调至微碱性，慢慢地滴加有效氯含量约为 5%的 NaClO 溶液，在 35℃温度下反应几小时，使氧化反应充分进行，然后用 5%的 Na_2SO_3 溶液脱除未反应的次氯酸钠。在反应过程中，反应液的 pH 值需保持大致不变，如果 pH<5，淀粉会水解；如果 pH>11，NaClO 的氧化能力会减弱。为了得到粉末状的氧化淀粉，反应温度要低于糊化温度，由于该反应是放热反应，反应过程中须使用冷却装置。反应后加入 Na_2SO_3 脱除剩余的次氯酸钠，是为了避免剩余的次氯酸钠在煮浆时继续氧化分解淀粉大分子而使浆液黏度不稳定。

低取代度醋酸酯化淀粉一般以醋酸酐或醋酸乙烯酯作乙酰化试剂，在弱碱性条件下处理悬浊液而得。反应中常用的催化剂是 NaOH 或 Na_2CO_3，一般在 35℃温度下反应 2～3 h，反应效率可达 70%以上。反应过程中，温度过高会使醋酸酯化淀粉水解速度加快，反应物挥发也快，不利于提高取代度。温度过低则会降低反应速率，也不利于提高取代度，因此一般情况下反应温度在 35℃左右为宜，反应时间不必太长，因为反应达到平衡后延长反应时间无助于提高产品取代度，并且会导致生产效率降低。反应产物经过多次过滤、漂洗，然后烘干或离心脱水，即可得到高纯度颗粒状醋酸酯化淀粉。

高取代度醋酸酯化淀粉的制备方法包括非均相法和均相法。非均相法通常是以氢氧化钠溶液、吡啶或无机酸等作催化剂，将活化后的淀粉和醋酸酐混合进行酯化。非均相法的缺点是反应通常会消耗大量酯化试剂，产生大量的副产物，且产物取代度难以控制，产物均一性也不好。均相反应中使用的溶剂包括二甲基亚砜（DMSO）和N，N-二甲基乙酰胺，LiCl/DMAc体系。淀粉在这些溶剂中溶解后，与加入的酯化剂（如醋酸酐）反应。然而上述溶剂存在毒性、挥发性和难以回收的缺点，限制了均相酯化反应的进一步发展。研究新型环境友好的淀粉均相酯化反应介质是研究者努力的目标，而其中离子液体可能成为一个兼顾反应选择性和溶剂毒性的选择。

当前，工业化湿法生产酯化淀粉的温度一般低于40℃，否则淀粉容易出现糊化。不同离子液体的分解温度不同，一般在400℃左右，而其呈液态时的稳定温度区间为100℃～300℃。在离子液体中，淀粉在高温时不会发生糊化，因此可提高反应温度。离子液体具有很强的破坏氢键的能力，可直接溶解淀粉，且对淀粉的溶解度远远大于目前普遍使用的溶剂水。在完全溶解的淀粉离子液体中，淀粉可以更迅速地和醋酸酐发生反应，减少反应时间，提高反应速率，节省反应能耗，可制备高取代度的醋酸酯化淀粉。

2. 硫酸酯化淀粉

硫酸酯化淀粉是硫酸与淀粉葡萄糖单元上的羟基发生酯化反应所得的产物，也叫淀粉硫酸酯。硫酸或溶于二硫化碳（CS_2）中的三氧化硫都可作为淀粉的硫酸酯化剂，但这类酯化剂均会使淀粉发生较为严重的降解。硫酸酯化淀粉可在含水介质中进行反应制备。将亚硝酸钠、亚硫酸盐、叔胺（如三甲胺、三乙胺及吡啶）及三氧化硫络合物与颗粒淀粉在含水介质中反应制得淀粉硫酸酯。这类反应会使淀粉产生一定程度的降解，只能制取低取代度的淀粉硫酸酯。在有机溶剂中也可以进行酯化反应制备硫酸酯化淀粉，可使用的有机溶剂包括N，N-二甲基苯胺、甲胺、二甲基甲酰胺（DMF）、二甲基亚砜等，而在有机溶剂中SO_3也可与淀粉反应制成淀粉硫酸酯。

在有机溶剂中加入氯磺酸作为酯化剂也可制备硫酸酯化淀粉。有机溶剂包括吡啶、甲基吡啶、苯、氯仿、甲酰胺等，以此为反应媒介，氯磺酸与淀粉发生酯化反应制成淀粉硫酸酯。

3. 磷酸酯化淀粉

淀粉葡萄糖单元的羟基与磷酸发生酯化反应所得的产物成为磷酸酯化淀粉，也叫淀粉磷酸酯。常用的酯化剂为磷酸或磷酸盐，在35%～42%的淀粉乳中加入淀粉质量为8%～50%的磷酸盐混配物和淀粉质量为1.5%～16%的促进剂——硬脂酸聚氧乙烯醚，混合均匀后在30℃～60℃温度下、pH=5.0～6.5的条件下反应3～10 h，所得的反应产物经离心、干燥后即可获得磷酸酯化淀粉。该方法下磷酸酯化反应在低温下完成，无须经过通常的高温固相反应过程，因此能显著降低能耗，并且更容易对工艺进行控制，且制备过程中酯化反应效率高，与传统的湿法磷酸酯化反应工艺相比，纯化后的磷酸酯化淀粉的结合磷含量提高了2.5倍以上。

4. 烷基脂肪酸酯化淀粉

采用长链脂肪酸与淀粉葡萄糖单元上的羟基进行酯化反应，可制备得到烷基脂肪酸酯化淀粉。长链烷基脂肪酸与淀粉酯化后，相当于在淀粉分子中引入疏水基团，可明显改变淀粉与水的水合作用，使淀粉的性质得到明显改善，拓宽淀粉的应用领域。此类淀粉改性是目前国内外的研究热点。淀粉的疏水改性主要是通过酯化反应在淀粉分子链中引入长链烷基脂肪酸或烯基琥珀酸等基团完成的。烷基脂肪酸淀粉酯的性质取决于脂肪酸酯基团的性质、取代度及原淀粉中直链淀粉和支链淀粉的含量。一般来说，随着碳链长度和取代度的提高，淀粉酯的疏水性增强，热稳定性提高，玻璃化转变温度降低，熔融温度降低甚至消失，生物降解性能也有所下降。原淀粉中直链淀粉含量越高，淀粉酯的综合性能越好，越接近于相应的纤维素酯。改性后的淀粉具有较好的防水性和生物降解性，在包装材料、塑料薄膜、一次性餐具等领域具有潜在的应用。

制备烷基脂肪酸酯化淀粉可采用水媒法、溶剂法、熔融法等。水媒法制备烷基脂肪酸酯化淀粉是先在脂肪酸甲酯和水解淀粉中加入水，搅拌使之混合均匀，通氮气保护以防止产品氧化，在反应过程中将水蒸出，以利于脂肪酸淀粉酯的生成。水媒法工艺相对简单且易于控制，不需使用大量有机溶剂，生产成本较低，但其产物取代度较低，使用范围有限。

溶剂法指二甲基甲酰胺等有机溶剂在碱性催化剂存在的条件下进行反应制备烷基脂肪酸酯化淀粉。常用的溶剂包括吡啶、甲苯、二甲基甲酰胺、三己胺等。其中，吡啶由于具有溶剂和催化剂的双重作用，且使淀粉降解程度较小，因此应用较多。所采用的酸主要形式为酸酐或酰氯，其中酰氯对于制备烷基链的淀粉酯更有效。溶剂法适合于制备不同取代度的淀粉酯，但此法需要使用较大量的有机溶剂，回收成本较高。

熔融法制备烷基脂肪酸酯化淀粉是使反应在高温、高压下进行。该方法不需要使用有机溶剂，但反应不易控制。

5. 烯基琥珀酸淀粉酯

烯基琥珀酸淀粉酯是淀粉或淀粉衍生物与不同长度碳链的烯基琥珀酸酐经酯化反应所得到的产物，反应一般在水介质中进行。烯基琥珀酸淀粉酯具有优良的乳化性质，能在油水界面处形成一层强度很高的薄膜，稳定水包油型的乳浊液。烯基琥珀酸淀粉酯还有稳定和增稠及增加乳液光泽度的功能；有优良的自由流动性和疏水性，能够防止淀粉粒团聚；具有润湿、分散、渗透、悬浮等作用；在酸、碱溶液中具有良好的稳定性。淀粉与烯基琥珀酸酯化反应如下：

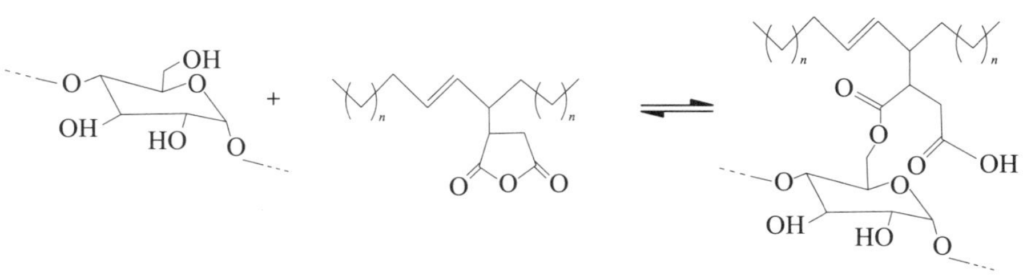

目前，关于烯基琥珀酸淀粉酯的研究主要集中在较低取代度烯基琥珀酸淀粉酯的制备方法上，对其高取代度的产物研究很少。根据淀粉颗粒的聚集态结构和化学改性机理，可通过改变淀粉颗粒的聚集态结构或在反应过程中增加物理辅助手段（超声波或微波）来改善烯基琥珀酸淀粉酯的反应活性，提高取代度；或者在淀粉与酯基之间插入一个间隔基（如环氧丙烷、环氧乙烷等），这样既可提高淀粉的反应活性，又有利于其生物降解。

4.2.1.3　淀粉的醚化

淀粉可与各类醇或酚发生醚化反应，生成醚化淀粉。常用的醚化试剂包括甲醇、乙醇、乙二醇、丙三醇、乙醇酸等。淀粉发生醚化反应后，其葡萄糖单元上的羟基被取代，分子内和分子间氢键均明显减弱，从而提高淀粉的溶解度。下面介绍三种典型的醚化淀粉。淀粉醚化反应如下：

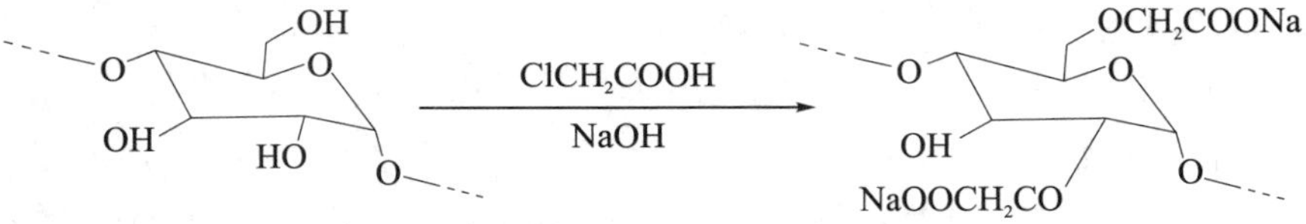

OH　O　O　OH　HO　O

$$\xrightarrow[\text{NaOH}]{\text{ClCH}_2\text{COOH}}$$

OCH_2COONa　O　O　OH　$NaOOCH_2CO$　O

1. 羧甲基淀粉

羧甲基淀粉（Carboxyl Methyl Starch，CMS），又称羧甲基淀粉醚或淀粉乙醇酸，是一种用羧甲基醚化的淀粉，常用的是其钠盐（Sodium carboxymethyl starch）。以天然淀粉为原料，乙醇酸为醚化试剂，经醚化反应，再经中和、洗涤、离心分离、干燥等工序，即可得到羧甲基淀粉。羧甲基淀粉外观为白色或微黄色、可自由流动、不结块的粉末，无臭、无味、无毒，常温下溶于水，形成透明黏性液体，呈中性或微碱性，具有良好的分散力和结合力。羧甲基淀粉不溶于醇及醚，胶体溶液遇碘成蓝色，溶液在 pH=2～3 时失去黏性，逐渐析出白色沉淀。羧甲基淀粉的吸水及吸水膨胀性较强、附着力强、化学性能稳定、乳化性好、不易变质。羧甲基淀粉是阴离子型高分子电解质，是淀粉衍生物中的一个重要分支，其化学结构、性质及功能均与羧甲基纤维素相似，广泛应用于石油、采矿、纺织、日化、食品、医药等行业。

在工业上，羧甲基淀粉通常是由淀粉与氯乙酸或其钠盐在碱性条件下进行醚化反应制得的，这是由于淀粉颗粒是由结晶区和非结晶区组成的。非结晶区中，淀粉分子链呈无规则排列，结构松散，易被化学试剂进攻，成为容易发生化学反应的薄弱区。使用 NaOH 溶液对淀粉进行活化，促使淀粉溶胀，使 NaOH 小分子向淀粉颗粒内部渗透，与其结构单元上的羟基发生反应，生成淀粉钠盐。淀粉钠盐是醚化反应的活性中心，在此过程中同时进行淀粉的碱性降解反应，淀粉钠盐和氯乙酸钠在碱性条件下发生醚化反应生成羧甲基淀粉。羧甲基醚化反应按所用溶剂的不同可分为水溶媒法、有机溶媒法、半固相法和干法等四种。其中，干法反应条件温和、操作简单、烘干速度快、能耗低、无三废污染、生产成本低，是生产羧甲基淀粉醚的最主要的方法。各种制备羧甲基淀粉醚的简要方法如下：

（1）水溶媒法。水溶媒法是指以水作为反应溶剂，淀粉以悬浮颗粒的状态与氯乙酸反应，氯乙酸和碱以水溶液的形式被引入形成羧甲基淀粉醚。反应中水参与反应过程，因为水是极性溶剂，可携带反应剂渗入淀粉内反应。水溶媒法可克服淀粉分子中取代基分布不均匀的缺点，但只能生产低取代度（$DS<0.2$）的羧甲基淀粉醚，所得到的产品一般为不溶于水的颗粒状产品。

（2）有机溶媒法。其也称为溶剂法，是指以甲醇、乙醇和异丙醇等低碳醇作为反应介质，淀粉始终保持颗粒状态与碱和氯乙酸反应，反应结束后经中和、过滤洗涤、干燥得到具有原淀粉形状的产品。该方法克服了水溶媒法不能生产高取代度羧甲基淀粉醚的缺点，通过调整配比及反应时间，可生产不同取代度的产品。但是，有机溶媒法需要使用较大量的有机溶剂，所使用的溶剂均需回收、纯化、再利用方可满足经济及环保的要求。用溶剂法制备的羧甲基淀粉醚，产品纯度高、取代度大，产品白度及黏度高，用途广泛，产品质量优于干法。

（3）半固相法。用少量乙醇作反应介质，其工艺是在反应器中加入淀粉 1000 份、乙醇 100 份，搅拌均匀后，缓慢加入氯乙酸 170～200 份、催化剂 1 份，搅拌 30 min 后缓慢加入固态碱 70 份，再搅拌 30 min，升温到 60℃进行醚化。反应结束后，先将体系冷却，然后用酸调节 pH 为 7，继续采用乙醇洗涤，于 80℃下干燥、粉碎、过筛后即得羧甲基淀粉醚。该方法的主要优点是乙醇用量仅为淀粉质量的 10%，除用于食品及药物外，一般不需要醇洗这一步骤，可省去回收工序，近乎固化工艺，水分少，干燥快。

（4）干法。干法是指在生产过程中不用或少用水，在醚化反应过程中淀粉始终呈粉末状的一种方法。通过干法制备羧甲基淀粉醚时首先用 12%～15%的碱处理淀粉 60～90 min；然后将颗粒淀粉粉碎、过筛，得到碱化淀粉；再将淀粉与氯乙酸按一定比例投入混拌机中，混合均匀，用滚轧机滚轧成薄片，在混合和滚轧过程中发生醚化反应；最后将产物于 60℃～80℃下保持 4 h，使醚化反应充分进行，继而升温至 100℃～120℃烘干，粉碎后即得成品。在淀粉∶碱∶氯乙酸为 1∶（1.8～2.3）∶（0.9～1.0）（摩尔比）时，所得羧甲基淀粉醚的取代度为 0.8～2.0。其中，反应温度为 45℃～58℃、反应 1.5 h 所得羧甲基淀粉醚的取代度为 0.5±0.05；反应 4 h 所得羧甲基淀粉醚的取代度为 0.8～2.1。

用干法生产羧甲基淀粉醚投资少，工艺简单，生产成本低，经济效益和社会效益都十分显著，是值得推广应用的工艺。但由于混合器对干态的松散状固体搅拌不均匀，且在固相体系中碱与氯乙酸分子较难进入淀粉颗粒内部进行反应，从而导致产物的取代度不高，取代基分布不均匀。

2. 羟乙基淀粉

羟乙基淀粉（Hydroxyethyl starch）是淀粉分子中葡萄糖单元的一部分羟基与羟乙基经醚化反应制备的一种淀粉醚。羟乙基通过醚键与淀粉结合，是一种非离子型淀粉衍生物。羟乙基淀粉是白色或类白色粉末，无臭、无味，有较强的吸湿性。羟乙基淀粉在热水中易溶解，在冷水中溶解缓慢，不溶于甲醇和乙醚。低取代度（DS 为 0.3～0.6）的羟乙基淀粉由烯化氧和淀粉在强碱性条件下反应制得；高取代度（$DS>0.6$）的羟乙基淀粉则在异丙醇介质下反应。低取代度的羟乙基淀粉糊化温度比原淀粉低，黏附力更高，在造纸工业中广泛用作添加剂，促使在纸张干燥前形成糊态，可提高造纸机速，增进纸张光泽度和印刷性。由于羟乙基淀粉的非离子态，它比阳离子淀粉更耐盐和硬水。羟乙基淀粉是目前最常用的血浆代用品之一，高取代度的羟乙基淀粉可用作血浆增溶剂并作为血细胞冰冻保护介质，可改善低血容量和休克患者的血流动力学参数和氧输送；能够降低红细胞比容（Hct），降低血液和血浆黏滞度，尤其是红细胞聚集，可改善低血容量和休克患者微循环障碍区的血流量和组织氧释放，从而改善循环和微循环功能。

3. 羟丙基淀粉

羟丙基淀粉（Hydroxypropyl starch）是淀粉分子中葡萄糖单元上的部分羟基与羟丙基通过醚键结合的衍生物。羟丙基淀粉的常用制备方法是在碱性的淀粉乳中加入硫酸钠防止淀粉溶胀，再进一步加入环氧丙烷进行醚化反应，即可得到羟丙基淀粉。羟丙基淀粉是白色和无色粉末，流动性好，具有良好的水溶性，其水溶液透明无色，稳定性好。羟丙基淀粉对酸、碱稳定，糊化温度低于原淀粉，冷热黏度变化较原淀粉稳定。

羟丙基淀粉的用途十分广泛。在食品工业中，可用作增稠剂、悬浮剂及黏合剂、在造纸工业中，可用作纸张内部施胶、表面施胶，使印刷油墨鲜明，减少油墨消耗，并有一定的抑制拉毛的能力；在纺织工业中，可用作经纱浆料，以提高织造时的耐磨性及织造效率，高取代度的羟丙基淀粉可作印花糊料；在医药工业中，可用作片剂的崩解剂和血浆增量剂。在日用化工方面，在化妆品或涂料中羟丙基淀粉可用作黏合剂、悬浮剂和增稠剂。在建筑行业中，可用作各类（水泥、石膏、灰钙基）内外墙腻子、各类饰面砂浆和抹灰砂浆，各类石膏、陶瓷和瓷器制品中作为成型黏合剂等。此外，羟丙基淀粉还可用作建筑材料的黏合剂、涂料或有机液体的凝胶剂。

4.2.1.4 淀粉的氧化

淀粉的氧化是指淀粉在一定的 pH 和温度下与氧化剂发生氧化反应，所得到的产品称为氧化淀粉，是最常见的淀粉变性方法之一。淀粉中还原的醛基和葡萄糖残基中的伯羟基和仲羟基都可被有限地氧化为醛基、酮基、羧基或羰基，这导致分子中的糖苷键部分发生断裂，使淀粉分子的官能团发生变化，聚合度降低。

1. 淀粉的氧化机理

氧化反应的作用机制是氧化剂进入淀粉颗粒结构的内部，在颗粒的低结晶区发生作用，在一些分子上发生强烈的局部化学反应，生成高度降解的酸性片段。这些片段在碱性反应介质中变成可溶性的物质，在水洗氧化淀粉时溶出。

采用不同的氧化剂和氧化工艺可以制备性能各异的氧化淀粉。常见的氧化剂可以分为以下三类。酸性介质氧化剂主要有硝酸、过氧化氢、高锰酸钾、卤氧酸等。碱性介质氧化剂主要有碱性次卤酸盐、碱性高锰酸钾、碱性过氧化物、碱性过硫酸盐等。中性介质氧化剂主要有溴、碘等。影响淀粉氧化的因素主要有氧化剂类型、体系的 pH、温度、氧化剂浓度、淀粉的来源和结构。不同的氧化剂与淀粉分子作用时，发生氧化的基团的位置有所不同。以高锰酸钾为氧化剂时，氧化反应主要发生在淀粉无定形区的 C6 羟基上，把伯羟基氧化为醛基，而仲羟基不受影响，碳链不断开。以高碘酸为氧化剂时，氧化一般发生在 C2 和 C3 上，促使 C2、C3 键断裂，产生—CHO，形成双醛淀粉。以次氯酸钠为氧化剂时，氧化主要发生在 C2 和 C3 原子上，不但发生在无定形区，且氧化反应渗透到分子内部，并有少量的断链。以 H_2O_2 为氧化剂时，在碱性条件下可使 C6 上的伯羟基氧化成羧基。通常情况下，酸性条件下的醛基由于生成了缩醛、半缩醛，其含量比碱性条件下高，碱性条件下的羧基含量比酸性条件下高。

2. 氧化淀粉的性质

（1）由于氧化剂对淀粉有漂白作用，氧化淀粉的色泽较原淀粉颗粒更浅，一般呈白色，且氧化处理的程度越高，所得的氧化淀粉越白。

（2）氧化淀粉仍具有原淀粉的颗粒特性，其颗粒在偏光显微镜下保持有十字偏光现象。氧化淀粉的颗粒结构虽无大的变化，但用显微镜可观察到颗粒表面粗糙，出现断裂和缝隙（图 4.6）。与原淀粉在水中的膨胀现象不同的是，氧化淀粉颗粒中径向裂纹随氧化程度增加而增加，当在水中加热时，颗粒会随着这些裂纹裂成碎片。

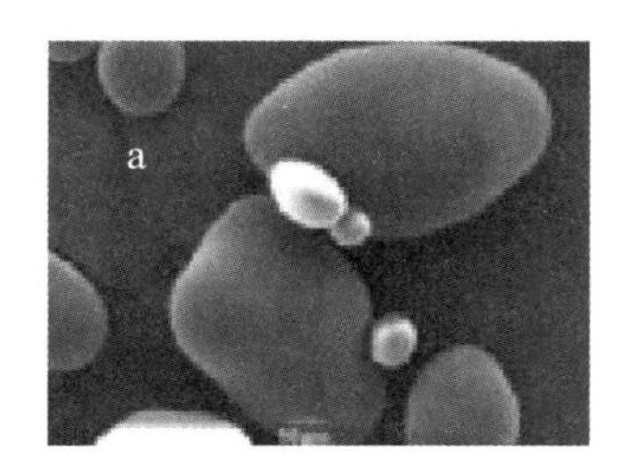

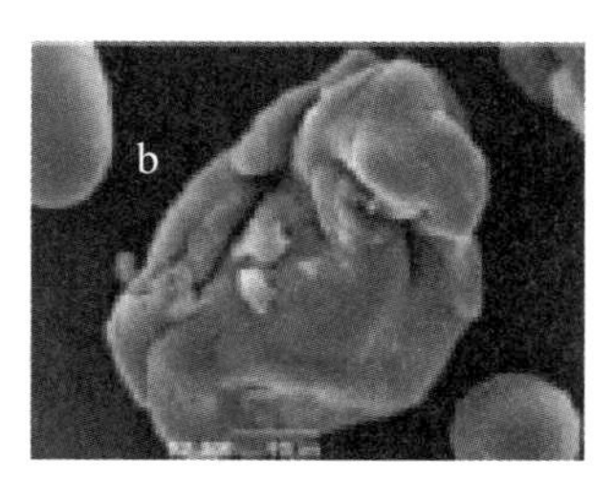

图 4.6　氧化前后马铃薯淀粉扫描电镜图

（3）氧化淀粉分子链在水中产生离子基团，离子基团之间的相同电荷产生排斥作用，破坏淀粉分子间的氢键，使淀粉的凝沉性大大降低。

（4）氧化后的淀粉颗粒对甲基蓝及其他阳离子染料的敏感性增强，这主要是因为经氧化的淀粉已带了弱阴离子性，容易吸附带阳电荷的染料。

（5）随着氧化程度增加，氧化淀粉的分子量与黏度降低，羧基或羰基含量增加。

（6）由于淀粉分子经氧化切成碎片，氧化淀粉的糊化温度降低，糊液黏度降低，热黏度稳定性提高，凝沉性减弱，冷黏度降低。氧化淀粉糊液经干燥能形成强韧、清晰、连续的薄膜。其比酸解淀粉或原淀粉的薄膜更均匀，收缩及爆裂的可能性更小，薄膜也更易溶于水。图 4.7 为淀粉的氧化。

CH_2OH, O, OH, OH, OCH_3, OH $\xrightarrow{HIO_4}$ [CH_2OH, O, OHC, OHC, OCH_3, OH] $\xrightarrow{HIO_4}$ CH_2OH, O, OHC, OHC, OCH_3 + HCOOH

图 4.7　淀粉的氧化

3．次氯酸盐氧化淀粉

工业上制备氧化淀粉最常用的氧化剂是次氯酸盐（如次氯酸钠）。采用次氯酸钠对淀粉进行氧化时，淀粉葡萄糖单元上的醇羟基变为醛基，分子链部分断裂生成羟基，一些糖苷键发生断裂，淀粉的平均相对分子质量有所降低。氧化后由于亲水性更强的羧基官能团的导入，改变了天然淀粉原有的性质，形成水溶性、浸润性、黏结性好的氧化淀粉。氧化程度对氧化淀粉的理化性能影响很大，可以通过氧化剂、氧化时间和黏度来控制氧化程度。

次氯酸盐对淀粉的氧化反应较复杂，其中 C1 原子的半缩醛最易被氧化成羧基；其次是 C6 的伯羟基，可被氧化成醛基，然后生成羧基。C2 和 C3 的两个仲羟基是乙二醇结构，易被氧化成羰基和羧基。有少量葡萄糖单元在 C2 和 C3 处开环形成羧酸。

在次氯酸盐氧化淀粉的生产工艺中应注意如下问题：

（1）反应温度。淀粉次氯酸盐氧化反应是一个放热反应，要防止温度过高。一方面，过高的温度不但会造成淀粉颗粒受热膨胀，使后续处理困难，降低氧化淀粉的转化率，同时也会导致氧化剂的无效热分解，从而影响反应速率和产物得率。另一方面，当反应温度太低时，氧化反应不能完全进行，反应体系很快会出现分层，不利于氧化反应的进行。由于温度对氧化反应体系的黏度及稳定性也有一定影响，因此淀粉的次氯酸盐氧化反应温度通常控制在30℃～50℃，次氯酸钠是在温度低于30℃时，将氯气通入NaOH溶液中而制得，因而其中还有未反应的NaOH。加入次氯酸钠时，应控制加入速度，防止由于加入速度过快导致淀粉局部糊化。

（2）pH。淀粉次氯酸盐氧化反应的pH一般控制在8～10。随着氧化反应的进行，体系的pH会不断下降，应随时调节pH使其保持恒定以确保反应的持续进行。在加入氧化剂NaClO之前，必须将反应体系的pH调节到8～10的范围内以保证NaClO能够以ClO^-形式存在并参与氧化反应。在反应过程中，不时地滴加碱使pH保持一定值。在高pH时，淀粉分子链中引入的是羧基，羧基能够有效减轻直链淀粉的老化作用，使凝沉现象大大减少。

（3）中和反应结束后用盐酸中和至pH=6～6.5，再加入脱氧剂亚硫酸钠除去残余的有效氯成分。

（4）反应结束时，为防止剩余的次氯酸钠继续氧化淀粉，可用焦亚硫酸钠来中和次氯酸钠，以阻止淀粉继续反应。

（5）次氯酸钠的用量直接影响氧化淀粉的羧基和羰基含量。氧化剂量过少，氧化不完全或大部分未被氧化，其性质与原淀粉差别不大，很快与水分层；氧化剂量过大，反应体系黏度剧增形成凝胶。因此，氧化剂的用量应严格控制，一般在30%左右为宜。

次氯酸盐氧化淀粉的用途较广，在造纸工业可用作表面施胶剂，由于氧化淀粉糊化温度低、黏度低、黏结力强，是理想的印刷纸表面施胶剂，可改善纸张印刷和书写的表面性能；可用作纸张涂布胶黏剂；可用作纸张湿部添加剂，改善纸张的湿强度；可用作瓦楞纸板黏合剂，氧化淀粉黏合剂具有强度高、初黏力强、流动性好、无腐蚀、不污染、消耗低等优点，是优良的瓦楞纸板黏合剂。次氯酸盐氧化淀粉在纺织工业可用作经纱上浆剂，适合作棉、人造棉、合成纤维和混纺纤维的上浆剂；在食品工业可用作冷菜乳剂、淀粉果子冻；由于氧化淀粉成膜性好，在制备胶姆糖和软果糕时，可代替阿拉伯胶；由于黏度低可用作柠檬酪、色拉油和蛋黄酱的增稠剂等；次氯酸盐氧化淀粉在精细化工工业可广泛应用于皮肤清洗剂、抑汗剂、唇膏、胭脂、脱毛剂、婴儿爽身粉、皮肤除臭剂、地毯清洁剂、液体手套、发光涂料等。

4. 高碘酸或其钠盐氧化淀粉。

采用高碘酸盐氧化的淀粉被称为双醛淀粉或二醛淀粉，这是由于淀粉分子中的葡萄糖单元上C2、C3位的C—C键断裂开环后，原来C2和C3碳原子上的羟基被氧化成醛基，形成双醛淀粉。双醛淀粉中的醛基容易游离出来，因此会发生加成、羟醛缩合等醛基化合物特有的反应。双醛淀粉用途广泛，包括在造纸工业中用于高级纸种的表面施胶及高湿强度功能纸等。双醛淀粉中的醛基与纤维上的羟基反应形成半缩醛会促进纸张湿强效果。在医药工业中，双醛淀粉常用于治疗尿毒症。其也可用于皮革、食品、建筑材料、日用品领域。

4.2.1.5　接枝共聚淀粉

淀粉经物理或化学方法引发，可与某些化学单体（如丙烯腈、丙烯酰胺、乙酸乙烯等）进行接枝共聚反应，形成接枝共聚物（图4.8）。接枝共聚方法可分为三类：自由基引发接枝共聚法、离子相互作用法和缩合加成法。接枝共聚淀粉的性质主要取决于所用的接枝链和接枝百分率及接枝效率、接枝链的平均分子量等。

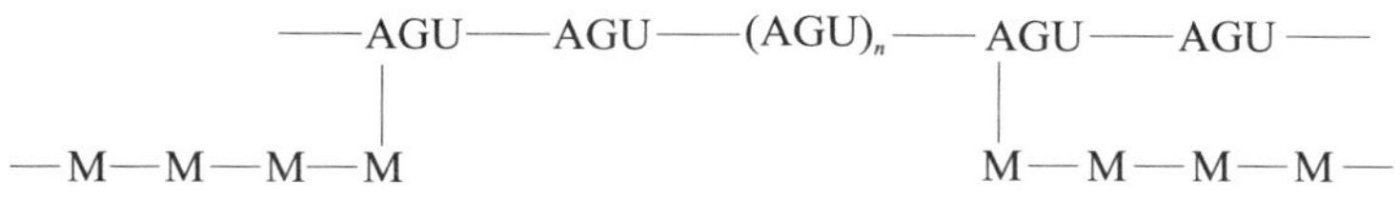

```
——AGU——AGU——(AGU)n——AGU——AGU——
           |                  |
—M—M—M—M                  M—M—M—M—
```

AGU-失水葡萄糖单元; M-接枝单体。

图4.8　淀粉接枝过程

1. 丙烯腈接枝淀粉

淀粉与丙烯腈通过接枝共聚反应，可制备得到丙烯腈接枝淀粉。丙烯腈接枝淀粉的水解产物是世界上开发出的第一个高吸水性树脂，经皂化水解后，可吸收自重几百倍甚至上千倍的无离子水，是一种高性能吸水树脂。接枝共聚合成所用的硝酸铈铵是至今淀粉接枝不饱和单体最有效的引发剂。丙烯腈接枝淀粉的生产工艺流程为：淀粉糊化→冷却→接枝共聚→加压水解→冷却→酸化→离心分离→中和→干燥→成品包装。如果采用三价锰盐-硫酸亚铁铵双氧水组成的复合引发体系，可提高接枝效率至95%。进行接枝共聚合成时，需要控制引发用量、加入方式、温度、淀粉种类和丙烯腈用量等，其中关键是控制共聚物的皂化方法和皂化程度。

淀粉与丙烯腈接枝共聚后，通过皂化将憎水性的—CN转化为亲水性的—COOH和—$CONH_2$，使产物具有高吸水性。丙烯腈接枝淀粉的吸水倍率很高，但接枝物具有耐霉解性较差、工艺复杂等缺点，因此在原有工艺基础上进行改良，可有效改善上述缺陷。

除接枝单一单体丙烯腈外，淀粉还可与混合单体接枝生成共聚物，即在淀粉上除接枝丙烯腈外，还可接枝丙烯、甲基丙烯酸、丙烯酸、丙烯酰胺等单体，其优点是进一步提高产物的吸水倍数。此外，如采用颗粒淀粉，可省去糊化工序，缩短皂化时间，使接枝产品易过滤、分离、清洗、贮存。

2. 衣康酸接枝淀粉

以衣康酸替代或部分替代丙烯酸接枝到淀粉上，也可以制备高性能吸水材料。衣康酸是以淀粉等生物质原料经过发酵得到的不饱和多元酸，其具有来源广泛、环境友好、价格低廉等特点。淀粉/衣康酸/丙烯酸接枝共聚物具有吸水速率较快、保水性能优良等特点。共聚物表面存在空洞和皱褶，呈蜂窝结构，淀粉颗粒不再保持原有形貌，以类纤维状镶嵌在高分子基体中。

3. 聚乳酸接枝淀粉

淀粉可以和聚乳酸进行接枝共聚反应，制备聚乳酸接枝淀粉。合成聚乳酸和淀粉接枝共聚的目的在于将共聚物作为增容剂应用于淀粉聚乳酸共混体系，改善两相的界面黏结，提高共混材料的性能。制备聚乳酸接枝淀粉过程一般是先将淀粉进行改性（如乙酰化、硅烷化等），然后将丙交酯在改性淀粉上进行开环聚合，聚合后去掉保护基，得到聚乳酸接枝淀粉共聚物（图 4.9）。

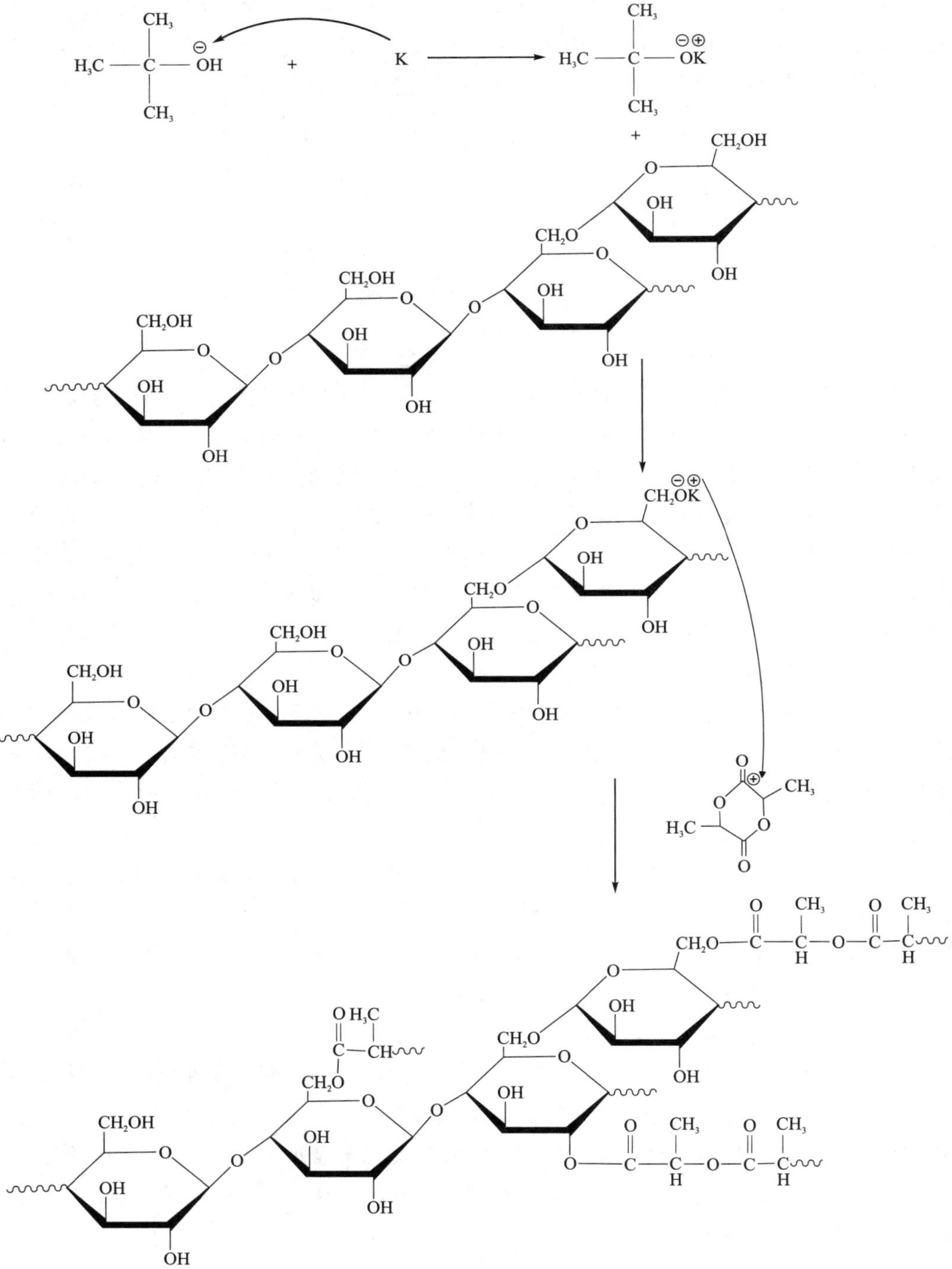

图 4.9　淀粉接枝聚乳酸的反应过程

4.2.1.6　交联淀粉

淀粉的交联反应实质是淀粉的醇羟基与具有二元或多元官能团的化学试剂形成二醚键或二酯键，使两个或两个以上的淀粉分子之间架桥在一起。由于在淀粉原有氢键作用的基础上又新增了交联化学键，使交联淀粉在加热等外界条件作用下，在氢键被削弱或破坏时，仍可使颗粒保持不同程度的完整性，从而使交联淀粉的糊黏度对热、酸和剪切力的影响具有较高稳定性。同时，交联淀粉的糊液具有较高的冷冻稳定性和冻融稳定性。淀粉的交联反应如下：

$$\text{Starch}—\text{OH}+\text{H}_2\overset{\overset{\text{O}}{\diagup\ \diagdown}}{\text{C}—\underset{\text{H}}{\text{C}}}—\text{CH}_2\text{Cl}\xrightarrow{\text{NaOH}}\text{Starch}—\text{O}—\text{CH}_2—\underset{}{\overset{\text{OH}}{\overset{|}{\text{CH}}}}—\text{CH}_2—\text{O}—\text{Starch}$$

凡有两个或多个官能团能与淀粉分子中的两个或多个羟基起反应的化学试剂都能用作淀粉交联剂。在工业生产中，最常用的淀粉交联剂包括环氧氯丙烷、三偏磷酸钠和三氯氧磷等。制备交联淀粉的方法一般是在碱性淀粉乳中加交联剂，在 20℃～50℃下进行交联反应，反应完成后，进行中和、过滤、水洗和干燥，即可得到交联淀粉。

交联淀粉的颗粒形状与原淀粉相同，但受热膨胀糊化和淀粉糊的性质发生了很大变化。淀粉颗粒中淀粉分子间经由氢键结合成颗粒结构，在热水中受热，氢键强度减弱，颗粒吸水膨胀，黏度上升，达到最高值。继续膨胀受热会导致淀粉分子间氢键破裂，颗粒破裂，黏度下降。交联的化学键的强度远大于氢键，会增强淀粉颗粒结构的强度，抑制颗粒膨胀、破裂和黏度下降。随交联程度增大，淀粉分子间交联化学键数量增加，淀粉的糊化温度不断提高，这种交联键增强到一定程度能抑制颗粒在沸水中的膨胀，使之不能糊化。

交联淀粉的糊黏度对于热、酸和剪切力的影响具有较高的稳定性，在食品工业中用作增稠剂、稳定剂具有很大优势。应用热交换器连续加热的淀粉糊化需要淀粉具有较好的热稳定性；高温快速杀菌，有时温度高达 140℃，因此罐头食品进行高温加热杀菌时都要求淀粉具有较好的热稳定性；有的食品为酸性，需要淀粉具有较好的酸稳定性。

交联淀粉具有较高的冷冻稳定性和冻融稳定性，特别适用于冷冻食品。在低温下，较长时间冷冻或融化重复多次，食品仍保持原来的组织结构，不发生变化。原淀粉糊经低温冷冻由于凝沉作用，淀粉分子间又经氢键结合成不溶的结晶结构，胶体被破坏，严重的还会有游离水析出，导致食品不能保持原来的组织结构。工业上采用不同的交联剂和工艺条件生产各种交联变性淀粉，适合不同食品和不同加工需要的要求，效果很好。

交联淀粉的抗酸、抗剪切影响的稳定性随交联化学键的不同而存在差别。环氧氯丙烷交联为醚键，化学稳定性高，所得交联淀粉抗酸、碱、剪切和酶作用的稳定性高。三偏磷酸钠和三氯氧磷交联为无机酯键，对酸作用的稳定性高，对碱作用的稳定性较低，中等碱度能被水解。己二酸交联为有机酯键，其酸稳定性高，碱稳定性低，弱碱溶液即可被水解。因此，根据不同交联键的性质差别进行双重交联，控制淀粉黏度的性质，更适用于应用的要求。高程度交联淀粉受热不糊化，颗粒组织紧密，流动性高，适用于橡胶制品的防黏剂和润滑剂，能用作外科手术橡胶手套的润滑剂，无刺激性，对身体无害，在高温消毒过程中不糊化，手套不会黏在一起。淀粉基润滑剂的交联程度相当于1.7%～4.5%的羟基起到交联反应，如落于伤口中易被人体组织吸收，同时加热消毒也不会使之变黏。

交联淀粉对酸、碱和氧化锌作用的稳定性高，同样可作为电解液增稠剂用于干电池。它能防止电解液黏度降低、变稀、损坏锌皮外壳而发生漏液，并能提高其保存性和放电能。

交联淀粉在常压下受热，颗粒膨胀但不破裂，用于造纸打浆机施胶效果很好。交联淀粉抗机械剪力稳定性高，为波纹纸板和纸箱类产品的良好胶黏剂。用交联淀粉浆纱，易于附着在纤维面上增加摩擦抵抗性，也适用于碱性印花糊中，具有较高的黏度，悬浮颜料的效果好。其也可用作铸造沙芯、煤砖、陶瓷的胶黏剂，石油钻井也用到交联淀粉。

4.2.2 淀粉的物理改性

4.2.2.1 淀粉预糊化

天然淀粉颗粒中分子间存在许多氢键，当淀粉在水中加热升温时，水分子进入淀粉颗粒的非结晶区，水分子的水合作用使淀粉分子间的氢键断裂。随着温度上升，当非结晶区的水合作用达到某一极限时，水合作用就开始发生于结晶区，淀粉即开始糊化，此时完成水合作用的淀粉颗粒已失去原有形貌。若将完全糊化的淀粉在高温下迅速干燥，将得到氢键仍然断开、呈多孔状且无明显结晶现象的淀粉颗粒，这种淀粉称为预糊化淀粉。预糊化淀粉能在冷水中分散，为区别起见，预糊化淀粉也称为α淀粉，天然淀粉称为β淀粉。

预糊化淀粉的制备方法有以下四种：

（1）滚筒法。使淀粉乳在加热的滚筒上受热糊化并干燥，刮下呈碎片状淀粉，经粉碎、过筛即得产品。

（2）喷雾法。淀粉乳加热糊化，在加热的干燥室中喷雾干燥成粉。

（3）挤压法。使带少量水分的淀粉在高剪力下压过过热的圆筒，突然在大气中曝气膨大干燥，经粉碎、过筛即得产品。

（4）脉冲喷气法。预糊化淀粉是预混食品粉料常用的配料，可作为浆液状食品的增稠剂。工业上可用作石油钻井泥浆的增溶剂、金属铸形泥芯的黏合剂等。

4.2.2.2 淀粉的机械活化

淀粉具有半结晶的颗粒结构，淀粉颗粒内部主要是非结晶区域，外层主要为结晶区域。结晶区占颗粒体积的25%～50%，分子链排列规整，结构紧密，难以被化学试剂进攻，化学活性较低，不利于淀粉衍生物的制备。对淀粉进行活化处理，是提高淀粉反应活性、制备高取代度淀粉衍生物的关键。

机械活化（Mechanical activation）是指固体颗粒物质在摩擦、碰撞、冲击、剪切等机械力的作用下，物质晶体结构及物化性能发生改变，部分机械能转变成物质的内能，从而促使物质的化学活性增加。淀粉在机械活化过程中，机械力的作用能使其紧密的颗粒表面及结晶结构被破坏，导致其结晶度降低，使淀粉理化性质发生显著变化，显著提高淀粉的化学反应活性。机械活化后，淀粉的结晶度降低，冷水溶解度和透明度大幅提高，淀粉糊黏度下降，并能有效降低淀粉糊的触变性及剪切变稀现象。

4.2.2.3 淀粉的细微粉化

淀粉的粒径对其性质有一定的影响，降低淀粉粒径可使淀粉的比表面积增加，淀粉颗粒表面的羟基也增多。将淀粉细微粉化，可增加淀粉的反应活性，有利于酯化、醚化等反应的进一步进行。采用现代粉体设备可制备不同粒径梯度的微细化淀粉。如应用超音速气流粉碎机，筛选适宜的气流速度及分级机转速，可制备出不同粒径的微细化淀粉。

4.2.3 淀粉纳米晶

许多天然高分子（包括淀粉、纤维素、甲壳素等）本身就是半结晶大分子，可通过硫酸或盐酸等强酸使其非结晶区或外层晶片发生水解得到形状不同的纳米级微晶或晶须。这些天然高分子纳米级微晶或晶须与一般无机纳米增强剂相比，来源广泛、成本低、密度低，且表面具有许多羟基可参与一些功能化反应。

采用盐酸或硫酸对高支链含量的蜡质玉米进行水解，可得到淀粉纳米晶。这些淀粉纳米晶呈碟状，厚度为6～8 nm，长度为40～60 nm，宽度为15～30 nm。将淀粉纳米晶悬浊液与天然胶乳进行混合，并流延成膜，发现淀粉纳米晶的引入不但可增强材料的力学性能，还能降低材料的水蒸气和氧气的透过性。淀粉纳米晶还可以作为填料加到经过甘油塑化的蜡质玉米淀粉体系中，由于淀粉纳米晶与蜡质玉米淀粉结构相同，二者存在强烈的氢键相互作用，可以增强玉米淀粉膜的模量，尤其是甘油含量为30%的淀粉体系，其增强效果显著，当加入5%淀粉纳米晶后，玉米淀粉膜的模量从0.46 MPa提高到3.4 MPa；继续增加淀粉纳米晶的含量至15%时，玉米淀粉膜的模量可高达44 MPa。由于淀粉纳米晶表面含有羟基，可以进一步对其进行功能化。Dufresne等利用甲苯二异氰酸酯把聚四氢呋喃、聚己内酯、聚乙二醇单甲醚接枝到淀粉纳米晶上，XRD数据显示接枝改性并没有改变淀粉纳米晶的晶体结构，而这类聚合物的引入增加了淀粉纳米晶的非极性，可以预见这类经过改性后的淀粉纳米晶可以作为增容剂、表面活性粒子及共连续纳米复合材料的前驱体。由于淀粉纳米晶在微米尺度上易于聚集，限制了它在复合材料上的实际应用。采用微波辅助的方法可以将PCL（聚己内酯）接枝到淀粉纳米晶表面形成了StN－g－PCL。添加5wt%的StN－g－PCL到PCL基的水溶性聚氨酯中发现，聚氨酯的拉伸强度和断裂伸长率同时得到了增强，即StN－g－PCL既具有增强作用又具有增韧作用。继续增加StN－g－PCL的用量，发现水溶性聚氨酯除模量有所增加以外，其拉伸强度和断裂伸长率都发生了下降。这主要是由于StN－g－PCL在结晶区发生了聚集，阻止了其拉伸强度和断裂伸长率的提高。

4.3 淀粉的应用

4.3.1 淀粉基塑料

淀粉可以用来替代或部分替代传统合成高分子，制备淀粉基塑料，其具有原料天然无毒性、生物可降解等诸多优势。然而，相对于传统石油基塑料，淀粉基塑料的力学性能还有待提高。对于纯热塑性淀粉材料而言，淀粉中直链淀粉和支链淀粉的比例对材料的力学性能有明显的影响。与普通淀粉相比，直链淀粉含量较高的淀粉制得的热塑性淀粉材料表现出更高的拉伸强度和模量。由于淀粉具有强吸湿性，环境湿度变化对热塑性淀粉材料的力学性能有很大的影响。也就是说，纯淀粉塑料的力学性能稳定性差，容易受到环境湿度的影响。环境中相对湿度的增加会导致热塑性淀粉材料的强度降低，而其断裂伸长率增加，尤其是当相对湿度达到70%时，高直链淀粉的应力—应变曲线几乎与普通热塑性淀粉相重合，其强度发生大幅度的下降。因此，以淀粉作为填充剂、改性剂，与其他材料进行复合制备淀粉基复合塑料，是目前淀粉应用于塑料的主要途径之一。

4.3.1.1 淀粉基复合塑料

淀粉与其他材料进行物理共混复合制备复合塑料，是改善淀粉基塑料力学性能的主要途径之一。以淀粉作为填充改性剂时，容易插层到钠基蒙脱土和锂基蒙脱石片层中，得到层间距为1.8 nm的插层型复合材料。这些黏土的加入均有助于提高热塑性淀粉膜的弹性模量，其中改性锂基蒙脱石或高岭石对淀粉的增强作用相似，所得复合膜的模量相近。除此之外，钠基蒙脱土和蒙脱石对淀粉的增强效果尤其明显，表现出更高的杨氏模量和剪切模量。

通常，将纤维作为填充物，通过物理共混的方式添加至淀粉聚合物基体中可大幅度提高材料的机械强度，这是由于淀粉聚合物与纤维填充物之间存在较强的相互作用及应力传递作用。例如，将甘蔗纤维用于共混淀粉塑料时，添加5%的甘蔗纤维便可使淀粉的杨氏模量和拉伸强度分别提高24%和16%，但屈服应变和断裂伸长率则分别降低了53%和43%。继续增大纤维用量则会导致淀粉材料的拉伸强度、屈服应变和断裂伸长率均有所降低。当纤维强度高于淀粉基体时，如果它们之间具有良好的相互作用则可起到增强的作用，但如果相互作用较弱则无法实现材料的应力传递，其力学性能反而会恶化。当出现纤维发生团聚、纤维在基体中的分散较差、材料中存在阻碍两者相互作用的成分时，通常会减弱淀粉与纤维之间的相互作用。淀粉-甘蔗纤维复合材料中甘蔗纤维含量达到10%时仍未观察到明显的纤维团聚现象，由于纤维在基体中的分散较均匀，因此增加甘蔗纤维含量所导致的淀粉材料力学性能恶化可能与疏水性甘蔗纤维纯度不高及存在一定含量的木质素有关，它在一定程度上削弱了淀粉与纤维之间的相互作用。

利用其他天然大分子对淀粉进行共混改性，也可在一定程度上改善淀粉基高分子材料的力学性能。例如，淀粉可与各种蛋白质进行物理共混改性制备淀粉－蛋白质复合材料。将淀粉与酪蛋白共混，在共混体系中，当含水量固定为10%时，随着酪蛋白用量的提高，材料的拉伸强度有所下降（幅度约为50%），原淀粉材料脆性过大的缺点得以改善，断裂伸长率的增幅达到了4.4倍。酪蛋白在体系中充当增塑剂，当淀粉与酪蛋白用量比固定时，含水量的增加会使材料的拉伸强度降低、断裂伸长率增加。若固定淀粉、酪蛋白和水的含量，添加第二种增塑剂则会使材料的拉伸强度进一步降低而断裂伸长率增加。第二种增塑剂对淀粉－酪蛋白共混物的拉伸强度的影响程度顺序为甘油/水＞山梨醇/水＞木糖/水，对断裂伸长率的影响程度顺序为山梨醇/水＞甘油/水＞木糖/水。

采用不同加工方法可制备出各种形状的热塑性淀粉材料，但不同的加工过程通常也会对材料的力学性能产生影响。例如，在淀粉－明胶共混体系中，与采用热压成型、热压－造粒－吹塑成型及挤出造粒－吹塑成型法相比，由于流延成型法没有对明胶进行高温处理，保留了蛋白的二级结构，因此流延成型法制备的共混膜的拉伸强度和断裂伸长率均较高，蛋白对淀粉的增强作用较为明显。

此外，将疏水性脂肪族聚酯引入淀粉中将改善淀粉的力学性能。在淀粉－聚己内酯共混体系中，共混材料的拉伸强度、断裂伸长率和杨氏模量均随聚己内酯含量的增加而提高，且提高幅度与聚己内酯的分子量成正比。相对的，共混复合体系中淀粉含量的增加将导致材料的力学性能下降，如将聚乳酸（PLA）与淀粉进行共混，材料的拉伸强度和断裂伸长率会随着淀粉含量的递增而逐渐降低。当淀粉含量低于50%时，其杨氏模量几乎保持不变，但继续增加淀粉含量则会使杨氏模量逐渐降低。由于聚乳酸和聚羟基丁酸酯自身的断裂伸长率较低（脆性大），将它们与淀粉进行共混后材料的脆性变得更大。如果选用韧性较好的羟基丁酸和羟基戊酸共聚物（PHBV）与淀粉进行共混改性，可在一定程度上提高材料的延展性。

采用增容改性剂可显著提高淀粉与其他高分子进行共混复合时的界面相容性。例如，使用聚氧化乙烯或缩甲基甘油酯接枝的淀粉作为淀粉与3－羟基丁酸酯的增容剂，可明显提高两者的相容性，从而使共混材料的拉伸强度、弯曲强度和断裂伸长率得到大幅度提高。除此之外，也可以采用淀粉与脂肪族聚酯的接枝共聚物作为淀粉和脂肪族聚酯的增容剂，接枝共聚物的微观结构（接枝侧链长度和数目）都会对共混材料的拉伸强度和弯曲强度产生影响。研究发现，将表面接枝有聚乳酸的淀粉作为淀粉和左旋聚乳酸共混物的增容改性剂时，只需要添加5%的淀粉－聚乳酸接枝共聚物，便可将共混物的拉伸强度和杨氏模量从增容改性前的9.30 MPa和0.05 GPa分别提高至24.90 MPa和0.36 GPa。继续增加增容剂用量至10%时，拉伸强度和杨氏模量可高达35.70 MPa和0.95 GPa。同样，在淀粉与聚丁二酸－己二酸－丁二醇酯（PBSA）的共混体系中加入增容改性剂，淀粉－PBSA共混材料的力学性能有明显的改善，随着增容剂用量的增加，材料的杨氏模量、屈服强度和冲击强度的提高幅度越来越明显。

除添加增容改性剂之外，还可以在脂肪族聚酯上引入可以与淀粉发生反应的官能团，即在加工过程中使淀粉与脂肪族聚酯发生反应以提高二者的相容性。例如，在共混前将PBSA进行改性使其带有高活性的异氰酸根，在共混时，由于异氰酸根与淀粉在挤出过程中发生了反应，明显提高了 PBSA 与淀粉的相容性，仅添加 10%的改性 PBSA 便能使材料的拉伸强度提高 10 倍。

4.3.1.2 淀粉基塑料的生物可降解性

在介绍淀粉基塑料的生物可降解性之前，首先需要了解降解塑料、生物分解塑料及可堆肥塑料等专有名词的定义及它们之间的区别。

高分子材料可以在热、紫外线、高能辐射及机械力等物理条件下或者在臭氧、腐蚀性介质等化学条件下发生分子链的断裂，导致塑料制品使用寿命缩短。然而，当塑料制品尤其是一次性使用塑料制品完成其使用功能被废弃后，它们在自然环境中降解得很慢，造成了众所周知的“白色污染”。随着人们对塑料垃圾所引发的环境问题日益关注，降解塑料的研究和生产已经在世界范围内展开。按照降解机理，降解塑料可分为多种类型，如光降解型、热氧降解型和生物可降解型等。降解塑料的含义更加宽泛，既包括通过物理因素（光和热）降解的塑料，又包括通过生物因素（微生物作用）降解的塑料。生物分（降）解塑料是降解塑料的一种，是指可以被自然界中的微生物及动植物体分解、代谢的塑料。严格意义上的生物分（降）解塑料的定义为：在有氧及无氧条件下，在微生物及动植物体的作用下物理、化学性能可发生下降并形成 CO_2、H_2O、CH_4 及其他低分子量化合物的聚合物。生物降解过程产生了进入生物体的碳源及残渣，所有的碳应该平衡，所有的残渣按照环境评判标准来看应该无毒。相比之下，降解塑料只是强调了聚合物的降解，并没有提及其最终降解产物。大多数添加了光敏剂的可降解聚乙烯−淀粉塑料在降解过程中，聚乙烯很难完全降解成二氧化碳和水，只能降解为低分子量的聚乙烯碎片，可能迁移到地下水和土壤中，仍然会对环境造成污染。因此，为了从根本上解决塑料废弃物的污染问题，除回收再利用外，开发具有真正完全降解性的降解塑料是另一个解决方案。

生物分（降）解塑料的生物可降解性是通过检测塑料中的碳元素经过微生物的分解转化成 CO_2 及其他小分子碳的程度来判定的。可堆肥塑料除要求塑料具有微生物可降解性之外，还必须符合时间和毒性要求，即在堆肥周期内塑料能变成小于 2 cm 大小的碎片，且堆肥期间堆肥中的重金属含量要满足各国的标准要求，堆肥不会对植物的生长产生不良影响。国际上对生物分解性能要求虽不完全一样，但基本相同，通常采用的检验标准为 ISO 14855，即堆肥条件下生物分解性能测定（我国标准为GB/T 19277，等同于 ISO）。我国采用该标准时对单一聚合物的生物分解率要求在 180 天内达到 50%以上，对共混物要求成分在 1%以上的每种材料的生物分解率在 60%以上；欧洲要求相对生物分解率或绝对生物分解率在 90%以上。美国采用的可堆肥塑料标准为 ASTM D6400 和 ASTM D6868；欧盟的标准为 EN 13432 和 EN 14995。关于生物分解塑料的降解性能要求，目前国际上各种标准基本接近，但必须要根据各国的检验条件和依据标准进行测试和评定。

全淀粉材料中淀粉含量一般超过 70%，其余为增塑剂。全淀粉塑料的生物可降解性能优良，其降解速率的快慢及降解程度的高低主要取决于淀粉来源及其化学结构。例如，对比马铃薯淀粉、大麦淀粉和交联高直链玉米淀粉的降解行为可以发现，在酸性环境中及α－淀粉酶和葡萄糖淀粉酶共同作用下，大麦淀粉降解速率最快，6 h后几乎完全降解，其次为交联高直链玉米淀粉和马铃薯淀粉，24 h降解率分别达到60%和40%。然而，将甘油或水作为它们的增塑剂后，所得淀粉膜的降解行为趋于一致，约3 h内降解率便超过60%，6 h后完全降解（降解率达到70%，残余物为甘油）。这是因为在挤出加工过程中，淀粉颗粒的形态遭到了破坏，不同热塑性淀粉膜之间的结构差异性变小，因而表现出更为相似的降解行为。

热塑性淀粉膜在堆肥降解1周后，体系的pH由5提高至8，然后逐步降低至6左右。热塑性淀粉膜堆肥1周后便完全降解，表现出良好的生物可降解性能，且不同淀粉之间未呈现出明显差异。

氧化对淀粉的生物可降解性能影响明显，与热塑性淀粉相比，热塑性氧化淀粉的降解速率明显减缓，且随着其氧化程度的增加降解更为缓慢。淀粉塑料的降解过程一般存在三个阶段：第一阶段降解速率相对较慢，处于降解诱导期；第二阶段降解速率增加，处于主降解期；第三阶段降解趋于平衡，处于降解末期。研究发现，堆肥中提取出来的主要为放线菌和少量真菌，其中，小单孢菌、诺卡氏菌和链霉菌是主要的菌种，而诺卡氏菌对淀粉的降解作用最强。

对于淀粉基复合材料而言，复合材料的组成和结构对其生物可降解性有重要的影响。例如，对淀粉－黏土复合材料和热塑性淀粉进行土埋法降解，结果表明，由于微生物需要适应新的聚合物环境，样品在前15天内未出现明显的失重现象。15天后，淀粉－黏土复合材料和热塑性淀粉材料均开始降解，但淀粉－黏土复合材料的降解速率比纯热塑性淀粉快，纯热塑性淀粉在降解180天后，其降解率达到87%，而淀粉－黏土复合材料的降解率在120天便可达到85%，且样品易碎。随着降解的材料表面逐渐变得粗糙、残缺，其厚度和色泽也有相应改变。将琼脂和棉纤维引入淀粉基体中，可获得力学性能大幅度提高的复合材料，但在生物可降解性能方面，无论如何改变琼脂与棉纤维的配比，所得复合材料均呈现出一致的降解趋势，其降解性能基本不发生改变。

将纤维素衍生物用于淀粉的共混改性时，纤维素衍生物的分子结构对共混材料的生物可降解性能有较大的影响。总体而言，纤维素衍生物的引入会导致共混材料在降解过程中的CO_2释放量下降、降解速率变慢。与疏水性纤维素衍生物相比，通常亲水性纤维素衍生物的引入会使共混材料的生物可降解速率相对变快。例如，淀粉－甲基纤维素共混体系的降解就比淀粉－羧甲基纤维素共混体系慢。

聚乙烯醇在模拟城市废弃物和堆肥实验中，其生物可降解性相当有限。只有在造纸厂的下水道淤泥、废水中，其生物可降解性才与纤维素相当，因此将聚乙烯醇与淀粉进行共混后，材料的生物可降解时间延长，降解速率和降解率均有所降低。当聚乙烯醇添加量为9.1%时，22天后共混材料的降解率下降了20%，且随着聚乙烯醇含量的提高，其降解速率逐步降低，降解时间不断延长。

淀粉的生物可降解性远远强于脂肪族聚酯，因此将淀粉和脂肪族聚酯共混后，通常材料的降解速率和降解率随着淀粉含量的增加而呈增长趋势。相应的，当在淀粉－聚己内酯共混体系中淀粉含量超过50%时，材料好氧堆肥降解在初期表现出较快的降解速率，但降解40天后降解率几乎不再依赖于共混体系中淀粉的含量。降解过程中，共混材料和纯热塑性淀粉的降解速率峰值均出现在降解前5天内，之后降解速率随着时间的延长而逐渐下降。另外，淀粉的加入会抑制聚己内酯的结晶，导致其结晶度与淀粉含量呈反比例关系，因此对于降解性能相对较差的聚己内酯而言，结晶性能的削弱使得共混材料的降解速率有所提高。

淀粉的类型、颗粒大小和形状也会影响共混材料的生物可降解性能。例如，对比塑化改性与否的淀粉与聚己内酯共混材料的降解行为，由于未改性淀粉的结构比较致密，因此共混材料的降解率较低，共混材料降解后留下了大量与淀粉颗粒尺寸匹配的孔洞，说明淀粉先发生了降解。未改性淀粉－聚己内酯共混体系留下的是近乎球形的孔，而塑化改性淀粉－聚己内酯共混体系则留下了长而窄的沟槽。

加入可降解的第三组分有助于提高淀粉共混塑料的生物可降解性能。例如，纯聚乳酸几乎不降解，速率约为0%/年；而淀粉－聚乳酸共混材料的降解速率有所提高，为0%/年～15%/年；加入聚羟基烷酸酯后，淀粉－聚羟基烷酸酯－聚乳酸三元体系的降解速率达到了4%/年～50%/年，且提高聚羟基烷酸酯用量有助于加快材料的降解。

淀粉基共混塑料的形貌也会导致其生物可降解速率存在较大差异。将淀粉与羟基丁酸和羟基戊酸共聚物经共混、热压后可制成厚度不同的片材，该材料在好氧环境中比在厌氧环境更易降解。纯羟基丁酸和羟基戊酸共聚物片材至少需要20天才能完全降解，而淀粉含量为50%的共混片材不到8天即可完全降解。此外，片材厚度的增加使降解速率变缓。由降解样品的表面形貌可知，片材表面的淀粉数量明显减少且孔洞尺寸有所增加，而片层中间的形貌得到了较好保持，说明淀粉优先于羟基丁酸和羟基戊酸共聚物降解，且降解首先发生在材料的表面，即由外至内发生降解。

4.3.2 淀粉基材料的水处理应用

淀粉是由许多葡萄糖分子脱水聚合而成的高分子碳水化合物，其相对分子质量很大，有较强的凝沉性能。通过物理、化学或生物等方法进行改性处理，可改变淀粉分子中某些D－吡喃葡萄糖单元的化学结构，从而得到高效的改性淀粉絮凝剂，用作水处理剂时选择性大、无毒，可完全被生物降解，在自然中形成良性循环。除絮凝剂外，淀粉及其衍生材料还可作为吸附材料，吸附水中的重金属离子、染料、有机物等。

4.3.2.1 淀粉基絮凝剂

在制备淀粉衍生物絮凝剂时，通常采用接枝共聚、醚化和交联三种方法对淀粉进行改性，使淀粉接枝上具有絮凝功能的聚合物侧链，侧链基团可与许多物质亲和、吸附或形成氢键，或者与被絮凝的物质形成物理交联状态，使之沉淀下来。可用于处理染料废水、造纸厂废水中的短纤维及其他悬浮物，还可用于处理含汞废水、电镀废水等含重金属离子的废水及石油废水。根据淀粉衍生物所带电荷的情况，可分为非离子型、阴离子型、阳离子型和两性型四类絮凝剂。

在淀粉上接枝具有絮凝功能的聚合物侧链——丙烯酰胺（AM）形成丙烯酰胺接枝淀粉，是典型的非离子型淀粉絮凝剂。AM侧链可与许多物质亲和、吸附或形成氢键，或与被絮凝的物质形成物理交联状态一起沉淀。此类絮凝剂可用于净化工业废水、澄清工业用水及家庭用水。例如，以硝酸铈为引发剂，让一定配比的淀粉和 AM 在 30℃～40℃下反应 3 h 可得到接枝率达 90%以上的淀粉－AM 接枝共聚物，对造纸、纺织、电镀废水具有良好的絮凝效果。另外，淀粉还可与丙烯腈、丙烯酸酯等不同的接枝单体在不同的制备条件下制得许多性能优良的多功能絮凝剂。

高取代季铵型阳离子淀粉絮凝剂是以玉米淀粉、小麦淀粉、木薯淀粉、马铃薯淀粉中任何一种或其中任何几种混合物为原料，以 3－氯－2－羟丙基三甲基氯化铵或 N－(2,3－环氧氯丙基）三甲基氯化铵为阳离子醚化剂，在氢氧化钠－助催化剂复合催化体系的催化作用下，采用干法合成的。这种絮凝剂与常规絮凝剂相比，具有用量少、絮凝沉降速度快、上层水透明度高的特点，可广泛用于造纸、印染、制革、石油化工等行业的废水处理及污泥脱水。图 4.10 为阳离子淀粉在不同表面活性剂存在下作为二氧化硅的有效絮凝剂。

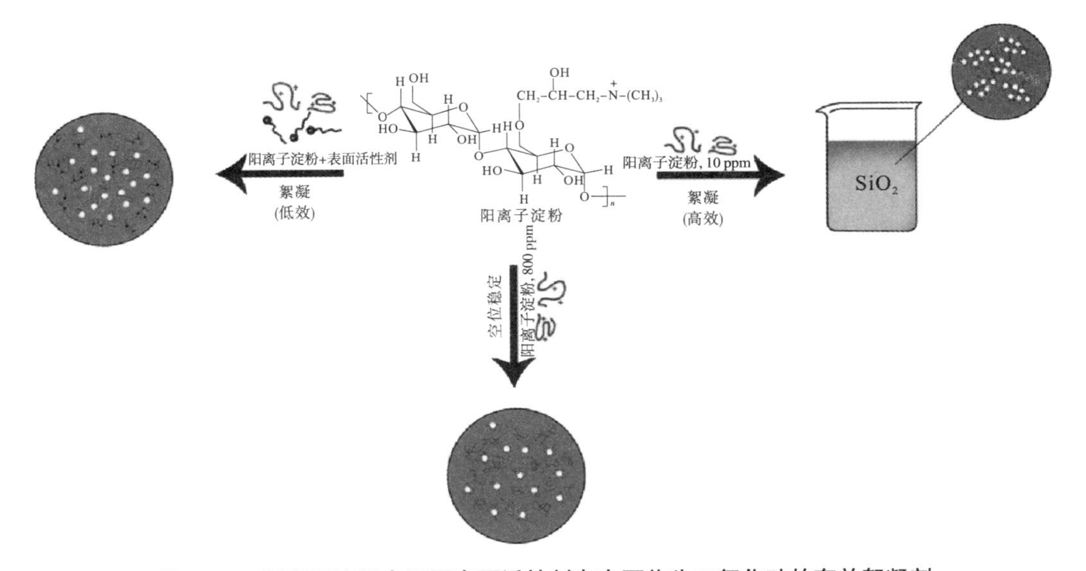

图 4.10　阳离子淀粉在不同表面活性剂存在下作为二氧化硅的有效絮凝剂

废水中大部分细微颗粒和胶体都带负电荷，因此淀粉的阳离子改性是淀粉衍生物絮凝剂研究的一个重要方向。阳离子基团的引入可通过接枝共聚及交联反应或直接与醚化剂的亲核取代反应完成，还可以接枝具有絮凝功能的侧链来提高其絮凝效果。由于阳离子淀粉絮凝剂在工业废水处理中是优良的高分子絮凝剂和阴离子交换剂，可吸附带负电的有机或无机悬浮物，能有效去除铬酸盐、重铬酸盐、钼酸盐、高锰酸盐、氰化物等有毒物质及阴离子表面活性剂；也可以有效减少废水中的有机污染程度，对 COD 有较高的去除率。

我国具有极其丰富的天然高分子资源，近几年来，国内在应用天然高分子进行化学改性研制新型絮凝剂的进展很快，但大多数都处于实验阶段，与国外还有非常大的差距。随着工业的发展及工业用水量的增长，废水处理量也随之增加，在今后的几年中，水处理剂的市场需求也将大大增加，开发和应用安全、环保、经济的新型天然高分子水处理絮凝剂将是发展的重要方向之一。图 4.11 为功能化淀粉基生物絮凝剂絮凝重金属。

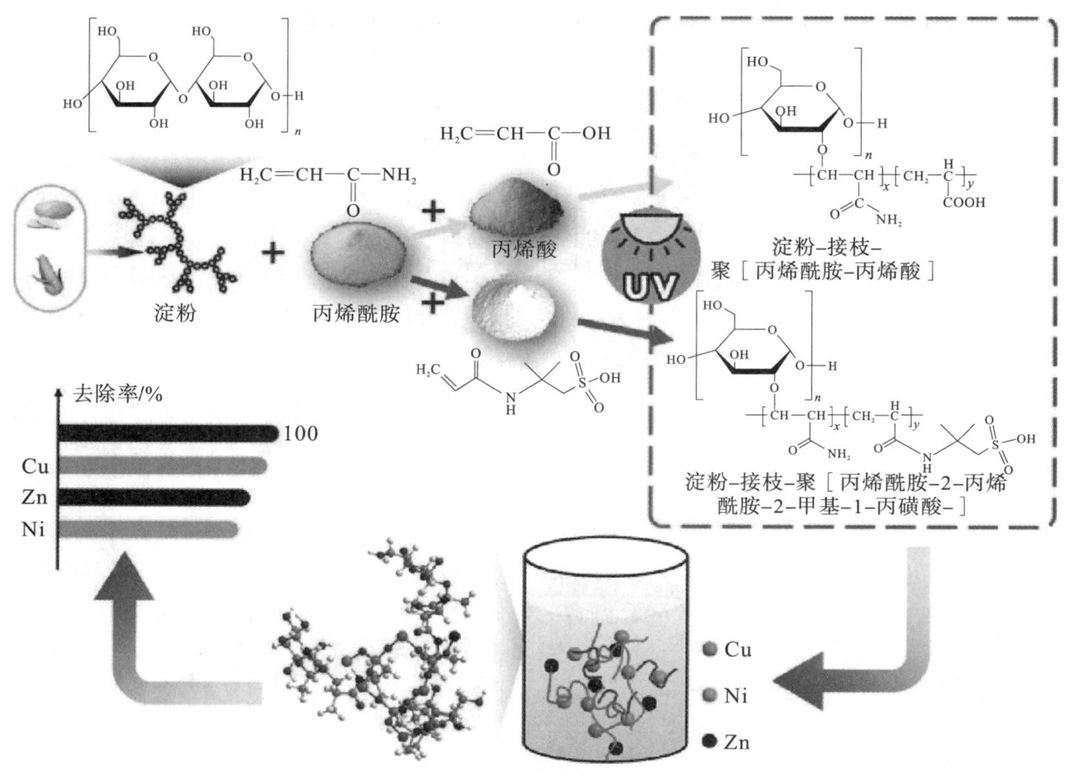

图 4.11　功能化淀粉基生物絮凝剂絮凝重金属

4.3.2.2　淀粉基吸附材料

由于淀粉基吸附材料的化学结构多样、形态不一且其与污染物之间存在多重相互作用，因此其吸附机理通常较为复杂。此外，由于工业废水中含有多种化学物质，每种工业废水的 pH 及盐浓度都不相同，很难明确淀粉基吸附材料的吸附机理。具体来说，吸附材料与污染物之间的相互作用包括离子交换、配位作用、螯合（配位）作用、静电作用、氢键作用、疏水相互作用、物理吸附及沉淀作用等。根据吸附材料的化学结构和性质的不同，有时遵循一种吸附机理，有时则是多种吸附机理同时存在。

将淀粉进行交联和磷酸化可得到交联阴离子型淀粉吸附材料。该吸附材料借助 H^+ 或 NH^{4+} 与 Zn^{2+} 间的离子交换作用可实现对 Zn^{2+} 的吸附。该吸附材料的吸附作用依赖于淀粉的磷酸化程度，提高淀粉的磷酸化程度可使淀粉衍生物的重金属吸附能力得以增强。例如，用环氧氯丙烷对淀粉进行交联后，如果再用磷酸和尿素对交联淀粉进行磷酸化改性，可使该淀粉衍生吸附材料通过离子交换作用实现对 Zn^{2+} 的吸附。该吸附材料对 Zn^{2+} 的吸附量与其磷酸化程度、Zn^{2+} 初始浓度、吸附温度和时间有关。随着磷酸化程度和 Zn^{2+} 初始浓度的提高，Zn^{2+} 吸附量也会升高。提高吸附温度和延长吸附时间均有利于提高体系的吸附量。吸附过程为吸热反应，符合 Langmuir 等温吸附模型，且最大 Zn^{2+} 吸附量为 2.00 mmol/g。

利用羧基与金属离子间的配位作用可以构筑具有较强金属离子吸附能力的淀粉基吸附材料。通过对淀粉进行氧化将羧基引入淀粉分子结构中，且控制其氧化程度来调控羧基的数目，进而实现其与金属离子间的配位作用及相应吸附性能的调控。此外，还可采用自由基聚合法将带有羧基的不饱和单体与淀粉进行接枝共聚得到淀粉衍生物，通过改变反应条件可调控共聚物的羧基含量，从而实现对金属离子吸附性能的优化。例如，以甲基丙烯磺酸钠和丙烯酸为共聚单体，在硝酸铈铵引发剂的作用下将它们与淀粉进行接枝共聚，可以合成侧链带羧基的淀粉衍生物。该衍生物可作为废水中 Cu^{2+} 的吸附材料，在35℃、pH=9 的溶液中，使用 0.75 g/L 的吸附材料可使 Cu^{2+} 的浓度由 100 mg/L 降低至 0.15 mg/L，达到国家污水综合排放标准。此外，先用环氧氯丙烷将淀粉进行交联，然后在过硫酸钾的引发下将其与甲基丙烯酸接枝共聚可合成一系列不同羧基含量的淀粉基吸附材料。该材料对 Cu^{2+}、Pb^{2+}、Cd^{2+} 和 Hg^{2+} 具有吸附性能，且吸附性能受到溶液 pH、淀粉衍生物结构、吸附时间及吸附剂用量等因素影响。从分子结构上看，没有经过共聚改性的交联淀粉不含有羧基，对 Cu^{2+} 几乎没有吸附性能，但共聚改性后，羧基的引入使其 Cu^{2+} 吸附量明显提高且随着甲基丙烯酸接枝量的增加而逐渐增大。当 pH 较低时，羧基无法被去质子化形成羧酸根，难以与金属离子产生相互作用，因此材料未显现出明显的吸附性能，但随着溶液 pH 的增大，其吸附作用逐渐变强。此外，吸附时间和吸附剂用量的增加均有利于提高 Cu^{2+} 的去除效果。对于相同浓度的不同金属离子而言，材料的吸附量顺序为：$Cu^{2+}<Pb^{2+}<Cd^{2+}<Hg^{2+}$。

由于含有 N、O 供电子原子，席夫碱可与多种过渡金属离子形成螯合物，因此，将邻苯二胺与氧化淀粉的醛基进行反应，得到的淀粉衍生物表现出对 Ni^{2+} 较好的吸附性能。例如，先用高碘酸钠将淀粉氧化得到二醛淀粉后，再将其与邻苯二胺反应制备淀粉接枝邻苯二胺。该淀粉衍生吸附材料对 Ni^{2+} 具有吸附作用，衍生材料的分子结构、初始 Ni^{2+} 浓度、溶液 pH 和吸附温度是影响其吸附性能的主要因素。淀粉分子链上接枝的邻苯二胺的取代度越高，对 Ni^{2+} 的吸附能力越强。具有不同取代度的淀粉衍生物在25℃下对 Ni^{2+} 的吸附量介于 0.76～1.03 mmol/L。初始 Ni^{2+} 浓度越高，材料的吸附量越大，呈现出明显的浓度依赖性。溶液 pH 的增加有利于材料吸附性能的提高，但 pH 超过 5.0 后，溶液中的 Ni^{2+} 会形成可溶性的羟基复合物，导致其吸附能力反而降低。

由于纺织废水中含有阴离子染料，通常可以利用阳离子季铵盐与其之间的静电相互作用将其吸附，因此阳离子淀粉可以用于纺织废水的处理。在淀粉的阳离子化改性中，常采用带有环氧基团的氯化铵化合物在碱性条件下与淀粉进行醚化反应，以合成阳离子化程度可控的淀粉衍生物。例如，在碱性条件下以 2,3－环氧丙基三甲基氯化铵与淀粉或羟乙基淀粉发生醚化反应，同时加入环氧氯丙烷作为交联剂，通过改变 2,3－环氧丙基三甲基氯化铵与淀粉的比例，可以得到一系列阳离子化程度不同的改性淀粉。交联前后，该阳离子化淀粉对阴离子染料的吸附均符合 Langmuir 吸附模型，且吸附主要是基于淀粉阳离子与染料阴离子之间的相互作用。因此，淀粉衍生物阳离子化程度是影响材料吸附性能的关键因素，对于化学交联的阳离子化淀粉而言，其对 AR151 染料的平衡吸附量由 2,3－环氧丙基三甲基氯化铵取代度为 0.19 时的 0.8 mol/kg 提高至取代度为 1.16 时的 3.22 mol/kg，提高幅度接近 300%。当其取代度为 0.47～0.62 时，阳离子基团与染料结合的有效率为100%，说明阳离子吸附了等物质的量的阴离子。交联会影响阳离子型淀粉吸附材料对阴离子染料的吸附性能。对于未交联改性的阳离子化淀粉而言，对AB25染料的吸附量由取代度为0.2时的0.88 mol/kg上升至取代度为1.03时的1.87 mol/kg，但取代度的提高使其与染料中阴离子基团的结合有效率逐渐降低。这是因为阳离子化程度越高，改性淀粉的溶解性越好，与染料结合后会形成可溶性聚电解质复合物，从而使其吸附性能有所降低。因此，交联阳离子化淀粉更适合用于染料的吸附。交联阳离子化淀粉可以在较宽的pH范围内实现对染料的有效吸附，其吸附量在pH=2～10几乎保持不变，且其吸附速率较快，30 min内便可达到平衡吸附状态。温度是影响阳离子淀粉吸附有效性的另一因素，随着吸附温度的升高，其有效性也有所增强。

直接将淀粉进行交联改性可得到对偶氮类染料有较好吸附性能的材料。偶氮类染料中的磺酸基团与淀粉基吸附材料的羟基和酰胺基之间存在氢键相互作用，因此偶氮类染料中磺酸基数量越多，材料的吸附能力越强。例如，以六亚甲基二异氰酸酯为交联剂通过直接交联法可制备非离子型的淀粉吸附材料，该吸附材料对偶氮类染料具有较高的吸附性能，其吸附能力与偶氮类染料的结构及溶液pH有关。非离子型淀粉吸附材料对于磺酸基含量较高的偶氮化合物具有较高的吸附率，这主要归因于交联淀粉中的羟基和酰胺基可与染料的磺酸基形成氢键作用。溶液pH越高，材料对偶氮类染料的吸附能力越强。

非离子型淀粉吸附剂通常依靠物理吸附作用去除污染物，污染物一般在浓差扩散作用下向吸附剂表面甚至内部逐渐迁移、渗透。直接用交联剂对淀粉进行交联改性，然后再采用反相悬浮聚合方法制备中性交联淀粉微球，该微球通过物理吸附作用可吸附苯胺。由于淀粉微球具有较大孔容积、比表面积及适度的膨胀度，其吸附是一个放热过程，平衡吸附量随着吸附温度的升高而逐渐降低。交联淀粉微球对苯胺的吸附作用主要依赖于苯胺与淀粉之间的物理相互作用，其吸附行为同时符合Langmuir和Freundlich等温吸附机理。一般来说，中性淀粉微球只能依靠物理吸附作用对污染物进行清除，吸附性能有限，当对其进行离子化改性后有助于提高其对带电污染物的吸附性能。以可溶性淀粉为原料，N，N′-亚甲基双丙烯酰胺为交联剂，通过反相悬浮聚合法制备出改性淀粉微球，然后再用三偏磷酸钠对其进行阴离子化改性可制备粒径分布较为均一、孔隙率较高的改性淀粉微球。该微球对Hg^{2+}的吸附量随着吸附时间的延长而逐渐增加，吸附150 min后吸附量不再变化。溶液pH对微球的吸附性能影响较大，当pH=2.0时吸附量仅为1.2 mmol/g，但当pH上升至6.0时，其吸附量骤增至2.3 mmol/g，继续提高溶液pH值又会使吸附量有所降低。吸附温度对吸附量的影响效果与pH相似，当温度为40℃时，吸附量达到最大值。阴离子淀粉微球对Hg^{2+}的吸附行为既符合Langmuir等温吸附方程又符合Freundlich等温吸附方程，相对而言，用Freundlich等温吸附方程进行拟合的相关性更好。

4.3.3 淀粉基材料在造纸工业中的应用

变性淀粉在造纸工业中的主要作用是作为功能或加工助剂赋予纸张某些功能。造纸厂所用的变性淀粉来源丰富，主要有普通玉米、糯玉米、木薯、马铃薯和小麦。造纸中变性淀粉的使用主要取决于成纸类型、造纸中所使用的其他原料、造纸技术、成纸特性及纸机生产能力。薄型纸仅需少量变性淀粉或不用变性淀粉，而高级打印纸则需多达10％的变性淀粉，高矿物填料含量的纸张需要使用更多的变性淀粉以提高其强度和印刷性能。

变性淀粉添加在纸机湿部的纸浆中以提高层间结合强度和挺度等成纸干强度，以及提高细小纤维和化学品的留着、滤水、内施胶效果、纸页成型和印刷性。变性淀粉还可用来降低打浆能耗、生化需氧量和纸张生产的成本。表面施胶变性淀粉可以提高纸张表面和内部结合强度及适印性。如果使用得当，变性淀粉不仅能提高纸张强度，还可使用更多的低成本矿物填料替代高成本的纤维并降低打浆能耗，而打浆程度的降低又会提高网部纸浆的滤水性能，从而降低压榨部和干燥部的能耗。碱性抄纸中，变性淀粉还可作为反应性施胶剂的保护剂。变性淀粉可将反应性施胶剂固定并分布在纸浆纤维中，从而提高造纸系统的清洁程度和生产能力。

在造纸的不同阶段需要采用不同的方法使用变性淀粉。例如，在湿部多层纸的层间使用未经蒸煮的变性淀粉可提高层间黏合强度；将变性淀粉蒸煮后和纸浆混合，可提高其强度、施胶效果、留着、滤水性、纸页成形、生产能力，并降低废水污染程度。若想达到上述效果，需要合理地选择和使用变性淀粉，另外，变性淀粉的添加比例、添加点及与其他湿部化学品的兼容性对于所用变性淀粉能否达到最佳效果也是非常关键的。

4.3.4　淀粉基材料在生物医药中的应用

淀粉除作为原料生产药外，还可用于片剂辅料、外科手套的润滑剂及医用撒粉辅料、代血浆、药物载体等方面，另外还可用于湿布医药基材的增黏剂、治疗尿毒症、降低血液中胆固醇及防止动脉硬化等产品中。一些淀粉基复合材料也是一种具有很大潜力的组织工程支架。

在制药工业中，片剂是主要使用的一类药物剂型，从总体上看，片剂是由两大类物质构成的，一是发挥治疗作用的药物（即主药）；二是没有生理活性的一些物质，在药剂学中，将这些物质称为辅料。辅料所起的作用主要包括填充、黏合、崩解和润滑，有时还起到着色、矫味及美观的作用等。根据它们所起作用的不同，常将片剂辅料分成四类：填充剂、黏合剂、崩解剂、润滑剂。

填充剂（或称稀释剂）主要用来填充片剂的重量或体积。如果片剂中的主药只有几毫克或几十毫克，不加入适当填充剂，将无法制成片剂。因此，填充剂起到了较为重要的增加体积、助其成型的作用。常用的填充剂有淀粉类、糖类、纤维素类和无机盐类等。

黏合剂的作用是使药物粉末结合起来，某些药物粉末本身具有黏性，只需加入适量的液体即可将其本身固有的黏性诱发出来，这时所加入的液体称为湿润剂；某些药物粉末本身不具有黏性或黏性较小，需要加入淀粉浆等黏性物质才能使其黏合起来，这些加入的黏性物质称为黏合剂，上述湿润剂和黏合剂总称为黏合剂。

淀粉作为片剂辅料，可作稀释剂和吸收剂，也可作黏合剂和崩解剂。在国内，主要使用原淀粉，且主要是玉米淀粉。在国外，则使用原淀粉、预胶化淀粉、羟丙基淀粉、羧甲基淀粉等。淀粉的无毒无害及低廉的价格使原淀粉被广泛应用于片剂辅料，但原淀粉经冷冻后会发生凝沉现象，破坏产品的胶体结构，同时存在可压性差、冷水中不溶和崩解速度慢等缺点，不利于药用成分被人体吸收。因此，原淀粉已不能满足片剂生产的要求。为解决以上问题，可通过对原淀粉进行预胶化、酯化、醚化或交联等进行变性，提高其冷冻稳定性，以克服原淀粉在这方面所存在的缺陷。

淀粉用作药物载体有其他人工合成材料不具备的优点，淀粉是人体食物的主要组成成分之一，也是人们获得能量来源的主要成分，因此淀粉有良好的生物相容性、无免疫原性，已用于各种非胃肠道给药的处方中。近年来，已将可生物降解的淀粉用作与低分子药物共价结合的基质，制备靶向或控释系统。它可在血液中被迅速吸收，在各组织中降解。淀粉通过交联，很容易制备出更稳定的产品，且粒径不同的微粒可用于化学栓塞。另外，由于淀粉来源广泛、价格低廉且便于储存，适合于大规模的制备和生产。图 4.12为羧甲基纤维素药物载体缓释作用示意图。

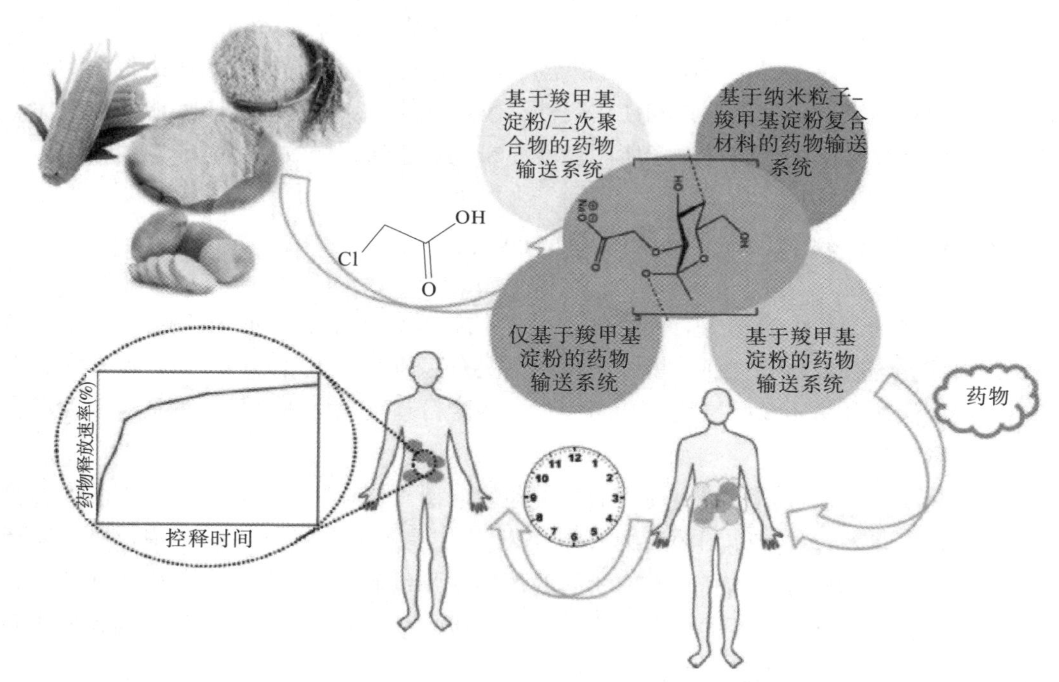

图 4.12　羧甲基纤维素药物载体缓释作用示意图

4.3.5　淀粉基材料在食品工业中的应用

淀粉本身就是一种食品，在食品工业中有广泛的应用，作为添加剂应用于多种类型的食品中。

淀粉还可以制成可降解塑料用于食品包装等。目前，塑料垃圾所引发的环境保护问题已成为全球关注的热点问题，为了解决这一“白色污染”问题，淀粉基材料被广泛地开发成可降解的包装材料、一次性餐具、薄膜和垃圾袋等。其中，淀粉与合成树脂或其他天然高分子共混而成的淀粉材料，是目前商业上开发最为成功的降解塑料。意大利Novamont公司的Mater－Bi塑料系列产品就属于此类产品。Mater－Bi－A级的产品是由连续的乙烯－乙烯醇共聚物（EVOH）相和淀粉相的物理交联网络形成的高分子复合材料。由于两种成分都含有大量的羟基，产品具有亲水性，吸水后力学性能会降低，但不溶于水，降解周期为2年。Mater－Bi－Z级的产品是淀粉与聚己内酯的共混物，可以吹塑成农地膜、包装膜等膜产品，降解周期为20～45天。Mater－Bi－Y级的产品是以淀粉和纤维素（或其衍生物）为主要原料制备的，可以注塑成型，主要用作餐具、花盆、高尔夫球座等，堆肥条件下4个月内可以降解。Mater－Bi塑料系列产品价格较高，限制了其广泛应用。此外，德国Biotec公司研发和生产的以淀粉和脂肪族聚酯为主要原料的全生物降解塑料，其淀粉的含量为55％～75％。

木薯淀粉和聚乳酸通过物理共混，可制备淀粉－聚乳酸复合薄膜用于食品包装。这种淀粉基复合薄膜具有生物可降解性，其生物降解过程中的结构变化，从分子水平和表面结构两个方面可分为崩解、破碎和矿化三个阶段，降解机制为生物与化学共存。其中，在降解开始的第四周时淀粉基复合薄膜会出现断裂和裂缝，在第32天生物降解率达65％。

淀粉具有良好的界面相容性，可与天然橡胶共混制备复合膜材料用于食品包装。例如，采用木薯淀粉与天然橡胶进行物理共混可制备淀粉基复合膜，其具有出色的生物可降解性。这种淀粉膜的降解过程是通过水解与微生物作用，1周内淀粉膜即会产生溶胀现象，8周后淀粉膜可在土壤中完全被降解消失。淀粉羟基与水发生水解反应破坏了淀粉间相互作用，会促进淀粉基共混薄膜的降解，同时化学与生物作用共同影响降解过程。目前，关于食品用生物降解膜的探究还存在一些缺陷：一方面，有研究表明木薯淀粉膜中加入其他天然高分子会加速其降解速率，但可降解性实验设计不完善，作用机制并没有进行透彻分析；另一方面，值得注意的是，可生物降解的材料不一定是可堆肥的。

国内少数单位（如武汉华丽环保科技有限公司等），已开发生产出完全生物降解的热塑性淀粉塑料，用于薄膜、片材的生产。

淀粉及其衍生物还可以制备抗氧化膜，用作食品包装材料，实现食品的保鲜。食品抗氧化膜是利用膜内所含活性物质防止食品氧化，主要是通过降低包装内部O_2含量和抑制氧化酶活性的方式来保持食品品质。淀粉可以制作食品抗氧化膜以提高食品品质，采用木薯淀粉与绿茶混合物（TPS Green Tea，TPS－GT）和线性低密度聚乙烯可制备抗氧化淀粉膜（TPS－GT/LLDPE），且TPS－GT/LLDPE膜在亲水环境与疏水环境的释放机理不同，分别涉及抗氧化剂的释放与浸出，油相的扩散与进入基质膜。除此之外，利用纳米物质增强膜的阻隔能力从而抑制氧气透过也可以达到食品保鲜的效果。以木薯淀粉和己二酸丁二醇酯及对苯二甲酸丁二醇酯的共聚物为主要原料通过物理共混可制备淀粉基复合膜（含红木素和柠檬酸等），用这种淀粉基复合膜包装鲜切芒果后储存14天不会产生褐变与霉菌，且其抗氧化作用是柠檬酸的抗氧化作用与红木素的抗菌作用结合而产生的效果。利用木薯淀粉可制备纳米保鲜涂膜，这种淀粉基纳米复合涂层可以保持水果的颜色、质地及细胞膜通透性，维持稳定的总酚、可溶性固体和可滴定酸含量，并且使过氧化物酶活性降低了 25 U/g。利用木薯淀粉与番茄红素纳米胶囊共混可制备淀粉基抗氧化膜。添加有活性的纳米胶囊对淀粉膜材料理化性质的改善与活性功能的优化都具有重要意义，番茄红素纳米胶囊可以降低紫外线透过率且其自身具有良好的抗氧化活性，因此添加 5%的番茄红素纳米胶囊的淀粉基抗氧化膜具有良好的抗氧化和抗紫外作用，对葵花籽油的储存有很好的稳定效果。

淀粉还可以用来制备抗菌膜材料，用于食品工业。由于活性抗菌物质与食品表面作用并不稳定，通过淀粉作为基质制备膜材料可以稳定持续地发挥活性物质的抑菌作用。与食品抗氧化膜类似，抗菌膜通过添加活性抗菌物质来抑制细菌或真菌的繁殖，从而延长食品的保质期。例如，采用木薯淀粉膜包封乳酸杆菌可以减少马纳巴鲜白奶酪中的沙门氏菌，同时包封的嗜酸乳杆菌比游离的嗜酸乳杆菌具有更高的存活率和杀菌率，且淀粉膜的低水分活度可以延长乳酸杆菌的活力以达到更长的抑菌时间。壳聚糖比精油的抗菌性能更优，利用壳聚糖和淀粉共混，可制备双层抗菌膜材料，且制备过程中进行热压缩会导致壳聚糖链部分脱氨基，使得双层膜的抑菌效果不如单层膜。目前对于抗氧化活性物质在制备膜过程中的活性能力损失的探究较少，在制备淀粉膜工艺成熟后，提高活性物质利用率将会是主流研究方向。Chieregato 等研究利用表面活性剂甘露糖基赤藓糖醇脂质（Mannose－Erythritol Lipid，MEL）或十二烷基硫酸钠（Sodium Dodecyl Sulfate，SDS）与木薯淀粉共混制备抗菌生物薄膜。实验发现，SDS 淀粉膜对金黄色葡萄球菌与绿色魏斯氏菌有明显的抑制圈，而在 MEL 淀粉膜上没有金黄色葡萄球菌的生长，证明两种表面活性剂都可以作为延缓变质并抑制微生物活性的包装膜。Mendes 等利用柠檬草精油制备木薯淀粉抗菌膜，发现低浓度的柠檬草精油对金黄色葡萄球菌、大肠杆菌、革兰氏阳性菌和革兰氏阴性菌都表现出强烈的抑制作用。精油因其疏水性从而具有抗菌功能，这归因于油脂中的脂质改变了微生物细胞膜的平衡，使其更易渗透，从而导致细胞壁破裂。由此可见，抗菌膜的开发方式与抗菌物质的选择具有多样性，这为今后抗菌膜的研发提供了思路。

4.3.6 淀粉基材料在农业中的应用

淀粉经过接枝共聚、交联等一系列反应，可制备超吸水性材料，适用于农业领域。例如，淀粉接枝丙烯酸酯，塑化后具有强吸水性，可用于种子和根须的覆盖及用作渗水快土壤的保水添加剂，提高出苗率和发芽率，从而增加产量。1 kg 吸水剂能涂层约 100 kg 种子，4 g 吸水剂放于水中，将植物苗根部放入，吸着薄层，应用于飞机植树造林、人造草原，成活率都较高。在山坡干旱土地上实验，上部土壤 5 mm 厚混入 0.1%～0.2% 的淀粉吸水材料，可显著提高旱区土壤的蓄水能力，达到肥沃土壤的作用。另外，羧甲基纤维素、阳离子淀粉、丙烯酸接枝共聚物等也具有提高土壤稳定性和粮食产量的性能，具有很好的应用前景。将磷矿石与淀粉接枝聚丙烯酸吸水性树脂复合还可以实现对 P 和 K 的缓释，从而提高磷矿石的应用价值，同时可作为缓释肥有助于农业生产。但磷矿石中的水溶性磷酸盐电离后会形成 Ca^{2+} 和 PO_4^{3-}，而 Ca^{2+} 与淀粉聚丙烯酸接枝共聚物的羧基之间存在螯合作用，使体系的交联密度增大，使其吸水性有所降低，即随着磷矿石含量的增大复合材料的吸水率变低，因此，添加适量的磷矿石对制备淀粉基磷/钾复合缓释材料十分关键。

除了丙烯酸，丙烯酰胺可用来与淀粉接枝制备吸水材料。以淀粉为原料、丙烯酰胺为共聚单体、硝酸铈铵为引发剂，通过共聚及皂化反应可以获得淀粉接枝聚丙烯酰胺吸水性树脂。在制备过程中，淀粉与共聚单体的比例、引发剂用量、反应时间和温度均会影响所合成树脂的吸水性能。据报道，制备该吸水树脂较为合适的反应条件为：淀粉与丙烯酰胺比例为1∶2、硝酸铈铵用量为4.93 g/L、反应时间和温度分别为120 min和45℃。这种条件下制备的淀粉接枝聚丙烯酰胺吸水性树脂的吸水率可达到425 g/g。此外，皂化过程会使部分酰胺基团转为羧基，可提高材料的吸水性能。水中共存离子对淀粉接枝聚丙烯酰胺吸水性树脂的性能有影响，在0.05 mol/L的NaCl溶液中，该树脂的吸水率可达到111 g/g，但当二价或三价阳离子存在时，其吸水率急剧下降。在具有不同pH的介质中，树脂呈现出吸水率随pH的增加先增大后降低的趋势，这主要是聚合物的两亲性造成的。纳米粒子的引入将对淀粉接枝聚丙烯酰胺吸水性树脂的吸水性能产生影响。将磁性纳米粒子与淀粉基吸水材料进行复合后，不含磁性颗粒的树脂的平衡吸水率为150 g/g，而含有磁性颗粒的树脂的吸水率有所降低，且降低幅度随着磁性颗粒含量的增加而更加明显。

丙烯腈也可以与淀粉进行接枝共聚反应制备超吸水材料，应用于农业领域。淀粉接枝聚丙烯脂树脂是除淀粉接枝聚丙烯酸和淀粉接枝聚丙烯酰胺外研究较多的吸水性树脂之一。由于其结构中不含亲水基团，因此在制备过程中也需要对共聚物进行皂化。淀粉中直链淀粉和支链淀粉含量的高低对接枝共聚反应有较大影响。直链淀粉含量越高，接枝共聚物的聚丙烯脂侧链越短，所合成的接枝共聚物侧链长短顺序按照淀粉种类排序为：高直链玉米淀粉<玉米淀粉<蜡质玉米淀粉。接枝侧链越长，树脂的吸水率越高。经皂化后，蜡质玉米淀粉接枝聚丙烯脂树脂的吸水率可达到1200 g/g，而高直链玉米淀粉接枝聚丙烯脂树脂的吸水率仅为530 g/g。对淀粉进行磺酸化同样可以使淀粉接枝聚丙烯脂树脂的吸水率增强。在制备磺酸化淀粉接枝聚丙烯脂树脂过程中，引发剂的用量和反应温度会影响共聚物的接枝链含量，接枝链含量随引发剂用量和反应温度的增加呈现先增加后降低的趋势。当淀粉的碳酸基取代度为1.71、丙烯腈接枝量为64.5%时，所得树脂的吸水率达到1750 g/g，盐溶液中的吸水率为113.4 g/g。在后续的皂化过程中，碱液浓度、皂化温度和时间是影响树脂的吸水性高低的重要因素。NaOH浓度越高，氰基的水解程度越高，树脂吸水性能越强，但NaOH浓度过高会使磺酸基团含量降低，导致其吸水性能有所下降。磺酸化淀粉接枝聚丙烯脂树脂的最佳皂化时间为1 h、最佳皂化温度为100℃，皂化时间过短或过长、温度过高或过低都会使制得的树脂的吸水率降低。

以上这些淀粉基超吸水材料都可以应用于土壤保水改性、肥沃土地等方面，对于我国广泛分布的旱区农业和旱区植树造林、草原恢复等方面具有重要的意义。

4.3.7 淀粉基材料在木材工业中的应用

淀粉具有良好的成膜性和黏合性且无毒无味，作为绿色环保型胶黏剂的原料具有广阔的应用前景，可广泛应用于木材加工、家具制造等领域。但是，由于原淀粉分子量较大、流动性及渗透性差，用作胶黏剂时耐水性、储存稳定性及胶合强度欠佳等问题较为突出，因此必须对其进行改性才能使用，在对淀粉进行改性前往往需要先进行降黏预处理，这样得到的淀粉基胶黏剂具有淀粉含量高、黏结性能好、外观乳白等优点。

一般而言，制备淀粉基胶黏剂的淀粉预处理过程主要包括降解和糊化两个方面，而处理方式不同会直接影响后续的化学改性反应。此外，不同的降黏方式（酸解、氧化和酶解）对淀粉基胶黏剂的黏结性和流动性也会产生影响。通常以氧化、酯化、交联和接枝共聚等方法改性的淀粉衍生物最常用来制备淀粉胶黏剂。

氧化淀粉通常可采用干法或湿法制备，在氧化过程中淀粉的部分糖苷键会发生断裂，C2、C3 和 C6 位上的羟基被氧化为醛基或羧基，赋予了淀粉良好的防腐性、防霉性、热稳定性、分散性及黏结性。当以酯化淀粉来制造胶黏剂时，可利用淀粉分子结构上的羟基与脲醛树脂、磷酸等化合物进行反应，将多种官能团引入淀粉分子链上改善其性能。淀粉接枝共聚物作为胶黏剂时常用的共聚单体有丙烯酰胺、丙烯酸等。利用丙烯酸的羧基或丙烯酰胺的酰氨基与淀粉羟基间的氢键作用，可使胶黏剂的黏结强度和稳定性得到提高。

目前淀粉基胶黏剂主要分为两大类。

4.3.7.1 单组分淀粉基胶黏剂

氧化、醚化或接枝共聚等改性方法使淀粉的黏结强度和耐水性能有所提升，且改性后的淀粉还具有防霉抗菌功能，有望替代现有的合成类胶黏剂。例如，当对淀粉进行羧基化改性时，可采用干法合成一系列取代度不同的羧甲基淀粉。首先，将淀粉与 NaOH 混合并加入少量甲醇快速搅拌，然后将氯乙酸加入其中，冷却至一定温度进行反应。通过控制 NaOH 与淀粉的比例、氯乙酸与淀粉糖单元间的物质的量之比及反应时间可以得到取代度为 0.20～1.20 的淀粉衍生物。

传统水媒法合成的氧化羧甲基淀粉一般取代度较低；而以有机溶剂作为反应介质时，虽然条件容易控制、取代度较高，但能耗较大；干法合成能耗较低且不会产生废水，但取代反应主要发生在淀粉颗粒表面，易造成产物取代度较低、取代分布不均等缺点。以水为媒介，在微波辐照下可以克服以上缺点，制备出低黏度、高取代度的氧化羧甲基淀粉。将淀粉与水、氯乙酸混合后充分搅拌，之后加入双氧水和 NaOH，通过控制微波加热温度及时间便可得到改性程度不同的淀粉衍生物。

用盐酸对淀粉进行水解使其分子量和黏度有所降低后，再在碱性条件下采用丙烯酰胺通过醚化反应对淀粉进行甲氨酰乙基化改性，通过调整丙烯酰胺用量、反应时间及温度可以得到一系列取代度不同的淀粉衍生物。该衍生物中的甲氨酰乙基是极性基团，其空间位阻效应和吸水性有助于提高淀粉作为纤维胶黏剂的柔韧性。此外，甲氨酰乙基的亲水性可使淀粉在水中的溶解性和分散性有所增强，改性淀粉胶黏剂与聚酯纤维之间的范德华力不仅得到了提高，且与纤维材料间的氢键作用也有所增加。

对于淀粉的氧化改性，氧化剂不同所得氧化淀粉的性能也存在差异。当以次氯酸钠、双氧水和高锰酸钾为氧化剂分别对淀粉进行氧化时，其制备工艺是不同的。次氯酸钠氧化淀粉胶黏剂的制备首先是将一定量的淀粉加入水中制得悬浮液，然后依次加入次氯酸钠溶液和 $NiSO_4$ 溶液，反应一段时间后加入 NaOH，之后滴加 $Na_2S_2O_3$ 溶液、硼砂溶液和消泡剂便可得到产品；双氧水氧化淀粉胶黏剂的制备是将淀粉分散于水中后加入 $FeSO_4$，并用 NaOH 将 pH 调至碱性，再加入 H_2O_2 反应，然后加入 $Na_2S_2O_3$，终止反应，最后加入硼砂和消泡剂；高锰酸钾氧化淀粉胶黏剂的制备则是在酸性条件下进行的，首先将淀粉分散于水中并将 pH 调至 1 左右，然后加入高锰酸钾溶液反应，经抽滤、洗涤后加入少量 Na_2S，继续搅拌加入 NaOH、水和磷酸三丁酯，并于糊化后加入硼砂溶液。

为了改善淀粉基胶黏剂耐水性较差的缺陷，可以在淀粉分子链中引入疏水基团以降低其亲水基团数量的基础上，进一步在接枝共聚过程中加入添加剂。例如，对玉米淀粉进行预处理后，在不同用量的添加剂下，加入醋酸乙烯酯和淀粉进行共聚。在接枝反应过程中，自由基引发剂用量、反应温度与时间、pH、单体滴加速率、单体与淀粉质量比、糊化热处理程度等因素对接枝反应及所得共聚物的性能会产生不同程度的影响。以过硫酸钾为自由基引发剂，将淀粉与醋酸乙烯酯进行共聚可以合成淀粉接枝聚醋酸乙烯酯共聚物，然后将聚氨酯预聚物与丁二醇在改性淀粉乳液中反应可得到具有互穿网络结构的淀粉接枝聚醋酸乙烯酯-聚氨酯共混胶黏剂。

在体系中添加纳米二氧化硅可以提高淀粉基胶黏剂的黏结强度。该胶黏剂的制备需先将淀粉在盐酸作用下部分水解，然后在升温条件下糊化，之后在惰性气氛下加入十二烷基磺酸钠、醋酸乙烯酯和过硫酸铵进行反应，一段时间后添加纳米二氧化硅，然后升温继续反应，最后用 $NaHCO_3$ 调整 pH 后得到产品。

4.3.7.2　双组分淀粉基胶黏剂

该类淀粉基胶黏剂一般包括两部分，即淀粉基主胶和交联剂。常使用的交联剂包括异氰酸酯类、多元胺、环氧氯丙烷等化合物。交联改性是解决淀粉基胶黏剂耐水性差、黏结强度不足的主要途径。

异氰酸酯含有异氰酸根（—NCO）活性基团，可与羟基、氨基等官能团进行反应，其反应活性较高，在一定温度条件下将其与淀粉混合后会发生交联反应。首先在碱性条件下，用氯乙酸对淀粉进行羧基化改性，然后将其与聚乙烯醇混合，再加入异氰酸酯反应后得到胶黏剂。该胶黏剂的性能受到多重因素的影响，主要包括聚合物结构与组成、交联剂及反应温度。

以六亚甲基四胺为固化剂，将鞣酸与玉米淀粉复合也可以制备胶黏剂。制备过程需要注意控制淀粉在水溶液中的浓度，以及鞣酸和六亚甲基四胺的用量等因素。

氧化淀粉胶黏剂具有黏结能力强、生物可降解及无污染等优点，可替代强碱性硅酸钠黏合剂用于瓦楞纸板、包装纸箱等商品的粘接。然而，淀粉在氧化过程中其糖苷键易发生断裂，导致分子量有所下降，且亲水性羧基或醛基的存在使胶黏剂的耐水性较差，因此在储存过程中常出现开胶现象。为了解决该问题，可对淀粉进行交联改性，但不同种类的交联剂改性效果存在明显差异。当分别以环氧氯丙烷、甲苯二异氰酸酯、三聚氰胺—甲醛树脂和硼砂为淀粉的交联剂时，淀粉胶黏剂的耐水性和干燥速率与交联剂类型及用量有很大关系。在固定氧化淀粉质量及交联剂与淀粉羟基比例制备胶黏剂时，不同交联体系的反应过程分别为：①将环氧氯丙烷滴加至一定浓度的氧化淀粉溶液中，反应体系的 pH 需要调至 9 左右，并在一定温度下反应数小时；②以甲苯二异氰酸酯为交联剂时，需要加入少量的催化剂催化反应的进行；③在三聚氰胺—甲醛树脂交联淀粉体系中，需将甲醛溶液加入氧化淀粉溶液中充分混合，再将 pH 调至 9 后加入一定量的三聚氰胺进行反应；④将硼砂作为交联剂时，反应过程比较简单，只需将两者混合后升温反应即可。

利用脲醛树脂中大量羟甲基脲与改性淀粉羧基间的反应，可将其作为淀粉的交联剂，有望制成初黏性、胶接强度和耐水性俱佳的低成本、低毒性淀粉—脲醛树脂复合胶黏剂。为此，先将淀粉与一定量的次氯酸钠在水中混合，然后将聚乙烯醇和过硫酸铵混合溶液加热搅拌后加入淀粉糊中，用 NaOH 将溶液 pH 调至 9～10，反应一段时间后加入还原剂终止反应，随后加入硼砂发生反应并将 pH 调至 6～7，继续反应一定时间即可。复合胶黏剂的制备是先将脲醛树脂分散于水中，用甲酸将 pH 调至 3，然后将其与淀粉胶黏剂混合。

环氧树脂可在叔胺催化剂作用下与氧化淀粉反应，制备耐水性和稳定性均有所提高的胶黏剂。将淀粉进行氧化使其带有羧基，然后在过硫酸铵作用下将淀粉与醋酸乙烯酯共聚得到淀粉接枝聚醋酸乙烯酯，最后向氧化淀粉溶液中加入三乙醇胺、淀粉接枝聚醋酸乙烯酯和环氧树脂，剧烈搅拌至均匀分散后倒在杨木单板上，热压得到胶合板。

参考文献

Aburto J，Alric I，Borredon E. Preparation of long—chain esters of starch using fatty acid chlorides in the absence of an organic solvent [J]. Starch—Stärke，1999，51 (4)：132—135.

Angellier H，Choisnard L，Molina—Boisseau S，et al. Optimization of the preparation of aqueous suspensions of waxy maize starch nanocrystals using a response surface methodology [J]. Biomacromolecules，2004，5 (4)：1545—1551.

Angellier H，Molina—Boisseau S，Lebrun L，et al. Processing and structural properties of waxy maize starch nanocrystals reinforced natural rubber [J]. Macromolecules，2005，38 (9)：3783—3792.

Assis R Q，Lopes S M，Costa T M H，et al. Active biodegradable cassava starch films incorporated lycopene nanocapsules [J]. Industrial Crops and Products，2017 (109)：818—827.

Avérous L，Halley P J. Biocomposites based on plasticized starch [J]. Biofuels，Bioproducts and Biorefining，2009，3 (3)：329—343.

Biswas A，Shogren R L，Stevenson D G，et al. Ionic liquids as solvents for biopolymers：Acylation of starch and zein protein [J]. Carbohydrate Polymers，2006，66 (4)：546—550.

Buleon A，Colonna P，Planchot V，et al. Starch granules：Structure and biosynthesis [J]. International Journal of Biological Macromolecules，1998，23 (2)：85—112.

Burt S. Essential oils：Their antibacterial properties and potential applications in foods—a review [J]. International Journal of Food Microbiology，2004，94 (3)：223—253.

Calvert P. The structure of starch [J]. Nature，1997，389 (6649)：338—339.

Dai L，Zhang J，Cheng F. Cross—linked starch—based edible coating reinforced by starchnanocrystals and its preservation effect on graded huangguan pears [J]. Food Chemistry，2020 (311)：125891.

Gutiérrez T J. Are modified pumpkin flour/plum flour nanocomposite films biodegradable and compostable? [J]. Food Hydrocolloids，2018 (83)：397—410.

Jeon Y S，Lowell A V，Gross R A. Studies of starch esterification：Reactions withalkenylsuccinates in aqueous slurry systems [J]. Starch—Stärke，1999，51 (2—3)：90—93.

Labet M，Thielemans W，Dufresne A. Polymer grafting onto starch nanocrystals [J]. Biomacromolecules，2007，8 (9)：2916—2927.

Leal I L，Yasmin C，Rosa Y C，et al. Development and application starch films：PBAT with additives for evaluating the shelf life of Tommy Atkins mango in the fresh—cut state [J]. Journal of Applied Polymer Science，2019，136 (43)：48150.

Maniglia B C，Laroque D A，Maria D A L，et al. Production of active cassava starch films effect of adding a biosurfactant or synthetic surfactant [J]. Reactive and Functional Polymers，2019 (144)：104368.

Margarita D R，Salazar—Sánchez，Campo—Erazo S D，et al. Structural changes of cassava starch and polylactic acid films submitted to biodegradation process [J]. International Journal of Biological Macromolecules，2019 (129)：442—447.

Matusiak J，Grzdka E. Cationic starch as the effective flocculant of silica in the presence of different surfactants [J]. Separation and Purification Technology，2020，234 (C)：116132.

Mendes J F，Norcino L B，Martins H H A，et al. Correlating emulsion characteristics with the properties of active starch films loaded with lemongrass essential oil [J]. Food Hydrocolloids，2020 (100)：105428.

Mp A，Hna B. Developments on carboxymethyl starch — based smart systems as promising drug carriers：A review [J]. Carbohydrate Polymers，2021 (258)：117654.

Panrong T，Karbowiak T，Harnkarnsujarit N. Thermoplastic starch and green tea blends with LLDPE films for active packaging of meat and oil — based products [J]. Food Packaging and Shelf Life，2019 (21)：100331.

Riyajan S A，Patisat S. A novel packaging film from cassava starch and natural rubber [J]. Journal of Polymers and the Environment，2018，26 (7)：2845—2854.

Santacruz S，Castro M. Viability of free and encapsulated Lactobacillus acidophilus incorporated to cassava starch edible films and its application to Manaba fresh white cheese [J]. LWT，2018 (93)：570—572.

Thielemans W，Belgacem M N，Dufresne A. Starch nanocrystals with large chain surface modifications [J]. Langmuir，2006，22 (10)：4804—4810.

Valencia—Sullca C，Vargas M，Atarés L，et al. Thermoplastic cassava starch—chitosan bilayer films containing essential oils [J]. Food Hydrocolloids，2018 (75)：107—115.

Wang X L，Yang K K，Wang Y Z. Properties of starch blends with biodegradable polymers [J]. Journal of Macromolecular Science，Part C：Polymer Reviews，2003，43 (3)：385—409.

Xiao X, Sun Y, Liu J, et al. Flocculation of heavy metal by functionalized starch－basedbioflocculants: Characterization and process evaluation [J]. Separation and Purification Technology, 2021 (267):118628.
Yu H Y, Huang J, Chen Y, et al. Preparation of polysaccharidenanocrystal－based nanocomposites [J]. Polysaccharide－based Nanocrystals: Chemistry and Applications, 2014: 109－164.
陈玉放，马艳芳，陈亚席，等．一种磷酸酯化淀粉的制备方法［P］．广东：CN101029084，2007－09－05.
丁年平，解新安，刘华敏，等．淀粉微球的制备及应用研究进展［J］．食品工业科技，2009（10）：356－359.
董跃清．醋酸酯淀粉浆料的研制及应用［J］．棉纺织技术，2001，29（6）：348－350.
方宏兵．淀粉硫酸酯及其衍生物的微波制备和特性研究［D］．郑州：河南工业大学，2010.
冯国涛，单志华．变性淀粉的种类及其应用研究［J］．皮革化工，2005，22（3）：25－29.
葛杰，张功超，白立丰，等．变性淀粉在我国的应用及发展趋势［J］．黑龙江八一农垦大学学报，2005，17（1）：69－73.
耿刚．季铵盐型阳离子羟乙基淀粉的制备方法［J］．纤维素醚工业，2003，11（2）：1－2.
郭晓兵．马铃薯氧化淀粉及其胶黏剂的制备工艺研究［D］．大连：大连工业大学，2011.
黄强，李琳，罗发兴．淀粉疏水改性研究进展［J］．粮食与饲料工业，2006（4）：28－29.
黄祖强，陈渊，钱维金，等．机械活化对木薯淀粉醋酸酯化反应的强化作用［J］．过程工程学报，2007，7（3）：501－505.
黄祖强，胡华宇，童张法，等．玉米淀粉的机械活化效果分析［J］．化学工程，2006，34（10）：51－54.
金曼，程春萍，周树美．羟乙基淀粉 200/0.5 氯化钠注射液细菌内毒素检查的可行性研究［J］．药学研究，2013，32（9）：521－522.
蓝平，蓝丽红，吴如春，等．次氯酸钠氧化淀粉的制备工艺研究［J］．广西民族大学学报（自然科学版），2006，12（3）：104－107.
李海普，李彬，欧阳明，等．直链淀粉和支链淀粉的表征［J］．食品科学，2010（11）：273－277.
栗海峰，范力仁，罗文君，等．淀粉接枝衣康酸/丙烯酸高吸水材料制备与性能［J］．化工学报，2008，59（12）：3165－3171.
刘冠军，董海洲，刘文．氧化淀粉新工艺制备和应用［J］．粮食加工，2006，31（1）：44－46.
刘鹏．双醛淀粉制备及其应用于脂肪酶固定化的研究［D］．天津：天津科技大学，2012.
罗发兴，黄强，李琳．淀粉疏水改性及其应用［J］．包装工程，2006，27（2）：18－20.
马嫄．微孔淀粉制造技术及其性质的研究［D］．重庆：西南大学，2003.
逄锦江，王晶晶．淀粉及其衍生物在造纸工业中的应用［J］．江苏造纸，2009（2）：35－38.
彭敏，阮湘元，范洪波，等．淀粉及碘嵌入淀粉结构的原子力显微镜观测［J］．高分子材料科学与工程，2009，25（4）：102－104.
邵俊，赵耀明．原位法合成聚乳酸接枝淀粉共聚物的研究与应用［J］．中国塑料，2009（10）：15－20.
汪多仁．羧甲基淀粉的开发与应用［J］．牙膏工业，2005（2）：37－43.
汪秀丽，张玉荣，王玉忠．淀粉基高分子材料的研究进展［J］．高分子学报，2011（1）：24－37.
王书军，任菲，王晋伟．离子液体在淀粉研究中的现状及展望［J］．天津科技大学学报，2019，34（6）:1－13.
王旭，高文远，张黎明，等．不同取代度山药醋酸淀粉的合成及表征［J］．中国科学：B 辑，2008，

38 (7)：613－617.
吴俊，李斌，谢笔钧. 微细化淀粉干法疏水化改性条件及其改性机理研究 [J]. 食品科学，2004，25 (9):96－100.
谢德明，施云峰，谢春兰，等. 淀粉与聚乳酸接枝共聚物的制备与表征 [J]. 材料科学与工程学报，2006，24 (6)：835－838.
薛娟萍. 羟丙基玉米淀粉磷酸酯的制备研究 [D]. 杨凌：西北农林科技大学，2006.
袁怀波，江力，曹树青，等. 酯化红薯变性淀粉的制备及性质研究 [J]. 食品科学，2006，27 (10)：245－248.

第5章　甲壳素与壳聚糖材料

5.1　甲壳素与壳聚糖简介

甲壳素（Chitin）也称为甲壳质、几丁质、壳素等，是自然界中唯一带正电荷的天然高分子聚合物，属于直链氨基多糖，学名为β－1,4－聚－N－乙酰－D－氨基葡萄糖，分子式为（$C_8H_{13}NO_5$）$_n$，单体之间以β－1，4糖苷键连接，相对分子质量一般约为1×10^6 Da，理论含氮量为6.9%。甲壳素分子化学结构与植物中广泛存在的纤维素非常相似，两者之间的区别是：把组成纤维素的葡萄糖分子第二个碳原子上的羟基（—OH）换成乙酰氨基（—$NHCOCH_3$），则纤维素就变为甲壳素。因此，部分学者认为从这个意义上讲，甲壳素可算作动物性纤维。

甲壳素广泛存在于甲壳类动物、软体动物（如鱿鱼、乌贼）的外壳和软骨，节肢类动物的壳体，真菌（酵母、霉菌）的细胞壁及藻类的细胞壁中，另外在动物的关节、蹄、足的坚硬部分，肌肉与骨结合处，以及低等植物中均发现有甲壳素存在。在虾、蟹的壳中，甲壳素的含量可高达58%～85%。在自然界中，甲壳素的年生物合成量约为100亿吨，是地球上除纤维素以外的第二大有机资源，是人类可充分利用的巨大自然资源宝库。甲壳素是地球上数量最大的含氮有机化合物之一。甲壳素经自然界中的甲壳素酶、溶菌酶、壳聚糖酶等生物降解后，参与生态体系的碳/氮循环，对地球生态环境起着重要的调控作用。

法国学者H. Braconnot首先于1811年用温热的稀碱溶从蘑菇中分离得到甲壳素。1823年，法国科学家A. Odier从昆虫翅鞘中提取了同类物质并将其命名为Chitin。人们在随后的科学研究中发现，Chitin是由N－乙酰氨葡萄糖缩聚而成的，即组成甲壳素的基本结构单元为N－乙酰氨基葡萄糖。1859年，法国学者Rouget用浓碱处理Chitin提取了可溶于酸的变性甲壳素；1894年，德国学者Hopper Sever将其命名为Chitosan，即壳聚糖。

自然界生长、繁衍的含有甲壳素的各类生物，其死亡腐烂后成为肥料的同时会释放甲壳素，甲壳素在自然界经降解和脱乙酰基过程，产生不同分子量的甲壳素及不同分子量、不同脱乙酰度的壳聚糖。在广袤的田野、森林和大草原的土壤中，都有甲壳素和壳聚糖存在。而在贫瘠的土壤和沙化的土壤中，则很少有甲壳素和壳聚糖存在。因此，甲壳素可反映出自然界生态平衡。

5.1.1 甲壳素与壳聚糖的化学结构

甲壳素的化学名称为β−1,4−聚−N−乙酰−D−氨基葡萄糖，由N−乙酰氨基葡萄糖以β−1,4糖苷键缩合而成，分子式可写为$(C_8H_{13}NO_5)_n$。其结构式与纤维素的结构式非常相近，可以看作纤维素的C2位的—OH被$—NHCOCH_3$取代的产物，构成甲壳素的基本单位是2−乙酰胺基葡萄糖。图5.1为甲壳素的分子结构式。

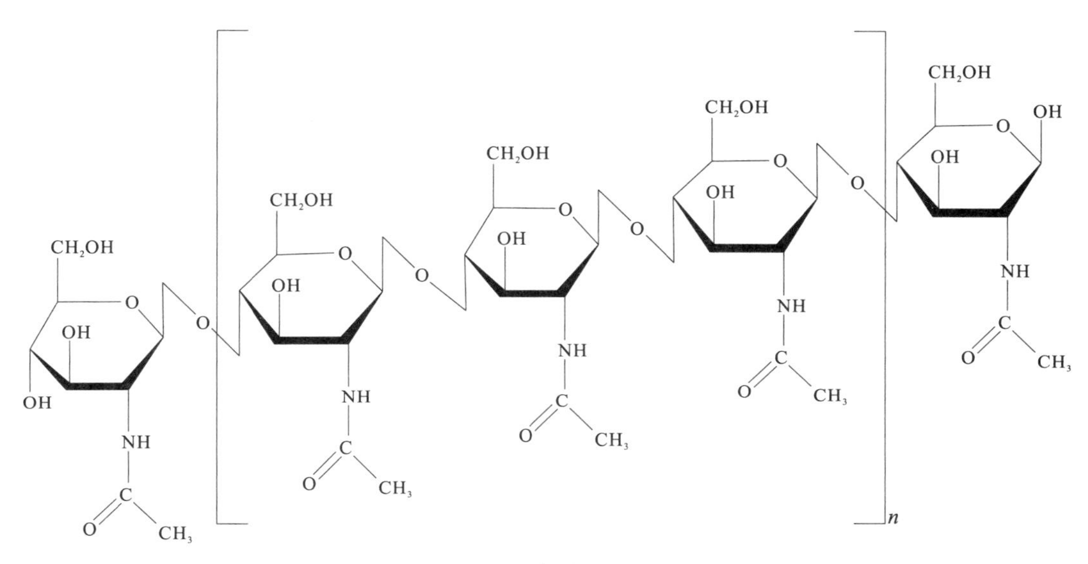

图5.1 甲壳素的分子结构式

壳聚糖是甲壳素经过脱乙酰基得到的，化学名称为聚葡萄糖胺−(1，4)−2−氨基−β−D−葡萄糖，又名聚氨基葡萄糖或几丁聚糖，是甲壳素脱去乙酰基的高分子直链型多糖，其分子结构式如图5.2所示。壳聚糖的主要性能指标是脱乙酰度和相对分子质量(常用黏度表征)。根据壳聚糖黏度不同可分为高黏度、中黏度和低黏度壳聚糖。其中，高黏度壳聚糖指黏度大于1 Pa·s的1%壳聚糖醋酸溶液，中黏度壳聚糖指黏度为0.1～0.2 Pa·s的1%壳聚糖醋酸溶液，低黏度壳聚糖指黏度为0.025～0.05 Pa·s的1%壳聚糖醋酸溶液。

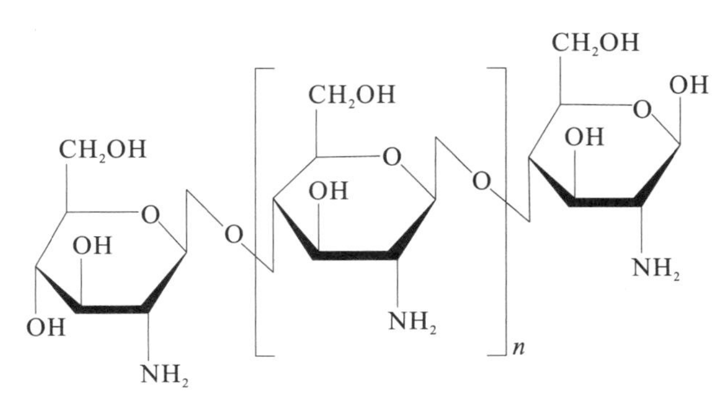

图5.2 壳聚糖的分子结构式

壳聚糖的脱乙酰度（Degree of Deacetylation，DD）一般为55%～100%，根据脱乙酰度可将壳聚糖分为低脱乙酰壳聚糖（55%～75%）、中脱乙酰壳聚糖（70%～85%）、高脱乙酰壳聚糖（85%～95%）及超高脱乙酰壳聚糖（95%～100%）。甲壳素在自然界中经降解和脱乙酰基，产生不同分子量的甲壳素和不同分子量、不同脱乙酰度的壳聚糖。由于脱乙酰化反应破坏了甲壳素分子结构的规整性，因此与甲壳素相比壳聚糖的溶解性明显改善，化学性质也较为活泼。同时，由于壳聚糖分子中存在游离氨基及活性羟基，反应时取代基团可进入O位和N位，因此相应的产物有O－羧甲基壳聚糖、N－羧甲基壳聚糖和N，O－羧甲基壳聚糖。若将甲壳素、壳聚糖和纤维素的分子结构式进行比较可以看出（图5.3），三者的结构非常相似，C2位连接的基团若为—OH则为纤维素，若为—$NHCOCH_3$则为甲壳素，若为—NH_2则为壳聚糖。据此可以推断，甲壳素、壳聚糖和纤维素会有许多类似的性质和用途。

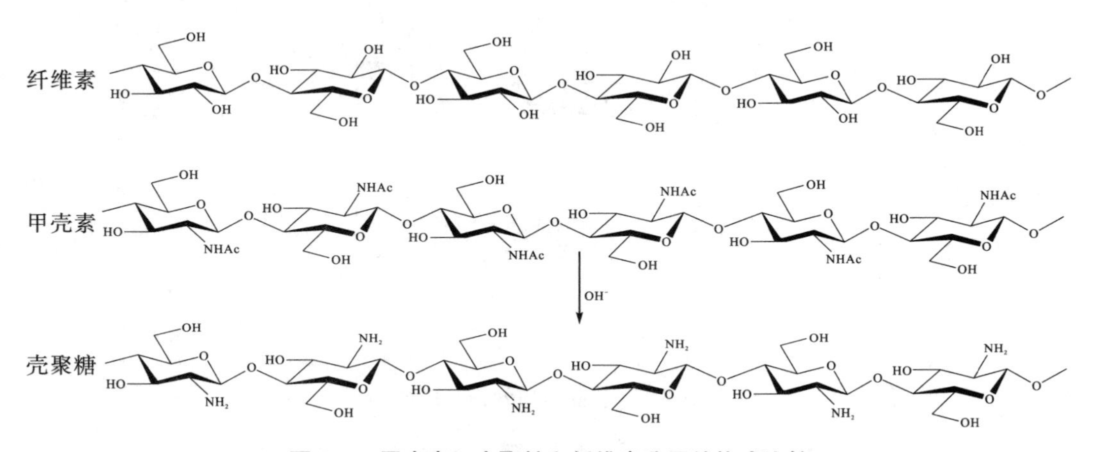

图5.3　甲壳素、壳聚糖和纤维素分子结构式比较

5.1.2　甲壳素与壳聚糖的超分子结构

自然界存在的甲壳素，由于其存在分子内及分子间的—O—H—O—型和—O—H—N—型氢键的作用，形成微纤维网状的高度晶体结构。由于这种氢键的强烈作用，使甲壳素大分子间的作用力很强，分子间存在有序结构，从而造成甲壳素的不熔化及高度难溶解性质，一定程度上限制了其应用。因此，一般应用较多的是甲壳素的衍生物，其中最重要的是壳聚糖。甲壳素属于多糖，存在一级、二级、三级和四级的结构层次，其一级结构是指甲壳素的分子结构。甲壳素的最小降解单元为甲壳二糖（图5.4），而不是N－乙酰胺基葡萄糖，即甲壳素以β－1,4－甲壳二糖残基作为结构单元。

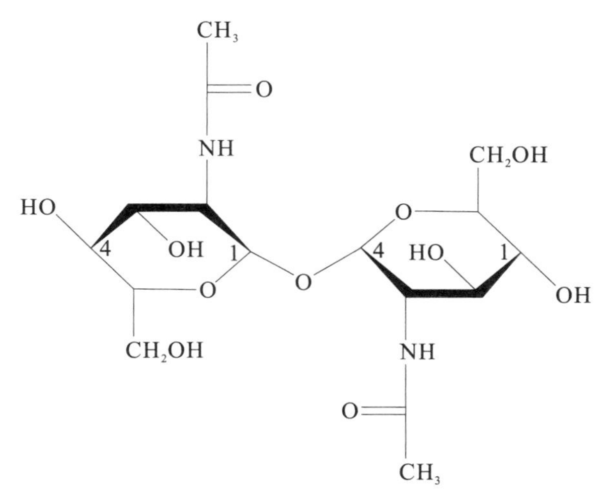

图 5.4　甲壳二糖的化学结构

甲壳素分子链上分布着许多羟基、N－乙酰胺基和氨基，形成各种分子内和分子间氢键，在这种氢键的作用下形成了甲壳素大分子的二级结构。例如，在甲壳素的—OH 和 O5 之间，以及—OH 和 C═O 基团的 O 之间都能形成氢键。

甲壳素的三级结构是指由重复顺序（二糖单元）的一级结构和非共价互相作用形成有序的二级结构，导致甲壳素在空间有规则而粗大的构象。

甲壳素的四级结构是指长链间非共价结合形成的聚集体。一般认为，甲壳素多糖链呈双螺旋结构。螺距 0.515 nm，一个螺旋平面由 6 个糖残基组成，螺旋与螺旋之间存在大量的氢键。

5.1.3　甲壳素与壳聚糖的晶体结构

5.1.3.1　甲壳素的晶体结构

甲壳素是以 N－乙酰胺基葡萄糖残基形成的长链高分子化合物，具有较大的规整性和刚性，且分子内和分子间形成很强的氢键，这种分子结构有利于晶体态的形成。甲壳素存在着 α、β、γ 三种晶型，这三种晶型的甲壳素分子链在晶胞中的排列各不相同。

α－甲壳素的存在最丰富，也最稳定。α－甲壳素是一种折叠链结构，属正交晶系，其结晶的组成紧密，构造坚固。在 α 型结晶中，分子链以反平行的方式排列。这种分子链可看作聚 N－乙酰胺基－D－葡萄糖胺的螺旋，每个单元晶胞含有两条螺旋方向相反的链，每条链均由两个卷曲相连的 N－乙酰胺基－D－葡萄糖胺单元构成。在 α 型结晶中，两个相连的葡萄糖胺的 O3 和 O5 原子及乙酰胺基的 N、H 原子间存在氢键。由于氢键的作用，α 型结晶的结构紧密，其物化性能受到较大影响。对 α 型甲壳素结晶的整体结构而言，除大分子的某些缠结点之外，分子链间并无化学键的连接，因此其空间结构较为自由。自然界中存在的甲壳素中，α－甲壳素含量最为丰富，广泛存在于节肢动物的角质层和一些真菌中。在生物体内，α－甲壳素通常与矿物质沉积在一起，形成坚硬的外壳。

β－甲壳素结晶的分子链以平行方式排列。β－甲壳素具有伸展的平行链结构，分子链间通过氢键键合。自然界中，β型结晶多以结晶水合物的形式存在，水分子能在晶格点阵间渗透，使β型结晶稳定性降低。与α型结晶相比，β型具有更多的无定形结构，β－甲壳素的两条平行分子链较松散，比α－甲壳素的结晶具有更多空隙。β－甲壳素比α－甲壳素更易脱去乙酰基，在有机溶剂中的溶解度也比α－甲壳素高很多，可溶于二氯乙酸、硫酸二甲酯、二甲基甲酰胺，且在吡啶中能高度溶胀。β－甲壳素在6 mol/L酸溶液中会转变为α－甲壳素，说明α－甲壳素对酸比较稳定。以甲壳素制备壳聚糖，采用相同碱浓度和温度进行制备，在相同的反应时间下，β－甲壳素的脱乙酰度远远高于α－甲壳素，说明α－甲壳素结晶度很高，分子间具有非常强的作用。在相同的脱乙酰度下，α－壳聚糖具有很高的结晶度，但壳聚糖主要表现为无定形结构。由于β－甲壳素的晶状区域容易渗入水分子，使甲壳素在水中也能溶胀，形成完全分散的浆状物，因此，β－甲壳素比α－甲壳素更易发生化学反应。

γ－甲壳素通常被认为是α－甲壳素的变体，由三条糖链构成，其中两条糖链同向，一条糖链反向且上、下排列。γ－甲壳素属于二维有序而C轴无序的结晶，结构不稳定，易向其他晶型转变。例如，在硫氰酸锂的作用下，γ晶型可转化为α晶型。在自然界中，γ型结晶主要存在于甲虫的茧中，β－甲壳素和γ－甲壳素常与胶原蛋白相连接，表现出一定的硬度、柔韧度和流动性，还具有与支撑体不同的许多功能，如电解质的控制和聚阴离子物质的运送等。

α－甲壳素和β－甲壳素的结构模型如图5.5、图5.6所示。在α－甲壳素和β－甲壳素中，分子链间均由大量链间氢键连接。由C—O…N—H间强烈的氢键形成的紧密的网络结构，使甲壳素分子链沿晶胞a参数维持0.47 nm的间距。在α－甲壳素中，沿晶胞b参数存在一些链内氢键，而在β－甲壳素中则没有，α－甲壳素和β－甲壳素的晶胞参数见表5.1。

表5.1　甲壳素的晶胞参数

名称	a/nm	b/nm	c/nm	γ/°
α－甲壳素	0.474	1.886	1.032	90.0
β－甲壳素	0.485	0.926	1.038	97.5

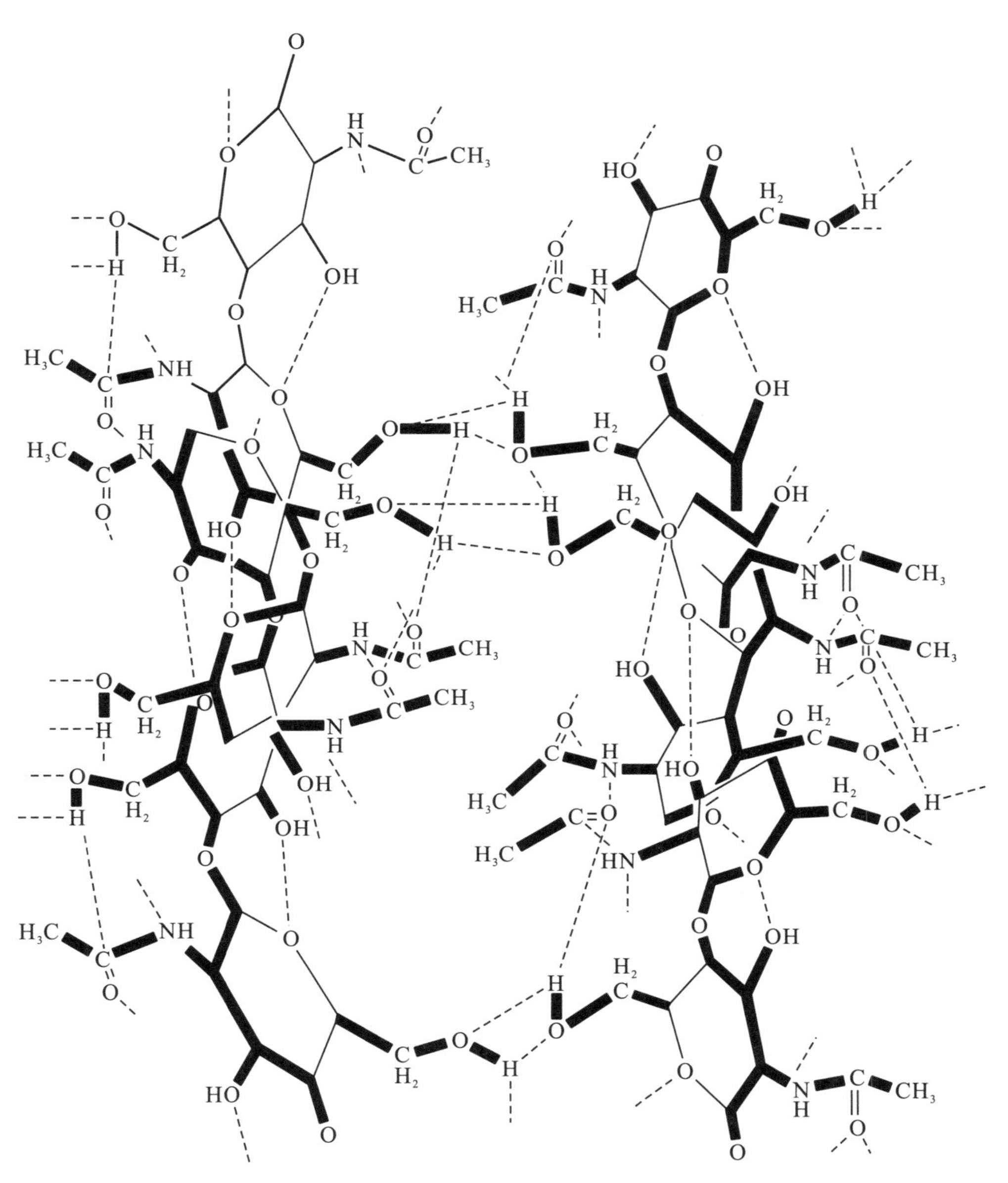

图 5.5　α－甲壳素结构模型

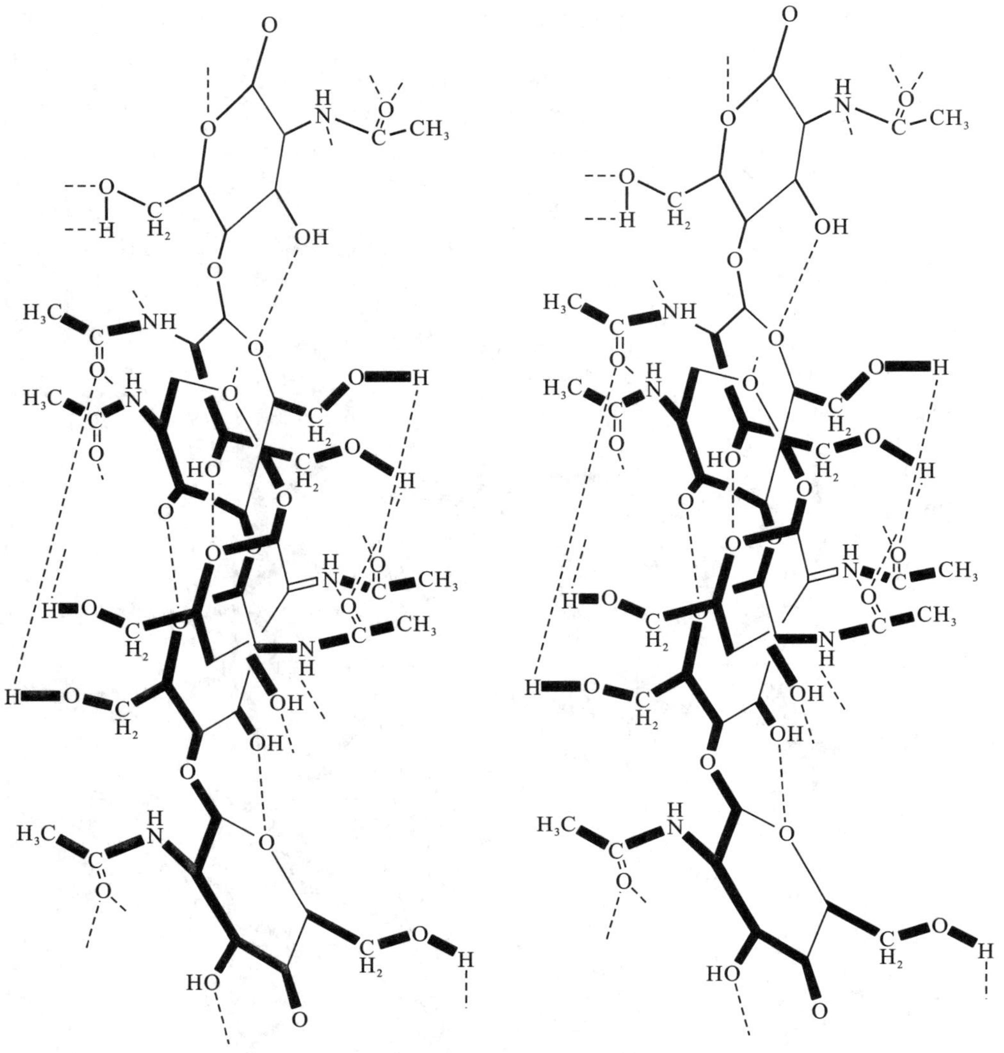

图 5.6 β-甲壳素结构模型

用红外光谱也可表征 α-甲壳素和 β-甲壳素分子结构的不同。在 α-甲壳素和 β-甲壳素的红外光谱图（图 5.7）中，在 1600～1500 cm^{-1}之间是 C═O 的氨基的伸缩振动区，此处 α-甲壳素和 β-甲壳素的峰位有区别。α-甲壳素的酰胺Ⅰ带被分成两个峰，分别为 1656 cm^{-1}和 1621 cm^{-1}；而 β-甲壳素只有 1626 cm^{-1}一个峰。

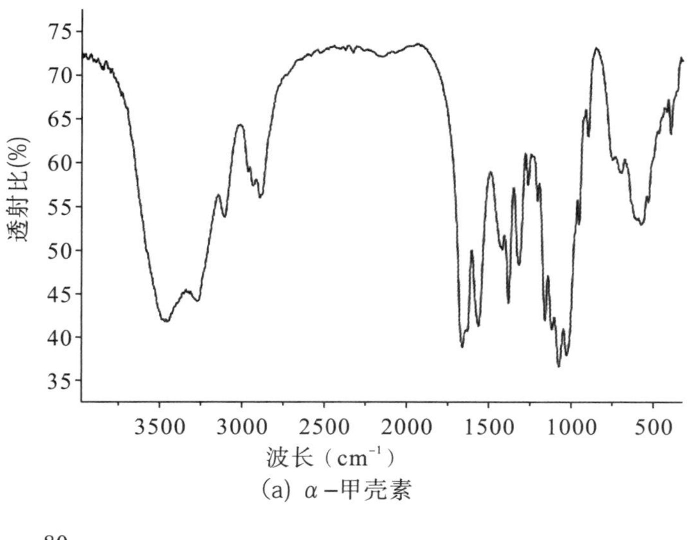

(a) α−甲壳素

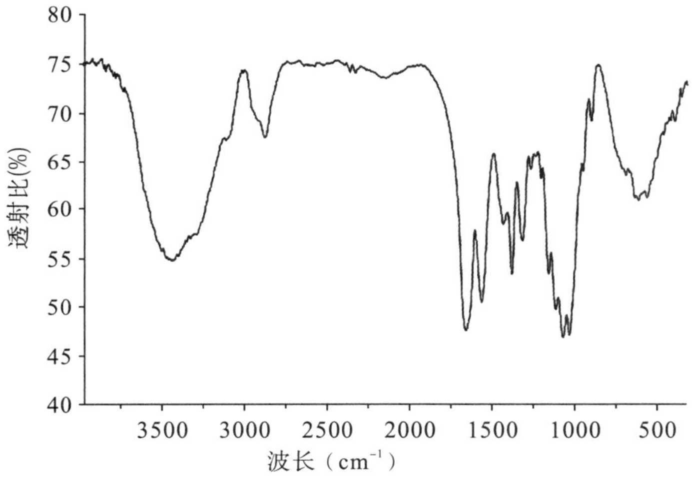

图 5.7　α—甲壳素和 β—甲壳素的红外光谱图

比较 α—甲壳素和 β—甲壳素的 X 射线衍射图谱（图 5.8）可知，α—甲壳素的衍射峰较多且明显，而 β—甲壳素的衍射峰较少，说明 α—甲壳素的结晶度更高。两者在接近 8°～9°及 20°处，各有两个明显的主峰。α—甲壳素两个主峰在 $2\theta=19.1°$及 9.0°，而 β—甲壳素的两个主峰分别在 $2\theta=19.4°$及 8.0°。X 射线衍射结果表明，α—甲壳素的结晶度高于 β—甲壳素，且在 β—甲壳素的聚态结构中具有更多的无定形部分。因此，通过 X 射线衍射分析，可快速鉴别 α—甲壳素和 β—甲壳素。

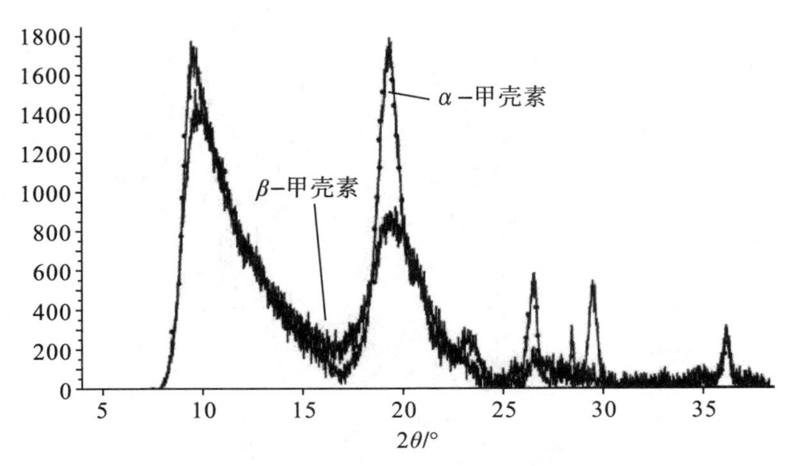

图 5.8　α－**甲壳素和** β－**甲壳素的** X **射线衍射图谱**

注：α－甲壳素来源于槽虎虾，β－甲壳素来源于墨鱼。

5.1.3.2　壳聚糖的晶体结构

壳聚糖的晶体结构与甲壳素类似，也具有 α、β、γ 三种晶型。壳聚糖的结晶度与脱乙酰度关系密切。脱乙酰度为 0%和 100%时，壳聚糖的结晶程度最大，而中等程度脱乙酰度的结晶程度最小。这主要是因为在脱乙酰度为 0%时，壳聚糖的分子链较均一，规整性好，因此结晶度较高；由于甲壳素的脱乙酰化反应不是均匀发生在分子链上的，导致分子链脱乙酰化程度不均一，从而使结晶度降低；随着脱乙酰化反应的进行，脱乙酰度逐步增大，分子链又趋于均一，结晶度也相应增大。

5.1.4　甲壳素和壳聚糖的液晶结构

与纤维素和 DNA 等刚性或半刚性天然高分子一样，甲壳素及其衍生物容易形成溶致液晶。甲壳素－二氯乙酸溶液在偏光显微镜中能观察到双折射的指纹状织构，说明其呈现胆甾液晶相。用偏光显微镜拍摄液晶盒中的典型织构，从照片上量取指纹状织构的螺距平均值和微区面积平均值。四种甲壳素样品在适当浓度的二氯乙酸溶液中都能形成液晶，当固定其他条件，改变分子量时，由于轴比发生变化，因此壳距也会发生变化。甲壳素的分子量越大，平均螺距越小，液晶临界浓度越高。对不同分子量的甲壳素，在临界浓度附近的螺距值却相仿，这可能是高分子量的甲壳素临界浓度较低，而浓度越低螺距越大，从而分子量与浓度对螺距的影响相互抵消所致。当甲壳素浓度高于临界浓度，但低于完全各向聚异性的质量分数（10%～15%）时，甲壳素－二氯乙酸溶液会处于各向同性与液晶各向异性两相共存状态。液晶微区不是球形，而是不规则片形，每一片微区内有层线平直的“指纹”。液晶微区的大小和分布明显与分子量有关，分子量大的微区平均尺寸较大。甲壳素的液晶临界浓度非常低，说明它是刚性很大的高分子，低的临界浓度将为它在液晶态的成型加工（如液晶纺丝或浇铸液晶膜）提供便利。

不仅甲壳素溶液能形成液晶态，壳聚糖甚至其衍生物也可以形成液晶态。例如，将壳聚糖完全脱乙酰化，然后进行酰化制备壳聚糖 N 上取代度为 1.0 的邻苯二甲酰化壳聚糖，DSC 和偏光显微镜分析 N－邻苯二甲酰化壳聚糖的 DMSO 溶液，发现液晶态的临界浓度为 43%，且当样品的含量高于 46%时，在温度低于液晶的清亮点的某个温度下，观察到峰高较小的凝胶溶胶转变峰，且只有在高于临界浓度的溶液中才可以观察到这种现象。当温度降低，低于清亮点时 N－邻苯二甲酰化壳聚糖溶液自发形成细小的液晶微区，而这些细小的微区可能对溶液的凝胶化起到交联点的作用。N－邻苯二甲酰化壳聚糖的液晶相和凝胶相共存，这些液晶微区便在凝胶网络中继续发展，最终形成了均相的液晶凝胶。

5.1.5　甲壳素的存在状态与提取方法

5.1.5.1　甲壳素的存在状态

甲壳素作为一种多糖，在生物体内并不以游离态存在，通常与其他物质键合。例如，在昆虫和其他无脊椎动物中，甲壳素糖链通过共价和非共价的形式与特定的蛋白质键合形成蛋白聚糖。虾壳、蟹壳中的甲壳素与蛋白质通过共价键结合，以蛋白聚糖的形式存在，同时伴随着碳酸钙等矿物质。虾壳、蟹壳中除甲壳素、蛋白质和碳酸钙这三种主要成分外，还有其他糖类、少量的镁盐及色素。甲壳素在壳体中呈纤维状相互交错或以无规则的网络结构并平行于壳面分层生长。蛋白质以甲壳素为骨架，沿甲壳素层以片状生长；无机盐呈蜂窝状多孔的结晶结构，充填在甲壳素与蛋白质组成的层与层之间的空隙中。在虾和蟹的壳中，甲壳素的含量为 20%～30%，无机物（以碳酸钙为主）含量约为 40%，有机物（主要是蛋白质）含量约为 30%。在金龟子翅鞘边缘处，甲壳素纤维的层与层之间以螺旋的方式相互交错分布，在翅鞘中部，甲壳素纤维相互垂直交错排列，相邻的甲壳素纤维几乎呈直角，能提供较高强度。在翅鞘外表皮，甲壳素纤维呈现树枝状结构，即在直的甲壳素纤维表面倾斜地伸出许多甲壳素分枝。在金龟子头部背壳的外表皮观察到刺状纤维，即在直的甲壳素纤维表面有许多小的尖锐的刺。

5.1.5.2　甲壳素的提取方法

在自然界中，甲壳素总是和不溶于水的无机盐及蛋白质紧密结合在一起，因此，利用甲壳素必须首先要将其从各种生物质中分离提取出来。目前，通过化学法或微生物法对甲壳动物的壳进行处理可提取甲壳素，其中化学法是工业生产中的常用方法。将虾和蟹的壳漂洗后浸于酸中除去无机盐，加入碱以除去蛋白质，进一步加入草酸或 0.5%的 $KMnO_4$ 进行脱色，最后水洗、烘干后即可得到甲壳素。壳聚糖则是采用 40%～50%的 NaOH 在加热条件下处理甲壳素，使其脱去乙酰基而获得的。

目前，普遍以废弃的虾、蟹壳为原料提取甲壳素，针对不同原料提取甲壳素的方法有所区别。例如，从虾壳中提取甲壳素时，首先取一定量虾壳，清洗后在 105℃下干燥 4 h，然后再于室温下浸泡于 1.0 mol/L 盐酸中 18 h 以脱除无机盐，用水漂洗至中性后再浸泡于 2.5 mol/L 氢氧化钠溶液中 18 h 以脱除蛋白质，最后用水漂洗至中性。将上述步骤反向重复，放入前述氢氧化钠溶液中 18 h，用水漂洗至中性后加入前述盐酸溶液中 18 h，再用水漂洗至微酸性（pH=5～6），经光照 2 天去色素。干燥后粉碎过筛即可得到甲壳素粗制品颗粒。进一步将粗制品颗粒浸泡于 1.0 mol/L 的分析纯盐酸中 18 h，用蒸馏水清洗至中性，再浸加入 2.5 mol/L 分析纯氢氧化钠溶液保持 18 h，蒸馏水漂洗至中性，过滤后干燥即制得甲壳素。

从蟹壳中提取甲壳素时，先将蟹壳研磨成小固体颗粒，去除杂质，后烘干至恒重后在 70℃～90℃下用稀盐酸（4%）浸泡 6～8 h 脱除无机盐。反应结束后，取剩余残渣过滤并用蒸馏水清洗至中性，经烘干后可得到甲壳素粉末。将制得的粉末放入 250 mL 锥形瓶中，加入氢氧化钠溶液（50%），在 80℃～90℃下加热 4 h，然后过滤并用蒸馏水洗至中性。重复上述步骤 2～3 次，直至加入稀盐酸溶液没有气泡产生，即可制得壳聚糖粉末。

从蚕蛹中提取甲壳素时，首先将蚕蛹浸泡后磨浆、过滤得到蚕蛹渣，加水煮沸 0.5 h，洗涤并过滤除去蛋白质，蛹皮加盐酸浸泡 2 h 后洗至中性，然后加 10%的碱煮沸回流 6～8 h，洗至中性，再加酸浸泡。上述步骤完成后再次加入 5%的碱煮沸回流 6 h，经洗涤、干燥后可制得甲壳素。

从云南琵琶甲中提取甲壳素时，首先将干燥的云南琵琶甲加入 2 mol/L 盐酸溶液浸泡 24 h。过滤并水洗至中性后进行干燥，然后加入质量分数为 5%的氢氧化钠溶液，搅拌加热至 80℃保持 6 h，反应结束后过滤并水洗至中性。上述酸碱处理可除去原料中的无机盐和蛋白质等杂质。之后再用质量分数为 2%的高锰酸钾溶液在室温下浸泡 10 h 进行脱色，完成后过滤、水洗，再加 4%（质量分数）的草酸溶液在 68℃下保温并搅拌 0.5 h，过滤，水洗至中性。60℃下干燥后可得白色片状甲壳素。

从蟋蟀中提取甲壳素时，蟋蟀用稀盐酸（0.3～3.0 mol/L）浸泡脱去无机盐，用水洗至中性后用热 NaOH 溶液（0.5～3.5 mol/L）除去蛋白质与脂类，水洗烘干后加入质量分数为 3%的 $KMnO_4$ 进行脱色，随后加入 70℃饱和草酸溶液，过滤后水洗并烘干即可得到甲壳素。

5.2 甲壳素与壳聚糖的性质

5.2.1 甲壳素与壳聚糖的物理性质

5.2.1.1 甲壳素的物理性质

甲壳素为白色或灰白色半透明片状固体，无味，几乎不溶于水、稀酸、稀碱、浓碱和一般有机溶剂，吸水能力大于 50%。甲壳素广泛存在于虾蟹壳、昆虫外壳、真菌细胞壁和植物细胞壁中，其相对分子质量因提取方法的差异从数十万至数百万道尔顿不等。动物源甲壳素的相对分子质量一般为 1×10^6～2×10^6 Da，经提取后相对分子质量为

$1\times10^5\sim1.2\times10^6$ Da。甲壳素的结晶结构不同，具有α、β、γ三种晶型，分子排列呈微纤维形式，由于甲壳素多糖分子链强烈的包裹作用和结晶区内较强的—OH—O—型和—OH—N—型氢键的作用，其理化性质十分稳定。甲壳素在常温下可稳定存在，在270℃左右发生分解。元素分析表明，天然甲壳素结构单元中的2位氨基并非全是乙酰氨基，约有12.5%的氨基未被乙酰化。在甲壳素提取过程中，用稀碱去除蛋白质时，又会有部分乙酰基被脱除，因此商业化甲壳素中实际有15%～20%的脱乙酰度。采用不同原理和不同方法制备的甲壳素，其溶解度、分子量、脱乙酰度和比旋光度等有一定差异。

5.2.1.2 壳聚糖的物理性质

壳聚糖是半透明、略有珍珠光泽的固体，为半结晶性阳离子聚合物，热分解温度约为185℃。因原料和制备方法的不同，壳聚糖的相对分子质量从数十万至数百万道尔顿不等。壳聚糖不溶于水和碱溶液，可溶于稀盐酸和稀硝酸等无机酸及大多数有机酸，不溶于稀硫酸和稀磷酸。溶解于稀酸中时，壳聚糖会缓慢发生水解，导致溶液黏度逐渐降低，因此壳聚糖溶液一般随用随配。

5.2.1.3 甲壳素的溶解性

由于分子间强烈的氢键作用，甲壳素几乎不溶于水及稀酸、稀碱、浓碱和常用的有机溶剂，仅溶于吡咯烷酮－LiCl、六氟异丙醇等少数有机溶剂中。虽也能溶于浓盐酸、硫酸或硝酸、78%～97%磷酸、无水甲酸等，但同时会发生水解，使分子量大大降低。研究发现，氯代醇与无机酸的水溶液或某些有机酸的混合溶液是甲壳素的有效溶剂，可以溶解天然的甲壳素和强烈粉碎的甲壳素粉末。由上述溶剂配制的甲壳素溶液其黏度相对较低，在室温或缓慢升温时溶解较快，因此，水解反应相对缓慢。例如，5%（质量分数）的LiCl/DMAc是甲壳素的优良溶剂，可溶解超过10%的精制甲壳素，同时对甲壳素的结构没有明显的降解。其他一些可以溶解甲壳素的特殊或多元溶剂有三氯乙酸/二氯乙烷、甲磺酸、三氯乙酸/水合氯醛/二氯乙烷（4∶4∶2）、甲酸/二氯乙烷、六氟异丙醇、六氟丙酮、二甲基甲酰胺（DMF）/N_2O_4等。

甲壳素难以溶解的特性严重限制了其应用。寻求和开发新型的绿色环保、价格低廉、可再生、能尽可能保留甲壳素结构的优良溶剂十分重要。近年来，研究人员发现离子液体也可作为甲壳素的优良溶剂，具有较好的应用潜力。离子液体具有很强的破坏氢键的能力，因此，在用于溶解甲壳素时，可轻易地使甲壳素溶解且不明显影响其结构。甲壳素在离子液体中的溶解度与甲壳素的乙酰度和分子量关系极大，高乙酰度的甲壳素在离子液体中的溶解度很低，在[AMIM]Ac中只能溶解5%。低乙酰度、低分子量、低结晶度的甲壳素可在离子液体中快速溶解，乙酰度为38.1%、23.8%及18.1%的甲壳素在[AMIM]Cl中的溶解度分别为3%、5%和8%。低乙酰度、分子量较高的甲壳素在[AMIM]Cl中，当浓度较高时，可形成液晶态。并不是所有的离子液体都能溶解甲壳素，离子液体的结构不同，其溶解甲壳素的能力不同。

5.2.1.4 壳聚糖的溶解性质及降解方法

壳聚糖的溶解性远优于甲壳素，因此壳聚糖具有比甲壳素更广泛的应用范围。壳聚糖溶解后其溶液的性质对壳聚糖的应用十分重要，稳定的结晶结构使得壳聚糖不能溶解于中性水溶液；当溶液 pH<5 时，氨基的质子化会导致壳聚糖发生溶解。目前，一般认为壳聚糖溶解的实质是壳聚糖分子链上游离氨基的氮原子上有一对未共用电子，使氨基呈现弱碱性，因而可从溶液中结合一个氢离子，使壳聚糖成为带正电荷的弱聚电解质，从而破坏壳聚糖分子间和分子内的氢键，完成溶解。因此，壳聚糖的溶解具有 pH 依赖性，这种对 pH 依赖的溶解性质对壳聚糖的应用十分重要。例如，浇注不同浓度的壳聚糖溶液，利用壳聚糖在不同 pH 下溶解度的差异，在高 pH 溶液中或非水溶剂（如甲醇）中可得到壳聚糖凝胶，然后拉伸、干燥后形成高强度纤维，从而实现壳聚糖的纺丝。

壳聚糖在稀酸中的溶解是一个逐渐溶解的过程。开始阶段为壳聚糖氨基结合氢质子的过程，壳聚糖的溶解并不明显；当壳聚糖结合一定的氢质子，使壳聚糖阳离子聚电解质形成并达到一定数量时，才开始有少量脱乙酰度高而分子量低的壳聚糖溶解；继续结合氢质子，溶解速度越来越快，到最后，溶解速度又变慢，这是由于脱乙酰度低而分子量高的壳聚糖的溶解度相对较低，溶解困难。影响壳聚糖溶解性质的因素主要有壳聚糖的脱乙酰度和相对分子质量，以及稀酸的种类。

（1）脱乙酰度。壳聚糖脱乙酰度越高，其分子链上的游离氨基越多，离子化强度越高，越容易溶解在水中；反之，壳聚糖脱乙酰度越低，则溶解度越小。

（2）相对分子质量。壳聚糖分子在分子内和分子间形成许多强弱不同的氢键，使得分子链彼此缠绕在一起且比较僵硬。因此，相对分子质量越大，分子链缠绕越紧密，溶解度越小。相对分子质量小于 8000 Da 的壳聚糖可直接溶解在水中而不必借助于酸的作用。

（3）稀酸的种类。壳聚糖可溶于稀盐酸、稀硝酸等无机酸和大多数有机酸中，不能溶解在稀硫酸、稀磷酸中。在稀酸中，壳聚糖的主链会缓慢发生水解，溶液的黏度逐渐降低。对需要使用壳聚糖溶液的场合，一般需要其溶液具有较好的稳定性。氨基葡萄糖的 C—OH 是半缩醛而不是醇羟基，具有较高的活性。壳聚糖的糖苷键就是半缩醛结构，这种半缩醛结构在酸性条件下很稳定。因此，壳聚糖的酸性溶液在放置过程中，其相对分子质量和溶液黏度会逐渐降低，最后会完全水解成寡糖和单糖，故壳聚糖溶液一般随用随配。

5.2.1.5 甲壳素和壳聚糖的热处理改性

虾蟹壳和其他动物甲壳经加温处理后，甲壳素会失水、分解直至碳化。对甲壳素进行热处理（300℃以上）得到的碳化甲壳素具有纳米孔隙结构，可用于催化、生物传感、电池等多个领域。

甲壳素中含有氮，经热处理后，可得到氮掺杂的炭化甲壳素。氮掺杂的碳材料能提高其导电性能，氮能为导带提供更多的电子载体。传统的氮掺杂碳材料采用聚乙腈或三聚氰胺作为前驱体，而将虾蟹壳进行热处理能得到天然氮掺杂的材料。将虾壳在氮气保护下于 750℃下煅烧 4 h，冷却之后用醋酸溶解甲壳中剩余的 $CaCO_3$，可得到孔径约为 50 m 的氮掺杂碳材料。由于甲壳素碳化后产物含氮量高，因此作为催化剂或催化剂载体也具有良好的应用潜力。例如，部分碳化的甲壳素可作为生物柴油的催化剂，具有比表面积大、氮掺杂量高、催化活性强等特点。

5.2.1.6　甲壳素和壳聚糖的机械研磨

通过机械碾磨对壳聚糖进行改性，是指壳聚糖细微颗粒在机械外力作用下，使壳聚糖的晶体结构、物化性质、结构组成等发生变化的过程。壳聚糖在高效能搅拌球磨机作用下进行机械力化学降解，可制得水溶性壳聚糖。研究表明，通过机械碾磨降解壳聚糖的溶解度和分子量受机械搅拌速率影响最大，其次是碾磨时间，影响最小的是活化温度。

机械碾磨可制备多种水溶性壳聚糖盐。在碾磨过程中，滴加与壳聚糖氨基等物质的量的有机酸或无机酸，充分碾磨样品成均匀潮湿、蓬松状，干燥至水分小于10%得到粉末状固体。通过该方法可制备壳聚糖盐酸盐、醋酸盐、甲酸盐、乳酸盐及琥珀酸盐，经改性后的壳聚糖盐，其溶解性得到很大的提高。

5.2.1.7　甲壳素和壳聚糖的物理共混改性

1. 甲壳素/壳聚糖与可降解高分子材料共混

甲壳素/壳聚糖具有良好的可降解性和生物相容性，可与多种可降解高分子材料共混制备新型复合材料。这些材料既保留了甲壳素/壳聚糖良好的生物活性、生物相容性、生物可降解性及抗菌、止血等功能，也具备可降解高分子材料的某些特有性质。因此，对甲壳素/壳聚糖-可降解高分子共混材料的研究开发是壳聚糖基材料的研究热点之一。

例如，甲壳素可与纤维素共混并制备膜材料，纤维素的加入可改善甲壳素膜强度低、抗水性差的缺陷。甲壳素和纤维素可形成很强的氢键作用，使纤维素与甲壳素在共混膜中达到部分相容。甲壳素具有很好的抗凝血作用，可明显降低血小板在共混膜表面的黏附、凝聚与变性，增大共混膜的抗凝血参数，当甲壳素的质量分数达到50%时，该共混膜具有良好的抗凝血性能。除膜材料之外，甲壳素还可与纤维素共混制备纳米微球材料，具有良好的重金属吸附能力，这种甲壳素-纤维素共混复合微球对重金属离子（如铅、镉、铜等）的吸附性能显著高于单独的甲壳素和纤维素。纤维素的添加会使微球的性能发生很大的变化，纤维素-壳聚糖微球吸附重金属离子主要发生在壳聚糖的氨基上，通过与金属离子发生配位作用来实现吸附，加入纤维素可显著提高其吸附性能。

甲壳素/壳聚糖可与淀粉共混制备新型复合材料，用于食品、水处理、能源等领域。淀粉作为一种天然多糖，来源丰富，可生物降解，对环境无毒副作用。将淀粉与壳聚糖制备成共混材料，淀粉中的羟基与壳聚糖中的氨基有相互作用，复合材料的抗张强度和耐水性都有很大的改善。例如，在淀粉膜中加入壳聚糖后可显著提高复合膜的抗菌性和抗水性，对大肠杆菌、金黄色葡萄球菌、枯草芽孢杆菌都具有显著的抑制效果。壳聚糖分子中含有大量自由的氨基、羟基，可借助氢键形成具有类似网状结构的笼形分子，对金属离子产生稳定的配位作用。对淀粉与壳聚糖共混膜进行交联，可降低壳聚糖的溶解性，并增强对金属离子的吸附。淀粉和壳聚糖都是天然多糖，无毒无害，共混后成膜可制备可食用膜用于食品工业。壳聚糖与淀粉共混成膜时，可加入甘油作为增塑剂，成膜的质量受壳聚糖与淀粉的比例、成膜温度、甘油用量的影响。

壳聚糖可与明胶共混制备复合材料，广泛应用于食品、医药、化妆品等领域。壳聚糖与明胶共混制备材料，可获得两种材料具备的生理功能的协同增效作用并改善材料本身的理化性质。壳聚糖与明胶共混膜可通过溶液共混法制备，壳聚糖分子与明胶分子可形成强的相互作用，从而表现出良好的相容性。壳聚糖的引入可减小明胶的吸水率并改善其力学性能，壳聚糖与明胶分子间存在氢键等强的相互作用力，明胶的引入有利于壳聚糖链的规整排列，当明胶共混含量为20%时，所得共混膜具有最大抗张强度。通过改变壳聚糖与明胶组分的含量，可制备出柔软且具有弹性的壳聚糖−明胶复合膜，壳聚糖−明胶复合膜为亲水材料，接触角为55°～60°，可用作生物医用材料。例如，研究发现大鼠肾上腺髓质嗜铬瘤分化细胞 PC12 在明胶含量为60%的膜上的生长速率远比纯壳聚糖膜快，说明明胶的加入显著提高了复合膜对神经细胞的亲和力，明胶可作为神经再生生物材料。壳聚糖与明胶还可制备成伤口敷料，将壳聚糖与明胶溶液共混后冷冻干燥，可制成多孔性、亲水性、透气性良好的海绵状伤口敷料。壳聚糖和明胶共混后加入交联剂和其他助剂，冷冻成型干燥可得厚 1.5 mm 且具有均一孔结构的海绵，具有良好的透气性和抗菌性，可与常见的抗生素相比拟，同时共混复合海绵对伤口的愈合优于凡士林无菌纱布，且伤疤不明显。

甲壳素/壳聚糖还可与海藻酸钠共混制备复合材料，可用作生物医学材料。海藻酸钠是带负电的天然多糖，其分子链的羧基可与壳聚糖的氨基形成静电作用，从而提高复合材料的力学性能。例如，壳聚糖与海藻酸钠共混进行自组装可制备纳米颗粒，用作药物载体。共混纳米颗粒通过离子交联凝胶法制备，海藻酸钠溶液与药物充分混合均匀，在超声的条件下，壳聚糖溶液逐滴加入海藻酸钠溶液中，离心分离后得到纳米颗粒。这种壳聚糖−海藻酸钠纳米颗粒可用于抗肿瘤药物的包载，用于靶向药物输送。

壳聚糖可与聚己内酯通过物理共混制备复合材料，可用作生物医学材料。聚己内酯（PCL）是一类应用广泛的生物相容性良好的可降解合成高分子。在壳聚糖中加入聚己内酯可实现功能上的互补以增强复合材料的性能，聚己内酯的加入可提高壳聚糖材料的力学强度，同时还赋予复合材料优良的生物化学性质，在组织工程方面有潜在应用。例如，壳聚糖−聚己内酯复合纳米纤维膜可用于细胞的黏附及增殖，通过调节壳聚糖和聚己内酯的比例可制备平均直径为 150 nm 的混合纤维及壳聚糖−聚己内酯纤维混合膜，以 PC12 细胞为模型神经细胞，发现壳聚糖−聚己内酯复合纳米纤维膜可促进细胞的增殖，有望作为组织工程材料。

壳聚糖还可与聚乳酸（PLA）进行物理共混制备复合纤维膜材料，广泛应用于食品包装、生物医学材料等领域。聚乳酸是由多个乳酸分子羟基和羧基经过脱水缩合形成的聚合物，具有良好的热稳定性，同时也是一种新型的生物降解材料，可在自然界完全降解成二氧化碳和水，对环境无毒无害。例如，采用聚乳酸和壳聚糖进行物理共混，由于聚乳酸和壳聚糖表面带相反的电荷，因此可将壳聚糖包覆于聚乳酸微球表面形成复合微球，使复合微球表面带正电荷，提高其表面抗原的附着能力，可作为潜在的重组抗原传递系统，可有效诱导细胞和体液发生免疫反应，在生物医学领域有良好的应用前景。

2. 甲壳素/壳聚糖与无机材料共混

无机材料（如金属氧化物等）具有坚固、稳定等优点，而壳聚糖分子具有易于修饰、生物相容性好的特点，壳聚糖与无机材料共混可提高壳聚糖的力学性能、抗水性能和抑菌性能等。此外，一些纳米无机材料可赋予共混材料新的性能，使其在光催化、污染物吸附、药物释放、生物支架、磁性材料等方面具有广阔的应用前景。目前，常用的与壳聚糖共混的无机材料包括羟基磷灰石、蒙脱土、二氧化钛、碳纳米管等。

壳聚糖可与羟基磷灰石进行物理共混制备复合材料，可作为生物医学材料广泛应用于组织工程。羟基磷灰石是脊椎动物骨骼和牙齿的主要组成，人工合成的羟基磷灰石具有良好的生物相容性、生物亲和性及生物活性，被广泛应用于骨替代材料。但羟基磷灰石脆性大、韧性低、烧结性能差。羟基磷灰石与壳聚糖复合可改善其力学性能和生物学性能。例如，通过静电纺丝技术可制备得到羟基磷灰石-壳聚糖复合纳米纤维，具有良好的诱导骨髓间充质干细胞增殖的作用。同时，由于羟基磷灰石和壳聚糖都具有良好的生物相容性，因此复合材料可作为生物支架用于骨组织再生。将羟基磷灰石-壳聚糖复合纳米纤维交联能提高纤维的力学性能。采用京尼平将羟基磷灰石-壳聚糖复合纳米纤维进行交联，纤维的直径由（227.8±154.3）nm 增大到（334.7±119.1）nm，复合纳米纤维的拉伸强度约增加 50%，且不同羟基磷灰石含量（0.8%～2.0%）的复合纳米纤维的拉伸强度差别不大。经京尼平交联后复合纳米纤维的杨氏模量提高约 4～5 倍，含 0.8%、1.0%和 2.0%羟基磷灰石的羟基磷灰石-壳聚糖复合纳米纤维的杨氏模量分别提高至（72.0+8.6）MPa、（142.5±12.5）MPa 和（1474.0±21.7）MPa。

壳聚糖与纳米 TiO_2 都具有良好的生物相容性和无毒副作用，共混后可制备复合材料，具有良好的杀菌和防腐作用，可用于食品保鲜。在壳聚糖中引入 TiO_2 纳米材料，实现无机物在有机物中的掺杂，得到 TiO_2 掺杂壳聚糖复合材料，可提高壳聚糖膜的物理和化学性能。纳米 TiO_2 在光催化作用下能起到抗菌的作用，对多种细菌具有抑制效果，而壳聚糖属于天然抗菌剂，具有较强的抑制细菌生长的作用。壳聚糖和纳米 TiO_2 共混制备的复合膜能抑制食品腐败菌的生长，提高食品的保存期。此外，纳米 TiO_2 与壳聚糖之间存在较强的氢键作用，从而使两者之间有较好的界面作用，用作保鲜膜有助于提高其持水率和透光率，从而增强果蔬保鲜效果，延长保鲜时间。壳聚糖-纳米 TiO_2 复合膜的干态、湿态拉伸强度和抗水性相比壳聚糖膜均有不同程度的提高。壳聚糖-纳米 TiO_2 复合膜和单纯壳聚糖膜同时用于蔬果保鲜时，相较于单纯的壳聚糖膜，壳聚糖-纳米 TiO_2 复合膜可显著减少水果中糖分及酸度的损失。除此之外，壳聚糖-纳米 TiO_2 在废水处理方面也有着广泛的应用前景。单一的壳聚糖或纳米 TiO_2 处理染料废水的效果并不特别理想。将壳聚糖与改性纳米 TiO_2 共混可制备复合絮凝剂，可用来吸附染料废水，并具有较好的效果，对多种不同染料均具有良好的吸附能力。

5.2.1.8　甲壳素和壳聚糖的微波处理

微波具有高效、均匀、节能、环保等特点。与传统加热方法相比，微波加热具有反应时间短、副反应少、产率高和反应重现性好的优点。

用微波辐射技术制备壳聚糖衍生物是替代传统加热方法的有效途径，可显著加快部分化学反应速率。例如，在微波辐射条件下，采用乙二醛、戊二醛、环氧氯丙烷等交联剂对壳聚糖进行交联，交联速率可明显提高，制备得到的壳聚糖交联树脂具有良好的吸附性能、强度和重复使用性能。

除了加速化学反应，微波处理本身即可实现对甲壳素/壳聚糖的改性。例如，壳聚糖分子链上的氨基在微波辐射下会发生热致交联反应，形成三维网络结构。对三维壳聚糖棒材通过微波辐射后，棒材的力学性能大幅度提升。控制微波辐射的时间对改性壳聚糖材料十分关键，过长的微波辐射会导致壳聚糖棒材的吸收率降低。

5.2.1.9 甲壳素和壳聚糖超声降解

超声处理过程简单且不需要反应试剂，可用于壳聚糖的降解，且所得产物脱乙酰度发生明显改变。超声波的空化作用是壳聚糖发生超声降解的主要原因。在酸溶液中，用适当频率和功率的超声波可将壳聚糖降解至聚合度为3～12的壳低聚糖。超声处理前期，壳聚糖的分子量下降迅速，随着反应的进行壳聚糖分子量降低的速率逐渐变缓，最终达到平衡。

降低壳聚糖的浓度及反应温度有利于超声降解的进行。此外，高分子量和低脱乙酰度的壳聚糖具有相对较高的降解速率。

5.2.1.10 甲壳素和壳聚糖电离辐射处理

电离辐射技术（γ 射线及电子束）是材料改性的重要手段，常用于对材料进行接枝、交联、降解等方面。甲壳素预先经过一定剂量的辐照，再由强酸、强碱处理，可显著缩短其脱蛋白的时间。

电离辐射可使壳聚糖无论在固态下或在溶液中均可发生辐照降解，且经电离辐射后其分子量明显降低。壳聚糖溶液经过电离辐射后，由于是溶液状态，壳聚糖在水的作用下，在较低的辐射剂量下即可得到低分子量的壳聚糖。但由于壳聚糖在水溶液中溶解度有限，因此低剂量溶液电离辐射降解的效率并不高。壳聚糖的固态辐照需要非常高的剂量才能得到较低分子量的壳聚糖。对壳聚糖辐照前后的结构分析表明，低剂量辐射下（500 kGy以下，1 Gy=1 J/kg）壳聚糖的辐射降解与纤维素相似，是由 $\beta-1,4$ 糖苷键的断裂引起的，即主要发生主链的断裂，壳聚糖的结构基本不会发生变化。但在高剂量辐射下，不仅发生糖苷键断裂，而且也会引起氨基的裂解，从而使壳聚糖的结构发生改变。

5.2.1.11 甲壳素和壳聚糖等离子体处理

通过等离子体技术可对甲壳素和壳聚糖材料表面进行改性，提高其表面亲水性或细胞亲和力。等离子体技术是一种对材料表面改性非常有效的技术，在一定气氛下进行射频放电，在材料表面可引入特定极性基团，从而改变材料的亲水性或提高表面细胞亲和性。与其他表面改性方法相比，等离子体技术具有工艺简单、操作简便易控制、无污染、不影响基体材料性质、灭菌消毒的优点，较适合对生物材料表面进行改性。

例如，采用氮等离子体对壳聚糖膜进行表面改性可提高其表面亲水性。经氮等离子体处理后，壳聚糖膜的亲水性得到明显改善。膜表面的氧、氮含量及氧碳比增加，说明表面生成了新的极性基团，可提高壳聚糖膜的亲水性。采用氩等离子体对壳聚糖膜进行表面处理，膜的表面粗糙度增加，具有较高的表面自由能。处理后的壳聚糖膜能改善细胞在膜表面的黏附、生长和增殖行为。

5.2.2 甲壳素和壳聚糖的化学性质

甲壳素和壳聚糖分子链中存在大量性质活泼的羟基、氨基和乙酰胺基，可与多种不同化合物进行化学反应，得到多种不同的甲壳素/壳聚糖衍生物，扩大其应用范围。

甲壳素与壳聚糖进行各种化学反应实现改性，目的通常主要有两个：①改善甲壳素与壳聚糖在水或有机溶剂中的溶解性；②通过化学反应引入基团和侧链并进行各种可能的分子设计，以期获得具有不同性能的新型材料。

甲壳素与壳聚糖的常用化学反应有降解反应、脱乙酰化反应、碱化反应、酰基化反应、羟基化反应、羧基化反应、羧甲基化反应、烷基化反应、酯化反应、醚化反应、硅烷化反应、席夫碱反应和接枝共聚反应等。通过这些化学反应，可以选择性地对甲壳素和壳聚糖进行化学修饰，在甲壳素与壳聚糖的分子中引入各种功能团，改善甲壳素和壳聚糖的物理化学性质，从而使其具备不同的功能及功效，可制成各种类型的凝胶、薄膜、聚电解质及其他水溶性材料，广泛应用于水处理、生物医药、造纸、食品、化工等领域。

从甲壳素与壳聚糖化学的发展趋势来分析，对甲壳素与壳聚糖进行化学修饰的研究是甲壳素与壳聚糖化学最具潜力、最有可能取得突破性进展的研究方向，也是甲壳素化学能否发展成为国民经济一大产业的关键所在。未来在进行对甲壳素与壳聚糖化学修饰的同时，应注重对其可能的应用领域进行探索，使甲壳素与壳聚糖衍生物产生更大的社会经济效益。

5.2.2.1 降解反应制备低聚糖

甲壳素经脱乙酰化处理可得到壳聚糖，其相对分子质量通常在几十万道尔顿左右，难溶于水中，这限制了它在许多方面的应用。甲壳低聚糖是甲壳素和壳聚糖经水解生成的一类低聚物，通常将由甲壳素水解制得的低聚糖称为甲壳素低聚糖，由壳聚糖水解制得的低聚糖称为壳低聚糖。壳低聚糖具有较好的水溶性，很容易被吸收利用，特别是相对分子质量低于10000 Da的壳低聚糖具有优秀的生理活性和功能性质。目前，常用的壳聚糖降解方法大致可分为酸降解法、酶降解法及氧化降解法三类。

用酸降解法可制备甲壳低聚糖。盐酸可将甲壳素和壳聚糖部分水解，得到低聚糖溶液，水解过程中壳聚糖比甲壳素易溶于稀酸，甲壳素的水解较困难，需要采取加热或提高酸浓度等方法来强化水解条件。相对分子质量低于1500 Da的壳低聚糖产品，可基本全溶于水中。壳低聚糖或更小分子量的水溶性壳聚糖可用作具有生理功能的保健食品，有降低血脂、降低胆固醇、增强身体免疫力和抵抗疾病的能力；利用水溶性壳聚糖良好的保湿功能，可将其用作化妆品的添加剂；壳低聚糖还可作为原料从中提取抗肿瘤制剂。

无机酸降解甲壳素和壳聚糖制备低分子量的甲壳素低聚糖和壳低聚糖是最早应用的

甲壳素和壳聚糖降解方法，其反应如图 5.9 所示。经过不断的优化，目前酸降解法已有酸－亚硝酸盐法、浓硫酸法、氢氟酸法等多种方法。不过，目前工业化生产常用的仍是盐酸降解法。酸降解法降解壳聚糖是一种非特异性的降解过程，降解过程及降解产物较难控制，可能会得到单糖或不同分子量的降解产物，因此可考虑在反应过程中添加某些试剂以控制其降解反应的进行，制备特定分子量范围的低聚糖产品。

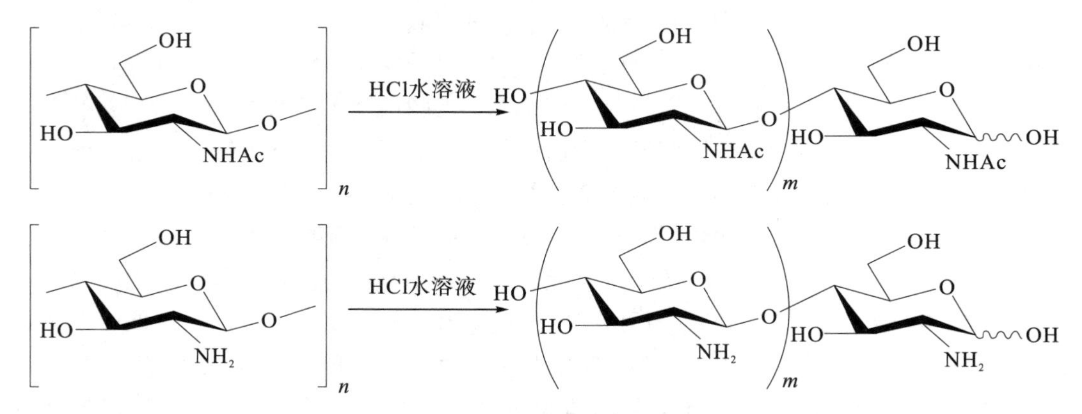

图 5.9　甲壳素和壳聚糖的无机酸水解反应

酶降解法是通过专一性的壳糖酶或非专一性的其他酶对壳聚糖进行生物降解，可制备低聚糖或单糖。目前，已有 30 多种各式各样的酶可用于壳聚糖的降解。壳聚糖的酶法降解条件温和，降解过程及降解产物分子量分布易于控制，且环境友好，是壳聚糖降解的一种理想方法。然而，酶降解法目前还存在许多技术困难，尽管也有少量商业应用，但如果需要进行大规模的工业化生产却仍有不少困难。酶降解法降解壳聚糖需要寻求更廉价的酶种，以及研究如何实现工业化生产。

氧化降解法也可实现甲壳素与壳聚糖的降解制备低聚糖。氧化降解法是关于甲壳素与壳聚糖降解的研究热点之一，诸多氧化降解法中，基于过氧化氢的氧化降解法目前最成熟、研究最多，其中包括 H_2O_2 法、$H_2O_2-NaClO_2$ 法和 H_2O_2-HCl 法等。其他的氧化降解法还有 $NaBO_3$ 法、ClO_2 法及 Cl_2 法等。然而，氧化剂对壳聚糖进行氧化降解存在一些问题，其中最主要的是在氧化降解过程中需要引入各种反应试剂，因而对氧化降解副反应的控制及降解产物的分离纯化等具有较高的难度。

5.2.2.2　脱乙酰化反应

脱乙酰化反应是甲壳素最重要的化学反应之一，甲壳素经脱乙酰化反应可得到其最主要的衍生物——壳聚糖（图 5.10）。甲壳素脱乙酰化需在浓碱和高温的条件进行，由于甲壳素不溶于碱液中，因此脱乙酰化反应是在非均相条件下进行的。调整碱液浓度、反应温度及反应时间可得到不同脱乙酰度的壳聚糖。一般采用 40%～60%的 NaOH 溶液在 100℃～180℃下对甲壳素进行处理，可得到脱乙酰度高达 95%的壳聚糖。如果要将乙酰胺基完全脱除，需重复进行碱处理。采用上述方法从“鱿鱼软骨”（Squid pens）中提取甲壳素制备脱乙酰基产物要快得多，但得到的壳聚糖颜色很深。由于 β－甲壳素比 α－甲壳素的脱乙酰基的温度低，因此，可在 80℃下由 β－甲壳素制备壳聚糖，可得到几乎无色的壳聚糖产品。

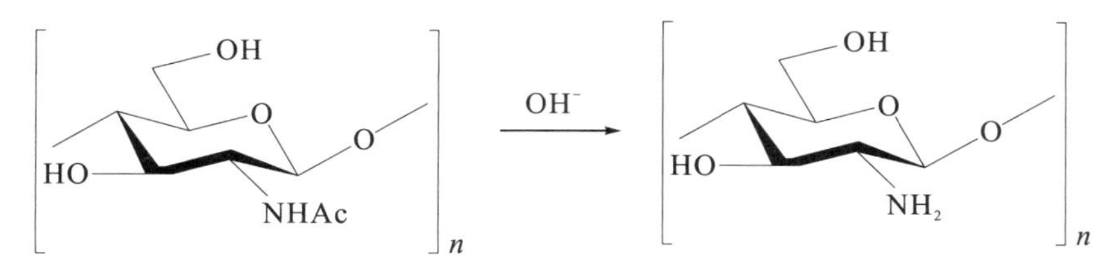

图 5.10　甲壳素的脱乙酰化反应

5.2.2.3　碱化反应

甲壳素在 C6 和 C3 上有两个活泼的羟基，可与强碱发生反应生成碱化甲壳素。碱化反应主要发生在 C6 的羟基上，如图 5.11 所示。制备碱化甲壳素时，温度对产物的影响十分显著，因此应注意对温度的控制。碱化反应温度过高时易发生脱乙酰化反应而使部分甲壳素脱乙酰基生成壳聚糖。在−10℃下用碱对甲壳素进行处理可避免发生脱乙酰化反应，产物可溶解在水中。碱化反应可活化甲壳素分子，从而使其可与许多化合物发生反应，产生一系列甲壳素衍生物，扩大甲壳素的使用范围。

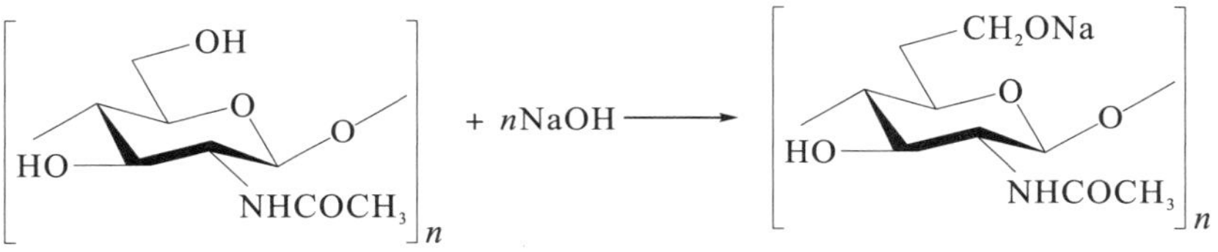

图 5.11　甲壳素的碱化反应

5.2.2.4　酰基化反应

甲壳素和壳聚糖的酰基化反应是甲壳素和壳聚糖最常见的化学反应之一，也是最常用于对甲壳素或壳聚糖进行的一种化学反应。酰基化反应主要是甲壳素或壳聚糖通过与酰氯或酸酐反应，在其分子链上导入不同分子量的脂肪族或芳香族酰基，从而改善酰化改性产物在有机溶剂中的溶解性。酰基化反应可在甲壳素的氨基（N 酰化）和/或羟基（O 酰化）上进行，如图 5.12 所示，酰化产物的生成与反应溶剂、酰基结构、催化剂种类和反应温度有关。

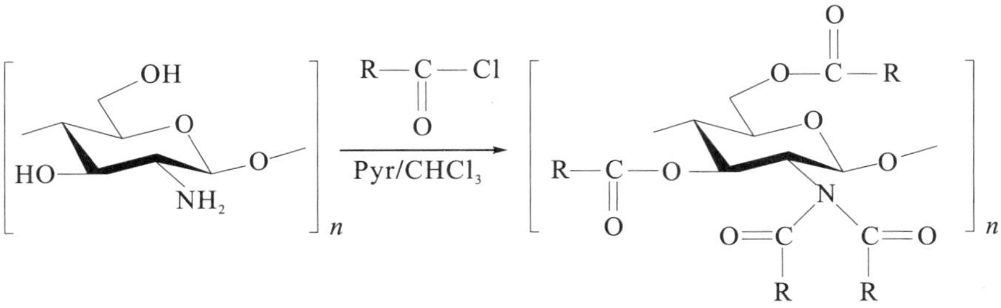

图 5.12　甲壳素的酰基化反应

最初使用干燥氯化氢和饱和乙酸酐对其进行乙酰化。这种乙酰化反应速度较慢，且甲壳素降解较严重。近年来的研究发现，甲磺酸可代替乙酸进行酰基化反应，甲磺酸既是溶剂，又是催化剂，反应在均相下进行，所得产物的酰化程度较高。壳聚糖可溶于乙酸溶液中，加入等量的甲醇不发生沉淀。因此，可用乙酸/甲醇对壳聚糖进行乙酰化改性制备酰基化衍生物。三氯乙酸－二氯乙烷、二甲基乙酰胺－氯化锂等混合溶剂均能直接溶解甲壳素，使酰基化反应在均相下进行，从而可制备具有高取代度且分布均一的衍生物。酰化程度的高低主要取决于酰氯的用量，通常要获得高取代度产物，需要过量的酰氯。当取代基碳链增长时，由于空间位阻效应，很难得到高取代度产物。

酰化甲壳素及其衍生物中的酰基破坏了甲壳素及其衍生物大分子间的氢键，改变了它们的晶态结构，从而提高了甲壳素衍生物的溶解性。例如，高取代的苯甲酰化甲壳素可溶于苯甲醇和二甲基亚砜；高取代的己酰化、癸酰化、十二酰化甲壳素可溶于苯、苯酚、四氢呋喃、二氯甲烷。除此之外，酰化甲壳素及其衍生物的成型加工性也会得到显著改善。

壳聚糖的酰基化反应通常发生在氨基上，但由于反应并不能完全选择性地发生在氨基上，因此也会部分发生在O2酰基化反应。这种反应位点的不确定性，导致在以壳聚糖为原料通过酰基化反应改性制备壳聚糖衍生物时，应注意控制反应的进行，以期实现对衍生产物的控制。例如，壳聚糖进行邻苯二甲酰基化反应时，生成N2邻苯二甲酰化壳聚糖的选择性相对较高，将壳聚糖悬浮在DMF中，加热至120℃～130℃，与过量的邻苯二甲酸酐反应，所得的邻苯二甲酰化产物可溶于DMSO中，如图5.13所示。在该反应过程中，也会发生O2－邻苯二甲酰化反应，但邻苯二甲酰胺对碱敏感，在甲醇和钠的作用下，发生酯交换反应，O2酰基离去只生成N2邻苯二甲酰壳聚糖。在均相条件下，N2邻苯二甲酰壳聚糖可进行很多选择性修饰反应。例如，在吡啶中C6羟基先进行三苯甲基化反应，C3进行乙酰化反应，最后C6脱去三苯甲基得到自由羟基。三苯甲基化产物用肼脱去邻苯二甲酰基可得到三苯甲基甲壳素。

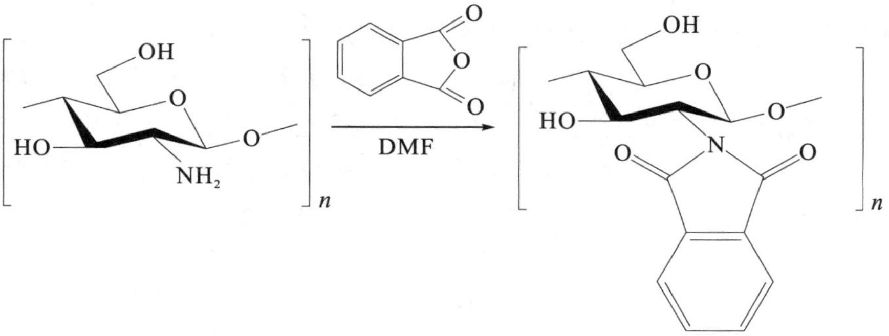

图5.13　壳聚糖制备N2邻苯二甲酰化壳聚糖

甲壳素和壳聚糖酰化后不仅溶解度提高，而且根据酰基化反应的不同具有新的性质和用途。应用于环境分析方面，酰化壳聚糖可制成多孔微粒用作分子筛或液相色谱载体，分离不同分子量的葡萄糖或氨基酸。酰化壳聚糖还可制成胶状物用于酶的固定和凝胶色谱载体。3，4，5－三甲氧基苯甲酰甲壳素具有吸收紫外线作用，可作防晒护肤添加剂用于化妆品。脂肪族酰化甲壳素具有良好的生物相容性，可用作生物相容材料。双乙酰化甲壳素具有良好的抗凝血作用，可作为伤口敷料和止血海绵应用于医药方面。甲酰化和乙酰化壳聚糖的混合物可制备可吸收性手术缝合线和医用无纺布用于生物医药行业。N－乙酰化甲壳素可模塑成型为硬性接触透镜，有较好的透氧性和促进伤口愈合的特性，能作为发炎和受伤眼睛的辅助治疗材料。

5.2.2.5　羧基化反应

羧基化反应是指用氯代烷酸或乙醛酸在甲壳素或壳聚糖的 6－羟基或胺基上引入羧基基团的反应。甲壳素或壳聚糖引入羧基后能显著提高水溶性，得到完全水溶性的羧基化甲壳素/壳聚糖。更为重要的是，甲壳素/壳聚糖羧基化能得到含阴离子的两性甲壳素/壳聚糖衍生物。其中，羧甲基化反应是甲壳素和壳聚糖最重要的羧基化反应，其相应的产物分别为羧甲基甲壳素（CM－chitin）、N 羧甲基壳聚糖（N－CM－chitosan）。

羧甲基甲壳素由碱性甲壳素和氯乙酸反应制得，如图 5.14 所示。羧甲基化反应主要发生在 C6 位的羟基上，反应在强碱中进行，因而既发生脱乙酰化副反应，也发生 N2 羧甲基化反应。在相似条件下，壳聚糖也可进行羧基化反应，但羧甲基反应是同时发生在羟基和氨基上，制得的产物是 N/O2－羧甲基壳聚糖。羧甲基化反应在壳聚糖分子上的发生顺序一般为是 6OH>2OH>—NH_2。

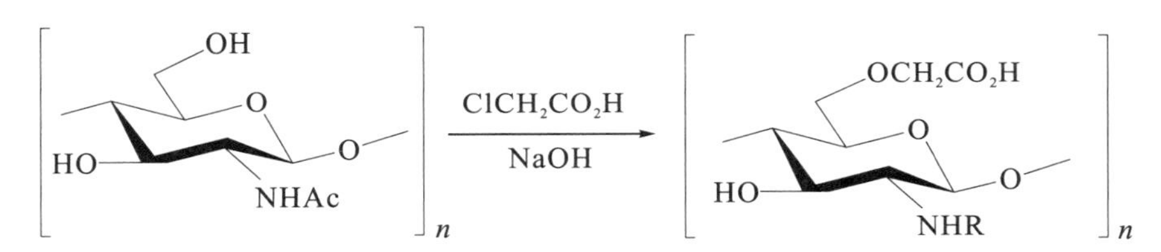

图 5.14　甲壳素的羧甲基化反应

由于 C2 位氨基与 C6 位羟基的竞争反应，羧甲基壳聚糖衍生物基本是 N，O－羧甲基壳聚糖衍生物。若制备取代位置明确的羧基化壳聚糖，可采用保护基团先将氨基保护后再进行羧基化反应，得到 O－羧基化壳聚糖；或直接采用含有醛基的羧酸与壳聚糖反应，使醛基与氨基发生席夫碱反应，最后用 $NaBH_4$ 还原的方法得到 N－羧基化壳聚糖。除此之外，通过控制反应条件（pH＝8～9，T＝60℃）也可以区分氨基与羟基的反应活性顺序，以达到控制羧基化反应在氨基上发生的目的。如此一来，羧甲基化反应时间会延长（6 天），且反应过程中溶液的 pH 随羧基化反应的进行而变化，反应条件不易控制。

羧甲基壳聚糖有良好的水溶性和绿色环保性，在环保水处理、医药和化妆品等领域得到越来越广泛的应用。羧甲基甲壳素能吸附 Ca^{2+} 和碱土金属离子，可用于金属离子的提取和回收，也可用于牙膏、化妆品等的添加剂。羧甲基壳聚糖能使化妆品具有润滑作用和持续的保湿作用，还可增强化妆品的储藏性能和稳定性能，因此，羧甲基壳聚糖长期作为化妆品添加剂使用。毒理学研究表明，羧甲基壳聚糖无任何毒副作用，在医药领域可作为免疫辅助剂，具有抗癌而不损伤正常细胞的作用。此外，在用于医药领域时，羧甲基壳聚糖具有促细胞生长、抗心律失常等生物活性；羧甲基壳聚糖对金属离子

（如 Ca^{2+}、Fe^{2+}、Zn^{2+} 等）有配位作用，是制备微量元素补剂的理想配体；N，N－二羧甲基壳聚糖磷酸钙可用于促进损伤骨头的修复、再生；N，O－羧甲基壳聚糖可以防止心脏手术后心包粘连，对氮代谢、蛋白质合成与积累具有明显的生理调节作用。

5.2.2.6 羟基化反应

甲壳素和壳聚糖在碱性溶液或在乙醇、异丙醇中与环氧乙烷、2－氯乙醇、环氧乙烷等可发生羟基化反应生成羟乙基或羟丙基化甲壳素/壳聚糖衍生物。羟基化反应主要在 C6 上进行，如图 5.15 所示。羟基化甲壳素衍生物的合成一般在碱性介质中进行，同时伴随着 N－脱乙酰化反应的发生。此外，环氧乙烷在氢氧根阴离子作用下会发生聚合反应，因而得到的衍生物结构具有不确定性。

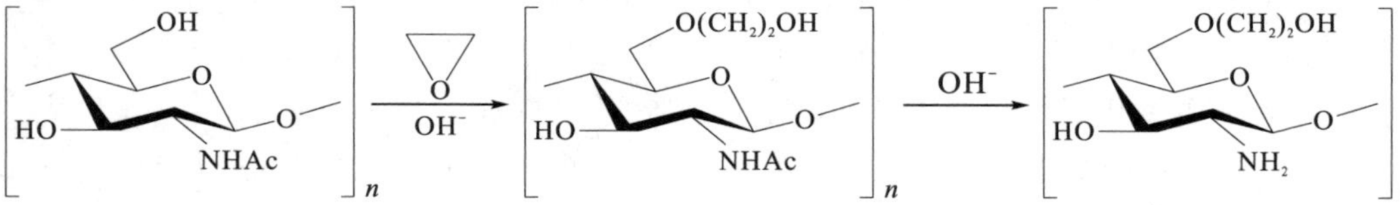

OH; HO; O; NHAc; n; O; OH^-; $O(CH_2)_2OH$; HO; O; NHAc; n; OH^-; $O(CH_2)_2OH$; HO; O; NH_2; n

图 5.15 甲壳素的羟基化反应

羟乙基甲壳素脱除乙酰基后得到 O 位取代的羟乙基壳聚糖。采用同样的方法，用环氧丙烷反应可得到羟丙基甲壳素和壳聚糖。在碱性条件下，壳聚糖也可与环氧乙烷和环氧丙烷直接反应，但得到的是 N、O 位取代的壳聚糖衍生物。缩水甘油或3－氯－1,2－丙二醇也可与壳聚糖进行羟基化反应，通过一步反应就可在壳聚糖的分子中引入两个羟基。

通常，羟基化甲壳素和壳聚糖衍生物具有良好的水溶性和生物相容性，可作为化妆品添加剂；改性后的羟丙基甲壳素可作为增稠剂用于制备含适量盐酸环丙沙星的眼药水和人工泪液。

5.2.2.7 烷基化反应

甲壳素的羟基和壳聚糖的氨基分别可以发生 O 烷基化和 N 烷基化反应，生成烷基化衍生物。由于甲壳素氨基被乙酰化，因此一般是羟基与卤代烃或硫酸酯反应生成烷基化产物。壳聚糖的氨基有一对电子，具有很强的亲核性，由于氨基的反应活性大于羟基的反应活性，因此一般容易发生 N－烷基化反应。烷基化反应可削弱甲壳素/壳聚糖分子间和分子内的氢键作用，从而可明显改善其溶解性。

1. O 烷基化反应

壳聚糖分子中有氨基和羟基，如果直接进行烷基化反应，在 N、O 位上都可以发生反应。因此，如果选择在 O2 上进行壳聚糖的烷基化反应，则首先必须对 N2 位进行保护，目前通常采用席夫碱法保护氨基。席夫碱氨基保护法是先将壳聚糖与醛反应形成席夫碱，再用卤代烷进行烷基化反应，然后在醇酸溶液中脱去保护基，即得到只在 O2 上取代的壳聚糖衍生物。例如，先用苯甲醛与壳聚糖反应形成亚苄基壳聚糖，再用丁氯烷与亚苄基壳聚糖进行 O2 位烷基化反应，之后用稀乙醇/盐酸溶液处理去除席夫碱，得到 O2 丁烷基壳聚糖，反应过程如图 5.16 所示。

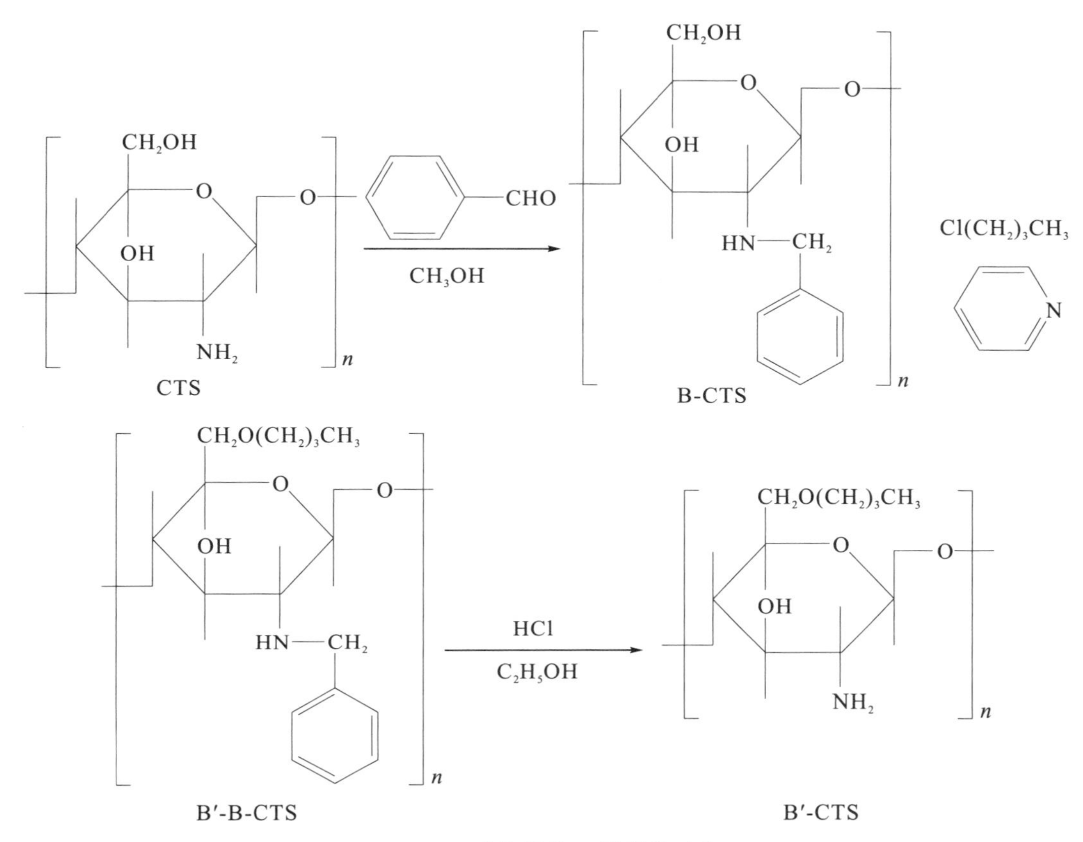

图 5.16　壳聚糖的 O 烷基化反应

2. N 烷基化反应

壳聚糖分子上的氨基携带有一对孤对电子，可与卤代烷反应得到相应的 N2 烷基化产物。例如，采用溴化十六烷基三甲基铵（CTAB）作为相转移催化剂（PTC），在氢氧化钠溶液中进行低聚水溶性壳聚糖 N 烷基化反应，可得到双亲性 N2 十六烷基化修饰壳聚糖，如图 5.17 所示。

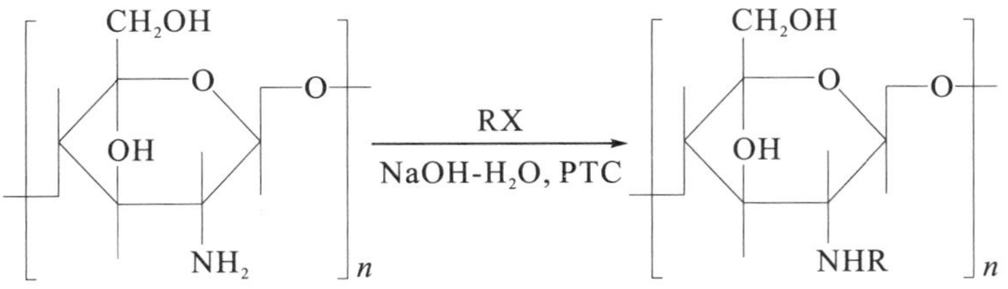

图 5.17　壳聚糖的 N 位烷基化反应

3. N，O 烷基化反应

在碱性条件下，壳聚糖可与卤代烷直接发生烷基化反应，制备在 N，O 位同时取代的烷基化壳聚糖。随着烷基化反应条件的不同，壳聚糖烷基化衍生产物的溶解性能有较大的差别。N，O 烷基化反应的过程是将壳聚糖加入含有 NaOH 的异丙醇中，搅拌 30 min

后加入卤代烷，反应 4 h 后调节 pH 至中性完成反应，然后经沉淀、过滤、洗涤、干燥即可得到 N，O 烷基化壳聚糖衍生物。这种壳聚糖衍生物也有较好的生物相容性，有望在生物医用材料方面得到应用。

4. 与高级脂肪醛进行烷基化反应

壳聚糖和高级脂肪醛也可进行烷基化反应，生成壳聚糖烷基化衍生物。通常是采用高级脂肪醛与壳聚糖分子中的 $-NH_2$ 反应形成席夫碱，然后通过采用 $NaBH_3CN$ 或 $NaBH_4$ 还原席夫碱以制备壳聚糖烷基化衍生物。壳聚糖与高级脂肪醛的烷基化反应如图 5.18所示。长链 N2 烷基化壳聚糖衍生物因为具有双亲性，可用于自组装药用微囊的制备，但用高级脂肪醛通过席夫碱反应改性是两相反应，产物取代度相对较低，可加入相转移催化剂和采用微波辐射等方法提高 N2 烷基化壳聚糖的取代度，缩短反应时间。

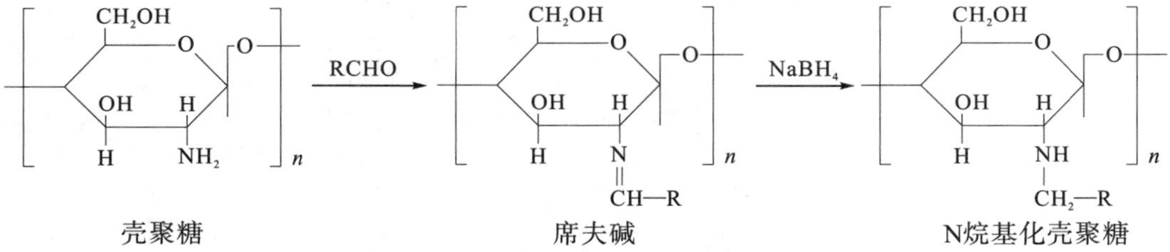

图 5.18 壳聚糖与高级脂肪醛的烷基化反应

5. 与长链脂肪酰卤进行烷基化反应

壳聚糖可与长链脂肪酰卤进行烷基化反应制备壳聚糖烷基化衍生物（图 5.19）。壳聚糖通过与长链脂肪酰卤进行反应，可制备得到双亲性壳聚糖烷基化衍生物，其长链烷基具有疏水作用，利用这种具有疏水作用的烷基化衍生物，可制备壳聚糖基自组装纳米药用泡囊。

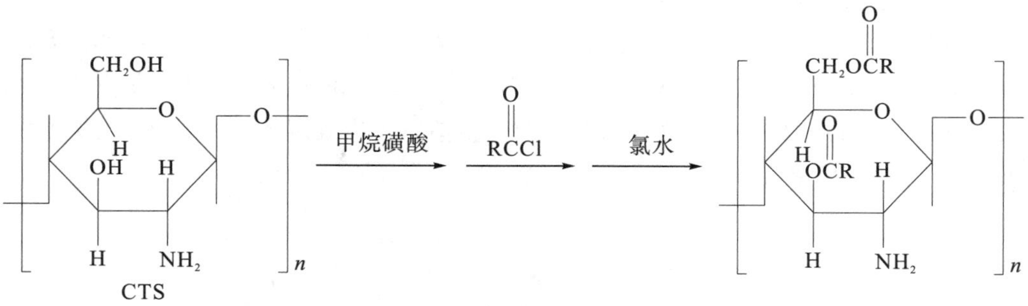

图 5.19 壳聚糖烷基化反应

6. 与环氧衍生物进行烷基化反应

壳聚糖可与环氧衍生物进行加成反应得到壳聚糖烷基化衍生物。与环氧衍生物进行加成反应的特点是可同时引进亲水性的羟基。例如，壳聚糖与过量的环氧衍生物在水溶液中反应时，其分子中氨基上的两个 H 都被取代，生成的产物易溶于水。当环氧衍生物上连接有季铵盐时，环氧衍生物与壳聚糖发生反应的同时可在季铵盐上引入烷基。例如，采用环氧丙基三烷基氯化铵与羧乙基化壳聚糖反应，可得到 N，O-(2-羧乙基)壳聚糖季铵盐（QCECs）。

5.2.2.8　酯化反应

甲壳素分子链上含有羟基，因此可与多种酸和酸的衍生物发生酯化反应。甲壳素酯化衍生物普遍具有良好的抗凝血作用，可作为抗凝血材料应用于生物医学领域。甲壳素的酯化反应可分为无机酸和有机酸酯化反应两大类。常用的无机酸酯化剂包括硫酸、黄原酸、磷酸、硝酸等，常用的有机酸酯化剂包括乙酸、苯甲酸、长链脂肪酸等。

1. 甲壳素的硫酸酯化反应

甲壳素的硫酸酯化反应是指甲壳素与硫酸或其衍生物进行的酯化反应。硫酸酯化反应一般为非均相反应，硫酸酯化试剂主要有浓硫酸、SO_2、SO_3、氯磺酸/吡啶和 SO_3/吡啶、SO_3/DMF 等。硫酸酯化反应既可发生在氨基上也可发生在羟基上，但常发生在C6位的羟基上，如图5.20所示。使用在强酸介质中氨基质子化的方法也可制得酯化位置明确的酯化产物，如采用 Cu^{2+} 和邻苯二甲酸酐对2-位氨基和3-位仲羟基进行保护后再采用硫酸酯化的方法，可制备酯化位置明确的壳聚糖衍生物。硫酸酯化甲壳素的结构与肝素相似，抗凝血性高于肝素而没有副作用，能抑制动脉粥样硬化斑块的形成，可制成人工透析膜。

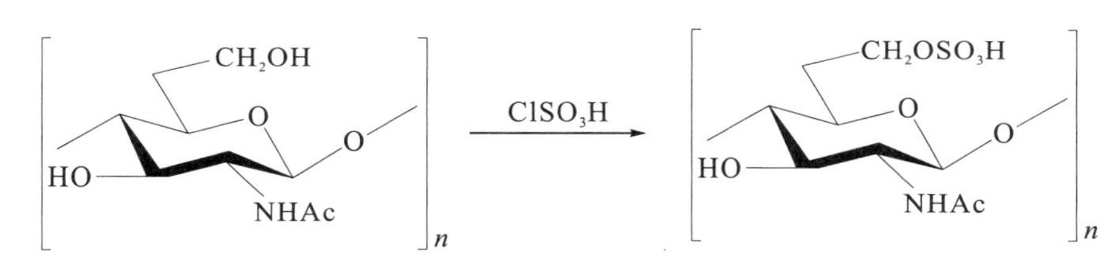

图5.20　**甲壳素的硫酸酯化反应**

2. 甲壳素的磷酸酯化反应

甲壳素可与磷酸或其衍生物发生酯化反应生成甲壳素磷酸酯。甲壳素的磷酸酯化反应一般是在甲磺酸中与甲壳素或壳聚糖反应，如图5.21所示。各种取代度的甲壳素磷酸酯都易溶于水，可作为药物控释的载体。

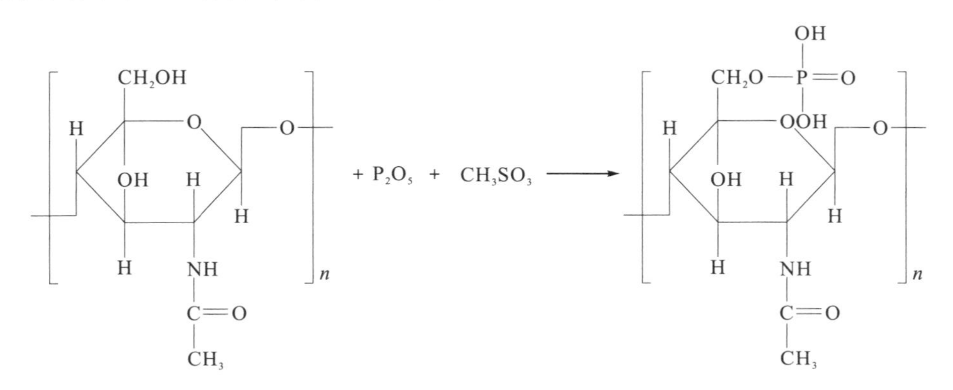

图5.21　**甲壳素的磷酸酯化反应**

5.2.2.9　席夫碱反应

壳聚糖结构单元上的氨基可以与醛或酮发生席夫碱反应，生成相应的醛亚胺和酮亚胺多糖。席夫碱反应专一性强，可用于保护游离—NH_2，从而通过其他反应在羟基上引入其他基团。反应后可方便地去掉保护基，或用 $NaBH_4$ 或 $NaCNBH_3$ 还原，得到N2取代的多糖。壳聚糖席夫碱的还原物对水解反应不敏感，有聚两性电解质的性质。利用席夫碱反应可以把还原性碳水化合物作为支链连接到壳聚糖的氨基 N 上，形成 N－支链的水溶性产物。

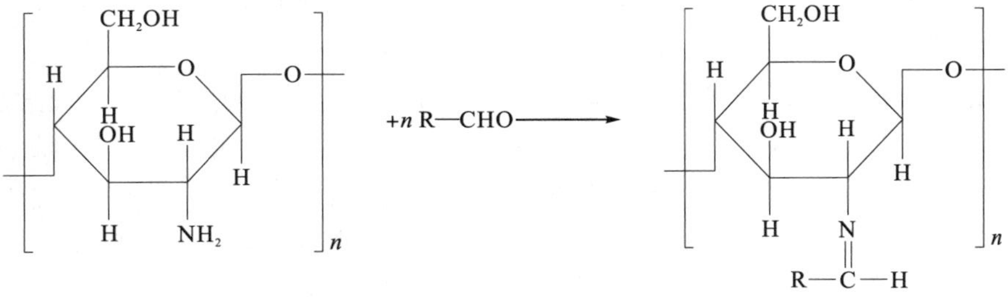

图 5.22　壳聚糖的席夫碱反应

5.2.2.10　硅烷化反应

甲壳素可与三甲基硅烷衍生物发生醚化反应，在甲壳素分子结构单元的羟基上引入三甲基硅烷。硅烷化反应本质上是一种醚化反应，具有很好的溶解性和反应性，保护基很容易脱去，可在受控条件下进行改性和修饰，甲壳素的硅烷化反应如图 5.23 所示。经过三甲基硅烷化改性的甲壳素易溶于丙酮和吡啶，完全硅烷化的甲壳素很容易脱去硅烷基，因此可用于制备功能性甲壳素薄膜。将硅烷化甲壳素的丙酮溶液平铺在玻璃板上，蒸发溶剂后即可得到薄膜，随后在室温下将薄膜浸在乙酸溶液中就可以脱去硅烷基，得到透明的甲壳素膜。硅烷化反应还可以用来保护甲壳素 C6 羟基，可用于特定选择性的修饰反应。除此之外，硅烷化甲壳素还对一些化学反应具有良好的反应活性，例如，在吡啶中甲壳素不发生三苯甲基化反应，但是用硅烷化甲壳素代替甲壳素，三苯甲基化反应就可以平稳进行。

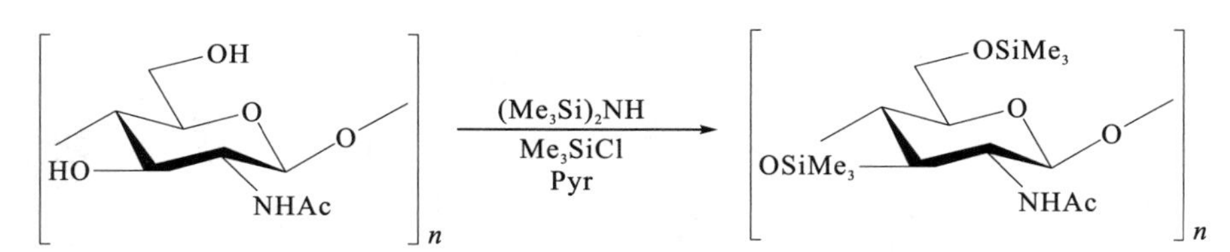

图 5.23　甲壳素的硅烷化反应

5.2.2.11　接枝共聚反应

甲壳素和壳聚糖的分子结构单元上富含羟基和氨基，因此可进行接枝共聚反应，为甲壳素和壳聚糖引入接枝链，赋予其新的性能。最早的甲壳素/壳聚糖接枝共聚反应是丙烯酰胺、2－丙烯酰胺－2－甲基丙磺酸与壳聚糖进行接枝共聚。而后有研究者采用三丁基硼烷（TBB）作为引发剂用于甲基丙烯酸甲酯与甲壳素的接枝共聚。目前，通过分子设计可以得到由天然甲壳素/壳聚糖和合成聚合体组成的修饰材料。

通常采用的引发剂体系有AIBN、γ射线、$Fe^{2+}-H_2O_2$、UV和Ce^{4+}，在均相或非均相中，引发乙烯基单体直接与甲壳素/壳聚糖进行接枝共聚。例如，以过硫酸铵为引发剂，可在壳聚糖的盐酸水溶液中将苯胺接枝到壳聚糖结构单元的氨基上，得到接枝共聚物。

在壳聚糖上进行接枝共聚，较为典型的引发剂是偶氮二异丁腈、Ce(Ⅳ)和氧化还原体系。在偶氮二异丁腈引发下，一些乙烯单体（如丙烯腈、丙烯酸甲酯和乙烯基乙酸）都可在乙酸或水中与壳聚糖发生接枝共聚反应。在用聚丙烯酰胺、聚丙烯酸和聚（4－乙烯基吡啶）和壳聚糖反应时，Ce(Ⅳ)也常被用作引发剂。($Fe^{2+}-H_2O_2$)可作为氧化还原引发剂引发甲基丙烯酸甲酯接枝共聚。

通过γ射线照射也可以使苯乙烯在壳聚糖粉末或膜上发生接枝共聚反应。壳聚糖－聚苯乙烯共聚物对溴的吸附要优于壳聚糖本身，且共聚物薄膜与壳聚糖薄膜相比，它在水中的溶胀性较小，延展性较好。

通常甲壳素的接枝共聚反应不能确定引发位置和所得产物的结构，而用甲壳素的衍生物（如碘代甲壳素）就可得到有确切结构的接枝共聚物。在碘代甲壳素的硝基苯溶液中，加入$SnCl_4$或$TiCl_4$等Lewis酸，在高溶胀状态下与苯乙烯进行接枝共聚反应，接枝率可达到800%。6－巯基甲壳素不溶于水，但在有机溶剂中高度溶胀，且巯基容易脱去。因此，它也是较为理想的一种接枝共聚反应原料。在80℃的DMSO中，巯基甲壳素与苯乙烯的接枝率可达到1000%。

5.2.2.12　树型衍生物

树枝状大分子以其优异、独特的性能引起人们强烈而广泛的兴趣。壳聚糖的树型衍生物是近年来才发展起来的一类高分子化合物，它一般是在壳聚糖的氨基上接枝功能分子基团形成的。如果接枝的基团是糖、肽类、脂类或药物分子，所得的树型分子可结合壳聚糖的无毒、生物相容性和生物降解性等特性，再加上有功能分子的药物作用，因此，未来在药物化学方面其将有广泛的应用。这类化合物可形象地形容为壳聚糖是这种分子的树干和主枝，树型分子是树枝，而功能分子就是树型材料的花和叶子。

例如，以四甘醇为起始原料，先得到N，N－双丙酸甲酯－11－氨基－3，6，9－氧杂－癸醛缩乙二醇，然后再与乙二胺发生胺解反应，经过同样步骤，在端基引入8个氨基，氨基再和含有醛基的单糖反应，最后和壳聚糖经席夫碱反应还原可得到壳聚糖的树型衍生物（图5.24）。该类反应过程一般比较复杂，通过分子设计所得的高分子树型材料在主客体化学和催化方面显示出良好的应用前景。

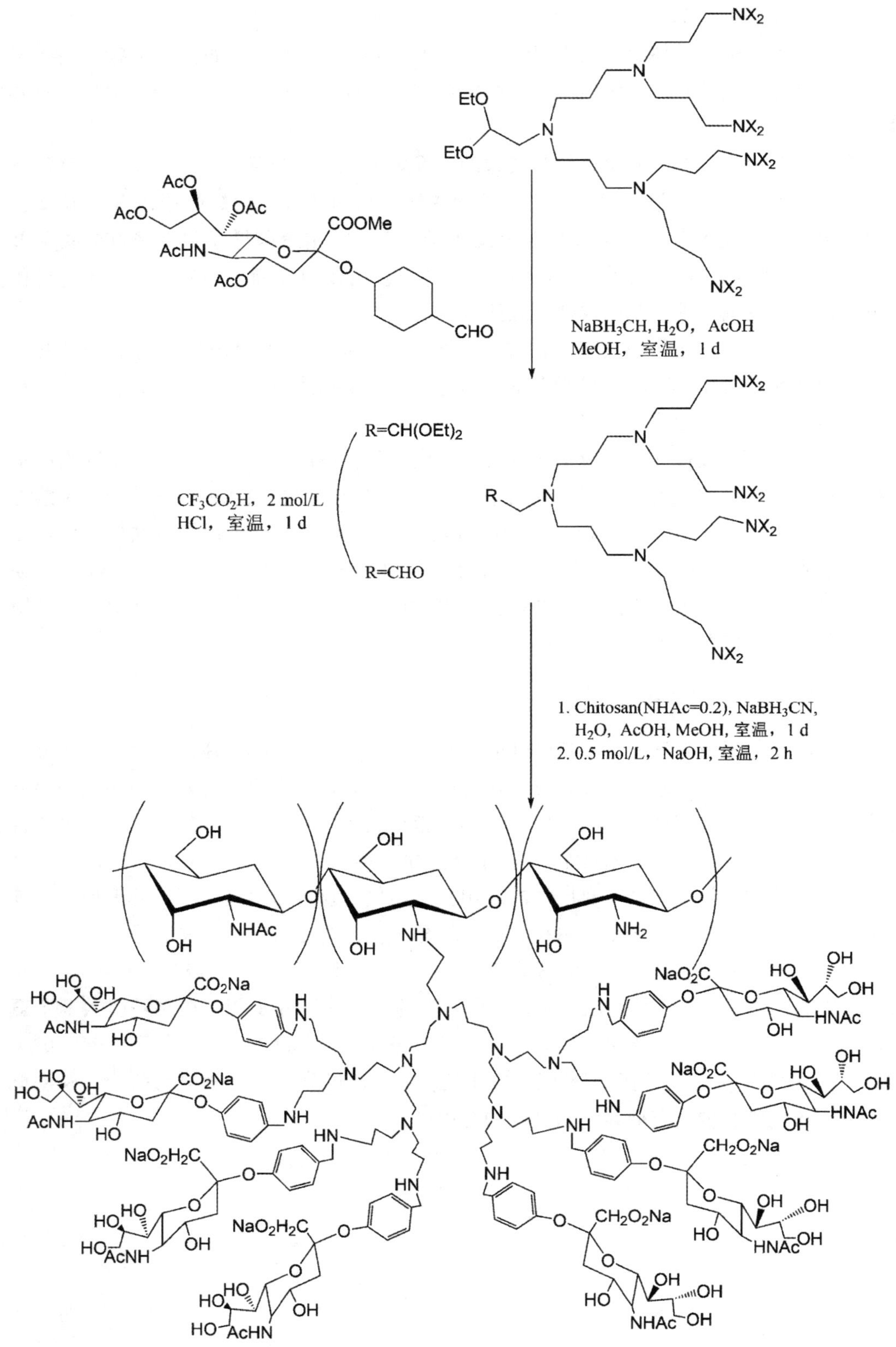

EtO
EtO
NX2
NX2
NX2
NX2
AcO
OAc
AcO
COOMe
AcHN
AcO
O
CHO
NaBH3CH, H2O，AcOH
MeOH，室温，1 d
R=CH(OEt)2
CF3CO2H，2 mol/L
HCl，室温，1 d
R=CHO
R
1. Chitosan(NHAc=0.2), NaBH3CN,
H2O，AcOH, MeOH, 室温，1 d
2. 0.5 mol/L，NaOH, 室温，2 h
OH
NHAc
NH
NH2
HO
CO2Na
AcNH
NaO2C
HNAc
HN
NaO2H2C
CH2O2Na
AcHN

图 5.24　壳聚糖合成树型衍生物

采用树枝状大分子的构建方法，可制备壳聚糖接枝唾液酸残基的树枝状大分子杂化材料。反应过程如采用发散式（Divergent）方法，首先以四乙二醇为间隔基构建含唾液酸残基的树枝状大分子，然后与壳聚糖接枝共聚，所得产物接枝度极低，仅为 0.02。如果改用收敛式（Convergent）方法，以没食子酸和三乙二醇为骨架构建含唾液酸残基的树枝状大分子，再与壳聚糖发生偶联反应（图 5.25），可得到具有较高接枝度的产物，接枝度可达 0.13。此外，这种方法可控制不同的接枝代，从而得到不同的接枝度。

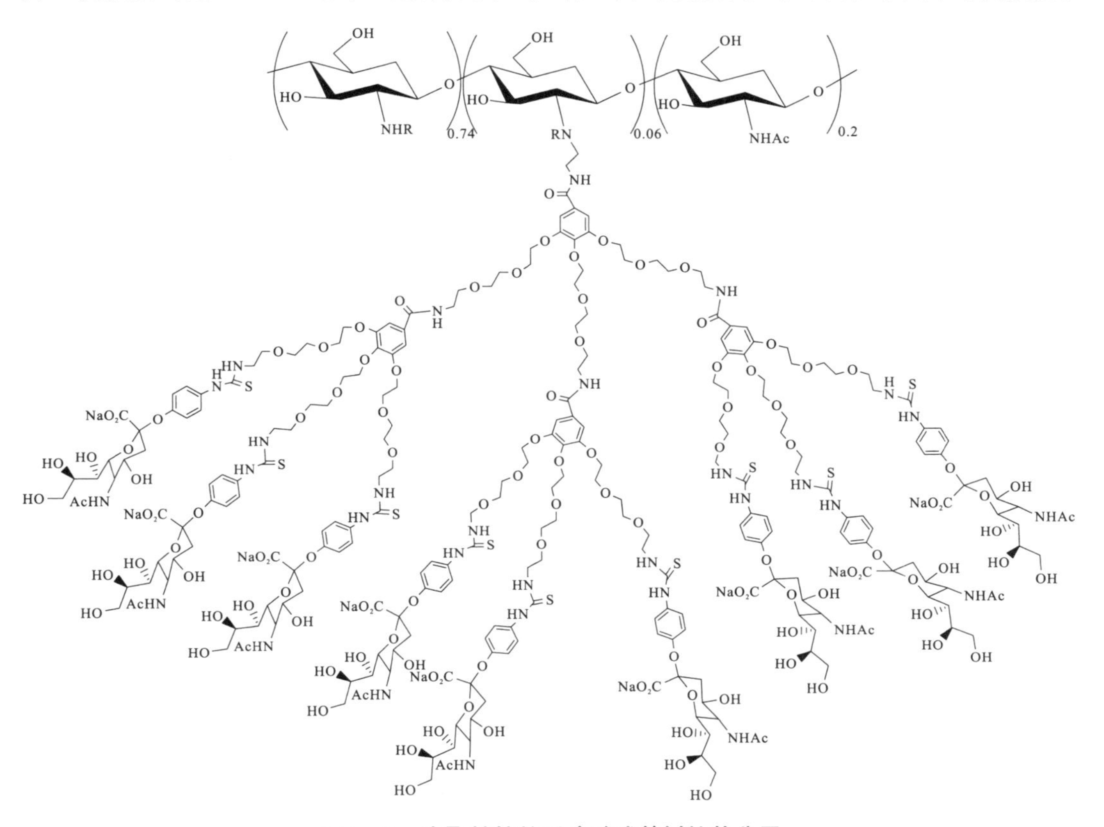

图 5.25　壳聚糖接枝唾液酸残基树枝状分子

5.2.2.13　壳聚糖的阳离子聚电解质性质

壳聚糖是一种聚电解质，在酸性溶液中（$pH<pK_a$）壳聚糖主链上的氨基可结合质子使其分子链在溶液中以聚电解质的形式存在。壳聚糖聚电解质可与带负电的阴离子和聚阴离子发生相互作用形成复合物，之间的相互作用力包括静电作用、偶极相互作用、氢键和疏水作用。

壳聚糖可以和许多合成或天然高分子之间形成聚电解质复合物，如聚丙烯酸、羧甲基纤维素、黄原胶、卡拉胶、海藻酸、果胶、肝素、透明质酸、硫酸纤维素、硫酸葡聚糖、硫酸软骨素等。壳聚糖带正电荷的氨基与其他带负电的聚电解质发生静电相互作用是聚电解质复合物形成的主要原因，其强度要高于氢键和范德华力等。当 pH 处于两种高分子 pK_a 之间时，可产生较强的静电作用，一般最后以凝胶的形式呈现；当 pH 远离 pK_a 时，静电相互作用减弱。当 pH 升高时，壳聚糖的氨基脱质子；而当 pH 降低时，壳聚糖氨基质子化，但同时带负电的高分子也质子化，此时不发生静电作用。除此之外，静电作用也与壳聚糖主链的刚性和相关离子基团的性质有关，而静电复合物的稳定性也会受溶液中离子强度影响。

壳聚糖的分子量、分子量分布、氨基分布、乙酰度和构象都会影响壳聚糖形成聚电解质。壳聚糖乙酰度不同，其 pK_a 也随之发生变化。低乙酰度壳聚糖的质子化氨基会由于静电作用相互排斥，导致分子链伸展。

壳聚糖分子链的刚性和离子强度有关，盐的加入降低了壳聚糖分子链的静电排斥作用。乙酰度的增加使壳聚糖链之间的氢键作用增强，也降低了壳聚糖链的旋转和运动。当壳聚糖的乙酰度高于 50%时，壳聚糖溶液变为高度溶剂化的微凝胶分散体系。因此，在形成聚电解质复合物时应考虑壳聚糖的链刚性。

5.2.2.14 金属螯合性

甲壳素及壳聚糖结构单元中有羟基和氨基，在一定 pH 值条件下，这些基团对一定离子半径的金属离子具有螯合作用。壳聚糖的螯合性主要应用于吸附金属离子，它对重金属离子（如 Hg^{2+}、Pt^{4+}、Pd^{2+}、Au^{3+}、Cu^{2+}、Ag^{+}、Pb^{2+}、Ni^{2+} 等）有很强的吸附能力，但对碱金属和碱土金属的吸附作用较弱。壳聚糖对金属离子的吸附顺序为：$Cu^{2+} >> Hg^{2+} > Zn^{2+} > Cd^{2+} > Ni^{2+} > Co^{2+} \sim Ca^{2+}$，$Eu^{3+} > Nd^{2+} > Cr^{3+} \sim Pr^{3+}$。二价和三价阳离子通常是以氯化物的形式被吸附。

壳聚糖还具有很强的抗射线能力，可用于放射性金属的回收处理。例如，壳聚糖可吸附铀、锆、铌、钌等。壳聚糖对镧系金属离子均有吸附性，吸附顺序为：$Nd^{3+} > La^{3+} > Sm^{3+} > Lu^{3+} > Pr^{3+} > Yb^{3+} > Eu^{3+} > Dy^{3+} > Ce^{3+}$。壳聚糖对镧系金属的吸附作用受到离子浓度和反应时间的影响。

壳聚糖螯合金属离子的机制可以分为两种：一种是“桥模型”（图 5.26）。在“桥模型”中，金属离子与同一个分子链或不同分子链上的氨基结合。另一种是“挂件模型”（图 5.27 所示）。在“挂件模型”中，金属离子和壳聚糖分子链上的氨基相结合。

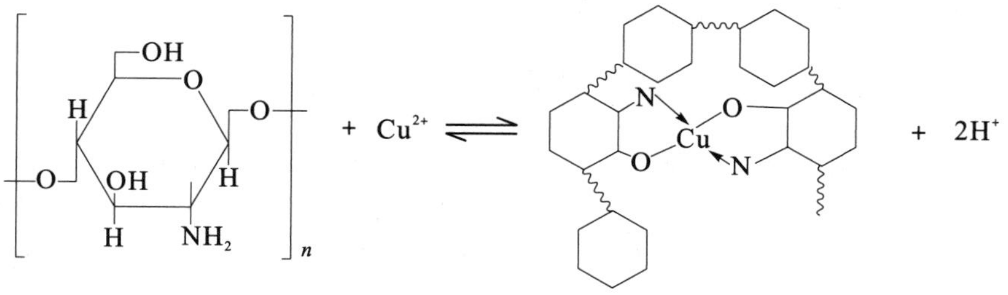

图 5.26 壳聚糖螯合金属离子的“桥模型”

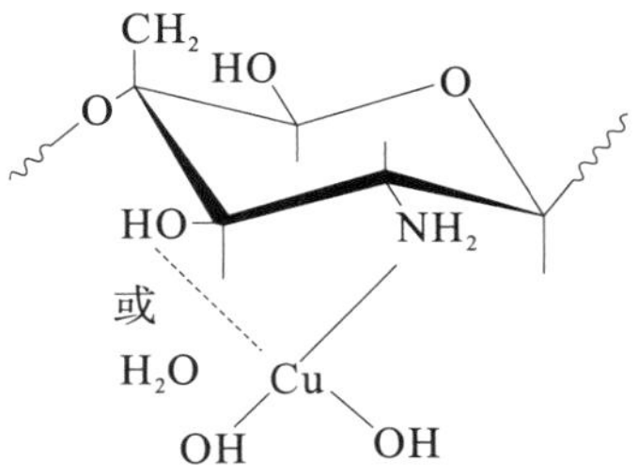

图 5.27　**壳聚糖螯合金属离子的"挂件模型"**

螯合条件（如 pH、金属离子与配体的比例、金属离子浓度、壳聚糖聚合度等）对壳聚糖螯合金属离子的螯合性有较大影响。例如，采用铜离子与壳聚糖螯合时，铜离子与壳聚糖的摩尔比在 pH=5.4 时为 1，当 pH 上升至 5.8 时，摩尔比随之上升到 2。

铜离子和壳聚糖或氨基单糖都可形成螯合物，但壳聚糖螯合性能更强，聚合度为 4～6 的壳聚糖具有最强的螯合性。这主要是因为壳聚糖中的几个糖单元可共同作用，且糖单元之间的氨基与羟基一起参与螯合。

5.2.3　甲壳素和壳聚糖的生物学性质

5.2.3.1　抗菌性

壳聚糖本身是一种广谱型抗菌剂，可抑制多种细菌、真菌的生长。壳聚糖溶液对常见食品病原细菌、人口腔病菌及多种植物病原菌具有抑菌和杀菌作用。壳聚糖可抑制大肠杆菌、沙门菌属、金黄色葡萄球菌、绿脓杆菌、链球菌、霍乱弧菌、产气单胞菌属及某些真菌等的生长。一般来讲，壳聚糖对细菌的抗菌性强于真菌和酵母菌。对细菌而言，壳聚糖对革兰氏阳性菌的敏感性高于革兰氏阴性菌。壳聚糖及其衍生物的抗菌性受多种因素的影响（如分子量、乙酰度、浓度、溶剂、介质 pH、温度、衍生物的取代基种类、取代位置、取代度及供试菌的种类等）。

壳聚糖分子量是影响壳聚糖抗菌性的重要因素，不同分子量的壳聚糖对不同种类细菌的抗菌效果不一样。研究表明，壳聚糖（分子量为 5×10^{3}～3.05×10^{5}，脱乙酰度 88%）对大肠杆菌的抗菌活性随壳聚糖分子量的升高而减弱，而对金黄色葡萄球菌的抗菌活性随分子量的升高而增强。以酶降解法降解壳聚糖，酶解壳聚糖产物的抗菌性随分子量的降低有减弱的趋势，尤其是分子量小于 10×10^{4} 的壳低聚糖的抗菌活性明显降低。而壳聚糖经超声降解后，产物对大肠杆菌和金黄色葡萄球菌的抗菌性也随分子量减小而增强。因此，采用不同方法得到的不同分子量的壳聚糖对不同的微生物具有不同的抗菌效果。

脱乙酰度是影响壳聚糖抗菌性的另一重要因素。一般情况下，脱乙酰度越高，壳聚糖的抗菌性越强。因此，壳聚糖 C2 位上的氨基对其抗菌性是至关重要的。

壳聚糖是一种聚电解质，其抗菌性与溶剂的 pH 有关，pH 降低，氨基所带正电荷增多，抗菌活性也增强。例如，对金黄色葡萄球菌而言，pH 从 5.0 到 7.0 依次增大，当 pH=6.0 时，壳聚糖的抗菌活性最佳；当 pH=7.0 时，壳聚糖对金黄色葡萄球菌的抑制作用最差。

溶剂种类的不同也会引起抗菌活性的变化。常用的壳聚糖溶剂有醋酸、盐酸、乳酸、甲酸等，当壳聚糖溶于乳酸中时，1.6%、3.2%和 6.4%的壳聚糖乳酸溶液对枯草杆菌有抑菌效果，而溶于相同浓度的醋酸和丙酸时却对枯草杆菌无抑制作用。

壳聚糖的抗菌活性还可能受壳聚糖分子结构（如氨基葡萄糖残基与乙酰氨基葡萄糖残基的排列顺序及聚集态、分子链构象等）的影响。有关壳聚糖的抗菌机理目前尚无定论，对大分子量和小分子量壳聚糖的抗菌机理而言，一般认为大分子量壳聚糖作用于细菌的表面，如堆积在细胞表面影响其代谢，氨基的正电荷与细胞表面带负电荷的生物分子作用改变细胞的通透性，螯合一些细胞生长必需的金属元素等。

5.2.3.2 生物降解性

甲壳素能够被溶菌酶、乙酰氨基葡萄糖苷酶和脂肪酶降解，具有良好的生物降解性。生物降解过程中，甲壳素首先被降解为寡糖，寡糖进一步水解为 N－乙酰氨基葡萄糖。N－乙酰氨基葡萄糖能参与人体代谢形成糖蛋白或被分解为 CO_2。例如，甲壳素制备的手术缝合线在体内能被较快降解，5 天后强度降低 26%，而第 15 天的强度只有初始强度的 18%。

作为甲壳素的脱乙酰基产物，壳聚糖也具有生物可降解性，可通过化学（酸解）或酶降解法被生物降解。壳聚糖可在动物的胃肠道发生降解，不同动物对壳聚糖的降解程度有差异，如鸡食用壳聚糖后可降解 67%～98%的壳聚糖，而兔子的降解量为 39%～83%。

如果壳聚糖的 N 位连接其他基团，则壳聚糖基本不降解，说明壳聚糖氨基的存在对酶解有影响。壳聚糖在生物体内可被生物酶（如溶菌酶）催化缓慢水解解聚，一部分以二氧化碳的形式由呼吸道排出体外，另一部分则降解为可被人体吸收利用的糖蛋白。

壳聚糖的分子量和脱乙酰度对降解有影响。随着壳聚糖脱乙酰度的增加，其生物降解速率降低。例如，溶菌酶对脱乙酰度大于 70%的壳聚糖的降解活性迅速降低，脱乙酰度达到 100%的壳聚糖则不能在体内被溶菌酶催化水解。与之相反，提高壳聚糖的脱乙酰度，增大分子链上的氨基含量有利于降低植入材料表面的 F 电势，从而改善其生物相容性，可降低组织排斥作用。将壳聚糖膜植入老鼠皮下 12 周，脱乙酰度高的膜降解速度慢。

5.2.3.3 生物相容性

甲壳素/壳聚糖具有良好的生物相容性，对动植物都有良好的适应性，对生物体无刺激性，炎症反应小。目前，壳聚糖在日本、意大利和芬兰等国都被批准用于食品中，美国 FDA 也已批准壳聚糖用于伤口敷料。例如，将壳聚糖植入大鼠脑部并观察术后的行为改变和 3 天、7 天、14 天、30 天的局部组织反应，发现所有动物无明显行为改变，说明壳聚糖具有良好的脑组织生物相容性，可安全降解。将不同分子量和脱乙酰度的壳聚糖进行细胞实验和老鼠的口服试验（20 mg·kg），发现壳聚糖分子量增加导致吸收率下降，体外和体内实验均表明，低分子量的壳聚糖（3800）的吸收是高分子量壳聚糖（2.3×10^5）的 20 倍。

5.3　甲壳素与壳聚糖材料与应用

5.3.1　水处理应用

甲壳素/壳聚糖及其衍生物可应用于水处理，并具有诸多优点。由于壳聚糖分子中含有大量的游离氨基，在适当条件下，能够表现出阳离子型聚电解质的性质，用于水处理中具有强烈的絮凝作用，既有铝盐、铁盐消除胶粒表面负电荷的作用，又有聚丙烯酰胺通过“桥联”使悬浮物凝聚的作用。因此，它能够使水中的悬浮物快速沉降，是一种很有发展前途的天然高分子絮凝剂。因其天然、无毒、无味而被美国、日本等发达国家广泛应用于污水处理和饮用水的净化。

5.3.1.1　吸附金属离子

壳聚糖结构单元上含有氨基，氨基上的 N 原子具有孤对电子，可进入重金属离子的空轨道中，与之形成配位键结合，从而形成络合物。因此，壳聚糖可与多种金属离子实现配位结合，能吸附工业废水中的重金属离子。壳聚糖上的—NH_2 和—OH 可与 Pb^{2+}、Cr^{6+}、Cu^{2+} 等重金属离子形成稳定的五环状螯合物，使直链的壳聚糖形成交联的高聚物，如图 5.28 所示。

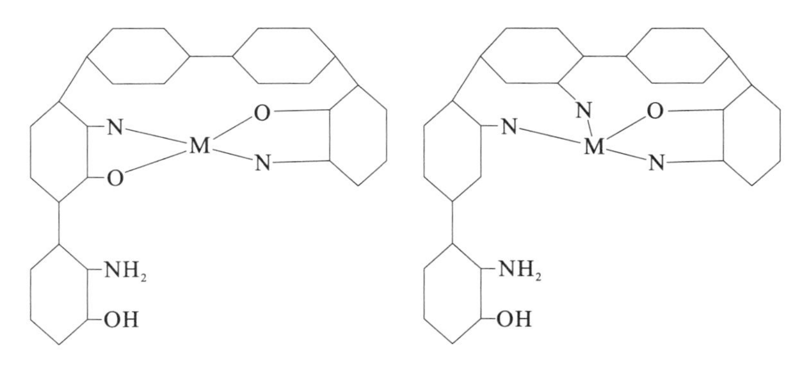

图 5.28　壳聚糖与金属离子的螯合

较低 pH 时，壳聚糖会因分子中的氨基质子化而溶于水，造成吸附剂的流失，交联可以改善壳聚糖的流失，以便进行再生利用。壳聚糖吸附量主要取决于交联度，一般随着交联度的增加而减小，这是因为聚合物的网状结构限制了分子的扩散，降低了聚合物分子链的柔韧性。通过单取代溴丙氧基对叔丁基杯[6]芳烃衍生物与壳聚糖发生交联，可合成新型的杯[6]芳烃-壳聚糖聚合物，对过渡金属离子 Zn^{2+}、Mn^{2+}、Pb^{2+}、Cr^{3+} 和 Cu^{2+} 具有较好的吸附性能。该聚合物兼具杯[6]芳烃与壳聚糖各自的优势，不仅吸附能力较强，而且对部分离子表现出较高的选择性吸附。

采用环氧氯丙烷交联壳聚糖，并在此基础上引进磁铁作为磁核可制备交联壳聚糖磁性微球。这种微球对低浓度的 Cu^{2+} 和 Pb^{2+} 的去除率达 98%以上，且重复使用性能良好。除此之外，通过壳聚糖包裹纳米磁性粒子也可制备磁性壳聚糖微球，具有稳定性好、吸附性能强的特点，可有效提高壳聚糖的应用价值。磁性可促使壳聚糖在酸性溶液中保持稳定，还可以和磁分离技术结合使用，通过磁场的作用快速回收再生使用。磁性还可以改变水中微粒表面的电荷分布，通过压缩双电层将污染物质相互聚集，形成絮凝体沉淀。磁性壳聚糖可以用来去除 Cu^{2+}、Cr^{2+}、Hg^{2+}、Zn^{2+}、Pb^{2+}、Ca^{2+}、Ag^{+} 等金属离子，对稀土金属离子也有很好的吸附作用，如 La^{3+}、Nd^{3+}、Eu^{3+}、Lu^{3+}、Ce^{3+} 等。

除交联外，甲壳素和壳聚糖与其他天然高分子共混制备的材料也具有良好的吸附水中重金属离子的能力。例如，甲壳素－纤维素共混膜具有微孔结构，有较大的比表面积和金属亲和力，能有效去除水溶液中的重金属（汞、铜、铅），对几种重金属的吸附量顺序为：$Hg^{2+}>Pb^{2+}>Cu^{2+}$。甲壳素－纤维素共混膜对金属离子的吸附随甲壳素含量的增加而提高，说明甲壳素对重金属吸附起关键作用。在吸附 Hg^{2+} 的过程中，甲壳素和纤维素的羟基或乙酰基与 Hg^{2+} 发生强烈作用，导致氢键作用减弱。同时甲壳素－纤维素共混膜对 Hg^{2+} 的吸附并不仅在膜表面，而发生在整个共混膜上，因此，这种甲壳素－纤维素共混复合材料可用作分离膜对含重金属离子的工业废水进行净化处理。

甲壳素/壳聚糖也可通过其他化学反应接枝天然高分子，从而提高其作为重金属离子吸附材料的性能。例如，通过壳聚糖分子链上的氨基和木聚糖链上的醛基发生美拉德反应，可构建新型的木聚糖－壳聚糖－纳米 TiO_2 杂化材料，TiO_2 作为纳米填料可改善壳聚糖－木聚糖的三维空间结构并增加复合物的吸附表面积。木聚糖－壳聚糖－纳米 TiO_2 杂化材料具有高度多孔结构、较大的比表面积、盐敏感性、pH 选择性及对重金属离子的高效吸附能力，并且能够重复多次使用。因为壳聚糖和木聚糖具有高亲水性，重金属离子很容易渗入聚合物孔中与木聚糖－壳聚糖－纳米 TiO_2 杂化材料形成配合物。因此，这种基于壳聚糖的吸附材料是一种高效的、可循环再生的、高吸附选择性的重金属离子吸附剂，可应用于对工业废水中的金属离子进行处理。

5.3.1.2 在食品工业废水处理中的应用

壳聚糖及其衍生物可作为高分子絮凝剂用于食品加工废水的处理。食品加工时产生的废水量大且成分复杂、处理难度大、对环境污染严重。除含有叶、皮毛、泥沙、动物粪便、发酵微生物及致病菌外，还含有大量蛋白质、脂肪酸和淀粉等有用物质，这些有用物质具有回收利用的价值。壳聚糖是阳离子型聚电解质，可与废水中绝大部分成胶体并带负电荷的淀粉类和蛋白质等物质快速絮凝形成沉淀，且壳聚糖自身无毒，在水质净化过程中不存在二次污染，对于回收废液中的蛋白质等物质极为有利，成为国内外在副食品工业废水处理中用量逐年上升的优良天然高分子絮凝剂。同时，壳聚糖具有良好的杀菌效果，是优良的抗菌材料，可降低水处理厂对消毒过程的依赖，从而减少消毒副产物的产生，降低潜在的毒性。

壳聚糖可与废水中阴离子电荷中和，帮助废水中微粒凝集，使食品废水中的大量蛋白质、油脂等胶态粒子、悬浊物经壳聚糖凝集分离后，可作肥料与饲料。经壳聚糖处理的各种食品加工废液，悬浊固体（SS）可减少70%～98%，COD去除率达47%～92%。例如，蔬菜加工废水加入20 mg/L壳聚糖，pH调至5.0，悬浊固体的去除率约为90%；肉类加工废水加入30 mg/L壳聚糖，pH调至7.3，悬浊固体去除率可达89%，COD可减少55%，凝聚物中蛋白质含量可达41%。

用壳聚糖处理虾、蟹和鲑鱼加工废水，经旋流池、絮凝和脱水处理，总固态物去除率接近100%。将壳聚糖用于棕榈油压榨污水处理，与明矾和聚氧化铝相比，在相同用量时壳聚糖对悬浮固体和残余油脂的去除率最高，而所需搅拌时间、沉降时间最短，絮凝效果优于传统的絮凝剂。

5.3.1.3 在印染废水处理中的应用

壳聚糖及其衍生物可通过吸附、离子交换等作用对染料、酚类、联苯、蛋白质、核酸等进行吸附分离，因此适用于工业印染废水的处理。由于印染废水具有高COD、高色度、有机成分复杂和微生物降解程度低等诸多特点，一直是工业废水处理的一大难题。传统的无机絮凝对疏水性染料、分子大的染料脱色效率高，而对水溶性极好、分子量较小的染料脱色效果差，达不到处理要求，成本也较高。壳聚糖作为一种高分子絮凝剂，不但有高效絮凝的作用，而且具有无毒副作用和易降解等优点，并以其独有的絮凝、吸附、螯合等性能在印染废水脱色研究中得到广泛研究和应用。壳聚糖对酸性染料、活性染料、媒染料、直接染料都具有一定的吸附能力，壳聚糖对染料的吸附作用主要是通过氢键、静电、离子交换、范德华力和疏水相互作用等产生。

染料废水一般为带电荷的胶体溶液，根据胶体化学原理，胶体的稳定性大小与胶体颗粒的ζ电位有关，而胶体颗粒的ζ电位随溶液的pH改变而有所不同，因此溶液的pH会对胶体颗粒的絮凝产生直接的影响。在酸性条件下，壳聚糖对染料的吸附机制是化学吸附，壳聚糖分子链上的—NH_2在酸性溶液中被质子化形成—NH^{3+}并与活性染料阴离子间产生强静电相互作用；在碱性条件下，壳聚糖对染料的吸附同时具有化学吸附与物理吸附，壳聚糖的—OH成为主要的吸附基团，染料分子同时可以通过范德华力、氢键等与壳聚糖发生吸附形成沉降。当水溶性壳聚糖pH=3～6时，色度去除率较好，对印染废水的处理在偏酸性条件下有利，主要是因为水溶性壳聚糖属阳离子型絮凝剂，有利于吸附阴离子染料。

甲壳素/壳聚糖作为印染废水吸附材料具有吸附能力强、吸附速率快、对染料亲和力强、用途广泛等特点。同时，甲壳素/壳聚糖可制备成膜、海绵、凝胶、微球、纤维等多种不同形态，适用于不同的应用场景。例如，采用氢氧化钠-尿素体系溶解甲壳素，并用环氧氯丙烷对其进行交联，可制备得到交联甲壳素水凝胶，具有均一的微孔结构，且比表面积大、吸附能力强，可吸附孔雀石绿染料。

5.3.1.4 在造纸废水处理中的应用

甲壳素/壳聚糖及其衍生物还可作为水处理材料用于造纸废水的处理。造纸行业属于废水排放大户，废水中含有大量的化学药品、木质素、纤维素等，耗氧量大。混凝沉降是目前造纸污水处理气浮段的主要处理工艺，大多是将无机与有机絮凝剂配合使用处理其废水。壳聚糖对造纸废液的絮凝效果非常明显，对色度去除率大于 90%，对 COD 的去除率可达 70%，效果优于其他絮凝剂，在去除水中悬浮物的同时，亦可去除水中对人体有害的重金属离子。

单一的天然壳聚糖可直接用于处理造纸污水，但因其絮凝反应过程较慢、絮凝时间长等缺点限制了其广泛应用。对天然壳聚糖进行改性并用于造纸污水的处理，可取得良好的效果。如用壳聚糖的改性产品——氯化三甲基壳聚糖季铵盐作絮凝剂处理造纸废水，当 pH=8~13 时，COD 去除率可达 75%以上。较高浓度时的絮凝效果优于低浓度时，适当延长缓慢搅拌时间，能提高絮凝效果。另外，壳聚糖季铵盐与阴离子絮凝剂配合使用可使废水 COD 进一步降低。壳聚糖季铵盐作絮凝剂处理造纸废水，在较宽的 pH 范围内都表现出较好的絮凝效果，与聚丙烯酰胺类絮凝剂相比不但其效果更好，还具有价格优势。

改性壳聚糖对造纸废水拥有优良的絮凝性、良好的可生物降解性及投加量小等优点，备受造纸工业青睐。但改性壳聚糖处理造纸污水所需凝聚时间仍然相对较长，需进一步研究改进。

5.3.1.5 在城市生活污水处理中的应用

生活污水中的主要污染物为有机物，同时还含有大量的大肠杆菌、病毒等有害生物体，壳聚糖作为天然高分子絮凝剂具有无毒、不存在二次污染、使用方便等优点。但因其生产成本高，推广应用受到很大的限制。而无机絮凝剂聚合氯化铝（PAC）虽然价格便宜，但在应用上存在用量大、残渣多及有一定的腐蚀性等缺陷。因此，将无机絮凝剂和天然有机絮凝剂复配使用以达到最佳效果。降低絮凝剂的使用成本，是目前甲壳素/壳聚糖化学和絮凝化学研究的热点和难点之一，人们也正在积极探索有机絮凝剂与无机絮凝剂良好絮凝效果的有效途径。

将壳聚糖与聚合氯化铝复配对生活污水进行处理，结果表明：聚合氯化铝与壳聚糖复合能相互促进其絮凝效能，当复合絮凝剂组成为聚合氯化铝：壳聚糖=0.3：0.7 时，废水的透光率达到 98.9，优于单独使用聚合氯化铝和壳聚糖。复合絮凝剂（壳聚糖/聚合氯化铝）兼有无机和有机絮凝剂的优点，是一种使用范围较广的新型絮凝剂。

5.3.1.6 在饮用水处理中的应用

生活用水主要来自城市自来水厂，少部分取自地下水，自来水厂水源多为江河、湖泊、水库等，随着工业的迅速发展，含有毒、有害物质的工业废水、生活污水未经处理或只经部分处理便被排入天然水体，直接或间接地造成了饮用水水源污染。此外，农田径流、城镇地表径流、城市污水处理厂尾水排放、旅游污染等非点源污染对饮用水源也造成了污染。

壳聚糖因天然、无毒、易降解的特性，在饮用水处理上也表现出很广阔的前景。壳聚糖作为净水材料，能有效除去自来水中的变异物质，其吸附效果远远高于商用活性炭。以壳聚糖为基质的吸附材料可有效吸附水中微量的有机物、酚类化合物和 $CHCl_3$、

$CHBrCl_2$ 等，对苯酚、4－氯酚、2，4－二氯酚和五氯酚钠的去除率都在 90％以上，对 $CHCl_3$、$CHBrCl_2$ 的去除率分别可达 80％和 88％。

5.3.2　造纸工业应用

甲壳素/壳聚糖及其衍生物能与纤维素相互作用，是一种性能优良的造纸用精细化学品，几乎可用于造纸工业的各个工序。目前，甲壳素/壳聚糖在造纸工业中主要用于纸张的施胶、纸张的表面改性及纸张的增强、助留等，壳聚糖本身还是一种防腐剂，对纸张还起到良好的防蛀、防腐作用。

5.3.2.1　造纸施胶剂

施胶是造纸过程的重要工艺，通过一定工艺方法使纸表面形成一种低能的疏水膜，从而使纸和纸板获得抗拒流体的性质。壳聚糖在水溶液中显示正的 ζ 电位，具有一定的阳离子性和良好的成膜性、较好的渗透性及较稳定的抗水性，适合用作纸张的表面施胶剂。

草类纤维造出的纸成本较低，但纸张品质一般较差，产品的强度低、抗水性差、耐折度小。壳聚糖强度高、成膜性好，与纤维素分子之间的相互作用强，因而壳聚糖作草浆纤维纸张的表面施胶剂更有实际意义，可大幅度改善纸张性能，使其表面强度、抗水性能、光泽度、平滑度得以提高，从而获得低成本高品质的纸张。将 0.1～1 g/m^2 壳聚糖涂布于成纸表面，能提高纸张的表面强度、柔软性及印刷性能。

以壳聚糖为主体，配合分子调节剂和非离子单体、阳离子单体进行共聚、交联等工艺，可得到共聚交联衍生物。壳聚糖共聚交联衍生物再配合稳定剂、增效剂等制成改性壳聚糖造纸表面施胶剂。改性壳聚糖用于纸张的表面施胶，具有成纸表面强度高、表面吸水性适中、性价比高等优点。

壳聚糖及其衍生物也可用于内部施胶。例如，将壳聚糖醋酸盐、壳聚糖氯化物和水溶性甲壳素加入含有烷基双烯酮二聚物施胶剂（AKD）的碱性纸浆中，与添加阳离子聚酰胺多胺环氧氯丙烷（PAE）制备的纸张进行比较，发现当壳聚糖聚合物的添加量为 0.1％～0.4％时，壳聚糖醋酸盐可使施胶和胶料的留着达到最佳效果。壳聚糖分子能提高双烯酮二聚物施胶剂乳液的表面阳离子电荷，从而提高施胶性能。

5.3.2.2　纸张增强剂

甲壳素/壳聚糖及其衍生物可作为纸张增强剂用于造纸工业。理想的纸张增强剂通常应具备以下条件：①线型水溶性聚合物，分子量大，成膜能力强，对纤维有足够黏合强度；②与纤维素有好的相容性，不破坏纤维素分子间的氢键；③功能基团能充分接触纸纤维且能通过离子键或氢键与之牢固结合；④无毒、可生物降解。壳聚糖分子结构与纤维素相似，具有优秀的成膜能力，在酸性条件下带正电，能与纤维素表面负电荷结合，因此壳聚糖是一种理想的纸张增强剂。

壳聚糖加入浆料中，首先被带负电的纤维素的表面吸附，并填充于纤维之间，这种填充将增大纤维间的结合面积，同时分子上的众多基团与纤维表面上的基团彼此间形成相应的化学键（氢键、离子键），在干燥过程中水分的蒸发为壳聚糖-纤维素分子间的化学作用提供了更多的机会，即可形成更多的氢键，从而提高纸张的强度。

壳聚糖与其他试剂的共聚物往往具有更好的复合增强效果，如将丙烯酰胺、2-丙烯酰胺-2-甲基丙基磺酸与壳聚糖共聚后加入浆料中替代壳聚糖，在同等条件下抄制手抄片的耐破强度和抗张强度分别比空白纸页提高 15.4%和 22.1%，而单纯的壳聚糖仅提高 12.1%和 18.5%。壳聚糖与阳离子淀粉接枝共聚，能有效提高纸的物理强度并促进填料的留着。接枝淀粉改性的壳聚糖的最佳用量为 1.0%，与空白纸相比，纸张的断裂伸长率可提高 77.8%，耐破度可提高 44.7%，其增强效果远优于阳离子淀粉或壳聚糖纸张增强剂。

壳聚糖除提高干强、湿强外，还能提高湿纸幅强度，即刚成形的纸或从未干过的纸的强度。湿纸幅强度对于造纸机器的运转十分关键，较高的湿纸幅强度有利于提高造纸设备的运行效率。将 1%的壳聚糖加入 40%固含量的磨石磨木浆湿纸幅上，当 pH=5.0、7.5、9.0 时，湿纸幅的断裂长分别提高 50%、60%、100%。普通的纸张增强剂通常不增加湿纸幅强度，有的甚至会降低，因此壳聚糖既可提高成纸的力学性能，又能改善纸机设备运行效率，特别适合碱性造纸体系。

5.3.2.3 特种纸助剂

甲壳素/壳聚糖及其衍生物可作为主要材料或纸浆配料制备各种特种纸。目前，部分基于甲壳素/壳聚糖的特种纸张已实现商业化生产，例如医用肠衣、抗菌纸和食品包装纸等。

壳聚糖用于环境友好食品包装材料中，可提高其防水性和抗菌性。例如，采用棕榈酸酰化改性壳聚糖，涂布在包装纸上可降低纸张的透气性并提高抗水性和抗油性，同时赋予纸张良好的抗鼠伤寒沙门氏菌和单核细胞增生李斯特菌性能。除此之外，将壳聚糖乳液涂敷在牛皮纸上，壳聚糖膜可作为阻气剂填充在纸张纤维之间，会提高牛皮纸的阻隔性能，使之可作为食品外包装加以使用。

5.3.3 生物医药应用

5.3.3.1 可吸收手术缝合线

甲壳素/壳聚糖及其衍生物具有良好的生物相容性，可作为可吸收手术缝合线广泛应用于各种外科手术。甲壳素/壳聚糖缝合线具有众多独特的优点：①人体耐受性良好；②具有一定的抗菌消炎作用，能促进伤口愈合，疤痕小；③强度和柔韧性适中，表面摩擦系数小，易于缝合和打结；④植入后吸收均匀，强度衰减速率适中，能满足伤口愈合全过程对缝合线强度的要求；⑤可进行常规消毒，还可进行染色、防腐等特殊处理；⑥空气中不分解，易保存；⑦原料来源广，加工简便，成本低。研究表明，甲壳素/壳聚糖缝合线对消化酶、感染组织及尿液等的耐受性比肠线和聚羟基乙酸线要好。动物体内试验也充分表明了甲壳素/壳聚糖缝合线的性能明显优于肠线。但目前甲壳素缝合线在临床上并未被大规模使用，主要问题在于其拉伸强度与聚羟基乙酸类缝合线相比还有一定差距，还不能满足高强度缝合的需要。同时，甲壳素缝合线存在的风险是在胃液等酸性条件下强度损失较快。此外也有动物实验表明，使用甲壳素缝合线在伤口愈合中期会出现原因不明的轻度炎症。为解决实际使用中的问题，已有文献报道采用甲壳素衍生物制备缝合线，同时，采用一些新的纺丝工艺（如壳聚糖液晶纺丝提高强度等）取得了较好的效果。

5.3.3.2 固定化酶载体

甲壳素/壳聚糖通过一定的化学改性，可作为固定化酶的载体。例如，壳聚糖作为载体，以戊二醛为交联剂可制作固定化酶。戊二醛具有两个功能性醛基团，可使酶蛋白中赖氨酸的氨基、N端的α－氨基、酪氨酸的酚基或半胱氨酸的－SH基与壳聚糖上的氨基发生席夫碱反应，相互交联成固定化酶。壳聚糖的力学性能良好，化学性质稳定，耐热性好，分子中存在游离氨基，对各种蛋白质的亲和力非常高，易与酶在共价络合的同时又可络合金属离子（如Cu^{2+}、Ca^{2+}、Ni^{2+}等），使酶免受金属离子的抑制。壳聚糖易通过接枝而改性，因此是一种固定化酶的优良载体。以壳聚糖作酶的固定化载体，不仅可增加酶的适用范围，较高地保持酶的活力，而且还可反复使用。到目前为止，用壳聚糖作固定载体的酶已有很多，如酸性磷酸酯酶、葡萄糖异构酶、D－葡萄糖氧化酶、β－半乳糖苷酶、胰蛋白酶、尿素酶、淀粉酶、蔗糖酶、溶菌酶等。

5.3.3.3 药物载体

甲壳素/壳聚糖及其衍生物可作为药物载体应用于医学领域。药物载体主要通过调控机体内药物的释放速率、时间和部位，提高药效及其安全性，一般具有如下特点：调控药物释放速率，维持稳定有效的治疗作用，减少药物刺激和给药次数，降低药物毒性；促进药物吸收，提高药物稳定性，掩盖药物的不良口味；采用靶向载体使药物富集于病灶部位实现靶向治疗等。

壳聚糖呈弱碱性，不溶于有机溶剂，可在盐酸或醋酸溶液中膨胀形成水凝胶，成胶成膜性好。壳聚糖有氨基、羟基官能团可进行化学修饰以改善其各种特性，且壳聚糖生物相容性很好，毒性低，可降解，具有抗菌、降血脂等生物学特性。壳聚糖的以上性质使它成为药物载体材料的研究热点之一，可制成具有多种功能的药剂辅料（如缓释剂、增效剂、助悬剂、微球载体等）。壳聚糖作为药物载体可控制药物释放、提高药物疗效、降低药物毒副作用，且可提高疏水性药物对细胞膜的通透性和药物稳定性，改变给药途径，还可以加强制剂的靶向给药能力。例如，以壳聚糖包覆纳米二氧化硅，可制备壳聚糖包覆硅球纳米药物载体。壳聚糖包覆硅球纳米粒子在较窄的pH范围内具有敏感性，利用此特性可实现药物的控制释放。当pH=7.4时，壳聚糖在硅球表面有序聚集，将药物包覆于硅球内；当pH降至6.8时，壳聚糖呈无序收缩胶状，硅球内药物得以释放。

除了用于常见药物的负载与输送，壳聚糖还可作为载体传递基因，在基因治疗中发挥积极作用。基因治疗主要是通过有效的基因传递系统，将质粒 DNA 插入目标细胞中，进行转录，最终将所携带的基因信息传递给所连接的细胞，从而起到基因治疗的作用。基因疗法是近年来发展起来的新型医疗技术，应用前景广阔。基因治疗包括靶基因载体和靶基因的表达调控，选择合适的靶基因载体是基因治疗的关键之一。

基因传递系统主要有病毒性基因载体和非病毒性基因载体。病毒性基因载体效率高达 90%以上，但病毒性基因载体可能会引发机体致命免疫反应，存在安全隐患。因此，非病毒性基因载体近年来成为关注的重点，其主要包括真核细胞表达质粒载体、阳离子聚合物、阳离子脂质体和聚合物嵌段共聚物等。

壳聚糖具有良好的生物相容性和生物可降解性，壳聚糖纳米粒子在酸性溶液中带正电荷，能够与带负电的 DNA 快速复合形成纳米复合物从而避免 DNA 被酶解。同时，其还可与肿瘤表面的多糖受体结合，增加基因载体的肿瘤靶向性。壳聚糖分子链上含有丰富的氨基和羟基等活性基团，易于化学改性，有利于进一步提高输送基因的效率。例如，对壳聚糖进行季铵盐改性，可得到季铵化壳聚糖，其对 COS−1 细胞的转染能力比裸 DNA 提高了数十倍，含 DNA 的季铵化壳聚糖纳米粒子易被细胞吞噬，在细胞内部变化条件下释放出基因，最后 DNA 进入细胞核内。季铵化壳聚糖纳米粒子作为 DNA 载体对胃肠道黏膜细胞表现出较高的转染效率，可作为基因递送载体为口服基因治疗提供新思路。

由于壳聚糖具有良好的黏合性和润滑性，适用于做直接压片的赋形剂，还可作为包衣材料，利用其难溶于水或成水凝胶的特性控制药物的释放。利用不同链长度和不同取代度的脂肪酸酰化壳聚糖，采用粉末直接压片技术可制成 500 mg 对乙酰氨基酚片，长脂肪链之间可能发生疏水作用而使制剂保持完整并具有缓释作用。用 69%棕榈酰化壳聚糖压制的片剂在 pH=7.2 的磷酸盐缓冲液中释药时间达到了 90 h。

5.3.3.4 医用敷料

甲壳素/壳聚糖及其衍生物具有良好的生物相容性，可有效促进创面表皮再生和创口愈合，减少疤痕的同时能加速组织修复，促进伤口收缩，可用作伤口敷料。甲壳素/壳聚糖可通过粉、膜、无纺布、胶带、绷带、溶液、水凝胶、干凝胶、棉纸、洗液、乳膏等多种形式制成伤口敷料。常用的甲壳素/壳聚糖敷料包括膜敷料、纤维敷料和水凝胶敷料。例如，甲壳素膜具有弹性、柔软性、透明性和贴合性，使其可用作密闭的半渗透伤口敷料。甲壳素薄膜一般不吸水，处理生理体液后总重量只增加 120%～160%。干甲壳素膜水蒸气的蒸发速率类似于商业聚氨酯系列薄膜敷料，约为 600 $g \cdot m^2 \cdot 24\ h^{-1}$，湿态时则上升到 2400 $g \cdot m^2 \cdot 24\ h^{-1}$，高于完好皮肤的水蒸气蒸发速率。甲壳素薄膜对人体皮肤成纤维细胞是无毒的，能保持 70%～80%的细胞存活率。甲壳素薄膜不会产生致敏性或炎症反应，能加速伤口愈合。与商用敷料 Opsite 和纱布相比，用甲壳素薄膜处理的伤口，愈合速度加快。此外，甲壳素还能促进巨噬细胞迁移和成纤维细胞增殖，促进肉芽组织和血管形成。壳聚糖可通过静电纺丝技术制备纳米纤维，可用作烧伤敷料。壳聚糖纳米纤维敷料能有效吸收渗液，保证伤口换气，同时其出色的抗菌性可保护伤口免受感染和皮肤组织再生过程中的刺激。此外，壳聚糖的降解性可防止伤口在敷料去除过程中受到机械损伤。甲壳素/壳聚糖水凝胶也可作为伤口敷料，脱乙酰度 50% 的水溶性甲壳素水凝胶用作伤口敷料，使用 7 天后创口表皮已完全再生，肉芽组织纤维化，毛囊已几乎成型。疏水改性的壳聚糖对血液有凝血作用，其机理如图 5.29 所示。甲壳素水凝胶处理的创口处，皮肤有较好的拉伸强度，其胶原纤维的排布也类似正常皮肤，由此可见，甲壳素/壳聚糖水凝胶是一种良好的促伤口愈合敷料。

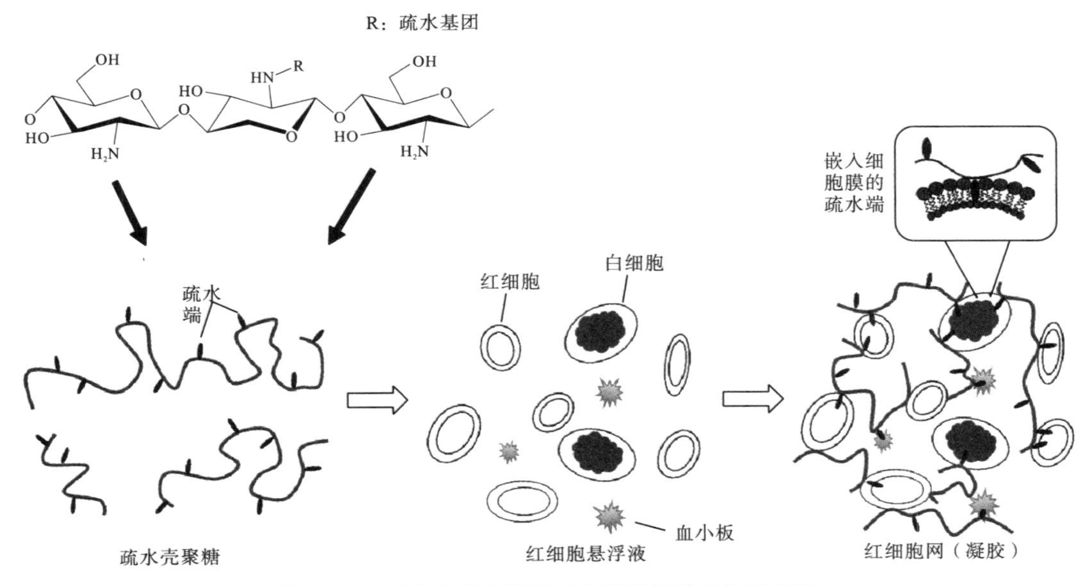

图 5.29　疏水改性壳聚糖对血液的凝胶化作用机理

甲壳素/壳聚糖也可与一种或几种其他高分子材料复合，通过引入其他高分子材料或添加药物以改进敷料的性能，在医用敷料及人工皮肤方面有广阔的应用前景。常用的与甲壳素/壳聚糖进行复合的材料有聚乙烯醇、聚乙二醇、聚乙烯基吡咯烷酮、聚环氧乙烷、胶原和明胶、海藻酸盐、纤维素、透明质酸、大豆蛋白、玉米淀粉等。常用的复合方法有共混、多层复合及接枝共聚。将胶原与磺化羧甲基壳聚糖进行化学交联后再与硅橡胶进行物理共混复合，可制得一种具有模拟表皮层和真皮层双层结构的皮肤再生敷料，可用于烧、烫伤创面修复。通过对羧甲基壳聚糖的磺酸化改性，模拟肝素分子结构，使其能捕获并保护成纤维细胞生长因子、血管内皮细胞生长因子等活性因子。将磺化羧甲基壳聚糖与胶原进行交联可制得多孔的皮肤再生支架材料，可模拟真皮结构，该材料具有较强的血管化能力，随着磺化羧甲基壳聚糖含量的增加，胶原-磺化羧甲基壳聚糖材料从纤维结构向片状结构转化，且孔径相对变大。胶原-磺化羧甲基壳聚糖-硅胶复合材料作为敷料可诱导再生的真皮组织，能实现深度烫伤创面的全层修复。甲壳素/壳聚糖通过接枝共聚也可制备复合敷料。例如，甲壳素的羟基和丙烯酸的羧基可通过酯化反应相连，以丙烯酸作为活性接枝点，加入引发剂实现聚合形成网络结构，并最终成膜，当甲壳素和丙烯酸的质量比为 1∶4 时，材料力学性能最佳。这种甲壳素基膜敷料具有良好的生物相容性，可促进细胞的黏附和增殖。

在甲壳素/壳聚糖敷料中添加抗菌药物是一种有效提高敷料性能的简便方法。常用的抗菌药物有银离子、锌离子、氯己定、环丙沙星、呋喃西林等，其他一些中药或天然提取物（如竹叶多糖提取液）也可充当抗菌药物。例如，采用巯基壳聚糖和负载环丙沙星聚 N－异丙基丙烯酰胺通过接枝共聚可制备温度敏感性伤口敷料。壳聚糖与聚 N－异丙基丙烯酰胺成膜后具有较好的机械强度和优良的抗菌性能，通过对温度的控制可调节环丙沙星的持续释放，作为伤口敷料可有效防止伤口感染。

目前，甲壳素/壳聚糖及其衍生物所制成的医用伤口敷料已有商业化应用，表 5.2 列举了部分基于甲壳素/壳聚糖开发的商业化的伤口敷料。

表 5.2　基于甲壳素/壳聚糖开发的商业化的伤口敷料

材料	商品名	生产厂家
甲壳素及其衍生物	Syvek－Patch®	MarinePolymer Technologies
	Chitipack C®	Eisai Co. Japan
	Chitipack S®	Eisai Co. Japan
	Beschitin®	Unitika Co. Japan
壳聚糖及其衍生物	Tegasorb®	3M
	Tegaderm®	3M
	HemCon Bandage™	HemCon
	Chitodine®	IMS
	Trauma DEX®	Medafor

5.3.3.5　组织工程材料

组织工程材料常用于替换、修复、重建人体组织，长期与人体组织器官和血液接触，对生物相容性有极高的要求。甲壳素和壳聚糖具有良好的生物相容性、抗菌性和可降解性，因此在组织工程材料领域有巨大的应用潜力。

1. 皮肤组织工程

真皮替代物是皮肤组织工程的重要支架材料，可促进表皮组织的迁移、黏附、增殖和分化，在改善创面修复和解决皮源问题方面具有重要应用。真皮替代物不仅需要具有良好的生物相容性、可降解性，还应具备优良的力学性能、保湿性、抗菌性及为伤口提供营养的功能。壳聚糖不仅具有抗菌止血、促进伤口愈合的功能，还可促进人皮肤成纤维细胞和角质细胞的生长，有望应用于临床皮肤组织工程。

力学性能是组织工程支架设计中重要的影响因素，因此，通过衍生化、交联、接枝共聚、物理共混等一系列物理化学方法对甲壳素/壳聚糖进行改性，是提高其性能以用于皮肤组织工程的关键。例如，先采用胶原与壳聚糖进行化学交联，可得到胶原－壳聚糖复合材料，进一步与聚乳酸－羟基乙酸编织网进行物理共混可制备复合膜材料。聚乳酸－羟基乙酸编织网与胶原－壳聚糖复合可显著提高真皮再生膜的力学性能，且不影响材料的孔径和孔隙率，兼具促进细胞渗透和组织形成等功能，可作为潜在的真皮替代物。此外，壳聚糖通过静电纺丝可制备三维壳聚糖纳米纤维支架，其对表皮和真皮层细胞的修复能力很强，可显著缩短伤口愈合时间，同时这种壳聚糖基生物皮肤具有良好的生物相容性，能有效覆盖创面，且兼具一定的抗菌作用，可引导皮肤再生。

2. 软骨组织工程

关节软骨损伤后难以修复，软骨组织工程主要通过建立三维多孔生物支架结构，保证细胞可进行正常的代谢与交换，从而实现软骨损伤修复。甲壳素/壳聚糖及其衍生物可作为软骨组织工程材料，应用于关节软骨损伤的治疗和修复。其中，由于壳聚糖支架孔隙率高、外源反应小、无慢性炎症反应、具有体内降解性，可用作软骨细胞三维生长的生物支架，通过冻干技术可获得孔洞结构。壳聚糖在结构上类似于关节基膜中的糖胺聚糖，作为软骨修复的材料能提供类似软骨基质的环境，可维持细胞的表型及功能，在关节内及体外与软骨细胞具有良好的相容性。当然，壳聚糖用作骨或关节软骨支架材料也存在弹性和机械强度较弱的缺陷，因此，一般通过物理/化学改性来提高其力学性能。例如，壳聚糖可通过化学交联的方法与明胶结合，进一步通过冷冻干燥可制备壳聚糖－明胶复合物多孔支架，将猪软骨细胞在该复合支架上培养，并植入实验猪腹部皮下组织。16周后，软骨材料具有正常组织形态和生物特性及良好的力学性能，软骨细胞正常增殖，表明壳聚糖具有良好的生物相容性，可以促进软骨修复，在软骨组织工程中具有广阔的应用前景。

甲壳素也可作为软骨组织工程材料。甲壳素经羧基化反应制备的羧甲基甲壳素可通过诱导生长因子的产生来促进软骨形成。含有羧甲基甲壳素的培养基能够诱导小鼠多功能细胞系C3H10T1/2中软骨形成因子Sox9的RNA表达和软骨聚集蛋白聚糖的合成。将组织置于含羧甲基甲壳素培养基中，21天后，甲苯胺蓝－阿辛蓝染色及胶原蛋白－抗体染色效果明显，表明酸性GAG及胶原蛋白－Ⅱ均有表达，说明羧甲基甲壳素能够有效地诱导软骨细胞形成。

随着微创手术的发展，甲壳素/壳聚糖凝胶可作为注射型材料在软骨组织工程中用于关节治疗。例如，将壳聚糖凝胶注射入大鼠膝关节内，发现壳聚糖可有效缓解软骨组织变薄，提高关节软骨细胞密度，具有促软骨修复的功能。当壳聚糖与其他材料复合后，可起到对软骨修复的协同作用，比单纯加入壳聚糖凝胶更有利于细胞生长。

3. 骨组织工程

骨缺损是临床上常见的疾病，由于骨组织血管少、循环差、营养因子和生长因子难以到达损伤处，因此修复过程缓慢。壳聚糖可作为生长因子的载体，通过控制生长因子的释放，在骨损伤处长时间维持较高浓度的生长因子，从而达到促进骨损伤愈合的目的，同时还具有良好的生物相容性和生物可降解性。

壳聚糖的力学强度较弱，且只能溶于酸性溶液。因此，通过物理、化学改性对壳聚糖进行修饰对于其用于骨组织工程十分重要。其中，与无机材料进行杂化共混是制备壳聚糖基骨组织材料的良好方法。例如，将壳聚糖与聚乳酸进行接枝共聚，产物进一步与羟基磷灰石进行物理共混以制备多孔复合材料，其结构和组成类似于骨组织。这种复合材料的弹性系数和抗压强度分别可达0.42 MPa和1.46 MPa，具备优良的力学性能。进一步将MC3T3细胞在材料上培养，发现细胞在材料孔隙中增殖明显，表明这种壳聚糖基复合材料具有良好的生物相容性，适合于骨组织细胞的生长。这些细胞能分化为前成骨细胞，前成骨细胞可在羟基磷灰石表面形成网络并在大孔和微孔中增殖分化为成熟骨细胞。

4. 神经组织工程

神经损伤会导致患者出现严重的功能障碍，如肌肉萎缩、感觉障碍等现象。神经损伤范围较大时，常首先进行自体神经移植，但自体神经移植在临床上存在来源有限、牺牲次要神经功能、感染等缺陷。因此，目前常用由天然或人工合成材料制成的、用于桥接神经断端的组织工程化神经导管，可引导和促进神经再生。壳聚糖具有良好的生物相容性、体内可降解性，可用作神经修复材料，如图 5.30 所示。其中，分子量较大的壳聚糖更有利于神经细胞的生长，许多轴突聚集成树干状，适合作为神经组织工程材料。但是，单纯的壳聚糖用作神经导管时力学性能差，因此，常通过化学交联、接枝共聚、物理共混等方法将壳聚糖同其他材料复合，以增强其强度和弹性。例如，将壳聚糖与丝纤蛋白进行物理共混，并在其中载入脂肪干细胞，可制备具有神经再生和修复作用的神经导管材料。这种材料移植能够显著促进轴突再生及神经损伤修复，其效果部分来自这种复合神经导管材料足够的力学强度、有效抑制纤维瘢痕组织的侵袭及适宜的营养和氧气渗透。利用京尼平进行化学交联，将神经生产因子固定在壳聚糖上可制备壳聚糖神经导管，将其用于连接坐骨神经缺口，发现神经导管允许两残株之间神经重组。

众多研究表明，壳聚糖神经导管不仅可抑制纤维组织生产、减少疤痕，还可有效促进神经愈合，具有优良的临床应用潜力和价值。

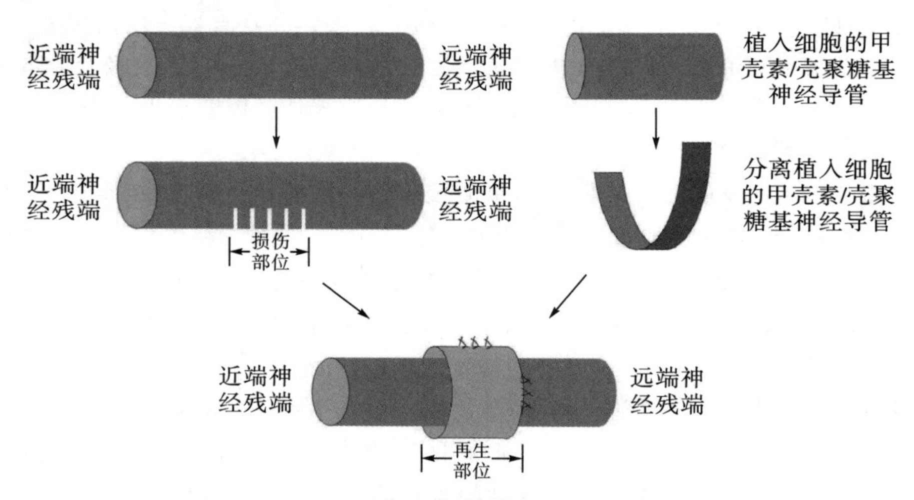

图 5.30 甲壳素/壳聚糖神经导管用于神经组织修复

5.3.4 食品工业应用

5.3.4.1 在果蔬保鲜上的应用

壳聚糖及其衍生物在番茄、黄瓜、青椒、猕猴桃、草莓、柑橘、苹果、桃、梨、芒果、柚子等果蔬的保鲜方面有广阔的应用前景。用壳聚糖涂膜处理新鲜草莓，能明显降低果实的失重。可溶性淀粉和柠檬酸甘油酯都能促进壳聚糖的成膜性能，其中加入柠檬酸甘油酯对草莓的防腐保鲜效果较好。柠檬酸甘油酯是甘油、脂肪酸和柠檬酸的酯化产物，呈双亲分子结构，可促进壳聚糖膜与果皮的结合。用壳聚糖对产于西亚的温柏果进行涂膜保鲜实验，通过对失重率、颜色、光泽度、酸度、可溶性固体、含糖量、果胶含量、乙醇生成量等指标考查保鲜效果，发现壳聚糖膜保鲜效果明显，温柏果货架时间可延长1倍。

5.3.4.2　在肉制品保鲜中的应用

壳聚糖的抑菌性在多种食品研究中已得到证实。在液态培养基中，壳聚糖（0.01%）可抑制一些腐败菌（如枯草杆菌、大肠杆菌、假单胞菌属和金黄色葡萄球菌）的生长，且在更高的浓度下能够抑制肉发酵剂的生长。0.5%左右的壳聚糖可全面抑制生猪肉末中的微生物生长。壳聚糖及其衍生物能发挥抑菌作用是由于分子链上的活性基团—NH_2 发生了质子化，生成有效抑菌基团—NH_3^+，进而吸附细菌细胞。

壳聚糖具有抗氧化性，作为添加材料或膜材料可避免食品被氧化。由于肉品中含有大量不饱和脂类化合物，它们易被氧化而使肉制品氧化变质，从而缩短肉制品的货架期。壳聚糖经羧基化反应可制备壳聚糖羧化物，在肉类食品中加入少量壳聚糖羧化物，可以和肉中的自由铁离子生成螯合物，降低其对氧的活化性，阻断氧自由基与不饱和脂肪酸的双键发生反应，从而减缓肉类的变质和腐败，避免己醛等难闻气味的形成。

壳聚糖的抗氧化性主要取决于能螯合金属离子的—NH_2 和—OH 基团的含量。壳聚糖的分子量越小，越多的活性基团—OH 暴露出来，水溶性越大，抗氧化性越强；脱乙酰度越大，其分子链上含有的—NH_2 基团越多，抗氧化性也越强；金属离子的存在会大大提高壳聚糖的抗氧化性。研究表明，金属离子 Cu^{2+}、Zn^{2+} 的引入可极大地增强壳聚糖的抗氧化活性，表明金属离子对壳聚糖的抗氧化活性可起到协同增效的作用。此外，壳聚糖中大量的游离—NH_2 对肉中的蛋白质有一定的保护作用。例如，在烹调等环境中，壳聚糖可与糖类发生反应，既可改善食品的风味，又不致使有效成分氨基酸类严重损失。

5.3.4.3　液体食品澄清剂

在果汁、果酒工业中，一般使用澄清剂以除去悬浮于果汁、果酒中的果胶、蛋白质等胶体物质，目前果汁常用的澄清方法有自然澄清法、明胶单宁澄清法、加酶澄清法和冷冻澄清法等。我国果汁澄清通常是采用酶法和过滤法，这些方法操作复杂、周期长、费用高，且不能从根本上解决果汁在储藏过程中引起的非生物性浑浊和褐变。用壳聚糖澄清果汁是一种新兴的方法，具有无毒无害、效果良好及在澄清过程中条件容易控制等优点。

壳聚糖分子中含有活性基团氨基和羟基，在酸性溶液中带有正电荷，与果汁中带有负电荷的阴离子发生电解作用，从而破坏果胶、蛋白质形成的稳定胶体结构，经过滤使果汁得以澄清。壳聚糖在制糖、酿酒和造醋等领域澄清方面的应用效果良好，能够去除糖、酒、醋等液体中的金属离子、单宁、蛋白质等杂质，防止糖、酒、醋的浑浊与沉淀物的产生，最大限度地保持被澄清物的原有风味。壳聚糖应用到果汁的澄清中，一般不需调节 pH，对温度要求也不高，操作方便、成本较低，有明显的经济效益。

参考文献

Agulló E，Rodríguez M S，Ramos V，et al. Present and future role of chitin and chitosan in food [J]. Macromolecular Bioence，2003，3 (S)：521—530.

Ahmad A L，Sumathi S，Hameed B H. Coagulation of residue oil and suspended solid in palm oil mill effluent by chitosan，alum and PAC [J]. Chemical Engineering Journal，2006，118 (1)：99—105.

Chen B，Luo J，Yuan Q，et al. Heterogeneous chitin fibers of Tumblebug cuticle and pullout energy of dendritic fiber [J]. Computational Materials Science，2010 (49)：326—330.

Chiou M S，Chuang G S. Competitive adsorption of dye metanil yellow and RB15 in acid solutions on chemically cross—linked chitosan beads [J]. Chemosphere，2006，62 (5)：731—740.

Goycoolea F M，Argueelles—Monal W，Peniche C，et al. Chitin and chitosan [J]. Developments in Food Science，2000 (41)：265—308.

Hirano S，Midorikawa T. Novel method for the preparation of N—acylchitosan fiber and N—acylchitosan—cellulose fiber [J]. Biomaterials，1998，19 (1—3)：293—297.

Hitoshi，Sashiwa，Yoshihiro. Chemical modification of chitosan 10 synthesis of dendronized chitosansialic acid hybrid using convergent grafting of preassembled dendrons built on gallic acid and tri (ethylene glycol) backbone [J]. Macromolecules，2001，34 (12)：3905—3909.

Hutadilok N，Mochimasu T，Hisamori H，et al. The effect of N—substitution on the hydrolysis of chitosan by an endo—chitosanase [J]. Carbohydrate Research，1995 (268)：143—149.

Ifuku S，Nogi M，Yoshioka M，et al. Fibrillation of fried chitin into 10～20 nm nanofibers by a simple grinding method under acidic conditions [J]. Carbohydrate Polymers，2010，81 (1)：134—139.

Jenkins D W，Hudson S M J. Heterogeneouschloroacetylation of chitosan powder in the presence of sodium bicarbonate [J]. Journal of Polymer Science Part A：Polymer Chemistry，2001 (39)：4174—4181.

Krajewska B. Application of chitin—and chitosan—based materials for enzyme immobilizations：A review [J]. Enzyme and Microbial Technology，2004，35 (2)：126—139.

Kurita K. Controlled functionalization of the polysaccharide chitin [J]. Progress in Polymer Science，2001 (26)：1921—1971.

İlhan，Uzun. Kinetics of the adsorption of reactive dyes by chitosan [J]. Dyes and Pigments，2006，70 (2)：76—83.

Ligia V，Silva A D，Prinyawiwatkul W，et al. Effect of preservatives on microbial safety and quality of smoked blue catfish (Ictalurus furcatus) steaks during room — temperature storage [J]. Food Microbiology，2008，25 (8)：958—963.

Rinaudo M. Chitin and chitosan：Properties and applications [J]. Progress in Polymer Science，2006 (31)：603—632.

Sagoo S，Board R，Roller S. Chitosan inhibits growth of spoilage micro—organisms in chilled pork products [J]. Food Microbiology，2002，19 (3)：175—182.

Sashiwa H，Shigemasa Y，Roy R. Chemical modification of chitosan 8：Preparation of chitosandendrimer hybrids via short spacer [J]. Carbohydrate Polymers，2002，47 (2)：191—199.

Vinsova J，Vavrikova E. Recent advances in drugs and prodrugs design of chitosan [J]. Current Pharmaceutical Design，2008，14 (13)：1311—1326.

Wang W，Zhu J，Wang X，et al. Dissolution behavior of chitin in ionic liquids [J]. Journal of Macromolecular Science，Part B，2010 (49)：528－541.

Wang Y，Guo J，Tang H. Pilot testing of dissolved air flotation (DAF) in a highly effective coagulation－flocculation integrated (FRD) system [J]. Environmental Letters，2002，37 (1)：95－111.

Xiao Z H，Zhang H J，Zhang M，et al. Application of chitosan in immobilization of enzyme [J]. Aouthwest National Defense Medicine，2005，15 (3)：339－341.

柴平海，张文清，金鑫荣. 甲壳素/壳聚糖开发和研究的新动向 [J]. 化学通报，1999 (7)：8－11.

陈凌云，杜予民，肖玲，等. 羧甲基壳聚糖的取代度及保湿性 [J]. 应用化学，2001，18 (1)：5－8.

陈煜，多英全，罗运军，等. 3，4，5－三甲氧基苯甲酰甲壳素的制备与表征 [J]. 功能高分子学报，2003，16 (4)：475－478.

程国君，沈琦，于秀华，等. 不同分子量壳聚糖配合 PAC 絮凝性能研究 [J]. 安徽理工大学学报 (自然科学版)，2009，29 (4)：35－38.

代昭. 烷基壳聚糖纳米微球的制备及其药物负载性能研究 [D]. 天津：天津大学，2003.

董炎明，汪剑炜，刘晃南，等. 甲壳素溶致液晶的研究 [J]. 高分子学报，1999 (4)：431－435.

董炎明，吴玉松，阮永红，等. 甲壳素类液晶高分子的研究Ⅷ：N－邻苯二甲酰化壳聚糖/DMSO 液晶溶液的热致相转变 [J]. 高分子学报，2003 (5)：714－717.

范彩霞，高文慧，陈志良，等. 体外评价羧甲基壳聚糖超顺磁氧化铁纳米粒的细胞毒性和巨噬细胞的摄取 [J]. 华西药学杂志，2010，25 (3)：290－293.

高礼. 壳聚糖应用于水处理的化学基础 [J]. 水科学与工程技术，2008 (10)：9－13.

韩德艳，蒋霞，谢长生. 交联壳聚糖磁性微球的制备及其对金属离子的吸附性能 [J]. 环境化学，2006，25 (6)：748－751.

韩志刚，陈卫. 磁性壳聚糖在水处理中的应用 [J]. 净水技术，2009 (1)：15－19.

胡巧玲，张中明，王晓丽，等. 可吸收型甲壳素、壳聚糖生物医用植入材料的研究进展 [J]. 功能高分子学报，2003，16 (2)：293－298.

黄燕，刘力. 壳聚糖保鲜研究及其在冷却肉保鲜中的应用 [J]. 动物医学进展，2010，31 (1)：63－65.

贾荣仙，聂容春. 龙虾壳甲壳素的提取和壳聚糖的制备及性能研究 [J]. 安徽化工，2010，36 (1)：41－43.

蒋挺大. 甲壳素 [M]. 北京：化学工业出版社，2003.

蒋挺大. 壳聚糖 [M]. 北京：化学工业出版社，2006.

蒋霞云，王慥，李兴旺. β－甲壳质及其脱乙酰衍生物的特性 [J]. 上海水产大学学报，2002，11 (4)：348－352.

李凤生，罗付生，杨毅，等. 磁响应纳米四氧化三铁/壳聚糖复合微球的制备及特性 [J]. 磁性材料及器件，2002，33 (6)：1－4.

李维莉，林南英，李文鹏，等. 从云南琵琶甲中提取甲壳素的研究 [J]. 云南大学学报 (自然科学版)，1999，21 (2)：139－140.

李文飞，张换换，周俊武. 改性壳聚糖在造纸中的应用 [J]. 湖北造纸，2010，2 (2)：34.

刘成金，黎厚斌，柯贤文，等. 壳聚糖类造纸助剂的作用机理及应用进展 [J]. 造纸化学品，2006，18 (2)：22.

马宁，汪琴，孙胜玲，等. 甲壳素和壳聚糖化学改性研究进展 [J]. 化学进展，2004，16 (4)：643.

马珊，肖玲，李伟. 良分散性磁性壳聚糖纳米粒子的制备及吸附性能研究 [J]. 离子交换与吸附，2010，26 (3)：272－279.
聂柳慧，韩永生. 用壳聚糖膜作保鲜包装材料的研究与应用 [J]. 中国包装工业，2005 (4)：54－55.
钱丹，刘明华，黄建辉. 制备脱乙酰甲壳素的研究 [J]. 福州大学学报（自然科学版），2005，33 (4)：549－552.
全水清，涂玉. 壳聚糖衍生物在水处理中的应用 [J]. 广东化工，2008，35 (4)：81－82.
沈丹，吕娟丽，孙慧萍，等. 壳聚糖及其衍生物作为药用辅料的应用进展 [J]. 解放军药学学报，2010 (3)：255－257.
唐星华，陈孝娥，万诗贵. 壳聚糖及其衍生物在水处理中的研究和应用进展 [J]. 水处理技术，2005，31 (11)：12－15.
唐星华，童永芬，金仲文，等. 杯[6]芳烃衍生物改性壳聚糖的合成及吸附性能研究 [J]. 分子材料科学与工程，2007，23 (3)：243－246.
汪源浩，隋卫平，王恩峰，等. 壳聚糖的化学改性及应用研究进展 [J]. 济南大学学报（自然科学版），2007，21 (2)：140－144.
王敦，胡景江，刘铭汤. 从油葫芦中提取甲壳素的初步研究 [J]. 西北农林科技大学学报（自然科学版），1999，21 (2)：139－140.
王惠武，董炎明，赵雅青. 甲壳素/壳聚糖接枝共聚反应 [J]. 化学进展，2006 (5)：601－608.
王小红，马建标，何炳林. 甲壳素、壳聚糖及其衍生物的应用 [J]. 功能高分子学报，1999，12 (2)：197－203.
王旭颖，董安康，林强. 壳聚糖烷基化改性方法研究进展 [J]. 化学世界，2010，51 (6)：370－374.
吴建一，谢林明. 蛹壳中提取甲壳素及微晶化晶体结构的研究 [J]. 蚕业科学，2003，29 (4)：399－403.
许峰，马建标，李燕鸿，等. 甲壳素－g－聚 l－亮氨酸共聚物的制备及表征 [J]. 功能高分子学报，2003 (2)：137－141.
袁淏，李霄峰，谢鸿飞，等. 壳聚糖的制备及其在食品防腐保鲜上的应用效果研究 [J]. 河北农业科学，2010，14 (4)：88－90.
张步宁，崔英德，陈循军. 甲壳素/壳聚糖医用敷料研究进展 [J]. 化工进展，2008 (4)：520－525.
张江，高善民，戴瑛，等. β－甲壳质纳米颗粒的制备与热稳定性 [J]. 精细化工，2006，23 (7)：13－117.
张兴松，李明春，辛梅华，等. 壳聚糖及其衍生物在水处理中的应用新进展 [J]. 化工进展，2008 (12)：1948－1953.
周秀琴. 日本食品废水处理研究技术动态 [J]. 发酵科技通讯，2007，36 (3)：48－50.

第6章　其他天然多糖材料

多糖（Polysaccharide）是由多个单糖分子缩合、失水而成的一类分子结构复杂且庞大的糖类物质。多糖在自然界分布极广，生物学功能多样，如肽聚糖和纤维素是动植物细胞壁的组成成分，糖原和淀粉是动植物储藏的养分。部分多糖具有特殊的生物活性，如人体中的肝素有抗凝血作用，肺炎球菌细胞壁中的多糖有抗原作用。多糖材料在医药、生物材料、食品、日用品等领域有着广泛的应用，随着对可持续发展的日益重视，以多糖为基础制备材料受到越来越多的关注。除常见的纤维素、淀粉、甲壳素/壳聚糖三类多糖外，其他多糖（如海藻酸钠、黄原胶、半乳甘露聚糖等天然多糖）由于特殊的结构和性质也逐渐引起人们的关注。

6.1　海藻酸钠

海藻酸钠又称褐藻胶钠、海带胶、褐藻胶等。海藻酸钠是存在于褐藻中的天然高分子，是从褐藻类的海带或马尾藻中提取碘和甘露醇之后的副产物。海藻酸钠是线型聚糖醛酸高分子电解质，在所有海生褐藻细胞壁和一些特定的细菌中都存在这种亲水性的天然高分子。海藻酸钠被FAO（联合国粮食及农业组织）、WHO（世界卫生组织）等国际机构认定为具有高度安全性和生物相容性。海藻酸钠还具备储量巨大、可再生的特点。海藻酸钠具有抗肿瘤、消除自由基和抗氧化、调节免疫能力、抗高血脂、降低血糖、抵抗辐射等作用，在体内有抗凝血作用，可用来治疗心血管疾病；在体外有止血作用，可用来开发外用医疗敷料。

6.1.1　海藻酸及海藻酸钠的结构

海藻酸（Alginic acid）是海藻细胞壁和细胞间质的主要成分，海藻酸是由单糖醛酸线型聚合而成的多糖，单体为β－D甘露醛酸（M）和α－L－古洛糖醛酸（G）。海藻酸的M单元和G单元以MM、GG或MG的组合方式通过1,4糖苷键相连成为嵌段线型多糖聚合物。古洛糖醛酸和甘露糖醛酸两种单体的结构式非常相似，区别仅仅是羧基的位置不同。G单元中的羧酸基团位于C—C—O原子组成的三角形峰顶部，而M单元中的羧酸基团会受到周围原子的束缚，这样就使得G单元比M单元易于与金属离子结合，而M单元的生物相容性较G单元好。海藻酸的大分子链是由三种不同的片段，即

$(GG)_n$ 片段、$(MM)_n$片段、$(MG)_n$片段构成，其结构式如图 6.1 所示。海藻酸的性能受 G 单元和 M 单元含量的影响。例如，两种海藻酸单体与钙离子的结合力不同，形成的凝胶性能有所差别：高 G 型海藻酸盐形成的凝胶硬度大，但易碎；高 M 型海藻酸盐形成的凝胶则正好相反，胶体软，但弹性好。所以通过调整产品中 M 单元和 G 单元的比例可以生产不同强度的凝胶。海藻酸用碱中和可得到海藻酸钠，分子式为 $(C_6H_7O_6Na)_n$，相对分子质量范围为 1 万～60 万道尔顿。海藻酸钠的结构在分子水平上有四种连接方式，包括 MM、GG、MG 和 GM。海藻酸钠的 G 单元和 M 单元的序列及其含量主要依赖于海藻酸钠的产地和海藻的成熟程度。海藻酸钠在水中溶解性良好，具有很高的电荷密度，属于具有生物降解性、生物相容性的聚电解质。

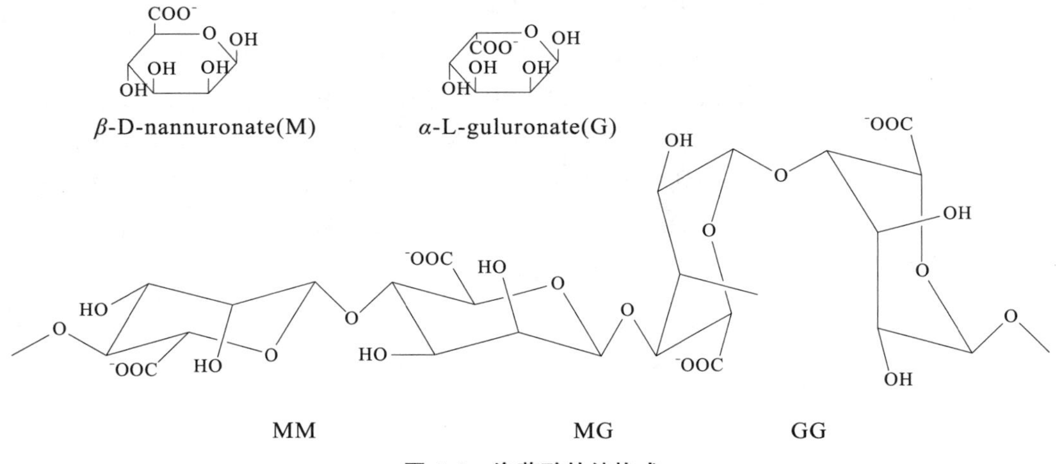

图 6.1　海藻酸的结构式

海藻酸的结构中的 MM 片段韧性较大、易弯曲，是由于两个 M 的 O_5（环内氧）和 O_3—H 间存在较弱的链内氢键。均聚的 GG 片段为双折叠螺旋构象，其分子链结构扣得很紧，形成的锯齿形构型灵活性低、不易弯曲，两个 G 单元间以直立的糖苷键相连，O_2—H 和 O_6（羧基氧，分子负电荷比 M 的环内氧大）间存在链内氢键。均聚的 GG 片段间会形成钻石形的亲水空间，当这些空间被 Ca^{2+} 占据时，Ca^{2+} 与 G 单元上的多个 O 原子发生螯合作用，Ca^{2+} 像鸡蛋一样位于蛋盒中，与 G 单元形成了“蛋盒”结构（图 6.2），海藻酸链间结合更紧密，产生较强协同作用，链间的相互作用会导致形成三维网络结构凝胶，GM 交替嵌段在生成凝胶的过程中起着连接各嵌段的作用。均聚的 M 单元在 Ca^{2+} 浓度非常高的情况下，由羧基阴离子按聚电解质行为反应，生成伸展的交联网状结构，不能与 Ca^{2+} 形成类似“蛋盒”结构。在海藻酸分级提纯中，MM 片段、GG 片段海藻酸产品非常重要。古洛糖醛酸（G）和甘露糖醛酸（M）具有完全不同的分子构象，G 单元呈螺旋卷曲型构象，M 单元呈伸展型构象。两种糖醛酸在分子中的比例、所在位置都会直接导致海藻酸的性质存在差异，如黏性、胶凝性、离子选择性等。MM 片段、GG 片段和 MG 片段性质不同：GG 片段具有凝血、止血作用，适宜织成止血纱布，生产止血剂、止血粉等；MM 片段具有抗凝血性，适宜用作心脑血管及抗凝血药物。在水溶液中，海藻酸的弹性为：MG＞MM＞GG；在具有低 pH 的酸性环境中，MM 片段可溶，GG 片段难溶，MG 片段比其他两种嵌段共聚物的溶解性能更好。海藻酸具有较高 MM 片段含量时，具有较快的酯化速率，达 90％以上，有突出的乳化稳定性能。

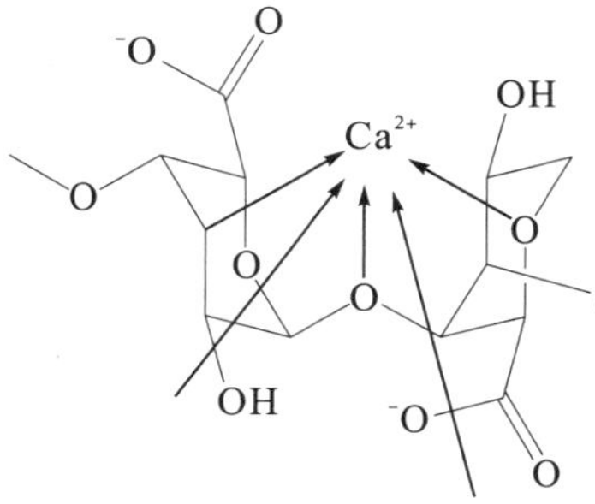

图 6.2　海藻酸与 Ca^{2+} 形成的“蛋盒”结构

6.1.2　海藻酸钠的提取

海藻酸钠的提取往往伴随着降解发生，这就限制了海藻酸钠的提取与应用。海藻酸钠在水溶液或一定含水率的干品中都会发生不同程度的降解，在低于 60℃的条件下降解速率较慢，性质相对较稳定。此外，海藻酸钠在溶液接近中性（pH＝6～7）时较稳定，降解速率较慢。

提取海藻酸钠的原料种类不同，所得提取物的成分差别很大，在一定程度上增加了海藻酸钠的提取难度，使海藻酸钠的提纯步骤繁杂、产品成本高。目前，提取海藻酸钠常用的方法包括酸凝—酸化法、钙凝—酸化法、钙凝—离子交换法和酶解法等。这些提取工艺各有优点和不足。例如，酸凝—酸化法的酸凝过程的沉降速率慢、沉淀颗粒小、不易过滤、易降解、提取率低、纯度低、工艺复杂，目前已逐渐被淘汰。钙凝—酸化法是目前工业生产最常采用的海藻酸钠提取工艺，在此工艺流程中，钙析速率比较快，沉淀颗粒较大，但在脱钙时加入盐酸会导致海藻酸降解，造成产物提取率降低、黏度下降。因此，目前已有部分厂家试图采用新方法替代钙凝—酸化法。钙凝—离子交换法产品提取率、纯度较高，稳定性较强，是目前较理想的可用于工业化生产的工艺。钙凝—离子交换法钙析速率快，沉淀颗粒大，采用离子交换法脱钙可减少工序，提高产品收率，增强产品稳定性和均匀性，所得产品在储存过程中黏度稳定。酶解法也可用于提取海藻酸钠，酶解法是在一定条件下用纤维素酶溶液浸泡原料，原料细胞壁被酶分解而使海藻酸钠溶出，从而获得海藻酸钠产品。此外，超滤法也可以提取海藻酸钠，具有能耗低、杂质质量分数低、产量高的特点，是提取海藻酸钠的理想的新工艺，但目前存在成本较高的问题，仍需进一步研究。

6.1.3　海藻酸钠的物理化学性质

海藻有红藻、绿藻、褐藻（海带、马尾藻）等种类。海藻酸钠的分子式为 $(C_6H_7O_6Na)_n$，无臭、无味，白色或淡黄色不定型粉末，易溶于水，海藻酸钠的水溶液具有较高的黏度，加入温水使之膨化。海藻酸钠吸水后体积可膨胀10倍，其水溶液黏度主要随聚合度和浓度而变，糊化性能良好，当其水溶液pH为6～9时，黏性稳定、吸附性强、持水性能好，不溶于乙醇、乙醚、氯仿和酸性溶液（pH<3）。海藻酸钠在单元糖上具有羧基和羟基等功能基团，是一种阴离子聚电解质。海藻酸钠溶液因保持着呈负离子的基团（$—COO^-$），故有负电荷，其疏水性悬浊液有凝集作用。海藻酸钠可以和大多数添加剂分子（带正电荷分子除外）共溶，已被用作食品的增稠剂、稳定剂、乳化剂等。海藻酸钠溶液具有一定的黏附性，可用作黏性药物载体；在食品中常利用其黏附性用作增稠剂。海藻酸钠是链锁状高分子化合物，具有形成纤维和薄膜的能力。

海藻酸钠的pH敏感性源于海藻酸钠中的$—COO^-$基团，在酸性条件下会逐渐形成海藻酸凝胶。$—COO^-$在酸性条件下转变成—COOH，电离度显著降低，导致海藻酸钠的亲水性降低，因此海藻酸钠水溶液遇酸会析出，强度减弱。将海藻酸凝胶加入碱溶液中可恢复其原先黏度；当pH增加时，海藻酸会溶解，恢复原先黏度，—COOH不断解离，海藻酸钠的亲水性增加。海藻酸钠能够耐受短暂的高碱性（pH>11），但较长时间的高碱性会使黏度下降。海藻酸钠在pH=6～11时稳定性最佳，在pH<6时海藻酸析出，在pH>11时凝聚。海藻酸钠的黏度在pH=7时最大，但随温度的升高而显著下降。海藻酸钠的pH依赖性对其作为靶向药物载体十分有利，在胃液的较低pH环境中，海藻酸钠会收缩，形成致密不溶解的膜，其包裹的药物不会释放出来，在进入高pH环境的肠道时，海藻酸钠膜会溶解，释放所包裹的药物。

海藻酸钠可与二价离子发生配位作用，作为螯合剂在温和条件下与二价阳离子（Ca^{2+}、Zn^{2+}）等形成凝胶，如将少量的Ca^{2+}添加到溶液中时，Ca^{2+}与海藻胶体系中部分Na^+和H发生交换，G单元堆积，从而形成交联网络结构，得到海藻酸钙凝胶的热稳定性好，高温下不会解离。由于海藻酸钠形成凝胶的条件温和，可避免敏感性药物、蛋白质、细胞和酶等活性物质的失活，因此，适合作为药物载体、酶固定载体等。

海藻酸钠可以经受短暂的高温杀菌，但长时间高温会使其黏度下降。同时，海藻酸钠通过不同物理和化学方法可进行改性，以制备凝胶、膜等多种材料，在医学、环境、食品等领域应用广泛。

6.1.3.1 物理交联

海藻酸钠通过缠结点、微晶区、氢键等物理结合的方式可形成水凝胶。物理交联的海藻酸钠水凝胶在生物材料方面具有一定的应用前景。

1. 离子交联

海藻酸钠的分子中含有$—COO^-$基团，向海藻酸钠的水溶液中加入二价阳离子会使海藻酸钠溶液G单元的Na^+与二价阳离子发生离子交换，从而导致海藻酸钠由溶液向凝胶转变。阳离子与海藻酸钠结合的能力如下：$Pb^{2+}>Cu^{2+}>Cd^{2+}>Ba^{2+}>Sr^{2+}>Ca^{2+}>Co^{2+}$、$Ni^{2+}$、$Zn^{2+}>Mn^{2+}$。$Ca^{2+}$并不是阳离子中与海藻酸钠结合能力最强的，其螯合能力低于Pb^{2+}和Cu^{2+}，但Ca^{2+}无生物毒性，因此，常用作海藻酸钠水凝胶的交联剂。

原位释放法、直接滴加法和反滴法是用Ca^{2+}交联制备海藻酸钠水凝胶的常见方法。

原位释放法是指以葡萄糖酸内酯（GDL）与碳酸钙（$CaCO_3$）或硫酸钙（$CaSO_4$）组成复合体系作为钙离子源制备海藻酸钠水凝胶的方法。该方法在葡萄糖酸内酯溶解时会缓慢地释放 H^+，H^+ 可分解碳酸钙释放 Ca^{2+}，从而形成均匀的凝胶。

直接滴加法是指把海藻酸钠的水溶液直接滴入含有 Ca^{2+} 的水溶液中制备海藻酸钠凝胶的方法。该方法中钙离子由外向内渗透，凝胶粒子的外层交联密度较大。

将含有 Ca^{2+} 的水溶液滴入海藻酸钠的水溶液中制备海藻酸钠凝胶的方法称为反滴法。该方法中钙离子由内向外渗透，凝胶粒子的内层交联密度较大。直接滴加法和反滴法制备的凝胶粒子的交联密度不均匀。

2. 离子交联双网络凝胶

经离子交联后的海藻酸钠还可以与其他材料复合制备双网络复合功能凝胶。例如，采用原位聚合方法可制备丙烯酰胺－羧甲基壳聚糖－海藻酸钠双网络凝胶，这种凝胶的断裂强度为 11.0 kPa，最大伸长长度为原长度的 11.5 倍。而离子交联的海藻酸钠凝胶的断裂强度为 3.7 kPa，最大伸长长度为原来长度的 1.2 倍；聚丙烯酰胺凝胶的断裂强度为 11.0 kPa，最大伸长长度为原来长度的 6.6 倍。丙烯酰胺－羧甲基壳聚糖－海藻酸钠双网络水凝胶的断裂强度和最大伸长长度都超过采用原料本身所制备的凝胶，这主要是由于海藻酸钠高伸缩性的离子键和共价交联共同形成了双网络结构，因而其力学性能优于传统凝胶。

这种双网络反应体系中包括单体丙烯酰胺、交联剂（亚甲基双丙烯酰胺）、引发剂（过硫酸钾）和海藻酸钠、羧甲基壳聚糖，涉及接枝共聚反应和物理共混。其中，以羧甲基壳聚糖为基质接枝丙烯酰胺单体，然后与交联剂形成网络，海藻酸钠大分子以物理缠结方式贯穿于羧甲基壳聚糖接枝丙烯酰胺交联网络中。双网络聚合体系中的水被交联网络和海藻酸钠组分吸收，形成海藻酸钠和羧甲基壳聚糖接枝丙烯酰胺水凝胶，如图 6.3 所示。

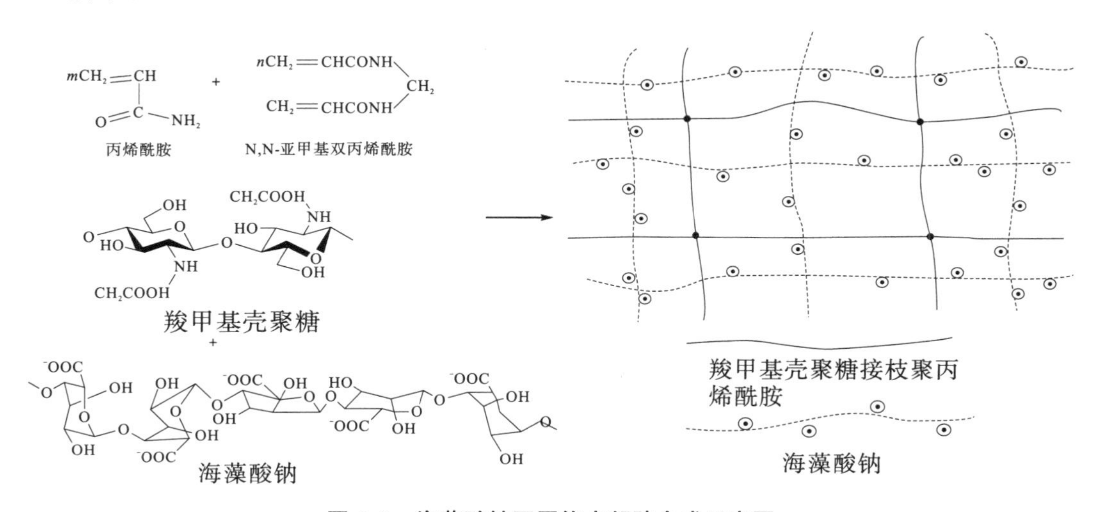

图 6.3　海藻酸钠双网络水凝胶合成示意图

凝胶的平衡溶胀度与网络的弹性、网络和溶剂的相互作用以及网络的交联密度三个因素有关。

海藻酸钠水凝胶是具有较高弹性的固体，也是高浓度的高分子溶液，小分子（如水或其他离子）可在凝胶中扩散、渗透。水凝胶不能溶解在溶剂中，但可以吸收溶剂发生溶胀。当溶剂渗入水凝胶聚合物内部，聚合物体积会膨胀，另外，聚合物膨胀后可产生弹性收缩能，当这两种相反作用达到平衡时，凝胶即达到溶胀平衡状态。凝胶溶胀平衡后与之前的体积比称为溶胀比，水凝胶聚合物的交联度、溶剂的性质、压力、温度等都会影响溶胀比。水凝胶具有类似于胞外基质的结构，在组织工程中有重要应用，而水凝胶的含水量直接影响其在组织工程中的应用。

增加钙的用量可使海藻酸盐凝胶的网络结构更紧密，可吸收更多的水分，使吸水率上升。但是，钙的用量超过一定程度会导致凝胶的网络结构过于致密，孔隙变少，从而使吸水率降低。

增大交联剂用量可提高海藻酸钠水凝胶体系的交联程度，增强凝胶大分子体系的分子间、分子内作用力，使凝胶具有较致密的网络结构，影响容纳水等溶剂的空间。水凝胶的溶胀度随着凝胶中交联剂用量的增加而增大，这是由于增加交联剂用量会增强凝胶网络的亲水性。

水凝胶中海藻酸钠（或壳聚糖）的含量不同，水凝胶网络形成氢键的强弱程度也不同，会影响海藻酸钠聚合物网络链段间的作用（氢键作用），限制链段的伸展，导致凝胶的溶胀度下降。

增大钙离子浓度有助于提高双网络凝胶的强度，其拉伸强度和断裂强度随钙离子浓度的增大而提高。当钙离子浓度为 18%时，形成的凝胶的拉伸强度和断裂强度达到最大值。超过 18%后继续增大钙离子的浓度，凝胶的拉伸强度、断裂强度随之下降。这主要是因为当海藻酸钠浓度一定、钙离子浓度较低时，海藻酸钠与钙离子交换不完全，形成的凝胶较弱，强度较小。钙离子浓度增大后，有助于钙离子与海藻酸钠发生离子交换，形成的海藻酸钙网络结构致密，且大分子间的相互作用加强，导致其断裂强度增大，断裂伸长率较好。进一步增大钙离子浓度会导致网络结构失去弹性。采用羧甲基壳聚糖与海藻酸钠制备离子交联双网络凝胶时，钙离子与海藻酸钠的最佳配比为 0.18∶1。

羧甲基壳聚糖、海藻酸钠和丙烯酰胺的配比也对离子交联双网络凝胶的力学性能有显著影响。综合考虑凝胶的断裂伸长率和断裂强度，当壳聚糖的浓度为 12.5%时，形成的凝胶的最大断裂伸长率可达 1121%，断裂强度为 63.3 kPa。

3. 静电、氢键及疏水作用

海藻酸钠是一种聚阴离子电解质，可以与聚阳离子电解质通过静电作用形成聚电解质复合物。形成聚电解质复合物的过程是可逆的，常采用静电作用力作为主要驱动力驱动海藻酸钠与聚阳离子如壳聚糖、聚(L－赖氨酸)、聚(丙烯酰氧乙基三甲基氯化铵－co－甲基丙烯酸羟乙酯)、聚烯丙基胺聚(L－鸟氨酸)、聚(甲基丙烯酸二甲氨基乙酯－co－甲基丙烯酸酯）等形成聚电解质复合物。海藻酸钠与聚阳离子电解质的物质的量之比、多糖的相对分子质量，以及溶液的 pH、离子强度等都会影响所形成的聚电解质复合物微囊或微粒的性能。

壳聚糖分子单元上有大量氨基，溶解于乙酸后带大量正电荷，而海藻酸钠溶解于水后带大量负电荷，壳聚糖溶液和海藻酸钠溶液可以通过正、负电荷吸引形成聚电解质膜。海藻酸钠−壳聚糖聚电解质复合物对茶碱等难溶性药物具有较好的缓释效果（疏水性的聚己内酯接枝到海藻酸钠的骨架上可提高对茶碱的负载量），若聚电解质复合物的内核或内表面为海藻酸钠，则该聚电解质复合物对带有正电荷的药物的负载量高；若以壳聚糖为内核，则聚电解质复合物可作为药物缓释材料负载带负电荷的药物。

常见的海藻酸钠−壳聚糖聚电解质复合物的制备包括一步法、两步法和复合法。

将海藻酸钠溶液和含有钙离子的壳聚糖混合溶液以滴加的方式缓慢混合形成聚电解质复合物微囊的方法称为一步法。

先将海藻酸钠用钙离子交联制备成凝胶粒子，再利用壳聚糖溶液在凝胶粒子的表面形成一层聚电解质复合物膜的方法称为两步法。该方法形成的凝胶复合物内层和外层分别是海藻酸钙凝胶珠层和壳聚糖−海藻酸钠复凝层。

先制备海藻酸钠−壳聚糖聚电解质复合物凝胶微囊，再用双官能团小分子交联剂对微囊表面进行修饰而制备复合凝胶的方法称为复合法。例如，该方法首先将海藻酸钠溶液、乳化剂和芯材高剪切制备乳液，然后加入氯化钙形成凝胶；凝胶形成后，凝胶化的海藻酸盐与壳聚糖进行反应形成微囊，再用醛或酸等对微囊进行表面修饰交联。采用该方法形成的凝胶复合物内层、中间和最外层分别是海藻酸钙凝胶珠、壳聚糖−海藻酸钠复凝层、壳聚糖与戊二醛等固化剂形成的固化交联层。

迅速降低海藻酸钠水溶液的 pH 可得到海藻酸，当缓慢或可控地释放出氢质子可得到海藻酸凝胶。葡萄糖酸内酯、过硫酸钾等均可释放出 H^+，海藻酸钠在葡萄糖酸内酯、过硫酸钾存在的情况下可以得到均匀的海藻酸凝胶。例如，采用过硫酸钾为质子源，加热过硫酸钾使其缓慢分解，为海藻酸钠缓慢提供氢质子，海藻酸钠中的—COO^- 接受氢质子会逐渐转变成—COOH，继而海藻酸钠自组装形成胶束。—COOH 会降低海藻酸钠的亲水性，—COOH 之间还可以形成氢键，使海藻酸钠的部分链段不溶于水而形成疏水性内核，而含—COO^- 的链段形成亲水性的壳层，海藻酸钠自组装形成胶束。当过硫酸钾分解时间延长，海藻酸钠自组装体由核壳结构的胶束逐渐转变成结构致密的粒子。

6.1.3.2　化学反应

海藻酸钠结构单元上富含羟基和羧基，小分子交联剂或其他聚合物的活性官能团可以与海藻酸钠糖醛酸单元的羟基和羧基发生一系列化学反应。

1. 羟基交联反应

海藻酸钠糖醛酸单元的羟基可与戊二醛、环氧氯丙烷、硼砂等小分子发生交联反应形成海藻酸钠凝胶。例如，海藻酸钠与戊二醛在盐酸的催化作用下可发生缩醛反应，制得交联凝胶。戊二醛交联的海藻酸钠水凝胶可以在一定程度上改善钙离子交联的海藻酸钠凝胶粒子对药物的“突释”现象，但是存在药物负载率低的问题。向凝胶网络中引入瓜尔豆胶等亲水性的非离子型聚合物，可解决这个问题，如海藻酸钠−瓜尔豆胶水凝胶对蛋白质的负载率有很大程度的提高，而且缓释性能更好。

海藻酸钠还可以与环氧氯丙烷发生交联反应，所形成海藻酸钠凝胶的黏度较大。通过环氧氯丙烷交联，质量分数为1%的海藻酸钠溶液的黏度可从560 mPa·s上升到680 mPa·s。环氧氯丙烷交联海藻酸钠的热稳定性较好，升温到70℃，交联产物黏度下降并不显著。

海藻酸钠与硼砂发生交联反应形成交联凝胶。硼砂是一种弱碱，溶于水后生成硼酸（H_3BO_3），可与OH^-结合生成硼酸根离子。海藻酸钠结构单元上的羟基可与硼酸根离子发生缩合反应形成交联。

戊二醛、环氧氯丙烷、硼砂等交联剂均具有一定的生物毒性，在用作水凝胶进行使用前应完全除去。在不使用有毒小分子引发剂和交联剂的情况下，将海藻酸溶于NaOH的水溶液中，海藻酸（SA）中的羟基会在NaOH的作用下转变成O^-，从而在海藻酸钠羟基上引入Na^+形成$SAONa^+$。进一步加入聚丙烯腈（PAN）线型分子，$SAONa^+$中的氧负离子进攻—CN中的碳原子，CN键上的孤对电子又会进攻相邻单元中的腈基。PAN水解为丙烯酸钠和丙烯酰胺的共聚物，最终与海藻酸钠形成海藻酸钠聚(丙烯酸钠－co－丙烯酰胺)。海藻酸钠聚(丙烯酸钠－co－丙烯酰胺）水凝胶具有较好的耐盐性和pH敏感性，在水中的溶胀比最高可达610 g/g。

2. 羧基交联反应

海藻酸钠溶于水后，其分子结构中的羧基以—COO^-的形式存在，用1－乙基－(3－二甲基氨基丙基)碳二亚胺/N－羟基琥珀酰亚胺（EDC/NHS）将羧基活化，再与带有伯胺的分子（如乙二胺、蛋白质等）可发生羧基缩合反应。例如，海藻酸钠经EDC/NHS活化后可与血清蛋白发生交联反应，以人血清白蛋白（HAS）作为交联剂制备的海藻酸钠水凝胶可作为药物载体负载带有正电荷的二丁卡因（局部麻醉药），具有较大的负载量和良好的缓释效果。

3. 席夫碱交联反应

海藻酸钠还可以与二胺或多胺类物质通过席夫碱反应进行交联。海藻酸钠分子的糖醛酸单元的顺二醇结构中的C—C键可被$NaIO_4$氧化生成两个醛基，醛基的反应活性高于—OH和—COO^-，可加快海藻酸钠与二胺或多胺类物质发生席夫碱交联反应的速率。同时，部分氧化会导致海藻酸钠的相对分子质量减小，且采用多官能团的大分子交联剂可以明显改善凝胶的机械性能。例如，部分氧化的海藻酸钠经聚乙二醇二胺交联制得的水凝胶，具有较高的弹性模量。

明胶含有大量的氨基，可以与部分氧化的海藻酸钠的醛基通过席夫碱反应制备交联凝胶。海藻酸钠和明胶都无毒无害，其经过席夫碱交联所得凝胶可作为注射凝胶负载药物。海藻酸钠的氧化度越大，凝胶的交联密度越大，凝胶的溶胀比越小。采用乙二胺对明胶进行改性可提高氨基的含量，改性明胶与氧化的海藻酸钠在37℃反应10 s即可形成凝胶。

4. 双键交联反应

甲基丙烯酸－2－氨基乙酯单体中的氨基与氧化海藻酸钠中的羧基在EDC的催化作用下可发生缩合反应，得到带有双键的氧化海藻酸钠。这种改性的氧化海藻酸钠中既有醛基，又有双键，可通过双键的交联反应制备水凝胶，这种带有双键的氧化海藻酸钠制备的水凝胶的生物相容性更好。

采用甲基丙烯酸酐对海藻酸钠中的羧基进行修饰，可得到带有双键的甲基丙烯酰化海藻酸钠（MA－LVALG），以2－羟基－4－(2－羟乙氧基)－2－甲基苯丙酮为光引发剂，甲基丙烯酰化海藻酸钠在紫外光照射下可发生双键交联形成水凝胶。该方法虽然可提高凝胶的稳定性和机械强度，但所形成的凝胶的吸水能力低，且光引发剂较难从凝胶中清除。

5. 接枝共聚

海藻酸钠在引发剂、交联剂、接枝单体的作用下可发生接枝共聚反应。以过硫酸铵（APS）作为引发剂作用于海藻酸钠，可使其羟基生成海藻酸钠羟基自由基（SAO·自由基），该自由基可以引发单体聚合。N，N－亚甲基双丙烯酰胺（NMBA）是带有两个双键的小分子交联剂，若体系中同时存在引发剂过硫酸铵、N，N－亚甲基双丙烯酰胺和接枝单体（如纤维素、淀粉）等，则可制备海藻酸钠的接枝共聚物水凝胶。例如，以过硫酸铵为引发剂制备具有pH敏感性、盐敏感性的海藻酸钠－羧甲基纤维素钠（CMC）水凝胶，水凝胶在pH＝8.0时溶胀比最大，一价阳离子盐溶液中的溶胀比顺序为：LiCl>NaCl>KCl。

6. Staudinger反应

海藻酸钠经过化学修饰后，可得到含叠氮基团的改性海藻酸钠，可发生Staudinger反应形成交联凝胶。例如，制备两个端基分别为叠氮的聚乙二醇（PEG），再将其中一个端基还原成氨基（N_3－PEG－NH_2）。N_3－PEG－NH_2 中的氨基可与海藻酸钠中的羧基发生缩合反应，从而将叠氮基团引入海藻酸钠（alginate－PEG－N_3）的分子链中。Staudinger反应基团为叠氮与三苯基膦，制备两个端基为三苯基膦基团（MDT－PEG－MDT）的PEG，将alginate－PEG－N_3 和MDT－PEG－MDT的水溶液混合并加热，叠氮与三苯基膦反应一定时间后即可形成水凝胶。

6.1.3.3 酶交联

通过对海藻酸钠进行酶促交联反应可制备凝胶。海藻酸钠采用酶交联法制备凝胶可以避免使用有毒的小分子交联剂，提高凝胶的强度以及生物相容性。酶具有高效性、反应条件温和、专一性的特点，可避免副反应的发生。例如，通过辣根过氧化物酶（HRP）催化，将酪胺（Tyramine）接枝到海藻酸钠或羧甲基纤维素钠的骨架上，可制得含有苯酚基团的海藻酸钠（SA－Ph）或羧甲基纤维素钠（CMC－Ph），然后将辣根过氧化物酶和 H_2O_2 加入SA－Ph或CMC－Ph的水溶液中，室温反应30 s即可得到交联的海藻酸钠水凝胶或海藻酸钠－羧甲基纤维素钠微囊。

6.1.3.4 互穿聚合物网络

离子交联的海藻酸钠凝胶是刚性且易碎的，不能以膜或者纤维形式保存，通过互穿聚合物网络向海藻酸钠凝胶中引入柔软性较好的链段如聚乙烯醇（PVA），可以增加凝胶的弹性。将海藻酸钠的PVA水溶液滴加到含有 Ca^{2+} 的水溶液中可以制得凝胶粒子，再经反复冷冻、解冻，可得到具有互穿网络结构的 Ca^{2+}－alginate/PVA水凝胶。

海藻酸钠的凝胶网络中引入温度敏感性高分子如聚(N－异丙基丙烯酰胺)，可使水凝胶具有温度敏感性。海藻酸钠/聚(N－异丙基丙烯酰胺）半互穿聚合物网络水凝胶中，海藻酸钠与聚(N－异丙基丙烯酰胺）均可分别为线性分子或者交联网络，该水凝胶只有在温度低于相转变温度（33℃）时，才表现出较明显的pH敏感行为，且海藻酸钠在水凝胶中的含量越多，水凝胶对温度和pH的响应速率越快。

互穿聚合物网络水凝胶可提高机械强度，响应速率会相应地减慢，水凝胶响应外界温度或pH的变化而发生溶胀或退溶胀的过程主要是高分子交联网络吸收或释放水分子的过程。多孔结构的互穿聚合物网络水凝胶，水分子的扩散通道增多，可解决响应速度减慢的问题。若将互穿聚合物网络水凝胶分别在蒸馏水中溶胀，然后在－55℃下冷冻，真空干燥制得具有多孔结构的互穿聚合物网络水凝胶，水凝胶溶胀或退溶胀的速率会变快，水凝胶响应外界温度或pH的变化也相应变快。

6.1.4 海藻酸钠的应用

海藻酸钠是一种线性天然生物大分子，在单元糖环上具有羧基和羟基等功能基团，具有良好的增稠性、成膜性、稳定性、絮凝性和螯合性，作为乳化剂、稳定剂、增稠剂广泛地用于农业、食品加工、药品和工业产品中。各类海藻酸钠衍生的凝胶，在水处理、医药、组织工程等领域也有较多的应用。

6.1.4.1 在食品工业上的应用

海藻酸钠已被广泛应用于食品工业。海藻酸钠具有低热无毒、易膨化、柔韧度高的特点，将其添加到食品中可发挥凝固、增稠、乳化、悬浮、稳定和防止食品干燥等功能。海藻酸钠是一种可食而又不被人体消化的大分子多糖，在胃肠中具有吸水性、吸附性、阳离子交换和凝胶过滤等作用，有助于排除体内重金属、增加饱腹感，还具有加快肠胃蠕动、预防便秘等功能。海藻酸钠是人体不可缺少的一种营养素——食用纤维，对预防结肠癌、心血管病、肥胖病，以及铅、镉等在体内的积累具有辅助治疗作用。海藻酸钠可代替明胶、淀粉作为冰激凌等冷饮食品的稳定剂，作为蛋糕、面包、饼干等的品质改良剂，作为乳制品增稠剂、啤酒泡沫稳定剂和酒类澄清剂。海藻酸钠改性材料可增加包装纸的拉伸强度。海藻酸钠薄膜可作为食品保鲜膜，促进食品冷藏保鲜，阻止细菌侵入，抑制食品本身的水分蒸发。

6.1.4.2 在医学上的应用

海藻酸钠本身对高血压、便秘等慢性病有一定疗效，并可降低血糖、血脂，减少胆固醇，具有防癌、抗癌、抗肿瘤、调节免疫能力、消除自由基和抗氧化、抵抗放射物质等作用，可用于治疗缺血性心脑血管疾病、冠心病和眩晕症，也可用作降低血液黏度及扩张血管的药物，以及牙科咬齿印材料、止血剂、涂布药、亲水性软膏基质、避孕药等。海藻酸钠还可以治疗脂肪肝，具有消除和抑制脂肪生成等效果。

海藻酸钠制备的三维多孔海绵体可替代受损的组织和器官，用作细胞或组织移植的基体。海藻酸钠是一种天然植物性创伤修复材料，用其制作的凝胶膜片或海绵材料，可用来保护创面和治疗烧伤与烫伤。

海藻酸钠作为医学材料应用广泛，主要包括药物载体、组织工程支架材料、医用敷料、抗菌材料等。

1. 药物载体

海藻酸钠属于阴离子聚电解质多糖，利用其与二价离子的结合性，其羧基能与二价阳离子交联形成凝胶微球，作为良好的软膏基质或混悬剂的增稠剂、缓释制剂的骨架、包埋和微囊等材料。例如，可利用海藻酸钠的水溶胀性作为片剂崩解剂，可利用其成膜性制备微囊。海藻酸盐凝胶微球能将药物或活性物质包裹在其腔体内，可防止药物突释，并具有生物相容性、pH敏感性、粒径适宜、口服无毒、释药速率适宜、无刺激性、不影响药物的药理作用、能完全包封囊心物，以及符合要求的黏度、渗透性、亲水性、溶解性等特性。

在药物中加入海藻酸钠，由于黏度增大，药物的释放时间延长，可减慢吸收、延长疗效、减轻副反应。例如，以海藻酸钠作为眼部药物载体，无需外加钙离子和其他二价或多价阳离子，海藻酸钠水溶液在眼泪中形成凝胶时仍是低黏度、自由流动的流体，能够延长药物释放并保持角膜长时间接触液体，可克服由于稀释和从眼中流失而造成的生物利用度低的缺点。海藻酸钠是酸性多糖，在胃内低pH环境中不溶解，在肠道相对高的pH环境下溶解，同时可被结肠酶系降解，因此，海藻酸钙、海藻酸－果胶－钙常被用来开发作为结肠定位给药的载体。如将海藻酸钠涂布在载有胰岛素的磷酸锌钙纳米颗粒表面，可提高该载药系统的肠道靶向性，胰岛素能在肠道模拟液中释放。

药物通过与海藻酸钠线型长链上的羧基和羟基反应将其接枝到大分子链上，然后通过分子自组装技术制备纳米微粒，可扩大海藻酸钠作为药物转运载体的使用范围，提高作用性能。例如，海藻酸钠和低相对分子质量的聚－L－赖氨酸所形成的微胶囊，可以保护内分泌器官移植后的免疫排斥作用。以气体喷雾的方式将海藻酸钠与明胶－碳酸钙纳米多孔颗粒的悬浮液喷入氯化钙溶液中，制备得到海藻酸钙包裹明胶－碳酸钙多孔纳米材料的微球，可降低地塞米松（Dexamethasone）的突释，且将药物释放量达到95%所需的时间延长到了14天，而单纯的碳酸钙多孔材料及明胶－碳酸钙多孔纳米材料所需的时间分别为4天和9天。

除了缓释作用，向海藻酸钠引入具有靶向性的化合物可制备海藻酸钠基靶向药物载体。例如，海藻酸钠接枝甘草次酸，可制备肝靶向纳米给药系统，同时包封亲水性和疏水性抗癌药物，或只对单一抗癌药物进行包封。利用海藻酸钠和壳聚糖对经过处理的单壁碳纳米管（SWCNTS）进行非共价修饰，并引入靶向分子叶酸和蒽环类抗癌药物阿霉素，可得到兼具缓释和靶向效果的胞内给药载体材料。

海藻酸钠具有亲水性，使其对疏水性药物的负载率较低，在制备凝胶粒子的过程中，通过物理共混引入液体石蜡、羟基磷灰石和镁铝硅酸盐等水不溶性物质，可以提高疏水性药物的载药量，延缓药物的释放。此外，引入硫酸软骨素、魔芋葡甘聚糖、淀粉、黄原胶、透明质酸钠和塔拉胶等水溶性物质，既可以提高凝胶粒子的机械强度，又可以延长药物的释放时间。

2. 组织工程支架材料

海藻酸钠复合材料具有较好的性能，可作为组织工程支架材料进行应用。例如，将羟基磷灰石、羧甲基壳聚糖、海藻酸钠通过物理共混，经共沉淀法可制备具有良好生物相容性和降解性能的纳米羟基磷灰石－羧甲基壳聚糖－海藻酸钠复合骨水泥，具有固化速度快、塑形方便、空隙多、骨黏合度强等特点，适合填充各种骨缺损。海藻酸钠－壳聚糖复合微球与纳米羟基磷灰石－壳聚糖复合材料进行物理混合，可制备微球形复合材料，具有较高孔隙率，且其中的微球在整个支架材料中分布均匀，可作为骨或软骨缺损的组织工程支架。

以海藻酸钠和纳米 TiO_2 复合材料进行物理共混可制备组织工程支架，这种海藻酸钠基组织工程支架能促进细胞的附着生长，可作为组织再生的组织工程支架。以海藻酸钠和壳聚糖及纳米二氧化硅共混可制备组织工程支架，具有多孔结构且无明显的细胞毒性，适合细胞浸润吸附，可促进蛋白质吸附，增加材料的控制肿胀能力，应用于骨组织工程。

3. 医用敷料

海藻酸钠具有良好的成凝胶性能和抗菌性，是一种理想的天然植物性创伤修复材料。海藻酸钠应用于医用敷料材料已比较成熟，目前已有商品化海藻酸钠与纳米材料混纺制备的复合纤维材料，可用于伤口缝合和包扎。将海藻酸加工成凝胶海绵、凝胶膜/片等材料，在治疗烫、烧伤和保护创面等方面有良好的应用效果。例如，当海藻酸钙接触伤口时，材料中的钙离子会与血液、伤口渗出液中的钠离子进行交换，并在伤口表面形成凝胶薄层，凝胶可使氧气通过并阻挡细菌，防止伤口感染，进而促进新组织的生长。毛细血管末端的血块由于钙离子释放而加速形成，从而达到迅速止血的目的。

除此之外，海藻酸钠与其他材料复合制备的功能材料可用作伤口敷料。例如，海藻酸钠和纳米氧化石墨烯通过物理共混可制备复合纤维，具有良好的生物相容性和细胞亲和力，可促进细胞的生长和增殖。用铁、铜等金属离子与海藻酸盐进行离子交换，可制成海藻酸铁、海藻酸铝、海藻酸铜等海藻酸纤维。这些海藻纤维有明显的抑菌和消肿效果，可用作伤口敷料。

海藻酸钠复合纳米抗菌材料可以作为医用敷料使用，例如，海藻酸钠的凝胶溶液与纳米银混合可制备海藻酸钠－纳米银复合海绵，纳米银在海藻酸钠体系中分散均匀，对肺炎克雷白杆菌、金黄色葡萄球菌等菌类有较理想的抑制效果，在抗炎特性及高效抑菌性方面性能突出。

4. 抗菌材料

海藻酸钠本身具有一定的抗菌性能，可以进一步与其他具有良好抗菌性能的材料（如毒性低的银离子等抗菌金属离子，壳聚糖、芦荟等生物降解性和相容性好的天然抗菌剂）复合制备新型复合抗菌材料，在医药领域具有良好的应用潜力。

海藻酸钠与其他材料复合所制备的抗菌材料具有良好的抑菌性、稳定性及安全性。例如，采用微波处理乙酸锌、氢氧化钠、海藻酸钠不同时间，可得到海藻酸钠－氧化锌复合纳米颗粒，对大肠杆菌和金黄色葡萄球菌都具有强力快速的抑制效果，抑制率可达99％以上。

采用海藻酸钠、肉桂油、丁香水等混合可制备复合海藻纤维，这种具有芳香味的抗菌纤维对纤维表面金黄色葡萄球菌、大肠杆菌具有抗菌性。海藻酸纤维商品能抑制大多数种类的细菌，并且在纤维的洗涤、穿着使用过程中不受影响。

5. 其他生物、医药方面的应用

除了药物载体、组织工程、支架材料、医用敷料等常见医学应用，海藻酸钠在医学领域还有一些其他应用。例如，采用海藻酸钠和壳聚糖复合后修饰羟基磷灰石与四氧化三铁，所得复合材料可用于核磁共振造影。

海藻酸钠具有良好的生物相容性和稳定性，其纳米复合材料可作为固定化生物催化剂，如固定化酶、固定化细胞等。例如，海藻酸钠与纳米氧化石墨烯进行物理共混后得到海藻酸钠-氧化石墨烯复合纤维，可用于固定辣根过氧化氢酶，在一定 pH 范围内，该复合纤维可使酶保持较高的活力，可作为固定化酶催化剂加以应用。

利用海藻酸钠良好的生物相容性还可以制备生物传感器。例如，将海藻酸钠与多壁碳纳米管进行物理共混，所得复合物可对四通道丝网印刷碳电极进行表面修饰，得到生物基传感器。该传感器可吸附福氏志贺菌抗体，具有较好重现性、特异性、稳定性和准确性，可作为酶免疫传感器用于快速筛检福氏志贺菌。

6.1.4.3　重金属吸附及水处理应用

海藻酸钠对金属离子具有很强的螯合和吸附作用，海藻酸盐在水处理上也有很好的应用前景。海藻酸钠与钙离子、铁离子等可形成凝胶沉淀，具有较强的吸附性，所以可用作水的净化剂。

海藻酸钠与具有多孔结构的碳纳米管等纳米材料进行物理共混复合后，对污水中重金属离子的吸附能力良好。例如，碳纳米管-海藻酸钠复合材料能较好地吸附铜离子，常温下单分子层铜离子的最大吸附量可达 80.65 mg/g。海藻酸钠-纳米羟基磷灰石复合膜对 Pb^{2+} 有较强的吸附能力，当水溶液 pH=5.0 时，海藻酸钠-纳米羟基磷灰石复合膜对 Pb^{2+} 的吸附能力最强，可达 36.51 mg/g。

采用活性炭包埋海藻酸，可使复合材料同时具有活性炭和海藻酸的优点。例如，当溶液体系中同时含有有机物和重金属离子时，活性炭可对甲苯、甲酸等有机物进行有效吸附，而海藻酸则可吸附溶液中的金属离子。

6.1.4.4　其他应用

海藻酸钠由于富含阴离子，在纺织品印花中，可作为棉织物活性的糊料，使得染料容易上染纤维，得色量高，色泽鲜艳；经过洗涤，布面残留率低、手感柔软；海藻酸钠还可用于牙膏基料、洗发剂、整发剂等的制造；在造纸工业中，海藻酸钠可作为表面施胶剂用于纸张施胶；在橡胶工业中，海藻酸钠可用作为胶乳浓缩剂，还可以制成水性涂料和耐水性涂料；海藻酸钠可用作农药的稳定剂，也可用作肥料的成型剂和调节剂。

采用 $NaIO_4$ 将海藻酸钠分子结构单元 C2、C3 位的羟基氧化为双醛基，可作为双醛海藻酸钠鞣剂，用于皮革鞣制，具有良好的实际应用价值。

6.2 黄原胶

黄原胶（Xanthan）又称为汉生胶，是由野油菜黄单胞杆菌以碳水化合物为主要原料，经好氧发酵生产的一种微生物多糖，也是一种典型的微生物多糖。黄原胶具有独特的流变性、良好的水溶性、高黏度、触变性、稳定性、耐酸碱和耐盐等特性，可用作增稠剂、悬浮剂、乳化剂和稳定剂，被广泛用于食品、石油、涂料和医疗等行业，是目前应用最广泛的微生物多糖。

6.2.1 黄原胶分子结构

天然黄原胶具有较高的相对分子质量，一般为 $2\times10^6\sim50\times10^6$ Da。黄原胶是具有“五糖重复单元”结构的大分子，由乙酸、D－甘露糖、丙酮酸、D－葡萄糖醛酸、D－葡萄糖共同组成，其结构如图 6.4 所示。黄原胶的一级结构是由 β－1,4－糖苷键连接的 D－葡萄糖基主链与 1 个 D－葡萄糖醛酸和 2 个 D－甘露糖交替键接侧链组成的。黄原胶中部分甘露糖 C 被乙酰化（60%～70%），且丙酮酸部分连接在侧链末端甘露糖 C4 和 C6 位上（含量在 30%～40%），因此，黄原胶的构象及流变特性受丙酮酸基团和乙酰化基团在黄原胶分子链上的分布情况影响较大。在不同溶氧条件下发酵所得黄原胶，其丙酮酸含量有明显差异。一般情况下，当溶氧速率小时，其丙酮酸含量低。丙酮酸和乙酰基团在链上的分布并无规律，黄原胶脱去乙酰基团后会导致分子链柔顺性提高。

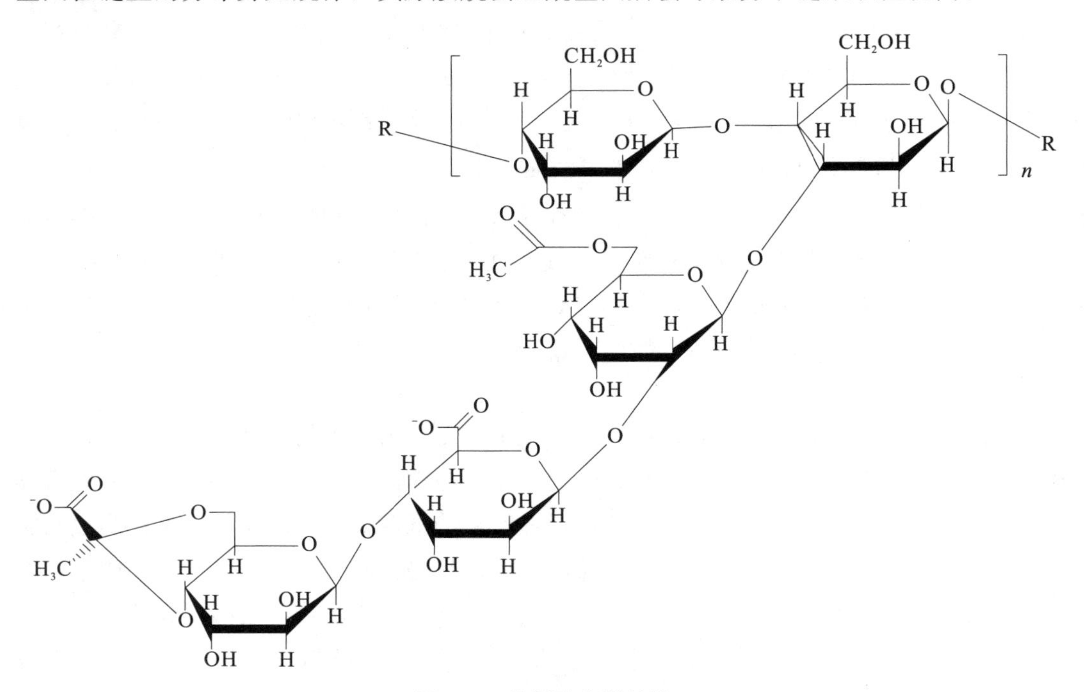

图 6.4 黄原胶化学结构

黄原胶的二级结构是一种主链骨架由侧链反向环绕的螺旋棒状结构，螺距为4.7 nm。一般认为，在低离子强度条件下，黄原胶在热处理过程中会从有序的结构转变为无序的结构，即由螺旋结构转变为卷曲链结构。

黄原胶的三级结构是通过较弱的非共价键连接棒状双螺旋结构而形成的螺旋复合体，可使主链免遭外界环境如酸、碱、生物酶以及温度和其他离子的破坏，使黄原胶溶液保持稳定。该结构状态又使黄原胶呈现溶致液晶的状态，在较低相对分子质量和相对高浓度下，具有良好的控制水流动的性质。

黄原胶生物大分子的侧链与主链间通过氢键结合形成双螺旋结构，并以多重螺旋聚合体状态存在。这些多螺旋体形成的网络结构使黄原胶溶液在低剪切、低浓度下具有高黏度和相对其他多糖溶液更高的模量，同时具有假塑性和很好的增稠性能。

各种金属离子如 Ca^{2+}、Mg^{2+}、Ba^{2+}、K^{+}、Na^{+} 等，可通过分子内和分子间的盐桥作用连接分子链，从而显著影响黄原胶的构象，促进黄原胶向双螺旋结构转变。阳离子一般先与带负电荷的侧链葡萄糖醛酸基作用，继而不再作用于主链，故其黏稠水溶液具有良好的抗盐性能。黄原胶水溶液对 K^{+}、Na^{+}、Ca^{2+}、Mg^{2+} 等盐具有良好的耐受性，随着盐浓度的增加，金属离子对黄原胶侧链结构的屏蔽作用会使其分子构象更加稳定。

6.2.2 黄原胶的性质

黄原胶呈白色或浅黄色，粉末状，无味、无臭、无毒，食用安全，易溶于水，是性能较为优良的生物胶，集增稠性、流变性、悬浮性、乳化性、稳定性等特性于一体。黄原胶不仅有长链高分子的一般性能，且含有较多的官能团，在水溶液中呈多聚阴离子构象且构象多样，具有独特的理化性质。

6.2.2.1 增稠性

黄原胶的亲水性很强，在水中能快速溶解，特别是在冷水中也能溶解，有很好的水溶性。黄原胶在低质量浓度下具有很高的黏度，1%黄原胶溶液的黏度相当于明胶的100倍左右，有良好的增稠性能，是一种高效增稠剂，没有任何毒副作用。黄原胶与酸、碱、盐、防腐剂、天然或合成增稠剂在同一溶液体系中有良好的兼容性。

6.2.2.2 流变性

黄原胶的流变性主要为两种：触变性和凝胶化作用。黄原胶溶液是典型的假塑性流体，逐渐增加剪切速率能使黏度下降，使溶液发生剪切变稀：在低剪切速率下，黄原胶具有高黏度，黄原胶通过分子内和分子间的非共价键，以及分子链间的缠结形成高度缠绕的网状结构，加上硬直的分子链，使其在低剪切速率下具有很高的黏度；增加剪切速率，能使黄原胶的黏度逐步下降，即呈现黄原胶的假塑性行为；在高剪切速率（如泵送、混合、倾倒等）下，黄原胶分子聚集体变为无规则的线团形式，迅速降低体系的黏度，这些分子缠结发生解缠，无序的网络结构转变为有序的，随着剪切方向排布的分子链结构，从而表现出剪切变稀行为。剪切停止后，黄原胶的黏度会迅速恢复，即当剪切力取消以后，黄原胶又会还原到最初的双螺旋网状结构，黏度瞬间恢复到最大。

当加入二价盐、三价盐或硼酸以及与纳米微晶纤维素复配时，黄原胶的触变性还会增强。在足够低的剪切速率和足够高的浓度（>1%）下，黄原胶由非共价键连接、分子链缠结构成的弱网状结构形成凝胶，易被破坏。这种假塑性对稳定悬浮液、乳浊液极为有效，并可赋予食品与饮料良好的感官性能。

黄原胶具有凝胶化作用，经过长时间退火处理后（长时间在构象转变温度以上加热，然后冷却），其分子趋于形成均质化的网状结构，在冷却过程中，这种网状结构吸收结合水形成凝胶。在阳离子的作用下，黄原胶更趋于形成自身有序的结构，凝胶化程度减弱，在三价阳离子或硼酸盐阴离子作用下，黄原胶也可以独立形成弱凝胶。黄原胶可与淀粉、刺槐豆胶、瓜尔豆胶、塔拉胶、魔芋胶等合成或天然多糖发生协同作用，混溶后使混合胶黏度显著提高或形成凝胶，例如，塔拉胶、刺槐豆胶等半乳甘露聚糖与黄原胶进行混合可以制备具有热可逆性质的凝胶。多糖胶侧链的分布状况、数量、黄原胶分子链的无序程度等可影响凝胶的能力和凝胶过程。

6.2.2.3 悬浮性和乳化性

黄原胶具有亲水和亲油基团，在水中溶解后，减弱了油、水两相的不溶性，可形成较稳定的油水动态平衡体系，因而具有良好的悬浮性和乳化性，对不溶性固体和油滴具有良好的悬浮作用。黄原胶因为具有显著增加体系黏度和形成弱凝胶结构的特点，可用于食品或其他产品，以提高O/W型乳状液的稳定性。黄原胶借助水相的稠化作用，可降低油相和水相的不相容性，能使油脂乳化在水中，因而它可在许多食品饮料中用作乳化剂和稳定剂。

黄原胶的添加量达到一定程度后，才具有预期的稳定作用。当黄原胶添加量低于0.001%时，添加量对稳定性的影响不大；当添加量为0.01%～0.02%时，样品底部出现富水层，但不形成分层；当添加量大于0.02%时，体系迅速分层；当添加量大于0.25%时，黄原胶具有稳定体系的作用，10 g/L黄原胶溶液约具有5×10^{-4} N/cm^{2}的承托力。

6.2.2.4 稳定性

黄原胶的二级结构中，侧链反向缠绕主链，使主链得到保护而不易降解，使黄原胶具有很强的耐酸、碱、盐、热和抗酶解特性。一般的多糖因加热会发生黏度变化，但黄原胶溶液的黏度在较大温度范围（20℃～120℃）内只发生细微变化。1%黄原胶溶液在0℃～80℃反复加热冷冻，其黏度几乎不变；由25℃加热到121℃，其黏度仅降低3%。高温灭菌处理的黄原胶溶液冷却后，其黏度也可恢复。黄原胶溶液在4℃～93℃反复加热冷冻，其黏度几乎不受影响。即使是低浓度的黄原胶溶液，其在很广的温度范围内仍然显示出稳定的高黏度。黄原胶冻融稳定性较佳，不出现胀水、收缩现象。

黄原胶溶液在pH=5～10的情况下均可保持黏度不变。在pH<4和pH>11时，黏度有轻微变化。黄原胶和许多盐溶液混溶，黏度不受影响，如在10% KCl、10% $CaCl_2$、5% Na_2CO_3溶液中长期存放（25℃存放90天），黏度几乎保持不变。黄原胶具有螺旋刚性链结构，在饱和及高浓度盐溶液中溶解性不变，水溶液黏度较高。在合适的pH 条件下，黄原胶可与 Mg^{2+}、Ca^{2+}、Fe^{3+}、Al^{3+} 等二价、三价金属盐形成凝胶。

由于黄原胶不是线性分子，其侧基易缔合形成高分子结构，且其分子链具有一定刚性，故不易剪切降解。黄原胶稳定的双螺旋结构使其具有极强的抗氧化性和抗酶解能力。纤维素酶、淀粉酶、果胶酶、蛋白酶等常见酶都不能使黄原胶降解。

6.2.2.5　溶液性能

黄原胶具有良好的控制水流动的性质，黄原胶溶液的黏度还与溶质浓度、温度、盐浓度、pH 等因素有关。黄原胶在水溶液中存在螺旋型和不定型两种构象，当构象从有序的螺旋型（低溶解温度时）转变为无序的不定型（高溶解温度时）时，聚合物分子的作用方式及程度发生改变，溶液黏度也发生变化。例如，当温度低于 40℃或高于 60℃时，聚合物溶液的黏度随着溶解温度的上升而减小；在 40℃～60℃范围内，溶液的黏度随着溶解温度的升高而增大。黄原胶溶液浓度越大，其黏度受温度的影响越小，黄原胶溶液的表观黏度随浓度的增加呈近似线性趋势，这是因为随着黄原胶浓度的增加，胶结程度或分子间作用力增加了分子的有效尺寸及相对分子质量，使溶液的黏度增大。

黄原胶可与盐离子通过离子键结合，使其分子链的形态和运动发生变化，从而影响黄原胶的性能。黄原胶对 Mg^{2+}、Ca^{2+}、Na^{+}、K^{+} 等盐的耐受性良好，因为 Mg^{2+}、Ca^{2+}、Na^{+}、K^{+} 等离子可以经过分子间、分子内的盐桥作用起到连接分子链的作用，对黄原胶转变成双螺旋结构有促进作用。盐浓度的增加对黄原胶的侧链结构产生屏蔽作用，可以起到稳定黄原胶的分子构象的效果。

体系中分子之间静电斥力的降低使分子流体力学体积减小，导致加入少量的氯化钠等一价盐使较低浓度聚合物溶液的黏度稍微减小。加入大量盐到高浓度聚合物溶液中，溶液黏度增加，但当盐浓度超过 1%时，其对溶液黏度几乎没有影响。

黄原胶溶液的黏度在 pH=3～11 范围内稳定性良好，低浓度黄原胶溶液的黏度在极高或极低时略有变化。当溶液的 $pH<2.5$ 时，会使黄原胶分子链上带负电荷的基团与 H^{+} 发生结合，分子侧链间的静电斥力减弱，导致分子链收缩，溶液黏度减小。在较低 pH 下，黄原胶的溶液也具有较好的稳定性，其在不同酸溶液中的黏度变化见表 6.1。黄原胶在特定的酸碱环境中，会发生脱乙酰作用（$pH>9$，$pH<3$）和脱丙酮酸（pH=3）反应，但这些反应对溶液黏度变化的影响不大。

表 6.1　黄原胶在不同酸溶液中的黏度变化

酸的种类	酸浓度/%	黄原胶浓度/%	90 d 后保留黏度/%
乙酸	20	2	100
柠檬酸	20	1	75
盐酸	5	2	80
磷酸	40	2	100
硫酸	10	2	80
酒石酸	20	1	75

6.2.3 黄原胶的制备

1964 年，美国 Kelco 公司首先实现了黄原胶的商品化和工业化生产。目前，我国黄原胶的产量较大，典型的黄原胶生产流程为：菌种→种子培养→发酵→发酵液提取→灭菌→稀释喷雾干燥→粉碎→包装→成品。在生产黄原胶的过程中，碳源、氮源、温度、体系 pH、氧气的传质速率等会影响黄原胶的质量和产量。为了生长和繁殖，菌种细胞必须摄取足够的营养成分，并将这些成分转换为自身需要的蛋白质、氨基酸等物质。

生产黄原胶的碳源浓度以 2%～4%较适宜，若碳源浓度太高，则会抑制发酵液中的菌类生长。

当黄原胶氮源谷氨酸浓度为 15 mmol/L 时最适合野油菜黄单胞杆菌生长，而过高的浓度会抑制野油菜黄单胞杆菌的生长。

黄原胶在 28℃下生产最为适宜，在 30℃～35℃下，虽然可增加产率，但会降低所产黄原胶的酮酸基团的含量。

pH=7～8 是黄原胶生产的适宜条件。

黄原胶常用喷射搅拌反应器进行生产，氧气的传质速率受到空气流量和搅拌速率的影响。一般认为气流速率为 1 L/min 较为合理；将搅拌速率控制在 200～300 r/min 范围内，逐渐增加搅拌速率较为合理。

6.2.4 黄原胶的应用

黄原胶除作为食品添加剂和钻井液外，还可应用于医药、化妆品、陶瓷、搪瓷、玻璃、农药、印染香料、胶黏剂、消防等方面。黄原胶属于生物高分子化合物，进入人体内后难以参与代谢过程，所以对各脏器均不产生任何损害性效应，是一种公认的安全食用胶。在食品工业中，黄原胶可作为稳定剂、乳化剂、增稠剂、分散剂和品质改良剂等。

黄原胶可作为微胶囊药物囊材中的功能组分，在控制药物缓释方面发挥重要作用。以二环己基碳酰亚胺（DCI）活化剂与黄原胶酯化偶联，可将氯霉素、阿莫西林等药物固载在黄原胶分子链上，制备得到具有缓释作用的大分子药物。黄原胶在药物中还可作为助悬剂，能制得性质稳定、助悬性能良好、药物分散均匀、易于存放的药品。这种以黄原胶为助悬剂制得的药品方便服用，还可制备为骨架型控释制剂。

黄原胶具有很强的亲水性和保水性，可制备致密水膜，避免皮肤感染，所以可作为伤口敷料应用于医疗行业。如以 0.1%～0.5%黄原胶、0.5%～3.0%微晶纤维素/羧甲基纤维素钠和水为悬浮体系，可配制多种稳定的药物混悬液，可用于治疗儿童感冒等。

黄原胶是水溶性多聚糖，利用其主链或侧链上的活性羟基等基因，接枝烷基、羟烷基等基团进行功能化改性，可使其具有表面活性剂的性质，从而赋予产物良好的分散、稳定、增稠、防腐、抗菌、杀菌性能，并可直接作为食品添加剂或医用外科材料。例如，黄原胶羟烷基化醚具有良好的增稠、乳化、稳定、防腐作用，可作为食品添加剂使用。

黄原胶分子中含有大量的亲水基团，是一种良好的表面活性物质，并具有抗氧化、防止皮肤衰老等功效。黄原胶可作为牙膏的增稠剂和悬浮稳定剂。利用黄原胶的剪切变稀性能使牙膏易于从管中挤出和泵送分装。黄原胶可以作为遮光剂用于防晒类护肤品中，使皮肤免受紫外线的伤害。黄原胶还能对许多护肤品提供良好的稳定性和分散性。黄原胶与表面活性剂的结合使其在洗涤剂领域也具有应用价值。

由于黄原胶的流变性、耐盐性和增稠效果，低浓度的黄原胶水溶液就可保持钻井液的黏度，使钻井液具有良好的悬浮性能，可防止井室坍塌以及抑制井喷现象的发生，且此性能远好于聚丙烯酰胺、CMC、变性淀粉及其他多糖（瓜尔豆胶等）。黄原胶的耐盐、增黏、增稠、耐高温性能等使其在海洋、海滩、高卤层以及永冻土层等区域的钻井作业中用于泥浆处理和三次采油等的效果显著，对加快钻井速度、防止油井坍塌、保护油气田、防止井喷和大幅度提高采油率等都有明显的作用。其中，黄原胶用于三次采油的流变控制液可使采油率提高 10%以上。

黄原胶可以用作泡沫灭火剂、阻燃剂、农药乳化剂、农药喷雾的黏着剂、作物种子包衣、（激素、农药、肥料、含保水剂等）成膜剂、颗粒饲料黏结剂、油墨等。黄原胶也可应用于喷射印花。黄原胶容易分散，在重复剪切作用下黏度比较稳定，且其具有明显的剪切变稀行为，可改善印花覆盖性与色泽均匀性。

黄原胶在低浓度时的流变性可延长瓷釉中不可溶成分的悬浮时间，使其与瓷釉成分互溶，防止粉碎性瓷釉成分成团，并相应减少斑点等缺陷，可改进陶瓷加工工艺，提高产品质量。

6.3　半乳甘露聚糖

6.3.1　半乳甘露聚糖的结构

半乳甘露聚糖的主链是由 β－D－吡喃甘露糖残基通过 1,4－糖苷键相连的直链多糖，其侧链是由单个 α－D－吡喃半乳糖残基通过 1,6－糖苷键与主链中吡喃甘露糖相连。半乳糖与甘露糖的比例因来源不同而有差异，其分子精细结构和水不溶物含量也不尽相同，从而导致不同半乳甘露聚糖的理化性质存在差异。半乳甘露聚糖的结构式如图 6.5 所示。

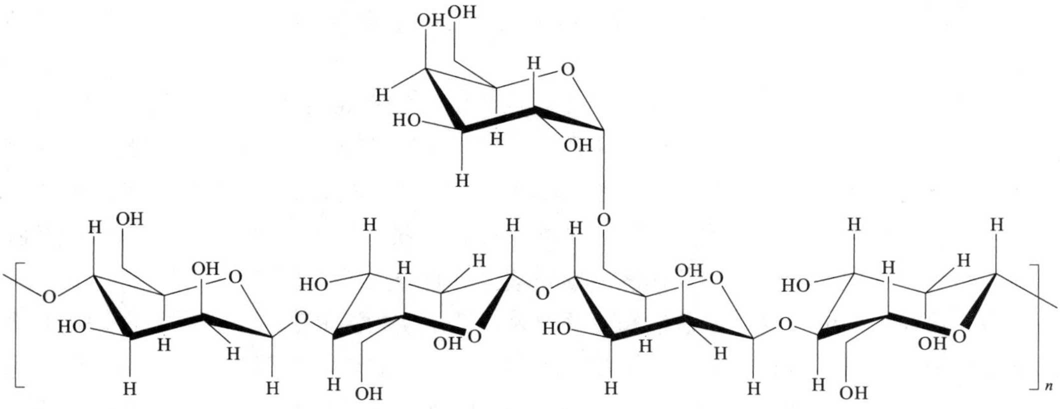

图 6.5　半乳甘露聚糖的结构式

半乳甘露聚糖来源于胡芦巴胶（Fenugreek gum）、瓜尔豆胶（Guar gum）、塔拉胶（Tara gum）和长角豆胶（Locust bean gum）等，是具有不同支化度的半乳甘露聚糖。对胡芦巴胶，甘露糖与半乳糖之比约为 1∶1；对瓜尔豆胶，甘露糖与半乳糖之比约为 2∶1；对塔拉胶，甘露糖与半乳糖之比约为 3∶1；对刺槐豆胶或角豆胶（Carob gum），其甘露糖与半乳糖之比约为 4∶1。

6.3.2　半乳甘露聚糖的性质

6.3.2.2　溶解度

半乳甘露聚糖具有良好的水溶性，所以常用水作为其溶剂。加热可促使半乳糖侧链含量低的半乳甘露聚糖完全溶解分散于水中。商品化的半乳甘露聚糖溶液通常是混浊的，混浊度主要是由带入不溶物引起的。在实验室中，采用非工业的方法提纯半乳甘露聚糖，可制得清澈度与水相近的溶液。

6.3.2.2　流变性

半乳甘露聚糖是有效的水增稠剂，其溶液为假塑性流体（非牛顿型液体）。半乳甘露聚糖溶液加热时会可逆地稀化，但当温度升高时，会逐渐发生不可逆降解。常用的半乳甘露聚糖溶液浓度一般在 1%以下，此时溶液是浓稠的，更高的浓度会导致溶液凝胶化。在常用的浓度范围内，半乳甘露聚糖的塑变值为 0。因此，只要施加轻微的剪切力，溶液就开始流动。溶液的表观黏度将随剪切速率的增加而急剧下降，然后趋于稳定并接近最低极限值。

6.3.2.3　衍生物

由于半乳甘露聚糖的糖单元上含大量羟基，易进行醚化和酯化反应，如羧甲基反应、羟烷基反应等。羧甲基反应改变了半乳甘露聚糖与无机盐、水合矿物质和纤维素的表面以及有机染料的反应方式，从而提高或降低了絮凝作用。羟烷基反应会引入长链烷基，导致半乳甘露聚糖的生物降解性逐步降低。因此，通过控制反应以获取适当的取代度，可制备高度抗降解和黏度稳定的半乳甘露聚糖胶体，可提高半乳甘露聚糖溶液的溶解度和清澈度。

6.3.2.4 硼砂反应

半乳甘露聚糖大分子链中的每一个单糖残基都有两个顺式羟基，在酸性条件下可与游离的硼酸根离子进行反应，发生水合和增稠。当多糖胶溶液呈碱性，且有足够量的解离硼酸根离子时，则会引起胶凝作用。

6.3.2.5 氢键作用

半乳甘露聚糖含有大量羟基，可与水化的矿石和纤维素形成氢键，因此对这些物质有很强的表面亲和力。此外，半乳甘露聚糖的线性分子结构会使其在许多作用点上都能发生接触。

6.3.3 半乳甘露聚糖的应用

半乳甘露聚糖属于中性多糖，在工业上有着广泛用途。半乳甘露聚糖主要来自植物种子的胚乳。半乳甘露聚糖水溶液为假塑性流体，大分子在自然状态下呈缠绕的网状结构，因此在许多工业生产中被用作增稠剂、稳定剂、乳化剂、黏结剂和调理剂等，其用量和应用范围位居天然多糖之首，主要用于石油和天然气、纺织、造纸、食品、炸药、矿业等工业部门。

6.3.3.1 在食品工业中的应用

半乳甘露聚糖具有多种物理、生物和化学活性，价格低廉，对人体无害，对环境无污染，因此它在食品工业中应用广泛，特别是用于增稠和稳定食品乳液已经很普遍。对于食品废水处理，可用半乳甘露聚糖可作为絮凝剂。

1. 增稠剂

半乳甘露聚糖为水溶性高分子，可溶于水且黏度很高，具有增稠作用，能够使食品的稠度增加，可作为馅饼馅料、饮料、果酱等的填充剂，宠物食品的黏合剂，还可利用其胶黏性挂糖衣、上光、结霜，并能使某些果汁及啤酒的持气性增强。不同种类的半乳甘露聚糖中，瓜尔豆胶在天然多糖胶中具有最高黏度，是已知增黏效果最好的胶体，吸水性也最好，所以瓜尔豆胶可以作为各种食品的增稠剂。然而，单独使用瓜尔豆胶仍有许多缺陷，因此常将瓜尔豆胶与其他增稠剂复配。瓜尔豆胶作为增稠剂常用于面制品中，增稠剂与蛋白质相互结合形成大分子基团，淀粉嵌于网络中间，形成坚实的整体结构。瓜尔豆胶是通过糖苷键结合的胶体多糖，无臭无味，能分散在热水或冷水中形成黏稠液，用于饮料中有增稠和稳定作用，可防止制品分层、沉淀，并使产品富有良好的滑腻口感，添加量一般为0.05%～0.50%。

2. 稳定剂

半乳甘露聚糖能稳定多相系统（油、水、固体物），稳定胶体及降低表面张力，也可使黏度稳定，因而能使乳油液及悬浊液保持稳定，还能稳定泡沫液。瓜尔豆胶作为稳定剂广泛用于乳制品和食品蛋白质乳浊液体系中。瓜尔豆胶在溶液中的高黏度对食品体系的流变特性及稳定性有显著影响，常和其他物质复配，从而明显降低单一稳定剂的添加量，并且实现性能的叠加。亚麻籽胶、瓜尔豆胶和变性淀粉通过复配形成的稳定剂可应用于搅拌型酸奶，添加复配稳定剂后，酸奶的保质期可延长至 27 天。采用明胶、瓜尔豆胶羧甲基纤维素钠（CMC－Na）、单甘酯等通过物理共混可作为乳化稳定剂，具有良好的乳化稳定效果。CMC－Na、刺槐豆胶、瓜尔豆胶这三种稳定剂单体存在一定程度的交互性，通过复配可以明显降低单一稳定剂的添加量：在控制调配型酸性乳饮料稳定性效果相同的情况下，复配稳定剂的添加量相对于单一添加量减少约 20%。

半乳甘露聚糖稳定剂也可用于制作冰激凌。在冰激凌中添加稳定剂可提高冰激凌浆料的黏度，改善油脂及含油脂固体微粒的分散度，延缓微粒冰晶的增大，改善冰激凌的口感、内部结构和外观状态，提高冰激凌体系的稳定性和抗融性。在冰激凌中添加少量瓜尔豆胶能赋予产品润滑和糯性的口感，并可使产品缓慢融化，提高产品抗骤热的性能。此外，用半乳甘露聚糖稳定的冰激凌可以避免由于冰晶生成而引起颗粒的存在。一般的半乳甘露聚糖基复配稳定剂可采用瓜尔豆胶－魔芋精粉、瓜尔豆胶－明胶－黄原胶、瓜尔豆胶－黄原胶－塔拉胶－羧甲基纤维素等，使冰激凌成品具有优良的膨胀率、抗融性、抗热波动性以及保形性。半乳甘露聚糖稳定剂对非冷冻部分的水起到增稠与持水的作用，因而控制产品的水分移动，这使得冰激凌具有咀嚼的质构。稳定剂可以增加浆料黏度，但几乎不会降低冰点。此外，稳定剂有助于悬浮风味颗粒，并具有稳定泡沫的作用，防止冷冻产品的收缩阻滞冷冻产品中的水分析出。

半乳甘露聚糖还可作为稳定剂应用于罐头食品。罐头食品的特征是尽可能不含流动态的水，半乳甘露聚糖可用于稠化产品中的水分，并使肉菜固体部分表面包一层稠厚的肉汁。半乳甘露聚糖还可用于限制装罐时的黏度，在软奶酪加工中能控制产品的稠度和扩散性质，由于半乳甘露聚糖具有结合水的特性，能使滑腻和均匀的涂敷奶酪带更多的水。

3. 保鲜剂

天然涂膜保鲜法是用可食性天然化合物溶液处理果蔬，使之表面包裹一层膜的方法。这层膜能够保持水果、蔬菜的新鲜度，防止病菌感染，减少水分的挥发，推迟果蔬的生理衰老。半乳甘露聚糖可作为被膜剂覆盖于食品表面，形成一层保护性薄膜，保护食品不受氧气、微生物的侵蚀，从而起到保质、保鲜、保香或上光等作用。由于瓜尔豆胶黏度大，故其容易在固体食品表面稳定地成膜，达到保护食品的作用。用 0.20%瓜尔豆胶、0.15%塔拉胶、0.10%蔗糖酯和适量助剂对草莓进行涂膜处理后，可以在草莓表面形成较好的半透膜气调环境，从而明显减小草莓的呼吸强度，延长草莓货架期，而且该保鲜剂还可食用。魔芋葡甘聚糖（KGM）与瓜尔豆胶共混后成膜，强度、抗水性、耐洗刷性、透明度、感官性能等各项性能显著提高，可对葡萄进行涂膜保鲜，具有良好的保鲜效果。

以半乳甘露聚糖与黄原胶复配胶为成膜基质，以柠檬酸、羧甲基纤维素钠和吐温 80 等为成膜助剂，配以丁香、艾叶和大黄等具有抗菌作用的中草药制剂，配制成可食性中草药复合涂膜保鲜剂，可在低温下对荔枝进行涂膜保鲜。在低温储藏条件下，半乳甘露聚糖复合涂膜保鲜剂能有效阻止荔枝水分的散失和果实的腐烂，可在一定程度上减慢果皮的褐变速度，抑制果实的呼吸作用及可溶性固形物、有机酸和维生素 C 等营养物质的消耗，延缓采后荔枝果实衰老的速度，起到较好的保鲜作用。同时，其使用方便，实用性好，制作工艺简单，成本低，可食、易降解，对环境不产生污染，具有较好的应用价值。

4. 保油剂

半乳甘露聚糖可作为保油剂应用于肉制品。半乳甘露聚糖具有增稠性、稳定性、持水性、凝胶性，可提高低温蒸煮肉制品的品质，改善肉制品的组织结构、口感和风味，同时可降低生产成本，增加经济效益。若与其他多糖复配使用，可以达到更好的效果。复配胶能够改善单一亲水胶体的性能，进一步降低用量和成本。例如，采用瓜尔豆胶、黄原胶、塔拉胶以 4∶1∶1 进行共混复配，可作为新型复配保油剂添加到火腿肠制品中，使火腿肠表面不发生出油现象。此外，半乳甘露聚糖作为保油剂可使饼干光滑，口感细腻，防止油渗出，破碎率降低，一般添加量为 0.2%～0.5%。

5. 乳化剂

半乳甘露聚糖可作为乳化剂应用于食品工业。半乳甘露聚糖添加到食品中会提高体系的黏度，使体系中的分散相不容易聚集和凝聚，因而可使分散体系稳定。在食品中起乳化作用的半乳甘露聚糖胶体并不是真正的乳化剂，它们的单分子并不具有乳化剂所特有的亲水、亲油性。半乳甘露聚糖是通过增加体系的黏度而使乳化液得以稳定，作用方式不是按照一般乳化剂的亲水亲油平衡机制来完成，而是以好几种其他方式来发挥乳化稳定功能，但经常是通过增稠来阻止或减弱分散的油滴发生迁移和聚合倾向的方式完成。

蛋白质与多糖共价结合后形成的产物具有良好的乳化性、溶解性、抗菌性和抗氧化性。半乳甘露聚糖作为一种多糖，与蛋白质复合后是一种很好的乳化剂。大豆蛋白与瓜尔豆胶复合物的乳化活性要高于原大豆蛋白，这种复合物在碱性、高温条件下乳化活性最好。瓜尔豆胶与大豆蛋白反应 10 天所得的共聚物具有优良的乳化性能。亚麻籽胶也可与蛋白质结合，具有良好的吸油性、起泡性、乳化性及乳化稳定性。

6. 保水剂

半乳甘露聚糖具有良好的持水作用，可作为保水剂防止面包、蛋糕等焙烤制品老化失水，延长保质期，也可用于冷冻食品、布丁及酸乳酪中。例如，瓜尔豆胶易溶于水，但用于固体食品时，它可以很好地吸收食品中的水分，成为食品的保水剂。瓜尔豆胶保水剂还可提高鸡胸肉的保水率。

7. 增筋剂

半乳甘露聚糖具有黏性增强作用，能够提高食品的黏弹性，提高面团的机械耐力和气体保持能力，常用于面包、面条及其他焙烤食品。许多面条和粉皮断条率高、煮沸损失多、易糊汤，将不同的淀粉与添加剂混合，可改变原淀粉的特性，从而改进淀粉制品的质量。半乳甘露聚糖用于即食面，可使面团柔软，增加面条的韧性，切割时面条不易断裂，油炸时可避免吸入过多的油，水煮不浑汤，口感爽滑、不油腻。半乳甘露聚糖也可提高非油炸面条的弹性，防止面条在干燥过程中黏结，缩短烘干时间。半乳甘露聚糖添加量为0.1%～0.5%时，可使面包等的弹性增加，膨胀起发性好，蜂窝状组织均匀细密，断面不掉渣，保鲜性和口感提高。半乳甘露聚糖还可以用于炸薯条、虾条等膨化食品。不同于羧甲基纤维素，半乳甘露聚糖不含有难以清除的不良化学杂质，而且黏度比羧甲基纤维素高，使用量少，可提高产品品质，降低成本。

8. 胶凝剂

凝胶是由微量的多糖类物质与水作用并使之变硬的状态，也称为果冻。由于多糖类高分子链间的相互作用形成立体的网状结构，水在微小空间中处于被包围状态，在水溶液中，当高分子之间的相互作用力与高分子和水分子之间的相互作用力达到平衡时，就形成凝胶。有些食品胶（如明胶、琼脂、果胶等）溶液，在温热条件下为黏稠流体，当温度降低时，溶液分子交联成网状结构，溶剂和其他分散介质全部被包裹在网状结构中，整个体系成了失去流动性的半固体，也就是凝胶。多糖类的这种性质称为胶凝性，所有的植物多糖都有黏度特性和增稠的功能，但只有一部分具有胶凝性。有些植物多糖单独存在时不能形成凝胶，但与其他多糖混合却能形成凝胶，即食品胶之间能呈现增稠和凝胶的协同效应，如刺槐豆胶－塔拉胶、刺槐豆胶－黄原胶等。各种亲水多糖胶体的胶凝性不同，主要是由三维网络的缠绕度、分子交联的数量和属性、形成网络各单元的相互吸引和排斥以及不同溶剂作用的差异等引起的。

半乳甘露聚糖可作为胶凝剂用于食品工业。例如，罗望子胶（从罗望子中提取的半乳甘露聚糖）溶液干燥后能形成有较高强度、较好透明度及弹性的凝胶。罗望子胶具有较强的保水作用，可有效地阻止温度降低时果冻和弹性糕点中的水分冷凝。与其他半乳甘露聚糖相比，罗望子胶具有优良的化学性质和热稳定性，使其在制作过程中能保持较稳定的性质。

9. 品质改良剂

半乳甘露聚糖还可以作为品质改良剂广泛应用于食品工业，具有抑制淀粉老化、提高产品耐热性、改善产品的质构、改善食品的机械耐性等作用。

半乳甘露聚糖可作为品质改良剂抑制淀粉老化。淀粉具有黏性，可形成食品的骨架，在食品工业中应用广泛。淀粉在加工成各种食品的过程中存在许多缺点，其中最主要的是经预糊化（α 化）的淀粉在放置过程中会逐渐老化（β 化），导致黏度上升，形成凝胶，透明的食品变成半透明或不透明状，析水并生成不溶化的淀粉粒甚至沉淀等，导致食品的口感和风味受损、稳定性下降、品质变差。罗望子胶的特性近似淀粉，它能使沙司、调味汁、面粉糊、面条等与糖类共存时形成高黏度。淀粉缺少耐酸性及耐热性，常易引起分离及沉淀，由于罗望子胶耐酸、耐热、不老化，加入罗望子胶作为淀粉的品质改良剂能抑制淀粉老化，稳定食品品质，改善口感和风味。罗望子胶是相对分子质量在 5×10^5 Da以上、侧链极多的高分子多糖，添加到淀粉中时，侧链上的—OH可通过氢键与淀粉相互作用，形成一种更巨大的高分子体，能够稳定地存在。另外在加工过程中，淀粉粒容易破裂受损，罗望子胶与淀粉并用可以将淀粉包裹起来，防止破裂，起到保护淀粉的作用，使加工的产品在放置过程中不会出现淀粉粒的聚集和老化。罗望子胶还具有优良的保水性，可防止析水。其与乳化剂同时存在时，抑制淀粉老化的效果比单独使用的效果要好，用于面包和海绵蛋糕制作可以延长保存期。

半乳甘露聚糖可作为品质改良剂提高产品耐热性。罗望子胶是耐热性很好的半乳甘露聚糖，在中性溶液 100℃下加热 2 h 后，黏度基本保持不变。淀粉的耐热性随种类不同而异，但一般耐热性不佳，加热尤其是强热作用会使淀粉分解，导致黏度下降，降低产品品质。将罗望子胶添加到淀粉中，其高分子的分支结构通过氢键与淀粉结合形成网状结构，赋予淀粉良好的耐热性，这是罗望子胶本身坚固的主链结构对淀粉起保护作用的结果。此外，罗望子胶还具有改变淀粉糊化温度、防止在加热过程中黏度下降的作用，用于咖喱类制品可以减少淀粉的用量和杀菌前后的黏度变化，保持良好的口感。

半乳甘露聚糖可作为品质改良剂改善产品的质构。罗望子胶与其他成分配制成面条品质改良剂添加到不同的面条中，能够提高面条强度，使面条煮后不糊汤、不软烂、有嚼劲。

半乳甘露聚糖可作为品质改良剂改善食品的机械耐性。在食品加工过程中，乳化是一种最常见且重要的机械处理方式。淀粉的结构缺乏机械耐性，经过机械物理处理后，其黏度明显下降。罗望子胶分子结构中存在大量分支侧链，经各种处理后不存在黏度下降的情况，具有很强的机械耐性。因此，罗望子胶与淀粉并用时能够保护淀粉，提高其机械耐性。

10. 食品包装材料

半乳甘露聚糖具有薄膜赋性作用，例如，瓜尔豆胶（一种半乳甘露聚糖）含有许多活性基团，和许多其他物质可以发生反应形成结构更加稳定、相对分子质量更大的化合物，这些物质成膜后往往可以用于食品包装，如应用于快速汤料、即食饮料、微胶囊香料等，形成微胶囊和可食性大豆蛋白膜。与合成包装材料相比，可食性膜能被生物降解、无污染，还可以作为食品风味料、营养强化剂的载体。例如，采用大豆蛋白、β－环糊精、瓜尔豆胶经物理共混作为复合壁材，大豆蛋白、β－环糊精的比例为 1∶1，瓜尔豆胶占总固形物的 1.7％，可得到性能优异的微胶囊，可用于食品包装。以大豆蛋白、瓜尔豆胶、硬脂酸为基质，可制备复合型可食性膜，其成膜性能较好，具有一定的弹性和强度，透明柔软，是一种具有开发前景的绿色包装材料。

11. 脂肪替代品

脂肪作为食品的重要组成部分，对食品的风味、口感、质地等感官特性起着重要的作用。每 1 g 脂肪能够提供 37.7 kJ 的能量，所以摄入过量的脂肪会引起肥胖、心脏病、高胆固醇症、冠心病及某些癌症等。但完全去掉脂肪将严重影响食品的可食性，单纯减脂或无脂食品的口感粗糙，因此需要寻找脂肪替代品。

脂肪替代品一般分为化学合成类、蛋白质类和碳水化合物类。化学合成类脂肪替代品因会导致肛瘘和渗透性腹泻等问题而受到限制。蛋白质类脂肪替代品因容易受热变性而具有一定的使用局限性。碳水化合物类脂肪替代品来源广泛、种类繁多，既能保持食品的风味，又不提高成本，所以备受青睐。碳水化合物的热量很低，通过结合大量水来代替脂肪，能够形成凝胶并增加水相黏度，使水相结构特性发生改变，产生奶油似的润滑及黏稠度，增加滑腻的口感，具有脂肪的外观和感官特性。

各种半乳甘露聚糖可用于食品中替代脂肪。例如，塔拉胶是目前低脂肪肉制品工业中使用最普遍的一种脂肪替代品，具有改善肉质、赋予产品多汁多肉的口感、有助于释放肉香、减少蒸煮损耗、提高质量等功能。此外，刺槐豆胶、瓜尔豆胶等也可用于脂肪替代品中，将各种配料按一定比例混合，可形成混合型脂肪替代品，能模拟脂肪的感官特性和特殊功能性。

6.3.3.2 在石油工业中的应用

半乳甘露聚糖作为一种天然多糖，在石油工业中有着广泛的应用，可作为水基压裂液、钻孔液控制剂、堵塞剂等。

1. 水基压裂液

石油工业中，经常使用水基压裂液破裂含烃层以增加油和气的生产率，半乳甘露聚糖及其衍生物的高黏度胶体可以带着筛选过的砂子进入岩石裂缝中，当施加水压时，砂子撑开岩石，含碳氢化合物的多孔岩石暴露出更多的表面积，通过裂缝连接到钻井，使油和气可以更高速度被开采。半乳甘露聚糖为这种作业提供了所需黏度，它们具有与油田野外水相配伍的广泛范围，而且能够调整配方，以可控制的速率降低黏度，当作业完成、流动反向时，液体便于从钻井内迅速地流出。此外，半乳甘露聚糖还可以控制断裂过程中多孔岩层结构中液体的流失，降低液体输送过程中的摩擦压力损失。石油和天然气井中一般使用1.0%～1.2%的半乳甘露聚糖水溶液。

胡芦巴胶因其品质优良、价格低廉，在石油工业应用广泛，主要用作水基压裂液胶凝剂。胡芦巴胶有较低的摩阻性能，剪切稳定，在大排量和湍流状态下减阻作用更为明显。胡芦巴胶分子中含有邻位顺式羟基，可与硼、钛、钴交联形成大分子三维网状结构冻胶，可以控制破胶时间，快速反排。由于胡芦巴胶水不溶物含量较低，所以破胶后的残渣也较低，对地层伤害小。胡芦巴胶黏度高、携砂比例大，这两点都优于瓜尔豆胶。在塔里木油田超深井上试用表明，采用胡芦巴胶交联的压裂液系列具有延迟交联、耐温、耐剪切、低滤失、快速彻底破胶、助排、破乳、残渣低、伤害小等特点，现场施工摩阻低、携砂性能强、破胶水化彻底、反排快、增产效果明显，可满足低、中、高温不同温度储层要求。近十多年来，我国使用胡芦巴胶在大庆、胜利、吉林、克拉玛依、中原、塔里木、大港、长庆、延安等油田成功压裂油井上千座，其具有良好的使用效果。

田菁胶与环氧丙烷在碱性和有机复合催化剂作用下可发生羟烷基反应，制得羟丙基田菁胶，其水不溶物含量低、溶解速率快、耐温性好、耐剪切，是油田高温深井、低渗透油气层水基压裂液的主要稠化剂，在部分油田已规模化应用。将羟丙基田菁胶用于油田压裂液，单井日增产原油可提高至原产量的2倍，极端条件下甚至可达20倍。采用钛交联羟丙基田菁胶，在不同温度下所得凝胶都具有良好的耐温性、抗盐性和抗剪切性。交联羟丙基田菁凝胶滤失受压力影响很小，具有较好的造壁能力和控滤能力，凝胶对地层岩芯伤害也较轻。田菁凝胶的破胶是一种自由基式的链式反应，所以仅需添加少量氧化剂即能完成解聚反应。破胶后的水化液表面张力和界面张力比清水分别降低了63.2%和89.1%，有利于施工后液体反排，减少地层污染。

2. 钻孔液控制剂

半乳甘露聚糖可作为钻孔液控制剂用于石油开采。在旋转法钻井中，钻孔液多使用泥浆，即在水中悬浮固体。在钻探时，泥浆在钻探线和孔壁之间上下循环，钻孔液的重要作用是清除钻孔的切屑和碎片，并将其带至地面，同时润滑钻头和钻杆，保持钻孔壁完整。泥浆的配制与钻探的地质和深度有关，因此，需要根据不同情况在泥浆中添加一些黏度控制剂、表面活性剂、润滑剂等。半乳甘露聚糖是常用的钻孔液控制剂，可以吸附较大的粒子，在吸附黏土和页岩粒子中起到较大作用。

3. 堵塞剂

半乳甘露聚糖还可用作钻井堵塞剂。进行石油开采钻孔时，常需要临时封闭或堵塞某一渗透层，半乳甘露聚糖具有良好的凝胶性，可作堵塞剂替代干草、海绵等纤维性材料，具有良好的效果。

6.3.3.3　在国防工业中的应用

半乳甘露聚糖具有良好的凝胶性，可作为凝胶剂在国防工业中用于生产炸药。使用硝酸盐、各种有机和无机的敏化组分、水及水溶性的可交联增稠剂，可制造浆状炸药或水凝胶炸药。水凝胶炸药比传统炸药更安全，且配方可调，所以可满足不同应用场景的需求。半乳甘露聚糖及其衍生物能在各种困难条件下有效地增稠且容易交联形成凝胶，因此适合作为凝胶剂用于水凝胶炸药的生产。炸药抗水性能的好坏主要取决于凝胶剂的质量、数量和交联，其他性能也受凝胶剂不同程度的影响。

6.3.3.4　在纺织印染中的应用

半乳甘露聚糖可作为糊料应用于印染工业。目前市面上的多数针织面料进行印花时需要使用糊料，其主要原料为天然多糖，包括淀粉、半乳甘露聚糖等。低档印花糊料可以采用羟乙基化淀粉、羧甲基化淀粉和田菁胶粉等，主要对毛毯、棉布进行处理，而丝绸、丝绒、高档羊毛衫的印花要使用高档的印花糊料，其原料可以使用瓜尔豆胶等优质天然多糖。

半乳甘露聚糖及其衍生物还可用作纺织品印染中染料溶液的增稠剂。半乳甘露聚糖的羧甲基和羟烷基醚衍生物在一定条件下常可被氧化，衍生化改性可促进溶解，防止半乳甘露聚糖及其衍生物在印花网版上沉积，因而有助于印花之后对胶质进行清洗。

半乳甘露聚糖在地毯生产中也有广泛应用，主要包括染色和印花两个方面。染色时，半乳甘露聚糖的使用浓度应低于0.3%，可控制染料的泳移，使染料在地毯纱束中能均匀上色。根据方法、纤维和图案的不同，空间印花法中半乳甘露聚糖的使用浓度为0.4%～0.5%，黏度为500～2500 mPa·s。以一氯乙醇或环氧乙烷为醚化剂，乙醇或异丙醇为分散剂，在碱性介质中与田菁胶缩合可制得羟乙基田菁胶。羟乙基田菁胶具有冷水溶胀性强、成糊率高、制糊与脱糊方便，以及流动性、保水性、相容性、稳定性和透气性好等特点，适用于真丝、合成纤维和棉布等多种织物的直接或拔染印花工艺，具有良好的效果。

6.3.3.5 在造纸工业中的应用

半乳甘露聚糖在造纸工业也有广泛的应用，可作为助留助滤剂、纸张增强剂等应用于造纸制浆过程。半乳甘露聚糖能够在纸张黏结中取代和补充天然的半纤维素。一般认为氢键是影响纤维键合的主要因素之一，半乳甘露聚糖分子是带有伯、仲羟基的刚性长链聚合物，能够交联和键合相毗邻的纤维素。在纸浆中添加植物胶的好处包括使纸浆纤维分布更加均匀（纤维管束少），改善纸张的形成；增大 Mullen 脆裂强度；提高耐折度；增大抗张强度；促进键合水，减少必要的精磨，降低能量消耗；改善纸张的紧度；降低透气度；增加压出一个皱纹槽所需的压力；提高纸机速度；增加细粒留着率。

生产牛皮纸时，一般每 1 t 纸浆添加半乳甘露聚糖 3～5 kg；生产再生纸时，每 1 t 纸浆添加半乳甘露聚糖 4～6 kg；生产新闻纸时，每 1 t 纸浆添加半乳甘露聚糖 1～2 kg。此外，瓜尔豆胶可作为助剂用于卷烟纸行业，瓜尔豆胶用于卷烟纸不但具有优良的助留、助滤和增强效果，而且制成的纸在燃烧时没有异味，能够满足卷烟用纸的需要。

1. 助留助滤剂

半乳甘露聚糖可作为助留助滤剂应用于造纸工业。阳离子型瓜尔豆胶能有效改善助留，在显著提高填料留着率的同时对纸张的匀度没有太大影响，且不影响脱水。在造纸过程中，阳离子瓜尔豆胶的用量一般为 0.03%～0.08%，在纸机的冲浆泵之前添加或在保证均匀分散的情况下直接加入纸机的流浆箱之前。在卷烟纸中加入化学改性的阳离子瓜尔豆胶，可以提高细小纤维和填料的网部留着率和灰分，节省生产成本。将阳离子瓜尔豆胶、阳离子淀粉按一定比例预先混合，经糊化后使用，阳离子淀粉的增强效果及阳离子瓜尔豆胶的助留助滤效果都能得到有效发挥，与不经预先混合而分别使用两种助剂相比，纸张强度可提高 20%左右，共混后使用还可消除单独使用阳离子瓜尔豆胶时“粉尘”（瓜尔豆胶粉）对人体的危害及耗水量大的弊端。

阳离子瓜尔豆胶与其他无机材料通过物理共混也可作为助留助滤剂加以应用。例如，阳离子瓜尔豆胶与膨润土进行物理共混得到二元助留助滤剂，可用于脱墨浆中，二元体系比单一助剂体系有更好的助留、助滤性能，可提高纸张的 pH 耐受性、电导率、剪切力和强度。

2. 造纸增强剂

半乳甘露聚糖可作为造纸增强剂应用于造纸工业。其中，非离子型瓜尔豆胶在纸张中主要起增强作用，不影响纸张的透气度。非离子型瓜尔豆胶的添加量一般为成纸的 0.3%～0.5%，溶解时溶液的浓度尽量不超过 1%。非离子型瓜尔豆胶能使纸机网部滤水速率得到有效控制，提高水印辊的运行性能，改善成纸匀度，同时它还具有极强的纤维分散能力。

在造纸过程中，淀粉助剂用量过多会导致纸页变硬，同时增大废水中 COD 和 BOD 负荷。将改性的瓜尔豆胶（阳离子或中性）与胶体硅酸按适当比例混合后形成一种良好的造纸增强剂，也能显著提高助留、助滤效果。分多次加入胶体硅酸能够改善细小纤维和填料的留着率，对纸页强度和其他性能也有较大改善。

两性瓜尔豆胶可用于提高含机械浆纸张的内部强度和表面强度。由于机械浆中含有大量的阴离子杂质，对增强剂的使用有较大的负面影响，两性瓜尔豆胶对阴离子杂质的灵敏度较低，因此用于增强机械浆纸张有较好的效果。

阴离子型瓜尔豆胶还可以提高纸的耐折度，减少湿强剂的使用量。阴离子型瓜尔豆胶的用量一般为成纸的 0.2%～0.4%，溶解时的溶液浓度尽量不要超过 1%。

除了瓜尔豆胶，田菁胶也可用作造纸增强剂，是瓜尔豆胶的理想替代产品。在卷烟纸生产中，田菁胶可作为湿部添加剂使碳酸钙微粒更均匀地分布在纤维组织内，有利于提高纸张的白度和不透明度，能进一步提高纸张的强度和透气度，明显改善纸张的匀度。

田菁胶可与聚氧化乙烯（PEO）和改性淀粉复配使用，起到互补和协同作用，可以进一步提高纸张的强度和透气度，改善纸张的外观。当田菁胶与 PEO 合用时，有利于最大限度地提高纸的强度；当田菁胶与阳离子淀粉合用时，则有利于最大限度地提高纸张的透气度。田菁胶应用工艺简单、热稳定性好、使用方便，已逐渐在造纸行业代替瓜尔豆胶。

3. 表面施胶剂

半乳甘露聚糖可作为表面施胶剂应用于造纸工业。例如，非离子型瓜尔豆胶可用作表面施胶剂以改善纸张的表面性能、包灰质量和包灰颜色。非离子型瓜尔豆胶的用量一般为 0.2～0.3 g/m^2。在施胶过程中，还可以与淀粉、羧甲基纤维素（CMC）、聚乙烯醇（PVA）等配合使用。

6.3.3.6 在采矿工业中的应用

在采矿工业中，半乳甘露聚糖及其衍生物作为液固分离的絮凝剂，广泛应用于采矿工业矿浆的过滤、沉降或澄清，以及浮选回收非贵重金属和选矿。

半乳甘露聚糖通过氢键与水合矿物的微粒结合，发生以交联为特征的凝聚作用。

半乳甘露聚糖可作为滑石或与精矿共存的不溶性脉石抑浮剂，应用于钾盐矿、镍矿、铜矿、铀矿、金矿等的选矿作业。例如，田菁胶可作为脉石的抑制剂用于贫镍矿石的选矿，可提高选矿的回收率。

以一氯乙酸为醚化剂，乙醇为分散剂，在碱性介质中与田菁胶缩合，即可制得羧甲基田菁胶。羧甲基田菁胶是一种阴离子型高分子化合物，与田菁胶相比，其水不溶物含量降低了约 1/10，具有更高的活性、水溶性和稳定性，甚至在冷水中也具有良好的分散性、溶解性和稳定性。这种阴离子型羧甲基田菁胶可作为助滤剂提高细粒煤的过滤脱水。

6.3.3.7 在涂料工业中的应用

半乳甘露聚糖可加入乳胶涂料，以提高其耐老化性能、耐洗刷性及储存稳定性，并节约生产成本。适量添加半乳甘露聚糖，可减少羟乙基纤维素、丙二醇、十二醇酯的用量，在不增加流平剂的情况下，使乳胶涂料的流平性能达到优等品的要求，沾刷时流动如丝，施工时手感舒适，施工后涂膜滑腻。加入半乳甘露聚糖的乳胶涂料具有良好的储存稳定性，储存 4 个月后无分水、絮凝、结底等现象。

瓜尔豆胶可作为水性涂料的流变助剂，代替传统的羟乙基纤维素（HEC），降低生产成本。以瓜尔豆胶为原料进行羟烷基反应，改性得到羟乙基-羟丙基瓜尔豆胶，可作为水性涂料的增稠剂取代传统且价格较贵的羟乙基纤维素，具有良好的经济效益及社会效益。除此之外，瓜尔豆胶还对乳胶漆具有良好的改进作用，在保证一定触变性能的基础上，为系统带来良好的流平性，并且具有良好的助成膜作用；作为一种流变改性助剂，对形成完美的涂膜有促进作用；在降低20%乳液量的情况下，乳胶漆的耐水性仍然很好。

6.3.3.8 在化妆品工业中的应用

化妆品中所用的水溶性高分子化合物助剂，早期多采用天然胶质原料（如树胶、淀粉、明胶等），由于这些天然原料不能完全满足化妆品工业发展的需要，后来逐渐使用合成的水溶性高分子化合物。而合成胶的安全性得不到保证，使新的基于植物多糖及其衍生物的胶体被广泛开发，以改善天然胶质原料的不足。半乳甘露聚糖作为来源广泛的植物多糖，在化妆品工业应用广泛。例如，阳离子瓜尔豆胶和非离子型瓜尔豆胶等作为功能性化妆品添加剂，具有增稠、调理等功能，广泛用于护发、护肤用品。以瓜尔豆胶为原料，经羟烷基化反应，可制备羟丙基瓜尔豆胶，用作牙膏黏合剂，可改变牙膏的流变性能及外观。胡芦巴胶也可应用于护发、护肤产品，能够赋予产品良好的质感和流变形态，起到稳定体系的作用，具有用量少、对皮肤刺激小等优点。胡芦巴胶经阳离子化后可制成高级调理剂，具有优良的保湿性、润滑性、抗静电性能。

6.3.3.9 在污水处理中的应用

传统的无机絮凝剂在废水处理过程中耗量大，形成的絮体小，沉降速率慢，具有一定腐蚀性，常常造成污泥脱水困难、污泥量大，因此对其应用有一定限制。天然高分子水处理剂来源丰富、无毒、易于生物降解、无二次污染，但也存在成分复杂、组成不稳定、性能波动大、储存过程中可能变质等问题。大部分多糖基水处理剂因具有天然高分子水处理剂无毒、易于降解等优点而受到广泛关注，其中，半乳甘露聚糖是一类被广泛研究的天然多糖材料。

采用半乳甘露聚糖为原料，通过磺化反应引入磺酸基官能团，可制成廉价易得的阳离子交换树脂，也是一种亲水性絮凝剂。目前，瓜尔豆胶是饮用水和废水处理中最重要的天然半乳甘露聚糖。与无机絮凝剂相比，由瓜尔豆胶及其衍生物制成的絮凝剂具有较高的效率。对瓜尔豆胶进行季铵化改性，将季铵基团引入阳离子瓜尔豆胶，可用作絮凝剂。对瓜尔豆胶进行氨基化阳离子改性，所得的阳离子瓜尔豆胶可用作絮凝剂。黏度为3000～5000 mPa·s、阳离子取代度为13%的氨基改性阳离子瓜尔豆胶对高岭土悬浮液有较好的絮凝效果，且基本不受温度和水质pH的影响，絮凝性能明显优于聚丙烯酰胺、硫酸铝以及三氯化铁等常用絮凝剂。

参考文献

Ingar K, Østgaard K, Smidsrød O. Homogeneous alginate gels: a technical approach [J]. Carbohydrate Polymers, 1990, 14 (2): 159－178.

Lii C Y, Liaw S C, Lai V M F, et al. Xanthan gum－gelatin complexes [J]. European Polymer Journal, 2002, 38 (7): 1377－1381.

Phaechamud T, Ritthidej G C. Sustained－release from layered matrix system comprising chitosan and xanthan gum [J]. Drug Development and Industrial Pharmacy, 2008, 33 (6): 595－605.

曹卫春. 黄原胶和 CMC 复配对酸性乳饮料稳定性的影响 [D]. 无锡：江南大学，2006.

陈海华，许时婴，王璋. 亚麻籽胶的研究进展与应用 [J]. 食品与发酵工业，2002 (9): 64－68.

程明明. 生物质纤维－海藻纤维及纤维素纤维燃烧性能与阻燃机理研究 [D]. 青岛：青岛大学，2009.

崔孟忠，李竹云，徐世艾. 生物高分子黄原胶的性能、应用与功能化 [J]. 高分子通报，2003 (3): 23－28.

崔艳红，黄现青. 微生物胞外多糖研究进展 [J]. 生物技术通报，2006 (2): 25－28.

崔元臣，周大鹏，李德亮. 田菁胶的化学改性及应用研究进展 [J]. 河南大学学报（自然科学版），2004 (4): 30－33.

董文坤. 黄原胶和瓜尔胶降解菌的筛选 [D]. 天津：天津大学，2007.

符青云. 功能性磷酸钙/海藻酸复合微球的制备与性能研究 [D]. 广州：暨南大学，2015.

付玉珍. 魔芋葡甘聚糖－黄原胶共混膜释药动力学研究 [D]. 天津：天津大学，2008.

高春梅，柳明珠，吕少瑜，等. 海藻酸钠水凝胶的制备及其在药物释放中的应用 [J]. 化学进展，2013, 25 (6): 1012－1022.

高春梅. 海藻酸钠基 pH 值和温度敏感性水凝胶的制备及其性能研究 [D]. 兰州：兰州大学，2011.

顾万春，兰彦平，孙翠玲. 世界皂荚（属）的研究与开发利用 [J]. 林业科学，2003 (4): 127－133.

顾振东，刘晓艳. 瓜尔豆胶的生产及其应用研究进展 [J]. 广西轻工业，2010 (7): 11－13.

郭守军，杨永利，袁丹霞，等. 长角豆胶复合涂膜保鲜剂常温保鲜荔枝的研究 [J]，食品科学. 2008, 29 (10): 615－618.

郭爽. 双敏感性微胶囊水凝胶的制备及药物控制释放性能 [D]. 北京：北京化工大学，2010.

韩冠英，凌沛学，王凤山. 黄原胶的特性及其在医药领域的应用 [J]. 生物医学工程研究，2010, 29 (4): 277－281.

黄成栋，白雪芳，杜昱光. 黄原胶（Xanthan Gum）的特性、生产及应用 [J]. 微生物学通报，2005, 32 (2): 91－98.

黄洁，安秋凤. 瓜尔豆胶研究进展 [J]. 食品研究与开发，2011, 32 (1): 144－147.

黄知清. 海藻的开发应用及发展趋势 [J]. 广西化纤通讯，2000, 28 (2): 38－40.

霍清霞. 微波诱变选育黄原胶高产菌株 [D]. 呼和浩特：内蒙古大学，2011.

蒋建新，菅红磊，朱莉伟，等. 植物多糖胶研究应用新进展 [J]. 林产化学与工业，2009, 29 (4): 121－126.

蒋建新，张卫明，朱莉伟，等. 半乳甘露聚糖型植物胶的研究进展 [J]. 中国野生植物资源，2001, 20 (4): 1－5.

蒋建新，张卫明，朱莉伟，等. 野皂荚资源分布及开发利用 [J]. 中国野生植物资源，2003, 22 (5): 22－23.

金言. 壳聚糖与海藻酸钠的复凝聚及其微囊的制备 [D]. 哈尔滨：黑龙江大学，2013.

康晓梅. 淀粉的改性及其复合材料的合成与性能研究 [D]. 成都：西南交通大学，2012.

寇伟姣，刘军海．海藻酸钠提取工艺的研究进展［J］．化工科技市场，2009，32（3）：14－16．
李红兵．海藻酸钠理化性质研究和特种品种制备［D］．天津：天津大学，2005．
李继睿，李国龙．水性涂料天然流变改性剂瓜尔胶的应用研究［J］．涂料工业，2008（2）：41－42．
李开雄，刘成江，贺家亮．食用胶及其在肉制品中的应用［J］．肉类研究，2007（7）：43－45．
李兆清．海藻酸钙基生物医用材料的制备与性能研究［D］．哈尔滨：哈尔滨工程大学，2014．
林晨．吲哚美辛的海藻酸钠－壳聚糖缓释微囊的制备与性质研究［D］．福州：福建师范大学，2004．
刘道林．酪蛋白酸钠－蔗糖酯－黄原胶相互作用对乳浊液界面特性与稳定性的影响［D］．广州：华南理工大学，2014．
刘福强．碳纳米管海藻酸钠复合材料对污水中重金属离子的吸附性能研究［D］．青岛：青岛大学，2010．
刘磊．海藻酸基亚微凝胶粒子在油水界面组装机制及应用研究［D］．扬州：扬州大学，2018．
刘永，周家华，曾颢．碳水化合物型脂肪替代品的研究进展［J］．食品科技，2002（2）：40－43．
隆清德．温度及 pH 敏感黄原胶/PNIPAAm 凝胶的制备及性能研究［D］．长沙：中南大学，2008．
鲁路，齐欲莎，周长忍，等．海藻酸－纳米羟基磷灰石构建可降解原位成型水凝胶［J］．中国科学：技术科学，2010，40（3）：291－297．
罗彤彤．半乳甘露聚糖植物胶在选矿上的应用［J］．铜业工程，2011（1）：12－15．
罗彤彤．植物胶在油田中的应用［J］．精细与专用化学品，2009，17（24）：18－20．
罗志敏，陈群伟．多糖及多糖衍生物水处理剂的研究进展［J］．广州化学，2008（1）：68－72．
马和庆，田栋．海藻酸钠及其提取方法的研究现状［J］．山东食品发酵，2014（2）：39－40．
缪亚平．瓜尔胶在乳胶涂料中的应用［J］．中国涂料，2005（2）：18－20．
穆斯塔帕，古丽努尔，杨新平，等．黄原胶产品的开发及利用［J］．新疆农业科学，2005，42（B06）：213－214．
倪学文，毛亚茹．魔芋葡甘聚糖－海藻酸钠复配体系协效性研究［J］．江苏农业科学，2007（3）：213－215．
钱方．黄原胶生物降解及其寡糖生理活性的研究［D］．大连：大连理工大学，2008．
任艳艳，张水华．罗望子胶的生产及其应用［J］．食品工业，2003（3）：24－25．
孙华吉．水解瓜尔豆胶——新一代水溶性膳食纤维［J］．中国食品添加剂，1995（2）：51－54．
孙琳，魏鹏，傅强，等．耐温抗盐型黄原胶体系在油田开发中的应用研究进展［J］．应用化工，2014，43（12）：2279－2284．
孙义坤，张静，严小莲，等．田菁胶在卷烟纸中的应用试验［J］．中华纸业，2001（3）：44－46．
万小芳，李友明，宋林林，等．阳离子羟乙基瓜尔胶的合成及其造纸湿部应用［J］．精细化工，2006（7）：707－710．
王春霞，张娟娟，王晓梅，等．海藻酸钠的综合应用进展［J］．食品与发酵科技，2013，49（5）：99－102．
王世高．黄原胶的化学改性及其性能和结构的研究［D］．成都：成都理工大学，2011．
王元兰，李忠海．罗望子胶及其在食品工业中的应用［J］．食品研究与开发，2006（9）：179－182．
王元兰，李忠海．罗望子胶结构、性能、生产及其在食品工业中的应用［J］．经济林研究，2006（3）：71－74．
吴慧玲，张淑平．海藻酸钠纳米复合材料的研究应用进展［J］．化工进展，2014，33（4）：954－959．
吴小军．耐热性黄原胶的制备［D］．无锡：江南大学，2007．
肖霄．黄原胶的应用［J］．牙膏工业，2008（1）：25－26．

谢玮. 沉淀碳酸钙（PCC）的植物胶交联表面改性及其作为造纸填料的性能研究［D］. 哈尔滨：东北林业大学，2017.
徐文，王兵兵，赵卫，等. 海藻酸钠的两种糖醛酸量比值的测定［J］. 合成纤维，2012，41（12）：17－19.
徐祥，韩庆斌，李劲松，等. 瓜尔胶的性质及其在卷烟纸生产中的应用［J］. 中国造纸，2003（2）：34－37.
徐又新，史劲松，孙达峰，等. 胡芦巴多糖胶开发现状及发展对策［J］. 中国野生植物资源，2008，27（6）：19－22.
颜慧琼. 海藻酸盐水凝胶缓/控释农药载体的制备及性能研究［D］. 海口：海南大学，2013.
杨永利，郭守军，李秋红，等. 猪屎豆种子胶的物理性能及流变性研究［J］. 食品科技，2009，34（11）：257－262.
尹俊. 黄原胶糊料在涤纶织物分散染料直接印花中的性能研究［D］. 上海：东华大学，2007.
詹现璞，吴广辉. 海藻酸钠的特性及其在食品中的应用［J］. 食品工程，2011，1（7）：7－9.
张高奇. 海藻酸钠/聚(N－异丙基丙烯酰胺）pH/温度敏感水凝胶的制备及结构与性能的研究［D］. 上海：东华大学，2005.
张国丛，马长伟，李美桃. 肉制品中常用复配胶的特性分析［J］. 肉类工业，2005（6）：14－21.
张华江，迟玉杰，夏宁，等. 可食性大豆复合蛋白膜的研究［J］. 食品与发酵工业，2008（9）：73－77.
张利，杨迎伍. 食品品质改良剂——亲水胶体［J］. 四川食品与发酵，2002（1）：30－33.
张献伟，周梁，蒋爱民，等. 食品胶特性及其在食品中应用［J］. 食品与机械，2011，27（1）：166－169.
赵艳娜. 瓜尔胶的改性及在造纸工业中的应用［J］. 纸和造纸，2007（5）：41－44.
赵勇. 降低油炸食品含油量的研究［D］. 重庆：西南大学，2008.
郑捷，胡爱军. 几种食品添加剂对蔬菜杂粮方便面品质影响的研究［J］. 粮食与饲料工业，2007（1）：19－21.
郑敏燕，耿薇，魏永生，等. 萘酚－硫酸显色光度法测定白果多糖含量方法的研究［J］. 应用化工，2010，39（3）：447－449.
周盛华，黄龙，张洪斌. 黄原胶结构、性能及其应用的研究［J］. 食品科技，2008，33（7）：156－160.
周盛华. 黄原胶在水溶液中的构象转变及其流变学研究［D］. 上海：上海交通大学，2008.

第7章　植物蛋白材料

7.1　蛋白质简介

蛋白质是生物体内主要的生物分子，存在于所有生物体中，从高等动植物到低等微生物、从人类到最简单的病毒都含有蛋白质。生物体的化学组成极其复杂，既有各种高分子物质和低分子物质，又有各种有机物和无机物，其中蛋白质起着非常重要的作用，各种生物功能及生命现象往往是通过蛋白质来体现的。生命的主要机能都与蛋白质有关，如消化、排泄、运动、收缩，以及对刺激的反应和繁殖等，因此蛋白质具有重要的生物功能。

蛋白质是由常见的20种L-α-氨基酸通过α-碳原子上的取代基之间形成的酰胺键连接而成的，是由具有特定空间结构和生物功能的肽链构成的生物大分子。只含有肽链的蛋白质是简单蛋白，肽链和其他组分还能形成复合蛋白。蛋白质与其本身肽链的区别在于折叠方式。一条肽链只有通过折叠成特定的空间结构后，才能称为蛋白质。因此，蛋白质是经过折叠后具有特定空间构象的肽链；肽链是去折叠、无特定空间构象的蛋白质。

组成蛋白质的元素有碳（50%～55%）、氢（6%～7%）、氧（19%～30%）、氮（12%～19%）、硫（0%～4%）。有些蛋白质还含有少量磷或金属元素铁、铜、锌、锰、钴和钼等，个别蛋白质还含有碘。各种蛋白质的含氮量很接近，平均为16%，通过测定生物样品中的含氮量就可计算出其蛋白质含量。

7.1.1　蛋白质的结构

7.1.1.1　蛋白质结构的特点

1969年，国际纯粹与应用化学联合会（IUPAC）规定：蛋白质的一级结构指蛋白质多肽链中氨基酸的排列顺序，包括二硫键的位置。其中最重要的是多肽链的氨基酸顺序。一级结构是蛋白质分子结构的基础，包含了决定蛋白质分子所有结构层次构象的全部信息。蛋白质一级结构研究的内容包括蛋白质的氨基酸组成、氨基酸排列顺序和二硫键的位置、肽链数目、末端氨基酸的种类等。

每一种蛋白质分子都有特有的氨基酸组成和排列顺序，即一级结构。这种氨基酸排列顺序决定其特定的空间结构。也就是说，蛋白质的一级结构决定了蛋白质的二级结构、三级结构等高级结构。

一个蛋白质分子是由一条或多条肽链组成的。每条肽链由氨基酸按照一定顺序以肽键首尾相连而成。一个氨基酸的羧基与另一个氨基酸的氨基失水形成的酰胺键称为肽键，通过肽键链接起来的化合物称为肽（Peptide）。由两个氨基酸组成的肽称为二肽，由几个到几十个氨基酸组成的肽称为寡肽，由更多个氨基酸组成的肽则称为多肽。多肽骨架是由重复肽单位排列而成的，称为主链骨架，各种肽链的主链结构是一样的，只是侧链 R 基的顺序不同。组成肽链的氨基酸由于参加了肽键的形成而不再是完整的分子，故称为氨基酸残基（Residue）。第一个和最后一个氨基酸残基和其他残基不同，分别有一个游离的氨基和羧基，分别称为氨基末端（Amino terminal，N－末端）和羧基末端（Carboxyl terminal，C－末端）。氨基酸序列是从 N－末端氨基酸残基开始一直到 C－末端氨基酸残基为止。

多肽氨基酸数量一般小于 100 个，超过这个界限的多肽就称为蛋白质。蛋白质的氨基酸含量可以从一百到数千。最大的多肽对应的分子量为 10000 Da，是可以透过天然半透膜的最大分子。所以，多肽是可以透过半透膜的，蛋白质则不可以。

肽键是蛋白质分子的主要共价键。除此之外，在某些蛋白质分子一级结构中，有肽链间或肽链内的二硫键（图 7.1）。有些蛋白质不是简单的一条肽链，而是由两条以上肽链组成的，肽链之间通过二硫键连接起来，还有的在一条肽链内部形成二硫键。二硫键在蛋白质分子中起着稳定空间结构的作用。

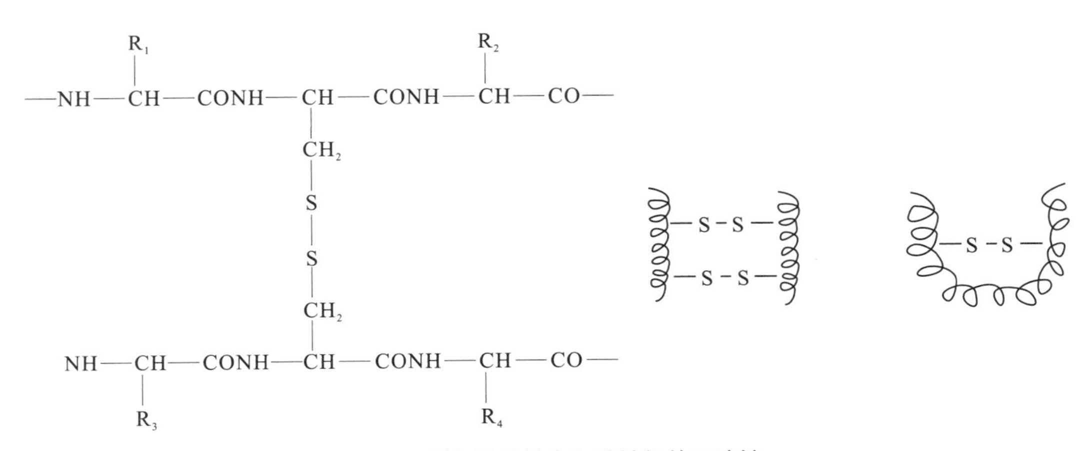

图 7.1　蛋白质肽链内和肽链间的二硫键

一般来说，蛋白质分子中氨基酸的排列是十分严格的，每一种氨基酸的数目与其序列都是不能轻易变动的，否则就会改变整个蛋白质分子的性质与功能。由于蛋白质的一级结构决定了高级结构，因此，了解蛋白质的一级结构是研究蛋白质分子结构的基础。

7.1.1.2　蛋白质一级结构的测定

蛋白质一级结构的测定就是测定蛋白质多肽键中氨基酸的排列顺序，这是揭示生命本质、阐明结构与功能的关系、研究酶的活性中心和酶蛋白高级结构的基础，也是基因表达、克隆和核酸顺序分析的重要内容。蛋白质一级结构的测定主要包括以下基本步骤。

1. 测定蛋白质的相对分子质量和氨基酸组成

获取一定纯度的蛋白质样品，测定其相对分子质量。将一部分样品完全水解，确定其氨基酸种类、数目和每种氨基酸的含量。

2. 进行末端分析，确定蛋白质的肽键数目及N-末端和C-末端氨基酸的种类

测定N-末端氨基酸的方法有多种，常用的有二硝基氟苯（DNFB）法和异硫氰酸苯酯（PTH）法。异硫氰酸苯酯法应用广泛，并已根据其原理设计制造出氨基酸顺序分析仪。此外，还可以用丹磺酰氯（Dansyl chloride，DNS-Cl）法测定N-末端氨基酸，如图7.2所示。

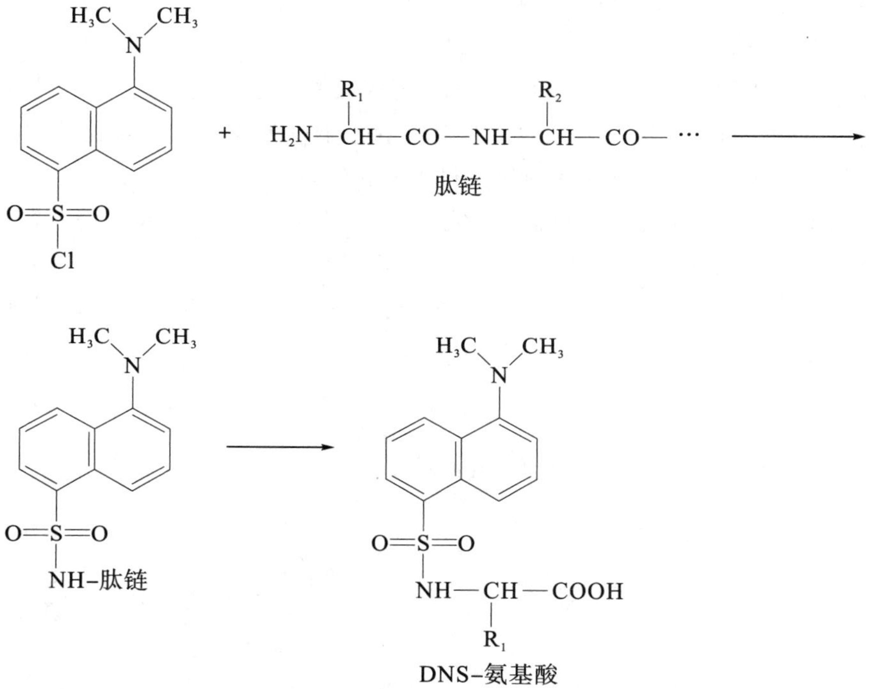

H_3C N CH_3
O=S=O
Cl
+ H_2N—CH(R_1)—CO—NH—CH(R_2)—CO—…
肽链

H_3C N CH_3
O=S=O
NH-肽链

H_3C N CH_3
O=S=O
NH—CH(R_1)—COOH
DNS-氨基酸

图7.2 DNS-Cl法测定N-末端氨基酸

测定C-末端氨基酸的常用方法有肼解法（图7.3）和还原法等。

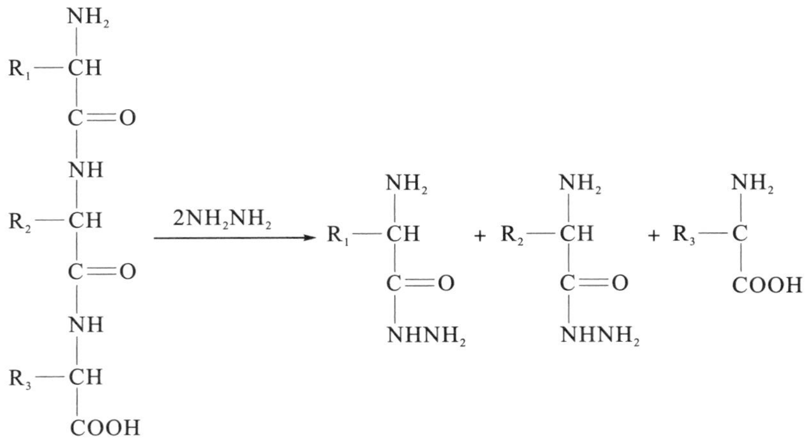

$$\mathrm{NH_2-CH(R_1)-C(=O)-NH-CH(R_2)-C(=O)-NH-CH(R_3)-COOH} \xrightarrow{\mathrm{2NH_2NH_2}} \mathrm{R_1-CH(NH_2)-C(=O)-NHNH_2} + \mathrm{R_2-CH(NH_2)-C(=O)-NHNH_2} + \mathrm{R_3-C(NH_2)-COOH}$$

图 7.3　肼解法测定 C－末端氨基酸

3. 拆开二硫键并分离出每条多肽链

如果蛋白质分子是由几条不同的多肽链构成的，则必须把这些多肽链拆开并单独分离，以便测定每条多肽链的氨基酸序列。拆开二硫键最常用的方法是用过甲酸（过氧化氢＋甲酸）将二硫键氧化，或用过量的 β－巯基乙醇处理，将二硫键还原。还原法应注意用碘乙酸（烷基化试剂）保护还原生成的半胱氨酸中的巯基，以防止二硫键重新生成。

4. 分析每条多肽链的 N－末端和 C－末端残基

取每条多肽链的部分样品进行 N－末端和 C－末端残基的鉴定，以便建立两个重要的氨基酸顺序参考点。

5. 用两种不同方法将肽链专一性地水解成两组肽段并进行分离

将每条多肽链用两种不同的方法进行部分水解，这是一级结构测定中的关键步骤。用于顺序分析的方法一次能测定的顺序都不太长，而天然蛋白质分子大多有 100 个以上残基，因此必须将多肽链断裂成较小的肽段，以测定每个肽段的氨基酸顺序。水解多肽链的方法可采用酶法或化学法，通常选择专一性很强的蛋白酶来水解。例如，胰蛋白酶专一性地水解由碱性氨基酸（赖氨酸和精氨酸）的羧基参与形成的肽键，胰凝乳蛋白酶专一性地水解由芳香族氨基酸（苯丙氨酸、色氨酸、酪氨酸）的羧基参与形成的肽键。

除酶法外，还可以用化学法部分水解多肽链，例如用溴化氰处理时，只有由甲硫氨酸的羧基参与形成的肽键发生断裂。根据多肽链中甲硫氨酸残基的数目就可以估算其水解后可能产生的肽段的数目。

多肽链经部分水解后产生的长短不一的肽段可以用比色或电泳的方法进行分离、提纯，由于不同方法水解多肽链的专一性不同，所以用两种方法水解多肽链后，可以得到两组不同的肽段，便于拼凑出完整肽链的氨基酸序列。

6. 测定各个肽段的氨基酸排列顺序并拼凑出完整肽链的氨基酸序列

多肽链部分水解后分离得到的各个肽段需要进行氨基酸序列测定，可用氨基酸序列分析仪进行。用重叠顺序法将两种水解方法得到的两套肽段的氨基酸序列进行比较分析，根据交叉重叠部分的顺序推导出完整肽链的氨基酸序列。

7. 测定二硫键位置

蛋白质分子中二硫键位置的测定也是以氨基酸的测序技术为基础的。这一步骤往往在确定了蛋白质的氨基酸序列后进行。基本方法是：根据已知氨基酸序列选择合适的专一性蛋白酶，在不打开二硫键的情况下部分水解蛋白质，将水解得到的肽段进行分离；将分离得到的含有二硫键的肽段进行氧化或还原，切断二硫键；分离切割二硫键后生成两个肽段，确定其氨基酸序列；将这两个肽段的氨基酸序列与多肽链的氨基酸序列进行比较，推算出二硫键的位置。

应用这种方法，Sanger 等于 1953 年完成了第一个蛋白质牛胰岛素一级结构的测定。胰岛素是动物胰脏细胞分泌的一种激素蛋白，其功能是调节糖代谢。胰岛素分子由 51 个氨基酸残基组成，相对分子质量为 5734 Da，由 A、B 两条多肽链组成，A 链含 21 个氨基酸残基，B 链含 30 个氨基酸残基。A 链和 B 链通过两个二硫键连接在一起，在 A 链内部还有一个二硫键。图 7.4 为牛胰岛素的氨基酸序列。我国生物化学工作者根据胰岛素的氨基酸序列于 1965 年用人工合成方法成功合成了具有生物活性的胰岛素，第一次成功完成了蛋白质的全合成。

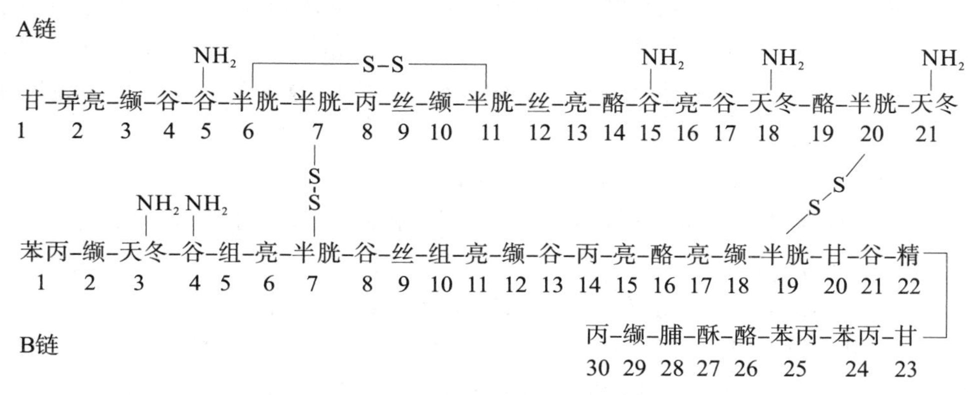

图 7.4 牛胰岛素的氨基酸序列

7.1.1.3 蛋白质的二级结构

蛋白质的二级结构是指借助主链上的氢键维持的肽链有规律的螺旋或折叠形态。它是多肽链局部的空间结构（构象），不涉及各 R 侧链的空间排布。蛋白质的二级结构主要有 α-螺旋、β-折叠、无规卷曲、β-转角等几种形式，它们是构成蛋白质高级结构的基本要素。

天然的蛋白质都有特定的构象，构象问题是蛋白质研究的一个核心问题。蛋白质是由按照特定顺序排列的氨基酸构成的长链，并且通过长链的弯曲、折叠形成一定的立体形状。特定的几何形状会使蛋白质具有特殊功能，不同的功能要求蛋白质具有不同的几何形状。蛋白质构象的核心问题是：蛋白质的几何形状是如何形成并如何维持稳定的？为什么不同的蛋白质产生不同的几何形状？蛋白质的几何形状与氨基酸序列结构之间的关系如何？

构象（Conformation）是由分子中单键的自由旋转造成的某些集团在空间上的相互

位置。具有生物活性的蛋白质在一定条件下往往只有一种或很少几种构象，这是由蛋白质分子中肽键的性质决定的。

1. 蛋白质构象的立体化学原理

肽键的立体化学主要特征是：肽键具有部分双键的性质，不能自由旋转；肽单位是刚性平面结构（肽单元上 6 个原子位于同一平面）；在肽单位平面上，相邻两个原子呈反式排布（含有脯氨酸或羟脯氨酸的肽单位，相邻两个原子呈顺势排布）。二面角所决定的构象是否存在主要取决于两个相邻肽单位中非键合原子之间的接近有无阻碍（空间位阻）。

构成肽键的四个原子和其相邻两个原子构成一个肽单位，如图 7.5 所示。由于参与肽单元的原子位于同一平面，故又称肽键平面。其中肽键（C—N）的键长为 0.132 nm,介于 C—N 单键长（0.147 nm）和 C═N 的双键长（0.127 nm）之间，所以有部分双键性质，不能自由旋转。而 C 与羰基碳原子和 C 与氮原子之间的连接（C—C 和 C—N）都是单键，可以自由旋转，它们的旋转角度决定了相邻肽单位的相对空间位置，于是肽单位就成为肽链折叠的基本单位。C_α 称为旋转点，C—N 键旋转的角度通常用 Ψ 表示，C—C 键旋转的角度用 Φ 表示，它们被称为 C 原子的二面角（Dihe－dral angel）或肽单位二面角，如图 7.6 所示。肽单位二面角都可以在 0°～180°内变动。相邻的两个肽平面通过 C 相对旋转的程度决定其相对位置。一个蛋白质的构象取决于肽单位绕 C—N 键和 C—C 键的旋转，于是肽平面就成为肽链盘绕折叠的基本单位，也是蛋白质会形成各种立体构象的根本原因。

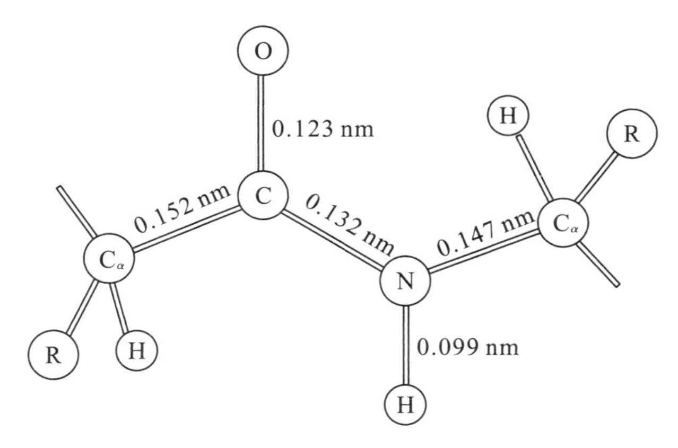

图 7.5　肽单位结构

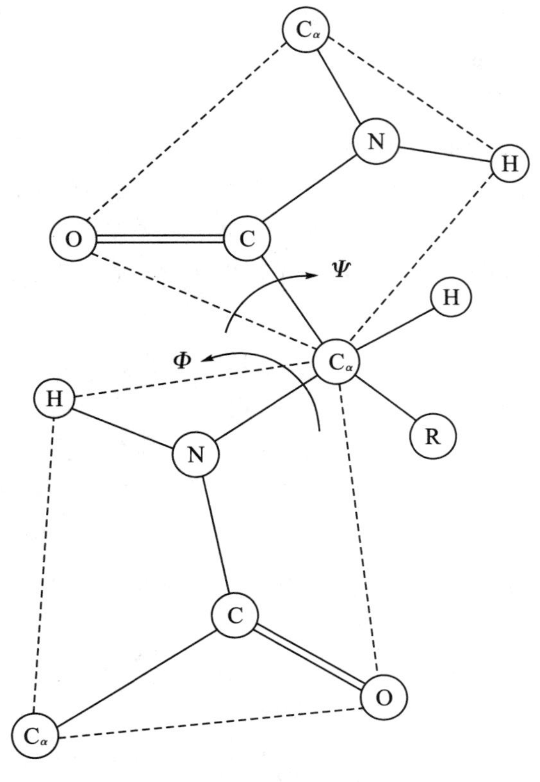

图 7.6　**肽单位二面角**

因为C—N键和C—C键旋转时将受到α-碳原子上的侧链R的空间阻碍影响，所以使肽链的构象受到限制。如果每一个氨基酸残基的Ψ和Φ已知，多肽链主链的构象就被完全确定。由于肽平面的存在大大限制了主链所能形成的构象数目，但如果没有肽平面，蛋白质多肽链主链的自由度过大，则会导致蛋白质不能形成特定的构象。

2. 主链构象的分子模型

(1) α-螺旋。

α-螺旋是一种典型的螺旋结构，由鲍里和科恩于1951年提出，是指多肽链的主链骨架围绕中心轴螺旋上升，形成类似螺旋管的结构。按照螺旋延伸的方向，分为左手螺旋和右手螺旋。

α-螺旋的主要特征是：多肽链主链骨架围绕中心轴右旋上升，每转一圈为3.6个氨基酸残基，每个氨基酸残基升高0.15 nm，螺旋上升一圈的高度（即螺距）为0.54 mm（3.6×0.15 mm），如图7.7所示。天然α-角蛋白是典型的α-螺旋构象。α-螺旋在相邻螺圈之间形成链内氢键，即肽链的NH_2基氢原子与向N-末端方向第三个肽单元（即第四个氨基酸残基）的C═O基上的氧原子之间形成氢键，这种氢键大致与螺旋轴平行。一条多肽链呈α-螺旋的推动力就是所有肽键上的酰胺氢和羰基氧之间形成的链内氢键，若氢键破坏，螺旋构象就会伸展开来。

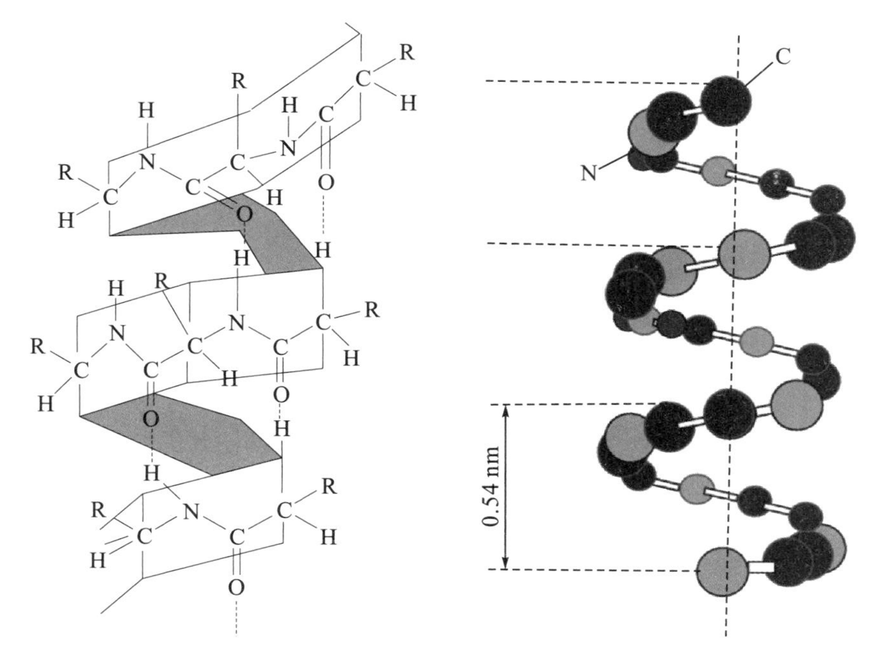

图 7.7　α－螺旋

在 α－螺旋中，C 所连接的所有侧链基团（R）均位于螺旋外侧，具有上述特点的右手 α－螺旋是一种特别稳定的构象。其主要原因是所有 C 的键角均为正面体，体系能量最低，且非键合原子接触紧密，但不小于最小接触距离，同时氢键中的 C、H、O、N 原子位于同一直线上且氢键键长为 0.286 nm。

（2）β－折叠。

将头发（由 α－角蛋白构成的纤维）浸入热水中用力拉伸，其长度可以伸长一倍，显然拉伸后的角蛋白不可能继续保持 α－螺旋，而转变成更为伸展的构象，即β－折叠。

β－折叠是一种肽链主链较为伸展的另一种有规则的构象。其特点是相邻两个肽平面间折叠呈折扇状（图 7.8），肽链主链骨架充分伸展呈锯齿形，相邻肽单位的成对二面角键角分别为 Φ=139°、Ψ=135°。因此，主链不仅沿折叠平面上下折叠，而且也有一定程度的左右折叠。这种方式有利于在主链之间形成有效氢键，并避免相邻侧链基团的空间障碍。不同于 α－螺旋，β－折叠的稳定是借助相邻肽链间的主链氢键，β－折叠允许所有的肽单位参与氢键形成。在 β－折叠中，所有侧链基团均位于相邻肽单位折叠平面的交线上，并与之垂直，即所有侧链基团交替地排列在折叠链的上、下方。

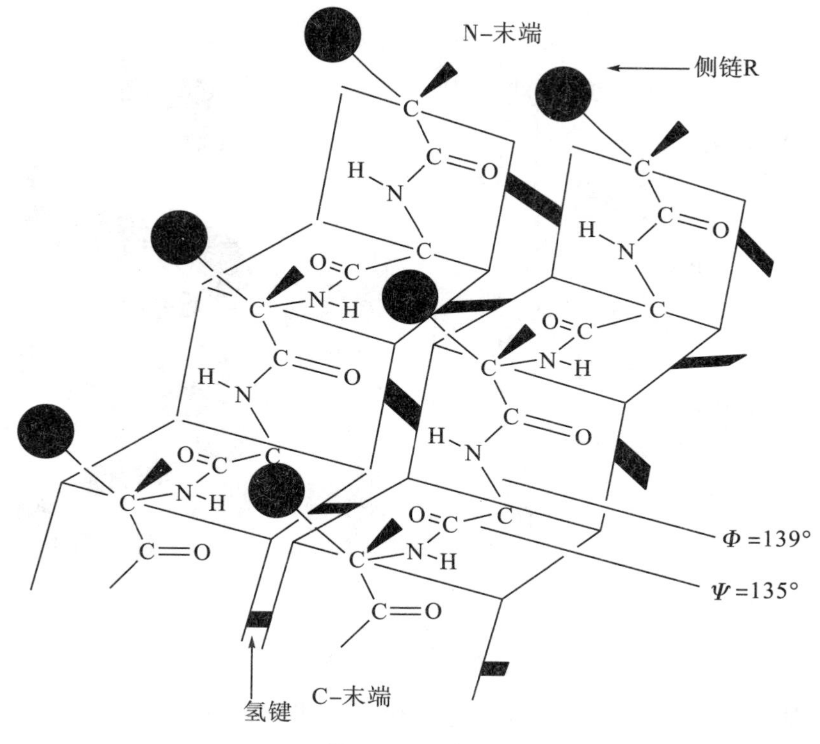

图 7.8　β－折叠

（3）胶原螺旋。

胶原螺旋是胶原蛋白特有的二级结构形式。对天然胶原和化学模拟胶原的相似物进行 X 射线晶体分析，可以确定胶原为三股螺旋构象，即由三条呈左手螺旋的肽链形成的右手复合螺旋。其中，单条肽链的左手螺旋是一种较伸展的螺旋构象，螺距为 0.9 nm，每圈含 3 个氨基酸，每个氨基酸在螺旋轴线上的投影约为 0.3 nm，明显大于 α－螺旋的螺距（0.54 nm）和每一氨基酸投影（0.15 nm）。右手复合螺旋的螺距为 2.86 nm，每圈含 10 个氨基酸残基。在胶原螺旋中，所有肽单元的羰基 C═O 键均垂直于螺旋轴向外伸展，所以不能在链内形成氢键。因此，胶原螺旋依靠肽链之间形成的氢键维系构象稳定。

（4）β－转角

β－转角（β－turn）又称为 β－卷曲（β－bend）、β－回折（β－reverse turn）、发夹结构（Hairpin structure）和 U 形转折等。蛋白质分子多肽链在形成空间构象时，经常会出现 180°的回折（转折），回折处的结构就称为 β－转角，一般由四个连续的氨基酸组成。在构成这种结构的四个氨基酸中，第一个氨基酸的羧基和第四个氨基酸的羧基之间形成氢键（图 7.9）。甘氨酸和脯氨酸容易出现在这种结构中。在某些蛋白质中也有三个连续氨基酸形成的 β－转角，第一个氨基酸的羧基氧和第三个氨基酸的亚氨基氢之间形成氢键。

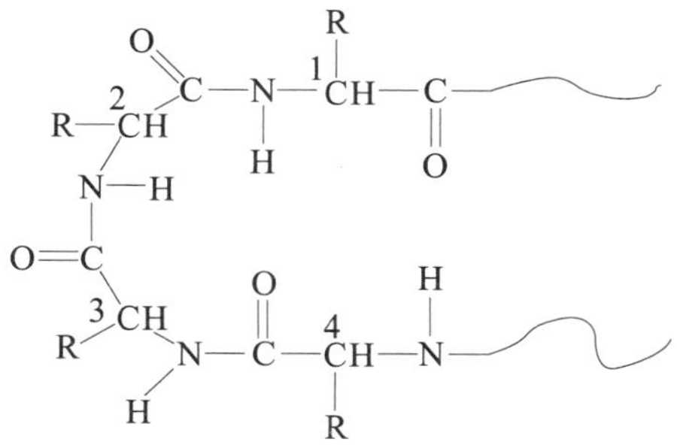

图 7.9　β－转角

（5）无规卷曲。

与 α－螺旋、β－折叠、胶原螺旋等有规律的构象不同，某些多肽的主链骨架中，常常存在一些无规则构象，如无规线团、自由折叠、自由回转等，无规卷曲即由此得名。

在有规则构象中，所有相邻肽单位的成对二面角的取值都在固定点上，而无规则构象的二面角取值却散布于不同的点，因此，在同一条肽链中产生许多不同的构象，形成无规卷曲。在一般的球蛋白分子中，除了含有螺旋和折叠构象，还存在大量无规卷曲肽段，无规卷曲连接各种有规则构象形成球形分子。

7.1.1.4　超二级结构和结构域

超二级结构（Super－secondary structure）的概念是 Rossmann 于 1973 年提出的。在蛋白质分子中，特别是在球状蛋白质分子中，经常可以看到有若干相邻的二级结构单元（主要为 α－螺旋、β－折叠）组合在一起，彼此相互作用，形成种类不多但有规则的二级结构组合或二级结构串（Cluster），在多种蛋白质中充当三级结构的构件，称为超二级结构。现在已知的超二级结构组合包括 α－螺旋聚集体（αα 型）、β－折叠聚集体（βββ 型）以及 α－螺旋和 β－折叠聚集体［如常见的 βαβ 型聚集体（图 7.10）等］。在一些纤维状蛋白质和球状蛋白质中都已发现有 α－螺旋聚集体（αα 型）的存在。在球状蛋白质中常见的两个 βαβ 型聚集体连在一起，形成 βαβαβ 结构，称为 Rossmann 卷曲（Rossmann fold）。

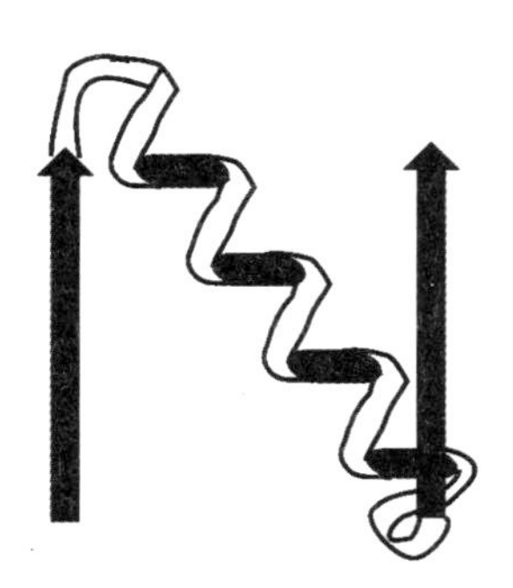

图 7.10　βαβ 型聚集体

结构域（Structure domain）是介于二级结构和三级结构之间的另一种蛋白质结构层次，是指蛋白质亚基结构中明显分开的紧密球状结构区域，又称为辖区。多肽链首先是在某些区域相邻的氨基酸残基形成有规则的二级结构，然后由相邻的二级结构片段聚集在一起形成超二级结构，在此基础上，多肽链折叠成近似球状的三级结构。对于较大的蛋白质分子或亚基，多肽链往往由两个或多个在空间上可明显区分、相对独立的区域性结构缔合成三级结构，即它们是多结构域（Multi domain），如免疫球蛋白的轻链含两个结构域，这种相对独立的区域性结构就称为结构域。对于较小的蛋白质分子或亚基，结构域和它的三级结构往往是一个意思，也就是说这些蛋白质或亚基是单结构域（Single domain），如核糖核酸酶、肌红蛋白等。结构域自身是紧密装配的，但结构域与结构域之间关系松懈，它们之间常常有一段长短不等的肽链相连，形成铰链区。不同蛋白质分子中结构域的数目不同，同一蛋白质分子中的几个结构域彼此相似或很不相同。常见结构域有 100～400 个氨基酸残基，最小的结构域只有 40～50 个氨基酸残基，较大的结构域有超过 400 个氨基酸残基。

7.1.1.5 蛋白质的三级结构

1. 蛋白质的三级结构及其特点

蛋白质的三级结构（Tertiary structure）是指多肽链在二级结构、超二级结构以及结构域的基础上，进一步卷曲、折叠形成复杂的球状分子结构。三级结构包括多肽链中一切原子的空间排列方式。

蛋白质多肽链如何卷曲、折叠成特定的构象，是由其一级结构即氨基酸序列决定的，是蛋白质分子内各种侧链基团相互作用的结果。维持这种特定构象稳定的作用力主要是次级键，它们使多肽链在二级结构的基础上形成更复杂的构象。多肽链中的二硫链可以使远离的两个肽段连在一起，所以对三级结构的稳定也起到重要作用。

目前，确定了三级结构的蛋白质并不多。1955 年，英国科学家 Kendwer 等利用 X 射线结构分析法第一次阐明鲸肌红蛋白的三级结构。在这种球状蛋白质中，多肽链不是简单地沿着某一个中心轴有规律地重复排列，而是沿多个方向卷曲、折叠，形成一个紧密的近似球形的结构。

肌红蛋白是哺乳动物肌肉中运输氧的蛋白质，它由一条多肽链构成，包含 153 个氨基酸残基和一个血红素（Heme）辅基，相对分子质量为 17800 Da。肌红蛋白多肽链中约有 75%的氨基酸残基以 α－螺旋存在，形成 8 段 α－螺旋体，分别用 A、B、C、D、E、F、G、H 表示，每个螺旋的长度为 7～8 个氨基酸残基，最长的由约 23 个氨基酸残基组成。在拐弯处都有一段 1～8 个氨基酸残基的松散肽链，使 α－螺旋体中断。脯氮酸、异亮氨酸及多聚精氨酸等难以形成 α－螺旋体的氨基酸都存在于拐弯处。由于侧链的相互作用，多肽链盘绕成一个外圆中空的紧密结构，疏水性残基包埋在球状分子的内部，而亲水性残基则分布在分子的表面，使肌红蛋白具有水溶性。血红素辅基垂直地伸出在分子表面，并通过多肽链上的第 93 位组氨酸残基和第 64 位组氨酸残基与肌红蛋白分子内部相连。

虽然各种蛋白质都有独特的折叠方式，但大量研究结果发现，蛋白质的三级结构具有以下共同特点：

（1）整个分子排列紧密，内部只有很小或者完全没有空间容纳水分子。

（2）大多数疏水性氨基酸侧链都埋藏在分子内部并相互作用形成一个致密的疏水核，这对稳定蛋白质的构象具有十分重要的作用，且这些疏水区域通常是蛋白质分子的功能或活性中心。

（3）大多数亲水性氨基酸侧链都分布在分子表面，它们与水接触并强烈水化，形成亲水的分子外壳，从而使球蛋白分子可溶于水。

2. 维持蛋白质构象的作用力

蛋白质的构象包括从二级结构到四级结构的所有高级结构，其稳定性主要依赖于大量的非共价键（又称为次级键）。此外，二硫键也对维持蛋白质构象的稳定起重要作用。

（1）氢键（Hydrogen bond）。氢键对维持蛋白质构象的稳定具有决定性作用，形成氢键必须有两个条件，即有氢的供体和受体。以 X 表示氢的供体，X 必须是电负性较大、半径较小的原子；以 Y 表示氢的受体，Y 必须是电负性较大、半径较小、含独对电子的原子。与氢供体相连的氢原子带有正电荷，很容易与电子供体 Y 原子的独对电子相互吸引，形成氢键。氢键本质上仍属于弱的静电吸引作用。在蛋白质分子中，临近的羰基氧原子与亚氨基氢原子和羰基氧原子之间均可形成氢键。

（2）离子键（Ionic bond）。离子键具有一定的防水作用，能促进整个分子结构的稳定。离子键是带相反电荷的基团之间的静电引力，也称为盐键。蛋白质的多肽链由各种氨基酸组成。部分氨基酸残基带正电荷，如赖氨酸和精氨酸；部分氨基酸残基带负电荷，如谷氨酸和天冬氨酸。另外，游离的 N－末端氨基酸残基的氨基和 C－末端氨基酸残基的羰基也分别带正电荷和负电荷，这些带相反电荷的基团，如羰基和氨基、胍基、咪唑基等基团之间都可以形成离子键。羰基和氨基之间的离子键在无水情况下稳定，遇水时，会因离子强烈水化而削弱蛋白质分子的疏水部分。

（3）疏水键（Hydrophobic bond）。蛋白质分子含有许多非极性侧链和一些极性很小的基团，这些非极性基团避开水相互聚集在一起而产生的作用力称为疏水键，也称为疏水作用力。疏水键对维持蛋白质的三级结构起到重要作用，例如，缬氨酸、亮氨酸、异亮氨酸、苯丙氨酸、色氨酸等氨基酸的侧链基团具有疏水性，在水溶液中它们会离开周围的溶剂聚集在一起，在空间关系上紧密接触而稳定，从而在分子内部形成疏水区。疏水键可以在非极性侧链之间、非极性侧链和主链骨架间的 α－碳原子之间形成。当蛋白质溶于水时，位于分子表面的离子化或极性侧链与水亲和接触，而在分子内部保持“干燥”。

（4）范德华力。范德华力即静电引力，主要由侧链基团偶极之间的取向力、极性基团的偶极与非极性基团的诱惑力构成，在静电引力的作用下，相反偶极相互靠近。当靠得太近时，又因电子的斥力作用而分开，只能保持一定距离。氢键实际上是一种特殊的范德华力。范德华力比离子键弱，但在生物体系中却非常重要。

这些次级键的键能都较弱，但由于它们广泛存在蛋白质分子中，所以对维持蛋白质的二级结构、三级结构和四级结构的稳定起着非常重要的作用。如果外界因素影响或破坏了这些次级键的形成，则会引起蛋白质构象的变化。

（5）二硫键。二硫键是两个半胱氨酸巯基之间经氧化生成的强共价键。它可以把不同的肽键或同一肽键的不同部分连接起来。二硫键是蛋白质分子中最强的化学键之一，对提高蛋白质分子的热稳定性、抗酶水解及机械强度有十分重要的意义。在具有生物活性的蛋白质分子中，二硫键对其生物活性所要求的特殊构象至关重要，二硫键破坏一般会导致活性丧失。

当上述化学键和分子间作用力单独存在时，键能较弱；但当其大量同时存在时，总键能足以维持蛋白质构象的稳定。一般情况下，二硫键的数量并不多，但对维持构象的稳定十分重要。图 7.11 为维持蛋白质构象稳定的主要化学键和分子间作用力。

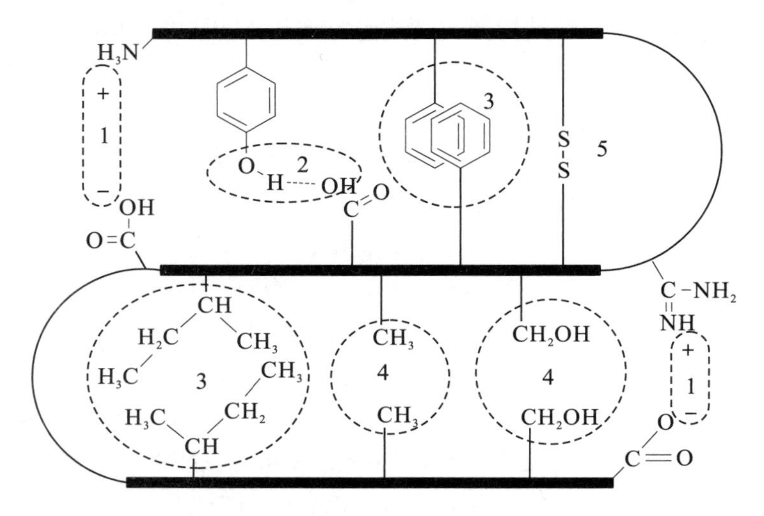

1—离子键；2—氢键；3—疏水键；4—范德华力；5—双硫键

图 7.11　维持蛋白质构象稳定的主要化学键和分子间作用力

7.1.1.6　蛋白质的四级结构

有些蛋白质分子含有多条多肽链，每一条多肽链都有各自的三级结构。这些具有独立三级结构的多肽链彼此通过非共价键相互连接而形成的聚合体结构就是蛋白质的四级结构（Quaternary structure）。在具有四级结构的蛋白质中，每一个具有独立三级结构的多肽链称为该蛋白质的亚单位或亚基（Subunit）。亚基之间通过其表面的次级键连接在一起，形成完整的寡聚体蛋白质分子。亚基一般只由一条多肽链组成，亚基单独存在时没有活性，具有四级结构的蛋白质当缺少某一个亚基时也不具有生物活性。

有些蛋白质的四级结构是均一的（Homogeneous），即由相同的亚基组成；而有些则是不均一的，即由不同亚基组成。亚基一般以 α、β、γ 等命名。亚基的数量一般为偶数，个别为奇数。亚基在蛋白质中的排布一般是对称的，对称性是具有四级结构的蛋白质的重要性质之一。

由两个亚基组成的蛋白质一般称为二聚体蛋白质，由四个亚基组成的蛋白质一般称为四聚体蛋白质，由多个亚基组成的蛋白质一般称为寡聚体蛋白质或多聚体蛋白质。并不是所有的蛋白质都具有四级结构，有些蛋白质只有一条多肽链，如肌红蛋白，这种蛋白质称为单体蛋白。维持四级结构的作用力与维持三级结构的作用力是相同的。

血红蛋白（Hemoglobin）就是由 4 条多肽链组成的具有四级结构的蛋白质分子。血红蛋白的功能是在血液中运输 O_2 和 CO_2，相对分子质量为 65000 Da，由 2 条 α 链

（含 141 个氨基酸残基）和 2 条 β 链（含 146 个氨基酸残基）组成。

在血红蛋白的四聚体蛋白质中，每个亚基含有一个血红素辅基。α 链和 β 链在一级结构上的差别较大，但它们的三级结构都与肌红蛋白相似，形成近似球状的亚基，每条多肽链都含有约 70%的 α－螺旋部分，并且每个亚基中都含有 8 个肽段的 α－螺旋体，都有长短不一的非螺旋松散链。多肽链拐弯的角度和方向也与肌红蛋白相似。每个亚基都与一个血红素辅基结合。血红素是一个取代的卟啉，在其中央有一个铁原子，血红素中的铁原子可以处于亚铁（Fe^{2+}）或高铁（Fe^{3+}）形式，只有亚铁形式才能结合 O_2。血红蛋白的亚基和肌红蛋白在结构上相似，这与它们在功能上的相似性是一致的。

四级结构对蛋白质的生物功能非常重要。对于具有四级结构的寡聚体蛋白质，当某些因素（如酸，热或高浓度的尿素、胍）作用时，其构象就发生变化。首先是亚基彼此解离，即四级结构遭到破坏，随后分开的各个亚基伸展成松散的肽链。如果条件温和，处理得非常小心时，寡聚体蛋白质的几个亚基彼此解离，但不破坏其正常的三级结构，若恢复原来的条件，分开的亚基又可以重新合并，并恢复活性。但如果处理条件剧烈，则分开后的亚基完全伸展成松散的多肽链，这种情况要恢复原来的结构和活性，就比只具有三级结构的蛋白质要困难得多。

纤维蛋白不同于球蛋白，前者的螺旋或折叠多肽链都是沿螺旋或折叠平面顺长排列，不存在像球蛋白那样的三级结构。纤维蛋白主要通过分子之间的侧向相互作用及首尾相接方式构成纤维。由于非极性侧链的疏水性、大分子间的相互作用以及存在于分子内和分子间的交联结构，纤维蛋白一般不溶于水，且较球蛋白有更高的热稳定性和耐酶水解能力。

7.1.2　蛋白质的分类

蛋白质的种类有很多，不同的蛋白质有不同的氨基酸组成和序列，其相对分子质量相差很大，并且各自具有特定的生物学功能。可根据不同原则对蛋白质进行分类，目前常用的分类方法有如下几种。

7.1.2.1　根据分子形状分类

根据分子形状的对称程度，可将蛋白质分为以下两类。

1. 球状蛋白质

球状蛋白质（Globular protein）分子比较对称，接近球形或椭球形，整体结构是通过大分子肽链以确定方式盘绕、折叠而成。球状蛋白质在水中和稀盐溶液中均有良好的溶解性，主要是由于分子表面的带电荷的亲水性氨基酸侧链与水作用形成的水合层对蛋白质与溶剂的紧密接触具有重要作用。所有的酶和具有生物活性的蛋白质均为球状蛋白质，如白蛋白、球蛋白、组蛋白等。

2. 纤维蛋白质

纤维蛋白质（Fibrous protein）分子对称性差，类似细棒状或纤维状。纤维蛋白质肽链相互平行、顺长排列构成纤维。纤维蛋白质大多不溶于水，比较重要的纤维蛋白质有胶原（Collagen）、丝芯蛋白（Fibroin）、角蛋白（Keratin）等。

7.1.2.2 根据化学组成分类

根据化学组成，可将蛋白质分为以下两类。

1. 简单蛋白质

简单蛋白质（Simple protein）分子中只含有氨基酸组成的蛋白质，没有其他非蛋白质成分。

2. 结合蛋白质

结合蛋白质（Conjugated protein）是由蛋白质组分和非蛋白质组分结合而成的。非蛋白质组分称为结合蛋白质的辅基（Prosthetic group），它与蛋白质组分共价结合。主要的结合蛋白质有以下六种：

（1）糖蛋白（Glycoprotein）。俗称黏蛋白，非蛋白质组分为糖类。分子中含有中性糖、氨基糖和酸性糖的衍生物。糖蛋白广泛存在于动物、植物、真菌、细菌及病毒中。

（2）核蛋白（Nucleoprotein）。以核酸为辅基的结合蛋白质，主要存在于核糖体（Ribosome）和病毒中。

（3）脂蛋白（Lipoprotein）。蛋白质和脂类结合构成脂蛋白，含有甘油三酸酯（Triglyceride）、磷脂（Phospholipide）或胆甾醇（Cholesterin）等。在脂蛋白中，脂类和蛋白质之间以非共价键结合。脂蛋白广泛分布于细胞和血液中，是生物膜的主要组成成分。

（4）色蛋白（Chromoprotein）。蛋白质和某些色素物质结合形成色蛋白。非蛋白质组分多为血红素，所以又称为血红素蛋白。

（5）金属蛋白（Metalloprotein）。金属蛋白是一类直接与金属结合的蛋白质，金属离子通过离子键或配位键与蛋白质结合，许多酶都属于金属蛋白。

（6）磷蛋白（Phosphoprotein）。磷蛋白类分子中含磷酸基，一般磷酸基与蛋白质分子中的丝氨酸或苏氨酸通过酯键相连。酪蛋白、胃蛋白酶等都属于磷蛋白。

7.1.2.3 根据溶解度分类

根据溶解度，可将蛋白质分为以下六类。

1. 白蛋白

白蛋白（Albumin）又称为清蛋白，相对分子质量较小，溶于水、中性盐、稀酸和稀碱，在 pH=4～8.5 的水溶液中易于结晶，可被饱和硫酸铵沉淀。清蛋白在自然界分布广泛，如小麦种子中的麦清蛋白、血液中的血清蛋白和鸡蛋中的卵清蛋白等。

2. 球蛋白

具有生物活性的蛋白质多为球蛋白（Globulin），其相对分子质量较白蛋白高，球蛋白一般不溶于水而溶于稀盐、稀酸或稀碱，可被半饱和的硫酸铵沉淀。球蛋白在生物界广泛存在并具有重要的生物功能，大豆种子中的豆球蛋白、血液中的血清球蛋白、肌肉中的肌球蛋白以及免疫球蛋白都属于球蛋白。

3. 组蛋白

组蛋白（Histone）存在于核糖体中，对蛋白质的生物合成具有重要作用。组蛋白的相对分子质量较低，由于含有大量精氨酸、赖氨酸而呈碱性，可溶于水或稀酸。组蛋白是染色体的结构蛋白。

4. 精蛋白

精蛋白（Protamine）易溶于水或稀酸，是一类相对分子质量较小、结构简单的蛋白质。精蛋白含有较多的碱性氨基酸，缺少色氨酸和酪氨酸，所以是一类碱性蛋白质。精蛋白存在于成熟的精细胞中，与 DNA 结合在一起，如鱼精蛋白。

5. 醇溶谷蛋白

醇溶谷蛋白（Prolamine）含有较多的谷氨酸和脯氨酸，不溶于水和盐溶液，溶于50%～90%的乙醇，多存在于禾本科作物的种子中，如玉米醇溶蛋白、小麦醇溶蛋白。

6. 硬蛋白

硬蛋白（Scleroprotein）不溶于水、盐溶液、稀酸、稀碱，主要存在于皮肤、毛发、指甲中，起支持和保护作用，如角蛋白、胶原蛋白、弹性蛋白、丝蛋白等。

7.1.3 蛋白质的性质

氨基酸是蛋白质大分子的基本结构单元，蛋白质的理化性质与氨基酸在两性电离、等电点、成盐反应、呈色反应等方面相似，又在胶体性质、变性、相对分子质量等方面与氨基酸存在显著差异。

7.1.3.1 蛋白质的胶体性质

蛋白质的相对分子质量很大，介于一万到百万道尔顿之间，其分子直径已达到胶粒直径1～100 mm 范围。蛋白质分子表面有许多极性基团，亲水性极强，分子表面被多层水分子包围而形成水化膜，从而阻止蛋白质颗粒的相互聚集，易溶于水而成为稳定的亲水胶体溶液。蛋白质分子与低分子物质相比扩散速度慢，较难透过半透膜，黏度大。这一性质在蛋白质进行分离与提纯的过程中具有重要应用，如果蛋白质溶液中混有小分子杂质，就可以通过半透膜将小分子杂质透出，剩下的则为纯化的蛋白质，这种方法常称为透析（Dialysis）。

蛋白质大分子溶液在一定条件下会产生沉降，故可根据沉降系数来分离和检定蛋白质。蛋白质溶液具有胶体溶液的典型性质，如丁达尔现象、布朗运动等。由于胶体溶液中的蛋白质不能通过半透膜，因此，可以应用透析法将非蛋白质的小分子杂质除去。

7.1.3.2 蛋白质的两性电离和等电点

蛋白质分子的两端具有游离的羧基和氨基，侧链中也含有一些基团，蛋白质分子中氨基酸组成不同，侧基也不相同，如赖氨酸残基中含有氨基，天门冬氨酸、谷氨酸残基中含有羧基，精氨酸及组氨酸残基中分别含有胍基和咪唑基。

蛋白质分子中酸性氨基酸、碱性氨基酸的含量和溶液的 pH 都会影响蛋白质在溶液中的带电荷状态。在特定 pH 溶液中，蛋白质的游离正、负离子数量相等，该 pH 称为蛋白质的等电点，这种状态下的蛋白质具有在电场中不移动的性质。各种蛋白质分子由于组成不同，等电点各异。当蛋白质溶液的 pH 大于或小于等电点时，蛋白质分别带负电荷及正电荷。当碱性氨基酸及酸性氨基酸含量高时，蛋白质的等电点分别偏碱性及偏酸性。

7.1.3.3 蛋白质的变性

天然蛋白质在某些物理因素（加热、加压、脱水、搅拌、振荡、紫外线照射、超声波的作用等）或化学因素［强酸、强碱、尿素、重金属盐、十二烷基磺酸钠（SDS）等］作用下，其空间结构被破坏，从而改变理化性质、丧失生物活性（如酶失去催化活力、激素失活），这种现象称为蛋白质的变性。变性的蛋白质的相对分子质量不变，蛋白质变性是破坏了分子中的次级键二硫键，引起蛋白质空间构象变化，这个过程不涉及蛋白质一级结构的变化。蛋白质变性后会导致其部分生物活性丧失、黏度增加、溶解度降低。当变性程度较轻时，如去除变性因素，有的蛋白质仍能恢复或部分恢复原有功能及空间构象，这种蛋白质变性后又还原的变化称为蛋白质复性。例如，在 β－巯基乙醇和尿素作用下，核糖核酸酶中的二硫键及氢键发生变化，导致其生物活性丧失；当把体系中的 β－巯基乙醇、尿素除去后，并将巯基氧化成二硫键，该蛋白质又恢复原有的生物活性及空间构象。如果蛋白质变性后性质不能恢复，这样的过程称为不可逆性变性。

7.1.3.4 蛋白质沉淀

蛋白质沉淀（Precipitation）是指蛋白质分子从溶液中凝聚析出的现象。由蛋白质形成的亲水胶体颗粒表面具有电荷及水化层，使蛋白质颗粒稳定且不会凝聚。若调节溶液 pH 到等电点，兼性蛋白质分子间同性电荷相互排斥的作用消失，并且通过脱水机制除去水化层，蛋白质便会凝聚沉淀而析出。只除去一个因素，蛋白质一般不会凝聚沉淀，如在等电点，蛋白质表面不带电荷，但还有水化膜起保护作用，蛋白质仍不会沉淀，如果这时除去蛋白质分子的水化膜（通过加入脱水剂），蛋白质分子就会互相凝聚而析出沉淀。蛋白质脱水及调节 pH 到等电点，也可使蛋白质沉淀析出。中性盐｛硫酸铵［$(NH_4)_2SO_4$］、硫酸钠（Na_2SO_4）、氯化钠（NaCl）、硫酸镁（$MgSO_4$）等｝、重金属盐｛硝酸银（$AgNO_3$）氯化汞（HgCl）、醋酸铅［$Pb(CH_3COO)_2$］、三氯化铁（$FeCl_3$）等｝、生物碱试剂（单宁酸、苦味酸、磷酸、磷钼酸、鞣酸、三氯醋酸及碱基水杨酸等）、有机溶剂［甲醇（CH_3OH）、乙醇（CH_3CH_2OH）、丙酮（CH_3COCH_3）等］、加热等都可以引起蛋白质沉淀。

因为蛋白质分子有较多的负离子，易与重金属离子（如汞、铅、铜、银等）结合成盐沉淀，沉淀的条件以 pH 稍大于等电点为宜。重金属沉淀的蛋白质常是变性的，但若控制低温、低浓度等条件，也可分离不变性的蛋白质。对于误服重金属盐而中毒的病人，临床上就可以利用蛋白质与重金属盐结合的性质来解毒。在蛋白质溶液中加入大量的中性盐（如硫酸铵、硫酸钠、氯化钠等）以破坏蛋白质的胶体稳定性而使其析出，这种方法称为盐析。盐析沉淀的蛋白质经透析除盐，可以保持活性。利用每种蛋白质盐析需要的浓度及 pH 不同，可以对混合蛋白质进行组分的分离。例如，血清中的球蛋白可以通过半饱和的硫酸铵沉淀出来，血清中的白蛋白、球蛋白可以通过饱和硫酸铵沉淀出来。在 pH 小于等电点的情况下，苦味酸、钨酸、鞣酸等生物碱试剂及三氯醋酸、过氯酸、硝酸等酸可以与蛋白质结合成不溶性沉淀。蛋白质的这一性质可以应用于尿中蛋白质的检验、血液中蛋白质的去除。酒精、甲醇、丙酮等与水有很大亲和力的溶剂可以破坏蛋白质颗粒的水化膜，在等电点可以使蛋白质沉淀。分离制备各种血浆蛋白质要在低温条件下进行，因为在低温下蛋白质变性较缓慢。酒精消毒灭菌就是利用有机溶剂沉淀蛋白质，并在常温下易变性的特点。加热等电点附近的蛋白质溶液，蛋白质变性，肽链结构的规整性将被破坏，变成松散结构，疏水基团暴露，蛋白质将凝聚成凝胶状的蛋白块而沉淀。变性蛋白质只在等电点附近沉淀，沉淀的变性蛋白质也不一定凝聚，例如，蛋白质被强酸、强碱变性后，由于蛋白质颗粒带着大量电荷，故仍溶于强酸或强碱中，若将此溶液的 pH 调节到等电点，则变性蛋白质凝聚成絮状沉淀物，继续加热此絮状沉淀物，则变成较为坚固的凝块。

7.1.3.5　蛋白质的颜色反应

蛋白质与一些化合物可以发生颜色反应，生成的产物有特别的颜色（表 7.1）。蛋白质的颜色反应可以用来定性、定量测定蛋白质。例如，蛋白质与水合茚三酮（苯丙环三酮戊烃）作用时，发生蓝色反应；向含有酪氨酸的蛋白质溶液中加入米伦试剂（亚硝酸汞、硝酸汞及硝酸的混合液）会发生沉淀，继续加热沉淀变成红色。此外，蛋白质溶液还可与酚试剂、乙醛酸、浓硝酸等发生颜色反应。蛋白质溶液中加入 NaOH 或 KOH 及少量的硫酸铜溶液，会显现从粉红色到蓝紫色的一系列颜色反应。

表 7.1　蛋白质重要的颜色反应

反应名称	试剂	颜色	反应基团	有关蛋白质
双缩脲反应	稀碱、稀硫酸铜	粉红色至蓝紫色	两个以上肽键	各种蛋白质
黄色反应	浓硝酸	黄色至橙黄色	苯基	含苯基的蛋白质
乙醛酸反应	乙醛酸、浓硫酸	紫色	吲哚基	含色氨酸的蛋白质
米伦反应	米伦试剂	砖红色	酚基	含酪氨酸的蛋白质

7.2　玉米醇溶蛋白

玉米作为我国传统的农作物，2021 年种植面积达到 4260 万公顷，年产量高达 27255 万吨。玉米湿法生产淀粉的主要副产品是含玉米醇溶蛋白 50%～60%的玉米蛋白粉。玉米醇溶蛋白是玉米中的主要储藏蛋白，具有水溶性、成膜、生物降解、抗氧化、黏结性和凝胶化等特性。

7.2.1 玉米醇溶蛋白的组成

玉米醇溶蛋白存在于玉米胚乳细胞的玉米醇溶蛋白体内，玉米中约含干重10%的蛋白质，其中50%～60%为玉米醇溶蛋白。玉米醇溶蛋白在玉米胚体组织细胞中以蛋白颗粒形式存在，玉米醇溶蛋白体的直径约为1 mm，分布于粒径为5～35 mm的淀粉粒之间。玉米醇溶蛋白富含多种氨基酸（表7.2），如谷氨酸（21%～26%）、亮氨酸（约20%）、脯氨酸（约10%）和丙氨酸（约10%）等，但缺乏碱性氨基酸和酸性氨基酸。

表7.2　典型水解玉米醇溶蛋白所得氨基酸的组成

氨基酸种类	含量/(g/100g)	氨基酸种类	含量/(g/100g)
蛋氨酸	2.4	丙氨酸	9.8
苏氨酸	2.7	酪氨酸	5.1
亮氨酸	19.3	脯氨酸	9.0
异亮氨酸	6.2	苯丙氨酸	7.6
丝氨酸	1.0	半胱氨酸	0.8
精氨酸	1.6	组氨酸	0.8
天门冬氨酸	1.8	谷氨酸	21.4
色氨酸	0.2	缬氨酸	1.9

玉米醇溶蛋白是由相对分子质量、溶解度和所带电荷不同的肽通过二硫键连接起来的非均相混合物，平均相对分子质量约为4200 Da，若将二硫键还原，相对分子质量便减少。根据玉米醇溶蛋白的结构和性质可以分为α－玉米醇溶蛋白（α－zein）、β－玉米醇溶蛋白（β－zein）、γ－玉米醇溶蛋白（γ－zein）和δ－玉米醇溶蛋白（δ－zein）。α－zein和β－zein为最主要的组分，α－zein的含量最多，占总量的75%～85%。通过氨基酸序列分析，α－zein能溶于95%的乙醇，相对分子质量为2.3×10^4～2.7×10^4 Da；β－zein富含甲硫氨酸，可溶于60%的乙醇而不溶于95%的乙醇，占总量的10%～15%，相对分子质量约为1.7×10^4 Da。β－zein的性质不太稳定，易沉淀和凝结。α－zein的组氨酸、脯氨酸和蛋氨酸含量较β－zein少。γ－zein占总量的5%～10%，含有半胱氨酸，可分为γ－zein 1和γ－zein 2，平均相对分子质量分别为2.7×10^4 Da和1.8×10^4 Da。δ－zein含量很少，相对分子质量约为1.0×10^4 Da。

7.2.2 玉米醇溶蛋白的结构

玉米醇溶蛋白的氨基酸组成、分子形状和结构对其性质有较大影响。玉米醇溶蛋白具有棒状或扁长椭圆球体结构，有较大的轴径比［(7～28) ：1］。根据玉米醇溶蛋白的分子螺旋结构模型，玉米醇溶蛋白由9个连续肽链按照反相平行的方式在氢键作用下形成稳定结构，在圆柱体的表面分布着亲水性残基，导致玉米醇溶蛋白对水具有敏感性。在浓度为 50%～80%的乙醇溶液中，螺旋结构的含量为 33.6%～60%，α－zein 与 β－zein 的含量大致相等。

在乙醇溶液中，玉米醇溶蛋白可聚集形成小球，这些小球的大小主要集中在 50～150 nm。乙醇溶液中的球体不是玉米醇溶蛋白单体，而是由很多蛋白单体聚集而成的。将玉米醇溶蛋白稀释，可得到分散性极好且大小均一的蛋白结构，一般集中于 15～50 nm，且乙醇浓度越大，均质化程度越高，所得玉米蛋白颗粒越小。在羧甲基纤维素钠溶液中，玉米醇溶蛋白和溶质交联，黏度随着 pH 的增加而不断增大。

7.2.3　玉米醇溶蛋白的物理化学性质

玉米醇溶蛋白具有生物可降解性，能被微生物及蛋白酶分解。利用碱性蛋白酶催化玉米醇溶蛋白，可以水解成可溶性肽，使得玉米醇溶蛋白可以进一步被开发利用。玉米醇溶蛋白的玻璃化转变温度与体系湿度呈非线性的反比例关系。玉米醇溶蛋白膜的耐热温度优于普通塑料薄膜，其分解温度约为 262℃，玻璃化转变温度为 171℃。成膜后在酸性条件下稳定，在中性及碱性条件下不稳定，具有肠溶性（溶于肠而不溶于胃）。来源于 α－zein 和 β－zein 的降解产物玉米多肽（Leu－Gin－Gin、Val－Sex－Pro、Leu－Gin－Pro、Leu－Ala－Tyr、Val－Aal－Tyr 等）具有降血压的作用。

各种塑化剂（脂肪酸、酯、乙二醇类等）可赋予玉米醇溶蛋白柔软性及黏着性，增强其热可塑性。玉米醇溶蛋白不溶于水，但具有保存水分的玻璃态，对脂质具有强抗氧化性，且其溶液及凝胶具有强黏结性。玉米醇溶蛋白可溶于 50%～90%乙醇，不溶于无水醇溶液（甲醇除外）、酮类（如甲酮、乙酮、丙酮）、酰胺溶液（如乙酰胺）、高浓度的盐溶液（NaCl、KBr）、酯和二醇类化合物。在 HCl 和 NaOH 溶液中，玉米醇溶蛋白中的谷氨酰胺和天冬酰胺通常转换成盐的形式，增加溶解性。

玉米醇溶蛋白的物理化学性质见表 7.3。玉米醇溶蛋白由于含有高比例的非极性氨基酸，具有独特的溶解性和疏水性，在水、低浓度的盐溶液中不溶解，在醇溶液、高浓度的尿素溶液、高浓度的碱溶液（pH>11）、阴离子洗涤剂中溶解。玉米醇溶蛋白在溶液中含有大量由肽主链上的羟基与亚氨基的氢键作用而形成的 α－螺旋体，因此具有较强的疏水性。

表 7.3　玉米醇溶蛋白的物理化学性质

性质	特征	性质	特征
热裂解温度	320℃	比重，25℃	1.25
沉降系数	1.5 s	物理形态	无定形粉末
比容	0.771	等电点，pH	6.2（5～9）
相对分子质量	35000 Da（9.6～44.0 K）	扩散系数	3.7×10^{14} m^2/s
介电常数（500 V，25℃～90℃）	4.9～5.0	爱因斯坦黏度系数	25

在玉米醇溶蛋白中有许多含硫氨基酸，这些氨基酸可以形成很强的分子内二硫键，它们和分子间的疏水键一起构成了玉米醇溶蛋白成膜特性的分子基础。玉米醇溶蛋白成膜液涂布后，随着乙醇的挥发，薄膜干燥，使成膜液中蛋白质浓度增大，当浓度超过一定值时，分子间形成维持薄膜网络结构的氢键、二硫键、疏水键，玉米醇溶蛋白凝聚成膜。疏水性成分的比例影响蛋白质在表面的分布和排列，蛋白质的分子排列和自组装行为将影响玉米醇溶蛋白膜的性质。单一的玉米醇溶蛋白膜具有较强的水蒸气渗透性，按照70%的比例加入糖（果糖、半乳糖、葡萄糖），水蒸气的渗透性有所降低，加入半乳糖的玉米醇溶蛋白膜渗透性最低；在玉米醇溶蛋白膜中加入一定量的橄榄油，膜的表面会更加平滑，水蒸气的渗透性有所降低。添加油酸可提高膜的抗张强度，添加甘油可提高膜的透明度。玉米醇溶蛋白的玻璃化转变温度随着湿度的增大而不断下降，当湿度大于16%时，玻璃化转变温度不再发生改变，因此，以玉米醇溶蛋白制备的蛋白膜可以作为水溶性药物的抗湿性缓释剂。

将玉米醇溶蛋白溶解在醇溶液中，在一定的湿度下具有良好的胶黏性，可以用于黏结玻璃。在玉米醇溶蛋白的醇溶液中添加脂肪酸后，可作为黏合剂用于干燥食品、粉末、木材、金属、树脂等各种材料的黏合。对含10%～30%的玉米醇溶蛋白乙醇溶液进行加热，凝胶化后混合形成的膏糊液也具有黏合作用。根据对象物的不同，还可利用玉米醇溶蛋白的热可塑性进行熔融压黏，对粉末可直接作为压片黏合剂使用。

用酸、碱对玉米醇溶蛋白进行处理，其结构（包括二级结构、表面电荷、相对分子质量、离子大小和形态）、流变性和抗氧化特性变化显著，在酸性或碱性条件下，玉米醇溶蛋白的α－螺旋、β－折叠、β－转角的含量降低。

pH和乙醇含量影响玉米醇溶蛋白溶液的流变性。pH越大，越有益于二硫键的形成，随着pH的增加，凝胶时间缩短。玉米醇溶蛋白中的半胱氨酸会影响蛋白的凝胶特性，经过稳定性剪切试验和振荡，γ－zein出现剪切稀化。

7.2.4 玉米醇溶蛋白的提取

制备玉米醇溶蛋白的第一步就是使用恰当的溶剂将其从玉米中提取出来。由于玉米醇溶蛋白的氨基酸组成主要为非极性氨基酸，所以采用溶剂应为含有极性和非极性基团的混合溶剂。从玉米胚乳、玉米粉中提取玉米醇溶蛋白成本较高，因此现阶段一般以玉米黄粉（CGM）为原料进行提取。黄粉作为湿法生产玉米淀粉的副产物，制备玉米醇溶蛋白经济性较好且产率较高（从玉米粉的5%提高到黄粉的30%）。常用非水溶剂、含水溶剂、酶法改性、防胶凝化等多种方法从玉米黄粉中提取玉米醇溶蛋白。

工业上提取玉米醇溶蛋白的一种常用流程为：当pH>12时，将玉米黄粉与乙醇或异丙醇混合加热，经过离心、过滤、冷却、添加溶剂（如苯、甲苯或正己烷），去除玉米黄粉中的色素和脂肪（甲苯可以有效去除玉米醇溶蛋白中的油脂和色素提高产品纯度），然后经过闪蒸、过滤、粉碎等步骤，最终制得纯的蛋白产品。另一种常用流程为：将异丙醇与玉米黄粉混合均匀，经过离心、过滤、冷却、沉降等处理后分成两个部分。一部分物料采用干燥、粉碎处理得到含2%油脂的玉米醇溶蛋白；另一部分物料经处理后干燥、粉碎，得到含0.6%油脂的玉米醇溶蛋白。提取工艺中选用的溶剂是异丙醇、乙醇，异丙醇作溶剂提取玉米醇溶蛋白的产率较高。另外，改进索氏提取器或结合超声波技术可以提高玉米醇溶蛋白的产率。

7.2.5　玉米醇溶蛋白的化学反应

天然玉米醇溶蛋白结构中高比例的非极性疏水氨基酸和较多的含硫氨基酸，决定了其具有强亲油性和溶解性，并可溶于一定浓度的醇溶液，具有良好的成膜特性，可用作膜材料。然而，天然玉米醇溶蛋白形成的薄膜材质较脆，其力学性能相对于传统的石油基产品较差，且性能受环境温湿度的影响较大。玉米醇溶蛋白可通过与多羟基化合物、脂肪酸、糖类、戊二醛等进行化学反应，形成衍生物，从而提高其溶解度、乳化性、流动性等。

7.2.5.1　酰化反应

玉米醇溶蛋白的亲核基团（如氨基、羟基、巯基、酚基、咪唑等）可以与琥珀酸酐、乙酰酐等酰化试剂的亲电基团发生酰化反应，生成玉米醇溶蛋白酰化衍生物。除此之外，用离子化溶剂（惰性溶剂）如氯化－1－丁基－3－甲基咪唑（BMIMCl）等，可以与玉米醇溶蛋白发生酰化反应，生成苯甲酰化衍生物。经酰化反应可改变玉米醇溶蛋白的性能，在蛋白质中引入乙酰基，乙酸酐中乙酰基结合在蛋白质分子亲核残基（如氨基、巯基、酚基、咪唑等）上，静电荷增加，分子伸展，解离为亚单位的趋势增强，使得衍生物溶解度等都有明显变化。Lys的氨基酰化反应活性最高；其次是Tyr的酚羟基；His的咪唑基和Cys的巯基只有相当少一部分可参与反应；Ser和Thr的羟基是弱亲核基，基本不发生酰化反应。

利用酰化反应，可以引入疏水基团或聚合物等，实现对玉米醇溶蛋白的改性。例如，引入亲水基团（如—SH、—OH、—COOH、—NH_2等）可提高玉米醇溶蛋白的亲水性；引入聚己内酯预聚物与玉米醇溶蛋白进行酰化反应，可以显著提高玉米醇溶蛋白的可塑性，并能很好地改善玉米醇溶蛋白的机械力学性能。采用油酸、聚乙二醇类对玉米醇溶蛋白膜进行酰化改性，膜的增塑效果较好，增塑膜的玻璃化转变温度下降，增塑剂使分子间的柔性增大。

7.2.5.2　交联反应

玉米醇溶蛋白是由各种氨基酸组成的天然高分子，富含氨基、羧基、羟基等多种基团，选择合适的方法，通过一系列氨基、羟基等的反应，可实现玉米醇溶蛋白的交联，生成具有不同性质的交联聚合物。

玉米醇溶蛋白可采用柠檬酸、二异氰酸酯、1－乙基－3－(3－二甲基氨基丙基)碳二亚胺盐酸盐（EDC）、N－羟基丁二酰亚胺（NHS）、硼砂、戊二醛等作为交联剂。在玉米醇溶蛋白膜中引入交联剂，可提高其拉伸强度，一般可提高2～3倍，还可改善玉米醇溶蛋白的其他理化性质（如透水汽性、光热稳定性等）。例如，以20%的聚二醛淀粉为交联剂对玉米醇溶蛋白进行交联改性，所得玉米醇溶蛋白成膜后具有良好的水蒸气阻隔性能；采用柠檬酸为交联剂对玉米醇溶蛋白进行交联，成膜后具有较好的黏附性、伸展性，可用于聚乳纤维支架材料的增强；异氰酸酯和二异氰酸酯可以作为交联剂交联玉米醇溶蛋白，从而改变其疏水性；将1－乙基－3－(3－二甲基氨基丙基）碳二亚胺盐酸盐和N－羟基丁二酰亚胺两种温和而不导致蛋白质变性的交联剂加入玉米醇溶蛋白乙醇溶液，可以交联玉米醇溶蛋白使其成膜，且明显改善成膜性能；采用硼砂作为玉米醇溶蛋白的交联剂，可制得性能优良的玉米醇溶蛋白黏合剂。

戊二醛是醛类中最好且最常用的蛋白质交联剂。由于玉米醇溶蛋白缺少赖氨酸，具有三个巯基基团，因此能与戊二醛反应的亲核的官能团为N－末端的$\alpha-NH_2$、组氨酸的咪唑环、酪氨酸的酚基团。以戊二醛对玉米醇溶蛋白进行交联，可增强玉米醇溶蛋白成膜后的耐水性。交联改性后的玉米醇溶蛋白膜的玻璃化转变温度升高，拉伸强度比未交联时提高了1.8倍，伸长率提高了1.8倍，杨氏模量提高了1.5倍。

辐射对蛋白质的结构有显著影响，可导致蛋白质发生降解与交联作用，通常情况下，交联作用大于降解作用。蛋白质经辐射后会发生辐射自交联，巯基氧化生成分子内或分子间的二硫键。辐射也可以导致酪氨酸和苯丙氨酸的苯环发生偶合。辐射交联会导致蛋白质发生凝聚作用，甚至出现不能溶解的蛋白质聚集体。

7.2.5.3 磷酸酯化反应

玉米醇溶蛋白可与磷酸化试剂（磷酰氯、三氯氧磷、五氧化二磷和多聚磷酸钠STMP等）中的无机磷（P）发生酯化反应，形成磷酸化蛋白质衍生物。

磷酸化试剂可以和玉米醇溶蛋白质上的特定氧原子（Ser、Thr、Tyr的—OH）或氨基氮原子发生酯化反应。磷酸酯化作用能改善蛋白质的溶解性、吸水性、凝胶性及表面性能，如玉米醇溶蛋白的溶解度随磷酸化程度的增大而增大。

7.2.5.4 脱酰胺反应

蛋白质通过酶、酸、碱等催化水解，可发生脱酰胺反应。脱酰胺反应通过羰基上O和H的质子化作用，得到羧酸根离子，蛋白质结构变化后，相应地引起蛋白质空间构象的变化，分子间氢键作用力减少，可提高蛋白质的溶解度。对于具有表面疏水性的玉米醇溶蛋白质，随着脱酰胺程度增加，其表面疏水性先增加，后趋于平衡，且增加幅度较大。此外，脱酰胺反应还可以改变玉米醇溶蛋白的某些功能特性。

7.2.6 玉米醇溶蛋白的共混

玉米醇溶蛋白的共混主要有物理共混与化学共混两种方式。物理共混是指通过加热、加压等简单的物理方式赋予蛋白质特定的功能性质。物理共混工艺具备连续、低耗能、高效等优点，如采用BC45型双螺杆挤压机对玉米粗蛋白进行挤压改性，螺杆转速越快，物料水分越少，膨化温度越低，越有利于获得高氮溶解指数的玉米醇溶蛋白，产品的色泽、气味也得以改善。化学共混是将蛋白质在介质中与改性剂进行类似化学反应的操作，但两者之间并无分子层面的结合作用，如利用表面活性剂十二烷基硫酸钠的增溶作用，使之与玉米醇溶蛋白络合，从而使络合物的溶解度提高。

玉米醇溶蛋白含有大量—OH，可与部分化合物形成氢键，从而改变其性质。例如，采用山梨醇、丙三醇、甘露醇等多羟基化合物作为增塑剂与玉米醇溶蛋白共混，山梨醇改性的玉米醇溶蛋白成膜后有相对较高的极限抗拉强度和拉伸断裂应力值；随着山梨醇和丙三醇的含量增加，玉米醇溶蛋白薄膜的氧渗透性下降；丙三醇改性的薄膜表面光滑，粗糙度指数（R）低；丙三醇可被玉米醇溶蛋白吸收，并与蛋白质的氨基基团形成氢键。用 30%（质量分数）的聚乙二醇与玉米醇溶蛋白共混，可提高玉米醇溶蛋白薄膜的抗拉强度，并增强其耐水性。

油酸和亚油酸与玉米醇溶蛋白共混后成膜，可增加玉米醇溶蛋白薄膜的伸长率，增强柔韧性，降低杨氏模量和吸水量。例如，添加 3%（体积分数）的油酸可使玉米醇溶蛋白膜的柔韧性大为提高（抗拉强度提高 30%，伸长率提高 20 倍），吸水率降低 1/2 以上，膜的表面结构更加光滑，透明度得到提高。

加入果糖（Fructose）、半乳糖（Lactose）和葡萄糖（Glucose）等糖类与玉米醇溶蛋白共混，可改变玉米醇溶蛋白的脆性。与各种糖类（如果糖、半乳糖、葡萄糖，用作增塑剂）共混后制备的玉米醇溶蛋白树脂的玻璃化转变温度没有明显差别。含有半乳糖的玉米醇溶蛋白膜比其他薄膜具有更好的拉伸性能，有较高的抗拉强度、拉伸断裂应力值和杨氏模量。纯玉米醇溶蛋白膜具有较高的水汽渗透性，但在其中加入一定量糖类时，其水汽渗透性将会降低，加入半乳糖的玉米醇溶蛋白膜具有最低的水汽渗透性和最高的水接触角。

7.2.7　玉米醇溶蛋白材料

玉米醇溶蛋白作为一种天然高分子，其材料化应用有助于减少对传统石油基产品的依赖，显著降低碳排放，其生物可降解性也对可持续发展与“碳中和”目标具有积极意义。玉米醇溶蛋白在医药、包装材料、木材工业等许多方面具有很大的应用潜力。

7.2.7.1　玉米醇溶蛋白药物缓释材料

利用玉米醇溶蛋白良好的成膜性、抗微生物性，以及抗热、抗磨损性等，可将其作为药片外覆的包衣，隐藏药片本身的气味，并具有药物缓释功能。玉米醇溶蛋白成膜后还可以提高药片的硬度，并在相对湿度较低的情况下阻挡氧气进入。玉米醇溶蛋白与药物之间呈现较好的相容性，是生产药片包衣的最佳材料，可应用于药物输送系统（如玉米醇溶蛋白制备的膜作为药物成膜剂，已被制成微球结构广泛用于运输胰岛素、肝素、伊维菌素、乳酸菌素等），也可用于抗癌药物、阻凝剂、杀寄生虫的药物输送。

玉米醇溶蛋白包衣药片的特性是其有良好的肠溶性和缓释性。玉米醇溶蛋白不会被胃液消化分解，因此其在片剂中可作为缓释药剂的壁材、糖衣等。阿司匹林与乳糖、玉米醇溶蛋白可制成缓释片剂，玉米醇溶蛋白和乳糖可以控制阿司匹林的释放速度（玉米醇溶蛋白含量越低，释放速度越快）。玉米醇溶蛋白对阿司匹林包衣后，可使其释药时间延长至 6 h。

玉米醇溶蛋白形成凝胶状的涂层和网状结构可以在药片溶解过程中阻止药片破碎，缓慢释放药物。在口服药物中，玉米醇溶蛋白纳米颗粒可以保护治疗性蛋白（如过氧化氢酶、超氧化物歧化酶等）抵抗胃肠道的恶劣条件，清除体外巨噬细胞产生的活性氧，充分发挥药物作用。玉米醇溶蛋白颗粒可以保护大部分番茄红素在胃里被释放出来。由盐酸平阳霉素、玉米醇溶蛋白、蔗糖醋酸异丁酸酯所组成的原位凝胶注射对于治疗静脉畸形相当有效。

7.2.7.2 玉米醇溶蛋白膜材料

玉米醇溶蛋白能够形成透明、柔软、均匀的保鲜薄膜，具有较强的保水性和保油性，是理想的天然保鲜剂。基于环保、资源等方面的考虑，开发可降解的膜包装对生态环境具有重大意义。作为食品包装，可食用、可生物降解的薄膜和涂层不仅能够控制水分、氧气、二氧化碳传输，保留香味成分，还可以防止品质劣化，增加食品的货架寿命。例如，以丙二醇作为增塑剂，将 10%的丙二醇与 10%的玉米醇溶蛋白共混后可作为涂层用于苹果保鲜，这种玉米醇溶蛋白基涂层可有效增加苹果的光泽度，与没有涂层的苹果相比有较长的货架期。玉米醇溶蛋白还可以作为膜涂层用于草莓保鲜，不仅可延长草莓的储藏期，还可减少草莓在储藏过程中营养成分的损耗，具有可食用性。将玉米醇溶蛋白与其他天然增塑剂和抗氧化剂共混，可作为保鲜膜涂层用于冷却肉的保鲜，最佳涂膜条件为 8%玉米醇溶蛋白、10.2%植酸、12.0%柠檬酸和 80%乙醇溶液。

玉米醇溶蛋白膜具有脆性，可利用酚类化合物（如儿茶素、没食子酸、对羟基苯甲酸等）与玉米醇溶蛋白进行反应，以改善成膜后的力学性能。玉米醇溶蛋白与多酚反应并成膜后，可制成具有生物活性的包装材料，表现出良好的抗菌性和抗氧化性。

除了酚类，其他增塑剂也可以改善玉米醇溶蛋白成膜后的力学性能。例如，采用甘油－聚丙二醇（1∶3）与玉米醇溶蛋白共混成膜后，所得膜材料的断裂伸长率显著提高，超过普通玉米醇溶蛋白膜 15 倍以上。分别以聚乙二醇－甘油（1∶1）和油酸作为增塑剂与玉米醇溶蛋白共混后成膜，前者所得膜材料的抗张强度高于后者。这主要是由于聚乙二醇可减轻蛋白质分子键间的相互吸引作用，链的伸展得以进行，同时末端—OH 的氢键作用可维持蛋白质分子间的水分。

具有一个以上羧酸基的羧酸也是玉米醇溶蛋白的有效增塑剂，可降低玉米醇溶蛋白的黏度，延缓黏度的增加，这些试剂比传统的增塑剂（如聚乙二醇）更能改变玉米醇溶蛋白的黏度。除此之外，将糖与玉米醇溶蛋白共混也可改善其力学性能。玉米醇溶蛋白膜加入糖可改变其脆性，如用果糖、半乳糖和葡萄糖作为增塑剂与玉米醇溶蛋白共混，所得复合膜没有出现结晶峰和熔融峰，半乳糖比果糖和葡萄糖增塑的玉米醇溶蛋白膜的抗张强度和杨氏模量大。

对玉米醇溶蛋白进行交联反应也可显著改善其成膜性能。例如，采用 N－羟基丁二酰亚胺（NHS）或 1－(3－二甲氨基丙基)－3－乙基碳二亚胺（EDC）对玉米醇溶蛋白进行交联处理，可改善成膜性，抑制其在溶液中的聚集。玉米醇溶蛋白交联改性后可制得坚硬、表面光滑平整的薄膜，交联改性可明显提高薄膜的拉伸强度。采用聚己酸内酯和环己二异氰酸酯的预聚物（PCLH）交联玉米醇溶蛋白，含有 10% PCLH 的玉米醇溶蛋白改性衍生物成膜后的断裂伸长量较未改性时增加了 15 倍，而断裂力降低了 1/2。随着 PCLH 含量的增加，改性玉米醇溶蛋白膜的柔韧性明显增强，而强度几乎不变。如果在此基础上进一步加入增塑剂如二丁基酒石酸盐（DBT）进行增塑处理，可以进一步改善玉米醇溶蛋白膜的耐水性。

除此之外，玉米醇溶蛋白还可以与部分酶结合，引入酶的性质。例如，玉米醇溶蛋白可与溶菌酶共混，成膜后在 4℃时可以抑制奶酪中单核细胞增生李斯特氏菌的产生。这种具有抗菌性的玉米醇溶蛋白包装材料，能显著增加新鲜奶酪的安全性，提高奶酪的品质。

利用聚羟基丁酸酯和戊酸酯的混合物作为外层结构，玉米醇溶蛋白静电纺丝纳米纤维作为夹层结构，形成多层结构复合膜，无论是压缩成型还是浇铸，其氧气阻隔性均有所增强。利用大豆蛋白和玉米醇溶蛋白进行物理共混，可形成一种具有热封性的可食用复合膜层，能有效阻隔氧渗透。氧气阻隔性较好的膜可用于橄榄油包装，减少橄榄油氧化酸败。

7.2.7.3 玉米醇溶蛋白高分子材料

作为一种植物蛋白质，玉米醇溶蛋白可用于生产具有热塑性的塑料产品，其具有较大的脆性，只有加入一定的增塑剂进行物理共混或通过蛋白质的化学反应进行改性，才能获得性能良好、满足应用需求的产品。

采用物理共混将玉米醇溶蛋白与其他天然高分子进行复合，可有效提高玉米醇溶蛋白材料的力学性能。例如，在工业领域，玉米醇溶蛋白与黄麻纤维的复合物可以用于模具生产，与传统聚丙烯树脂制成的模具相比具有更强的弯曲和拉伸性能。

采用酯类化合物对玉米醇溶蛋白进行化学交联，可以得到抗张强度较高、通透性较低的玉米醇溶蛋白材料。采用柠檬酸、丁烷四甲酸、甲醛等交联剂处理玉米醇溶蛋白，可以使其抗张强度提高 2～3 倍。采用环氧氯丙烷、甲醛等交联剂处理玉米醇溶蛋白和淀粉，可以得到防水性较好的塑料膜。采用亚油酸或油酸处理玉米醇溶蛋白，可以制得抗张性能及耐受性良好的塑料。

玉米醇溶蛋白还可以作为高分子胶黏剂广泛应用于粉末、干燥食品、木材、树脂、金属等材料的黏合。例如，将玉米醇溶蛋白溶于醇制成溶液，再添加脂肪酸进行化学交联，可制得玉米醇溶蛋白黏合剂，具有优良的黏合效果。另外，根据对象物的不同，还可利用玉米醇溶蛋白的热可塑性进行熔融压黏。

7.2.7.4 玉米醇溶蛋白纤维

玉米醇溶蛋白纤维最早于 1919 年通过机械对玉米醇溶蛋白溶液进行处理而获得，但这种方法成本高，无法实现商业化生产。经一系列方法改进后，将玉米醇溶蛋白的乙醇溶液挤压至水、空气（干法制丝）或其他液体（湿法制丝）中，进一步通过凝固浴制成纤维。这种方法制得的玉米醇溶蛋白纤维强度和硬度可以通过添加直链聚酰胺、成品丝浸入改性剂（甲醛、硫酸铝、钠及氯化物的混合物）等方法进一步提高。如在凝固浴中使用乙酸，可以极大地改善玉米醇溶蛋白纤维的拉伸强度。后来，通过玉米醇溶蛋白水混合物生产纤维的方法，避免了酸和碱的使用。该法将玉米醇溶蛋白和水在低温下混合，加热后挤压成丝。

20世纪40年代，湿法纺丝开始应用于制备玉米醇溶蛋白纤维。该法使用碱水溶解玉米醇溶蛋白，然后将它挤压成丝。预塑化在该工艺中会显著影响成品纤维的机械性质，预塑化时间越长，纤维的拉强度越大，伸长率越小。乙酰处理后的纤维较柔软，耐水性良好。

20世纪50年代，部分美国公司开始商业化生产玉米醇溶蛋白纤维产品，并广泛应用于纺织、服装、美容等行业。其中，Vicara纤维是应用最广的一种玉米醇溶蛋白纤维，其质地柔软，半透明，耐热和酸碱性好，可经受热水、蒸汽以及化学药品的洗涤、熨烫和印染等处理。

7.2.7.5 玉米醇溶蛋白油墨

玉米醇溶蛋白可以作为油墨添加剂用于印刷油墨的生产。在苯胺、蒸汽以及热印刷油墨等印刷墨的生产中，玉米醇溶蛋白可以起到固定油墨的作用，同时加入玉米醇溶蛋白后，油墨具有无味、易干、抗热性和抗油性良好的特点，在凸版印刷设备中应用较好。玉米醇溶蛋白油墨可以应用于塑料膜、金属箔片，以及有涂层或无涂层的纸、卡纸或瓦楞纸等多种材质的印刷，在包装印刷行业具有广泛应用。

7.2.7.6 玉米醇溶蛋白涂料

利用玉米醇溶蛋白良好的耐久性和抗油性，可将其作为涂料应用于建筑、包装等行业。例如，玉米醇溶蛋白的抗油性较好，与疏水性能较好的松脂共混后可作为涂料用于船用发动机室、各类发动机舱等对涂料抗油、抗水性能有特殊需求的场景。玉米醇溶蛋白还可以作为涂料涂抹于纤维板容器、包装纸等，用于油炸食品、高盐食品的包装。20世纪40年代，玉米醇溶蛋白已代替虫胶用于生产磁漆、油漆和涂料。与虫胶涂料地板相比，玉米醇溶蛋白/松脂共混涂料可以改善地板的抗磨性，使地板保持高亮泽，玉米醇溶蛋白含量越高，地板的抗磨性越好。玉米醇溶蛋白也可以作为涂层涂布于光滑纸表面，以增加纸张的光滑度和抗油性。

7.2.7.7 玉米醇溶蛋白食品用材料

玉米醇溶蛋白具有良好的生物相容性，还可以作为食品用材料加以应用。例如，溶菌酶是最常用的抗菌物质之一，在纸质包装材料中经常出现，利用玉米醇溶蛋白可以控制溶菌酶的分布和释放，在玉米醇溶蛋白中加入溶菌酶、白蛋白、EDTA二钠，可以制备具有抗菌性、抗氧化性，并能清除自由基的功能性食品添加材料。

玉米醇溶蛋白表面具有疏水性，可以其作为油脂模拟品替代部分奶油，所以玉米醇溶蛋白可作为食品添加剂制作冰激凌，也可以替代色拉油制作蛋黄酱。与普通油脂相比，玉米醇溶蛋白的加入会显著降低成品的热量，可有效防止高热量饮食引起的健康问题。

玉米醇溶蛋白可作为澄清剂降低浊度，可用于酿酒行业（如葡萄酒），除去酒体中所含酚类化合物而不改变葡萄酒的颜色，具有成本低、无毒副作用等优点。玉米醇溶蛋白还可作为涂层材料用于糖果、干鲜水果、坚果和口香糖的生产。

7.3　大豆蛋白

大豆是我国主要的农作物之一，其兼有食用油脂资源和食用蛋白资源的特点，具有很高的营养价值。大豆蛋白是自然界中含量最丰富的蛋白质，其所含氨基酸组成与人体必需氨基酸组成相似，还含有丰富的钙、磷、铁、低聚糖及各种维生素，被誉为“生长着的黄金”。工业化的大豆蛋白产品包括大豆蛋白粉（SF）、大豆浓缩蛋白（SPC）、大豆蛋白（SP1）及大豆组织蛋白（TSP）。由于大豆蛋白的高产量和良好的性能，因此以其制备材料并利用受到广泛关注。

7.3.1　大豆蛋白的组成

大豆蛋白是存在于大豆种子中的诸多蛋白质的总称，大豆籽粒中含有 40%的蛋白质，用水抽提脱脂大豆可得纯度为 90%的蛋白质。大豆蛋白主要是球蛋白，在 pH≈4.5 的等电点区域内不溶解，用等电点沉淀法析出大豆蛋白后，可再进行离心分离，根据大豆蛋白在离心机中的沉降速度可以将不同相对分子质量的球蛋白分离出来，主要分为 2s、7s、11s 和 15s 四组，其主要成分见表 7.4。

表 7.4　大豆中主要蛋白质组成

主要成分	占总蛋白/%	次要成分	相对分子质量/Da
2s	22	胰蛋白酶抑制剂	8000～21500
		细胞色素 C	12000
7s	37	血球凝集素	110000
		脂肪氧化酶	102000
		β一淀粉酶	61700
		7s 球蛋白	180000～210000
11s	30	11s 球蛋白	350000
15s	11	待测定	600000

从表 7.4 可以看出，除 2s 和 15s 两个含量相对较少的组分外，大豆蛋白的主要组分为 7s（β一浓缩球蛋白）和 11s（球蛋白），两者约占球蛋白的 70%，两种球蛋白的比例随品种而异。按相对分子质量由大到小排序，15s 较大，2s 较小。在蛋白质提取分离蛋白时，小分子蛋白质分散于水溶液，而大分子蛋白质因难溶而残留在残渣中，所以在大豆蛋白制品中，11s 和 7s 就成为大豆蛋白产品的主要成分。

大豆蛋白单指 7s 时往往是指 β－浓缩球蛋白，7s 在离子强度发生变化时是不稳定的，甚至会发生聚合和析离作用。7s 的次单元结构较复杂，7s 中也存在少量 γ－浓缩球蛋白，它受离子强度及酸碱性的影响非常显著，如当离子强度为 0.1 和中性 pH 时，7s 会聚合成 9s 和 12s，而在低离子浓度溶液中，仍保持 7s。7s 在 pH 接近其等电点时会发生更显著的聚合作用，生成 18s。

大豆蛋白 11s 由球蛋白组成，是一种不均一的蛋白质，其相对分子质量为 340000～375000 Da，是大豆蛋白的主要成分之一，其构型易受 pH、碱浓度、尿素、温度及乙醇浓度等因素的影响。这种蛋白质具有复杂的多晶现象，对构成四级结构起着重要作用。11s 球蛋白的等电点为 4.64，它的蛋氨酸含量低，而赖氨酸含量高，疏水的丙氨酸、脯氨酸、异亮氨酸和苯丙氨酸与亲水的赖氨酸、组氨酸、胱氨酸、天冬氨酸和谷氨酸的比例为 23.5%∶46.7%。

大豆蛋白 11s 和 7s 的氨基酸含量最多的是谷氨酸和天门冬氨酸，两者共占比 45% 左右，其中谷氨酸相对较多。7s 中含必需氨基酸中的色氨酸、蛋氨酸、半胱氨酸。11s 和 7s 的主要差异为 7s 中含有糖蛋白（包括含有 3.8%甘露糖和 1.2%氨基葡萄糖的糖蛋白），而 11s 则不含糖，因此，通过亲和色谱法可分离纯化不含糖的 11s。

7.3.2 大豆蛋白的结构

大豆蛋白的基本结构及各类化学基团所占比例见表 7.5。如前所述，在大豆蛋白主要成分 11s 及 7s 的氨基酸中谷氨酸和天门冬氨酸含量最多，两者共占 45%左右且以谷氨酸居多。大豆蛋白中酸性氨基酸约一半为酰胺态。就人体必需氨基酸中的色氨酸、蛋氨酸、半胱氨酸的含量而言，11s 比 7s 多 5～6 倍，赖氨酸则以 7s 较多，含硫氨基酸较少。大豆蛋白中胱氨酸含量与双硫键（S—S 结合）的解离与结合相关，对物性影响很大，7s 的胱氨酸含量相当少。

表 7.5　大豆蛋白的基本结构及各类化学基团所占比例

基本结构	R	结构	含量
$-\!\left(NH-\underset{\underset{R}{\mid}}{CH}-\overset{\overset{O}{\parallel}}{C}\right)_n\!-$	酰胺	$-\overset{\overset{O}{\parallel}}{C}-NH_2$	15%～40%
	酸性	$-\overset{\overset{O}{\parallel}}{C}-OH$ $-CH_2-OH$	2%～10%

续表7.5

基本结构	R	结构	含量
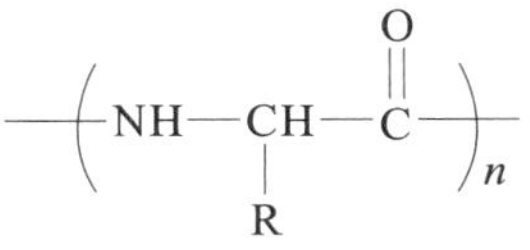 $\left(-NH-\underset{\mid \atop R}{CH}-\overset{O \atop \parallel}{C}-\right)_n$	中性	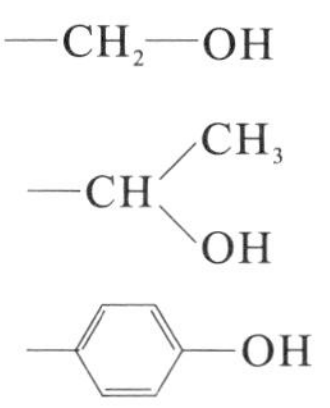 $-CH_2-OH$ $-CH\langle^{CH_3}_{OH}$ —⟨苯环⟩—OH	6%～10%
	碱性	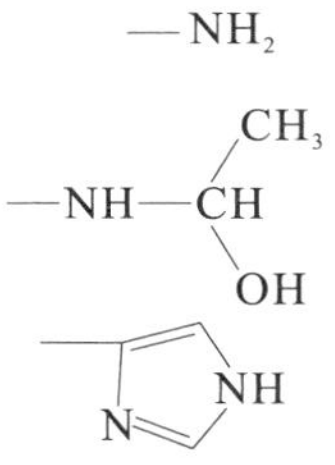 $-NH_2$ $-NH-CH\langle^{CH_3}_{OH}$ —⟨咪唑环：NH，N⟩	13%～20%
	含硫基	$-CH_2-SH$	0%～3%

大豆蛋白同时具有一、二、三、四级结构，其多肽链构象有 α－螺旋和 β－折叠两种。在大豆蛋白的三级结构中，非极性基团转向分子内部，形成疏水键，极性基团或转向分子内部形成氢键，或者转向分子表面与极性水分子作用。

7.3.3　大豆蛋白的特性

大豆蛋白在溶解状态下具有许多功能特性，如溶解性、吸水性、起泡性、凝胶性、乳化性等。大豆蛋白的溶解性部分决定了某些相关物理性质，一般来说，溶解性越好，其胶体形成能力、乳化性、起泡性等越佳。大豆蛋白的溶解度受溶液 pH 和离子强度的影响，其溶解度在 pH 为 4.5～4.8 时最低，偏离该 pH 至酸性或碱性，则溶解度上升，但酸性时易引起大豆蛋白的解离等变化。降低 pH 时，大豆蛋白中高分子量的组分容易发生沉淀。例如，用 pH=8.0 的缓冲溶液将 pH 降低至 6.4 时，大豆蛋白中的 11s 大部分被沉淀，而 7s 和 2s 仍可溶解并以溶液状态存在。因此，通过这种方法，可以对大豆蛋白的不同组分进行分离纯化。

大豆蛋白溶液具有乳化性。大豆蛋白溶液经过均质器处理后，生成的细微离子表面会被蛋白质形成的低表面能膜覆盖，从而可阻止油滴的物理性凝集，可强化周围的水化层或双电层。以酶对大豆蛋白进行水解，可提高其乳化性能；以酶处理大豆蛋白，可增加其乳化容量，但会降低乳化稳定性。

蛋白质的起泡性包括泡形成性与泡稳定性两部分。在等电点附近，泡形成性最小，泡稳定性最高。蛋白质浓度上升，泡形成性增加，泡稳定性减小。当蛋白质浓度为 3% 时，泡稳定性基本丧失，泡形成性达到最大。大豆蛋白中分离蛋白的泡形成性最好，乳化稳定性也好；大豆蛋白中浓缩蛋白的泡形成性次之。

7.3.4 大豆蛋白的性质

7.3.4.1 大豆蛋白的物理性质

1. 溶解性和吸水性

大豆蛋白的溶解度具有特殊的含义，表达方式也不同。实践中，大豆蛋白溶解度的表示一般采用氮溶解度指数（*NSI*）和蛋白质分散指数（*PDI*）。

$$NSI\ (\%) = \frac{\text{水溶解氮}}{\text{样品总氮}} \times 100\%$$

$$PDI\ (\%) = \frac{\text{水分散蛋白质}}{\text{样品总蛋白质}} \times 100\%$$

大豆蛋白溶液的 pH 和离子强度对大豆蛋白的溶解性影响很大。当溶液 pH=0.5 时，约 50%的大豆蛋白溶解；当溶液 pH=2.0 时，约 85%的大豆蛋白溶解，随 pH 的增大，大豆蛋白的溶解度降低；当 pH 为 4.2～4.3 时，大豆蛋白的溶解度最小，约为 10%，这时大豆蛋白基本不溶解，则该 pH 为大豆蛋白的等电点。随着溶液 pH 的继续增大，大豆蛋白的溶解度再次提高，当pH=6.5 时，大豆蛋白的溶解度可提高到 85%左右；当溶液 pH=12.0 时，大豆蛋白的溶解度达到最大，约为 90%。

大豆蛋白溶液的离子强度会显著影响大豆蛋白的溶解度。例如，当 pH 为 0～4 时，向大豆蛋白溶液中加入一定浓度的盐，会使溶液形成贫蛋白和富蛋白两个分离的液相。可利用这一性质将大豆蛋白浓胶挤压到热水中制造蛋白纤维。

大豆蛋白的溶解度可通过调节 pH、离子种类、强度与温度等条件来控制，其溶解性能的利用与调控是进行材料加工的基础。

大豆蛋白的吸水性是指在一定湿度的环境中，蛋白质（干基）达到水分平衡时的含水量。一般说来，每 100 g 大豆蛋白可吸水 35 g。大豆蛋白的吸水性会使其加工制备时容易吸湿、吸潮，不利于材料化应用，因此，有效提高大豆蛋白的耐水性和防潮性，对于其材料化应用十分重要。

2. 凝胶性

大豆蛋白的凝胶性是指大豆蛋白首先分散于水中形成溶胶体，在一定条件下，单个蛋白质分子可相互作用而形成凝胶状三维网络结构。凝胶化是蛋白质的三级结构和四级结构的变化，大豆蛋白凝胶的形成受多种因素的影响，如蛋白质浓度、组成、温度变化、pH 变化以及有无盐类和巯基化合物存在等。

大豆蛋白浓度和组成是凝胶能否形成的决定性因素。浓度为 8%～16%的大豆蛋白溶液经加热、冷却后即可形成凝胶，且浓度越高，形成的凝胶强度越大。当浓度低于 8%时，仅用加热的方法不能形成凝胶，必须在加热后及时调节 pH 或离子强度，才可能形成凝胶，其强度也较低。

在浓度相同的情况下，大豆蛋白的组成不同，其凝胶化性能也不相同。大豆蛋白中，只有7s和11s才有凝胶性，且11s凝胶的硬度和组织性明显高于7s凝胶。这可能是两种组分所含巯基和二硫键的数量及其在凝胶形成过程中的变化不同所致。

加热是大豆蛋白凝胶形成的必要条件。在大豆蛋白溶液中，蛋白质分子通常是一种卷曲的紧密结构，其表面被水化膜包围，因而具有相对稳定性。加热会使蛋白质分子呈舒展状态，让原来包埋在卷曲结构内部的疏水基团暴露在外，使原来处于卷曲结构外部的亲水基团相对减少。加热还会加速蛋白质分子的运动，使分子间接触机会增多，导致蛋白分子间通过疏水键、二硫键结合的概率上升，从而形成中间留有空隙的立体网状结构。

加热和冷却的温度与时间会影响大豆蛋白凝胶的结构和性质。一般来说，当大豆蛋白的浓度为7%时，65℃为其凝胶化的临界温度。凝胶化率与凝胶硬度随加热温度、时间和蛋白质浓度会发生显著变化。

大豆蛋白的凝胶特性有助于其材料化应用，对材料加工过程具有重要意义，尤其有助于其在食品和生物医药材料领域的应用。

7.3.4.2 大豆蛋白的化学性质

组成大豆蛋白的主要元素为C、H、O、N、S、P等，包含的主要化学基团包括氨基（$—NH_2$）、羟基（—OH）、巯基（—SH）以及羧基（—COOH）等。这些基团可以参与一系列化学反应，包括酰基化、脱酰胺化、磷酸化、氨基酸共价连接、烷基化、硫醇化、羧甲基化、磺酸化、糖基化、胍基化、氧化、接枝共聚、共价交联、水解等。大豆蛋白基团常见的化学反应方法和功能效果见表7.6。

表7.6 大豆蛋白基团常见的化学反应方法和功能效果

基团	反应	性能
$—NH_2$	琥珀酰化	改善抗凝聚性、溶解性
$—NH_2$	磷酸酯化	改善乳化性、溶解性、发泡性
$—NH_2$	硫醇化	改善黏弹性、韧性
$—NH_2$	乙酰化	改善起泡性、乳化性、溶解性、黏度
S—S—SH	磺酸化	改善溶解性、抗凝聚性、乳化性
—OH	羧甲基化	改善溶解性、乳化性、抗菌性

1. 酰化反应

大豆蛋白的酰化反应是琥珀酸酐或乙酸酐等的酰基与大豆蛋白氨基酸残基上的氨基反应。例如，以琥珀酸酐作为酰化试剂，可在大豆蛋白中引入琥珀酸亲水基团。进一步通过接枝反应为大豆蛋白引入亲油基团使其具有两亲性，可制备大豆蛋白基表面活性剂。酰化反应会影响大豆蛋白的等电点和溶解性等，使等电点向低pH移动，提高大豆蛋白在pH为4.5～7.0时的溶解度和稳定性。酰化反应后的大豆蛋白可直接成膜，也可热压成型制备塑料。

2. 磷酸酯化反应

大豆蛋白的磷酸酯化反应是大豆蛋白赖氨酸残基的氨基与磷酸化试剂在弱酸性环境中进行的氨基磷酸酯化反应。常用的磷酸化试剂有环状磷酸三钠（$Na_3P_3O_9$，STMP）、三聚磷酸钠（$Na_5P_3O_{10}$，STP）和三氯氧磷（$POCl_3$）等。磷酸化反应可改善大豆蛋白的溶解性、乳化性、发泡性及流变性等。

3. 交联反应

大豆蛋白可通过甲醛、乙醛、戊二醛、甘油等交联剂发生交联反应，将大豆蛋白本身或与其他高分子连接起来。用醛类交联时，由于生成的醛亚胺中的碳氮双键与碳碳双键形成共轭体系的稳定结构，从而可提高材料的疏水性。例如，戊二醛可与大豆蛋白中的赖氨酸和组氨酸的ε－氨基残基反应，使其发生分子内和分子间交联。双醛淀粉是一种特殊的高分子量醛类交联剂，一般用于制备可食性交联蛋白塑料，所得材料的拉伸强度和耐水性可同时提高。非醛类交联剂如环氧氯丙烷、碳化二亚胺等也都是适合于制备无毒性大豆蛋白生物材料的交联剂。交联反应一般用来增加蛋白质膜的耐水性、内聚力、刚性、力学性能和承载性能，但会延长其生物降解时间。

4. 接枝共聚

在乳液聚合中，以过硫酸铵作为引发剂，大豆蛋白可以和乙烯基单体发生接枝共聚反应，得到接枝共聚物。接枝共聚是一种可将多种高分子链引入大豆蛋白的有效方法。

5. 糖基化反应

大豆蛋白与多羰基化合物形成共价键可增加蛋白质的功能性（溶解性等），用席夫碱还原，单糖或低聚糖与ε－氨基酸发生美拉德反应，可生成新的糖蛋白。例如，大豆蛋白与半乳糖、甘露聚糖经过美拉德反应可形成结合体，其在 pH 为 1～12 范围内都有良好的溶解性、热稳定性和乳化性，大豆蛋白溶液的抗氧化能力也相应得到有效改善，长时间放置不会变质腐败。

7.3.4.3 大豆蛋白的酶处理

动物蛋白酶、植物蛋白酶、微生物蛋白酶等可以使蛋白质发生部分降解，通过大豆蛋白分子间、分子内发生交联或链接功能基团，对蛋白质进行改性。许多化学改性方法包括去酰胺、磷酸酯化，都可用酶处理代替，如从酵母 *Yarrowia lipolytica* 分离的酪蛋白激酶Ⅱ（CKⅡ），可用于大豆蛋白的磷酸酯化改性。蛋白酶作用于大豆蛋白，当水解度小于 6%时，产物乳化性随其溶解性的增加而改善。许多碱性内切蛋白酶（如 Alcalase）对大豆蛋白的酶解改性，其机理属于大豆蛋白的脱酰胺化。

用动物蛋白酶如胰酶（胰凝乳蛋白酶、胰蛋白酶）对大豆蛋白进行水解，可提高大豆蛋白的表面疏水性，改善其溶解性、乳化性。用疏水专一性蛋白酶（胃蛋白酶、胰凝乳蛋白酶等）对大豆蛋白进行水解，可降低大豆蛋白水解物的苦味。

用木瓜蛋白酶等植物蛋白酶对大豆蛋白进行处理，当水解度为 3%、13%、17%时，大豆蛋白分别具有溶解度 100%、起泡性好、乳化性好的特点。

微生物蛋白酶可以较快地水解大豆蛋白，改进大豆蛋白的乳化性、起泡性、溶解性等。用谷氨酰胺转氨酶催化大豆蛋白 11s（pH 为 7.0～8.0，低于 50℃）和乳清蛋白，可发生分子内或分子间交联，交联蛋白质形成的膜的强度比未交联蛋白质高 2 倍。枯草杆菌蛋白酶也是一种较常用的微生物蛋白酶，其来源丰富，作用底物较广泛，能水解大豆蛋白，制备小分子肽。

MTGase 是一种能催化多肽或蛋白质的谷氨酰胺残基的 γ－羟胺基团与伯胺化合物酰基受体之间的酰基转移反应的酶，通过该反应，可以共价键的形式在异种、同种蛋白质上接入多肽、氨基酸、氨基糖类、蛋白质、磷脂等，对蛋白质的功能性质进行有效改变。如热稳定性高、溶解度大的乳清蛋白－大豆球蛋白聚合物要以 MTGase 为催化剂制备。

7.3.4.4　大豆蛋白的物理改性

利用热、电、磁、机械剪切等物理作用改变蛋白质高级结构和分子间聚集方式的方法称为物理改性，一般不涉及蛋白质一级结构变化。大豆蛋白的物理改性具有成本低、无毒副作用、作用时间短等优点。例如，干磨后的大豆蛋白粉与未研磨的相比，吸水性、溶解性、吸油性和起泡性等都得到了改进；用豆乳均质处理大豆蛋白，可提高其乳化能力；挤压处理使大豆蛋白分子在高温高压下受定向力的作用而定向排列，最终压力释放，水分瞬间蒸发，形成具有耐嚼性和良好口感的纤维状蛋白。常用的大豆蛋白物理改性方法有热处理、超高压处理、超声处理、辐射处理、物理共混等。

1. 热处理

对大豆蛋白进行热处理，蛋白质分子之间的共价键被破坏，内部结构被打开，溶解性、持水性、乳化性、乳化稳定性、起泡性、凝胶性等方面均可得到改善。适度的热处理还可改善大豆蛋白的功能性和营养特性，如大豆蛋白在 85℃下热处理 2 min，可提高其表面活性、乳化性和凝胶作用。

2. 超高压处理

超高压处理最主要的特点是破坏或形成蛋白质的非共价键，从而对蛋白质的结构和性质产生影响。400 MPa 的压力可使大豆蛋白中 7s 解离为部分或全部变性的单体，11s 的多肽链伸展而导致絮凝，明显改善大豆蛋白的溶解性。超高压处理仅破坏蛋白质分子间的氢键、离子键等非共价键，使蛋白质改性。超高压均质处理可提高大豆蛋白的溶解性，其溶解度随压力的增大而提高。经过超高压处理的大豆蛋白的溶解度，在中性介质中明显高于酸性介质。

3. 超声处理

超声处理也可实现大豆蛋白的物理改性。大豆蛋白在 200 W 超声功率下处理5 s后，其溶解度可比未经超声处理的提高 86%，这是由于大功率超声的“声空化”作用，在水相介质中产生强大的压力、剪切力和高温，使蛋白质发生裂解，并加速某些化学反应，破坏蛋白质的四级结构，使小分子亚基或肽被释放出来，从而显著提高大豆蛋白的溶解性。超声处理大豆蛋白还能提高其乳化性能、表面疏水性和起泡性等，例如，当超声功率为 320 W 时，大豆蛋白的乳化性可提高 17%，乳化稳定性可提高 49%；当超声功率为 640 W 时，大豆蛋白的表面疏水性可提高 39%；当超声功率为 960 W 时，大豆蛋白的起泡性可提高 70%；当超声功率为 800 W 时，大豆蛋白的起泡稳定性可提高7%。

4. 辐射处理

辐射处理也会导致大豆蛋白变性。大豆蛋白中的极性分子通过频率为300 MHz～300 GHz的电磁波（微波）的高速振荡产生的热作用和机械作用，能改变大豆蛋白的结构和功能性质。当微波频率较低时，大豆蛋白的部分极性分子结构发生改变；当频率继续增大时，大豆蛋白分子构型相继发生变化，溶解性随频率的增大和辐射时间的延长均有所提高；当频率过高时，大豆蛋白分子将聚集沉淀，溶解性急剧下降。

5. 物理共混

物理共混是一种良好的大豆蛋白物理改性方法。将大豆蛋白与壳聚糖、纤维素、淀粉等可降解高分子材料共混制备复合材料，能有效提高大豆蛋白的疏水性、加工性能、力学性能。

大豆蛋白与滑石粉、膨润土、沸石等黏土矿物共混，可以得到拉伸强度显著提高、水汽渗透性下降的材料。通过水性聚氨酯（WPU）与大豆蛋白共混制膜，能得到具有高抗水性、高弹性的材料，这种材料在湿度较大的环境中有较好的应用性能。将琼脂与大豆蛋白共混制备复合材料，拉伸强度可由纯大豆蛋白材料的4.1 MPa增加到24.6 MPa。用水作增塑剂，将大豆蛋白与40%的黄麻纤维共混制得复合材料，即使在湿度为90%的条件下，其弯曲强度、拉伸强度和拉伸模量也要高于聚丙烯－黄麻纤维复合材料。

7.3.5 大豆蛋白材料及其应用

大豆蛋白具有生物可降解性、可加工性（如挤出和注塑的模具设备）、力学性能、阻隔性能和对水的敏感性等，作为表面活性剂、塑料添加剂、油漆、胶黏剂、涂料等广泛用于照相产品、汽车外壳、纤维、化妆品、造纸工业等。目前，基于大豆蛋白的各种材料已广泛应用于多个领域。

7.3.5.1 大豆蛋白胶黏剂

脲醛树脂胶、酚醛树脂胶和三聚氰胺甲醛树脂胶等传统的合成胶黏剂对石油有很强的依赖性，在生产、运输和使用过程中会不断释放甲醛，严重影响了人们的健康。大豆蛋白具有良好的黏合性，在一定条件下（如经过物理、化学改性）将大豆蛋白肽链打开，使蛋白质分子充分展开，极性和非极性基团暴露在外，从而形成富有弹性的黏结层，可作为胶黏剂应用于多个领域。

大豆蛋白胶黏剂可以解决人们对不环保的传统石油基胶黏剂的依赖问题。通过对大豆蛋白进行改性，可以得到黏结强度和耐水性良好的胶黏剂，这类胶黏剂原料是可再生资源，具有环境友好、设备需求简单、调制和使用方便、胶合强度较好等优势，能满足一般室内使用的人造板及胶合制品的要求。大豆蛋白胶黏剂一般要通过对大豆蛋白进行改性获得，常用的方法有物理法、化学法和酶法。

1. 物理法

利用大豆蛋白制备胶黏剂，必须对其进行变性或改性，以破坏其四级结构，使蛋白质分子链亲水基团暴露，增加大豆蛋白分子与被黏结物体的接触面，从而提高黏结力。变性不改变蛋白质的一级结构，而仅涉及二、三、四级结构的变化。引起大豆蛋白变性的因素是多方面的，有物理因素和化学因素。物理因素主要是热、超声等。

未改性的大豆蛋白的黏度随温度升高而降低，这主要是蛋白质多肽分子链展开需要更高的温度，导致黏度降低。热处理大豆蛋白的变性温度约为 80℃，当温度升至 80℃时，大豆蛋白开始热变性，吸水后开始溶胀，黏度迅速增加。然而，大豆蛋白黏度到达最大值后开始下降，呈现剪切变稀行为，在 95℃下连续搅拌可以破坏缠绕结构，导致黏度降低。降温过程中，大豆蛋白的黏度上升可形成凝胶。利用这一特性，热变性的大豆蛋白胶黏剂可用于松树、枫树、杨树和核桃木等木材的黏结，可以在温度为 104℃、压力为 2 MPa 的条件下对木材进行 15 min 的压合，从而获得良好的黏结效果。

相对于其他方法，以热处理为代表的物理变性方法并不能获得性能异常出色的大豆蛋白胶黏剂，所得产品在耐水性和黏合强度方面较未改性时均没有本质提升。

大豆蛋白与其他高分子进行物理共混也可以制备大豆蛋白复合胶黏剂，如脲醛树脂、聚乙烯醇树脂等。例如，将亚硫酸氢钠改性的大豆蛋白与脲醛树脂共混，当用量比为 4∶6 时可获得最佳黏合强度和耐水性。与大豆蛋白共混制备胶黏剂的高分子材料有很多，还可以采用海藻酸钠、木质素、PVA、酚醛树脂等。

大豆蛋白与无机纳米颗粒进行杂化共混也可以制备高性能胶黏剂。例如，采用碳酸钙和二氧化硅纳米颗粒，以蛋白质为模板，可将其以分子尺度复合于蛋白质多肽链之间，形成大豆蛋白无机杂化复合胶黏剂。将大豆蛋白与纳米碳酸钙杂化共混后，所制得的胶黏剂具有较好性能，当碳酸钙用量为 3%～8%时具有最好的胶黏性能，其黏合强度最高可达 6 MPa。如果使用纳米二氧化硅可降低纳米粒子掺杂量，1%的纳米二氧化硅即可极大地提高大豆蛋白的胶黏性能，其机理是通过纳米二氧化硅来增强大豆蛋白与被黏合物之间的相互作用力，大豆蛋白进入和填充被黏合物表面孔隙区域并增加接触面积，阻止水分进入，并提高耐水性。

2. 化学法

大豆蛋白可采用酸、碱、尿素、表面活性剂等进行化学变性，制备大豆蛋白胶黏剂。外加酸和碱可以改变蛋白质体系的 pH，同时改变多肽分子链上的电荷情况，改变肽链之间的静电吸引力，从而使大豆蛋白的结构发生变化，即实现大豆蛋白的酸碱变性。

碱变性的原理是在碱性水溶液条件下，蛋白质分子中的羧基（—COOH）被中和，生成羧酸根负离子，负离子间的排斥力促使蛋白质分子链展开，从而打开球状蛋白的结构，使更多的极性基团暴露出来。碱变性可以提高大豆蛋白质胶黏剂的干态黏合强度和黏度。一般用于碱变性的试剂包括 NaOH、$Ca(OH)_2$、硼砂、Na_2HPO_3、氨水等，也可以采用碱性试剂混合物（如 NaOH 和镁盐等）。

碱变性大豆蛋白胶黏剂具有较好的性能，在 pH=10、温度为 50℃时，使用碱处理大豆蛋白制备碱变性大豆蛋白胶黏剂，其黏合强度是未处理的大豆蛋白胶黏剂的 2 倍多，耐水性也得到显著改善。碱变性大豆蛋白胶黏剂溶液的黏度、黏合强度等与碱的浓度、用量、加工条件等有关。

酸也可使大豆蛋白变性，增强其黏结性。硼酸和柠檬酸是较为常见的酸改性剂，用硼酸处理的大豆粉胶黏剂具有非常好的耐水性。例如，采用 1.5 mol/L 尿素、0.4% N-（正丁基）硫代磷酸三胺、7%柠檬酸、4%次亚磷酸钠、3%硼酸和 1.85% NaOH 共同处理大豆粉制成的胶黏剂生产的刨花板具有最高的机械强度和耐水性。

尿素是一种促使蛋白质变性的小分子，能有效展开蛋白质的二级螺旋结构。采用尿素对大豆蛋白进行变性，可显著提高其胶黏性。尿素分子中存在羰基氧和氨基氢，与蛋白质分子中的羟基相互作用，破坏蛋白质分子内的氢键，促使蛋白质分子链展开。尿素的用量决定了大豆蛋白的变性程度。尿素用量过多会导致大豆蛋白过度变性，降低大豆蛋白胶黏剂的剪切强度，不利于胶黏性能的提升。大豆蛋白的组成也会影响通过尿素变性的大豆蛋白胶黏剂的性能。

醛类可以与蛋白质的两个氨基进行交联反应，首先参与反应的是赖氨酸残基，但也可能有半胱氨酸的巯基、组氨酸的咪唑杂环和酪氨酸的酚羟基等。这一反应一般用于制备大豆蛋白塑料，以提高其机械强度和耐水性；用于制备大豆蛋白胶黏剂时也有相同功效。例如，可以用不同浓度的戊二醛与大豆蛋白反应制备胶黏剂，不仅会改变大豆蛋白的构型，从整体上降低氨基和亲水基团数量，而且可通过交联作用提高大豆蛋白的分子量，显著提高大豆蛋白胶黏剂的耐水性。同时，交联反应会形成刚性网络，从而提高胶黏剂的黏合强度。选取合适的交联剂用量对于交联大豆蛋白胶黏剂的性能有显著影响，比较合适的戊二醛浓度为 20 μmol/L，用此浓度交联剂改性的大豆蛋白胶黏剂的干强、湿强、浸泡后的强度与未改性的胶黏剂相比可分别提高 31.5%、11.5%和 29.7%。然而，大豆蛋白胶黏剂的优势是醛类释放小、对环境影响相对较小，而采用戊二醛交联大豆蛋白会影响这一优势。

为了避免醛类交联带来的甲醛释放，可用过聚酰胺-环氧氯丙烷（PAE）对大豆蛋白进行交联制备大豆蛋白胶黏剂。PAE 与大豆蛋白交联后，会生成不溶于水的三维网络结构，具有较好的黏合强度和耐水性。PAE 交联大豆蛋白胶黏剂的黏合强度和耐水性受到 PAE 的种类、用量等的影响，还与制备过程的 pH 和温度等因素有关。PAE 交联大豆蛋白的适宜 pH 为 4.0～9.0，当 pH=7.1 时，PAE 的用量会显著影响黏合强度，黏合强度随 PAE 的用量增加而显著提高。当 PAE 用量为 10%时，黏合强度的提高速率变缓。当 PAE 用量固定为 5%时，pH 对 PAE 交联大豆蛋白胶黏剂的性能有显著影响，当 pH=5.5 时，胶黏剂的性能最佳。以 PAE 改性的大豆蛋白胶黏剂具有较好性能，但价格较高，一般用于黏合木质家具。

乙酰化和琥珀酰化反应会向大豆蛋白中引入亲水基团而降低改性产物的耐水性，可通过酰化反应制备改性大豆蛋白胶黏剂，常用具有疏水性的马来酸酐、辛烯-1-丁二酸酐。马来酸酐通常与大豆蛋白分子链上的氨基或羟基发生反应。一般情况下，马来酸酐会先和赖氨酸残基反应，如果有剩余，则会和羧基反应而形成交联网状结构。然而，用马来酸酐改性的大豆蛋白胶黏剂的黏合强度和耐水性不佳，因此通常需要与辛烯-1-丁二酸酐共同使用，从而可提高胶黏剂的胶黏强度和耐水性。辛烯-1-丁二酸酐不是常用的酸酐，在实际应用中可与马来酸酐和聚乙烯亚胺（PEI）连用，进行联合酰化反应以制备改性大豆蛋白胶黏剂。进行联合酰化反应时，先使大豆蛋白与马来酸酐反应，再引入 PEI，制得联合酰化改性大豆蛋白胶黏剂；也可先使马来酸酐和 PEI 进行反应，再通过酰化反应制备改性大豆蛋白胶黏剂。第二种方法反应较为迅速，制得产品具有较好的耐水性和黏合强度，适用于制备胶合板。

通过接枝共聚反应可产生大豆蛋白衍生物，这是制备大豆蛋白胶黏剂的良好方法之一。例如，二羟基苯丙氨酸是一种大量存在的氨基酸，其邻苯二酚结构具有良好的亲和力与耐水性，在大豆蛋白接枝二羟基苯丙氨酸，利用其邻苯二酚结构可制备高强度大豆蛋白胶黏剂。当二羟基苯丙氨酸的接枝率超过 8.9%时，制得的接枝改性大豆蛋白胶黏剂具有非常好的黏合强度和耐水性，剪切强度可达到 3.7 MPa 左右；进一步引入巯基，可更好地提高胶黏剂的黏合强度和耐水性。

3. 酶法

酶法是常见的大豆蛋白改性方法之一。酶能够有效地改变大豆蛋白的结构，甚至打断肽链。制备改性大豆蛋白胶黏剂的常用酶为胰蛋白酶，是一种肽链内切酶，可将多肽链中的赖氨酸和精氨酸残基中的羧基切断。用碱和胰蛋白酶改性大豆蛋白，其胶黏剂的黏合强度和耐水性会有明显提高。酶法制备改性大豆蛋白胶黏剂的黏合强度一般为未改性的 2～3 倍。然而，虽然酶法可改变大豆蛋白的结构，但可能严重降低大豆蛋白的分子量，不利于其用作胶黏剂。因此，酶法对大豆蛋白胶黏剂的性能提升十分有限。

7.3.5.2　大豆蛋白塑料

大豆蛋白塑料是以大豆蛋白为主要原料，通过一定加工工艺和流程制备而成的塑料，具有可降解性，可在一定程度上缓解环境污染和能源危机问题。

大豆蛋白具有较高的蛋白质含量（不低于 90%），是研究大豆蛋白塑料的主要原料。可基于肽键、氢键、二硫键、空间相互作用、范德华相互作用、静电相互作用和疏水相互作用等结构稳定性因素对大豆蛋白进行改性，制备大豆蛋白塑料。例如，基于氢键对大豆蛋白进行改性，利用尿素中的氧原子和氢原子能与大豆蛋白中的羟基作用，破坏大豆蛋白的氢键，通过空间结构解体，将原来包埋于球状分子内部的官能团裸露出来，与水分子发生溶剂化作用，提高大豆蛋白塑料熔体的流动性，使大豆蛋白具有良好的加工性能。经过尿素改性的大豆蛋白具有较好的力学性能、耐水性和透光率，其断裂伸长率达到 200%，饱和吸水率为 10%以下。

采用多元醇增塑剂可制备大豆蛋白塑料。单独使用大豆蛋白制备的塑料脆而硬，且大豆蛋白的热塑性不佳，加工温度高达 200℃，十分接近其分解温度。因此，引入多元醇增塑剂可改善大豆蛋白的加工性、柔韧性和延展性。常用的多元醇增塑剂有甘油、丙二醇、丁二醇等。甘油无毒无害，具有较高的沸点，与大豆蛋白形成较强的分子间氢键，可提高大豆蛋白塑料的稳定性，使其具有最高的断裂伸长率。此类塑料可用于食品包装。

通过交联反应、接枝共聚反应、酰化反应等可制备改性大豆蛋白塑料。例如，通过接枝共聚反应将疏水的呋喃甲醛引入大豆蛋白分子链，使呋喃甲醛与大豆蛋白的氨基反应，减少分子链上的亲水基团，增加大豆蛋白塑料的疏水性。通过戊二醛与大豆蛋白的交联反应可制备改性大豆蛋白塑料，当戊二醛用量从 0%提高至 0.4%时，大豆蛋白塑料的拉伸强度和断裂伸长率都得到显著提高。但戊二醛具有一定毒性，不适用于食品包装和生物医学领域。甲基丙烯酸缩水甘油醚（GMA）可与大豆蛋白进行接枝交联反应，GMA 的环氧基先与大豆蛋白的氨基或羟基反应，接枝到大豆蛋白分子链，然后通过碳碳双键或环氧基与其他分子反应，形成交联结构。通过这种方法制得大豆蛋白塑料的力学性能有极大改善。

大豆蛋白可以与其他高分子结合制备高分子改性大豆蛋白塑料。例如，采用合成高分子聚己内酯对大豆蛋白进行改性，可获得具有良好热稳定性和力学性能的大豆蛋白塑料。聚己内酯具有良好的生物可降解性，不会显著降低大豆蛋白塑料的环保性能。聚酯通常具有良好的疏水性和力学性能，如果在大豆蛋白中引入聚酯，则可能显著改善大豆蛋白塑料的耐水性和韧性。目前，商业化的聚酯（如聚碳酸酯、聚琥珀酸丁二醇酯、聚乳酸等）制备塑料的成本较高，如果将它们与大豆蛋白共混制备塑料，则可显著降低成本，与石油基塑料相比具有一定价格优势。制备聚酯改性大豆蛋白塑料的方式通常有挤出、模压和注塑成型等。另外，采用乙烯－丙烯酸乙酯－马来酸酐共聚物、聚乙烯醇和聚氨酯等，均可以制备改性大豆蛋白塑料，所得产品均具有良好的性能。图 7.13为大豆蛋白与磷酸三甲酚酯共混后经过热塑加工所得的复合热塑性塑料的 SEM 图。

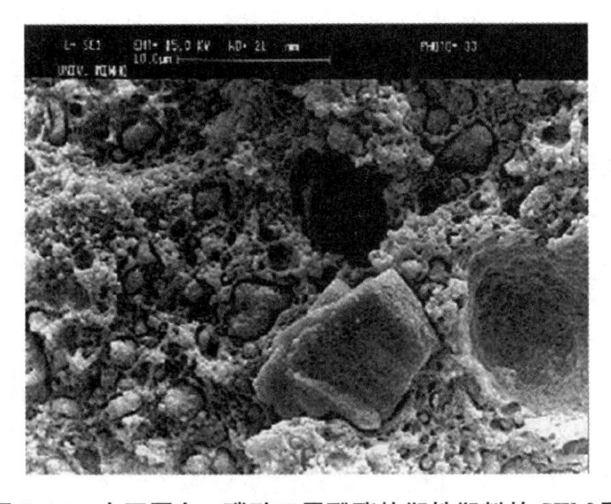

图 7.13　大豆蛋白－磷酸三甲酚酯热塑性塑料的 SEM 图

天然高分子如纤维素、甲壳素/壳聚糖、淀粉、木质素、果胶、琼脂、明胶等具有良好的生物可降解性，均可与大豆蛋白通过物理共混制备大豆蛋白塑料，这种塑料具有较好的力学性能。

大豆蛋白与无机材料杂化共混，也可以制备具有特殊性能的大豆蛋白塑料。例如，大豆蛋白与无机纳米粒子复合，可改善其力学性能、热稳定性、透气性、透光性、耐水或耐溶剂性、降解性、抗菌性能、生物相容性等理化性能和生物学性能，可扩大应用范围。常用的无机纳米粒子包括蒙脱土、SiO_2、纳米氧化铝、纳米碳酸钙、纳米磷酸钙等。以蒙脱土为例，在大豆蛋白中加入蒙脱土，可改善复合材料的抗冲击、抗疲劳性能，还可提高复合材料的尺寸稳定性、气体阻隔性和加工性能，显著提高大豆蛋白塑料的拉伸强度和断裂伸长率。引入纳米二氧化钛或纳米银颗粒与大豆蛋白共混，可赋予大豆蛋白塑料较好的抗菌性。例如，采用纳米二氧化钛与大豆蛋白共混制备塑料时，所得材料具有优良的抗菌性，对大肠杆菌和金黄色葡萄球菌的抑制率分别可达 71%和 88%。这种抗菌性好的大豆蛋白塑料可应用于食品包装和生物医学领域。

7.3.5.3　大豆蛋白生物医学材料

大豆蛋白是一种可食用、可降解的蛋白质，无毒无害，所以以大豆蛋白为原料制备新型材料可用于生物医学领域。目前根据用途，大豆蛋白基生物医学材料主要包括药物载体、伤口敷料、组织工程等。

1. 药物载体

大豆蛋白具有热加工成型能力和溶剂加工成型能力，作为药物载体时可加工为膜、片、颗粒、凝胶、胶囊、微球、纤维等不同形态。同时，大豆蛋白具有两亲性，故其既可与亲水性药物互溶，又可与疏水性药物混溶。大豆蛋白药物载体还特别适合负载蛋白质、多肽、生长因子等成本较高且一般药物载体无法负载的生物制剂。根据形态，大豆蛋白药物载体可分为热塑性塑料型、薄膜型、凝胶型、微球型、纳米颗粒型和纤维型等。

热塑性塑料型大豆蛋白药物载体是利用大豆蛋白及其改性物在一定增塑剂作用下通过热加工成型而制成的。制备过程中可发生化学反应，也可不发生化学反应。常用的增塑剂包括水、甘油、乙二醇、聚乙二醇、丙二醇、山梨醇等。增塑剂与大豆蛋白共混后在一定温度下可软化，并通过挤出、注塑、热压等方法制成不同形状，用于药物负载。药物通常在成型之前加入，通过机械搅拌与大豆蛋白均匀混合。

薄膜型药物载体也是大豆蛋白药物载体的主要形态之一，大豆蛋白极易溶于碱性水溶液中，将其与药物共混，再蒸发去除水分，即可制得携载药物的薄膜型载体。当然，利用这一溶解特性通过溶液加工结合其他工艺，还可获得凝胶、微球、纤维等多种剂型的药物载体。在溶剂蒸发过程中，分子间通过形成二硫键、疏水作用和氢键而发生交联。与常用的合成高分子膜相比，所得大豆蛋白膜与其他蛋白膜具有相近的力学性能。成膜过程中，可以通过改变各种参数，如调节蛋白质的用量、其他化学物质的成分与用量、溶液的 pH 和温度、干燥条件（温度、湿度、时间）以及成膜后的热处理等，来调控膜的结构与性能。一般来说，如果只是将单一的大豆蛋白膜作为药物载体，其耐水性不佳，释药效果不好。所以，一般这种溶液加工方法都伴随着与其他高分子进行物理共混或化学改性。

由于大豆蛋白富含—NH_2、—OH、—COOH 和—SH 等反应型基团，因此，可通过乙酰化、琥珀酰化、磷酸化等较简单的化学反应对大豆蛋白进行改性，也可通过各种活性基团接枝、交联等较复杂的化学反应，获得化学改性的大豆蛋白药物载体。

大豆蛋白可化学交联制备凝胶型药物载体。醛类物质作交联剂时，如果用量太多，可能产生细胞毒性，所以用作药物载体时，一般选择毒性更小的交联剂，如京尼平（Genipin）等。以京尼平为交联剂，牛血清白蛋白（BSA）为模型药物，可制备出凝胶型大豆蛋白药物载体。京尼平的浓度越高，获得的大豆蛋白凝胶结构越致密。大豆蛋白凝胶在 pH=7.4 的缓冲液（模拟肠液）中的溶胀率明显高于在 pH=1.2 的缓冲液（模拟胃液）中的溶胀率；与未经交联的大豆蛋白凝胶相比，京尼平交联的大豆蛋白凝胶具有更低的溶胀率。当 pH=1.2 时，牛血清白蛋白的释放率明显低于 pH=7.4 时的释放率；交联度越高，牛血清白蛋白的释放越慢。因此，这种凝胶型大豆蛋白药物载体可以作为肠道中蛋白质类药物靶向缓释的优良载体。

大豆蛋白通过与其他天然高分子共混可制备微球型大豆蛋白药物载体。例如，大豆蛋白可与海藻酸钠共混，以弱碱性溶液为共溶剂，分别溶解大豆蛋白和海藻酸钠，再以不同配比混合并加入药物，经机械搅拌混匀为复合溶液，通过注射器滴入氯化钙溶液中凝固成型，可制备大豆蛋白-海藻酸钙复合载药微球。通过钙交联后，大豆蛋白与海藻酸钠分子之间形成较强的相互作用，获得的微球力学性能良好。复合载药微球的溶胀及药物释放行为均受溶液 pH 的影响，在胃、小肠和大肠的 pH 条件下，溶胀和药物释放行为明显不同。当 pH 较低时，不易溶胀，药物释放较慢；当 pH 较高时，复合载药微球易溶胀，药物释放较快。因此，大豆蛋白-海藻酸钠复合载药微球属于 pH 敏感性药物载体。

2. 伤口敷料

伤口处理的主要目标是实现快速的功能性愈合并保持美观。理想的伤口敷料可以提供愈合过程所需环境，防止细菌和不良环境对伤口的损伤，且易于使用和去除。伤口敷料主要是维持湿润的愈合环境，并通过防止细胞脱水、促进胶原蛋白合成和血管生成以加快伤口愈合。然而，应该避免对于伤口水分蒸发的过度限制，因为液体积聚在伤口敷料下可能会导致浸渍和促进感染。根据伤口类型和愈合阶段的不同，皮肤的水蒸气透过率有很大差别。因此，伤口敷料的物理和化学性质应该适应伤口的类型以及伤口渗出的程度。大豆蛋白一方面具有良好的生物相容性、亲水性、保湿性以及载药功能，故以大豆蛋白制备伤口敷料，既可以提供良好的促愈合性能，还能携带抗菌药物实现抗感染功能。大豆蛋白伤口敷料根据形态一般可分为薄膜型、凝胶型和纤维型。

薄膜型大豆蛋白伤口敷料是一种常见形式。大豆蛋白通过化学交联后成膜，所得膜材料具有较好的拉伸强度和断裂伸长率，适用于包扎伤口。通过与抗菌药物共混，加入增塑剂成膜，可获得具有抗菌性能的薄膜型大豆蛋白伤口敷料。当采用低毒增塑剂并控制适当用量时，所得薄膜型大豆蛋白伤口敷料没有明显的细胞毒性，特别适用于作为烧伤和溃疡伤口。除此之外，大豆蛋白与纳米二氧化钛/银、蒙脱土等复合，也可以制备抗菌、止血、促愈合的伤口敷料。与其他天然高分子如甲壳素共混，也可以制备薄膜型大豆蛋白伤口敷料。

大豆蛋白可以制备凝胶型伤口敷料。以大豆蛋白和聚乙二醇为原料，异氰酸酯为交联剂，可制备高含水量的大豆蛋白-聚乙二醇水凝胶。反应过程中，部分聚乙二醇分子被接枝到大豆蛋白分子上，形成具有良好弹性和韧性的三维网络结构，表现出非常好的亲水性、保湿性和透气性。这种水凝胶与富含蛋白质的表面（如皮肤）接触时，可表现良好的亲和性，将其作为伤口敷料有利于皮肤创面体液的吸收和创面的愈合。

以大豆蛋白为原料还可制备纤维型大豆蛋白伤口敷料，其透气性优于薄膜型大豆蛋白伤口敷料。例如，将大豆蛋白与聚氧化乙烯纳米纤维物理共混可制备复合纤维，当大豆蛋白与聚氧化乙烯的比例达到 10∶1 时，材料具有超亲水性、良好的透气性和生物相容性，所以在临床上可作伤口敷料或无纺布。如果在纤维制备过程中加入一些功能性成分或药物，可以赋予这种纤维型伤口敷料抗菌、消炎、止血和促进组织再生等功能。

3. 组织工程

大豆蛋白具有良好的生物相容性，通过一系列物理化学手段对大豆蛋白进行改性修饰，可制成大豆蛋白组织工程材料。大豆蛋白组织工程材料是一种新型材料，通过物理共混、化学交联、接枝共聚、酶交联等不同方法，可制备颗粒型、凝胶型、薄膜/塑料型和三维多孔支架型大豆蛋白组织工程材料。例如，用大豆蛋白与壳聚糖复合可制备复合膜材料，用作组织工程，具有良好的生物相容性，小鼠的L929细胞可在其表面生长繁殖（图7.14）。因此，这种大豆蛋白－壳聚糖复合薄膜可作为组织工程材料，有望用于医学领域。

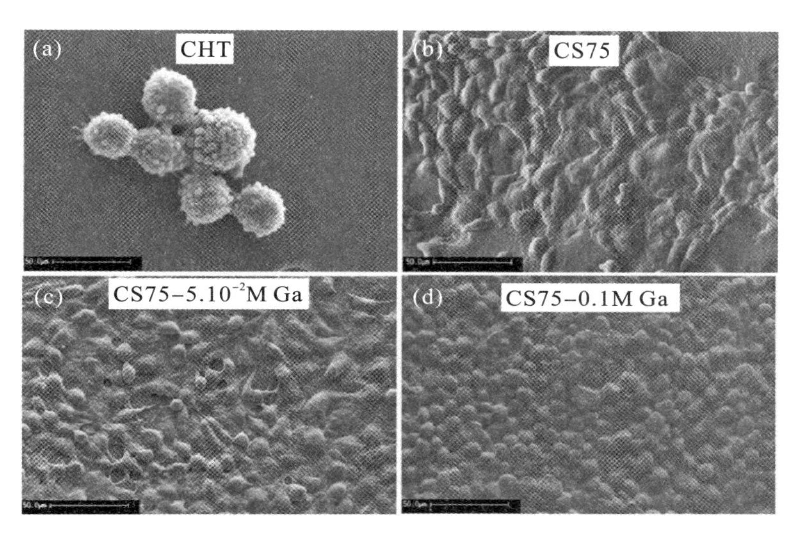

图7.14 在大豆蛋白－壳聚糖复合膜上培养3天之后的L929细胞SEM照片

参考文献

Beck M I, Tomka I, Waysek E. Physico－chemical characterization of zein as a film coating polymer－A direct comparison with ethyl cellulose [J]. Pharm, 1996 (141): 137－150.

Calderon D. nzymatic hydrolysis and synthesis of soy protein to improve its amino acid composition and functional properties [J]. Food Science, 2000, 65 (2): 246－253.

Chanw M, Ma C Y. Acid modification of proteins from soymilk residue [J]. Food Research International, 1999 (32): 119－127.

Crowe T W. Johnson L A. Twin－screw extrusion texu rization of extruded expelled soybean flour [J]. The Journal of the American Oil Chemists' Society, 2001 (78): 781－786.

David J S, Abdellatif M, Jeffrey A B. Chemistry and physical properties of melt－processed and solution－cross－linked corn zein [J]. Journal of Agricultural and Food Chemistry, 2008, 56 (1): 7067－7075.

Duvick D. Protein granules of maize endosperm cells [J]. Cereal Chemistry, 1960 (38): 515－519.

Esen A. A proposed nomenelature for the alcohol－soluble Proteins (zein) of maize (Zeamays L) [J]. Journal of Cereal Science, 1987 (5): 117－128.

Franzen K L, Kinsella J E. Functional properties of succinylated and acetylated soy protein [J]. Journal of Agricultural & Food Chemistry, 1976, 24 (4): 788—795.

Ghanbarzadeh B, Oromiehie A R, Musavi M, et al. Effect of plasticizing sugars on rheological and thermal properties of zein resins and mechanical properties of zein films [J]. Food Research International, 2006, 39 (8): 882—890.

Graaf L A, Kolster P. Industrial proteins as a green alternative for "petro" polymers: potentials and limitations [J]. Macromolec Symp, 1998 (127): 51—58.

Heidecker G, Chaudhuri S, Messing J. Highly clustered zein gene sequences reveal evolutionary history of the multigene family [J]. Genomics, 1991, 10 (3): 719—732.

Hettiarachchy N S, Kalapathy U, Myers D J. Alkali—modified soy protein with improved adhesive and hydrophobic properties [J]. The Journal of the American Oil Chemists' Society, 1995 (72): 1461—1464.

Huey— min L, Graciela W. Properties and microstructure of plasticized zein films [J]. Cereal Chemistry, 1997 (74): 771—775.

Kim S, Sessa D J, Lawton L W. Characterization of zein modified with a mild cross—linking agent [J]. Industrial Crops and Products, 2004, 20 (3): 291—300.

Li X, Guo H, Heinamakib J. Aqueous coating dispersion (pseudolatex) of zein improves formulation of sustained—release tablets containing very water—soluble drug [J]. Journal of Colloid and Interface Science, 2010 (345): 46—53.

Maher T K, Struthers R D. Zein in protective floor finishes [J]. Paint Varnish Prod, 1955 (45): 33—34.

Mangala T, Allan J E. Modification of Zein films by incorporation of poly (ethylene glycols) [J]. Polymer International, 2000, 49 (1): 127—134.

Meigs F M. Artificial product and method for making same USA: U. S. patent 2 211 961 [P]. 1940.

Mo X Q, Hu J, Sun X S , et al. Compression and tensile strength of low—density straw—protein particleboard [J]. Industrial Crops & Products, 2001 (14): 1.

Nonthanum P, Lee Y, Graciela W. Effect of pH and ethanol content of solvent on rheology of zein solutions [J]. Journal of Cereal Science, 2013 (58): 76—81.

Osborne, T B Varnish, Lacquer. USA: U. S. patent 456 772 [P]. 1891.

Ostenberg Z. Product derived from vegetable proteins: USA: U. S. patent 1 316 854 [P]. 1919.

Otaigbe J U, Adams D O. Bioabsorbable soy protein plastic composites: effect of polyphosphate fillers on water absorption and mechanical properties [J]. Journal of Polymers and the Environment, 1997, 5 (4): 199—208.

Relent M C, Fouques D. Enzymatic phosphorylation by a casein kinase Ⅱ of native and succinylated soy storage proteins glycinin and β—conglycinin [J]. Journal of Agricultural and Food Chemistry, 1996 (44): 69—75.

Rhim J W, Gennadios A, Weller C L, et al. Soy protein isolate — dialdehyde starch films [J]. Industrial Crops & Products, 1998, 8 (3): 195—203.

Ruso J M, Deo N, Somasundaran P. Complexation between dodecyl sulfate surfactant and zein protein in solution [J]. Langmuir, 2004, 20 (21): 8988—8991.

Shukla R, Cheryan M. Solvent extraction of zein from dry milled corn [J]. Cereal Chemistry, 2000, 77 (6): 724—730.

Sun X Z, Bian K. Shear strength and water resistance of modified soy protein adhesives [J]. The

Journal of the American Oil Chemists' Society，1999（76）：977－980.
Uy W C. Process for producing zein fibers USA：U. S. patent 5 580 499［P］. 1996.
Wu Q X，Yoshino T，Sakabe H，et al. Chemical modification of Zein by bifunctional polycaprolactone（PCL）［J］. Polymer，2003，44（14）：3009－3919.
Zhang B，Luo Y，Wang Q. Effect of acid and base treatments on structural，rheological，and antioxidant properties of α－zein［J］. Food Chemistry，2011（124）：210－220.
Zhong Z，Sun S X. Properties of soy protein isolate/poly（ethylene－co－ethyl acrylate－co－maleic anhydride）blends［J］. Journal of Applied Polymer Science，2003，88（2）：407－413.
Zurima G，Elevina P. Evaluation of lentil starches modified by microwave irradiation and extrusion cooking［J］. Food Research International，2002，35（5）：415－420.
陈瑞战，王晓菊，张永红，等. 应用双螺杆挤扭机改性玉米蛋白质的研究［J］. 长春师范学院学报（自然科学版），2005（5）：61－68.
杜悦，陈野，王冠禹，等. 玉米醇溶蛋白的提取及其应用［J］. 农产品加工，2008（7）：73－76.
段纯明，董海洲. 玉米醇溶蛋白的特性及应用研究［J］. 粮食与食品工业，2007，14（1）：27－31.
高青斌. 蛋白质亚细胞定位预测相关问题研究［D］. 北京：国防科学技术大学，2006.
高冶. 基于二级结构的蛋白质三维结构预测方法研究［D］. 海口：海南大学，2013.
郭丽. 尼泊金酯类防腐剂与人血清白蛋白的相互作用研究［D］. 兰州：兰州大学，2009.
何雪忠. 复杂大分子体系相平衡性质的神经网络预测［D］. 郑州：郑州大学，2004.
黄国平，杨晓泉，温其标，等. 增塑剂对玉米醇溶蛋白成膜性能的影响［J］. 华南理工大学学报（自然科学版），2004（4）：45.
黄国平，杨晓泉. 玉米醇溶蛋白阿司匹林缓控释骨架材料的研究［J］. 化学与生物工程，2005（9）：48－50.
蒋誉坤. 鲈鱼胰蛋白酶、胰凝乳蛋白酶的分离纯化及性质分析［D］. 厦门：集美大学，2010.
井健. 抗栓胰岛素原钙调素重组融合蛋白表达条件的摸索［J］. 北京师范大学学报（自然科学版），2011，47（4）：393－397.
李炜疆，张颖. 蛋白质结构样板库的构建及其总体特征［J］. 内蒙古大学学报（自然科学版），2000（5）：471－478.
马君燕. 光诱导的肌红蛋白去氧及人血清白蛋白的光谱学研究［D］. 大连：大连大学，2007.
马志鸥. 硝普钠光化学反应动力学基础的研究［D］. 太原：山西大学，2018.
孟小波，华欲飞，孔祥珍. 加热改性醇法大豆浓缩蛋白凝胶性的研究［J］. 中国油脂，2008，33（10）：25－28.
秦洪庆. 蛋白质在纳米材料/离子液体复合膜修饰电极上直接电化学与电催化［D］. 青岛：青岛科技大学，2011.
曲永新. 酰化玉米蛋白粉工艺条件的研究［J］. 食品工业科技，2009（4）：243－246.
任桂久. 玉米朊黏合剂的初步研制［J］. 安徽机电学院学报，2000，15（4）：46－48.
尚禹东. 天然鹿茸多肽和自整合障碍因子两类蛋白的分子模拟研究［D］. 长春：吉林大学，2015.
石彦国. 大豆制品工艺学［M］. 北京：中国轻工业出版社，1993.
宋辉. 应用原子—键电负性均衡方法研究多肽分子［D］. 大连：辽宁师范大学，2002.
唐蔚波. 大豆蛋白胶粘剂的合成与应用研究［D］. 无锡：江南大学，2008.
涂宗财，汪菁琴，阮榕生，等. 高压均质对大豆分离蛋白功能特性的影响［J］. 食品工业科技，2006，27（1）：66－67.

汪广恒，周安宁. 大豆蛋白复合材料的研究进展［J］. 塑料工业，2005（2）：1－3.
王大陆. 溶剂溶解对胶原结构的影响及胶原/HAP复合纤维的制备［D］. 郑州：郑州大学，2016.
王岩，陈复生. 大豆分离蛋白改性效果研究［J］. 河南工业大学学报，2008，29（2）：22－26.
魏宇辰. 纳米MCM－41及SBA－15用于组装牛血清白蛋白的研究［D］. 长春：长春理工大学，2012.
武明扬. 重组家蚕丝素重链蛋白的制备及对其结构的研究［D］. 苏州：苏州大学，2017.
杨春梅，陈文麟. 大豆蛋白及其应用［J］. 中国商办工业，1997（12）：35－37.
杨光弟，周红锋，靳林，等. 水溶性蛋白盐析的一维结晶［J］. 中国医学物理学杂志，2011，28（2）：2554－2557.
杨国浩. 改性小麦面筋蛋白作为木材胶粘剂的粘接性和抗水性研究［D］. 郑州：河南工业大学，2003.
杨会丽，马海乐. 超声波对大豆分离蛋白物理改性的研究［J］. 中国酿造，2009（5）：24－27.
杨晓泉，陈中. 转谷氨酰胺酶催化聚合大豆蛋白和乳清蛋白合成生物蛋白高聚物［J］. 中国粮油学报，2001，16（2）：32－41.
杨晓泉，大豆蛋白的改性技术研究进展［J］. 广州城市职业学院学报，2008（3）：37－44.
杨永杰. 玉米醇溶蛋白的研究及应用［J］. 天津化工，2006，20（4）：47－49.
袁道强，杨丽. 超声波改性提高大豆分离蛋白酸性条件下溶解性的研究［J］. 粮食与饲料工业，2008（1）：27－28.
袁怀波，刘国庆，陈宗道. 磷酸化改性玉米蛋白质的性质［J］. 食品科学，2007，28（10）：50－52.
翟祥超. 乙酰化和羧基丙酰化大豆分离蛋白的制备与特性研究［D］. 天津：天津大学，2007.
张学军. 纳米材料对大豆蛋白生物胶黏剂的影响研究［D］. 无锡：江南大学，2008.
赵威祺. 大豆蛋白质的构造和功能特性（上）［J］. 粮食与食品工，2003（2）：24－28.
邹淑雪. 基于序列信息的蛋白质结构域预测学习系统［D］. 长春：吉林大学，2005.

第 8 章　胶原材料

8.1　胶原的分类及结构

胶原（Collagen）源于希腊文，意思是“生成胶的产物”，1893 年《牛津大词典》将其定义为“结缔组织的组成部分，煮沸时产生胶质”。1953 年，Gross 把这种构建胶原的蛋白质单体命名为原胶原（Tropocollagen）。现在对胶原的定义是：细胞外基质（Extracellular Matrix，ECM）的一种结构蛋白质，含有一个或几个由 α－链组成的三股螺旋结构的区域，即胶原域。因此，胶原通常又称为胶原蛋白。

胶原蛋白是动物体内含量最多、分布最广的蛋白质，是细胞外基质中的主要蛋白质，也是组成动物皮肤的主要蛋白质。胶原蛋白在哺乳动物体内非常普遍，占蛋白质总量的 25％～30％，相当于体重的 6％，在真皮中胶原蛋白占蛋白质总量 80％～85％。

胶原具有独特的组织分布和功能。胶原广泛分布于结缔组织、皮肤、骨骼、韧带等部位，角膜几乎完全由胶原组成。胶原是结缔组织极其重要的结构蛋白，起着支撑器官、保护机体的功能，是决定结缔组织韧性的主要因素。结缔组织将全身细胞黏合，连接器官与组织，具有防御、支持、保护等功能。

胶原与组织的形成和成熟、细胞间信息的传递、细胞增生与分化、细胞免疫、肿瘤转移及关节润滑、伤口愈合、钙化作用和血液凝固等紧密联系，也与一些结缔组织胶原病的发生密切相关。多年来，人们一直致力于胶原结构和功能的研究，氨基酸的序列、高级结构、分子内和分子间交联的形式以及分子间的装配等问题受到特别关注。

8.1.1　胶原的分类

人体组织中至少已经鉴定出 19 种不同类型的胶原蛋白。Ⅰ型、Ⅱ型、Ⅲ型胶原含量最丰富，尽管有些类型的胶原在组织中含量甚微，但它们在决定组织的物理性质方面仍然具有重要作用。Ⅰ型和Ⅲ型胶原在各种不同的组织中发现并常常共存；Ⅱ型胶原只在软骨中被发现；Ⅰ型、Ⅱ型、Ⅲ型胶原都属于间质胶原（Interstitial collagen）；Ⅴ型胶原也叫作亲细胞胶原（Pericellular collagen），在各种组织中的含量都很低；Ⅳ型胶原是基膜中特有的胶原，它的结构不同于间质胶原和亲细胞胶原。常见胶原及分布见表 8.1。

表 8.1 常见胶原及分布

胶原类型	基因	在组织中的超分子结构
Ⅰ	COL1A1	在肌腱、骨、皮肤、角膜和血壁管中呈纤维状
	COL1A2	
Ⅱ	COL2A1	在软骨中呈纤维状
Ⅲ	COL3A1	与Ⅰ型胶原形成异型纤维
Ⅳ	COL4A1	在基膜中形成网状结构
	COL4A2	
	COL4A3	
	COL4A4	
	COL4A5	
Ⅴ	COL5A1	与Ⅰ型胶原形成异型纤维
	COL5A2	
	COL5A3	
Ⅵ	COL6A1	普遍存在，形成精细的微纤维
	COL6A2	
Ⅶ	COL7A1	在皮肤表皮层与真皮层之间形成锚纤维
Ⅷ	COL8A1	在眼角膜中形成三维六边形格子
	COL8A2	
Ⅸ	COL9A1	与Ⅱ型胶原纤维相伴
	COL9A2	
Ⅹ	COL10A1	在生长板的肥厚区中形成毡状/六边形格结构
Ⅺ	COL11A1	与Ⅱ型胶原形成异性纤维
	COL11A2	
	COL2A1	
Ⅻ	COL12A1	与Ⅰ型胶原纤维相伴
XⅢ	COL13A1	横跨膜，可能参与细胞粘接
XⅣ	COL14A1	与Ⅰ型胶原纤维相伴
XⅤ	COL15A1	特殊基质膜，开裂形成抗血管生成片段（静息因子）
XⅥ	COL16A1	软骨Ⅱ型胶原纤维和皮肤富含原纤维的特定微纤的组成成分
XⅦ	COL17A1	形成半桥粒（细胞—细胞连接）基膜，将表皮附着在皮肤基膜上
XⅧ	COL18A1	开裂形成抗血管生成片段（内皮细胞抑制素）
XⅨ	COL19A1	体外呈放射状分布的聚集体
XX	COL20A1	也许与Ⅰ型胶原纤维有关
XXⅠ	COL21A1	也许与纤维有关，分布方式多样

续表8.1

胶原类型	基因	在组织中的超分子结构
XXII	COL22A1	存在于特殊组织连接处，也许与微纤维有关
XXIII	COL23A1	在细胞培养中鉴定基膜胶原
XXIV	COL24A1	存在于含Ⅰ型胶原的组织中
XXV	COL25A1	基膜胶原，在神经元中开裂形成阿尔茨海默氏淀粉样斑
XXVI	COL26A1	表达于成年组织的睾丸和卵巢
XXVII	COL27A1	普遍存在，极其存在于软骨中

8.1.1.1 Ⅰ型胶原

Ⅰ型胶原的分子由三条肽链组成，其中有两条肽链相同，最初称之为 α_1 和 α_2 链，分子的组成记为 $(\alpha_1)_2\alpha_2$。不同类型的胶原以及其在肽链组成上的差异被发现后，要求在肽链名称中表明所属胶原类型。按照这一原则，Ⅰ型胶原的链组成表示为 $[\alpha_1(\text{I})_2\alpha_2(\text{I})]$。两条 α－链形成的二聚体叫作 β－肽链，三条肽链构成的三聚体叫作 γ－肽链。β－肽链可以由两条相同的肽链或不同的肽链构成，如 β－(1,1)、β－(1,2)，而 β－(2,2) 没有被发现，因而推测在 α_2(Ⅰ) 链之间不存在相互交联。γ－肽链就是原胶原分子。Ⅰ型胶原是生皮中最丰富的胶原。

8.1.1.2 Ⅱ型胶原

Ⅱ型胶原是构成软骨的主要胶原。Ⅱ型胶原由三条相同的肽链构成，记为 $\alpha_1(\text{II})_3$。Ⅱ型胶原的氨基酸组成与Ⅰ型胶原非常相似。在软骨中还发现了两种含量很高的短链胶原，分别命名为 CPS－1 和 CPS－2。CPS－1 的肽链长度是普通胶原的 1/3。CPS－2 的三条肽链相对分子质量分别为 16000、10000 和 8000。短链胶原的肽链间存在双硫键交联。

8.1.1.3 Ⅲ型胶原

Ⅲ型胶原是血管壁和新生皮肤的主要蛋白质组分。在成年动物皮中，Ⅲ型胶原集中分布于粒面和乳头层。Ⅲ型胶原由三条相同的肽链构成，记为 $\alpha_1(\text{III})_3$。与Ⅰ型和Ⅱ型胶原不同，Ⅲ型胶原含有半胱氨酸。两个相邻的半胱氨酸位于肽链的螺旋区和 C－端肽的结合部，链间双硫键交联就发生在这里。由于这一因素，除非还原，否则得不到单一的 α_1(Ⅲ) 肽链。

8.1.1.4 Ⅳ型胶原和 7－S 胶原

Ⅳ型胶原是基膜中的主要胶原，也是构成基膜的主要蛋白质。Ⅳ型胶原的分子质量为 380 kDa，由三条肽链构成，链组成为 $[\alpha_1(\text{IV})_2\alpha_2(\text{IV})]$。与Ⅰ型、Ⅱ型、Ⅲ型胶原不同，Ⅳ型胶原分子具有三个不同的结构域，中间的螺旋区在两端分别与一个球蛋白区域和一个成为 7－S 胶原的高硫含量胶原连接。

8.1.2 胶原的结构

胶原的分子结构单位是原胶原，是细长的棒状分子，由三股螺旋构成。电镜下测得Ⅰ型胶原分子直径约为 1.5 nm，长度约为 280 nm，分子质量约为 285 kDa，分子中含三条肽链，每条肽链由 1000 多个氨基酸残基构成。本部分以Ⅰ型胶原为例，重点介绍胶原的氨基酸序列、胶原多肽链的构象、胶原分子中的交联结构以及胶原纤维的超聚集排列方式。

8.1.2.1 氨基酸组成和序列

胶原的氨基酸组成虽然由于来源和胶原类型不同有一定差异，但几种主要氨基酸的组成大致相同，即甘氨酸占 1/3，丙氨酸约占 11％，脯氨酸约占 12％，羟脯氨酸约占 9％，另外还有羟赖氨酸，不含色氨酸和半胱氨酸等（图 8.1）。羟脯氨酸（Hyp）和羟赖氨酸（Hyl）在其他蛋白质中含量极低，可以通过测定 Hyp 来确定胶原含量。脯氨酸和羟脯氨酸都是环状氨基酸，锁住了整个胶原分子，使之很难拉开，故胶原具有微弹性和很强的拉伸强度。胶原中由于缺乏色氨酸，所以它在营养上为不完全氨基酸。

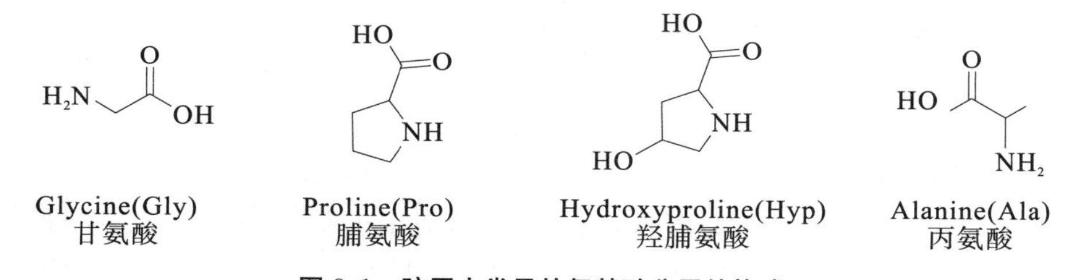

图 8.1 胶原中常见的氨基酸分子结构式

胶原肽链氨基酸序列分析表明，胶原肽链由螺旋链和与之相连的非螺旋端肽构成。螺旋肽链由严格的 Gly－X－Y 周期序列构成，甘氨酸为三肽中的固定组分，脯氨酸、羟脯氨酸是肽链中对胶原结构具有决定意义的组分。大量重复出现的几种三肽序列分别是 Gly－X－Y、Gly－Pro－Y 和 Gly－X－Hyp，其中 X、Y 表示除以上三种氨基酸外的其他氨基酸。

牛皮和鱼皮中Ⅰ型胶原的氨基酸组成见表 8.2。

表 8.2 牛皮和鱼皮中Ⅰ型胶原的氨基酸组成（每 1000 个残基）

名称	牛皮	鳕鱼皮	鲟鱼皮	名称	牛皮	鳕鱼皮	鲟鱼皮
丙氨酸	114	105	119	异亮氨酸	11	17	11
精氨酸	51	63	52	亮氨酸	24	30	18
天冬氨酸	16			赖氨酸	28	33	22
天冬氨酸	29	42	48	甲硫氨酸	6	21	9

续表8.2

名称	牛皮	鳕鱼皮	鲟鱼皮	名称	牛皮	鳕鱼皮	鲟鱼皮
谷氨酸	48	77	71	苯丙氨酸	13	14	14
谷氨酸盐	25			脯氨酸	115	90	102
甘氨酸	332	332	337	色氨酸	35	61	50
组氨酸	4	12	5	苏氨酸	17	26	29
羟脯氨酸	104	41	82	酪氨酸	4	5	2
羟基赖氨酸	5	8	14	缬氨酸	22	25	18

在三肽序列中，由于吡咯环的存在，N—C_α键不能自由旋转，肽链的自由构象被脯氨酸、羟脯氨酸严格限制，在成对二面角中，φ只允许一种固定取值，只有ψ能做选择性取值。此外，吡咯环的空间位阻也不容忽视，这就决定了胶原肽链既不能采取α－螺旋，也不能采取β－折叠。

胶原α－链螺旋区段约占总长度的95%，两端各有一段非螺旋区段，分别称为N－端肽和C－端肽。端肽氨基酸序列不呈周期性排布，含有一定量的极性氨基酸，胶原α－链端肽在胶原分子的形成和胶原纤维的组装过程中起到至关重要的作用。端肽的长度因胶原的类型和肽链的不同在9～50个氨基酸之间变化。Ⅰ型胶原的α_1(Ⅰ)链由1056个氨基酸残基构成，肽链长度为280 nm，其中螺旋区段含1014个氨基酸残基，即328个Gly－X－Y周期结构，N－端肽和C－端肽分别由16个和26个氨基酸残基构成，N－端肽氨基酸残基为焦谷氨酸（pGlu）；α_2(Ⅰ)链的端肽链较短，N－端肽和C－端肽分别由9个和25个氨基酸残基构成。端肽链的极性氨基酸含量明显高于螺旋段，脯氨酸的含量很低，也不存在周期性排列，肽链构象为松散折叠。但是，新的证据表明，N－端肽是高度有序的结构域，该结构域对于胶原分子间的组装十分重要。

胶原氨基酸序列还具有以下几个重要特征：

(1) 酸性和碱性氨基酸集中对应分布。

α_1(Ⅰ)链中有1/4的酸性氨基酸和碱性氨基酸，它们大都集中对应分布在一定区段。极性与非极性氨基酸区域交替出现的模式正好与α－链长间距片段（SLS）晶体电镜照片中的非周期性明暗条纹相对应，暗纹为极性区。

电子显微镜检验时常用磷钨酸、铬盐或乙酸双氧铀作电子染色剂，因为磷钨酸与胍基、氨基结合，三价铬离子和双氧铀离子与羧基结合，染色时使极性区域因结合重金属离子而电子密度增大，在电子显微镜图谱上就出现了暗带，非极性区域出现明带，这样在原胶原分子中出现了明暗相间的横纹，如图8.2所示。极性氨基酸、非极性氨基酸的区域性集中对应分布与胶原的酸碱膨胀现象有一定关系。

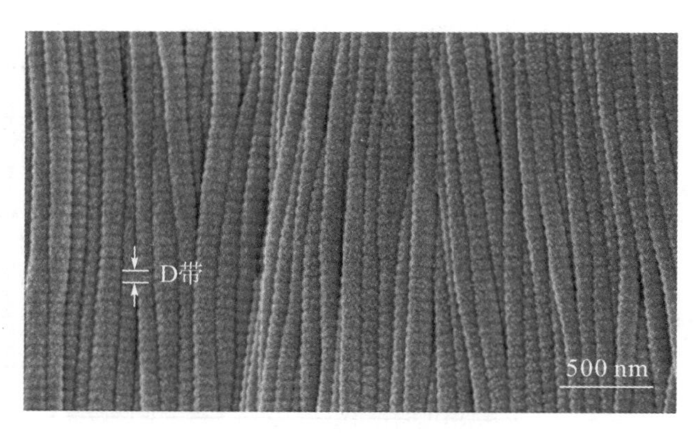

图 8.2　胶原分子的横纹

（2）对构象重要的序列。

胶原肽链中存在的 Gly－X－Y、Gly－X－Hyp、Gly－Pro－Y 周期结构对其构象的形成和稳定极为重要。α－链的 750～800 位之间缺少 Gly－X－Y 结构，可能是该区段容易被酶水解的原因。海德曼等研究认为，Gly－Pro－Hyp 三肽结构具有引导胶原三股螺旋形成的功能。

羟脯氨酸的羟基对于构象的稳定具有重要意义。羟脯氨酸非羟基化胶原要比正常的羟基化胶原的变性温度低 15℃以上，所以羟脯氨酸可能参与链间氢键的形成。

（3）赖氨酸、羟赖氨酸在分子间交联中的作用。

在 α_1 链非螺旋区 N－端肽第 9 位、C－端肽第 17 位均为赖氨酸，α_1（Ⅰ）、α_2（Ⅰ）链螺旋区第 87 位及 α_1（Ⅰ）链第 930 位氨基酸均为羟赖氨酸。已经证实，相邻肽链的羟赖氨酸之间形成交联，这种交联对胶原分子有规律的超分子聚集具有决定性意义。

（4）与糖结合的氨基酸。

α_1（Ⅰ）链螺旋区第 103 位羟赖氨酸结合一个半乳糖－葡萄糖苷，它们与胶原的免疫性有关，一般认为和胶原分子的侧链定位有关，胶原与蛋白糖基质的共价结合大都发生在羟基氨基酸侧链处。

8.1.2.2　胶原的二级结构和分子间交联

胶原 α－链螺旋区因为出现了 Gly－Pro－X 三肽而形成了特有的紧密的左手螺旋，如图 8.3 所示。三条左手螺旋肽链相互缠绕，构成了原胶原的右手复合螺旋，即胶原螺旋（Collagen triple helix）。

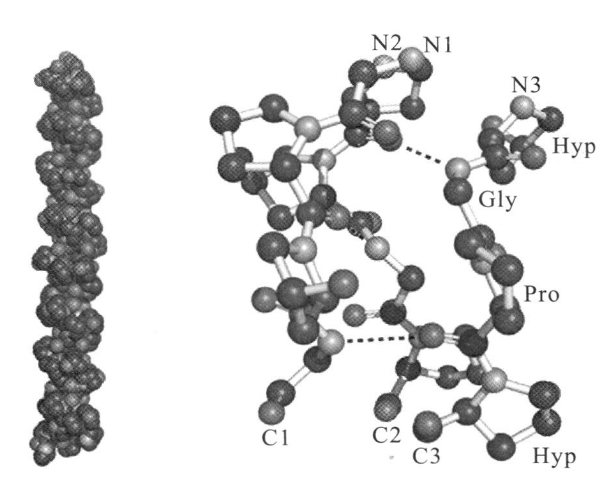

图 8.3　胶原三股螺旋结构示意图

在胶原螺旋中，每一条肽链的左手螺旋的螺距为 0.9 nm，每圈含 3 个氨基酸，每个氨基酸在螺旋轴线上的投影约为 0.3 nm，明显大于 α－螺旋的螺距（0.54 nm）和每个氨基酸的投影（0.15 nm），所以胶原螺旋是比 α－螺旋更为伸展的螺旋构象。三条左手螺旋肽链构成右手复合螺旋的螺距为 2.86 nm，每圈含 10 个氨基酸残基。

在这一构象中，所有肽单位的羰基 C ═O 键均垂直于螺旋轴向外伸展，所以不能像 α－螺旋那样在链内形成氢键维持构象稳定，而是依靠肽链之间形成的氢键维持构象稳定。胶原三股螺旋是一种错位的螺旋，一股链上的 Gly 与第二股上的 X 和第三股上的 Y 相邻，这样 Gly 的 N—H 与相邻 α－链残基的 C ═O 形成氢键。这种链间氢键形成的胶原螺旋构象紧密，具有很高的稳定性，若氢键破坏，胶原肽链将成为无规卷曲。

维持胶原构象稳定的除氢键、疏水键和范德华力等次级键外，还有分子间和分子内的共价键交联，这些交联结构主要有羟醛缩合交联、醛胺缩合（Schiff 碱）交联和羟醛氨基酸交联等，都涉及赖氨酸和羟赖氨酸侧链的 ε－氨基以及基团的活化。

1. 羟醛缩合交联

α－链上赖氨酰和羟赖氨酰的 ε－氨基在赖氨酰氧化酶的催化下被氧化成醛基，赖氨酰成为醛赖氨酰。相邻两条肽链的醛赖氨酰或羟醛赖氨酰的醛基通过羟醛缩合交联而形成交联。

2. 醛胺缩合（Schiff 碱）交联

醛赖氨酸残基的醛基也可以与另一条肽链的羟赖氨酸残基或赖氨酸残基的 ε－氨基通过醛胺缩合交联生成 Schiff 碱。Schiff 碱中—CH ═N—的稳定性不好，当用硼氢化钠还原时，生成羟赖氨酸正亮氨酸交联，其对强酸水解作用有更强的抵抗力。

3. 羟醛组氨酸交联

羟醛组氨酸交联结构是由 Becher 等在胶原水解液中发现，由 Housley 等鉴定的。Yamaochi 等认为，羟醛组氨酸交联可能是由三条 α－链间的醛赖氨酰、羟醛赖氨酰与组氨酰交联而成的，赖氨酸在胶原交联中起着重要作用。这三种交联可以把胶原的两条肽链或三条肽链牢固地连接起来，使胶原原纤维韧性加强，能承受更大的张力。但这些交联结构都是可还原的。随着动物老化，胶原的可溶性逐渐下降，胶原中的可还原交联数量也下降。这意味着胶原中可还原交联向更稳定、不可还原性结构转变，新的不可还原交联结构生成。

8.1.2.3 胶原的超分子聚集

天然胶原纤维在电镜下为不分支长链，整条链上均匀分布着明暗相间的横纹，横纹周期 D 为 67 nm，约相当于原胶原分子长度 280 nm 的 1/4。酸溶胶原经过小心透析，也可以呈现天然胶原样的横纹。

根据对不同状态的胶原电镜模式进行分析，1965 年，Smith 等提出了原胶原排列的四分之一错列模型，称为 Smith 模型。Smith 模型认为，原胶原分子长为 280～300 nm，直径为1.5 nm，似箭状。在胶原原纤维中，原胶原分子首尾一致地排成一行，形成一根初原纤维。侧向聚集时，两行原胶原分子平行排列，并错开其本身长度的四分之一，错开的距离 D 为周期性明暗横间距，$D \approx 67$ nm。处于同一轴线的前后两个胶原分子首尾并不相接，而是出现一段空隙（Ho），因为原胶原的长度不是正好等于 $4D$，而是约为 $4.5D$。D 周期对应的氨基酸残基数为 234 个，而原胶原肽链的氨基酸残基数为 1056 个，故原胶原肽链的长度约为 $4.5D$，Ho 约为 $0.5D$。

Ho 空穴区在两个方面有重要作用：①发现糖（葡萄糖、半乳糖或葡糖基半乳糖）与此空穴区内的 5－羟赖氨酸通过 O－糖肽键共价连接，糖在此区域内可能起组织原纤维装配的作用；②空穴区可能在骨骼形成中起作用。骨是由埋藏在胶原纤维基质中的羟基磷灰石（Hydroxyapatide，磷酸钙聚合物）的微晶组成的，当新的骨组织形成时，新羟基磷灰石晶体的形成发生在 68 nm 的间隔区，胶原原纤维的空穴区可能是骨矿化成核部位。

相邻轴线上两个原胶原分子头、尾之间则存在一段重叠，从垂直于轴线的方向看，每一个空洞和重叠的位置正好与其侧向相邻第 5 条轴线上的相应位置重合。这些重合的空洞和重叠就是电镜图中以 D 为周期的明暗横纹。

四分之一错列模型较好地解释了天然胶原电镜图像的周期性横纹。但该模型同一轴线上前后顺序排列的原胶原分子的首尾并不相接，如果不能找到某种适当的侧向交联结构，则很难解释以这种方式排列形成的纤维为何会表现出高强度的力学行为。

胶原肽链交联结构的研究发现了原胶原分子之间形成侧链共价交联的可能性和依据。按照原胶原的四分之一错列模型排布规则，每一个肽链的首尾肽段都与侧向相邻肽链的首尾肽段之间存在局部互相重叠，肽链两端的 4 个赖氨酰和羟基赖氨酰正好处于这一位置，而且在肽链的 N－端或 C－端，两个相邻赖氨酰之间的位置十分相似。在 N－端，两个氨基酸分别位于 8N 和 87 位，相隔 94 个氨基酸残基；在 C－端，两个赖氨酰分别位于 930［α_1（Ⅰ）链］和 16C 位，相隔 99 个氨基酸残基，意味着按照四分之一错列模型排布的原胶原分子可以在其头部和尾部重叠区域通过赖氨酸残基各自形成一对侧向共价交联。

研究还发现，位于 8 和 16 位的赖氨酰在交联之前已经被氧化为醛赖氨酰，成为交联的活性基团。以这种方式交联的原胶原分子可以形成足够长度的纤丝，且可能具有很高的机械强度，这是对 Smith 模型的重要支持。

8.1.2.4　从原胶原到原纤维

电镜下观察到的原纤维直径在 20 nm 以上，若把由原纤维轴向排列形成长链（称为初原纤维），其直径只有 1.5 nm。按照紧密排列，一束原纤维至少包含 200 根初原纤维。早期的研究者认为，构成原纤维的初原纤维呈多层同心圆排列，位于同心圆中央的是三根初原纤维。如图 8.4～图 8.6 所示，其以侧向交联结合起来。按照这种模式，原纤维是不可分的，一旦遭受破坏，外围纤维将以层状剥离，得到的是侧向交联的平行纤维片或单独的初原纤维，后者不再具有 67 nm 的周期性横纹。

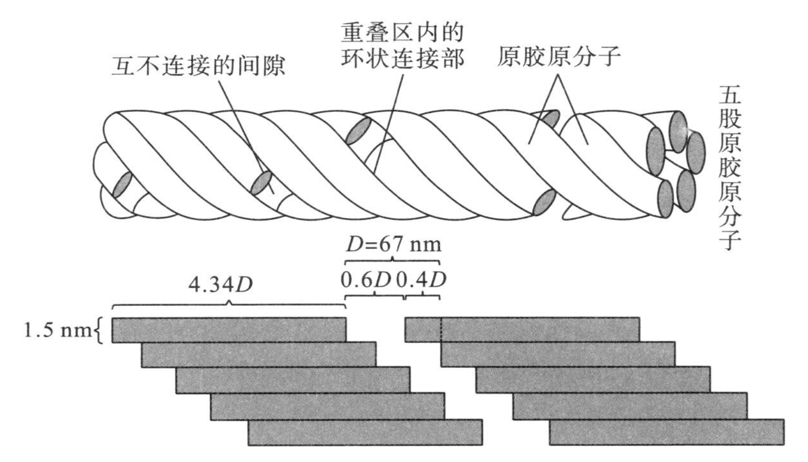

图 8.4　每 5 个胶原单元组成一组，形成 I 型胶原微纤基元

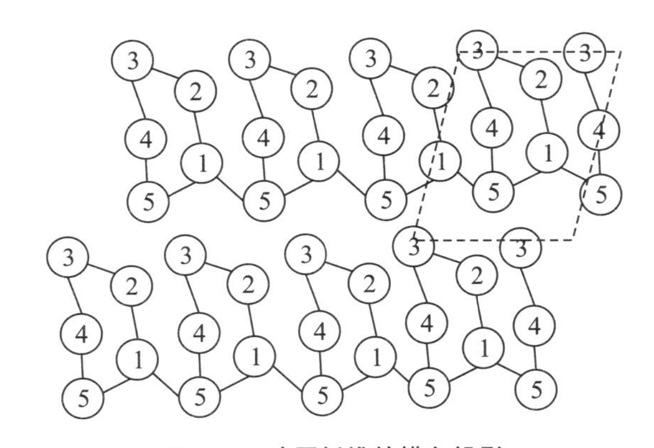

图 8.5　胶原纤维的横向投影

注：1～5 表示原胶原。

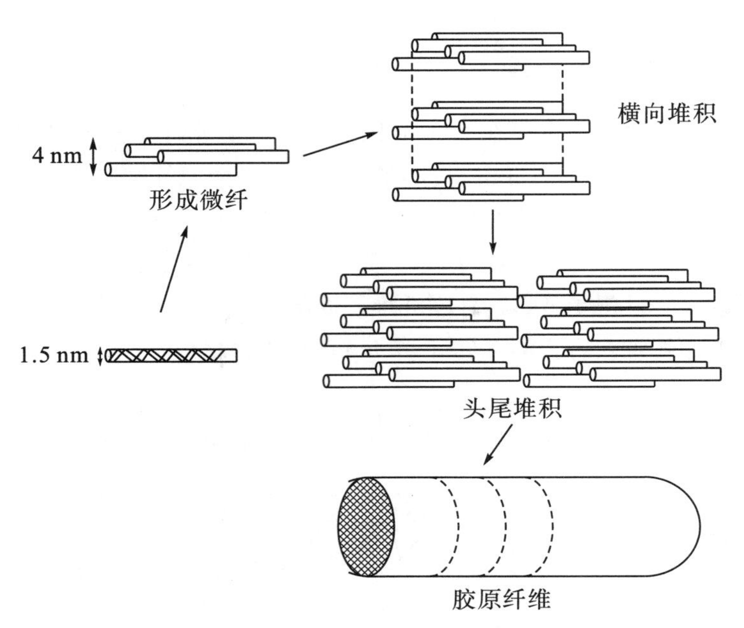

图 8.6 **胶原纤维的形成示意图**

进一步研究发现，原纤维在遭受不完全破坏时并不是层状剥离，而是纤维束松散。高分辨率的电子显微镜照片还表明，初原纤维并不是平行排列的，而是形成更大的螺旋，且仍可观察到 67 nm 的周期性横纹。根据这些发现，Miller 和 Wray 等提出了五股初原纤维螺旋模型。按照这一模型，原纤维的基本单位不是单一的、呈平行的初原纤维，而是由五股初原纤维形成的右手大螺旋微原纤维（Microfibril），Miller 模型实际是 Smith 模型的发展。

8.2 胶原的性质

胶原是由氨基酸组成的天然高分子，所以同时具有氨基、羧基、羟基等基团，可与多种物质发生化学反应。另外，独特的多层级编织结构赋予了胶原优秀的物理机械性能。

8.2.1 胶原的物理性质

8.2.1.1 酸碱性与等电点

胶原在绝干状态下呈硬而脆的状态，在天然状态下略偏碱性。由于同时具有酸性和碱性基团，胶原是两性电解质。当在酸性溶液中时，胶原带更多正电荷，在电场中会向负极移动；当在碱性溶液中时，胶原带更多负电荷，在电场中向正极移动。胶原的等电点因结构不同一般为 7.5～7.8。

当胶原处于等电点时，其所带净电荷为 0，因此具有最低的电导率、渗透压和浊度。等电点对胶原的黏度和膨胀度也有明显影响。当溶液 pH 位于等电点时，胶原溶液的黏度最低，而低于或高于等电点时，胶原溶液的黏度均会显著上升。这主要是由于胶原蛋白肽链上既有羧基又有氨基，它们在酸性或碱性溶液中均可解离形成高分子离子和抗衡离子（带相反电荷的离子）。胶原的电荷状态会影响胶原链的分子形状。胶原处于等电点时不带电，且趋于卷曲状态，氢键作用减弱，则胶原的黏度会显著下降。当 pH 大于或小于等电点时，胶原会带正电荷或负电荷，胶原链会因分子间的电荷斥力呈伸展状态，因此分子链之间易相互纠缠，氢键作用也会加强，从而使黏度升高。

当胶原位于等电点时，其膨胀度最小。胶原的膨胀一般有两种机理：一是热力学认为的平衡造成的渗透膨胀，即溶液中的离子向胶原内部渗透，当达到平衡时，胶原内外的离子浓度不同，产生渗透压，使水分子从外向内扩散，导致膨胀。二是认为胶原的膨胀是静电排斥导致的，胶原在偏离等电点的酸性和碱性溶液中会带同一种电荷，电荷间的相互排斥作用会增大胶原肽链间的距离，从而导致膨胀。在碱性条件下，随着 pH 的升高，胶原的膨胀度显著增大；当 pH＞10.0 时，胶原的膨胀度继续增大，但变得缓慢，最终达到最大值。在酸性条件下，胶原的膨胀度随 pH 的升高而减小，且在 pH 为 1.7～2.0 时达到最大膨胀度。

8.2.1.2　力学性质

胶原是一种力学性能极佳的材料，其分子链中既有刚性区域，又有柔性区域。柔性作用主要通过组成胶原分子的氨基酸侧链的分子间和分子内静电作用实现。pH 对胶原的力学性能的影响十分显著，如果周围溶液的 pH 过高或过低，都会使胶原的弹性模量大幅降低。

胶原纤维具有复杂的多层级编织结构，其力学行为十分复杂，精确测量单根胶原纤维的力学性能数据十分困难。根据应力－应变曲线特点，胶原纤维可分为三个区域：

（1）脚趾区（Toe region）。微小的张力即可去除的胶原纤维的褶皱部分，可通过偏光显微镜观察。

（2）脚跟区（Heel region）。当应变超过 3%时，胶原结构中的扭结部分被拉伸，首先导致胶原的纤维结构被拉伸变直，然后伴随胶原分子链的拉伸，分子的横向堆积有序程度显著上升。

（3）线性区（Linear region）。当应变更大时，导致胶原的三股螺旋链和螺旋之间的交联伸展。

来源和结构对胶原力学性能的影响十分明显，不同来源的胶原力学性能有巨大差异。胶原纤维含有大量亲水的羟基、羧基等，与潮湿空气接触后会吸水，所以水分含量也会影响胶原纤维的力学性能。

胶原分子链上含有氨基、羧基、羟基等多种基团，在溶液中呈两性离子状态。因此，在一定的 pH 下，胶原颗粒表面会带相同电荷，并和周围电荷互相排斥，形成稳定的双电层，从而阻止胶原颗粒相互聚集，增强胶体溶液的稳定性。

胶原胶体溶液在一定条件下会发生颗粒聚集，称为聚沉。所有破坏胶体稳定的方法都可能引起胶原胶体的聚沉，如加入相反电荷溶胶、加入电解质、升高溶液温度、光照等。其中，升高溶液温度可减少胶粒对离子的吸附，破坏水化膜，加速胶粒运动，从而增加胶粒的碰撞机会，使之聚沉；加入电解质会增加胶体溶液的离子浓度，使胶体吸附相反电荷，降低静电斥力，加速颗粒碰撞而导致聚沉。

8.2.1.3 胶原的胶体性质

胶原的分子量大，在水溶液中易形成稳定的胶体。胶原分子链的亲水基团易与水发生水合作用，从而在水溶液中使胶原颗粒外包覆一层水膜，将胶原颗粒隔开。同时，胶原分子间的静电作用会阻止胶原颗粒的团聚，使其不会下沉。因此，利用胶原胶体粒子的电泳现象，可方便地测定胶原的分子量。

8.2.1.4 胶原的收缩与变性

常温下胶原的螺旋结构是稳定的，在一定温度范围内，温度的变化并不影响胶原的螺旋结构。这是因为维持胶原螺旋的作用力主要是氢键、范德华力、疏水键、静电作用等非共价键，这些作用力在升温到一定程度后会被破坏，导致胶原螺旋结构散开，形成无规则线团结构。此时，胶原纤维会突然收缩，长度减小，直径增大。胶原发生收缩的温度即为胶原的收缩温度，也称为变性温度。胶原分子链上含有大量的羟基、羧基等亲水性基团，易从环境中吸收水分，对胶原的收缩温度有较大的影响。因此，为消除水分含量对胶原收缩温度的影响，通常将胶原样品成分水合后进行测试，此时胶原收缩温度为湿热收缩温度。

溶液态胶原的变性温度为38℃，一旦变性，便形成明胶（Gelatin），黏度下降，并可溶于pH为1～13的溶液中，这与普通蛋白质凝固的性质正好相反。若为胶原纤维（不溶性胶原），其热变性温度则高得多。皮胶原的收缩温度随来源不同而略有差异，一般为60℃～65℃。除水分外，许多因素都可以影响胶原的收缩温度，如光照、酸、碱、加热、有机溶剂、高能辐射等。

收缩后的胶原纤维明显变粗、变短，强度大大降低，并表现出弹性。X射线衍射图证实，此时胶原的天然构象已经崩塌，成为无规则卷曲状态。

胶原的热变性与氢键的破坏有关。对于胶原分子，维持构象稳定的作用力主要是链间氢键，羟脯氨酸的羟基氢原子与主链上羰基氧原子之间形成的氢键具有重要意义。研究发现，胶原中羟脯氨酸的含量与胶原纤维的变性温度存在对应关系，羟脯氨酸含量高，变性温度也较高。

胶原分子间及链间的共价交联也能显著提高其湿热稳定性。制革鞣制可大大提高胶原的收缩温度，主要是因为在胶原纤维间引入了新的交联结构。收缩温度是制革过程中对胶原水解、变性程度和成革鞣制质量进行评价的重要指标。

8.2.2 胶原的化学性质

8.2.2.1 酸、碱对胶原的作用

胶原肽链的酸碱性基团在溶液中能与酸或碱结合，结合酸和碱的量分别称为胶原的酸容量和碱容量。每 1 g 干胶原的酸容量为 0.82～0.90 mmol，碱容量为 0.40～0.50 mmol。酸或碱与胶原肽链的酸碱性基团结合后，胶原分子间及肽链间氢键、交联键将被打开，引起胶原纤维的膨胀。强酸、强碱长时间处理会使胶原因分子间交联键破坏、肽键水解而溶解，这种变化叫作胶解。海德曼（E. Heidemann）等对酸溶和碱溶胶原的相对分子质量分布进行研究发现，酸对胶解表现出更大的偶然性，酸法胶原的相对分子质量分布范围较碱法胶原宽得多。

8.2.2.2 盐对胶原的作用

不同的盐对胶原的作用差别很大，有的使胶原膨胀，有的使胶原脱水、沉淀。按照盐对胶原的不同作用，可以将盐分为以下三类：

（1）使胶原极度膨胀的盐，如碘化物、钙盐、锂盐、镁盐等，膨胀作用使纤维缩短、变粗，并引起胶原蛋白变性。

（2）低浓度时有轻微的膨胀作用，高浓度时引起脱水的盐，NaCl 是典型，这类盐对胶原蛋白的构象影响不大。

（3）使胶原脱水的盐，如硫酸盐、硫代硫酸盐、碳酸盐等。

盐对胶原的膨胀作用、脱水作用的机理比较复杂，至今还未完全清楚。一般认为，不同的盐对维持胶原构象的氢键和离子键具有不同的影响。胶原分子的螺旋构象以及维持构象的各种分子间作用力赋予胶原纤维不溶的性质。任何使胶原膨胀的盐类都可能同时具有两种作用，即降低分子的内聚作用（削弱、破坏化学键），增加其亲溶剂性。

中性盐对胶原的盐效应在制革化学中具有重要意义：在浸水过程中，多加入硫化钠可以促进生皮的充水；碱膨胀后，用 $(NH_4)_2SO_4$ 脱碱、消肿，就是利用中性盐的脱水性；加入过量 NaCl 可以抑制浸酸过程中胶原纤维的剧烈膨胀以及由此导致的过度水解。

8.2.2.3 酶对胶原的作用

天然胶原对酶具有很强的抵抗力，这主要是因为胶原的三股螺旋构象对肽链的保护作用。按照酶对胶原的水解能力和方式，可以将酶分为以下四类：

（1）动物胶原酶（Vertebrate collagenase）。动物胶原酶是从动物胰脏中分离出来的可以水解天然胶原的蛋白酶。动物胶原酶对天然胶原的水解作用仅仅发生在 α－链螺旋区的第 775～776 位 Gly－Leu 之间，它可以把 α－链切为两段，胶原自动变性，可被其他蛋白酶水解。

（2）胰蛋白酶（Trypsin）。胰蛋白酶主要来自动物胰脏，其对胶原的作用方式与动

物胶原酶相似。水解部位为动物胶原酶的相邻处，即780～781位Arg－Gly之间。胰蛋白酶对天然胶原的水解能力比动物胶原酶低得多。

（3）作用于天然胶原非螺旋区的蛋白酶。胃蛋白酶（Pepsin）、木瓜蛋白酶（Papain）和胰凝乳蛋白酶（Chymotrypsin）均可作用于天然胶原的非螺旋区肽链，但对螺旋区一般无作用。因此，这些酶被用于天然胶原的制备。胃蛋白酶是酸性酶，当pH为1.5～2.0时具有最大活力。

（4）细菌胶原酶（Bacterial collagenase）。细菌胶原酶一般通过微生物发酵得到，它们对胶原肽链中所有的Gly－X－Y三肽敏感，可以从肽链的两端开始，把肽链水解成小片段。细菌胶原酶只能水解胶原而不水解非胶原蛋白质。细菌胶原酶作用的最适pH条件为中性，并要求有一定的Ca^{2+}作激活剂。

8.3 胶原的交联

胶原分子链上含有多个活泼基团，可根据需要对其进行交联改性。胶原的交联可分为化学交联、物理交联及酶法交联。

8.3.1 胶原的化学交联

在制革工业中，胶原的交联过程称为鞣制，鞣制所用化学材料称为鞣剂。鞣剂的种类有很多，可分为三大类：无机鞣剂、有机鞣剂、无机与有机结合或络合化合的鞣剂。

8.3.1.1 无机鞣

固体金属盐溶于水后，绝大多数金属离子会形成水合离子。例如，$Al_2(SO_4)_3 \cdot 18H_2O$、$Zr(SO_4)_2 \cdot 4H_2O$、$FeSO_4 \cdot 6H_2O$等金属盐溶解于水后，分别形成$[Al(H_2O)_6]_2(SO_4)_3$、$[Zr(H_2O)](SO_4)_2$、$[Fe(H_2O)_6]_2(SO_4)_3$等。因此，这些水合金属离子实际是水合配位离子。这些络合物（配合物）不仅会发生水解，还会发生配聚，使分子变大，电荷升高。OH^-、O^{2-}、$HCOO^-$、CH_3COO^-、${SO_4}^{2-}$均可作为桥基形成桥键，使水合金属离子配聚成多核配位化合物。由于无机鞣剂Cr^{3+}、Zr^{4+}、Al^{3+}、Ti^{4+}、Fe^{3+}等在溶液中都是以络合物的形态存在，故上述无机鞣剂又称为络合物鞣剂。鞣制是鞣剂分子向皮内渗透并与胶原分子活性基团结合而发生性质改变的过程。把皮变成革时，鞣剂分子必须和胶原结构中两个以上的反应点作用，产生新的交联键。

鞣剂能否与胶原发生良好的交联，受到胶原氨基酸分子的排列、蛋白质相邻分子链间活性基团和距离以及鞣剂分子中活性基团的距离、分子的大小、空间排列等因素的影响。鞣剂必须是一种多活性基团的物质，其分子结构中至少应含有两个或两个以上的活性基团作为分子交联改性的作用点。鞣制作用能使鞣剂分子在胶原细微结构间产生交联，不同的鞣剂与胶原的作用不同。鞣制后的革与未鞣制过的生皮不同，革遇水不会膨胀，不易腐烂、变质，较能耐蛋白酶的分解，有较高的耐湿热稳定性能以及良好的透气性、耐弯折性和丰满性等。鞣制后的革既保留了生皮的纤维结构，又具有优良的物理化学性能。各种鞣剂和胶原的作用不同，但鞣制效应均应实现以下作用：

（1）增加纤维结构的多孔性。

（2）减少胶原纤维束、纤维、原纤维之间的黏合性。

（3）减少真皮在水中的膨胀性。

（4）提高胶原的耐湿热稳定性。

（5）提高胶原的耐化学作用及耐酶作用，减少湿皮的挤压变形等。

使用不同的鞣剂鞣革产生不同的鞣法。一般来说，用铬鞣剂鞣制的方法称为铬鞣法，鞣成的革称为铬鞣革；用植物鞣剂鞣制的方法称为植鞣法，鞣成的革称为植鞣革；用铬与铝结合鞣制的方法称为铬铝鞣法，鞣的革称为铬铝鞣革。

8.3.1.2　有机鞣

胶原的有机交联可采用多种交联剂，通过与胶原分子链上不同基团发生化学反应实现，常用的有醛类、植物多酚、环氧树脂、有机氯、有机膦等。

醛类是蛋白质常用的化学交联试剂，其中甲醛和戊二醛是至今为止应用最广泛的蛋白质化学交联剂。甲醛和戊二醛对胶原的交联反应是醛基与氨基反应，通过胶原多肽链中赖氨酸的自由氨基或羟基赖氨酸残基与甲醛和戊二醛的醛基之间的反应实现，如图 8.7 所示。

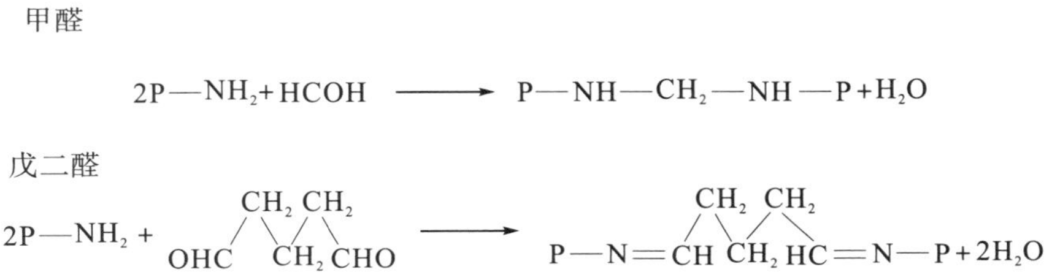

甲醛

$$2P—NH_2 + HCOH \longrightarrow P—NH—CH_2—NH—P + H_2O$$

戊二醛

$$2P—NH_2 + OHC—CH_2—CH_2—CH_2—CHO \longrightarrow P—N{=}CH—CH_2—CH_2—CH_2—HC{=}N—P + 2H_2O$$

图 8.7　甲醛、戊二醛与胶原的交联反应

甲醛和戊二醛会显著影响交联的胶原材料的力学性能。以戊二醛为交联剂、甘油为增塑剂，对胶原水解产生的明胶改性体系进行研究发现，戊二醛浓度越高，胶原材料的拉伸强度、剪切强度和模量越大，断裂伸长率越小，随戊二醛浓度的提高，强度和模量的增大速率明显降低。这是因为戊二醛的醛基与明胶酰胺的氨基发生交联反应，形成多个蛋白分子交接的网络结构，从而使强度和模量上升，断裂伸长率减小。明胶浓度的改变对胶原材料力学性能的影响程度较小，随着明胶浓度的增加，胶原材料的拉伸强度、剪切强度和模量增大，断裂伸长率减少。除了甲醛和戊二醛，甘油醛、双醛淀粉、氧化海藻酸盐等也可以作为醛类交联剂实现胶原的交联。

植物多酚是一类多元酚类化合物，富含酚羟基。植物多酚的酚羟基可与胶原分子链上的羟基、氨基和羧基形成氢键和疏水键，从而实现胶原的交联，反应机理如图 8.8 所示。

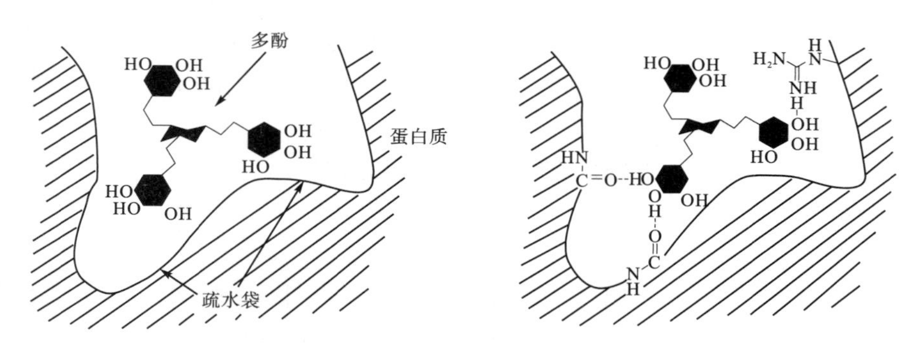

图 8.8 **胶原植鞣反应机理**

以三聚氯氰衍生物为代表的有机氯类，可通过 Cl 与胶原分子链的氨基发生交联反应，实现胶原的交联，反应式如图 8.9(a) 所示。以四羟甲基硫酸膦为代表的有机膦类，可通过羟甲基与胶原分子链的氨基发生交联反应，完成胶原的交联，反应式如图 8.9(b) 所示。环氧树脂中的环氧基团可以与胶原分子链中的羟基、羧基和氨基发生交联反应，如图 8.9(c) 所示。

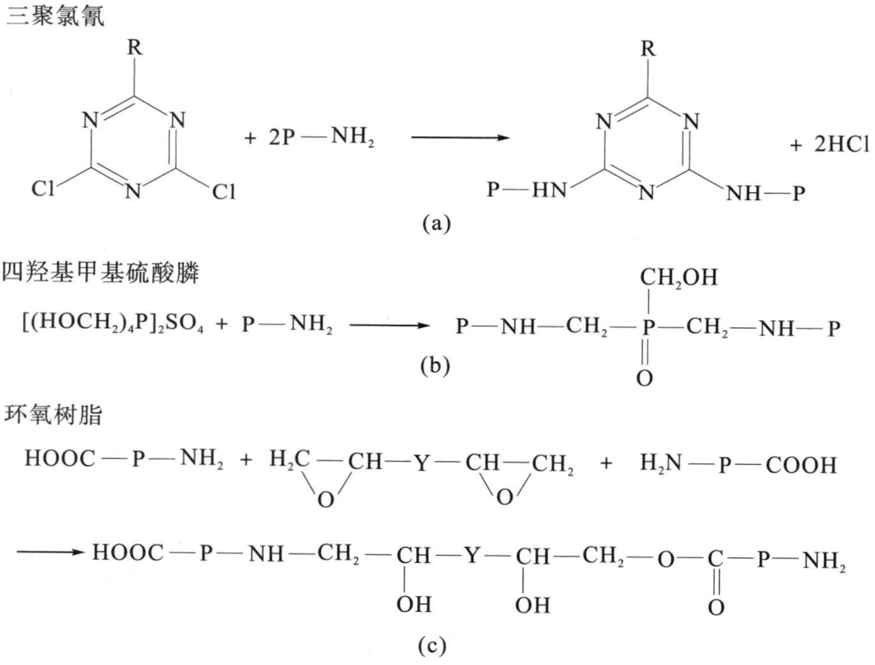

三聚氯氰

$$\text{R-C}_3\text{N}_3\text{Cl}_2 + 2\text{P—NH}_2 \longrightarrow \text{R-C}_3\text{N}_3(\text{NH—P})_2 + 2\text{HCl}$$

(a)

四羟基甲基硫酸膦

$$[(\text{HOCH}_2)_4\text{P}]_2\text{SO}_4 + \text{P—NH}_2 \longrightarrow \text{P—NH—CH}_2\text{—P}(\text{=O})(\text{CH}_2\text{OH})\text{—CH}_2\text{—NH—P}$$

(b)

环氧树脂

$$\text{HOOC—P—NH}_2 + \text{H}_2\text{C—CH—Y—CH—CH}_2\ (\text{两端环氧，桥接 O}) + \text{H}_2\text{N—P—COOH}$$

$$\longrightarrow \text{HOOC—P—NH—CH}_2\text{—CH(OH)—Y—CH(OH)—CH}_2\text{—O—C(=O)—P—NH}_2$$

(c)

图 8.9 **胶原的交联反应**

8.3.2 胶原的物理交联

物理交联的最大优势是不引入新的化学物质，故不存在细胞毒性问题，是相当安全的改性方法。物理交联的缺点是难以获得均匀一致、理想的交联强度。胶原常用的物理交联方法有加热、紫外线（UV）照射和 γ 射线照射等。

将胶原在真空环境中升温，其分子间的羧基和氨基重度脱水，发生酯化反应，形成交联，通过这种方法可制备胶原海绵。

紫外线照射可对胶原进行交联。选用L929小鼠成纤维细胞对紫外线照射改性后的胶原支架材料进行体外细胞毒性实验，结果表明，紫外照射后的胶原支架材料对体外培养的细胞形态不构成损害，对其生长和增殖无明显抑制作用，细胞毒性为0～1级。

γ射线照射可对胶原进行交联。利用γ射线照射纳米胶原颗粒，发现其分子量明显增加，流体动力学半径变小。这可能是由于纳米胶原颗粒包含大量随机堆砌的明胶分子，这种结构使纳米胶原颗粒具有抗温度稳定性。胶原含有RGD肽序列，其3D泡沫材料或凝胶可用于组织工程支架，利用^{60}Co γ射线放射技术制备聚乙烯醇－明胶共混物，明胶含量增加，会使凝胶的细胞黏附性增加，从而使细胞培养生长速率稳定。另外，经过γ射线处理的明胶－聚乙烯醇无毒，具有很好的生物相容性。

8.3.3　胶原的酶法交联

酶法交联既可克服化学交联带来的毒性，又可弥补物理交联效果不佳的缺点。近年来，从微生物资源获取酶类降低了成本，将酶类作为交联剂成为重要的研究方向。

转谷氨酰胺酶可对多种蛋白质进行交联改性，转谷氨酰胺酶促进赖氨酸的ε－氨基取代谷氨酸残基的γ－氨基，ε－(γ－谷氨酸)赖氨酸异肽键的形成发生在分子内和分子间，引入了共价键，从而实现改性。

酶法交联在制备胶原基材料时会有多种作用。例如，用冷却法制备明胶凝胶，冷却前加入转谷氨酰胺酶，在凝胶形成前进行酶法交联，可降低凝胶强度。当酶含量为0.015%（质量分数）、明胶含量为3%（质量分数）时，凝胶强度最佳。此外，转谷氨酰胺酶的用量和熔融温度对凝胶热可逆性能有很大的影响。

不同酶对胶原基材料的交联作用效果不同。例如，分别采用酪氨酸酶和转谷氨酰胺酶对明胶和壳聚糖进行交联制备凝胶，转谷氨酰胺酶比酪氨酸酶对明胶－壳聚糖凝胶的影响更大，转谷氨酰胺酶交联的明胶－壳聚糖凝胶的形成缓慢，强度更大，更具有持久性。

酶法交联可改善胶原基薄膜的力学性能。采用转谷氨酰胺酶交联明胶可制备薄膜，使薄膜的抗张强度大幅提高，可达4.92 MPa，是未改性明胶薄膜的2.7倍，随着转谷氨酰胺酶用量增加，薄膜的水溶性和吸水性均减小。

8.4　胶原的共混复合

与其他材料进行共混复合也是胶原常用的改性手段，可以获得具有不同性能的新型材料。胶原及其部分水解产物明胶可与其他天然高分子（如壳聚糖、丝素蛋白、淀粉等）、合成聚合物（聚乳酸、聚乙烯醇等）、无机物（羟基磷灰石、SiO_2等）及纤维（碳纤维、碳纳米管、天然纤维等）共混复合。

8.4.1 胶原与天然高分子共混复合

8.4.1.1 胶原与壳聚糖共混

壳聚糖是由N－乙酰基－D－葡萄糖胺和D－葡萄糖胺单元通过β－D－(1,4) 糖苷键连接组成的碱性线性多糖，可通过甲壳素脱乙酰基得到。将壳聚糖与胶原水解产物进行共混复合，能够获得兼具其力学性能和生物降解性的复合材料。在加入醋酸的情况下，胶原和壳聚糖可以任意比例共混，且壳聚糖的加入并不使胶原纤维变性，复合材料的各组分仍保持原有热力学性质。研究表明，胶原体系有利于壳聚糖链的规整排列，壳聚糖的加入有利于改善胶原水解产物的力学性能和抗水性。用胶原水解产物与壳聚糖共混可制备高强度膜，当明胶的质量分数为20%时，可得到61 MPa的最大抗张强度。胶原的含量会影响膜的光滑度、致密度、吸水性和力学性能，当胶原的含量升高时，膜的光滑度、致密度和吸水率升高，物理机械强度降低。

湿热处理会对胶原－壳聚糖共混复合物的结构与耐水性能产生影响。将胶原－壳聚糖共混膜在相对湿度为75%的环境中进行不同时间的湿热处理，随着处理时间延长，胶原－壳聚糖共混膜的吸水率、在酸性介质中的溶解性降低；升高温度有利于提高胶原－壳聚糖共混膜的耐水性。

对胶原－壳聚糖共混复合物进行乙酰化可改善其性能。采用乙酸酐对明胶－壳聚糖共混复合物进行乙酰化改性，可制备得到乙酰化壳聚糖－明胶海绵，这种材料的性质受壳聚糖含量的显著影响，当壳聚糖含量>40%时，乙酰化产物呈凝胶状，增大乙酸酐用量会提高乙酰化程度，可增大凝胶的强度，减小凝胶在水中的溶胀。

酶可以促进胶原－壳聚糖共混复合物的相容性。胶原和壳聚糖可以在25℃的乙酸溶液中以任意比例混合，以转谷氨酰胺酶（Transglutaminase）和酪氨酸酶（Tyrosinase）为催化剂，可促进胶原－壳聚糖胶体的形成。酶的高效性使体系避免了低分子量组分，如交联剂或引发剂的使用，且反应条件较易达到，反应步骤简洁。研究表明，通过改变胶原和壳聚糖的比例，可以调节酶修饰体系的机械强度，所制备的共混复合物有较广阔的应用前景。

胶原－壳聚糖共混复合物的流变学研究表明，壳聚糖的加入导致共混复合物的储能模量、黏性模量和相对黏度下降，其流变行为更加趋于流体。碱处理可改善以上现象，碱处理的胶原带有新的水合键，使材料可容纳更多水分，促进胶原充分溶胀，增加胶原分子的刚性，使体系出现液晶相，导致黏度/剪切速率、储能模量/频率的比值增加。

8.4.1.2 胶原与淀粉共混复合

淀粉是由α－(1，4)－糖苷键连接而成的葡萄糖多糖高分子，分为直链淀粉和支链淀粉。淀粉是一种电流变性能较好的物质，与无机流变颗粒相比，密度小，不易聚集。淀粉也是可降解的天然高分子，和胶原共混复合做成的材料既不破坏胶原的降解性，又能增加胶原的力学性能。胶原及其水解物与淀粉共混复合可制备多种复合材料，如复合薄膜、多孔材料、凝胶等。

增塑剂会影响胶原－淀粉共混复合物的力学性能。例如，以支链淀粉和胶原水解物制备的可食性胶原－淀粉薄膜，其弹性模量和拉伸强度随增塑剂含量的增加而降低，当增塑剂含量增加到 25％时，弹性模量降低 60％。同时，增塑剂的加入可提高共混复合薄膜的透气性，而低温则会影响共混复合薄膜的透气性，这主要是因为较低温度下胶原水解所产生的明胶结晶分数提高。

胶原－淀粉复合凝胶的相析温度随胶原/淀粉的质量分数的增大而升高。在低质量分数范围内，相析温度明显升高；当质量分数为 5％～10％时，相析温度变化不大。另外，凝胶强度也与胶原与淀粉的比例有关，胶原决定着凝胶网络的形成，而淀粉的贡献相对较小。

8.4.1.3 胶原与海藻酸盐共混复合

海藻酸钠（NaAIg）是一类从褐藻中提取的天然线性多糖。海藻酸钠无毒，可生物降解，并具有高的生物活性，在伤口表面形成凝胶，能保护伤口，具有止血、防止粘连、治疗烧伤的作用。因此，海藻酸钠可以作为伤口包扎材料。另外，海藻酸钠能完全被生物体吸收，无不良反应，其交联结构的形成减少了在溶剂中的溶胀性，所以常用于药物的缓释。海藻酸钠还可以用作蛋白质、细胞和 DNA 的固定。

海藻酸钠可以与胶原共混复合形成凝胶。海藻酸钠在 Ca^{2+} 的作用下会形成“蛋盒”状凝胶结构，而明胶的交联则是因温度变化使明胶分子构象发生变化，从而产生凝胶结构，两者形成凝胶的机理不同。明胶－海藻酸钠体系的凝胶行为比较复杂，温度、共混复合物浓度、离子强度和 Ca^{2+} 浓度等条件均对明胶－海藻酸钠共混复合凝胶有影响。海藻酸钠的交联应在 35℃～45℃进行，较高的共混复合物浓度、Ca^{2+} 浓度和离子强度都会使交联体系瓦解。明胶产生的凝胶体系对温度循环不稳定，Ca^{2+} 对其影响不大。明胶－海藻酸钠共混复合物中，提高明胶含量会使凝胶体系瓦解，明胶分子链自由移动，加速了凝胶体系的发展。

海藻酸钠还可以与胶原共混复合制备膜材料，应用于药物缓释。海藻酸钠和胶原的比例会显著影响共混复合膜材料的力学性能，当比例为 1∶1 时，具有最佳的力学性能，拉伸强度为 105.5 MPa，断裂伸长率为 19.4％。X 射线衍射研究表明，海藻酸钠的衍射峰随着胶原的加入发生偏移，证明胶原和海藻酸钠发生强烈的相互作用，改变了海藻酸钠的晶体结构。

8.4.1.4 胶原与葡聚糖共混复合

胶原还可以和葡聚糖共混复合制备膜或凝胶。例如，利用甘油醛丙酮水溶液和甘油醛水溶液均可制备胶原－葡聚糖水凝胶。甘油醛的浓度、温度均可影响凝胶的性质，甘油醛的浓度增大，胶原－葡聚糖水凝胶的溶胀速率降低。当甘油醛的浓度为 0.5％（质量/体积，低含量）时，水凝胶溶胀最快，溶胀后质量增加 14～17 倍，但会出现相分离现象。使用 1.0％或 2.0％的甘油醛改性胶原－葡聚糖水凝胶，可使其具有可再生溶胀性能和高稳定性，且无相分离现象。干燥温度为 25℃（室温）时水凝胶的溶胀速率要高于 50℃（高温），而－20℃（低温）干燥样品，IPNs（互穿聚合物网络）很快就达到一个低的溶胀平衡度，需要 350 h 才能溶解。

8.4.2 胶原与合成高分子共混复合

除了天然高分子，胶原还可以与合成高分子共混复合。例如，胶原可以与聚 ε－己内酯（PCL）进行共混复合，制备胶原－PCL 生物复合材料，可用于组织工程。由于胶原和 PCL 共混复合时不引入化学交联剂，因此具有无毒无害的特点，可作为人成骨细胞（Human Osteoblast，HOB）的培养材料，促进 HOB 在表面的黏附和增长（图 8.10）。

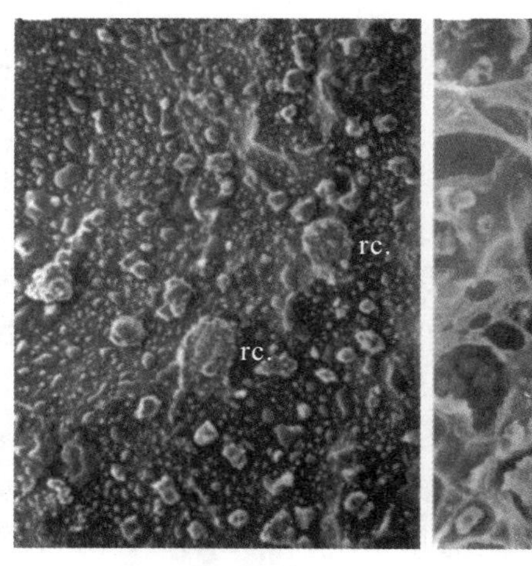

rc—圆形细胞　　　　sc—延展细胞

（a）胶原－$PCL_{1/20}$　　　　（b）胶原/$PCL_{1/4}$

图 8.10　在胶原－$PCL_{1/20}$ 和胶原－$PCL_{1/4}$ 膜上培养 HOB 细胞 3 h 后的 SEM 照片

聚乙烯醇（PVA）是一种无毒、无刺激性的亲水性聚合物，具有良好的生物亲和性和成膜性，但 PVA 的生物降解性能较差，将 PVA 与胶原共混复合，可通过二者间的相互作用改善共混膜的性能。PVA 与胶原可发生较强的相互作用，使共混膜的断裂强度增大，在水中的溶解率大大降低。PVA 与胶原的共混比例对共混膜的表面形貌影响极大，当 PVA 与胶原的比例为 9∶1 时，两组分相容性好，不出现相分离，膜表面均匀、光滑、规整。PVA－胶原共混膜既具有良好的柔韧性，又在水中具有较高的溶胀率和较低的溶解率，作为创面覆盖材料及组织工程材料具有广阔的应用前景。

8.4.3 胶原与颗粒填料共混复合

羟基磷灰石（Hydroxyapatitie）与人体自然骨和牙齿等硬组织中的无机物在化学成分和晶体结构上具有相似性，利用有机模板调制矿化方法，仿生合成共混材料，可作为组织工程材料。其中，胶原可与羟基磷灰石共混制备复合材料。胶原－羟基磷灰石仿生骨材料具有良好的生物相容性、易塑形、生物力学强度可控的特点，可用于预制各种骨关节部件，其无免疫原性，能与自生骨组织愈合。

除了羟基磷灰石，其他颗粒如 SiO_2 颗粒、TiO_2 颗粒、Al_2O_3 颗粒也可与胶原共混复合制备杂化材料。无机纳米粒子的引入，使胶原的水溶性降低，耐酸碱稳定性、耐酶解稳定性和耐热稳定性明显提高。SiO_2 颗粒通过溶胶－凝胶法共混复合，可制备胶原－SiO_2 有机－无机纳米杂化材料。在杂化过程中，纳米 SiO_2 和胶原中的精氨酸、组氨酸、色氨酸侧基—C ═N—发生键合作用，并生成新的化学键 Si—C，前驱体水解产生的 Si—OH 和蛋白质分子链的羟侧基 CH—OH 间也发生了缩合反应。用 Al_2O_3 对纳米 TiO_2 进行包膜改性，进一步与胶原共混复合，可制备胶原－包铝 TiO_2 纳米复合红外低发射率材料。胶原与包铝纳米 TiO_2 共混复合后，热稳定性明显提高，再经戊二醛交联改性后，复合材料的热稳定性能得到进一步提高，热分解温度可达 354.5℃。胶原与纳米氧化物粒子之间存在较强的复合协同效应，复合后材料的红外发射率明显降低，经戊二醛交联改性后，复合材料形成了紧密、有序的网络层状结构，红外发射率最低可降至 0.502。

8.4.4　胶原与纤维共混复合

胶原与各种纤维也可以共混复合制备新型复合材料，可保持原材料的优良性质（如生物相容性、物理力学性能等）。例如，用纤维制备的单壁碳纳米管（SWNT）可与胶原共混复合制备组织工程支架材料。通过与碳纤维共混复合，可增强复合材料的拉伸强度、剪切强度、弹性模量和断裂应变等力学性能。碳纤维的长度对复合材料的性能有显著影响，胶原的拉伸强度为 3 MPa，加入 5.8%的碳纤维后，长碳纤维－胶原复合材料的拉伸强度上升为 10.1 MPa，约为之前的 3.3 倍，说明长碳纤维的增强效果显著。随着纤维含量增加，复合材料的拉伸强度不断增大。剪切强度和弹性模量也逐渐增大。

胶原还可以与天然植物纤维共混复合制备生物复合材料。胶原分子链中多羟基、羧基与氨基和纤维素中多羟基的结构特点，使胶原与植物纤维有独特、良好的相容性。将胶原与植物纤维共混复合，所制备的材料废弃后可在自然环境中被微生物降解，是一种环境友好的绿色材料。其中，纤维素是与胶原良好共混复合的原材料，采用戊二醛作交联剂对皮革下脚料中提取的水解胶原蛋白进行交联改性，并以改性胶原蛋白为基体、剑麻纤维为增强相，可制备剑麻纤维－胶原复合材料。剑麻纤维的加入对复合材料的形貌及力学性能有很大影响。

对天然纤维进行适度的化学预处理，可提高纤维－胶原共混材料的性能。例如，采用剑麻纤维与胶原共混复合时，适度的碱处理可去除剑麻纤维表面的果胶、半纤维素、木质素及其他杂质，从而获得纯度较高的纤维素纤维，使其表面形态粗糙，出现细小沟壑，胶原可以充分渗入细小沟壑，有利于纤维与基体的界面结合。同时，碱与纤维素的羟基发生反应，可破坏部分纤维素分子链间氢键，降低纤维密度，使纤维变得松散，增加纤维与基体浸润的有效接触面积，有利于提高复合材料界面的黏合，在应力作用下，负荷可以更有效地从胶原基体传递到剑麻纤维增强体，从而使复合材料的力学性能得到极大的提高。天然纤维的含量和长度对复合材料的力学性能有较大影响。随着剑麻纤维含量增加，复合材料的拉伸强度和杨氏模量呈现先增大后减小的趋势，断裂伸长率持续下降，符合一般天然纤维增强聚合物复合材料力学性能的变化规律。

除纤维素外，半纤维素和木质素也可以直接与胶原或明胶共混复合。例如，甘蔗渣可以与明胶共混复合，通过戊二醛交联改性制备明胶-甘蔗渣生物膜，这种生物膜在园艺栽培方面具有应用潜力。然而，由于所用甘蔗渣未经处理，纤维含量较低（仅42.6%），且纤维尺度较大，因此甘蔗渣的加入使材料的拉伸强度和断裂伸长率均降低。

将明胶和细菌纤维素共混复合可制备具有双网络结构的高强度水凝胶。纯细菌纤维素水凝胶的保水性不佳，水可以被轻易挤出，且溶胀性能不可回复；纯明胶性脆，受压缩时易破碎成块。将细菌纤维素纤维浸入明胶，静置后将浸入1-(3-二甲氨基丙基)-3-乙基碳二亚胺盐酸盐溶液中交联，制备的水凝胶中，细菌纤维素和明胶各自形成网络结构，且相互贯通，强度得到显著提高，成为具有双网络结构的新型高强度水凝胶（图8.11），经受反复压缩后溶胀性能可回复。

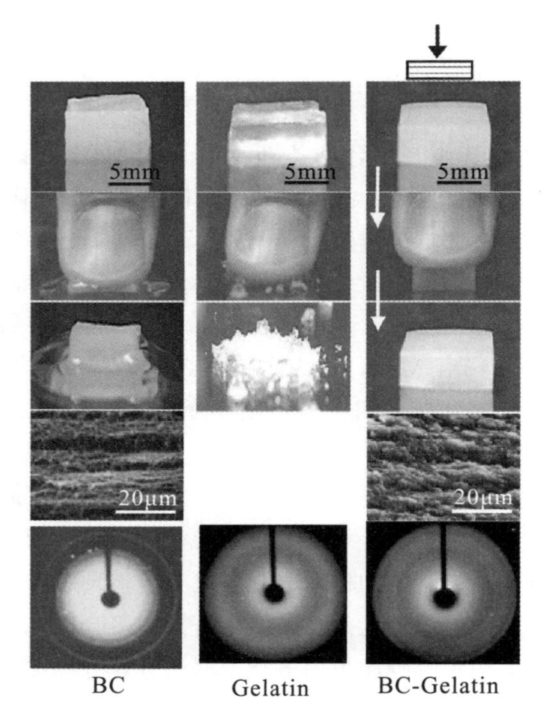

图8.11 明胶-细菌纤维素双网络结构水凝胶照片

8.4.5 胶原与片状填料共混复合

胶原可用插层复合方法与片状填料进行共混复合。例如，水解胶原可与蒙脱土共混复合制备胶原-蒙脱土复合材料，加入蒙脱土可大大提高复合材料的拉伸强度和模量，并使其湿强度得到显著改善，溶胀性能受到抑制。进一步引入其他交联剂或天然纤维，可有效提高胶原-蒙脱土复合材料的性能。例如，引入甲基丙烯酸-丙烯醛可提高复合材料的力学性能，胶原纤维侧链氨基与甲基丙烯酸-丙烯醛分子侧链羧基和醛基进行化学结合，羧基与胶原纤维中的电离氨基形成电价键结合，醛基与胶原纤维氨基生成席夫碱。蒙脱土在复合过程中不参加反应，但可增强胶原纤维与甲基丙烯酸－丙烯醛的反应活性，提高复合材料的力学性能。

8.5　胶原基材料的应用

8.5.1　环境领域的应用

8.5.1.1　胶原纤维固化单宁吸附材料

重金属离子废水处理是环境保护的重要课题，其处理方法有化学沉淀、离子交换与吸附、生化及膜分离等。对低浓度重金属离子废水的处理，通常采用吸附法，活性炭和树脂是常用的两类吸附材料。近年来，工农业固体废弃物及天然生物质的吸附性能引起了研究者的广泛关注，废革屑、微生物、树皮等用于水体中金属离子的吸附已有许多报道。

单宁是天然多酚类化合物，作为植物的次生代谢产物广泛存在于植物的根、皮、叶及果中。单宁分子结构中含有大量邻位酚羟基，能与多种金属离子形成稳定络合物。一般认为，单宁与金属离子的结合是通过 B 环的邻位酚羟基与金属离子形成五元螯合环，所以单宁有可能作为一种新型水处理材料来吸附水中的重金属离子。但是单宁易溶于水及有机溶剂，不能直接用于重金属离子废水的处理。单宁在水处理方面的应用由来已久，如水稳剂、絮凝剂等，其分子结构中含有大量酚羟基，使其具有一定的亲水性，能够溶于水，在水中以胶体形式存在。如果将单宁与不溶于水的高分子材料结合，使单宁固化，即以单宁为主体合成一类不溶性树脂类物质，则可充分发挥二者的优势，减少它的水溶性，从而处理重金属离子废水（图 8.12）。胶原纤维因其特殊的多层级结构和大量的官能团，是固化单宁的理想基质，通过制革过程中的植鞣法，可将不同类型的单宁稳定负载于胶原纤维上，从而制备胶原纤维固化单宁吸附材料。固化单宁保持其分子中的大部分活性基团，极大地改善了单宁作为选择性吸附剂的使用性能，并可以经再生反复使用，在废水处理中被用来回收稀贵重金属。

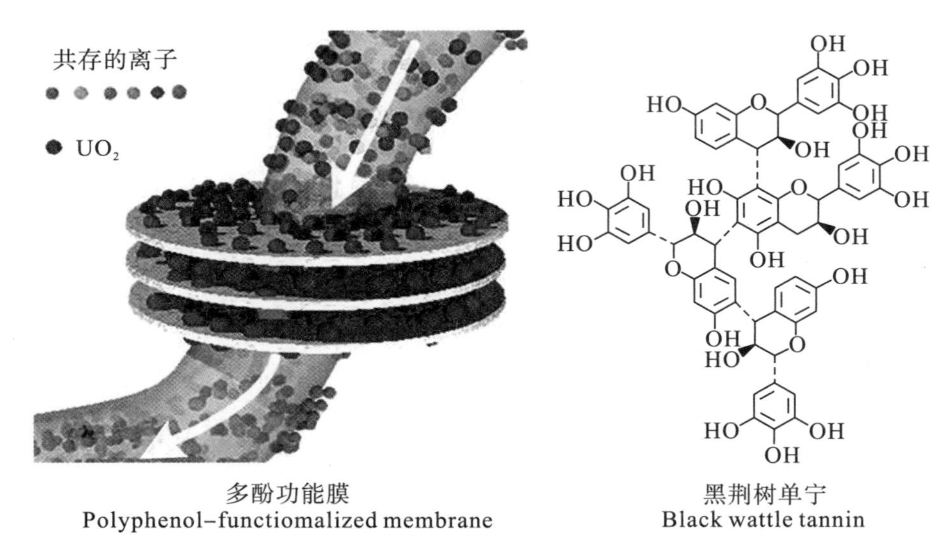

图 8.12　多酚功能膜提取海水中铀的示意图

作为制革工业中的重要鞣剂，单宁通过氢键和疏水键与胶原纤维结合，通过醛类化合物的交联反应，可以使单宁与胶原侧链氨基以共价键的方式结合。单宁固化后，得到一个高分子底物和多酚的结合体，既保留了单宁的活性，又使高分子的性质有所改变。因此，单宁固化后，不仅能用于金属离子的选择性吸附，还能用于蛋白质、生物碱、多糖等的吸附。常用的单宁固化方法有环氧氯丙烷（ECH）激活法、氰尿酰氯耦合法、重氮耦合法、油脂 GMA 活化法、酯键结合等。单宁与蛋白质和金属离子的反应，是将单宁固化到胶原纤维制备成吸附材料来吸附废水中有害金属离子的理论基础。石碧、廖学品等在以胶原纤维为基体负载单宁吸附材料方面开展了大量的工作，采用的单宁有杨梅单宁、黑荆树单宁、落叶松单宁等。

杨梅单宁、黑荆树单宁和落叶松单宁等可通过植鞣法与胶原纤维结合，并通过戊二醛交联，从而制备胶原纤维固化单宁吸附材料。这些固化单宁可有效地吸附水体中的 Cu^{2+}、Au^{3+}、Th^{4+}、${UO_2}^{2+}$、Pb^{2+}、Cd^{2+} 及 Hg^{2+} 等金属离子。其中，固化单宁对 Au^{3+} 具有很高的吸附选择性，对 Au^{3+} 的吸附容量可达 1500 mg Au^{3+}/g（表 8.3），对 Hg^{2+} 的吸附容量达到 198 mg Hg^{2+}/g，对 ${UO_2}^{2+}$ 的吸附容量达到 112 mg ${UO_2}^{2+}$/g。胶原纤维固化单宁吸附材料对金属离子的吸附容量与单宁分子结构、吸附温度、pH 等因素有关，研究发现，固化杨梅单宁＞固化黑荆树单宁＞固化落叶松单宁。这表明单宁分子中含连苯三酚结构的基团越多，对金属离子的吸附容量越大；吸附温度越高，吸附容量越大。pH 对吸附容量的影响比较复杂，当 pH 较小时，对 Au^{3+}、Pb^{2+}、Cd^{2+} 的吸附容量更大，对 Cu^{2+}、${UO_2}^{2+}$、Hg^{2+} 的吸附容量随着 pH 的升高而增大，对 Th^{4+} 的吸附应适宜在 pH 为 3～4 进行。这主要是由于溶液 pH 会影响金属离子的存在形态，从而影响胶原纤维固化单宁吸附材料的吸附容量。

表8.3 胶原纤维固化单宁吸附材料对 Au^{3+} 的平衡吸附量

固化单宁	初始浓度 (mg Au^{3+}/L)	平衡吸附量(mg Au^{3+}/g)			
		293K	303K	313K	323K
固化杨梅单宁	95.7	432.6	474.4	476.7	478.0
	191.3	610.1	743.2	925.5	955.6
	287.0	655.8	779.3	1137.0	1388.0
	382.7	662.0	823.3	1006.0	1332.0
	478.3	730.7	876.8	1231.0	1501.0
固化黑荆树单宁	95.7	421.8	434.7	434.7	434.7
	191.3	642.4	793.4	858.8	869.3
	287.0	764.6	898.6	1078.0	1299.0
	382.7	850.8	996.1	1149.0	1410.0
	478.3	939.7	1068.0	1159.0	1526.0
固化落叶松单宁	95.7	423.4	477.3	477.9	478.2
	191.3	531.9	632.1	797.7	953.9
	287.0	709.5	703.7	873.7	1179.0
	382.7	741.3	747.1	985.3	1273.0
	478.3	708.3	783.8	993.0	1359.0

利用交联剂可促进胶原纤维与单宁的固化结合，并增强其吸附金属离子的能力和使用稳定性（图8.13）。利用双环唑烷可使杨梅单宁与胶原侧链氨基交联，形成共价结合，使单宁固化在胶原纤维膜上。这种交联型胶原纤维固化单宁膜具有机械强度较高、耐水及有机溶剂浸出的特性，对水溶液中的 Pb^{2+} 和 Hg^{2+} 具有较强的吸附能力，易于再生并能循环使用。胶原纤维固化杨梅单宁还对 Cd^{2+}、Pt^{2+}、Pd^{2+}、V^{5+} 和 Mo^{4+} 等重金属离子具有较好的吸附能力，其对 Cd^{2+} 的吸附容量为13.6 mg/g，对 Pt^{2+} 和 Pd^{2+} 的吸附容量分别为72.6 mg/g和80.4 mg/g，对 V^{5+}、Bi^{2+} 和 Mo^{6+} 的吸附容量分别为51.2 mg/g、73.0 mg/g和82.4 mg/g。

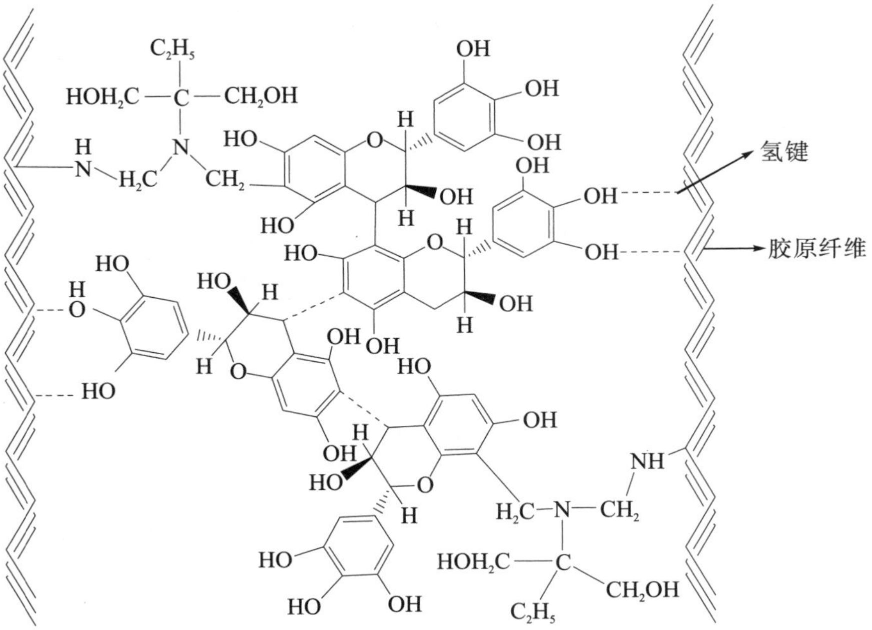

图 8.13　胶原纤维－单宁－醛反应机理模型

胶原纤维固化杨梅单宁可实现对水溶液中 Cr^{6+} 的氧化还原吸附：Cr^{6+} 先被还原成 Cr^{3+}，再被单宁吸附。pH 对 Cr^{3+} 的吸附容量影响较大，在 pH 较小的条件下，Cr^{6+} 易被还原成 Cr^{3+}，故有利于吸附。利用胶原纤维固化杨梅单宁对 Cr^{6+} 的氧化还原吸附，不仅可以去除溶液中的 Cr^{6+}，还可以将其还原成 Cr^{3+}，降低水体毒性，这在环境保护中具有重要意义。

胶原纤维固化杨梅单宁对 Pb^{2+}、Cd^{2+}、Hg^{2+}、V^{5+} 和 Mo^{6+} 等金属离子的吸附主要与溶液中离子的存在状态有关。因此，溶液的 pH 对胶原纤维固化杨梅单宁吸附金属离子容量的影响十分显著。例如，当 pH＝7.0 时，胶原纤维固化杨梅单宁对 Hg^{2+} 的吸附容量最大；当 pH＝3.0 时，胶原纤维固化杨梅单宁对 Pb^{2+} 和 Cd^{2+} 的吸附容量最大；当 pH＝4.0 时，胶原纤维固化杨梅单宁对 V^{5+} 的吸附容量最大。胶原纤维固化杨梅单宁对 Mo^{6+} 的吸附容量随 pH 的升高明显降低。

8.5.1.2　胶原纤维固化金属离子吸附材料

胶原纤维富含大量羟基、羧基和氨基等基团，可与多种金属离子结合。传统皮革鞣制过程就是将金属离子固化在胶原纤维上。借鉴这一方式，可成功实现胶原纤维固化金属离子吸附材料的制备。

金属离子在胶原纤维上的固定化主要是化学作用。在 pH＝2.0 的条件下，胶原纤维活性基团中的氨基带正电，羧基不带电，即 $HOOC—R—NH_3^+$，此时金属离子配合物进入胶原纤维，但基本上不与胶原纤维的活性基团结合。当 pH 上升到 4.0 时，胶原纤维活性基团中的羧基离解 75％以上，少部分氨基不带电，此时离解羧基最容易进入配合物内界与金属离子配位，不带电的氨基$—NH_2$ 也可进入配合物内界配位，发生交联作用。

胶原纤维能够与铁、铬、铝、锆、钛、钴、铜、钼、钨和钒等金属离子配位发生交联作用。其中，铁、镍和铜等金属离子经常用来制备螯合金属离子色谱以分离纯化蛋白质。胶原纤维与金属离子的螯合反应过程简单，无需任何络合剂。因此，胶原纤维可以作为基质来固化金属离子，以分离纯化蛋白质、吸附染料废水、电镀废水中有毒物质。

1. 吸附微生物

胶原纤维固化金属离子吸附材料主要通过静电作用吸附微生物。绝大多数微生物细胞表面在生理条件下均带负电荷，胶原纤维负载了大量金属离子而带正电荷，所以胶原纤维固化金属离子吸附材料可通过静电作用吸附水体中的病原微生物。例如，胶原纤维固化铁吸附材料对革兰氏阴性细菌 *E. coli* 和革兰氏阳性细菌 *S. aureus* 具有良好的吸附作用。这主要是因为 *E. coli* 细胞壁的外层壁具有革兰阴性细菌特有的脂多糖，表面带有负电荷，*S. aureus* 细胞壁具有革兰氏阳性细菌特有的磷壁酸，分子带大量负电荷，胶原纤维侧链的氨基可以与细菌表面的负电荷发生静电作用，胶原纤维对 *E. coli* 和 *S. aureus* 有一定的吸附能力，但效果并不十分明显。胶原纤维固化铁吸附材料引入了大量铁离子，使正电荷数量大大增加，有效地提高了其对细菌的吸附容量，与未固化铁的胶原纤维相比，其对 *E. coli* 和 *S. aureus* 的吸附容量分别增加了 6.65 倍和 11.4 倍。此外，胶原纤维固化铁吸附材料的吸附速率很快，可用于去除水体中的细菌。

胶原纤维是天然的高分子材料，其独特的结构和性质优于其他合成高分子材料，与金属离子的配合物结构稳定，负载的金属离子不易流失。因此，胶原纤维固化金属离子吸附材料的使用稳定性十分优秀。

2. 吸附金属离子

胶原纤维固化金属离子吸附材料可以有效吸附水溶液中某些特定的重金属离子。以硫酸铁为原料可制备胶原纤维固化铁吸附材料（FeICF），可有效吸附电镀废水中的 $Cr_2O_4^{2-}$，当 pH 为 3.0～8.0 时，FeICF 对 $Cr_2O_4^{2-}$ 的吸附容量达到 21.0 mg/g。增加吸附材料的用量可显著提高 $Cr_2O_4^{2-}$ 的去除率。例如，对于 50 mL 质量浓度为 25 mg/L 的 $Cr_2O_4^{2-}$ 的混合溶液，当加入 FeICF 0.100 g 时，对 $Cr_2O_4^{2-}$ 的去除率为 71.5%；而当 FeICF 的用量增加为 0.500 g 时，对 $Cr_2O_4^{2-}$ 的去除率可达 90.3%。FeICF 对 $Cr_2O_4^{2-}$ 的吸附速率非常快，约 50 min 就能达到吸附平衡，吸附动力学可用拟二级速度方程来描述。胶原纤维固化铁吸附材料具有良好的吸附选择性，当溶液中共存金属离子（如 Ni^{2+}、Cu^{2+} 和 Zn^{2+}）时，对吸附 $Cr_2O_4^{2-}$ 基本没有影响。

除了废水中常见的高污染 $Cr_2O_4^{2-}$，胶原纤维固化金属离子吸附材料还可以有效吸附核废水、海水中的铀。通过无机鞣制的方法可将水合二氧化钛固化在胶原纤维上，制备胶原纤维固化钛吸附材料（TiCF）。胶原纤维固化钛吸附材料是一种纤维状吸附材料，等电点为 3.5，低于胶原的等电点；热变性温度为（85±2）℃，具有良好的热稳定性。胶原纤维固化钛吸附材料具有良好的吸附铀的能力，当温度为 303 K、UO_2^{2+} 的初始浓度为 1.5 mmol/L、pH=5.0 时，吸附容量达到 0.62 mmol/g。

影响胶原纤维固化钛吸附材料吸附 UO_2^{2+} 性能的因素主要包括温度、pH 等，其他共存离子对其吸附性能大多没有显著影响。胶原纤维固化钛吸附材料对 UO_2^{2+} 的吸附等温线符合 Langmuir 方程，吸附容量随温度的升高而增加；pH 对吸附容量的影响较大，对 UO_2^{2+} 最佳吸附的 pH 范围为 5.0～6.0。胶原纤维固化钛吸附材料对 UO_2^{2+} 的吸附速率较快，300 min 左右即可达到吸附平衡，对 UO_2^{2+} 的吸附动力学曲线可用拟二级速率方程来描述。在固定床吸附时，减小进料流速和增加柱高有利于提高吸附容量。进料溶液中 UO_2^{2+} 的初始浓度越高，胶原纤维固化钛吸附材料吸附柱穿透越快。胶原纤维固化钛吸附材料固定床吸附饱和后，用约 5 个床层体积的 0.2 mol/L HNO_3 溶液可以将吸附的 UO_2^{2+} 解吸，解吸液中 UO_2^{2+} 的最高浓度可达 43 mmol/L，是进料浓度的 86 倍。

3. 吸附阴离子

胶原纤维固化金属离子吸附材料还可以去除水溶液中的无机阴离子，如氟离子。通过无机鞣制的方法可制备胶原纤维固化 Zr^{4+}（ZrCF）、胶原纤维固化 Al^{3+}（AlCF）、胶原纤维固化 Fe^{3+}（FeCF）和胶原纤维固化 Ce^{3+}（CeCF）等吸附材料，这些材料均可吸附水体中的 F^- 和 PO_4^{3-} 等，且溶液 pH、温度、吸附剂用量、吸附时间、水体中常见阴离子等对吸附阴离子有显著影响。

溶液的 pH 是影响 F^- 吸附效果的重要因素。这主要是由于不同 pH 下 F^- 的存在状态有差异，pH 会影响材料的表面电荷。ZrCF、AlCF 和 FeCF 在 pH 为 4.0～9.0 时均表现出良好的吸附性能，而 CeCF 的最大吸附容量出现在 pH 为 2.0～3.0，这可能与铈这种稀土元素水合氧化物的特殊性质有关。许多吸附材料在相对中性的 pH 条件下具有良好的吸附作用和材料稳定性，但当 pH 过大或过小时，吸附性能急剧下降，材料发生不可逆变化，彻底无法使用。因此，胶原纤维固化金属离子吸附材料不能在强酸和强碱环境中使用。

温度对胶原纤维固化金属离子吸附材料的性能也有明显影响。303 K 时 ZrCF、AlCF、FeCF、CeCF 的饱和吸附容量分别达到 57.94 mg/g、31.84 mg/g、15.24 mg/g 和 111.74 mg/g。这些吸附材料对 F^- 的吸附能力受温度的影响不同，ZrCF 的吸附容量基本不受温度影响，FeCF 和 CeCF 的吸附容量随温度升高而减少，AlCF 的吸附容量随温度升高而增加。

胶原纤维固化金属离子吸附材料的用量对吸附 F^- 有显著影响。当含 F^- 溶液的浓度和体积一定时，胶原纤维固化金属离子吸附材料的吸附容量均随吸附材料用量的增加而呈现下降趋势。

吸附时间对吸附 F^- 有明显影响。动力学研究表明，胶原纤维固化金属离子吸附材料对 F^- 具有较快的吸附速率，AlCF 和 FeCF 对 F^- 吸附在 20 min 内基本达到平衡，而 ZrCF 和 CeCF 在 100 min 内趋于平衡。

其他共存阴离子也会影响胶原纤维固化金属离子吸附材料对溶液中 F^- 的吸附。水溶液中常见的 Cl^-、SO_4^{2-} 等阴离子对 ZrCF、AlCF、CeCF 吸附容量的影响不明显，对 FeCF 的吸附容量稍有影响。当溶液中有 PO_4^{3-}、AsO_4^{3-} 存在时，胶原纤维固化金属离子吸附材料对 F^- 的吸附率大幅度下降，这主要是因为吸附材料对这两种离子也具有较大的吸附容量，即存在竞争吸附。

吸附后的材料应进行洗脱以回收利用。对于 ZrCF 和 CeCF，pH>12.0 的碱性溶液是理想的洗脱液，可以将 90%以上的 F^- 从材料上解吸，且洗脱速度很快，而对于 AlCF 和 FeCF 则更宜采用酸性溶液，因为碱性溶液会使 Al^{3+} 和 Fe^{3+} 发生“脱鞣”并产生沉淀。

使用的方法对于胶原纤维固化金属离子吸附材料吸附 F^- 也有明显影响。采用 ZrCF 作吸附剂，对模拟高氟地下水和含氟工业废水中 F^- 的吸附去除进行研究发现，实际高氟地下水样常常都是高盐度、高硬度体系，而高盐度、高硬度对 ZrCF 吸附 F^- 的干扰作用不大，与间隙吸附和固定床连续吸附相比，连续吸附的效果更好。

8.5.1.3 其他水处理材料

1. 磷酸根吸附材料

由于制革行业会产生大量的胶原废弃物，可利用这些胶原废弃物制备性能良好的吸附材料。利用廉价的含铬废革屑，经清洗后于 60℃下干燥 24 h，再用磨碎机粉碎至直径为 0.1 mm，即得含铬废革屑吸附剂。这种胶原纤维吸附材料可以吸附磷酸根，但对磷酸根的吸附容量受 pH 的影响非常明显。当 pH 为 3.0～6.0 时，吸附容量较大，当 pH=5.0 时，吸附容量最大。当 pH>6 时，吸附容量急剧下降，随着 pH 的变化，磷酸根在溶液中可能以 H_3PO_4、$H_2PO_4^-$、HPO_4^{2-}、PO_4^{3-} 的形式存在；当 pH 为 2.2～7.2 时，磷酸根主要以 $H_2PO_4^-$ 的形式存在，最有利于吸附。制革化学的研究表明，铬鞣革的等电点（pI）一般为 6.0～6.5。当 pH>6 时，吸附量开始下降，这可能是因为此时的 pH>pI，吸附剂表面呈负电性，对同样带负电荷的磷酸根有排斥作用，从而阻碍了吸附过程的进行；同样，当 pH=3.0～6.0 时，吸附剂表面带正电荷，有利于磷酸根的吸附，因此吸附量较高。而当 pH<3.0 时，吸附量又明显下降。

2. 絮凝材料

胶原是一种强有力的保护胶体，当浓度极低时，表现出相反的作用，即具有从分散介质中分离出絮状沉淀的凝结作用，所以胶原还是一种絮凝剂。在废水处理中，胶原的水解产物明胶对除去树脂酸和脂肪酸等有很好的效果，比常用的阳离子絮凝剂好。首先加入足量的阴离子明胶，使其与树脂酸、脂肪酸混合，然后加入足量的阳离子聚合物（如聚胺、聚丙烯酰胺、丙烯酰胺共聚物、聚烯丙基二甲胺氯化物等），使其与脂肪酸及树脂酸发生絮凝，从而达到除去树脂酸和脂肪酸的目的。

3. 乳液分离材料

胶原纤维还可以作为乳液分离材料来处理工业废水。乳化技术在工业中的广泛应用导致大量乳液废水产生，含表面活性剂的乳液废水表面能低、粒径小、稳定性高、生物降解性差，可能对生态环境造成长期污染。因此，如何实现乳液废水的高效处理已成为环境保护领域面临的重大挑战。处理乳液废水的关键在于实现乳液的高效破乳和快速分离，然而传统乳液分离技术存在分离效率低和分离通量小等问题。胶原纤维具有独特的多层级纤维结构、两亲性、毛细管导流效应和跨尺度形变的特性，是制备新型浸润材料的理想基材（图 8.14）。

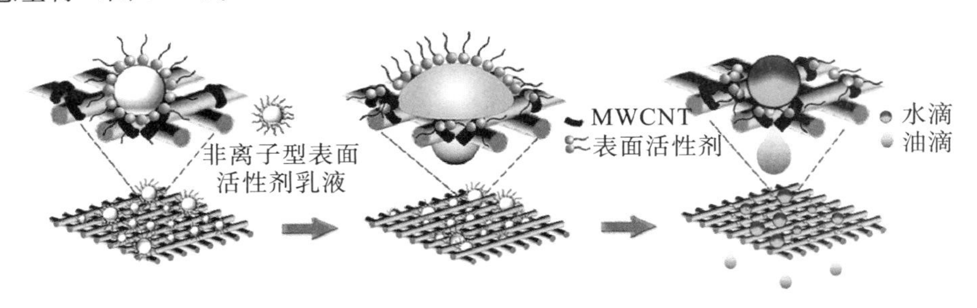

图 8.14 碳纳米管－皮胶原纤维复合材料油水分离示意图

基于席夫碱反应原理，以戊二醛作为交联剂将亲水性聚乙烯亚铵（PEI）接枝到皮胶原纤维（CF）基材上，并通过引入乙烯基三乙氧基硅氧烷（VTEO）疏水基团进一步调控两亲性，可制备具有电荷破乳性能的阳离子化胶原纤维基乳液分离材料 CF－VTEO－PEI。CF－VTEO－PEI 对阴离子型表面活性剂的饱和吸附容量可达 5011.2 mg/g，表明其对阴离子型水包油（O/W）乳液具有优异的破乳能力，可对十二烷基苯磺酸钠和十二烷基硫酸钠稳定的多种阴离子型 O/W 纳乳液进行高效分离，分离效率达到 99.99%，分离通量可达 556.3～678.6 L/(m^2·h)。

针对不同类型的乳液，调整胶原纤维上的接枝链，可获得相应的乳液分离材料。针对阳离子型 O/W 乳液的分离，将亲水性均苯四甲酸酐（PMDA）共价接枝到胶原纤维上，再利用 VTEO 疏水基团调控两亲性，即可制备阴离子化胶原纤维基乳液分离材料 CF－VTEO－PMDA。CF－VTEO－PMDA 对阳离子型表面活性剂的饱和吸附量可达 1022.7 mg/g，可对十六烷基三甲基溴化铵（CTAB）和十六烷基溴代吡啶（CPB）稳定的多种阳离子型 O/W 纳乳液进行高效分离，包括 CTAB 稳定的十二烷/水纳乳液、CTAB 稳定的庚烷/水纳乳液、CPB 稳定的辛烷/水纳乳液、CPB 稳定的十二烷/水纳乳液，分离效率达到 99%，分离通量最高可达 726.5 L/(m^2·h)。

油包水（W/O）乳液是废水中常见的另一种乳液。针对 W/O 乳液废水，以胶原纤维作为全纤维结构和高通量基材，利用疏水性强、机械强度高、易表面改性的多壁碳纳米管分别作为两性电解质型和竞争吸附型非均相破乳位点，可构筑分离离子型和非离子型表面活性剂稳定的 W/O 乳液的超疏水分离膜。制备 W/O 乳液的超疏水分离膜，首先将羧基化多壁碳纳米管（MWCNTs－COOH）和氨基化多壁碳纳米管（MWCNTs－NH_2）通过抽滤方式负载于胶原纤维膜中，再进行 PDMS 低表面能修饰，可制备可选择性电离产生高密度正、负电荷的两性电解质型超疏水胶原纤维膜（CFM/FMWCNTs/PDMS）。CFM/FMWCNTs/PDMS 的静态接触角为 159.6°，可高效透过油相而选择性截留水相。这种新型膜材料没有传统多孔筛分膜的孔道结构，在进行乳液分离时主要通过高密度电荷对带相反电荷的离子型表面活性剂稳定 W/O 乳液进行电荷中和、破乳，因而具有高分离效率。CFM/FMWCNTs/PDMS 可分离多种不同表面活性剂稳定的乳液，如 SDBS/Span80 稳定的水/辛烷纳乳液、SDS/Tween80 稳定的水/十二烷纳乳液、CTAB/Span80 稳定的水/辛烷纳乳液、CTAB/Tween80 稳定的水/十二烷纳乳液、SDS/Span80 稳定的水/庚烷微乳液、SDBS/Tween80 稳定的水/十二烷微乳液、CTAB/Span80 稳定的水/庚烷微乳液和 CTAB/Tween80 稳定的水/十二烷微乳液，分离效率均可达 99.9%以上，分离通量最高可达 882 L/(m^2·h)。CFM/FMWCNTs/PDMS 为全纤维结构，基本结构单元是直径为 50～200 nm 的纳米胶原纤维，具有独特的毛细管效应，所以其可在 0.3 bar 的低负压条件下分离高黏度离子型 W/O 乳液，包括 CTAB/Span80 稳定的水/泵油微乳液、CTAB/Tween80 稳定的水/泵油微乳液、BCP/Span80 稳定的水/泵油微乳液、SDS/Span80 稳定的水/橄榄油微乳液、SDBS/Span80 稳定的水/橄榄油微乳液和 SDS/Tween80 稳定的水/橄榄油微乳液，分离通量可达 610～1582 L/(m^2·h·bar)。CFM/FMWCNTs/PDMS 的全纤维结构可有效抑制乳滴和表面活性剂造成的膜污染问题，具有优异的重复使用性，重复使用 10 次后，分离效率和分离通量没有显著降低。

将未官能化多壁碳纳米管（MWCNTs）作为非均相竞争吸附破乳位点负载于胶原纤维膜，可制备竞争吸附型超疏水胶原纤维膜（CFM/MWCNTs/PDMS），其静态接触角为 158.6°。CFM/MWCNTs/PDMS 主要利用 MWCNTs 作为竞争吸附位点与非离子型 W/O 乳滴表面的非离子型表面活性剂进行竞争吸附，使乳液失去稳定而实现破乳、分离。CFM/MWCNTs/PDMS 可分离各种非离子型表面活性剂稳定的乳液，如 Span80/OP－10 稳定的水/庚烷微乳液、Span80/Peregal 稳定的水/辛烷微乳液、Span80/Tween80 稳定的水/庚烷纳乳液、Tween80/Peregal 稳定的水/辛烷纳乳液、Peregal/OP－10 稳定的水/氯苯纳乳液、Tween80/OP－10 稳定的水/十二烷纳乳液、Span80/OP－10 稳定的水/橄榄油纳乳液和 Span80/Tween80 稳定的水/泵油纳乳液，分离效率高达 99.99%，分离通量最高可达 1299 L/(m^2 · h · bar)，与商业疏水膜相比，具有显著的优势（图 8.15）。

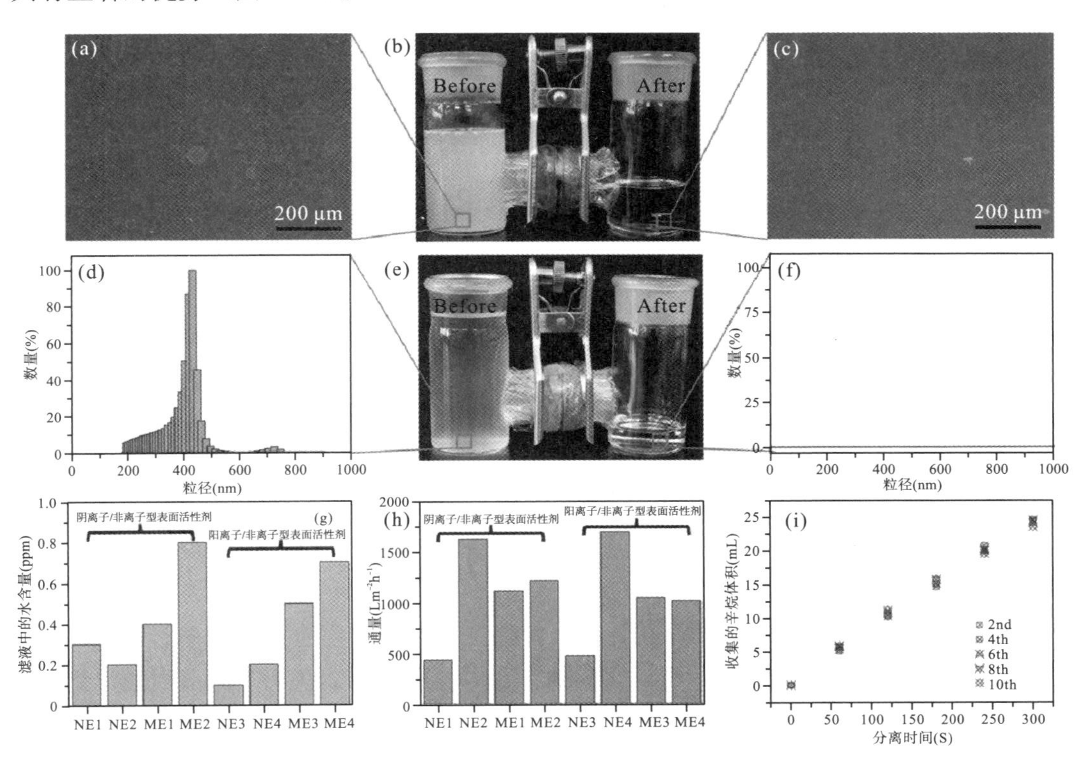

图 8.15 碳纳米管－胶原纤维复合材料对 8 种含阳离子/非离子型和阴离子/非离子型表面活性剂的稳定的 W/O 纳乳液及微乳液的分离性能

注：(a)(c) 分别为样品 ME1 分离前、后的体式显微镜图片；(b)(e) 分别为样品 ME1 和 NE1 的 H 型分离装置的数码照片；(d)(f) 分别为样品 NE1 分离前、后的粒径分布图；(g) 为样品 NE1－NE4 和 ME1－ME4 分离后得到的滤液中的含水量；(h) 为 NE1－NE4 和 ME1－ME4 的通量；(i) 为分离样品 NE2 收集到的辛烷体积。

4. 固定化细胞污水处理材料

胶原纤维还可以作为细胞固定化载体用来制备生物基污水处理材料。以胶原纤维和聚乙烯亚胺为原料，在常温水介质中，通过戊二醛的交联作用，可制备胶原纤维接枝聚乙烯亚胺（CF－PEI）固定化载体，以CF－PEI为载体固定化假单胞菌ATCC 10463的活细胞用于降解含苯酚废水。CF－PEI对假单胞菌的吸附容量为4.73×10^{10} CFU/g载体。相对于游离假单胞菌，CF－PEI固定化假单胞菌具有更强的苯酚耐受能力和更高的苯酚降解活性。游离假单胞菌无法耐受浓度为1500 mg/L的苯酚，而CF－PEI固定化假单胞菌可在50 h内将浓度为1500 mg/L的苯酚完全降解。相较于其他常用固定化载体（如多孔玻璃、多孔陶瓷和活性炭）等，胶原纤维基固定化载体CF－PEI具有较大优势，如更好的苯酚耐受能力、吸附能力，以及更宽的温度和pH范围，这主要是由于胶原纤维具有独特的结构优势。研究发现，CF－PEI对苯酚具有较强的吸附能力（20 mg/g载体），在苯酚降解过程中，CF－PEI对苯酚的缓冲作用使固定化的假单胞菌具有更强的苯酚耐受能力。CF－PEI固定化还使假单胞菌对苯酚的降解有了更宽的温度和pH范围，在28℃～35℃和pH为6～10时均有很强的苯酚降解能力。不同浓度的苯酚完全降解所需时间主要取决于假单胞菌停滞期，苯酚的浓度越高，假单胞菌的停滞期越长。另外，胶原纤维基固定化细胞苯酚降解材料的循环使用能力极佳，苯酚降解活性随着循环次数的增加逐步提高。

5. 有机物的催化降解

通过无机鞣制，胶原纤维还可以负载多种金属催化剂对有机废水进行处理，以降低其毒害性，实现无毒、无害化处理。以胶原纤维为载体，可将Fe(Ⅲ)固载其上制备胶原纤维负载铁催化剂（FeCF），并根据Fenton反应原理，光助催化降解废水中的有机物。

在短波紫外光（$\lambda_{UVC}=254$ nm，10 W）作用下，FeCF对偶氮染料酸性橙Ⅱ有较强的吸附作用，室温下50 min达到吸附平衡，吸附率为49.0%。FeCF对酸性橙Ⅱ的降解过程包含吸附、引发、主矿化、平衡。pH、催化剂用量、负载量、双氧水用量等都对FeCF的性能有影响。

FeCF能够吸附酸性橙Ⅱ，其初始pH对脱色速度和矿化速度无明显影响，但过低初始pH将降低胶原纤维与Fe(Ⅲ)之间的结合力，引起大量铁离子脱落而逸出到溶液中。当初始pH>3.0时，FeCF具有稳定的催化活性，反应90 min后逸出的铁离子浓度低于1.0 mg/L。

在一定范围内增加双氧水的用量可以促进氢氧自由基（·OH）的生成，从而加快酸性橙Ⅱ的脱色速度，并提高其矿化率。由于过量双氧水可与氢氧自由基反应生成低活性的过氧羟自由基（·OOH），因此继续增加双氧水反而降低了FeCF对底物的光助催化降解能力。

在一定范围内增加FeCF的用量可以加快氢氧自由基的生成，从而提高脱色率和矿化率；但过高的催化剂用量将影响短波紫外光的穿透能力，降低FeCF的催化降解能力。

提高Fe(Ⅲ)的负载量能加快FeCF对酸性橙Ⅱ的脱色和矿化速率。酸性橙Ⅱ的初始浓度越高，其达到矿化平衡的时间越长，脱色越慢，且当降解反应达到平衡时，溶液中残留的TOC浓度越高。

胶原纤维负载铁催化剂具有良好的稳定性，三次重复使用后，其对酸性橙Ⅱ的脱色率无明显变化，矿化率仅从73.8%下降到64.0%。当FICF的用量为0.50 g、H_2O_2用量为5.0 mmol时，FICF能在反应进行到50 min时使1 L初始浓度为0.20 mmol/L的酸性橙Ⅱ完全脱色，反应90 min后矿化率为73.8%。

在长波紫外光（λ_{UVA}=360 nm，10 W）作用下，胶原纤维负载铁催化剂可以催化降解三苯甲烷类染料孔雀石绿。与酸性橙Ⅱ不同的是，FICF对孔雀石绿几乎无吸附作用。孔雀石绿为逐级降解过程：弱键裂解—芳香族开环—脂肪酸矿化。其在反应启动时即发生降解和矿化。溶液的初始pH对FeCF催化孔雀石绿的降解和矿化速度有明显影响。FeCF可重复使用，在三次重复使用过程中对孔雀石绿的脱色率无明显下降，矿化率仅由55.0%降至47.0%。当FeCF的用量为1.00 g、H_2O_2用量为5.0 mmol时，FeCF能在反应进行到30 min时使1 L初始浓度为0.10 mmol/L的孔雀石绿完全脱色，反应120 min后矿化率为55.0%。

FeCF还可在紫外光作用下实现对污水中苯酚的降解。紫外光的功率和波长对苯酚的降解和矿化有重要影响，暗反应条件下，苯酚会发生部分降解和矿化，紫外光作用可以提高苯酚溶液的降解和矿化速度及矿化率，增加长波紫外光的功率，可以显著提高最终矿化率。在长波紫外光作用下，FeCF对初始浓度为0.50 mmol/L的苯酚溶液反应180 min后的矿化率可达65.5%。相同条件下，短波紫外光对苯酚的降解和矿化效果明显优于同功率下的长波紫外光。

8.5.2 生物医学领域的应用

作为生物医学材料的基本要求是：①具有生物相容性；②具有生物功能性；③具有生物可靠性；④化学性质稳定，抗体液、血液及酶的作用等。胶原作为生物医学材料具有低免疫源性、与宿主细胞及组织之间有良好的协调性、止血作用、可生物降解性、物理机械性能高等优势。因此，胶原在生物医学领域的应用取得了重要成果。

8.5.2.1 手术缝合线

由胶原制成的手术缝合线具有与天然缝合线一样的高强度，还具有可吸收性，止血效果好，平滑而有弹性，不易损伤机体。胶原可以用铬盐、铝盐、甲醛、戊二醛等进行交联制得手术缝合线，也可与壳聚糖、聚乙烯醇、聚丙烯酰胺等制成复合纤维缝合线，复合纤维可提高缝合线的性能。胶原缝合线采用湿法纺丝生产，胶原壳聚糖缝合线已生产并在临床上得到使用。

8.5.2.2 凝血材料

胶原具有突出的止血功能，可以作为凝血材料。止血纤维是一种凝血材料，具有止血、消炎、促愈的作用，可被组织吸收，无毒副作用，比传统材料更加优秀。胶原凝血材料通过胶原溶解后纺丝制备而成，与手术缝合线的不同之处在于其纤维极细，比表面积很大，一般为短纤维，可做成止血棉或止血无纺布。

以胶原为原料，经溶解、发泡、干燥后制备的胶原海绵具有优良的止血性能，目前已进入临床应用阶段。胶原海绵能使创口渗血区的血液快速凝结，被人体组织逐渐吸收。

8.5.2.3 美容材料

国内外研究表明，胶原对美容有巨大功效。胶原蛋白可以添加到面霜、面膜里制成含胶原化妆品；还可制成医用美容胶原注射液用于注射治疗面部皱纹、鱼尾纹、痤疮疤痕、皮肤萎缩等，还具有减肥、降压、降血脂等作用。随着年龄的增长，原胶原三股螺旋之间形成的共价交联越来越多，使可溶性胶原减少，细胞间黏多糖减少，引起皮肤胶原纤维束变直，皮肤弹性变差，导致真皮的纤维断裂、脂肪萎缩、汗腺及皮脂腺分泌减少，使皮肤松弛、粗糙、干裂，出现色斑、皱纹等。经注射胶原几周后，体内的成纤维细胞、脂肪细胞及毛细血管向注射的胶原内移行，组合成自身胶原，从而形成正常的结缔组织，使受损老化皮肤得到填充和修复。

8.5.2.4 组织工程材料

组织工程学（Tissue engineering）是新出现的一门学科，是将体外培养的组织细胞吸附扩增到一种生物相容性良好并可被人体逐步降解吸收的生物材料上，形成细胞生物材料复合物。这种生物材料复合物为细胞提供一个三维生存空间，有利于细胞获得足够的营养物质，进行营养交换，并排除废物，使细胞能够在预先设计的三维支架上生长。然后将细胞生物材料复合物植入机体组织部位，种植的细胞在生物支架上逐步降解、吸收，继续增殖并分泌基质，形成与自身功能和形态相对应的新的组织和器官。最终，这种具有生命力的活体组织能够对病损组织进行形态、结构和功能的重建，并实现永久性替代。

关于组织工程的成功实例最早是人工皮肤，即组织工程皮肤，就是利用工程学和生命科学的原理与方法构建用于修复、维持和改善损伤皮肤组织功能的替代物，其核心是建立由细胞和生物材料构成的三维空间复合体，所以也可将组织工程皮肤称为人工皮肤。

人工皮肤包括表皮替代物（Epidermal replacement）、真皮替代物（Dermal replacement）和表皮－真皮复合皮肤替代物（Composite skin replacement）。1981 年，O'Connor 首次在体外培养出适于移植的人自体表皮细胞膜片，在两例烧伤后的肉芽创面上附着良好。体外培养的人表皮细胞接种到胶原海绵，可构建一种表皮替代物，移植到裸鼠创面后，该细胞可自动移行到创面并形成多层表皮结构，抑制创面收缩，修复皮肤缺损。缺乏真皮成分的人工表皮移植后，往往不易达到正常皮肤的韧性，创面疤痕增生严重，抗感染能力差，于是出现了人工真皮。利用胶原制备基质网架，再植入真皮纤维细胞制备人工皮肤是一种比较理想的真皮替代物。

人工皮肤可使皮肤大面积和深度烧伤的患者在自体皮不够用的情况下进行修复治

疗，并使之恢复因皮肤创伤丧失的生理功能。人工皮肤大都以胶原为基础材料，与合成材料复合以解决机械强度的不足。制备人工皮肤一般采用复合或交联胶原：①以胶原为主，加上合成材料作外层，用二醛或二胺等对胶原进行交联；②胶原和其他天然高分子（透明质酸、褐藻胶、硫酸软骨素、壳聚糖等）进行杂化共混，在改善机械性能的同时增强材料的生物活性。

另外，在人工血管、人工食管、心脏瓣膜、骨的修复，人工骨、角膜、神经修复，以及药物载体和固定化酶的载体等方面，胶原也获得了广泛应用（图8.16）。例如，将胶原涂覆涤纶血管作为主动脉移植材料已广泛应用于临床，在中、小血管移植中可提高远期通畅率。角膜胶原膜不仅能保护、促进角膜伤口的愈合，而且能够运载多种药物，在治疗多种眼科疾病时可以替代局部频繁点药和结膜下注射，帮助角膜移植和翼状赘肉切除后的表皮愈合，同时还是活细胞运转和基因治疗的载体。

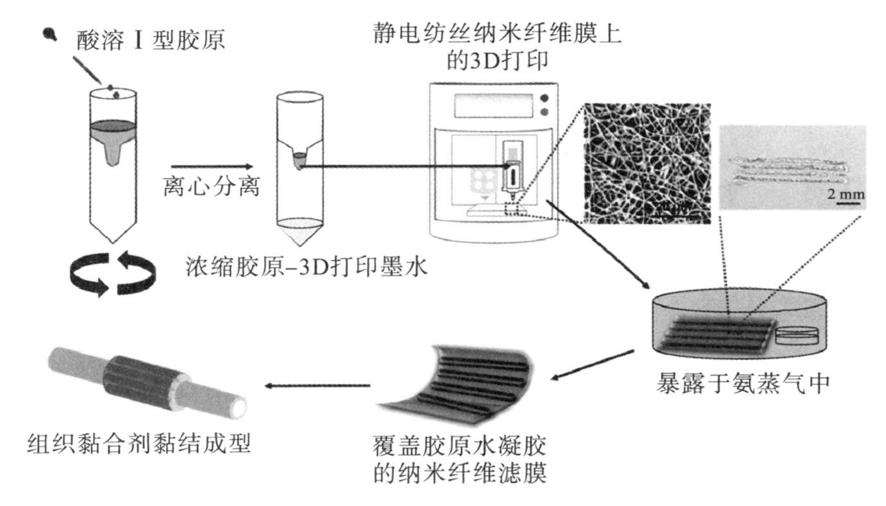

图8.16 3D打印胶原蛋白水凝胶制作神经导管示意图

将胶原在真空环境中升温，胶原分子间的羧基和氨基发生酯化反应，可制备胶原海绵。在真空干燥箱中，50℃干燥3 h，80℃继续干燥0.5 h，然后分别升温至100℃、120℃、140℃处理一定时间，可获得不同热交联的胶原海绵。真空高温脱水制备的胶原海绵的抗张强度可从未处理的45.7 kPa增加到103 kPa，断裂伸长率也得到提高。高温脱水交联保持了胶原固有的良好生物相容性，在细胞培养介质中不塌陷，能维持一定的强度，保持其形状和多孔性，降低降解速率，有望满足组织工程应用的要求。

通过化学交联的方法可制备胶原基组织工程材料。例如，京尼平是栀子苷经β-葡萄糖苷酶水解后的产物，是一种优良的天然生物交联剂，其毒性远低于戊二醛和其他常用化学交联剂，适用于生物医学材料。采用0.07%～2.00%京尼平改性猪皮Ⅰ型胶原水解产生的明胶，随着京尼平含量的增大，交联度增加，最大为85%。京尼平交联会减小变性焓值ΔH_D，增加胶原基薄膜的热稳定性，提高其变性温度。采用京尼平作为交联剂还可以交联胶原与其他天然高分子制备复合材料，如以京尼平交联壳聚糖和明胶。

胶原与其他基材共混也可以制备胶原基组织工程材料。例如，海藻酸钠与胶原共混复合可制备复合支架材料，采用高碘酸钠将海藻酸钠氧化为海藻酸二醛，然后加入胶原水解溶液，在37℃下搅拌交联后再加入硼砂，制得可注射并具有生物降解性的支架材料。加入低浓度硼砂，可通过配位作用提高海藻酸盐－明胶体系的相容性，提高席夫碱反应速率，形成血管注射水凝胶体系。该水凝胶无毒、无害，表明海藻酸盐－明胶体系在未加交联剂的条件下能自交联为一种具有良好相容性和生物可降解的无毒支架材料。

将水解胶原、淀粉、羟基磷灰石共混复合可制备复合多孔支架材料，用于骨组织工程。胶原－淀粉共混物增加了复合支架材料的生物降解性和力学性能，支架材料的孔隙率约为20 μm，良好的互穿网络能够满足营养的交换。

相似的，将羟基磷灰石、壳聚糖和明胶分步加入水溶液中充分搅拌均匀，加入戊二醛使之交联，在－40℃下冷冻溶液，诱导固－液相分离，然后冷冻干燥，可制备具有多孔结构的三维网状复合材料，也可用于骨组织工程。进一步加入二氧化钛可提高材料的强度，当羟基磷灰石和二氧化钛颗粒的添加量达到30％时，复合材料的压缩强度大大提高，可接近疏松骨的压缩强度（2～12 MPa）。

除了以上材料，单壁碳纳米管（SWNT）等也可与水溶性胶原共混复合制备组织工程材料。总之，将胶原与其他材料进行共混复合，可显著提高胶原的力学性能、生物相容性等，这是制备胶原基组织工程材料的良好途径。

8.5.2.5 天然产物的分离与纯化

胶原纤维与植物多酚具有良好的亲和性，可通过氢键和疏水键与植物单宁进行结合。基于这种性质，胶原纤维还可以用来高选择性脱除中草药提取物及中草药制剂中的植物单宁。胶原纤维对黄芩甙、辛弗林、葛根素、柚皮甙、染料木甙、染料木素、白黎芦醇等典型中草药有效成分中的单宁成分都可以实现选择性吸附。对于中草药有效成分和水解类单宁（单宁酸），胶原纤维对单宁酸的吸附率可达97％以上（未被吸附的是小分子非单宁组分），而对中草药有效成分的吸附率很低。对于中草药有效成分－缩合类单宁混合溶液，胶原纤维对缩合类单宁的吸附率均为100％，而对中草药有效成分的吸附率较低。当溶液中仅含中草药有效成分时，胶原纤维对其吸附率比中草药有效成分－植物单宁混合溶液高，表明胶原纤维对单宁的吸附具有选择性。胶原纤维吸附材料可全部吸附原花青素中的缩合单宁，而对具有生物活性的低聚体吸附率较低，体现了胶原纤维吸附材料对分子量的选择性。与工业上常用的植物单宁吸附材料聚酰胺相比，胶原纤维吸附材料的吸附容量和选择性都更好。

化学交联会影响胶原纤维吸附材料对中草药有效成分－植物单宁混合溶液的吸附特性。与戊二醛交联胶原纤维吸附材料相比，甲醛交联胶原纤维吸附材料对水解类单宁的选择性吸附基本不变，但对部分缩合类单宁（如落叶松单宁）的选择性吸附较差。铬（Cr^{3+}）、锆（Zr^{4+}）及钛（Ti^{4+}）等交联胶原纤维吸附材料对植物单宁的选择性吸附均较戊二醛交联胶原纤维吸附材料低，即在吸附脱除植物单宁的同时，中草药有效成分的损失率也较高。

胶原纤维吸附材料的用量会影响戊二醛交联的胶原纤维吸附材料对中草药有效成分－植物单宁混合溶液的吸附。对于100 mL混合溶液，当植物单宁浓度为1000 mg/L

时，戊二醛交联胶原纤维吸附材料的最佳用量为 0.30 g，此时植物单宁的吸附率为 100%，而中草药有效成分的吸附率不超过 17%。

吸附时间对胶原纤维吸附材料吸附中草药有效成分－植物单宁混合溶液中植物单宁的吸附率影响不明显，当对植物单宁的吸附率达到 100%后，对中草药有效成分的吸附率基本不变。

有机溶剂并不会降低胶原纤维吸附材料的性能。当中草药有效成分－植物单宁混合溶液中有机溶剂的含量增加时，胶原纤维吸附材料对植物单宁的吸附率仍能达到 100%，而对中草药有效成分的吸附率变化不明显，表明胶原纤维吸附材料具有广泛的适用性。

温度对胶原纤维吸附材料的吸附性有负面作用。温度升高，平衡吸附量降低。胶原纤维对植物单宁的吸附平衡均符合 Freundlich 方程，其中，对水解类单宁（单宁酸）的平衡吸附量约为 460 mg/g，对缩合类单宁（黑荆树单宁）的平衡吸附量约为 350 mg/g。

胶原纤维吸附材料对植物单宁为氢键吸附。吸附动力学研究表明，胶原纤维吸附材料对植物单宁的吸附动力学可用拟二级速度方程来描述，由拟二级速度方程计算得到的平衡吸附量与实际测定值十分吻合，误差在 5%以内。

8.5.2.6　药物载体

胶原通过化学交联和物理共混等可制备多种新型胶原基微球、水凝胶和膜材料等，可作为药物载体，在生物医学领域具有广泛应用，如图 8.17 所示。

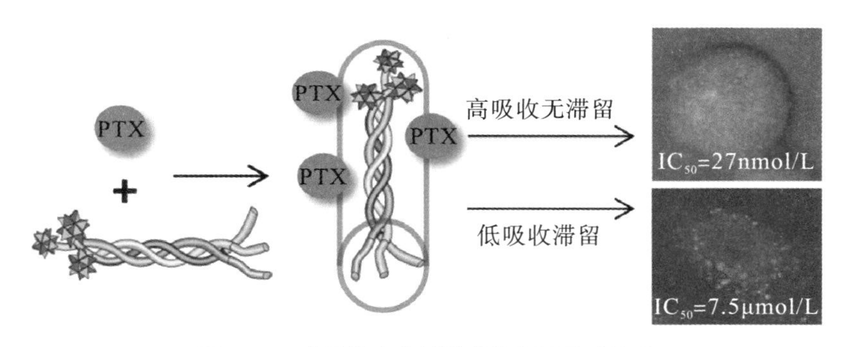

图 8.17　胶原作为紫杉醇载体用于肿瘤治疗

化学交联是以胶原制备药物载体材料的主要方法之一。例如，戊二醛可以交联聚(1－乙烯基－2－吡咯烷酮）和明胶形成互穿网络水凝胶。当明胶和聚(1－乙烯基－2－吡咯烷酮）含量各为 50%时，复合水凝胶具有最大的溶胀度和抗压强度，这种水凝胶无毒性物质释放，具有很好的血液相容性。

采用乳液交联法，同样使用戊二醛，可交联胶原和羧甲基纤维素钠（NaCMC）制备半互穿聚合物网络（Semi－IPN）微球。这种胶原基微球可承载药物酮咯酸氨丁三醇(KT)。经戊二醛交联的 Semi－IPN 微球装载 KT 时包埋率为 66%～67%。戊二醛用量的增加会导致微球颗粒尺寸减小，并增加 KT 在模拟胃液、肠液中的释放速率，同时降低 NaCMC 的释放速率，并将基质的平衡水吸附量从 459%降到 176%。

胶原与其他材料进行物理共混同样可以制备凝胶、微球和薄膜等药物载体，用于生物医药领域。例如，将明胶与碳纳米管进行物理共混，可制得杂化水凝胶（Hybrid hydrogel）。杂化水凝胶中碳纳米管均匀地分散在明胶基体中，形成网络结构。同时，碳纳米管形成的网络结构可减缓水分子进入复合材料的速率，阻碍明胶的溶出，具有屏蔽效益。纯明胶水凝胶在人体体温（37℃）下会被完全溶解，而与碳纳米管共混形成的杂化水凝胶在37℃下最初45 min内可保持溶胀状态，之后的45 min缓慢溶解，说明明胶-碳纳米管杂化水凝胶在人体体温下仍能保持良好的稳定性，有利于药物在人体内输送。

天然高分子如海藻酸钠也可以和明胶共混并制备膜材料，应用于药物缓释。海藻酸钠与明胶的共混膜采用溶液铺筑-溶剂蒸发成膜，同时加入药物盐酸环丙沙星，成膜后在质量分数为5%的$CaCl_2$溶液中进行交联，进一步干燥可得到复合薄膜材料，厚度为30～50 μm。当明胶质量分数为50%时，薄膜力学性能可达最佳，拉伸强度为105.5 MPa，断裂伸长率为19.4%。海藻酸钠的X射线衍射峰随着明胶的加入发生偏移，说明明胶和海藻酸钠发生了强烈的相互作用，改变了海藻酸钠规则晶体的形成。海藻酸钠与明胶共混制备的薄膜断面平滑均一，说明两者有较好的相容性。明胶的含量和共混时间会影响药物的释放量：药物的释放量随着明胶含量的增加而提高，而增加交联时间，会减缓药物的释放速率。

除了单独的化学交联和物理共混，将两种方法共同使用，也可以制备胶原基药物缓释材料。将海藻酸钠与明胶混合，以甲醛或戊二醛为交联剂，可制备新型药物缓释微球，用于负载吲哚洛尔（Pindolol）实现缓释。加入明胶会使微球颗粒的表面变光滑，避免聚集，而吲哚洛尔的加入并不影响海藻酸钠与明胶的交联反应。由于采用甲醛或戊二醛对海藻酸钠和明胶进行交联，交联结构会提高微球在酸性或磷酸盐缓冲溶液(pH=7.4)中的耐腐蚀性。

8.5.3 食品工业领域的应用

胶原在食品行业有广泛应用。将胶原加入肉制品中可以改善组织嫩度，增加蛋白质含量，使其具有良好的品质。研究表明，添加2%胶原、20%水，肉制品的感官、质地和口感（润滑感）最好。同时，胶原蛋白具有良好的染色性，根据制品的需要，可用红曲等食用色素将其染成近似肌肉组织的红色。

明胶可作为冷冻食品的改良剂。当用作增黏剂时，因增黏熔点较低，易溶于热水，具有入口即化的特点，常用于餐用胶冻、粮食胶冻和果冻等。在冰激凌、雪糕等的生产中，加入适量明胶可以防止形成粗粒的冰晶，保持组织细腻，降低融化速度。明胶在冰激凌中的用量一般为0.25%～0.60%。

胶原还可以作为沉淀剂、稳定剂和澄清剂。在饮料生产中，鱼胶是公认的果胶澄清剂；在啤酒和葡萄酒生产中，鱼胶和明胶作为沉淀、澄清剂，获得了很好的效果，产品质量非常稳定；在茶饮料生产中，明胶可防止其因存放而变浑浊，从而改善茶饮料品质。胶原多肽可广泛用于中性奶饮料、酸性奶饮料、鲜牛奶、酸奶等液态乳制品中，起到抗乳清析出、乳化稳定等功效；也可添加于奶粉中，既可提高奶粉的营养价值，又可增强奶粉的保健功能，加速骨骼发育，增强智力，提高机体的免疫力。

胶原蛋白可用作美容保健口服液，可调节机体胶原的生物代谢，使皮肤恢复弹性、光泽、嫩滑、洁白等。

有研究表明，服用食用明胶后，儿童和成年人的钙水平都有提高，由此提出补钙应该先补胶原，最好的补钙剂是结合了钙的胶原蛋白制剂。研究发现，鳕鱼胶原多肽钙在体外模拟液中稳定性较好，而胶原多肽螯合钙可显著增加大鼠的骨密度。

胶原纤维还可以用于分离纯化茶多酚。胶原纤维吸附材料吸附植物多酚时具有结构选择特性，对茶多酚中各有效成分和咖啡因的吸附规律不同，可用于茶多酚中咖啡因的脱除和高活性组分的纯化。胶原纤维吸附材料能选择性地吸附分子结构中含棓酰基的EGCG、GCG 和 ECG，吸附率在 90%以上；对 C、EC 和 EGC 的吸附容量相对较低；对咖啡因的吸附容量最小，只有 11.24%。吸附组分经纯水淋洗和丙酮水溶液洗脱后，收集物中 EGCG、GCG 和 ECG 的总含量可超过 93%，回收率大于 80%，并可将其中的咖啡因的含量降低至小于 0.1%。

胶原纤维作为载体实现细胞的固定化，可在发酵和酿酒工业中有较好的应用。在常温水介质中，以胶原纤维和聚乙烯亚胺为原料，通过戊二醛的交联作用，可制备胶原纤维接枝聚乙烯亚胺（CF－PEI）固定化载体，用于固定具有色氨酸酶活性的大肠杆菌 ATCC 15489 细胞。相比于游离的大肠杆菌 ATCC 15489 细胞，固定化细胞的重复使用性更好，色氨酸酶可长期维持较高的转化活性。以 CF－PEI 为载体可固定酿酒酵母 SCY008 用于乙醇发酵，在初始葡萄糖浓度为 100 g/L、pH＝5.0、温度为 30℃的发酵条件下，发酵液的乙醇含量可达 44.87 g/L，比多孔玻璃和多孔陶瓷组的乙醇浓度高 5.6%。

8.5.4　造纸工业领域的应用

胶原作为功能材料，既可以附着在纸上，又可以添加到纸内，或制备成多种添加剂改善纸张的性能，造纸工业使用的胶原可以是胶原纤维，也可以是非纤维形态胶原。非纤维形态胶原就是胶原或明胶，实际生产中大都使用非纤维形态胶原。胶原分子链上有相当多的活性基团，如氨基、羟基、羧基等，具有特殊的反应性，能与纸张中纤维素分子上的羟基产生化学结合，使纸纤维之间的结合力增大，纸张的物理强度提高。胶原分子的亲水基团具有天然的保湿和导湿性，可赋予纸张更好的保湿性，如生产纸尿裤、卫生巾等。目前造纸化学品的种类有很多，用量很大，但有相当一部分在环境中不可降解，用胶原或改性胶原材料来代替，可制造能完全降解的纸制品。

通过蛋白质接枝共聚反应，可在胶原上接枝各种具有特殊活性的接枝链，胶原作为造纸添加材料。采用胰蛋白酶对废皮屑进行水解制备胶原，再与马来酸酐进行预反应，以过硫酸铵为引发剂，使马来酸酐－胶原与苯乙烯、丙烯酸乙酯单体进行接枝共聚反应，在水相合成一种新型造纸表面施胶剂。接枝共聚产物的颗粒较为均匀，平均粒径为 0.318 μm。用这种造纸表面施胶剂单独施胶，所得纸张的抗张强度、环压强度和抗水性分别提高 35.27%、95.43%和 25.36%。

以明胶、丙烯酰胺、阳离子单体甲基丙烯酰氧乙基三甲基氯化铵（DMC，$C_9H_{18}ClNO_2$）

（质量比为 2∶3∶2）为原料，以过硫酸钾亚硫酸氢钠为引发体系，采用乳液聚合法可在明胶上接枝合成阳离子改性明胶乳液。该乳液在单体采用一次性加料方式下，使用非离子乳化剂和阳离子乳化剂复配，可对麦草浆进行漂白，效果极好，它还对漂白麦草浆的细小纤维和填料有很好的助留作用，并有较好的助滤效果，可增加纸张强度。

8.5.5 化工领域的应用

胶原纤维在化工领域也有许多应用。以胶原纤维为载体可以制备多种纳米金属非均相催化剂，用于加氢、脱氢、氧化、还原、异构化、芳构化、裂化、合成等反应，在化工、石油、环保及新能源、汽车尾气排放控制等领域有非常重要的作用。

通过植鞣法，以杨梅单宁接枝胶原纤维（CF－BT）为载体，可负载纳米贵金属，制备负载型催化剂，具有催化活性高、重复使用性好的特点。CF－BT 通过两步法可制备具有核－壳结构的 Au@Pd/CF－BT 双金属纳米催化剂。以环己烯液相加氢为模型反应，发现 $Au_9@Pd_3$/CF－BT 催化剂表现出良好的核－壳结构双金属协同催化效应，具有很好的催化反应活性；该催化剂还表现出优秀的重复使用性，在第 5 次反应中，催化剂的活性仍为第 1 次反应的 87.77%；该催化剂对其他不饱和烯烃及硝基化合物加氢具有广泛的适用性。

以杨梅单宁接枝胶原纤维为载体，按照先吸附 Pd、后吸附不同量 Co 的方式，可制备 $PdCo_x$/CF－BT 双金属纳米催化剂，可用于硝基苯和肉桂醛催化加氢。在硝基苯催化加氢中，掺杂 Co 明显地提高了纳米 Pd 的催化活性，随着 Co 掺杂量的增加，硝基苯的转化率呈先下降后提高的趋势。在具有不同 Co 掺杂量的催化剂中，$PdCo_{0.08}$/CF－BT 的催化活性最高，30 min 后硝基苯转化了 65.5%，几乎是 Pd/CF－BT 的 2 倍。H_2 压力和反应温度对 $PdCo_{0.08}$/CF－BT 催化硝基苯加氢反应有显著影响，其表观活化能为 24.83 kJ/mol，比纳米 Pd 催化剂具有更高的活性。$PdCo_{0.08}$/CF－BT 还有优秀的重复使用性，在第 7 次反应中活性仍可保持 81.48%。$PdCo_{0.08}$/CF－BT 对肉桂醛也有选择性催化加氢效果，其性能受杨梅单宁用量、Co 掺杂量和反应温度的影响。增加 Co 掺杂量，催化剂的活性先下降后升高；升高反应温度和增加杨梅单宁用量有助于提高催化活性。$PdCo_{0.08}$/CF－BT 生成 C═C 双键加氢产物氢化肉桂醛（HCMA）的选择性随 Co 掺杂量的增加和反应温度的升高而提高，杨梅单宁用量对选择性影响较小。$PdCo_{0.08}$/CF－BT 催化肉桂醛加氢反应的表观活化能为 49.99 kJ/mol，与传统的活性炭基催化剂相比具有明显优势。

以胶原纤维为基材，通过无机鞣制的方法引入铁离子，可制备胶原纤维负载铁离子催化剂（ICF－CF），可催化苯酚羟基化反应。由于苯酚羟基化产物邻苯二酚具有较强的螯合能力，所以在负载铁离子之前，胶原纤维首先通过亚氨基乙二酸和甲醛以 Mannich 反应改性来增强催化剂活性位点的稳定性，同时亚氨基乙二酸接枝可提高胶原纤维的热稳定性。反应 pH、温度、双氧水用量都对催化剂催化作用有影响。催化剂对苯酚羟基化反应的非均相催化过程分为三个阶段，即引发期、反应期和平衡期。在引发期，反应底物通过传质到达催化剂的活性中心，产生强烈的 Fe—O 键振动，激活催化剂，这一时期的反应特点是生成邻苯二酚和对苯二酚的主反应速率较低，而对苯二酚进一步氧化成苯醌的副反应速率较高，副产物苯醌的量相对较大。进入反应期后，主反应剧烈进行，副反应被抑制。待氧化剂双氧水消耗完后，反应进入平衡期，主反应不再发生，副反应苯醌聚合成焦油继续进行，溶液中苯醌含量逐渐减少。反应的最适条件为 pH=4.0，反应温度为 40℃，双氧水与苯酚物质的量之比不超过 1∶2。过低的 pH 会导致副反应加速和铁离子溢出，使溶液中铁离子浓度升高；过高的 pH 导致反应速率过低。较低的温度会降低反应速率，但副产物的量较少；温度升高，反应加速，副产物的量随之加大。双氧水的用量过高时，会导致副产物量加大，且并不能显著加速反应进行。这种胶原纤维基具有良好的重复使用性，其在重复使用 3 次后仍可保持良好的稳定性。

以胶原纤维为原料可制备非均相催化剂来催化硝基苯酚还原。首先以胶原为稳定剂制备金纳米颗粒（AuNPs），再由金纳米颗粒诱导胶原聚集形成纤维状非均相催化剂（ColAu），这种胶原－金纳米颗粒复合物在肉眼和光学显微镜下均为纤维状结构。当胶原与金纳米颗粒的摩尔比不超过 0.2 时，随胶原用量的增加，金纳米颗粒的粒径减小，粒径分布变窄。继续增加胶原用量对金纳米颗粒的粒径和粒径分布影响不大。这种高分散型胶原纤维基纳米金催化剂对硝基苯酚还原具有良好的催化性，能显著提高硝基苯酚还原反应的产率和选择性。随着金纳米颗粒粒径减小，反应速率提高，胶原浓度的增大并未影响反应速率。因此，胶原对金纳米颗粒不完全包裹，使得活性位点能够充分暴露在反应体系中，大大提高了反应速率。

胶原纤维还可以用作模板来制备非均相催化剂。例如，利用胶原纤维独特的空间结构和化学特性，可合成多孔纤维状 $TiO_2-Al_2O_3$ 复合氧化物纤维，再以此为载体，制备多孔纤维状固体酸催化剂，用于催化果糖脱水制备 5－羟甲基糠醛（5－HMF）的反应。以多孔纤维状 $TiO_2-Al_2O_3$ 复合氧化物纤维为载体，采用浸渍法分别制备的 Dawson 型纤维状 $P_2W_{18}/TiO_2-Al_2O_3$ 固体杂多酸和 Keggin 型纤维状 $PW_{12}/TiO_2-Al_2O_3$ 固体杂多酸，相比普通固体酸催化剂具有更高的比表面积。不同的 Ti/Al 摩尔比和活化温度对固体杂多酸表面的酸量有重要影响，以复合金属氧化物为载体制备的固体杂多酸比以单金属氧化物为载体制备的固体酸具备更高表面酸量和更强的酸性。这两种催化剂可催化果糖脱水制备 5－HMF 和合成乙酰水杨酸。在催化果糖脱水制备 5－HMF 的反应中，Dawson 型纤维状 $P_2W_{18}/TiO_2-Al_2O_3$ 固体杂多酸表现出优异的催化活性和选择性，当反应温度为 130℃、催化剂用量为 6wt%时，反应 2.5 h 后，5－HMF 的收率高达 84.7%；催化剂重复使用 6 次后，5－HMF 的收率仍保持在 80%以上。在催化合成乙酰水杨酸的反应中，Keggin 型纤维状 $PW_{12}/TiO_2-Al_2O_3$ 固体杂多酸表现出优异的催化活性和重复使用性，当水杨酸与乙酸酐的摩尔比为 1∶2.5、反应温度为 70℃、催化剂用量为 5wt%时，反应 50 min 后，乙酰水杨酸的产率高达 88.4%；催化剂重复使用 6 次后，乙酰水杨酸的产率仍保持在 80%以上。

8.5.6　柔性功能材料

制革工业已有 4000 多年的历史。早在远古时期，人类便开始用兽皮御寒，随后逐渐用作护脚、装饰、构造帐篷和船具。随着人类文明的进步，为了提高动物皮的耐微生物侵蚀性、机械强度和耐湿热稳定性，现代制革技术用各种方法处理动物皮，使其具有更高的使用价值。

随着科技的进步，动物皮作为一种生物质柔性材料被科学研究者广泛关注，目前已被开发作为柔性防护、阻燃、保温隔热、防水、柔性电极等材料。胶原纤维是胶原分子从纳米尺度到微米尺度组装编织而成的多官能团天然高分子，胶原分子中大量的带电基团（—OH、—NH_2、—COOH）在电磁场作用下充当偶极子发生强烈的极化作用，损耗电磁能。胶原纤维的多层级编织结构使其对电磁波具有很强的多层级反射能力，而与胶原纤维固有偶极子的极化协同作用，又使电磁波能量被多重反射损耗或吸收（图8.18）。胶原纤维还含有大量活性基团（—COOH、—OH、—NH_2），便于引入配基和改性。因此，利用胶原纤维多层级编织结构对电磁波的这一特性，通过负载具有电磁损耗特性的高分子聚合物、无机纳米材料，可形成独特的多层次电磁界面，增强胶原纤维对电磁波的多层级反射与电磁损耗能力，实现对电磁波、X射线的屏蔽。

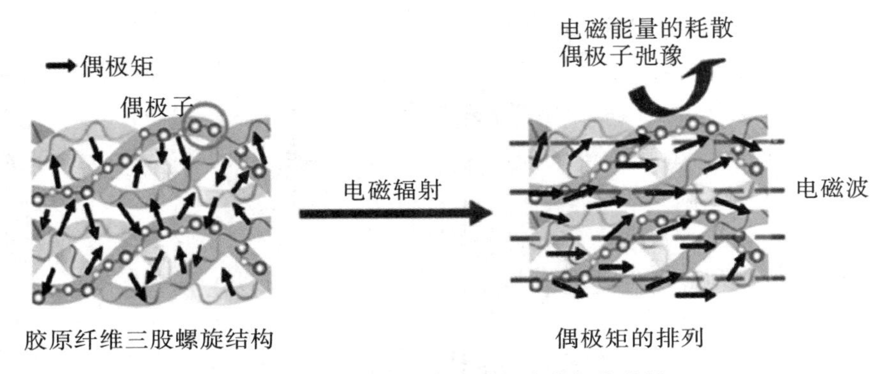

图8.18 胶原纤维在电磁场中的极化特性

8.5.6.1 胶原纤维基屏蔽材料

以胶原纤维为基础材料，利用其多层级编织结构和多表面官能团特点，通过与导电材料、导磁材料复合，从屏蔽材料的微结构设计角度出发，可设计并构建双介电吸收层结构，以制备胶原纤维基吸收型电磁屏蔽材料。屏蔽材料的成分、微结构对其电磁性能有显著影响，以胶原纤维膜为基础材料负载碳纳米管和纳米金属颗粒，可获得具有双介电吸收层结构的碳纳米管内嵌纳米金属-胶原纤维膜电磁屏蔽材料（图8.19）。胶原纤维基电磁屏蔽材料中，当MNPs（17%）@MWCNTs的负载量为4.0wt%时，MNPs@CNTs/CFM在0.5～12.0 GHz宽频电磁波范围内的介电损耗角正切值为0.3～0.6，具有30.0～60.0 dB的屏蔽效能，且吸收损耗占比（SEA%）高达70.0%。与无纺布（NF）及聚丙烯酸薄膜（PMMA）基屏蔽材料相比，当MNPs(17%)@MWCNTs的载量一致时，胶原纤维基电磁屏蔽材料的电磁屏蔽性能高约20.0 dB。此外，胶原纤维基电磁屏蔽材料的拉伸强度和撕裂强度良好，弯折25000次后仍然具有良好的屏蔽性能（30.0～60.0 dB）。

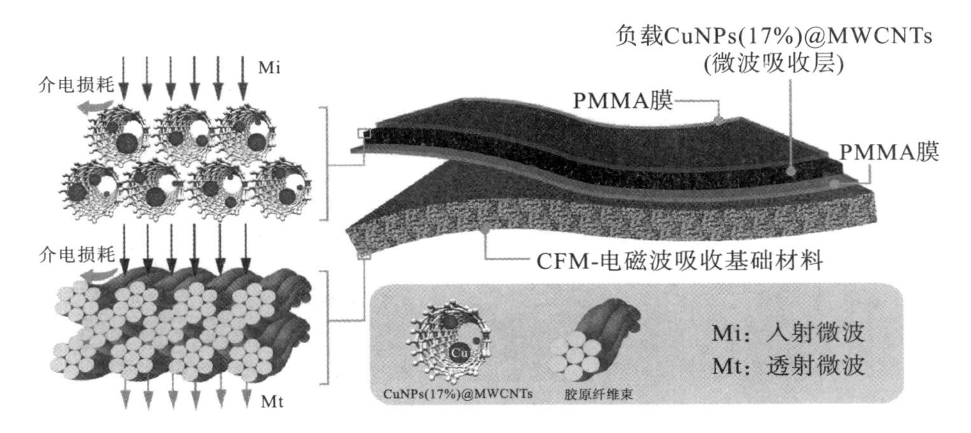

图 8.19 碳纳米管内嵌纳米金属—胶原纤维电磁屏蔽材料机理图

采用片状纳米银包铜（Cu@Ag－NFs）与天然皮革复合，可制备纳米银包铜－天然皮革复合材料（Cu@Ag－NL），其对 10～3000 MHz 的电磁波有良好的反射及吸收性能，且机械性能和耐候性能优秀。当纳米金属的喷涂量为 18 mg/cm^{2}时，Cu@Ag－NL 在 10～3000 MHz 内的总电磁屏蔽性能高于 90 dB，比 Cu－NL 和 Ag－NL 高约 20 dB。其中，Cu@Ag－NL 吸收损耗为 35.85 dB，反射损耗为 55.30 dB，此时至少有 99.998%的电磁波被屏蔽。这主要是因为片状金属的导电性比球状金属高，当喷涂量相同时，银色铜层的电导率约为银层和铜层的 2 倍，对电磁波的反射更强。另外，银包铜的金属铜外有一层金属银保护，既降低了成本，又保证了高电导率和高稳定性，使 Cu@Ag－NL的电磁屏蔽性能和耐候性能优良。由于皮革本身具有轻质、耐用的特性，Cu@Ag－NL 的比屏蔽性能（SSE）高达 120 dB・cm^2/g，超出目前大多数高分子基电磁屏蔽复合材料，它还具备良好的机械性能和抗弯折性能。

胶原纤维还可以用来制备具有高效屏蔽 X 射线性能的新型功能材料。用高 Z 元素（原子序数大于 56 的金属元素）通过制革化学的鞣制、复鞣方法修饰胶原纤维，可制备具有 X 射线防护性能的可穿戴材料（图 8.20）。这种胶原纤维基 X 射线屏蔽材料在能量段为 20～120 keV 的区间内通过光电效应实现对 X 射线的吸收、衰减和屏蔽，而光电效应与原子序数的四次方成正比。高 Z 元素具有较好的光电效应，可作为 X 射线衰减的有效元素，原子序数越高，X 射线衰减性能越好。以天然胶原纤维为基底材料，可将高 Z 金属纳米粒子均匀负载在多层级胶原纤维上，制备具有较高 X 射线防护性能的柔软、可穿戴的胶原基复合材料。例如，采用复鞣方法可将氧化铋与天然皮胶原纤维复合，制备得到氧化铋－皮胶原纤维复合材料（Bi－NL），其中含量为 6.20 mmol/cm^3 的样品 $Bi_{6.20}$－NL 具有最佳 X 射线屏蔽性能，在 20～120 keV 对 X 射线的衰减为 99.5%～44.0%。同时，多种稀土氧化物也可稳定且均匀的负载于天然胶原纤维上制备氧化稀土－皮胶原纤维复合材料（RE－NL），在 20～120 keV 同样具有较好的 X 射线衰减吸收性能，其中 $La_{1.68}$－NL 和 $Ce_{1.68}$－NL 具有较好的 X 射线屏蔽性能，尤其在 40～80 keV 能量段，两种复合材料分别能衰减 78%～52%和 56%～30%的 X 射线。

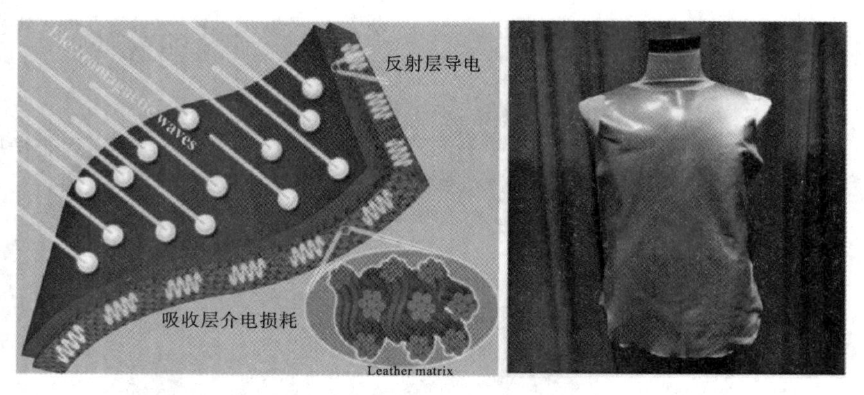

图 8.20　纳米银包铜/纳米银@皮胶原纤维 X 射线屏蔽材料机理及示意图

单独采用一种元素进行 X 射线屏蔽时，因其不同的固有结构及电子结合能，在 20～120 keV 的部分区间存在弱吸收区。因此，可采用两种或多种具有不同 X 射线屏蔽吸收特性的元素协同作用，以实现全能量段的吸收屏蔽。与无纺布、PMMA 等高分子材料不同，天然胶原纤维具有独特的多层级编织结构，可均匀负载多种不同高 Z 金属粒子。通过鞣制或复鞣工艺，可将多种元素引入胶原纤维基材实现共掺杂，以制备高性能 X 射线屏蔽材料。例如，可将氧化铋和氧化稀土共掺杂进入胶原纤维，制备氧化铋/氧化稀土－皮胶原纤维复合材料（图 8.21），可实现 20～120 keV 全能量范围内的 X 射线高效屏蔽。其中，负载量为 1.51 mmol/cm^3、厚度为 1.4 mm 的 Bi/Ce－NL 和 Bi/La－NL具有优异的 X 射线衰减性能，当 X 射线能量小于 40 keV 时，它们的 X 射线衰减效率可达 100%，并在绝大部分 X 射线能量段表现出厚度超过 0.25 mm 铅板（铅含量 54.7 mmol/cm^3）的 X 射线衰减能力。同时，这种基于胶原纤维的 X 射线屏蔽材料密度低，具备天然皮革优异的力学性能和耐用性，弯折 10000 次以上不会降低 X 射线屏蔽性能。

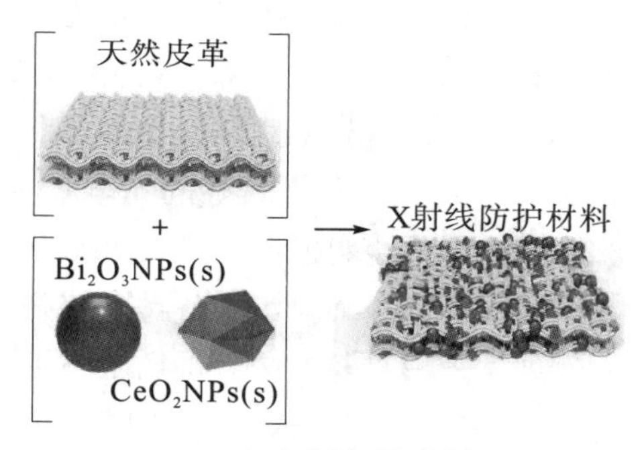

（a）制备示意图

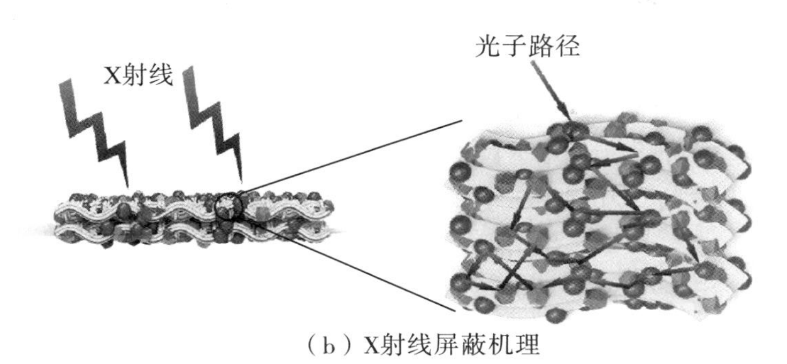

（b）X射线屏蔽机理

图 8.21　氧化铋/氧化稀土－皮胶原纤维复合材料制备示意图及其 X 射线屏蔽机理

8.5.6.2　胶原纤维基阻燃材料

胶原纤维可以用来制备阻燃材料。皮胶原纤维含有 C、H、N、O、S 等元素，高温裂解后释放可燃性气体较少，一般主要为 CO 和 CO_2，还包含少量脂肪族及芳香族碳氢化合物（如丁烷、苯）、酮（如丙酮）、醛（如甲醛）、氨、氰化氢、氮的氧化物、二氧化硫和硫化氢等。胶原纤维多层编织结构的空气流动性差，使其与氧气接触不充分，所以表现出较长的阻燃时间，且胶原纤维的极限氧指数较低，一般为 24%～30%，本身具有一定的抗燃性。另外，胶原纤维内部含有大量的氢键和结合水，使其具有较大比热容，而多层编织结构使其内部含有大量孔隙，会显著降低热量在内部的传导。目前，胶原纤维基阻燃材料的阻燃机理大致分为气相阻燃、凝聚相阻燃和吸热作用。

（1）气相阻燃。

皮胶原纤维经过阻燃处理后，在受热状态下会释放出大量蒸汽和不燃性气体，这些气体可稀释燃烧区氧气与气态可燃物的浓度，使燃烧中断。此外，阻燃剂在皮胶原纤维燃烧时受热所产生的自由基抑制剂，通过捕捉羟基自由基与氢自由基，可抑制甚至中断燃烧的连锁反应，进而达到阻燃目的。这类阻燃剂主要包括卤系阻燃剂、氮系阻燃剂等。

（2）凝聚相阻燃——覆盖作用。

凝聚相阻燃主要是阻燃剂通过减少自由基与可燃性气体的产生，阻燃剂内的高比热容填料使皮胶原纤维几乎不能达到热分解温度，燃烧时皮胶原纤维表面形成具有隔氧、隔热并防止可燃性气体逸出的碳化包覆层，阻碍燃烧的进一步进行。这类典型阻燃剂有磷系阻燃剂、硼砂阻燃剂、氮－磷复合系阻燃剂等。

（3）吸热作用。

阻燃剂在高温下发生相变、脱水等吸热反应，降低火焰燃烧区的温度，减缓或抑制热裂解反应与可燃性气体的产生，进而实现阻燃作用。这类阻燃剂包括氢氧化镁、氢氧化铝等。

一般阻燃剂的阻燃机理是两种或两种以上。阻燃胶原纤维一般基于传统鞣制化学基础，在制革生产过程中通过物理或化学方法引入阻燃成分而获得。除通过上述方式使皮胶原纤维阻燃性增强外，还可以将阻燃性基团（如卤素等）引入胶原的大分子链上，使裂解反应的燃烧热降低，提高皮胶原纤维的着火点，从而改变胶原的热裂解历程，增强皮胶原纤维的阻燃性。常见的引入阻燃基团的方式有两种：通过物理吸附将阻燃剂填充到皮胶原纤维间，通过化学键将阻燃剂接枝到皮胶原纤维上。

物理吸附中由于阻燃剂与胶原纤维的作用力弱，因此阻燃剂易发生迁移、丢失，阻燃性能可能会随时间的延长而显著降低，甚至完全丧失。化学接枝会使阻燃剂与胶原纤维间形成较强的化学键，让阻燃剂能稳定结合于胶原纤维中，从而赋予胶原纤维持久的阻燃性能。早期的阻燃胶原纤维常通过直接加入其他行业使用的阻燃剂而获得。随着阻燃胶原纤维研究的进步，研究者对各种皮革化学材料进行接枝、改性，在保证原有性能的同时，引入阻燃基团或成分（如阻燃性加脂剂、阻燃性复鞣剂、阻燃性涂饰剂等），赋予胶原基材料阻燃性能。

早期由于缺乏制革专用阻燃剂，人们将纺织、塑料行业的阻燃剂进行改性并应用到制革工业，使皮革获得一定阻燃效果，手感、柔软性等理化性能受到不同程度的影响。例如，以纺织行业中具有阻燃效果的磷系、硼系、卤系等阻燃剂，采用湿喷的方法制备阻燃胶原纤维，能使胶原纤维的阻燃性能得到较大提升。在优化皮革工艺的基础上，选取纺织用阻燃剂，在加脂或加脂结束后以不同比例施加，氧指数法、垂直燃烧法和烟密度法的阻燃性能研究表明，这些阻燃剂都能不同程度地提高胶原纤维的氧指数，其中，硼酸－硼砂混合物（3∶7）能使胶原纤维的氧指数有较大提升；磷酸二氢铵在一定程度上可提高胶原纤维的极限氧指数，但会降低胶原纤维的感官与理化性能。

皮革油脂会影响胶原纤维成革后的阻燃性能和燃烧性能，从氧指数来看，加入油脂会使皮革的易燃程度提高。其中，矿物油比动物油易燃，矿物油由于极性弱、易挥发，故易于燃烧，而合成油脂最不易于燃烧。皮革经加脂处理后，极限氧指数大幅下降，所以要使皮革阻燃性能提高，就必须制得具备阻燃效果的加脂剂。对菜籽油进行改性处理，引入蒙脱土 KH108（KH108－MMT），能降低胶原纤维的燃烧速率和有焰燃烧时间，还能提高胶原纤维的极限氧指数。以蒙脱土 KH570（KH570－MMT）、亚硫酸氢钠、乙二胺、丙烯酸及菜籽油为原料，用原位法可合成亚硫酸化菜籽油－KH570－MMT 纳米复合材料（MRO－KH570－MMT），可应用于山羊服装革的加脂，使皮革的阻燃性能大大提高。

制革鞣剂（醛鞣剂、合成鞣剂、植物鞣剂、丙烯酸鞣剂和三聚氰胺）对胶原纤维的阻燃性能也有影响。经鞣剂处理后胶原纤维燃烧的难易程度为：有机磷鞣剂＞改性戊二醛＞合成鞣剂＞三聚氰胺树脂鞣剂＞荆树皮栲胶＞丙烯酸鞣剂。以三聚氰胺、季戊四醇和氧氯化磷为原料，可合成 2,2－羟甲基－1,3－丙二基双磷酸二氰酯三聚氰胺盐，用甲醛与助剂进行改性，可得到兼具高效阻燃能力与复鞣填充能力的新型产品，阻燃机理为磷、氮、硫协同阻燃，这种鞣剂中含有大量可与胶原蛋白分子形成氢键、共价键、离子键的活性基团，通过这些反应使皮革可燃性降低。锆－铝－钛复合鞣剂在不添加阻燃剂的情况下，对胶原纤维的阻燃性能有增强效果，原因为锆－铝－钛复合鞣剂的填充性能较强，所鞣制皮革较为紧实，在燃烧过程中，氧气较难进入皮革内部支持火焰继续燃烧。而锆－铝－钛复合鞣剂含有 50%的铝元素，铝元素作为一种阻燃元素，本身就具有离火自熄能力。另外，进入胶原纤维的硫酸铝在加热过程中失去结晶水而猛烈膨胀成海绵状，这种海绵状物质会逐步转化为氧化膜覆盖在胶原纤维表面阻止燃烧。

涂饰剂对胶原纤维材料的阻燃性能也有影响，可通过阻燃涂饰剂来制备具有阻燃性能的胶原纤维基材料。皮革涂饰剂是能涂覆在坯革表面并形成牢固附着的连续薄膜材料，主要由着色剂、成膜剂、溶剂与助剂等按一定比例配置而成。着色剂与成膜剂的燃烧点都低于皮革，在受热情况下，着色剂与成膜剂会首先燃烧，释放出的气体以气相阻燃的方式发挥作用，因而涂饰操作能够提高皮革的阻燃性能。不同类型与涂层的涂饰剂对皮革阻燃性能的影响不同，聚氨酯、酪素、硝化纤维、丙烯酸树脂四种成膜剂涂饰皮革后，综合极限氧指数与垂直燃烧指标有明显变化，涂饰后的阻燃性能顺序为：硝化纤维＞酪素＞聚氨酯＞丙烯酸树脂。与空白样相比，涂饰后的阻燃性能都有不同程度的降低。因此，有针对性地对普通涂饰剂进行改性，是提高其阻燃性能的关键。例如，以丙烯酸酯、硅油大单体及苯乙烯为聚合单体，加入乳化剂，采用乳液聚合方法制备有机硅改性丙烯酸树脂乳液涂饰剂，具有较好的阻燃性能。

8.5.6.3　胶原纤维基超疏水材料

胶原纤维是一种由纳米纤维自组装而成的微米纤维，且进一步聚集成更大的微米纤维束，这种微纳米尺度复合的多层级结构有效地降低了胶原纤维和液体之间的紧密接触，影响固、液、气三相接触线的形状、长度和连续性，从而大大降低液体与固体接触的滚动角，使水滴在胶原纤维上易于滚动。不同于其他天然超疏水表面，胶原纤维是由纳米纤维沿轴向紧密排列成微米纤维，微米纤维继续沿着轴向排列成更大的微米纤维束。胶原纤维轴向水滴更易沿平行于胶原纤维的方向流动，使胶原纤维的超疏水特性具有各向异性。这种独特的多层级纤维结构、两亲性、毛细管导流效应和跨尺度形变特性，是制备新型浸润材料的理想基材，可开发基于胶原纤维的超疏水材料。

超疏水材料一般需要满足两个条件：粗糙的表面结构和较低的表面能。表面结构的粗糙度对材料润湿性能的影响尤为显著，通过调控材料的表面粗糙度可使亲水性材料转变为疏水材料，甚至是超疏水材料。胶原纤维构成的粒面和肉面具有不同的微观粗糙结构。其中，粒面有大量毛孔，孔结构清晰且分布均匀；肉面为胶原纤维所编织的多层级结构。因此，胶原纤维的粒面和肉面均是构建超疏水材料的理想模板和基材。以胶原纤维为基材，充分利用其独特的表面结构，可构建新型超疏水材料。例如，以胶原纤维粒面为模板，采用软刻蚀技术可制备具有粒面反转结构的聚二甲基硅氧烷（PDMS）膜。在此基础上，将含有聚苯乙烯纳米球的乙醇－四氢呋喃悬浮液滴涂在 PDMS 膜表面，通过调控悬浮液中乙醇和四氢呋喃的比例，可有效控制 PDMS 膜表面的微观粗糙结构和表面润湿性能。当乙醇和四氢呋喃的体积比为 33∶67 时，这种基于胶原纤维的 PDMS 膜表面可表现出超疏水性，静态接触角达 153.6°。

以胶原纤维肉面为基材也可以制备超疏水材料。例如，采用溶胶－凝胶法将纳米 TiO_2 沉积到胶原纤维上，强化材料的表面粗糙度，然后利用乙烯基三乙氧基硅烷（VTEO）对胶原纤维进行表面修饰，降低材料表面能，可制备超疏水胶原纤维膜（图 8.22），其静态接触角为 153.1°。这种基于肉面的超疏水胶原纤维膜能够用于不同油水混合物的分离，重复使用性好，使用 5 次后分离效率仍超过 97%。与商业聚四氟乙烯疏水膜相比，超疏水胶原纤维膜具有更高的油水分离速率。此外，这种超疏水胶原纤维膜还具有优良的使用稳定性，在高温处理、紫外照射或溶剂（去离子水、正己烷、正辛烷和十二烷）浸泡 24 h 后，仍具有超疏水性能。

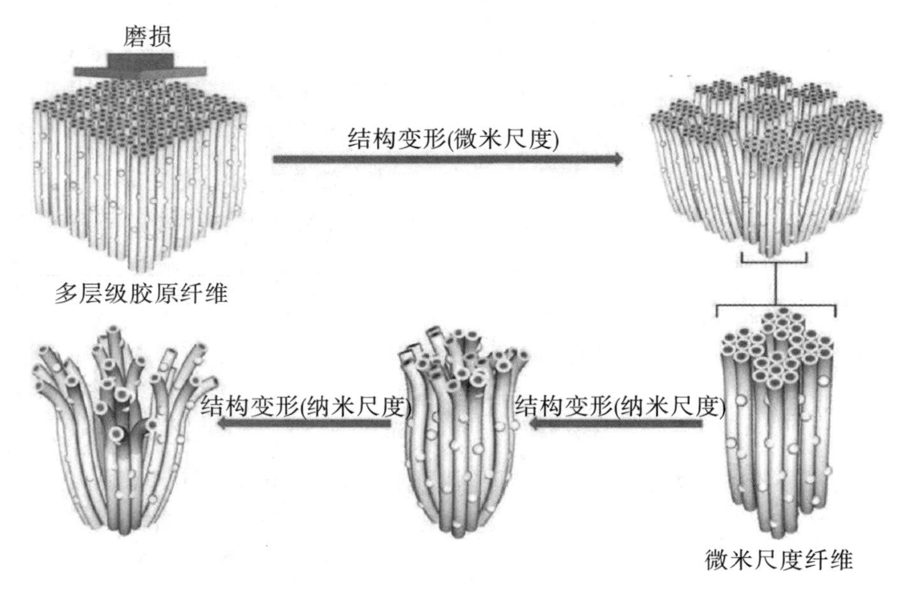

图 8.22　胶原纤维负载纳米 TiO_2 示意图

耐磨性能对于超疏水材料十分关键。利用聚二甲基硅氧烷（PDMS）替代乙烯基三乙氧基硅烷（VTEO），对沉积纳米 TiO_2 的胶原纤维肉面进行包覆，可成功制备静态接触角达 164.6°且耐磨损的超疏水胶原纤维膜。这种超疏水胶原纤维膜可对外部磨损做出多层级结构变化的响应，其微米和纳米尺度的多层级结构可通过改变聚集状态来修复被磨损的粗糙结构，从而表现出持久的超疏水性。这种耐磨的超疏水胶原纤维膜能在砂纸打磨、刀划等处理后，仍具有超疏水性能，且可在较宽的 pH 范围应用于油水分离，也适用于海水中油污的分离，重复使用 5 次以后，材料的分离效率仍超过 97%。

参考文献

Almeida P F，Almeida A J. Cross－linked alginate－gelatine beads：a new matrix for controlled release of pindolol [J]. Journal of Controlled Release，2004 (97)：431－439.

Almeida R F，Almeida A J. Pindolol－containing alginate－gelatinemicroparticles as an oral controlled release system [J]. European Journal of Pharmaceutical Sciences，2004 (23)：S51.

Arvanitoyannis I，Nakayama A，Aiba S. Edible films made from hydroxypropyl starch and gelatin and plasticized by polyols and water [J]. Carbohydrate Polymers，1998 (36)：105－119.

Ayalew L，Acuna J，Urfano S F，et al. Conjugation of paclitaxel to hybrid peptide carrier and biological evaluation in jurkat and A549 cancer cell lines [J]. ACS Medicinal Chemistry Letters，2017 (8)：814－819.

Babin H，Dickinson E. Influence of transglutaminase treatment on the thermoreversible gelation of gelatin [J]. Food Hydrocolloids，2001 (15)：271－276.

Balakrishnan B，Jayakrishnan A. Self－cross－linking biopolymers as injectable in situ forming biodegradable scaffolds [J]. Biomaterials，2005 (26)：3941－3951.

Banerjee P, Shanthi C. Cryptic peptides from collagen: a critical review [J]. Protein and Peptide Letters, 2016 (23): 664—672.

Chen K Y, Shyu P C, Chen Y S, et al. Novel bone substitute composed of oligomeric proanthocyanidins—crosslinked gelatin and tricalcium phosphate [J]. Macromolecular Bioscience, 2008 (8): 942—950.

Chen T H, Embree H D, Brown E M, et al. Enzyme—catalyzed gel formation of gelatin and chitosan: potential for in situ applications [J]. Biomaterials, 2003 (24): 2831—2841.

Chiellini E, Cinelli P, Fernandes E G, et al. Gelatin—based blends and composites. Morphological and thermal mechanical characterization [J]. Biomacromolecules, 2001 (2): 806—811.

Chiono V, Pulieri E, Vozzi G, et al. Genipin crosslinked chitosan/gelatin blends for biomedical applications [J]. Journal of Materials Science—materials in Medicine, 2008 (19): 889—898.

Coombes A G A, Verderio E, Shaw B, et al. Biocomposites of non—crosslinked natural and synthetic polymers [J]. Biomaterials, 2002 (23): 2113—2118.

Dong Z F, Wang Q, Du Y M. Alginate/gelatin blend films and their properties for drug controlled release [J]. Journal of Membrane Science, 2006 (280): 37—44.

Furusawa K, Terao K, Nagasawa N, et al. Nanometer—sized gelatin particles prepared by means of gamma—ray irradiation [J]. Colloid and Polymer Science, 2004 (283): 229—233.

Huang X, Kong X, Cui Y W, et al. Durablesuperhydrophobic materials enabled by abrasion—triggered roughness regeneration [J]. Chemical Engineering Journal, 2018 (336): 633—639.

Jin Y, Ji H P, Young W K, et al. Augmented peripheral nerve regeneration through elastic nerve guidance conduits prepared using a porous PLCL membrane with a 3D printed collagen hydrogel [J]. Biomaterials Science, 2020 (8): 6261—6271.

Khomutov L I, Lashek N A, Ptitchkina N M, et al. Temperature—composition phase diagram and gel properties of the gelatin—starch—water system [J]. Carbohydrate Polymers, 1995 (28): 341—345.

Kim S, Nimni M E, Yang Z, et al. Chitosan/gelatin—based films crosslinked by proanthocyanidin [J]. Journal of Biomedical Materials Research Part B—Applied Biomaterials, 2005 (75B): 442—450.

Kosmala J D, Henthorn D B, Brannon P L. Preparation of interpenetrating networks of gelatin and dextran as degradable biomaterials [J]. Biomaterials, 2000 (21): 2019—2023.

Larre C, Desserme C, Barbot J, et al. Properties of deamidated gluten films enzymatically cross—linked [J]. Journal of Agricultural and Food Chemistry, 2000 (48): 5444—5449.

Li Q, Wang Y, Xiao X, et al. Research on X—ray shielding performance of wearable Bi/Ce—natural leather composite materials [J]. Journal of Hazardous Materials, 2020 (398): 122943.

Liao X P, Ma H W, Wang R, et al. Adsorption of UO_2^{2+} on tannins immobilized collagen fiber membrane [J]. Journal of Membrane Science, 2004 (243): 235—241.

Liu C, Ye X, Wang X, et al. Collagen fiber membrane as an absorptive substrate to coat with carbon nanotubes—encapsulated metal nanoparticles for lightweight, wearable, and absorption—dominated shielding membrane [J]. Industrial & Engineering Chemistry Research, 2017 (56): 8553—8562.

Liu X H, Tang R, He Q, et al. Fe(Ⅲ)—immobilized collagen fiber: a renewable heterogeneous catalyst for the photoassisted decomposition of orange Ⅱ [J]. Industrial & Engineering Chemistry Research, 2009 (48): 1458—1463.

Liu X H, Tang R, He Q, et al. Fe(Ⅲ)—loaded collagen fiber as a heterogeneous catalyst for the photo—assisted decomposition of Malachite Green [J]. Journal of Hazardous Materials, 2010 (174): 687—693.

Ma J, Huang X, Liao X P, et al. Preparation of highly active heterogeneous Au@Pd bimetallic catalyst using plant tannin grafted collagen fiber as the matrix [J]. Journal of Molecular Catalysis A—Chemical, 2013 (366): 8—16.

MacDonald R A, Laurenzi B F, Viswanathan G, et al. Collagen—carbon nanotube composite materials as scaffolds in tissue engineering [J]. Journal of Biomedical Materials Research Part A, 2005 (74A): 489—496.

Machado A A S, Martins V C A, Plepis A M G. Thermal and rheological behavior of collagen—Chitosan blends [J]. Journal of Thermal Analysis and Calorimetry, 2002 (67): 491—498.

Mohamed K R, Mostafa A A. Preparation and bioactivity evaluation of hydroxyapatite—titania/chitosan—gelatin polymeric biocomposites [J]. Materials Science & Engineering C—Biomimetic and Supramolecular Systems, 2008 (28): 1087—1099.

Nakayama A, Kakugo A, Gong J P, et al. High mechanical strength double—network hydrogel with bacterial cellulose [J]. Advanced Functional Materials, 2004 (14): 1124—1128.

Panouille M, Larreta G V. Gelation behaviour of gelatin and alginate mixtures [J]. Food Hydrocolloids, 2009 (23): 1074—1080.

Poursamar S A, Lehner A N, Azami M, et al. The effects of crosslinkers on physical, mechanical, and cytotoxic properties of gelatin sponge prepared via in—situ gas foaming method as a tissue engineering scaffold [J]. Materials Science & Engineering C—Materials for Biological Applications, 2016 (63): 1—9.

Rodriguez M I A, Barroso L G R, Sanchez M L. Collagen: a review on its sources and potential cosmetic applications [J]. Journal of Cosmetic Dermatology, 2018 (17): 20—26.

Rokhade A P, Agnihotri S A, Patil S A, et al. Semi—interpenetrating polymer network microspheres of gelatin and sodium carboxymethyl cellulose for controlled release of ketorolac tromethamine [J]. Carbohydrate Polymers, 2006 (65): 243—252.

Seo K H, You S J, Chun H J, et al. In vitro and in vivo biocompatibility of gamma—ray crosslinked gelatin—poly (vinyl alcohol) hydrogels [J]. Tissue Engineering and Regenerative Medicine, 2009 (6): 414—418.

Shoulders M D, Raines R T. Collagen structure and stability [J]. Annual Review of Biochemistry, 2010, 78 (1): 929—958.

Sundaram J, Durance T D, Wang R Z. Porous scaffold of gelatin—starch with nanohydroxyapatite composite processed via novel microwave vacuum drying [J]. Acta Biomaterialia, 2008 (4): 932—942.

Tang R, Liao X P, Shi B. Heterogeneous gold nanoparticles stabilized by collagen and their application in catalytic reduction of 4—nitrophenol [J]. Chemistry Letters, 2008 (37): 834—835.

Wang R, Liao X P, Shi B. Adsorption behaviors of Pt(Ⅱ) and Pd(Ⅱ) on collagen fiber immobilized bayberry tannin [J]. Industrial & Engineering Chemistry Research, 2005 (44): 4221—4226.

Wang Y, Ding P, Xu H, et al. Advanced X—ray shielding materials enabled by the coordination of well—dispersed high—z elements in natural leather [J]. ACS Applied Materials & Interfaces, 2020, 12 (17): 19916—19926.

Ye X，Ke L，Wang Y. Polyphenolic－Chemistry－Enabled，mechanically robust，flame resistant and superhydrophobic membrane for separation of mixed surfactant - stabilized emulsions [J]. Chemistry：A European Journal，2018 (24)：10953－10958.

Ye X，Wang Y，Ke L. Competitive adsorption for simultaneous removal of emulsified water and surfactants from mixed surfactant－stabilized emulsions with high flux [J]. Journal of Materials Chemistry A，2018 (6)：14058－14064.

Ye X，Xiao H，Wang Y. Efficient separation of viscous emulsion through amphiprotic collagennanofibers－based membrane [J]. Journal of Membrane Science，2019 (588)：117209.

Ye Y C，Dan W H，Zeng R，et al. Miscibility studies on the blends of collagen/chitosan by dilute solutionviscometry [J]. European Polymer Journal，2007 (43)：2066－2071.

Yildirim M，Hettiarachchy N S. Properties of films produced by cross－linking whey proteins and 11S globulin using transglutaminase [J]. Journal of Food Science，1998 (63)：248－252.

Zhao F，Yin Y J，Lu W W，et al. Preparation and histological evaluation of biomimetic three－dimensional hydroxyapatite/chitosan－gelatin network composite scaffolds [J]. Biomaterials，2002 (23)：3227－3234.

Zhu D Y，Li X，Liao X P，et al. Immobilization of *Saccharomyces cerevisiae* using polyethyleneimine grafted collagen fibre as support and investigations of its fermentation performance [J]. Biotechnology & Biotechnological Equipment，2018 (32)：109－115.

鲍艳，马建中，李娜. MAA/AL/MMT纳米复合材料与胶原纤维的作用 [J]. 中国皮革，2009 (38)：26－29.

陈嘉川，谢益民，李彦春，等. 天然高分子科学 [M]. 北京：科学出版社，2008.

陈洁，廖学品，石碧. 含铬废革屑对水体中磷酸根的吸附性能研究 [J]. 中国皮革，2008，37 (15)：11－14.

陈胜武. 可吸收胶原蛋白缝合线在骨科手术缝合中的应用效果观察 [J]. 中国现代药物应用，2016 (10)：275－276.

成咏澜，张文华，廖学品，等. 以胶原纤维为模板制备多孔纤维状 SO_4^{2-}/TiO_2-ZrO_2 固体酸及其酯化催化性能 [J]. 化学研究与应用，2014 (26)：1066－1073.

成咏澜. 以胶原纤维为模板合成多孔纤维状 $PW/TiO_2-Al_2O_3$ 固体杂多酸及其催化性能研究 [D]. 成都：四川大学，2015.

程远梅. 胶原纤维固载钛对铀的吸附特性研究 [D]. 成都：四川大学，2012.

邓慧，廖学品，石碧. 胶原纤维负载金属离子对氟的吸附性能研究 [J]. 四川大学学报（工程科学版），2006 (3)：76－80.

邓慧，廖学品，石碧. 胶原纤维负载铈（CeCF）吸附水体中氟的研究 [J]. 皮革科学与工程，2006 (6)：9－14.

邓慧，廖学品. 胶原纤维负载锆（Ⅳ）吸附剂的制备及其吸附水中氟离子的研究 [J]. 工业用水与废水，2011 (42)：67－70.

邓慧，廖学品. 胶原纤维负载锆对废水中氟的去除 [J]. 化学与生物工程，2011 (28)：21－24.

狄莹，石碧. 植物单宁化学研究进展 [J]. 化学通报，1999 (3)：3－5.

丁克毅，刘军，Eleanor M B，等. 转谷氨酰胺酶（mTG）改性明胶可食性薄膜的制备 [J]. 食品与生物技术学报，2006 (4)：1－4.

丁伟. 天然多糖基醛鞣剂的制备及应用研究 [D]. 成都：四川大学，2016.

段宝荣，王全杰，侯立杰，等. 八种阻燃剂对皮革抗燃性的影响［J］. 中国皮革，2007（36）：20－23.

范浩军，石碧，段镇基. 蛋白质－无机纳米杂化制备新型胶原蛋白材料［J］. 功能材料，2004，35（3）：373－375，382.

方丽茹，翁文剑，沈鸽，等. 骨组织工程支架及生物材料研究［J］. 生物医学工程学杂志，2003，20（1）：148－152.

高党鸽，段徐宾，吕斌，等. 改性菜籽油/KH108－MMT 纳米复合加脂剂的表征与应用［J］. 中国皮革，2014（43）：13－17.

黄磊，王国明. 低值明胶酶解生产高附加值系列产品［J］. 明胶科学与技术，2010（30）：147－149.

焦利敏，廖学品，石碧. 胶原纤维固载铁对电镀废水中 Cr(Ⅵ) 的吸附［J］. 工业水处理，2008（9）：17－20.

李二凤，何小维，罗志刚. 胶原蛋白在食品中的应用［J］. 食品与药品，2006，8（3A）：57－59.

廖学品，陆忠兵，石碧. 皮胶原纤维对单宁的选择性吸附［J］. 中国科学，2003（3）：245－252.

廖学品，马贺伟，陆忠兵，等. 中草药提取物中单宁（鞣质）的选择性脱除［J］. 天然产物研究与开发，2004（1）：10－15.

廖学品，张米娜，王茹，等. 制革固体废弃物的吸附特性［J］. 化工学报，2004（12）：2051－2059.

廖学品. 基于皮胶原纤维的吸附材料制备及吸附特性研究［D］. 成都：四川大学，2004.

刘畅. 胶原纤维基吸收型电磁屏蔽材料的制备及性能研究［D］. 成都：四川大学，2019.

刘小红，陈向标，赖明河，等. 可吸收医用缝合线的研究进展［J］. 合成纤维，2012（41）：23－26.

陆爱霞，焦丽敏，廖学品，等. 胶原纤维固化铁（Ⅲ）吸附材料的制备及其吸附细菌［J］. 化工学报，2006（4）：886－891.

马贺伟，廖学品，王茹，等. 皮胶原纤维固化单宁膜的制备及其对水溶液中铅和汞的吸附［J］. 化工学报，2005（10）：1907－1911.

马骏，毛卉，廖洋，等. 以胶原纤维为炭源制备碳纤维负载钯纳米催化剂及其催化加氢特性［J］. 四川师范大学学报（自然科学版），2013（36）：97－101.

马骏. 胶原纤维接枝杨梅单宁负载纳米双金属催化剂的制备及其催化加氢特性研究［D］. 成都：四川大学，2013.

马志红，陆忠兵，石碧. 单宁酸的化学性质及应用［J］. 天然产物研究与开发，2003（1）：87－91.

秦小玲，刘艳红. 植物单宁在水处理中的研究与应用［J］. 工业水处理，2006，26（3）：8－11.

任俊莉，邱化玉，孙润仓. 阳离子改性明胶的特性及在纸浆中的应用［J］. 中国造纸，2005（10）：20－22.

石碧，狄莹. 植物多酚［M］. 北京：科学出版社，2000.

隋修武，王硕，李瑶，等. 胶原蛋白与壳聚糖可吸收缝合线成型的有限元分析与精确纺丝工艺参数控制［J］. 材料科学与工艺，2017（25）：84－91.

孙霞. 胶原－单宁树脂的制备及其对 UO_2^{2+} 的吸附特性研究［D］. 成都：四川大学，2011.

孙艳青，周钰明. 胶原/TiO_2 纳米复合红外低发射率材料的制备与表征［J］. 无机材料学报，2007，22（2）：227－231.

谈敏，李临生. 敷料与人工皮肤技术研究进展［J］. 化学通报，2000，63（11）：7－12，6.

陶凯忠，陈尔瑜，丁光宏. 胶原纤维的结构和生物力学［J］. 解剖科学进展，1998（4）：3－5.

万怡灶，王玉林，成国祥，等. 碳纤维增强明胶复合材料的性能研究［J］. 高分子材料科学与工程，2001（4）：86－89.

万怡灶，王玉林，成国祥. 碳纤维增强明胶（C/Gel）生物复合材料的溶胀动力学研究［J］. 复合材料学报，2002，19（4）：33－37.
王康建，陈达，刘兰. 功能皮革系列之阻燃皮革（3）[J]. 北京皮革（下），2013（1）：80－85.
王群，张素风，豆莞莞，等. 水解胶原蛋白在造纸工业中的应用研究 [J]. 中国皮革，2015（44）：25－28.
王茹，高文远，孔佳超. 胶原纤维固化杨梅单宁对Cr(Ⅵ）的吸附 [J]. 四川大学学报（工程科学版），2010（42）：102－106.
王茹. 胶原纤维固化杨梅单宁对金属离子的吸附研究 [D]. 成都：四川大学，2006.
王学川，任龙芳，强涛涛，等. 胶原蛋白的研究进展及其在化妆品中的应用 [J]. 日用化学工业，2005，35（6）：388－392.
王迎军，赵晓飞，卢玲，等. 角膜组织工程支架壳聚糖－胶原复合膜的性能 [J]. 华南理工大学学报（自然科学版），2006，34（8）：1－5.
王玉丽. 胶原在生物医学中的应用 [J]. 国际药学研究杂志，2002，29（2）：113－116.
吴邦耀，罗卓荆，孟浩，等. 胶原－明胶支架材料交联改性的制备及细胞毒性实验研究 [J]. 生物医学工程与临床，2007，6：420－425.
武继民，叶萍，孙伟健，等. 胶原海绵及其止血性能的研究 [J]. 生物医学工程学杂志，1998（1）：3－5.
肖玲，朱华跃，杜予民. 湿热处理对壳聚糖/明胶共混膜结构与抗水性能的影响 [J]. 武汉大学学报（理学版），2005（2）：185－189.
谢德明，施云峰，胶原支架材料的制备与表征 [J]. 暨南大学学报（自然科学与医学版），2006，27（3）：439－443.
徐林海，焦向阳，季正伦，等. 以胶原海绵为载体培养的人表皮细胞移植 [J]. 中国修复重建外科杂志，2001，15（2）：118－121.
许先猛，董文宾. 猪皮胶原多肽螯合钙增加大鼠骨密度 [J]. 食品科学，2017（38）：191－195.
叶晓霞. 皮胶原纤维基高性能乳液分离材料的可控构筑 [D]. 成都：四川大学，2019.
尹金雷，张甜甜，宿倩雪. OMMT－CEPPA Al 纳米复合阻燃剂的制备及其在皮革中的应用 [J]. 皮革科学与工程，2019，29（1）：29－34.
尹利端，石丽花，王立志，等. 水解胶原蛋白在保健食品和化妆品中的应用 [J]. 农业工程技术（农产品加工），2007（10）：17－20.
尤春，张振方，童昕. PVA/明胶/淀粉水凝胶的制备及性能 [J]. 塑料工业，2007，35（2）：47－49.
余国飞，但年华，但卫华. 阻燃皮革的研究进展 [J]. 西部皮革，2018（40）：60－65.
余家会，杜予民，郑化. 壳聚糖－明胶共混膜 [J]. 武汉大学学报（自然科学版），1999，45（4）：440－444.
余祖禹，肖玲，杜予民，等. 制备条件对壳聚糖－明胶不对称膜结构及性能的影响 [J]. 武汉大学学报（理学版），2003，49（6）：731－734.
张继伟，徐晶晶，刘帅霞，等. 环境友好絮凝剂在印染废水处理中的应用进展 [J]. 化工进展，2016（35）：2205－2214.
张凯，侯虎，彭喆，等. 鳕鱼骨明胶多肽螯合钙制备工艺及其在体外模拟消化液中的稳定性 [J]. 食品科学，2016（37）：1－7.
张琦弦，石碧. 基于胶原纤维的吸附分离材料研究进展 [J]. 化工进展，2014（33）：2235－2243.
郑学晶，秦树法，马力强，等. 剑麻纤维增强胶原基复合材料 [J]. 复合材料学报，2008，25（3）：12－19.
祝德义. 胶原纤维接枝聚乙烯亚胺及其对细胞的固定化研究 [D]. 成都：四川大学，2017.

第 9 章　植物多酚材料

9.1　植物多酚概述及材料化方法

9.1.1　植物多酚的概述

植物多酚（Plant polyphenol），传统上称为植物单宁（Vegetable tannins），是一类广泛存在于植物的叶、果实、根树皮等部位的多元酚化合物。除幼嫩的分生组织外，几乎所有的植物组织中都含有单宁，即使是染病组织和其他伤残植物组织都含有丰富的单宁。植物单宁作为植物的次生代谢产物，属于天然有机化合物。1796 年，法国化学家 Armand Seguin 首次提出“单宁”一词，用于指代槲树皮水浸提物中能使生皮转化成革及能使明胶沉淀的成分。随着研究的深入，1956 年，英国林业学家 Theodore White 将分子量在 500～3000 Da 范围内的具有鞣制作用的多元酚定义为单宁。为了进一步规定单宁的特征及范围，1962 年，Edgar C. Bate－Smith 给单宁提出了新的定义：单宁是分子量为 500～3000 Da 的能沉淀生物碱、明胶及其他蛋白质的水溶性酚类化合物。事实上，一些小分子量的多酚和分子量大于 3000 Da 的多酚也具有沉淀蛋白质的能力。1959 年，Tony Swain 通过色谱法分离出植物多酚中的代表——花青素，并深入开展了植物化学分离和鉴定工作。1981 年，英国化学家 Edwin Haslam 根据 Edgar C. Bate－Smith、Tony Swain 和 Theodore White 的早期建议，提出了植物多酚的第一个系统的综合定义——White－Bate－Smith－Swain－Haslam（WBSSH）定义，其中包括所有具有鞣制性能的酚类共有的特定结构特征，并将植物单宁改称为植物多酚（Plant polyphenol）。新的名称有利于从分子水平上研究这类化合物的性质和特征。随着植物多酚与蛋白质、多糖、生物碱、微生物、酶、金属离子的反应活性及抗氧化、捕捉自由基、衍生化反应等一系列化学行为被依次揭示，这类天然产物广阔的应用前景被逐步开发，并将其应用于天然产物化学、生物化学、医药、食品、饲料及日用化学品等多个行业。

9.1.2　植物多酚的分类

种类繁多的植物多酚可根据其化学结构、来源和用途等进行分类。由于人们最初研究的植物多酚主要为单宁，因此，K. Frendenberg 于 1920 年按照单宁的化学结构特征将其分为水解类单宁（棓酸酯类多酚）和缩合类单宁（黄烷醇类多酚或原花色素）两大类（表 9.1），并一直沿用至今。水解类单宁是棓酸及其衍生物与葡萄糖或多元醇通过酯键形成的化合物，在酸、碱、酶的作用下不稳定，易于水解（如五倍子单宁）；而缩合类单宁是以黄烷醇为基本结构单元的缩合物，分子中的芳香环均以 C—C 键相连，不易水解，在强酸性条件下缩合成不溶于水的物质。这两类单宁的化学组成和键合方式不同，造成这两类多酚在结构特征、化学反应及研究方法上都有很大的区别。

表 9.1　植物多酚（单宁）的结构特征

水解类单宁		缩合类单宁	
棓酸		黄烷	
鞣花酸		黄烷－4－醇	
D－葡萄糖残基		黄烷－3,4－醇	

此外，按照植物多酚结构单元组成特征，可将植物多酚分为 $C_6 \cdot C_1$，$C_6 \cdot C_2$，$C_6 \cdot C_3$，$C_6 \cdot C_2 \cdot C_6$，$C_6 \cdot C_3 \cdot C_6$ 等类。C_6 代表一个芳香环，C_1，C_2 或 C_3 代表脂肪族的一碳、二碳或三碳链。其中，$C_6 \cdot C_1$ 类植物多酚的分子骨架由 1 个芳环与 1 个脂肪族C 原子组成，如香草酸、丁香酸、对羟基苯甲酸、原儿茶酸、水杨苷类化合物、棓酸等。水解类单宁是棓酸及其氧化偶合产物的酯，属于 $C_6 \cdot C_1$ 型酚类化合物。$C_6 \cdot C_2$ 类植物多酚的代表是羟基苯乙酮类化合物。$C_6 \cdot C_3$ 类植物多酚有羟基肉桂酸（咖啡酸、芥子酸）及其酯与苷、香豆素类等。$C_6 \cdot C_2 \cdot C_6$ 类植物多酚主要是羟基芪类化合物。$C_6 \cdot C_3 \cdot C_6$ 类植物多酚主要包括黄酮类化合物、黄酮苷、黄烷酮苷等。其中，原花色素型的缩合类单宁是黄烷醇的聚合物，属于 $C_6 \cdot C_3 \cdot C_6$ 型酚类化合物。

水解类单宁或聚棓酸酯类多酚的主要特征包括：分子内具有酯键；通常是以一个多元醇为核心，酯键与多个酚醛酸相连接而成；属于 $C_6 \cdot C_1$ 型酚类；在酸、碱、酶的作用下不稳定，易于水解。根据水解后产生多元酚羧酸的种类，水解类单宁可分为：①棓单宁，水解产生没食子酸（棓酸）；②鞣花单宁，水解产生鞣花酸或其他与六羟基联苯二酸有生源关系的物质。所有水解类单宁都是植物体内棓酸的代谢产物，均属于棓酸或与棓酸有生源关系的酚羧酸与多元醇形成的酯。目前，已发现作为多种以多酚分子为核心的多元醇，如葡萄糖、金缕梅糖、果糖、木糖、奎尼酸、莽草酸、原栎醇等，其中最常见的为D−葡萄糖，特别是对于鞣花单宁，其核心结构基本上为D−葡萄糖。

公认的上述结构类型的分类远远不能赋予植物多酚家族清晰的定义。根据IUPAC化合物的正式命名规则，邻苯二酚、间苯二酚、邻苯三酚和间苯三酚（所有二羟基和三羟基苯衍生物）都被定义为“酚”。许多此类植物衍生的一元酚类物质都常被称为“多酚”，如源自橄榄的抗氧化剂羟基酪醇。化学术语“苯酚”的含义包括芳烃环及其羟基取代基。因此，术语“多酚”在严格的化学意义上，也应限制为带有至少两个酚基的结构。但是这种纯粹基于化学的（多）酚定义还需要额外的限制，这是因为各种生物合成来源的许多天然产物都包含一个以上的酚单元，例如某些萜类化合物。

9.1.3 植物多酚的物理、化学和生物性质

从植物多酚最基本的结构表达到进一步的化学转化和复杂的寡聚和聚合等加工，其都表现出独特的生物、物理和化学特性，使得植物多酚成为独特的天然产物。植物多酚具有多种功能，包括植物对微生物病原体和食草动物的抗性、对太阳光辐射的防护，这可能是早期陆生植物进化及繁殖、营养和生长的决定性因素。

苯酚官能团以其最基本的结构形式，即带有羟基的苯环构成两亲部分，该两亲部分将其平面芳香核的疏水特性与其极性羟基取代基的亲水特性结合起来，作为氢键供体或受体。疏水相互作用，$\pi-\pi$堆积和氢键的形成看似无关，但通常这几种相互作用能在植物多酚与其他生物分子发生物理相互作用时形成互补效应。此外，植物多酚中大量存在的邻苯二酚或联苯三酚基团可与金属离子发生配位反应，这一重要反应是植物色素沉积的基础，也是植物通过土壤吸收植物生长必备阳离子（如Ca^{2+}、Mg^{2+}、Mn^{2+}、Fe^{2+}、Cu^{2+}）的化学基础。此外，与苯在254 nm处吸收峰值相比，苯酚的吸光度会红移至270 nm，而植物多酚中的邻苯二酚或连苯三酚基团进一步使吸收最大值在UV−B辐射光波范围（280～320 nm）内移动。因此，酚类的代谢产物可保护DNA免受太阳辐射的破坏。基于以上多种植物多酚表现出的独特的生物、物理和化学特性，植物多酚可以发生以下多种结合作用。

9.1.3.1 植物多酚与无机盐的相互作用

植物多酚对无机盐高度敏感，主要原因包括以下两个方面：一是静电作用，二是金属离子络合作用。前者主要是一个物理过程，通过无机盐的脱水和盐析促进多酚溶液或胶体的沉淀；后者主要是一个化学过程，植物多酚中的多个邻位酚羟基可以作为一种多基配体与金属离子发生络合反应，形成稳定的五元环螯合物。由于植物多酚配位基团多、络合能力强、络合物稳定，大部分金属离子与植物多酚络合后都形成沉淀。在这个反应的同时还可能发生氧化还原和水解及配位聚合等其他反应。植物多酚与大多数金属离子无机盐都可以发生显著的络合，分子量较大的植物多酚的络合能力要比小分子植物多酚的络合能力强。这一特性不仅可以用于植物多酚的定性定量检测，而且还是多酚在水处理、皮革鞣制、木材防腐、植物多酚−金属网络界面修饰等多种应用上的物理化学

基础。

1. 静电作用

以单宁为代表的植物多酚通常以胶体的形式存在于溶液中。该多酚胶束随着电解质的加入会发生去电荷、去溶剂化作用，使得植物多酚发生沉淀析出。例如，中性盐可使植物多酚溶液发生盐析，使植物多酚的溶解性下降，即感胶化作用。感胶离子顺序是各种离子加入胶体溶液时发生沉淀能力的次序。但是，由于植物多酚与金属离子之间还能发生其他相互作用（如络合作用等），因此许多离子的盐析能力并不完全符合它们的感胶离子顺序。例如，NaBr 和 $Ca(NO_3)_2$ 等无机盐的加入可能不仅不能使单宁盐析，反而使其沉淀分散甚至溶解。盐析作用与无机盐的用量有很大关系。当单宁胶体溶液中加入少量的中性盐（如 NaCl），并不会发生沉淀，随着盐量逐渐加大，粒径较大的胶粒先失去稳定性而析出，随后较小粒径的植物多酚胶粒也陆续析出，但仍有一部分单宁不被析出。中性盐对植物多酚胶体的盐析程度除与盐离子有关外，主要还取决于植物多酚的浓度和种类。值得关注的是，植物多酚的浓度越高，越容易盐析。

某些无机盐（如 NaCl、KCl、$MgCl_2$、$BaCl_2$ 等）可以降低单宁在水中的溶解性，促进单宁的沉淀。但这些无机盐的加入并不引起单宁紫外吸收峰的位移，因此，可以认为单宁的这种沉淀现象是一个物理过程，与化学反应或分子络合无关。采用紫外分光光度法可以测定单宁在盐溶液中的溶解度，高浓度盐溶液的加入使单宁溶液的紫外吸收峰值降低，且随着盐浓度的增加，紫外吸收峰值降低得更多。对于整个单宁分子而言，由于无机离子的强烈水合作用，使原来高度水合的单宁分子发生脱水作用，产生聚集沉淀。同时，中性盐的加入会使溶液中的单宁分子排列发生变化。在水溶液中，单宁分子内和分子间的疏水基团有一定程度的聚集，但还不足以使其产生沉淀。在盐溶液中，由于带正电荷的无机离子与疏水基有强烈的排斥作用，单宁分子内和分子间疏水基团的聚集会进一步加强，从而使单宁分子沉淀的概率更大。

2. 金属离子络合作用

植物多酚中大量的酚羟基可以与大多数三价的金属离子和过渡金属离子发生配位络合。一般与金属离子的络合主要发生在植物多酚分子中两个相邻的酚羟基上，特别是棓酸酯类多酚的棓酰基和黄烷醇类多酚的 B 环，在邻苯二酚和金属离子之间形成稳定的五元螯合环。植物多酚的酚羟基一般是以离子态的氧负离子与金属离子络合，未离解的酚羟基虽然也可以配位，但其稳定性比离解的氧离子差得多。因此，植物多酚的络合可以看成由两步反应组成，即首先使酚羟基离解，其次氧负离子作为配体与金属离子配位。

虽然理论上每一个酚羟基都可以参与配位，但实际表明植物多酚分子中的酚羟基的配位能力并不是均等的。在配位化学中，配体的配位能力与其加质子常数密切相关。在中央离子一定时，配位原子相同的配位体的加质子常数的大小顺序往往与金属离子的相应络合物的稳定常数的大小顺序一致。在一定的 pH 条件下，各种金属离子对植物多酚的络合稳定性一般均符合经典的尔文－威廉姆士顺序，即 $Ca^{2+} < Mn^{2+} < Zn^{2+} < Cu^{2+} < Fe^{2+}$。随着 pH 的升高，配合形式逐渐由单配体转变为二配体甚至三配体。但是，在较高 pH 条件下，络合作用与金属离子的水解、配位聚合反应同时发生，因此产物中还有

双核或多核的配合物存在。并且，随着 pH 的继续升高，植物多酚易被氧化成醌，失去酚氧基配体，与此同时，金属离子的水解反应活性更高，生成氢氧化物沉淀，使配位键断裂。

以单宁与金属铁离子的络合为例，单宁酚羟基是以一个离子态的氧负离子及一个酚羟基与 Fe^{3+} 络合，或以两个离子态的氧负离子与 Fe^{3+} 络合，形成二价或一价的正络离子。在酸性条件下，形成单配体络合物，在 pH 为 4～6 时形成二配体络合物，在碱性条件下形成三配体络合物。植物多酚以其两个邻位酚羟基以单离解或双离解的形式进入水合铁离子内界，取代水分子形成单配体的络合物。随着 pH 的提高，形成双取代的二配体 FeL_2^- 及三取代的 FeL_3^{3-}，发生这种结构改变的 pH 范围与植物多酚结构有关（图 9.1）。与此同时，在高 pH 条件下，单宁多酚易被氧化成醌，失去酚氧基配体，与形成三取代 FeL_3^{3-} 络合物呈竞争关系。除此之外，单宁的分子结构、分子量、质量比等也都会影响络合反应的程度。

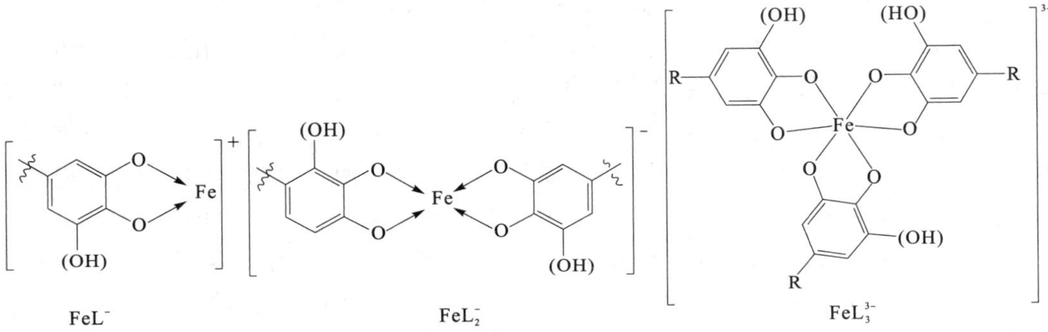

图 9.1　植物多酚—铁离子络合物

9.1.3.2　植物多酚—蛋白质反应

植物多酚与蛋白的作用是众多植物多酚的特性中最主要的特征，并广泛存在于自然界中。尽管植物多酚最初用于制革是利用其与蛋白质反应的特性，但是由于人们对化学反应的认知受限，并不知道其作用原理。此外，咀嚼含有植物多酚的食材时，因为植物多酚与唾液蛋白结合会产生涩味的感觉，所以植物多酚与蛋白质结合的性质又称为涩性或收敛性。因此，植物多酚作为植物的次生代谢物，其涩味使植物免于受到动物的噬食和微生物的腐蚀，构成植物的一种自我防御机制。

通过从分子结构水平研究植物多酚—蛋白质反应，对反应机理和模式的认识逐渐加深，目前得到公认的植物多酚—蛋白质反应机理是疏水键—氢键多点键合理论。由于反应体系的复杂性，植物多酚—蛋白质反应的本质还需要更深入地研究，以进一步了解控制植物多酚—蛋白质复合（和沉淀）的物理化学基础。同时，探明植物多酚的收敛作用，了解多酚与蛋白质的结合如何影响它们的生物活性。

1. 植物多酚—蛋白质反应的模式

植物多酚对蛋白质的沉淀可以认为是一个表面现象，该沉淀可以分为两步：植物多酚先在蛋白质表面结合，然后在蛋白质分子间形成多点交联，最终导致沉淀。在植物多酚与蛋白质的反应中存在三种结合模式（图 9.2）。当溶液中蛋白质的浓度较低时，大量植物多酚分子与蛋白质表面结合形成单分子的疏水层。当结合的植物多酚分子达到一定量，使蛋白质表面的疏水性达到一定程度，蛋白质的沉淀随之发生。如果继续增加蛋白质的浓度，由于溶液中蛋白质的比例增加，植物多酚在蛋白质之间产生了交联，即蛋白质分子被植物多酚分子连接成聚集体，其结果是蛋白质更易沉淀，但能够供植物多酚分子结合的表面积降低，因而随蛋白质一起沉淀的植物多酚减少。因此，植物多酚的高沉淀率出现在蛋白质浓度较低的范围，而蛋白质浓度较高时，植物多酚的沉淀率反而减低。即使是低分子多酚类及简单酚（如邻苯三酚和间苯二酚），当在水中的浓度足够大时，也可在蛋白质表面形成疏水层而使蛋白质沉淀（1 mol/L 的邻苯三酚能使 3×10^{-5} mol/L 的血清蛋白沉淀出来）。

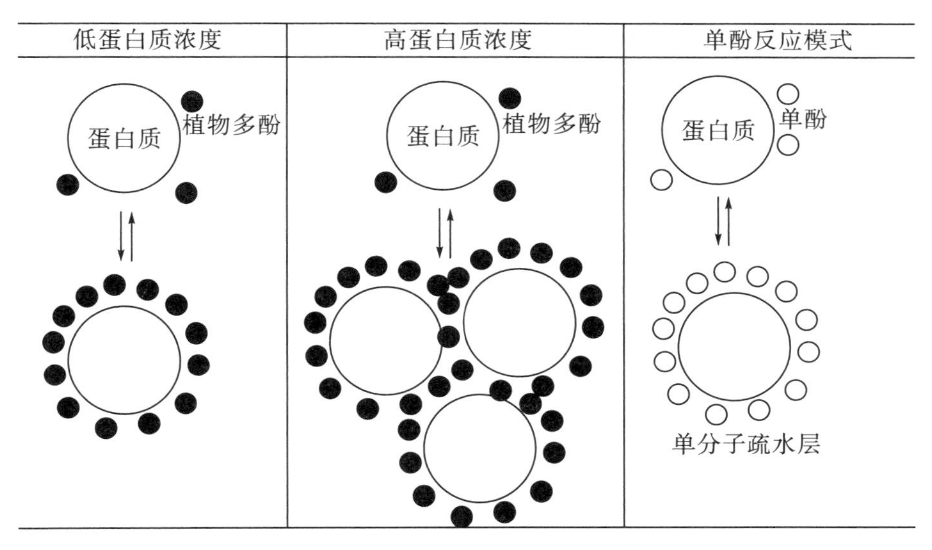

图 9.2　植物多酚与蛋白质的结合模式

另外，从图 9.2 中可以看出，大分子量植物多酚与小分子酚类化合物在同蛋白质反应模式中的区别在于：植物多酚可以按多点结合的形式在蛋白质分子间形成交联。植物多酚（尤其是单宁）的化学结构特点（分子量大、反应基团多）是产生这种模式的内在原因。测定植物多酚蛋白质复合物的分子大小可以证实这种交联的发生。

2. 影响植物多酚－蛋白质结合的因素

植物多酚－蛋白质的结合是一个复杂的可逆平衡反应。反应物的分子比例、溶剂及其 pH、离子强度、反应温度和时间都对反应平衡有影响。植物多酚与蛋白质以多点交联的形式进行结合时，两者的分子结构、结合方式和复合物的稳定性才是结合反应的决定性因素。

（1）植物多酚分子结构的影响。

植物多酚和蛋白质之间相互作用的性质和程度多数取决于植物多酚的化学结构和相关的物理性质。黄烷醇的半胱氨酸化能够与蛋白质络合甚至沉淀。糖核的立体化学也可产生重大影响，与天然 β 非对映异构体相比，其对牛血清蛋白的亲和力明显更高。

植物多酚分子量的大小，即分子尺寸是植物多酚与蛋白质结合能力的决定因素。植物多酚若要有效地沉淀蛋白质，以蛋白质－植物多酚－蛋白质的形式产生结合物沉淀，这要求植物多酚具有一定的分子尺寸。同时，因为分子量的增大，酚羟基的数目增多，增加了植物多酚与蛋白质之间的反应基团和反应可能性。

植物多酚分子上基团的不同对其与蛋白质的结合能力也有影响。如棓酰基（G）和六羟基联苯二酰基（HHDP）造成棓单宁和鞣花单宁收敛性的差异。对于缩合单宁，分子结构中羟基数目越多，相对涩性 *RA* 值越大。如多聚原翠雀定＞多聚原花青定＞多聚原刺槐定＞多聚原菲瑟定。因此，并不是所有缩合单宁的聚合度大、分子量大，收敛性就越强。如槲树皮和荆树皮单宁（以聚菲瑟定为主）的聚合度比高粱单宁（以聚原花青定为主）大，但其沉淀血清蛋白的能力反而小。

植物多酚－蛋白质反应需在水溶液中进行，不溶解于水的植物多酚不具有沉淀蛋白的能力。但是，植物多酚的水溶性往往与蛋白质结合能力成反比关系，在水中低溶解性的植物多酚对蛋白有较强的结合能力。

（2）蛋白质分子结构的影响。

植物多酚－蛋白质的结合反应中，除了不同的植物多酚对同一蛋白质有选择性，不同的蛋白质对同一植物多酚也显示了选择性，且蛋白质对植物多酚的亲和性存在强弱之分。可以归纳为：氨基酸残基中脯氨酸或其他疏水性氨基酸含量高的蛋白质对植物多酚的亲和力强；蛋白质分子量越大，对植物多酚的亲和力越强；结构较松散的蛋白质与植物多酚的结合力强。所有的植物多酚对卵清蛋白的结合性都很差，因为卵清蛋白是一种结构紧密的球蛋白，其亲水基分布于分子表面，疏水基藏于分子内部。但也有一些特殊性的蛋白不遵从这一规律，如唾液蛋白中一种不含脯氨酸的小分子量蛋白比富含脯氨酸的蛋白沉淀单宁的能力强。

（3）植物多酚与蛋白质分子比的影响。

对于大多数蛋白质而言，植物多酚与蛋白质的结合状态在很大程度上取决于两种反应物的分子比。当反应体系中多酚的量固定，在一定范围内，沉淀物随着蛋白质的增加而增加，但当达到最大沉淀量时，再加大蛋白质的量，沉淀逐渐减少，最终达到稳定值。从反应溶液的紫外吸收谱图中多酚在 280 nm 处的吸收“红移”现象可说明可溶性的蛋白质－植物多酚结合物的生成。

（4）有机溶剂的影响。

对植物多酚与蛋白质的研究一般都在水体系中进行。有机溶剂是结合反应有效的抑制剂。例如，胶原在丙酮、甲醇、乙醇中对植物多酚的吸附量很少，而在水中的结合量却很大。脱鞣现象也可以说明有机溶剂对植物多酚与蛋白质结合的影响。结合了植物多酚的胶原放在有机溶剂－水混合液中，植物多酚又会游离出来，此现象称为脱鞣。

（5）pH 的影响。

溶液的酸碱性对植物多酚－蛋白质反应程度有很大的影响，每种蛋白质都有其最适宜的植物多酚沉淀点 P_{max}。往往在其等电点附近 1 个 pH 的范围内沉淀出的植物多酚的量最大。植物多酚沉淀蛋白质的结合反应可以分为两步：首先是植物多酚分子在蛋白质表面的结合，然后植物多酚在蛋白质分子内和分子间形成交联，使结合产物聚集成更大的结构，最终导致沉淀。第二步发生的程度取决于植物多酚－蛋白质之间交联的作用力是否大于蛋白质分子间可能存在的静电斥力。由于蛋白质在其等电点（pI）的静电斥力最小，因此从这个观点看，植物多酚最易沉淀蛋白质的 pH 应该在其等电点附近。有人认为在较高 pH 时，由于植物多酚酚羟基的电离而导致与蛋白质反应的氢键结合减少使沉淀物减少。应该注意的是，大多数蛋白质的 P_{max} 都远远低于缩合单宁的 $pK_a=9.9$。当体系的 pH 低于 9.9 时，植物多酚的酚羟基并不能离解，仍能与蛋白质发生氢键结合，而不会产生静电斥力，植物多酚便不是静电斥力的主要原因，因此，沉淀物随 pH 升高而迅速减少，原因在于蛋白质基团离解所带来的静电斥力。

（6）无机离子的影响。

植物多酚－蛋白质反应很明显受到盐效应的影响。通常的情况下，无机盐都可促进结合反应向沉淀的方向发展。无机离子主要通过增加植物多酚、蛋白质的疏水作用而促进沉淀反应物的生成。这种作用与无机盐降低蛋白质在水溶液中的溶解性有着相同的原因。植物多酚－蛋白质体系中这些离子可与蛋白质、植物多酚中大量的酚羟基和羧基形成配位键，进一步加强相互间的交联作用而促进沉淀的产生。

3. 植物多酚－蛋白质反应的分子机理

由于植物多酚和蛋白质结构复杂，加上植物多酚多以混合物的形式存在，这给从分子水平研究植物多酚－蛋白质反应的结合方式和结合部位带来极大的困难。通常认为，疏水作用是缔合的主要原因，然后通过氢键进一步稳定。然而，一些研究人员认为，缔合的主要驱动力是由脯氨酸残基的羰基和酚羟基之间的氢键控制的。无论如何，大的（低聚的）植物多酚以多齿的方式可同时与几个脯氨酸位点结合，一旦结合，甚至可能自缔合，从而引起植物多酚－植物多酚－蛋白质复合物的沉淀。

如前所述，植物多酚与蛋白质在一般条件下的结合是可逆的。碱、有机溶剂可以将沉淀复合物解析为原植物多酚和蛋白质，也可以使植鞣革脱鞣。这说明植物多酚与蛋白质之间并不以共价键发生牢固的结合，而是以弱键的方式结合。同时，植物多酚－蛋白质的结合是一种多点交联的模式，这种交联使复合物的耐蛋白酶水解和耐湿热稳定性都得到提高。虽然水洗能大量除去因物理吸附作用结合的植物多酚，但不能使热稳定性下降很多。因此可以看出，植物多酚与蛋白质的结合并不仅仅只是植物多酚在胶原纤维间简单的物理吸附，而是发生了氢键、盐键、疏水键、范德华力等非共价键键合。最早的关于结合方式的观点是静电吸附理论。该理论认为，结合是带负电荷的植物多酚与胶原的正电性基团发生静电吸引而导致的。但是研究表明，虽然在 pH 为 3～5 的环境中，胶原（pI 为 5.2）带正电，此时植物多酚并不发生离解；从电泳也可以得知，植物多酚溶液不带负电荷。对于缩合类单宁，即使当 pH 达到 7 时，鞣制（此时蛋白质带负电）仍不影响成革的热稳定性。植物多酚使蛋白质最大量沉淀是发生在蛋白质的等电点附近，此时蛋白质不带电荷。因此，我们可以认为，静电吸附不是植物多酚－蛋白质反应的主要方式。

（1）多点氢键理论。

多点氢键理论提出氢键是植物多酚与蛋白质的主要结合方式。由于植物多酚中含有众多酚羟基、醇羟基、醚基，和蛋白质中诸多基团发生氢键结合，且氢键结合的位点远多于其他键合方式。多点氢键理论的提出是揭示植物多酚－蛋白质反应机理过程极为重要的一步。随着研究工作的深入，疏水键合理论的进一步提出使植物多酚－蛋白质反应的分子机理得到较完善的解释。

（2）氢键－疏水键协同理论。

植物多酚的酚羟基和苯环赋予植物多酚同时具有亲水性和疏水性。植物多酚－蛋白质结合反应是两者间多点疏水键和氢键共同作用的结果。植物多酚对蛋白质的结合主要发生在其表面，其过程可以分为两步：首先，含疏水基（如棓酰基）的植物多酚分子以疏水反应形式进入蛋白质的疏水区；其次，植物多酚的酚羟基与蛋白质的极性基（主要是肽基，此外还有胍基、羟基、羧基等）发生两点氢键结合，酚羟基作为氢键 H 供体，肽基上的羰基氧和氮作为 H 受体，植物多酚的各酚羟基之间有协同性。疏水键和氢键的同时作用使植物多酚－蛋白质反应进一步加强。此后，植物多酚以多点结合的方式在蛋白质分子间形成疏水层，使蛋白质分子聚集，最终导致沉淀。植物多酚在这种结合方式中的有效性来自其合适的分子尺寸，以及可与蛋白质发生稳定的多点结合能力。在这种相互结合中，植物多酚分子起到多键配体的作用，而与其相对应的蛋白质分子称之为多键受体。

植物多酚－蛋白质结合反应是分子识别机理的一个典型例子。分子识别反应受到配体和受体两方面组成、结构和构型等各因素的影响。分子识别有三种类型："夹子－锯齿"模型基本上是静态的，要求受体和配体的高度吻合性；"锁钥"模型与反应时间有关，但对反应物的要求也需要精确吻合；而植物多酚－蛋白质反应属于"手－手套"模型，这种类型同时具有热力学和动力学特点，要求匹配的配体和受体有可变形性，以有利于达到两者间稳定的多点结合，而这种结合往往显示明显的协同效应。植物多酚－蛋白质反应对两个反应物都显示了分子结构选择性，但一般分子量大、反应基团多、分子构型可变性大者可达到稳定结合，这是反应的决定因素。与此同时，反应体系的分子比例、时间、温度、溶剂、酸碱性、离子浓度均作为动力学因素而影响着反应的进行。

4. 植物多酚与蛋白的不可逆结合

多数情况下，植物多酚与蛋白质结合是可逆的，但某些外界因素（如氧、金属离子和酸）使接近的两个分子可能产生共价键连接，形成不可逆结合。

例如，在酶、高价态金属离子或碱性溶液中，植物多酚易被氧化，形成非常活泼的邻醌。多聚原花色素在酸的催化下，黄烷间连接键断裂形成正碳离子。邻醌和正碳离子都是高亲电中心，很容易与蛋白质分子中的亲核基团（$—NH_2$，—SH）形成共价键结合。这种不可逆结合广泛存在于自然界，如水果和水果汁、茶叶和可可加工过程中的酶褐变和非酶褐变，啤酒中永久浑浊的形成，红葡萄酒陈放过程中色泽和涩味的变化，有机体在土壤中形成植酸的过程，植物组织由于自我保护抵御外来侵袭而产生的坏死等。

9.1.3.3 植物多酚与生物碱、多糖、花色苷的复合

与植物多酚－蛋白质结合类似，植物多酚还可以与生物碱、花色苷以及多糖、磷脂、核酸等多种天然化合物发生复合。这些反应都属于分子识别的结合机制，要求植物多酚和各种底物（蛋白质、生物碱、多糖、花色苷）在结构上互相适应且互相吻合。例如，通过氢键－疏水键形成复合产物，多数情况下这种复合反应是可逆的。

1. 植物多酚－生物碱复合

植物多酚可以与多种生物碱（如咖啡因、小檗碱、罂粟碱、马钱子碱、奎林和甲基蓝染料等）生成沉淀。与生物碱的沉淀反应也是一种植物多酚的定性方法。这种反应与植物多酚－蛋白质反应非常相似，都是可逆的。生物碱可有效地同蛋白质竞争与植物多酚的结合。例如，用生物碱可以解析很多种蛋白质－多酚沉淀结合物，使蛋白质在保持活性的条件下再生。

在各种嘌呤和嘧啶杂环化合物中，咖啡因对多酚的结合是最强的。其分子结构具有与肽键类似的骨架，因而常被作为蛋白质结构拟物。由于咖啡因的结构特殊性，在生物碱－植物多酚的研究中一般用它作为研究模型。

对植物多酚－咖啡因结合物晶体的 X 射线衍射谱图进行分析，结果肯定了氢键和疏水键在结合中的重要性。植物多酚－咖啡因结合物通常具有层状晶体的结构。咖啡因分子与植物多酚分别在基本平行的层中交替出现，层间的间隔为 3.3～3.4 Å。当植物多酚为没食子酸甲酯时，同平面中的酚羟基与咖啡因分子中的两个氨基酮和碱性的 9 位 N 与强烈的氢键结合。这种结合进一步加强了层状堆积结构。晶格层中极性的咖啡因和植物多酚具有一定的相对取向。一个分子的极性基团与另一个分子的可极性化基团之间的电荷转移结合和一般弱键结合都可称为“极化结合”。对于这种弱作用非共价结合，可以认为是一种反应物的可极化基团与另一种反应物的可极化区域相接触的结果。如图 9.3 所示，对于生物碱，其分子中都含有极性键和正电性原子。因此，在各种植物多酚－咖啡因的结合反应中，极化的咖啡因与极化的酚以极性互补的方式复合，酚环和酚羟基通常层叠在咖啡因分子的六元环上。

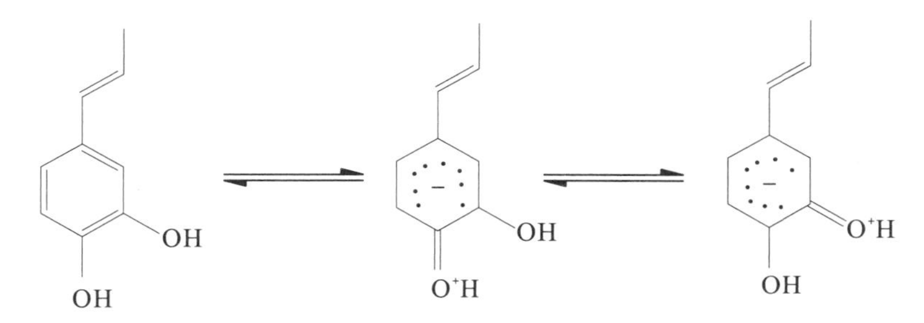

图 9.3　植物多酚和咖啡因分子的极化示意图

2. 植物多酚－多糖复合

目前，已知精确结构和分子量的水溶性多糖较少，因此植物多酚－多糖复合的相关定量研究和理论较少。植物多酚与多糖之间的复合反应也是分子复合反应的一种，虽然机理不完全清楚，但疏水键和氢键无疑在结合方式中起到重要作用。对多糖复合的研究是从糊精开始的，具有芳环的化合物对糊精具有亲和性。直链线状的糊精与植物多酚的结合非常弱，但是环糊精等多糖具有疏水性的孔穴或螺旋结构，使其具备与植物多酚强烈结合并使之沉淀的能力。

多糖，特别是带有疏水腔二级结构的多糖可以有效地调整蛋白质对植物多酚的结合反应。在植物多酚－蛋白质反应一节中，我们可以看到，k 型酪蛋白虽然较 α 型酪蛋白脯氨酸含量高，但因前者分子中含有糖，植物多酚对其最大沉淀量反而更少。因此，多糖是植物多酚－蛋白质沉淀反应有效的抑制剂。多糖使植物多酚－蛋白质反应沉淀的减少是多种因素共同作用的结果。主要的因素是多糖通过对植物多酚的结合，使植物多酚蛋白质三维网状结构松弛甚至散开，或者形成多糖－植物多酚－蛋白质三元复合物，植物多酚作为桥键连接多糖和蛋白质，这种结构更亲水，从而不易发生沉淀。

3. 植物多酚－花色苷复合

天然色素花色苷是花瓣具有鲜艳颜色的原因。它是含糖基的黄烷醇的黄烷盐，通常只有在强酸性介质中才能保持稳定。但是，花瓣细胞在正常情况下只显弱酸性，如果只有花色苷，花瓣不可能形成稳定的颜色，实际上植物多酚是与花色苷共存的。植物多酚通过与花色苷形成分子复合物，使花色苷稳定性提高，这种复合作用使花色苷对光的吸收在可见光区表现出明显红移，吸光系数也增大。这就是植物多酚的辅色作用。

9.1.3.4 植物多酚对酶和微生物的作用

植物多酚对生物大分子（如蛋白质、多糖）的结合特性以及与金属离子的络合特性等化学性质使其具有多种生物活性，这些生物活性体现在植物多酚对酶的抑制作用上。植物多酚对微生物的毒性也是生物活性的一个实例。抑菌性与酶抑制性有相当大的关系。植物多酚的酶抑制和抑菌作用最为突出，主要原因在于植物多酚所特有的分子结构和蛋白质结合能力。

1. 植物多酚对酶的抑制作用

植物多酚对酶促反应的抑制作用可能是几种因素共同作用的结果：首先，作为生物催化剂的酶，其化学本质是蛋白质，与一般的蛋白质（如血清蛋白和明胶）一样，酶也可以与植物多酚结合生成可溶或不可溶的结合物。酶－植物多酚结合物较酶的构形有所改变，使得酶的催化活性降低或丧失。其次，对于以蛋白质、多糖等生物大分子为底物的酶促反应，植物多酚也可同时与底物结合，剥夺蛋白酶、果胶酶的催化反应底物，或生成降低酶反应活性的底物。此外，金属离子（如 Mg^{2+}、Zn^{2+}、Mn^{2+}）对某些酶起到激活作用，有的还作为酶的辅基构成酶催化活性部位，植物多酚对这些金属离子的络合也会对酶产生抑制作用。一般认为，植物多酚对酶的抑制作用主要是由于植物多酚对蛋白质的结合性。

由于从分子水平上研究植物多酚－蛋白质反应有一定难度，人们曾经认为植物多酚对酶的选择不具有专一性。随着认识的深入，这个观点被证实是错误的。虽然植物多酚对多种酶普遍具有抑制作用，但对于一种植物多酚或一种酶，抑制是有选择性的。植物多酚－蛋白质反应本身是一种分子识别反应，两种反应物之间互相具有选择性。由于分子构形对酶蛋白更为重要，不难理解植物多酚对酶的抑制也是具有选择性的。

大多数植物多酚对酶的抑制属于非竞争型，因此不能用增加底物的方法消除抑制作用。由于植物多酚－酶蛋白结合是一个平衡反应，采用一些手段可以解析或防止生成植物多酚－酶和植物多酚－酶－底物复合物。分析实验表明，适当提高体系 pH，或加入咖啡因、有机溶剂都可以减少植物多酚－酶复合物的生成，得到保持活性的酶蛋白。而在实际应用中，一些非离子表面活性剂和一些高分子聚合物［如聚乙烯吡咯烷酮（PVP）、聚乙二醇（PEG）、聚乙烯醇（PVA）和烷基化纤维素］均被用作有效的去抑制剂，可在低浓度下恢复酶的活性。去抑制的机理在于这些化合物与植物多酚之间的结合性强于植物多酚对酶蛋白的结合，因而可从植物多酚－酶复合物中把多酚结合出来，从而使酶的抑制作用消除。

2. 植物多酚的微生物毒性

以单宁为主体的植物多酚对微生物具有广谱抗性（包括对丝状真菌、酵母、细菌、病毒的抑制）。作为植物的次生代谢产物，植物多酚不仅可抵御食草动物对植物体的损害，同时也可阻止微生物的侵袭，包括对各种致病菌的耐受力和保护受伤部位。除对植物致病菌外，植物多酚对动物体内和其他环境中多种微生物的生长都能产生明显的抑制作用。对细菌的最低抑制浓度 MIC 范围一般在 0.012～1 g/L 之间，对丝状真菌为 0.5～20 g/L，对酵母为 25～125 g/L。

植物多酚对蛋白质的高度结合能力是抑制作用的一个主要原因。同时，植物多酚的酶抑制特性与抑菌性之间有密切的关系。植物多酚往往在很低的浓度就表现出明显的抑菌性，表明植物多酚使原生质中的蛋白质沉淀变性（这需要较高的植物多酚浓度）并不是主要的抑制途径，而对酶的抑制、对代谢过程的破坏才是主要原因。植物多酚的涩性使之可以抑制微生物的胞外酶（包括纤维素酶、果胶酶、黄原胶酶、过氧化氢酶、漆酶和糖苷转化酶等）；也可以与微生物生长所需的物质相结合，而不宜微生物的生存。植物多酚对蛋白质结合能力大的，其抑菌性就强，因此，植物多酚所特有的涩性是其抑菌性的原因。植物多酚对蛋白质结合能力的增大，可以加强其抑菌性。植物多酚的分子量是涩性的一个主要影响因素，分子量大的植物多酚常体现出较强的抑菌性。改变体系的 pH 也可促进植物多酚对蛋白质的结合，在蛋白质等电点时，植物多酚的结合性最大。如熊果中的植物多酚的抑菌能力对 pH 显示了上述变化趋势，在中性条件下的抑菌性最强。

植物多酚对微生物的毒性也可能在于植物多酚对细胞膜的作用，通过与细胞膜结合改变微生物的代谢。革兰氏阴性菌较阳性菌对植物多酚的耐性要高一些，可能在于前者的细胞膜上的多糖结合了一部分植物多酚，从而减少了植物多酚与膜蛋白质的结合量。抑菌性还可能与植物多酚对金属离子的络合作用有关。除了有些酶需要金属离子作为必须组分，微生物的生态系统对环境中的金属离子也具有高度的依赖性。植物多酚因其分子中多个邻苯二酚结构，使其具有较强的金属离子络合能力，可以剥夺铁等离子形成沉淀，从而破坏菌体细胞的正常新陈代谢。植物多酚对病毒的抑制方式一般认为是植物多酚与病毒体的蛋白质外壳或与寄主的细胞膜相结合，使病毒不能附着在寄主细胞上，从而使病毒失去侵蚀力。这种作用与植物多酚对蛋白质的结合表现出一致性。

9.1.3.5　植物多酚的抗氧化和自由基清除能力

在过去的 40 年中，对氧的代谢作用进行了深入研究。特别是与氧化应激有关的疾病受到了特别关注，活性氧和自由基参与其发病机理。在活生物体中，这些反应性物质在细胞和组织中的产生和积累及生物系统解毒这些形式的能力之间应该存在平衡。缺乏这种平衡会导致氧化应激。在较高浓度下，反应性物种对人类、植物和动物具有负面影响。这一事实引起人们对尝试了解自由基作用机理并寻找有效清除物质（抗氧化剂）的兴趣，这些物质可以保护活生物体免受自由基等的破坏性影响。这种保护作用可采取以下形式：在反应性物种形成之前进行预防，清除自由基，与前氧化剂金属、单线态氧和光敏剂形成螯合物而猝灭，酶失活或活化，清除和修复由反应性物种引起的破坏。酚羟基的还原性是酚类化合物的共性之一，这一性质在植物多酚上得到了充分的体现。植物多酚分子中的多个酚羟基可以作为 H 供体，连苯三酚或邻苯二酚的结构进一步加强了其还原性，使植物多酚不仅可被重铬酸盐、氯酸盐等强氧化剂氧化，而且可以被空气中的氧氧化。酚类的氧化机理存在两种途径：一是通过酚羟基的离解，二是通过自由基途径。生物抗氧化剂主要是指可以清除自由基，抑制脂质过氧化的活性物质。植物多酚具有很强的自由基清除能力，如可以消除各种氧自由基和活性氧等。此外，植物多酚还可抑制氧化酶，络合对氧化反应起催化作用的金属离子 Fe^{3+} 和 Cu^{2+}，因此，植物多酚是一类在药学、食品、日化和高分子合成中有实用前景的天然抗氧化剂和自由基清除剂。

在天然抗氧化剂领域中，最新研究发现了有关可从植物中获得天然和健康化合物的知识。其中，酚类化合物非常受欢迎，因为它们是天然的，并且具有与合成抗氧化剂同等甚至更好的抗氧化剂活性。这一事实使它们对商业食品生产商特别有吸引力，因为消费者对天然和安全食品的需求越来越高。可以认为这些芳族抗氧化剂的抗氧化效果与芳环中存在的—OH 基团的数量成正比。根据—OH 基团的排列，这些化合物还可以螯合氧化性金属，激活抗氧化酶，形成抗氧化性加合物。它们还能够在酚和苯氧基自由基附近的官能团之间形成分子内氢键。此外，它们的抗氧化活性可能取决于反应介质–溶剂，会影响反应机理和抗氧化基团的可用性（动力学溶剂效应）。

1. 植物多酚的还原性

植物多酚很容易被空气中的氧氧化，特别是在水溶液状态下和有植物多酚氧化酶存在的条件下。酚羟基通过离解，生成氧负离子，再进一步失去氢，生成具有颜色的邻醌，使植物多酚的颜色加深。

溶液 pH 是影响多酚氧化速率的主要因素。氧化的最低 pH 约为 2.5，在 pH 为 3.5～4.6 时迅速增加，在碱性条件下氧化很快。实验证明，黑荆树皮单宁的吸氧量随体系碱性的增加而提高。

对于黄烷醇类植物多酚，以儿茶素和不同醚化程度的黄烷甲基醚做比较，发现其分子A 环 5,7 位羟基的甲基化基本不影响植物多酚的吸氧量和氧化速率，而 B 环 3′,4′位羟基甲基化的黄烷和 B 环无酚羟基的黄烷还原性很低，因此黄烷醇类植物多酚 B 环的邻位酚羟基为主要的还原部位。通过测定各种简单酚类化合物在橡椀植物多酚氧化酶的作用下发生氧化时的耗氧量可以发现，相同条件下，连苯三酚的耗氧量是邻苯二酚的 1.7 倍，表明连苯三酚比邻苯二酚的还原性强。因此，可以推测对于分子中具有连苯三酚基的植物多酚比具有邻苯二酚基的植物多酚还原能力强。

2. 植物多酚的自由基清除能力

氧自由基引起的连锁反应不仅是体外脂类过氧化反应的机理，而且经体内代谢后会引起脂质、DNA、蛋白质、细胞膜等体内大分子损伤，是多种疾病（如老化、癌症、心血管疾病、发炎、肾炎等）的引发原因。目前，抗氧化剂专指具有活性氧或氧自由基清除能力，阻断链式自由基氧化反应的活性物质。自由基的引发阶段主要与单线态氧

$^1O_2$密切相关，因此，这一类物质主要是在自由基的引发阶段起到抗氧化作用，若它们作为自由基清除剂，去除、分解氧化过程中生成的自由基的能力较小。第二类（如 γ 或 δ 维生素 E）抑制$^1O_2$ 能力差，但自由基清除能力却较强，因此应用在自由基传播阶段效果好得多。植物多酚可能有抗氧化功能和自由基清除能力。以前多用脂质过氧化值的测定来证实植物多酚的抗氧化性能，由于现代测试手段电子自旋捕集 ESR 技术的发展，人们可以直观地观察到各种植物多酚对不同种类自由基的清除作用。

植物多酚化合物的抗氧化活性与反应性自由基的失活能力有关。当抗氧化剂将其电子和（或）氢原子转移至自由基时，就会发生中和作用。酚类化合物清除自由基的过程可遵循以下四个化学途径：质子耦合电子转移（PC－ET/HAT）、电子转移－质子转移（ET－PT）、顺序质子损失电子转移（SPLET）和络合物形成（AF）。这些机制之间的平衡取决于反应环境。酚类抗氧化剂与自由基之间的反应主要是通过 PC－ET/HAT 和 SPLET 机制的结合而发生的。前者速度较慢，在介电常数低和碱度低的非极性溶剂中占主导地位，而后者速度较快，并且是介电常数和碱度高的溶剂的特征，支持抗氧化剂电离。酚类抗氧化剂的电离程度取决于溶剂（其相对介电常数）和分子特性。

3. 植物多酚的抗氧化性

植物多酚的抗氧化性经过多种途径综合得以体现。植物多酚以大量的酚羟基作为氢供体，对多种活性氧具有清除作用，可将单线态氧$^1O_2$ 还原成活性较低的三线态氧$^3O_2$，减少氧自由基产生的可能性，同时也是各种自由基有效的清除剂，可生成活性较低的植物多酚自由基，打断自由基氧化的链反应；植物多酚邻位二酚羟基可以与金属离子螯合，减少金属离子对氧化反应的催化；对于有氧化酶存在的体系（如体内主要的氧自由基生成的源头黄嘌呤氧化酶），植物多酚对其有显著的抑制能力；植物多酚还能与维生素 C 和维生素 E 等抗氧化剂之间产生协同效应，具有增效剂的作用。

植物多酚的抗氧化活性不仅在于中和自由基的能力，还在于抑制氧化过程。这种有害过程导致食品变质和生物机体老化。在金属离子（如铜和铁）的存在下，氧化过程进行得更快。这是由于金属可以通过提取氢来催化食物中自由基的形成。它们还促进 Fenton 反应中氢过氧化物的分解或参与羟基自由基的产生。同时，植物多酚化合物的抗氧化活性与抑制氧化过程有关，该过程可以归因于它们螯合和（或）还原金属离子的能力。具有两个或多个基团的化合物（如—OH、—SH、—COOH、—PO_3H_2、═CO、—NR_2、—S—和—O—）可以增加螯合金属离子的能力。由于结构中存在酚羟基，因此咖啡酸、没食子酸、绿原酸、原儿茶酸等植物多酚化合物是良好的金属离子螯合剂。

植物多酚的抗氧化特性是一种综合效应。从共性上可以认为，植物多酚清除活性氧的能力来自其酚羟基，金属络合能力也来自酚羟基，对酶的抑制是植物多酚涩性的一个重要体现，其主要的反应基团也是酚羟基。因此可以推论：植物多酚的抗氧化特性来源于植物多酚分子中大量的酚羟基，来源于植物多酚独特的分子结构。植物多酚分子中酚羟基含量越大，其抗氧化性可能越强。其抗氧化性与分子量和分子基团有关。

9.1.3.6 植物多酚的紫外吸收特性

紫外吸收光谱是植物多酚结构鉴定和研究多酚化学反应的一种有力手段。由于植物多酚分子中含有苯环结构，在紫外光区有很强的吸收。苯在 254 nm 处有吸收最大值，羟基与苯相连形成苯酚的吸收峰位置红移至 270 nm 处。此外，一个额外的羟基和（或）在植物（聚）酚醛树脂中经常出现的吸电子基团（如羰基或丙烯酰基酯等基团）进一步使吸收最大值在 UV－B 光范围（280～320 nm）内移动。因此，酚类代谢物可保护 DNA 免受太阳辐射而损坏。植物多酚作为植物体内的次生代谢产物，对于植物而言，其生理作用除了对微生物酶和病毒的作用，还包括其紫外吸收特性，可将日光的强紫外辐射转化为危害较少的辐射，即起到“紫外光过滤器”的作用。

9.1.4　植物多酚的材料化方法

如 9.1.2 所述，植物多酚的分子结构赋予它一系列独特的化学活性和生理活性，如能与蛋白质、生物碱、多糖结合，使其物理化学行为发生变化；能与多种金属离子发生络合和静电作用；具有还原性和捕捉自由基的活性；具有两亲结构和诸多衍生化反应活性等。然而，植物多酚本身以一种无定型状态存在于植物体内，并且有一定的水溶性，这在很大程度上影响了植物多酚的应用价值。为提高植物多酚的广泛应用价值，将植物多酚与化学和材料科学有机结合，在保留大部分活性基团和部位的同时，可以获得一系列具有特殊性能，在化学、化工及生物医学等领域具有广阔应用前景的功能材料，从而达到充分利用这一大类可再生资源的目的，并且提高其精细化利用的价值。

植物多酚分子结构中具有多个反应活性基团和活性部位，使其可以发生多种化学反应，这也是这类天然产物材料化的基础。其中，酚羟基是植物多酚最具特征性的活性基团，使得植物多酚可以发生酚类反应（包括酚羟基和苯环上的反应）。除了酚羟基，植物多酚分子中还有醇羟基及羧基等基团，可以使植物多酚发生醇、酸的反应。水解类单宁的酯键、糖苷键，缩合类单宁结构单元间的连接键、呋喃环中的醚键属于相对不稳定化学键，易在酸、碱的介质中发生水解等化学反应。植物多酚分子中有时同时存在亲核中心和亲电中心，因此，从反应机理上还可以把反应分为亲核和亲电两类。水解类单宁易水解，其分子结构中的连苯三酚对苯环的活化作用相比缩合类单宁间位羟基对亲电反应的活化作用要低得多，再加上其分子中的羧基（酯基）的吸电子作用及亲核中心的空间位阻等影响因素，使水解类单宁的反应活性相比缩合类单宁更低，这限制了水解类单宁的衍生化反应和应用范围。基于植物多酚的活性基团和活性位点，主要发生以下 7 类反应。

9.1.4.1　溴化反应

黄烷－3－醇和缩合类单宁的 A 环 6 位及 8 位为亲核性位点，容易与缺电子试剂发生取代反应。当亲电试剂过量时，甚至可以在 B 环上发生取代，生成 6,8,2′－三取代产物。比较典型的代表反应是溴化反应。溴化反应可作为单宁的一种定性分析方法。向植物多酚溶液中加入溴水，缩合类单宁立刻生成黄色或红色的沉淀，而水解类单宁则保持澄清。

用过溴氢溴化吡啶处理(＋)甲基化－儿茶素，由于甲基对 C6 位的空间位阻较大，只生成8−溴取代物。在C8全部溴化后才生成6,8−二溴取代−(+)−儿茶素。当试剂过量时，B环也被溴化生成6,8,2′−三溴取代产物。可见对于间苯三酚A环的黄烷醇来说，8位的亲核活性高于6位（图9.4）。

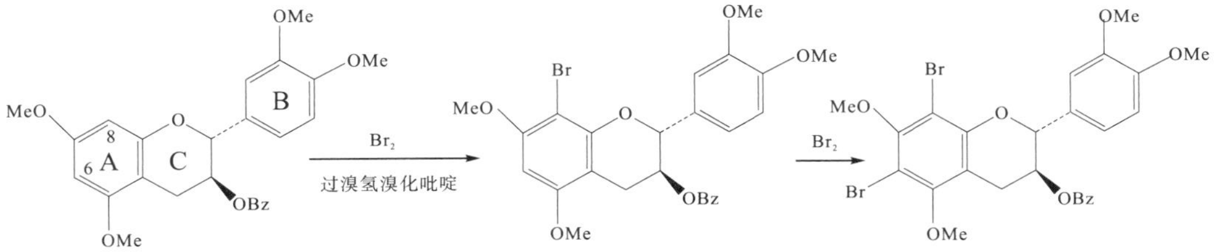

图9.4　甲基化—儿茶素的溴化反应

9.1.4.2　植物多酚羟基上的反应

植物多酚分子结构中有大量酚羟基的存在，这使其表现出很强的酚的特性。此外，分子中还有一定量的醇羟基（如水解类单宁的多元醇羟基、缩合类单宁杂环3位的醇羟基），因此植物多酚也可发生醇类的某些反应。

醚化反应可使植物多酚的大部分或全部酚羟基转化为以醚为连接的烷基或芳基取代。植物多酚的醚化主要是保护酚羟基，改变植物多酚的极性和色谱行为，有利于植物多酚的分离和结构测定。

$$T-(OH)_{x+y} \longrightarrow T-(OCH_3)_x(OH)_y$$

植物多酚醚化后的极性减弱，水溶性降低，脂溶性提高。此外，甲基和苯基醚化的植物多酚反应活性降低，使得其稳定性增强。如黄烷−3，4−二醇在醚化之后自缩合反应活性减弱，甚至不再发生自缩合。

此外，酚羟基使植物多酚显示出弱酸性。通常，水解类单宁的水解产物和分子结构中羧基的存在使其表现出比缩合类单宁更强的酸性。以胶体状态出现的植物多酚，溶解性随pH的升高而增大，可逐渐转变为澄清溶液；难溶于水的植物多酚（如鞣花酸、红粉等）都可溶于氢氧化钠水溶液。其主要原因是植物多酚中的酚羟基在碱的作用下解离成氧负离子，生成可溶于水的酚盐。

植物多酚的酰化反应是基于多酚羟基上的反应，分离及结构研究中常见的衍生化方法。植物多酚酰化的产物为植物多酚类酯。其中，酚羟基和醇羟基都可被酰化，只是前者较为困难，通常采用酸酐或酰氯与酚或酚盐作用制备酚酯。例如，乙酸酐−吡啶法用于多酚醇羟基和酚羟基乙酸酯的转化。

$$T-(OH)_{x+y} \longrightarrow T-(OCOH_3)_{x+y}$$

此外，醇类、酚类中羟基的活泼H可以与糖端基的羟基缩合成糖苷，此反应称为苷化。例如，天然的黄酮类化合物多以苷的形式存在。植物多酚分子中引入糖分子，可使其水溶性增加，稳定性提高。

9.1.4.3　接枝共聚

酚羟基在氧或酶的作用下脱去氢生成苯氧自由基。这个性质使植物多酚可以按自由基反应的方式与丙烯酸类单体发生接枝共聚。例如，在以 H_2O_2 为引发剂的情况下，H_2O_2 生成的 HO・进攻植物多酚分子中的酚羟基形成苯氧自由基（图 9.5）。

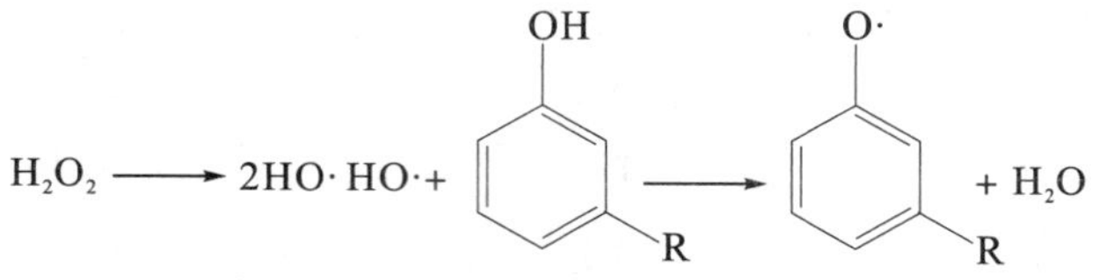

$$H_2O_2 \longrightarrow 2HO\cdot \quad HO\cdot + \text{(m-R-phenol)} \longrightarrow \text{(m-R-phenoxyl radical)} + H_2O$$

图 9.5　苯氧自由基的形成

由于不成对电子的离域，这个自由基活性低，不易引发接枝共聚反应，但它可以与其他更活泼的自由基反应。所得的过氧化物与植物多酚形成一个氧化–还原体系，从而形成较稳定的苯自由基（图 9.6）。

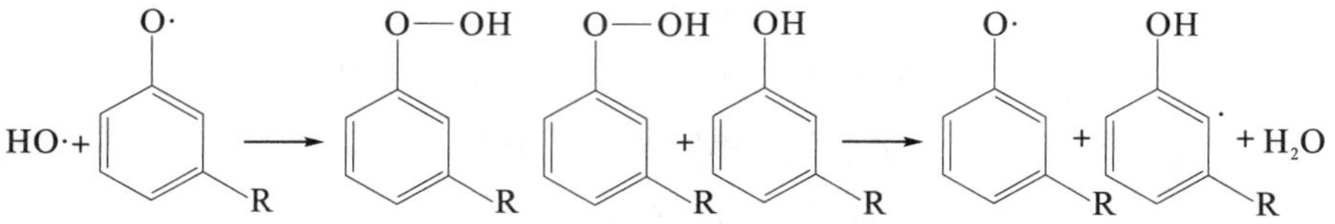

图 9.6　苯自由基的形成

苯自由基是引发接枝共聚反应的重要位置。黄烷类含醇羟基的吡喃环（C 环）也包含有活泼氢，能够与过氧化物起反应，在相应的碳原子上形成接枝中心（图 9.7）。

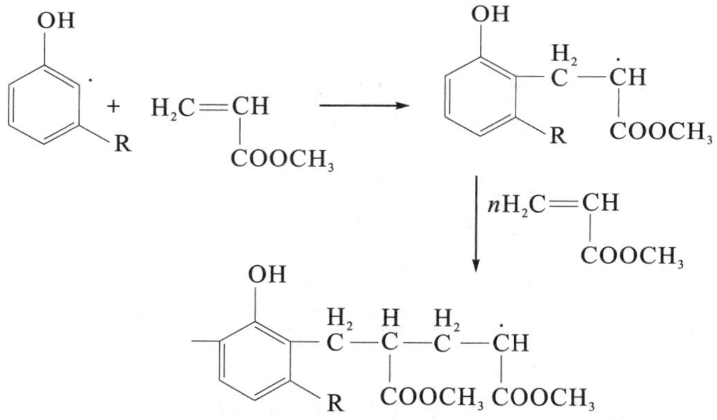

图 9.7　苯自由基引发接枝反应

由于缩合类单宁比水解类单宁具有更多的活泼氢，更易形成自由基，因此接枝共聚反应大多数应用于缩合类单宁，如云杉、柳树皮、槲木、儿茶单宁的改性。

9.1.4.4　酚醛缩合反应

用甲醛、盐酸与植物多酚共沸，缩合类植物多酚基本都能沉淀下来，而水解类大部分都不沉淀。缩合类单宁作为酚组分，与甲醛之间的酚醛缩合反应不仅是植物多酚的定性反应之一，也是其可用于制备胶黏剂的原因。这种与醛的反应与溴化反应类似，都是发生在植物多酚苯环上的亲电取代反应，以 A 环上的 6、8 位为亲核活性中心，通过亚甲基（$—CH_2—$）桥键使植物多酚分子交联，形成大分子。B 环相对不活泼，在较高的

pH 下形成负离子或在二价金属离子（Zn^{2+}、Pb^{2+}）的催化下才活化起来（图 9.8）。除甲醛以外，植物多酚还可与多种醛发生缩合。植物多酚与醛的反应速度通常根据单宁的凝胶时间判断。

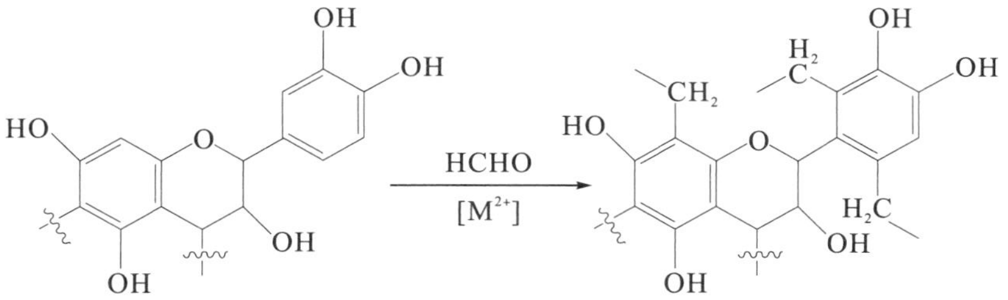

图 9.8　**缩合类单宁的酚醛缩合反应**

植物多酚与醛的反应更重要的意义在于它是赋予植物多酚改性的一种强有力的手段。以醛产生的亚甲基为桥键，可将植物多酚与其他活性基团连在一起，赋予生成物独特的性质。

9.1.4.5　自缩合反应

原花色素在酸性溶液中同时会发生自身缩合现象。一般情况下，在水溶液中缩合反应的趋势更明显；在醇溶液中，以花色素反应为主。自缩合反应是缩合类单宁的生成反应。黄烷醇缩合成单宁，单宁缩合成更大分子的红粉。然而并不是所有的黄烷醇都能发生自缩合反应，如果在 7－羟基和 4－羟基二者中少了任何一个羟基，就难以发生自缩合反应。黄烷－3，4－二醇由于 4－羟基的存在，最易发生缩合，甚至在热水中都能发生自缩合。

9.1.4.6　磺化反应

黄烷醇分子中的吡喃环是结构中的薄弱部位，在亲核试剂的进攻下，杂环的醚键易被打开。用亚硫酸氢钠处理黄烷－3－醇时，亚硫酸盐起着亲核试剂的作用，杂环打开，磺酸基结合到 C2 位上，这个反应称为亚硫酸化或磺化。

例如，(＋)－儿茶素在亚硫酸盐的处理下生成 1－(3,4－二羟基苯基)－2－羟基－3－(2,4,6－三羟基苯基)－丙烷－1－磺酸钠。反应具有高度的立体选择性，磺酸基与醇羟基的位置处于反式（图 9.9）。

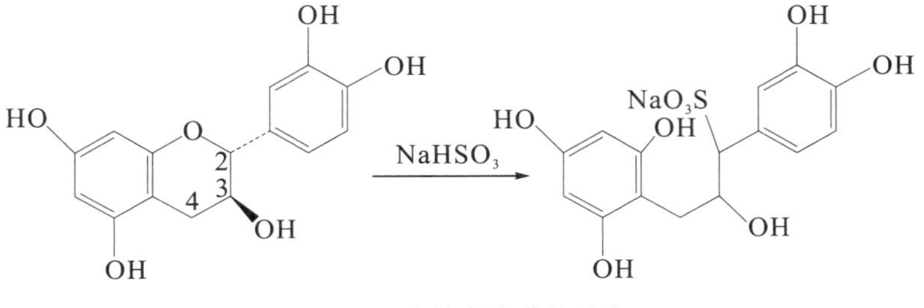

图 9.9　**儿茶素的磺化反应**

亚硫酸盐处理给原花青定分子引入亲水的磺酸基，能降低原花青定的聚合度，使其水溶性增加，水溶液黏度降低，颜色变浅。原花色素的亚硫酸盐处理有工业应用上的意义。

9.1.4.7 水解反应

酯键的水解不仅是棓酸酯类植物多酚的特征反应，也是体现其利用价值的一个重要的途径。由单宁酸或富含单宁酸的植物鞣料（如五倍子、塔拉粉）直接水解制备的没食子酸广泛应用于有机合成、医药、涂料、食品等工业部门。鞣花酸类单宁的水解反应较棓酸类困难且反应不完全，其主要水解产物为鞣花酸，因此一般未得到工业上的应用，但可作为植物多酚结构分析的一种重要手段。

9.2 基于植物多酚的功能材料概述

天然植物多酚广泛存在于植物当中，其工业化提取和生产已具有相当的规模。因此，将植物多酚应用于功能材料具有非常大的应用前景和市场。如 9.1.3 所述，植物多酚作为植物的次级代谢物，在植物的生命活动中发挥了不可替代的重要作用。植物多酚作为植物抵抗外界侵袭功能化物质的同时，赋予植物丰富的色泽及气味，并有与蛋白质交联、螯合金属、pH 响应、自聚合、紫外光吸收及清除自由基等功能。而这些性质与植物多酚分子所含有的独特的官能团密不可分，如邻苯二酚、间苯三酚、苯环等。这些官能团使得植物多酚可与其他物质发生多重相互作用力，如其酚羟基与金属离子或金属氧化物发生金属络合反应，酚羟基作为氢键的供体或受体与二氧化硅等矿物或含有极性官能团的物质发生氢键作用，与含有疏水官能团的物质产生疏水键，与带有电荷的物质产生静电吸附等。

9.2.1 基于植物多酚的功能化材料的制备原理

由于植物多酚具有可以与不同结构、不同化学组成的多种物质发生多重相互作用力的性质，使其可被广泛应用于材料表面改性。由植物多酚进行表面功能化的材料往往可以保留植物多酚的原始独特性质，从而被广泛应用于催化、抑菌、生物医学、组织黏合、亲疏水性改性等方面。在众多利用植物多酚对材料进行表面改性的方法中，金属多酚超分子网络结构（Metal−Phenolic Networks，MPN）作为一种极具代表性的方法，近年来被广泛研究并应用于各个方面。

基于植物多酚的功能化材料负载到材料表面，主要包含两个关键步骤（图 9.10）：植物多酚分子与材料表面进行结合（Adhesion），植物多酚自身或与其他分子相互交联(Cohesion)。

9.2.1.1 植物多酚分子与材料表面进行结合

植物多酚分子对很多不同的材料都具有强大的亲和力，这是因为植物多酚分子含有大量的邻苯二酚（Catechol group）和间苯三酚基团（Galloyl group）。邻苯二酚和间苯三酚基团可以与材料形成非共价键：作为氢键的供体和受体与亲水材料形成氢键，其含有的苯环结构可以与疏水材料形成疏水键，与含有芳香环结构的材料形成 π－π 共轭重叠作用，与带有正电荷的材料形成 π－阳离子作用，与带有电荷的物质形成静电作用，与金属离子或金属氧化物形成配位键。另外，还可以与材料形成共价键：与含有氨基和巯基的材料发生 Schiff 碱反应和 Michael 亲和加成反应。植物多酚还可以通过其他化学物质接枝到材料表面，如通过戊二醛接枝到含有氨基官能团的材料（聚酰胺膜、皮胶原）表面。所有这些丰富的相互作用力使植物多酚分子可以结合黏附在各种不同化学组成、形状和大小的材料表面。

9.2.1.2　植物多酚自身或与其他分子相互交联

当植物多酚分子通过自身的界面多重作用力或其他方式与材料表面结合后，通过添加交联剂（如金属离子、硼酸）可以将溶液中的多酚分子进一步进行桥接、交联形成网络结构。其中，通过添加金属离子，将植物多酚分子交联起来形成的金属多酚超分子网络结构，是目前最被广泛研究及应用的一类植物多酚功能化改性材料。

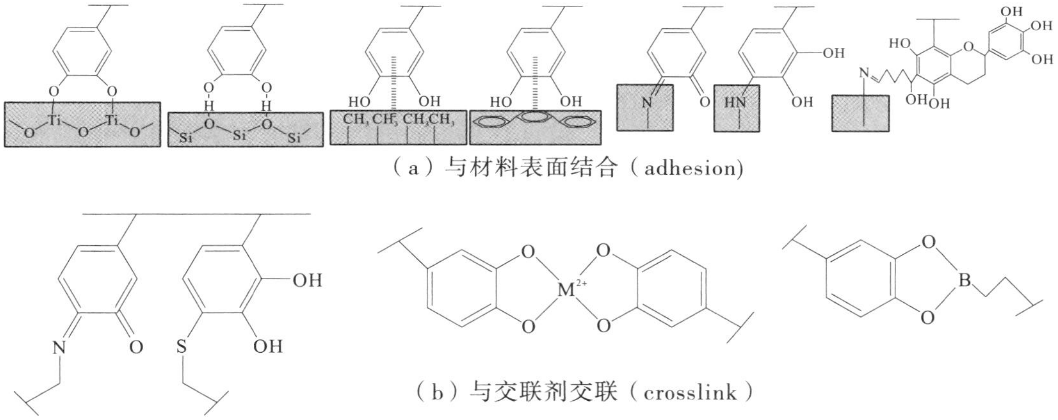

（a）与材料表面结合（adhesion）

（b）与交联剂交联（crosslink）

图 9.10　植物多酚分子与不同材料表面的结合方式及与交联剂的交联方式

金属多酚超分子网络结构对材料进行改性是通过植物多酚分子与金属离子发生配位反应，并在材料表面进行自组装所形成的纳米薄膜完成的。植物多酚分子可以与大部分的过渡金属离子发生络合反应形成配位键，金属离子的加入可以将结合在材料表面的植物多酚分子通过配位键相互交联起来，形成金属多酚超分子网络结构。如图 9.11 所示，目前发现元素周期表中的铁（Fe）、铜（Cu）、铝（Al）、锌（Zn）、镍（Ni）、钴（Co）、铬（Cr）、锰（Mn）、锆（Zr）、钒（V）以及稀土镧系元素镧（La）、钐（Sm）等金属离子均可以与植物多酚分子发生络合反应。由于不同金属离子电离能不同，与植物多酚分子所形成的配位键的键能键长也不同，对金属多酚超分子网络结构的稳定性、致密性等性质有重要影响。我国具有丰富的植物多酚资源（如单宁酸、黑荆树单宁、塔拉单宁、杨梅单宁等），不同种类的植物多酚所形成的金属多酚超分子网络结构也会由于多酚的性质差异表现出不同性质。

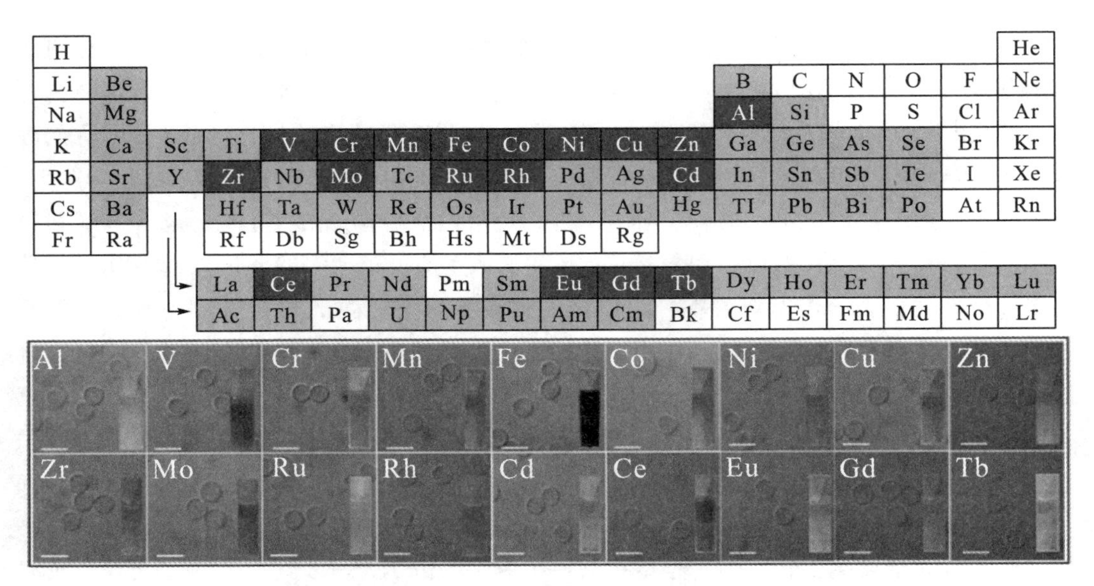

图 9.11　元素周期表里可与植物多酚形成金属多酚超分子网络结构的元素

9.2.2　基于植物多酚的功能化材料的性质

植物多酚可以被负载到不同形状的基底材料表面实现改性，如片装基底、薄膜基底、颗粒表面（120 nm～10 μm）；也可被负载到不同种类的基底材料表面，如二氧化硅、聚苯乙烯、聚酰胺、纳米金颗粒、纤维素纤维、皮胶原、金属及金属氧化物，甚至细胞表面；还可负载到负电、正电或不带电的材料表面。例如，金属多酚超分子网络结构负载到材料表面所形成的是一层透明薄膜。通过原子力显微镜测试，发现薄膜的厚度为 7～10 nm。当材料经植物多酚进行功能化改性后，植物多酚的原有功能和性质通常会保留下来，从而实现对材料表面的改性，如植物多酚的亲水性、带电性、黏附性、还原性等。当植物多酚与其他分子进行交联，再对材料表面进行改性时，这些与植物多酚交联的分子的功能与性质也被引入材料表面，称为“外源性功能化”。例如，植物多酚与金属离子进行配位交联，形成金属多酚超分子网络结构时，金属离子的一些特性也被引入材料表面。当壳聚糖与植物多酚进行交联时，壳聚糖的成胶性、黏性也被引入了材料表面。

9.2.2.1　材料表面亲水性改性

由于植物多酚上含有大量的亲水基团—酚羟基，故经金属多酚超分子网络结构改性的材料通常可以表现出更高的亲水性。对于具有疏水表面的材料，由于植物多酚分子中存在苯环结构等疏水基团，金属多酚超分子网络结构可以通过疏水键及其他多重作用力的驱动而负载到疏水材料表面，从而将原本疏水的材料进行改性，使得其亲水性增加。

表面亲水性改性的原理可以从生物医学领域来说明，药物与 MPN 薄膜的结合依靠的是氢键和疏水键的作用力，而一些原本疏水的药物分子经 MPN 薄膜包覆后形成一个亲水的胶囊，其在体内具有更好的分散性和递送能力，大大减小了药剂量，进一步降低了药物的副作用。该体系会对细胞内的刺激（如 pH、氧化还原和酶）发生响应并引发负载药物释放。

9.2.2.2　材料表面电荷改性

金属多酚超分子网络结构可以对材料表面的电荷进行调控。植物多酚上大量的酚羟基在溶液中易于去质子化，而带负电荷。因此，经金属多酚超分子网络结构改性的材料的表面电荷也会发生改变。例如，由金属多酚超分子网络结构改性的二氧化硅、碳酸钙、聚二甲基硅氧烷、聚苯乙烯、三聚氰胺甲醛树脂、金纳米颗粒、大肠杆菌等的表面电荷具有从正电荷到负电荷及由负电荷到更负电荷变化的趋势（图 9.12）。当然，也可通过在植物多酚分子上接枝带正电荷的分子（如聚乙烯亚胺），使得材料表面带有正电荷，同时还可以通过改性使其呈双电性。

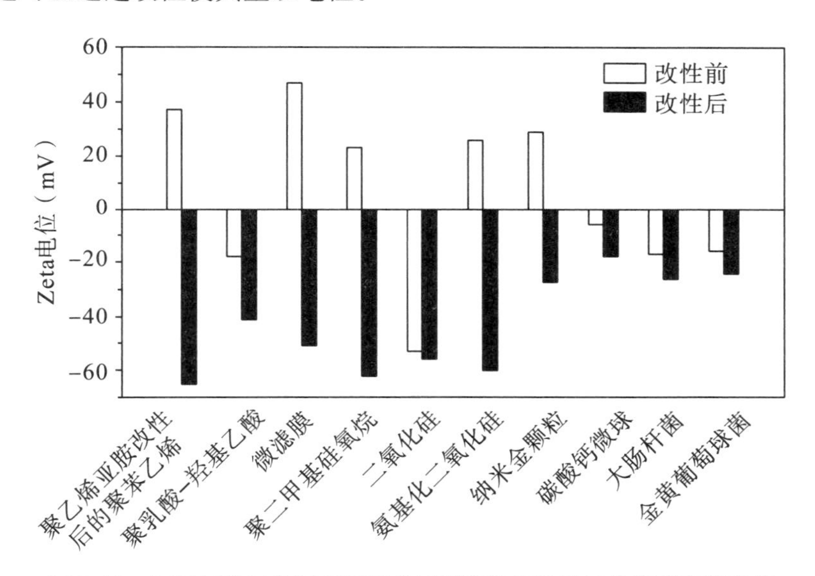

图 9.12　不同材料经金属多酚超分子网络结构改性后的表面电荷变化

表面电荷的改性原理被较多应用在环境领域中。膜过滤技术作为一种极具发展前景的水净化技术，受到了人们的广泛关注。然而，它仍有一些缺点，如存在有机、石油、生物污染，微生物膜污染，重金属离子难以排除等，这些都与膜的表面特性密切相关。经植物多酚改性的膜材料可以首先通过静电相互作用对污染物进行捕捉，大大加强改性材料对目标污染物的去除效率。

9.2.2.3　氧化还原性

植物多酚的邻苯二酚、间苯三酚基团具有很高的还原势能，能够将 Au^+、Pd^+、Ag^+ 等金属离子还原为相应的金属单质纳米粒子，并附着在植物多酚吸附材料表面。植物多酚上的酚羟基则被氧化为醌基。植物多酚分子上的邻苯二酚、间苯三酚基团及所对应的醌类基团可以维持纳米金属单质的稳定。最后，可用王水将贵金属洗脱下来，实现贵金属的浓缩回收。

9.2.2.4 纳米选择透过性

金属多酚超分子网络结构对材料表面进行改性时，材料表面所形成的纳米膜是“网状”结构，可以形象地将其想象为一张渔网，具有一定的选择性、透过性。例如，由Fe^{3+}与单宁酸所形成的纳米薄膜对分子量为2000 kD以上的聚葡萄糖表现出不可渗透性。因此，利用这个性质可将药物分子固定在金属多酚超分子网络结构纳米膜内，当纳米膜在外部条件刺激下（如pH的变化、受到荧光照射等），纳米膜会解离，从而释放出药物分子。

9.2.2.5 多重分子间作用力的分子黏附性

植物多酚具有独特的疏水、亲水两亲性，以及苯环、酚羟基等丰富的官能团结构。而这些独特的性质赋予了其能与含有不同官能团的各种材料形成界面多重作用力的特性，如配位键、氢键、疏水键、静电吸附、π－π重叠、π－阳离子键等作用力。上述多重作用力的特性使得植物多酚分子对大量不同的分子都表现出吸附结合能力，称为“分子黏性”。因此，由植物多酚功能化的材料也表现出“分子黏性”，并作为吸附材料被广泛地研究与应用。

基于材料黏附力改性的方法被广泛应用于模块化组装材料的制备中。直接将金属多酚超分子网络结构负载到不同种类、尺寸、形状的基底材料表面，利用不同金属和植物多酚自身的性质进行功能化改性及应用。在界面上形成金属多酚超分子网络薄膜是一种高度通用且有效的方法，可以制备由各种构件组装而成的功能材料。该方法的模块化和简单性源自多酚基颗粒表面功能化，该功能可将不同的材料转化为模块化的构建块，用于超结构搭建。

该方法包括两个步骤：首先用植物多酚部分进行颗粒表面官能化，这主要是利用植物多酚的多齿性质，与底物和（或）颗粒表面化学性质无关；其次是由界面分子相互作用和在功能化粒子之间加入金属离子进行组装的引导。这种方法操作简单，其模块化的组装技术使其能够适用于多种具有不同尺寸和形状、组成和功能的材料（如聚合物颗粒，金属氧化物颗粒和金属丝，贵金属纳米粒子，上转换纳米粒子，配位聚合物纳米线、纳米片、纳米立方体和细胞）。以此构建复杂的3D功能材料的构建块，包括粒子包覆的核结构、空心结构、多层级颗粒结构和宏观混合材料。此方法通过植物多酚与不同金属离子的配位连接在一起，从而提供具有化学多样性和结构可调性的上层结构。由于其来源天然丰富，这种便宜、绿色且易于获得植物多酚的方法将用于构建上层结构材料的理想框架。

在生物学领域，甚至可以通过植物多酚将无机材料与生物系统相结合，得到一个持续高效生化合成的细胞平台。由于微生物具有快速扩散和可通过基因可编程多步催化将可再生碳源转化为高价值化学品的能力而被广泛用于生物制造领域。研究者利用部分官能化植物多酚高效的光捕获磷化铟纳米粒子，将其组装在基因工程酵母的表面上以形成模块化的无机－生物混合平台。在光照下，酵母从纳米颗粒中捕获光生电子，并将其用于氧化还原辅助因子的胞质再生。这一过程促进了碳和高效的代谢物——莽草酸的生产，而莽草酸是几种药物和精细化学品的常见前体。这项工作为合理设计生物杂交化提供了一个平台，以实现更复杂、更高效的生物制造工艺。

9.2.2.6 其他多功能属性

植物多酚可以与金属离子、高分子、蛋白质等相互交联，在材料表面自组装实现对材料的功能化改性。在此过程中，植物多酚及与之交联的分子通常会保留其原有的物理、化学、生理功能，在一定情况下还可与植物多酚发生协同效应，以进一步增强其功能性质。因此，赋予了材料更加丰富的功能和性质。例如，当植物多酚与金属离子进行螯合时，不同金属离子的功能及性质将会被引入。单宁酸-铑可作为催化剂应用于喹啉的氢化，单宁酸-钐具有抑菌效果，单宁酸-镧系稀土元素具有更强的荧光性。通过将透明质酸和壳聚糖与植物多酚分子交联可以得到具有高黏度的凝胶，用作医用止血绷带。因此，通过选择与植物多酚分子交联的分子（如高分子、蛋白质），可以选择性地将一些特定的功能性质引入材料表面。

在医学成像领域中，不同金属离子的功能及性质将会被引入基于植物多酚制备的纳米造影剂中。例如，单宁酸-镧系稀土元素可获得对比度较高的荧光成像。研究者利用葡萄籽原花色素（GSP），遵循绿色化学原则，将三肽谷胱甘肽功能化 Fe_3O_4 纳米粒子与被葡萄籽原花色素还原的金（Au）杂化，得到具有超顺磁性和计算机断层扫描高对比度的多组分纳米体系，可用于核磁共振成像（Magnetic Resonance Imaging，MRI）和 X 射线计算机断层扫描成像（X-CT）。

植物多酚在生物医学与药物释放领域也有应用。例如，表没食子儿茶素没食子酸酯（EGCG）是儿茶素的主要成分，约占绿茶中植物多酚含量的 40%～60%。流行病学研究表明，每天在胃内注射 EGCG 可以抑制动物模型中卵巢癌和前列腺癌的进展和转移。EGCG 和功能性镧系 Sm^{3+} 的自组装金属酚纳米复合物、Sm^{3+}-EGCG 纳米颗粒可被癌细胞内吞，在酸性 pH 条件下，纳米颗粒降解，从而释放 Sm^{3+} 和 EGCG 杀死癌细胞。通过该过程，与植物多酚螯合的 Sm^{3+} 可同时被递送至黑色素细胞，进而与植物多酚一起对肿瘤细胞进行协同治疗，并形成可行的药物递送系统。这些纳米粒子对黑色素瘤有显著的靶向治疗作用，可以防止癌细胞向主要器官侵袭性迁移，且没有明显的毒副作用。

9.2.3 基于植物多酚功能化材料的分类

根据金属多酚超分子网络结构所负载的基底材料的不同，由金属多酚超分子网络结构改性的材料可分为纳米膜功能化材料和微囊、微球功能化材料。

9.2.3.1 基于植物多酚的纳米薄膜

通过共价键或非共价键（氢键、疏水键、配位键、静电作用力等）将超分子（如金属多酚超分子网络结构）、高分子（如聚酰胺）以及无机分子负载到基底材料表面，形成连续的纳米级厚度的薄膜。通过纳米薄膜的负载可以实现对材料表面的物理、化学性质的改性。例如，将具有亲水性的纳米薄膜负载到基底材料表面，可将疏水的材料表面转变为亲水表面；通过聚酰胺在基底材料的表面自聚合，并调控相应的反应条件，可在基底材料表面形成具有纳米级孔径的纳米薄膜，用于进行水的除盐等。

植物多酚上丰富的官能团使其可以通过物理或化学的方式结合在材料表面，再通过配位键、氢键、静电吸引、共价键等与其他分子基团（金属离子、高分子、生物大分子）自聚合，从而在材料表面形成纳米薄膜（图 9.13）。

图 9.13 植物多酚在材料表面形成的纳米薄膜

1. 植物多酚自聚合的功能化纳米薄膜

根据前面所述，植物多酚含有大量的邻苯二酚或联苯三酚基团，这些基团使植物多酚分子在基底材料表面通过自聚合交联的特性，同时通过其与基底表面的多重作用力结合在材料表面。单宁酸、茶多酚（如儿茶素、表儿茶素、没食子酸酯）、桑色素和植物黄酮可以作为前驱体，通过强界面结合力锚定在各种基底表面，形成多功能纳米级涂层。植物多酚还可以在酶存在或碱性 pH 条件下，通过植物多酚化合物的自聚合沉积在基质表面，形成多层涂层。此外，紫外线照射也可以加快植物多酚的氧化聚合，从而使其在基底材料表面快速形成纳米薄膜。

2. 金属多酚超分子网络结构功能化的纳米薄膜

由金属多酚超分子网络结构功能化的纳米薄膜是由植物多酚分子与金属离子及含硼的类金属相互以配位键螯合交联形成的。其中，植物多酚分子可以是天然多酚（如单宁酸、儿茶素、塔拉单宁等），也可以是合成类多酚分子（如聚乙二醇－二羟基苯丙酸、透明质酸－二羟基苯丙酸、单宁酸修饰的多肽蛋白等）。

形成金属多酚超分子网络结构功能化的纳米薄膜的技术手段有多种，使用最广泛的方法是将基底材料浸润在水溶液中，先后添加植物多酚与金属离子溶液，利用植物多酚分子与金属离子的自组装性质形成纳米薄膜。此方法反应速度极快，通常在一分钟内即可完成，得到厚度约为 10 nm 的纳米薄膜。所得到的纳米薄膜的稳定性、厚度、粗糙程度受到不同金属离子的影响。由于喷洒法操作简便也被广泛应用。此方法是将金属离子与植物多酚分别喷洒到材料表面完成制作。喷洒法通过不同次数的喷洒可有效控制薄膜的厚度。在乳液相中，微流控技术（Microfluidics）可以实现纳米薄膜材料表面连续的自组装。还有一种方法是利用电流或持续通氧将溶液中的 Fe^{2+} 逐渐氧化为 Fe^{3+}，使溶液中源源不断地出现可与植物多酚分子螯合的新鲜 Fe^{3+}，从而实现纳米薄膜的连续合成。该方法可使纳米薄膜达到几百甚至上千纳米的厚度。

3. 植物多酚－高分子功能化改性薄膜

除了金属离子，植物多酚还可以通过氢键、静电吸附等作用力与其他高分子相互交联，在材料表面形成无金属离子的纳米薄膜。目前，如壳聚糖、丙烯酸酯、聚乙烯吡咯烷酮、多环芳香烃、聚乙烯亚胺、透明质酸等均可与植物多酚分子交联形成纳米薄膜。除此之外，更为复杂的大分子也可以与植物多酚分子交联形成纳米薄膜［如微胶颗粒(Micelles)、蛋白质、酶等］。

通过席夫碱反应将植物类黄酮接枝到氨基固定的钛－镍表面，然后用 $NaCNBH_3$ 将亚胺键还原为稳定的 C—N 键。以 2－氨基乙基二苯硼酸盐为荧光增强剂，用荧光法定量测定黄酮类化合物的接枝量。类黄酮功能化的钛表面对人体骨髓间充质干细胞有促进骨刺激、抗炎和抗纤维化的作用。

9.2.3.2　基于植物多酚的微囊、微球改性材料

如图 9.14 所示，将 SiO_2、$CaCO_3$、聚苯乙烯（PS）微球作为基底材料与植物多酚、金属离子溶液混合可以在微球表面成功负载并形成均一的纳米薄膜－金属多酚超分子网络结构。用适当的溶剂可将模板溶解得到单分散的由金属多酚超分子网络结构构成的尺寸均一的空心微囊。金属多酚超分子网络结构微囊的膜厚度、稳定性、解离性、荧光性等性质与参与络合的金属离子种类及配比密切相关。用该方法形成的空心微囊具有一定的选择渗透性、pH 响应性等特殊性能。例如，单宁酸－Fe^{3+} 型空心微囊对分子量为 2000 kD 的葡聚糖表现为不可穿透。该空心微囊具有 pH 响应性，可以在低 pH 环境下发生解离。因此，可以将一些分子药物封存在微球基材载体的小孔中，当 pH 下降时，空心微囊被破坏，从而解离释放出药物分子。空心微囊结构在药物释放方面的应用将在后面进行详细阐述。

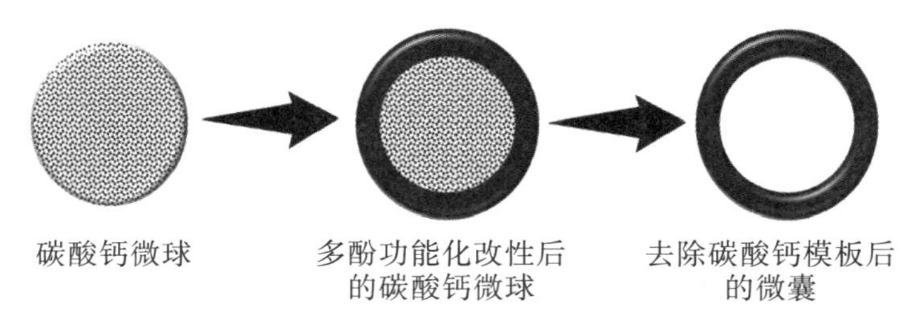

图 9.14　由碳酸钙微球所形成的金属多酚微囊

此外，也可将一些功能性的微米级、纳米级的微球、颗粒作为基底材料，例如介孔二氧化硅纳米颗粒（MSNs）、金纳米颗粒、磁性四氧化三铁纳米颗粒、金属有机框架(MOFs）等，将金属多酚超分子网络结构负载到这些材料表面。

9.2.4　植物多酚功能化材料的影响因素

金属多酚超分子网络结构的形成是由植物多酚分子和金属离子相互交联配位形成的纳米薄膜结构。然而，合成环境中的 pH、金属离子种类、植物多酚与金属离子配比等都会影响植物多酚分子与金属的相互交联及配位，从而对金属多酚超分子网络结构的形成和性能造成影响。

9.2.4.1 pH 对金属多酚超分子网络结构的影响

pH 对金属多酚超分子网络的结构、稳定性等都有重要的影响。根据前述可知，金属多酚超分子网络结构是植物多酚分子中的酚羟基基团以金属离子为中心，通过配位键将彼此桥连起来而形成的“网络”结构。去质子化的酚羟基氧负离子作为电子供体，向金属离子提供孤对电子，从而形成配位键。因此，pH 对于金属多酚超分子网络结构的影响主要是通过影响酚羟基去质子化程度，进而影响配位键的形成而造成的。在低 pH 环境下，酚羟基的去质子化受到抑制，导致形成的酚羟基氧负离子少，相应地，与之形成的金属离子配位也受到限制。随着 pH 逐渐升高，酚羟基去质子化程度增加，可与金属离子配位成键的酚羟基氧负离子数量也相应增加，有利于金属多酚超分子网络结构的形成及增强其稳定性。

需要特别指出的是，当 pH 持续上升时，酚羟基也更易于被氧化形成醌基。另外，溶液中的 OH^- 也会与酚羟基氧负离子相互竞争，和金属离子结合。这两点都会影响酚羟基与金属离子的螯合，降低金属多酚超分子网络结构的强度，甚至导致其解离。对于不同的植物多酚分子及金属离子，pH 对它们的影响程度也不同。以单宁酸和 Fe^{3+} 分别作为植物多酚和金属离子为例。单宁酸分子上的多个邻苯三酚基团可以与 Fe^{3+} 结合产生配位键，Fe^{3+} 作为中心原子可以通过配位键将 1～3 个邻苯三酚基团桥连起来。如图 9.15 所示，当溶液 pH$<$2.0 时，邻苯三酚基团与 Fe^{3+} 以 1∶1 相配位，溶液呈无色；当溶液 3.0$<$pH$<$6.0 时，邻苯三酚基团与 Fe^{3+} 以 2∶1 相配位，溶液呈蓝色；当溶液 pH$>$7.0 时，邻苯三酚基团与 Fe^{3+} 以 3∶1 相配位，溶液呈紫红色。当溶液 pH$<$2.0 时，宏观上金属多酚微囊会立即收缩解离，这是由于酚羟基负氧离子几乎都质子化，从而导致金属多酚超分子网络结构瓦解。当 pH=3.0 时，金属多酚微囊在 4 小时内解离。当 pH=4.0 时，大部分微囊需要 6 天的时间才能解离。当 pH=5.0 或 pH=7.4 时，分别有 70%和 90%的微囊在 10 天后仍然保持完整。单宁酸－Fe^{3+} 在 pH =2、5、8 的稳定常数 K 分别为 1.5×10^{5}、3.4×10^{9}、2.8×10^{17}。

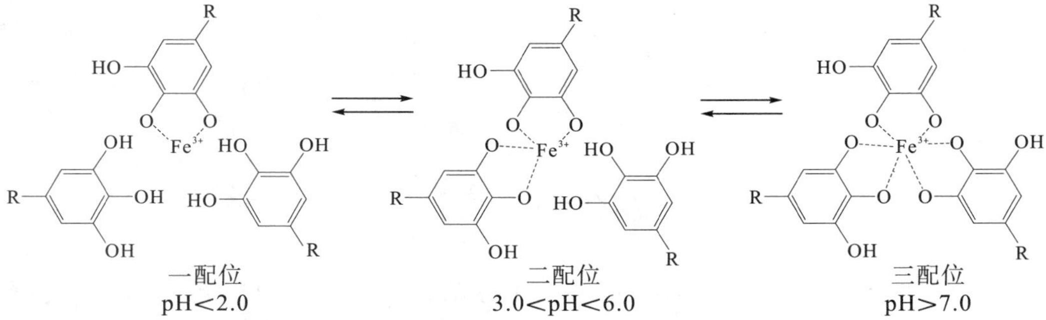

一配位 pH$<$2.0　　二配位 3.0$<$pH$<$6.0　　三配位 pH$>$7.0

图 9.15 pH 对于单宁酸－Fe^{3+} 的配位键形成影响

植物多酚还可与其他分子交联形成无金属离子改性材料。与金属多酚超分子网络结构改性材料不同，在此类材料中，植物多酚与分子不是以植物多酚－金属配位键交联在一起，而是通过氢键、疏水键、静电吸附等作用力相互交联。因此，不同 pH 会对这些作用力造成不同的影响，进而对植物多酚交联网络的稳定性造成影响，最终对材料的改性效果造成影响。当植物多酚是以氢键与分子相互交联时，较高 pH 会增强酚羟基的去质子化程度，从而使得氢键作用减弱；而当植物多酚以静电吸附与分子相互交联时，较低 pH 会增强酚羟基的质子化程度，使得静电吸附作用力减弱。

9.2.4.2　金属离子种类对金属多酚超分子网络结构的影响

根据软硬酸碱理论，金属有机配位受到配体－供体原子（路易斯碱）和受体金属离子（路易斯酸）极化的影响，在这种情况下，硬配体喜欢硬金属离子，而软配体喜欢软金属离子。各种金属离子的电子接受度（极化能力）是通过电离势能来定量的。如图 9.16 所示，可与植物多酚分子进行配位的金属离子的电离势能强弱依次为：Ag^{+} ＜ Zn^{2+} ＜ Ni^{2+} ＜ Fe^{3+} ＜ Zr^{4+} 。由于不同金属的电离势能不同，与酚羟基的结合能、配位键键长、稳定性均会形成一定差异。例如，Ag^{+} 的原子半径尺寸大、电荷数小，诱导极化的能力小，形成较长和较弱金属氧配位键、结构强度和稳定性较差。因此，当作为中心离子时，Ag^{+} 可能会产生一个较松散且有缺陷的结构。当 Fe^{3+} 作为中心离子时，金属离子的电离势能强，诱导极化的能力增强，增强了电子云的重叠，使得金属－氧键长变短，键能更强，使结构强度和稳定性更强，所得到的结构也会较为紧密和完整。此外，当金属离子具有更高的电荷数时，可以给去质子化的酚羟基氧负离子提供更多的位点，形成高配位数的金属多酚超分子网络结构，从而增加纳米薄膜厚度，提高其稳定性。例如，分别以 Cu^{2+} 、Al^{3+} 、Zr^{4+} 为中心金属离子与单宁酸进行配位，形成金属多酚超分子网络结构，单宁酸与 Zr^{4+} 所形成的纳米薄膜最厚，而与 Cu^{2+} 形成的纳米薄膜最薄。

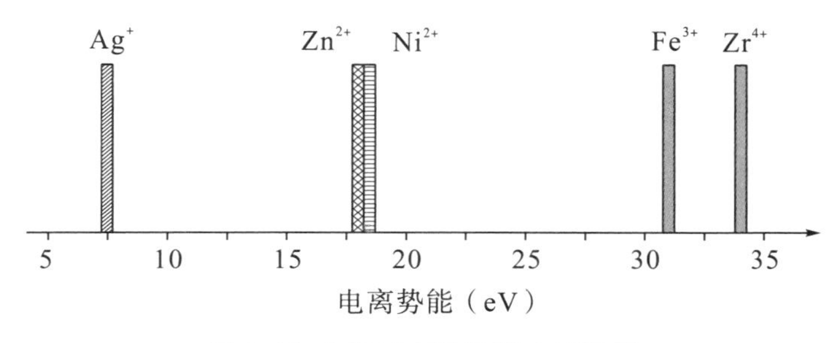

图 9.16　不同金属离子的电离势能

9.2.4.3　植物多酚、金属离子的配比对金属多酚超分子网络结构的影响

参与金属多酚超分子网络结构构建的金属离子和植物多酚分子的化学计量数（即参与成键的分子摩尔比）会随着植物多酚和金属离子溶液添加比例的不同而有所差异。例如，保持单宁酸的浓度恒定（0.40 mg/mL），Fe^{3+} 浓度在 0.06～0.20 mg/mL 之间变化。选取 0.06 mg/mL、0.12 mg/mL、0.20 mg/mL 三个梯度作为 Fe^{3+} 浓度，参与金属多酚超分子网络结构形成的单宁酸分子与 Fe^{3+} 的化学计量数分别为 4∶1、3∶1、2∶1。化学计量数的比例会对金属多酚超分子网络结构的构象及结构产生影响，从而对纳米薄膜的厚度及表面粗糙程度造成影响。具体的影响过程如下：

首先，植物多酚分子会凭借多重作用力结合到材料表面，随着金属离子的加入，金属离子会诱导溶液中植物多酚分子与材料表面已形成的金属多酚超分子网络结构进一步交联，从而导致纳米薄膜的厚度增加。另外，当溶液中的金属多酚超分子网络结构被金属离子吸引，与材料表面已形成的纳米薄膜继续交联时，材料表面的纳米薄膜也会相对更加粗糙。例如，当 Fe^{3+} 浓度低于 0.06 mg/mL 时，无纳米微囊形成；当 Fe^{3+} 浓度高于0.2 mg/mL时，微囊团聚在一起。另外，纳米薄膜的厚度也随着 Fe^{3+} 浓度的升高，由（7.7±0.4）nm 增加到（11.9±1.2）nm；纳米薄膜的表面粗糙程度也随着 Fe^{3+} 浓度的升高而增加。类似的情况也在其他的金属离子中有所发现：当 Cu^{2+} 与单宁酸的摩尔比例从 1∶3 增加到 3∶1 时，纳米薄膜的厚度也由（9±0.8）nm 增加到（10.7±1.5）nm；当 Zr^{4+} 与单宁酸的摩尔比例从 1∶3 增加到 3∶1 时，纳米薄膜的厚度也由（11.9±1.2）nm 增加到（15.4±2.2）nm。

9.2.4.4 盐离子浓度对金属多酚超分子网络结构的影响

在较高的盐离子浓度（2 mol/L）下，钠离子会起到屏蔽植物多酚分子上的酚羟基与中心离子结合的作用，从而促使这些被屏蔽的酚羟基从中心金属离子上伸展开来，与溶液中其他的金属多酚超分子网络结构进行交联配位，从而形成更厚更粗糙的纳米薄膜。例如，在 NaCl 浓度为 0 mol/L 时，纳米薄膜厚度为 10 nm；当 NaCl 浓度增加到 0.5 mol/L时，纳米薄膜厚度为 12 nm；当 NaCl 浓度增加到 1 mol/L 时，纳米薄膜厚度为 15 nm。随着 NaCl 浓度的进一步上升，纳米薄膜厚度不再增加，但其粗糙程度会进一步增加。

当负载金属多酚超分子网络结构于材料表面时，过高的盐离子浓度会加剧材料表面水合层对于植物多酚分子的屏蔽，阻碍植物多酚分子与材料表面的结合、黏附，从而导致金属多酚超分子网络结构的负载效果不佳，甚至失败。

9.2.4.5 其他影响因素

溶剂的不同会对植物多酚分子的去质子化造成影响，从而影响植物多酚分子与金属离子的交联，进一步影响金属多酚超分子网络结构的形态与性质。

9.3 基于植物多酚的传统材料

9.3.1 基于植物多酚的皮革鞣制材料

用植物多酚进行皮革鞣制已有相当长远的历史。植物多酚制革的整个历史发展过程大概可以概括为：①人类偶然发现动物皮与某些植物在水溶液中进行浸泡后，可将生皮转变成革，使其热稳定性、抗腐蚀性增强；②19 世纪，开始生产用于制革的多酚化学品，并将其称为栲胶（Vegetable extract），标志着植物多酚作为一种商用制革剂开始被广泛使用，并对栲胶进行一系列的优化，促进了制革工业的发展；③人类开始对植物多酚的机理进行研究，对栲胶进行改性修饰，用于进一步完善制革工艺。

在 1858 年发明铬鞣法之前，植物栲胶一直是最主要的制革鞣剂。但近年来随着环保压力的增加，人们对广泛地采用植物多酚这一绿色资源取代污染性较严重的铬鞣剂产生了浓厚的兴趣。现在世界制革行业每年仍使用约 50 万吨植物多酚主要用于底革、带革、箱包革的鞣制和鞋面革的复鞣。目前，已初步建立了植－铝结合鞣法，植－醛结合鞣法等取代铬鞣法生产高湿热稳定性轻革的技术方法。

人们对于植物多酚制革的机理认识经历了多个阶段的反复论证，并逐渐得到清晰的认识。目前公认的鞣制机理有化学作用机理和胶体作用机理。上述机理都是基于植物多酚分子上含有大量的酚羟基、水解类植物多酚和羧基，这些基团可以作为氢键的质子供体或质子受体。同时，皮胶原中也富含可以发生氢键结合的基团，例如主链上的肽基—NH—CO—、侧链残基上的羟基（如羟基脯氨酸、苏氨酸、酪氨酸）、侧链残基上的氨基（如精氨酸、组氨酸）、侧链上的羧基（如天冬门氨酸、谷氨酸）。

疏水缔合也是植鞣机理的组成部分，且疏水缔合与氢键作用有协同作用。植物多酚分子的芳香环是疏水性的，而酚羟基是亲水性的，但总体仍有一定的疏水性，如水解植物多酚中的棓酰基具有较强的疏水性，而鞣花酰基则体现出更强的疏水性。皮胶原分子所含的丙氨酸、亮氨酸、脯氨酸等非极性氨基酸随着侧链脂肪链的增长，呈现出更强的疏水性，从而使皮胶原分子与植物多酚在局部区域形成疏水区域。因此，目前认为较合理的植鞣化学机理是：首先，植物多酚以疏水键形式接近胶原；其次，酚羟基与胶原的肽链、羟基、氨基、羧基发生多点氢键结合；最后，在酚羟基与胶原活性位点发生牢固结合的同时，胶原纤维间产生交联，使生皮转变成革。

9.3.1.1　化学作用机理

对于制革化学中是否存在结合力更强的离子键和化学键一直是学者争论的焦点。Gustavson 等学者认为，植物多酚中的酚羟基可以转变为醌基，从而与胶原的氨基产生共价结合。有部分学者则推测，胶原肽链的氨基在一定条件下可以转化为$—NH_3^+$，而植物多酚的酚羟基会部分电离产生$—O^-$，两者脱水形成共价键。

$$P—NH_3^+ + {}^-O—T \longrightarrow P—NH_3^{+\,-}O—T \longrightarrow P—NH—T$$

上述共价键的形成主要发生在缩合类植物多酚的植鞣。具体依据为：与水解类植物多酚相比，缩合类植物多酚鞣制的皮革收缩温度更高，且用氢键断裂试剂（如尿素）洗涤植鞣革时，95％的水解类植物多酚可以洗出，而缩合类植物多酚只被洗出 54％～59％。以 Shuttleworth 为代表的学者则认为，植鞣机理中不存在离子键和共价键结合方式，其主要依据是：对胶原的氨基进行封闭后，不会影响植物多酚与胶原的结合，也不会明显影响成革的收缩温度。此外，在进行植鞣的 pH 条件（pH 为 3.0～5.0）下，不会发生酚羟基转化为醌的变化。

20 世纪 70 年代以后，人们对植物多酚化学和制革化学有了更深入的认识，以石碧为代表的学者认为，不能绝对否认植物多酚与皮胶原之间存在共价键和离子键，但这类结合的概率很小，因此植物鞣制机理中主要还是疏水键和氢键结合。其原因如下。

1. 从等电点考虑

浸灰后裸皮的等电点的 pH 为 5.0～5.5，植鞣一般在 pH 为 3.0～5.0 时进行，皮胶原中可能存在离子化的—NH_3^+，但要使酚羟基电离为负离子 T—O^-，pH 应该在 7.0 以上。因此，在实际鞣制过程中，酚羟基应为非离子形态。

2. 从成革收缩温度考虑

能与胶原发生共价键结合的鞣剂（如甲醛），在用量很少时也能成革且达到较高的收缩温度；但对于植物鞣剂，即便是性能优良的荆树皮栲胶，也需要 20%以上的用量才能达到相应的收缩温度，且植鞣革长时间水洗后，收缩温度显著降低。

3. 从化学结构考虑

从植物多酚结构与性能关系的角度上分析，缩合类栲胶成革收缩温度总是高于水解类栲胶。由于缩合类植物多酚与水解植物多酚在化学结构上有较大的差别，因此两者与皮胶原发生多点氢键结合的能力必然有区别。此外，由于植物多酚的分子量分布和构型差异对鞣制效果的影响，即使是同类植物多酚，成革收缩温度也有明显的区别。如栗木与柯子相比，前者成革的收缩温度高 6℃；荆树皮鞣制革比落叶松鞣制革的收缩温度高 5℃。上述事实不应该用化学结合机理上的差别解释，而应归因于植物多酚的分子量分布和构型差异。例如，同属缩合类植物多酚的黑荆树皮单宁存在 4－8 位和 4－6 位两种结合方式，其分子成“体型”结构；而落叶松单宁主要以 4－8 位缩合，其分子呈“线型”结构。这可能是荆树皮能更有效地在皮胶原之间产生氢键交联，从而获得收缩温度更高的鞣制革的原因。

9.3.1.2 胶体作用机理

植物多酚以胶团或胶粒形式沉积在皮胶原纤维之间是其产生鞣制作用的另一种方式，是目前基于栲胶溶液的胶体化学特征公认的机理。栲胶溶液即使在很低的浓度下（1%）也是以多分散体形式存在的，即溶液中有以分子分散态存在的植物多酚，也有以胶团形式存在的植物多酚。因此，讨论植物多酚的鞣革机理，必须考虑植物多酚胶团或胶粒与皮胶原的作用。例如，植物多酚胶粒由缔合的植物多酚和非植物多酚分子组成，一般带负电荷，但电荷性质与溶液 pH 有关，植物多酚胶粒的等电点的 pH 为 2.0～2.5。当溶液 pH 高于等电点时，胶粒呈负粒子；低于等电点时，胶粒呈正粒子。植鞣一般在 pH 为 3.0～5.0 时进行。鞣制初期取 pH 上限，便于栲胶渗透；鞣制后期使 pH 降至下限，便于植物多酚结合。这一条件的控制是制革者长期经验的总结，而实际上正好充分运用了植物多酚胶团与皮胶原的结合原理。植物多酚胶团与皮胶原可能存在以下两种结合机理。

1. 静电作用

在植鞣过程中（pH 为 3.5～4.5），植物多酚胶粒处于等电点以上，带负电荷。此时皮胶原的等电点为 5.0 左右，因此，胶原整体呈正电性。植物多酚胶粒由于静电作用吸附在胶原纤维上，如图 9.17 所示。

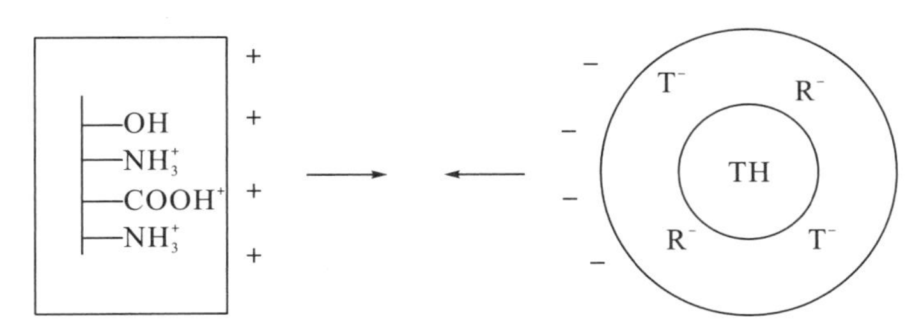

图 9.17　皮胶原—植物多酚胶粒静电反应

2. 胶团吸附作用

低分子量多酚、有机酸等非鞣质对植物多酚胶团有稳定作用。半透膜渗析实验表明，当非植物多酚逐渐除去后，会使原来清亮的栲胶溶液变得浑浊，这是因为参与形成胶粒双电层的非植物多酚减少了，胶粒的稳定性降低。在植鞣过程中，皮胶原纤维可以产生类似于半透膜的作用。胶粒透入胶原纤维后，分子量较大的植物多酚容易被保留在胶原纤维中，小分子非植物多酚的自由度较大，可以较容易地从胶原纤维中渗透出来，重新回到鞣液中，从而使已进入胶原纤维的胶粒因失去稳定性而沉积在胶原纤维中。

9.3.2　基于植物多酚的木材工业用材料

植物多酚或栲胶在木材工业中也被广泛应用，主要以天然植物多酚为原料，制造各类木材胶黏剂和聚氨酯涂料。

9.3.2.1　植物多酚胶黏剂

利用植物多酚作为天然酚原料制备胶黏剂，从缓解能源危机和绿色化学的角度来看，社会效益巨大。目前，人们不仅对各种植物多酚材料进行了筛选，而且从化学反应角度对植物多酚与醛的缩合反应以及植物多酚的改性进行了深入研究，使一些品种的植物多酚成功代替苯酚及间苯二酚用于人造板胶黏剂的生产。例如，黑荆树皮植物多酚在南非和澳大利亚，坚木单宁在阿根廷，落叶松单宁在中国等都已得到实际应用。合成的植物多酚胶黏剂的实用性能与酚醛胶相当，超过了脲醛胶，可以达到“A 级胶合”的各种指标（“A 级胶合”是最高质量的胶合，完全耐气候、耐 72 h 沸水煮）。植物多酚胶黏剂的制备技术已经成熟。

植物多酚胶黏剂制备技术的发展也极大地推动了植物多酚化学研究工作的进程，使人们从分子水平上深刻理解到多酚的化学结构对其性质的决定性影响，认识到不仅在棓酸酯类多酚与黄烷醇类多酚之间，而且在后者中的两大类代表结构——原花青定和原刺槐定之间都存在巨大差异。

如前文所述，植物单宁含有大量的酚羟基，而这些酚羟基具有一定的反应活性，使其易于发生酚核上的亲电反应和羟基衍生化反应。当植物单宁在酸、碱催化下，酚与醛形成羟甲基苯酚及二羟甲基苯酚，羟甲基苯酚再与酚或另一分子羟甲基苯酚缩合，形成线性聚合物，在此基础上进一步交联成为热固性树脂。

植物多酚的多酚结构类型对于其在胶黏剂合成中的利用价值起着决定性作用。水解植物多酚分子结构单元主要由棓酸、鞣花酸等苯环取代程度高的基团构成，羧酸基又起着强烈的吸电子作用，使多酚对甲醛亲电反应活性大大降低，甲醛的交联量也很小，因此虽然可以按照常规方法合成植物多酚—醛树脂，但反应时间较长，形成树脂的分子量也比较低，在黏合强度上达不到胶黏剂的要求。而缩合植物多酚对甲醛具有高反应活性，与苯酚相比，缩合植物多酚与醛的缩合具有高反应速度、低甲醛结合量和释放率、高黏度等特点。在弱碱或弱酸条件下，缩合植物多酚以其结构单元黄烷醇A环与甲醛缩合，主要以A环亲核的C8或C6为反应点，形成亚甲基桥连接键（图9.18）。

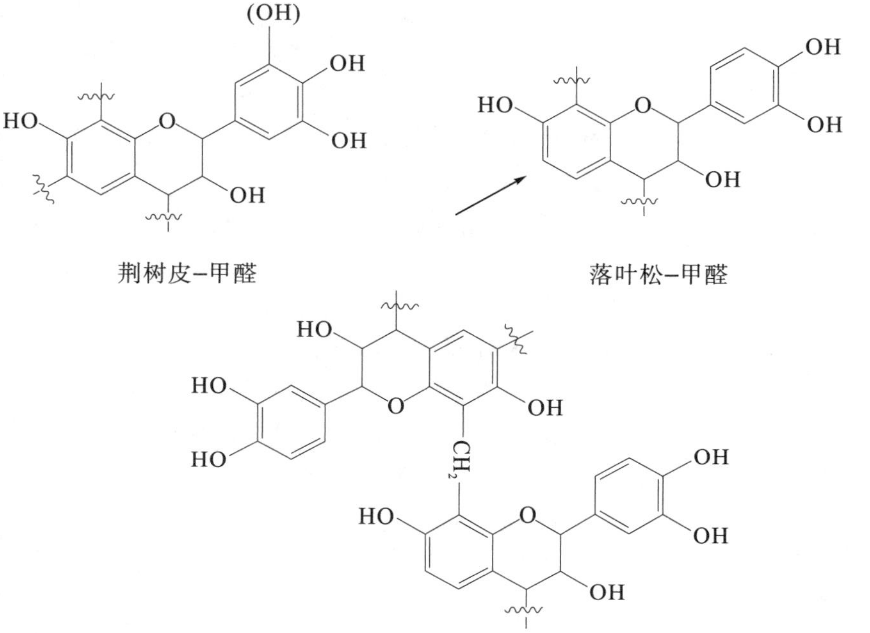

图 9.18　**植物多酚—甲醛交联示意图**

9.3.2.2　植物多酚—甲醛胶黏剂性质特点及其控制原理

1. 低甲醛结合量

由于缩合植物多酚缩合程度高、分子量大，且分子结构单元间存在空间位阻，最初形成的亚甲基键使植物多酚-甲醛构成网状结构，流动性差，亚甲基桥的进一步生成因距离限制而受阻。与甲醛交联成树脂所需的甲醛量与苯酚相比，占5%～10%，且根据所用植物多酚原料的种类和胶黏剂类型的不同而有所差异。例如，以黑荆树单宁制得的商品胶黏剂中，甲醛的最小用量为植物多酚固体含量的6%～8% ，丽红树单宁至少需要4%的甲醛，从辐射松树皮冷水提取得到的辐射松单宁需要6%的甲醛。

从另一方面看，结合醛的数量也是植物多酚活性的一个表征。在胶黏剂化学中，植物多酚与甲醛结合的数量，可以用反应活性值和甲醛值来表示。前者是指在pH=8.0、100℃、反应3 h的条件下，植物多酚消耗甲醛与原植物多酚的重量比，用它可以判断这种植物多酚是否适宜作胶黏剂。据经验，植物多酚的反应活性值达到7%～8%以上，可用于制胶黏剂；黑荆树皮栲胶为 13%～15%；落叶松树皮栲胶为 7.3%～8%。甲醛值（或称 Stiasny 值）是 50 mL 栲胶榕液（4 g/L 植物多酚的过滤液）加 5 mL 浓盐酸、10 mL 40%的甲醛溶液，在回流沸腾下反应 30 min 所产生的沉淀重量与植物多酚重量的百分比。水解类植物多酚的甲醛值较缩合类植物多酚低，而不同缩合类单宁因结构性质不同导致甲醛值有所差异。例如，荆树皮单宁的甲醛值要高于落叶松单宁，这两种缩合类植物多酚活性之间的差异可以归因于：落叶松单宁为典型的聚原花青定，间苯三酚型 A 环的黄烷醇很易发生自聚合，因此该类植物多酚分子通常缩合度高、分子量大，落叶松单宁数均分子量约为 2800 Da，其平均聚合度相当于 9～10，而荆树皮单宁以聚原刺槐定为主（约占 70%），原菲瑟定也占较大的比例（25%），这种间苯二酚型 A 环的黄烷醇自缩合活性较间苯三酚型弱，因此分子最小，数均分子量为 1250，分子量范围为 550～3250 Da。

从植物多酚分子形状来看，虽然黄烷醇单体在 A 环的 6、8 位均可发生自缩合反应和亲电反应，但对于聚原花青定，主要发生在 8 位，单元间以 C4、C8 位连接占大多数，使整个分子呈直链型；而原刺槐定单元间以 C4、C6 位连接为主，因此整个分子为角链型。前者与甲醛的交联发生在 6 位；后者发生在 8 位。角链型结构与直链型结构相比，植物多酚分子各结构单元间排列不致过于紧密，空间位阻有所减小，更易于甲醛的进攻和连接以形成网状交联。而对于落叶松单宁，植物多酚的分子量大且分子形状的不可变形性大，导致反应活性位置相距过远，使植物多酚只能与少量的甲醛结合。

总体来看，由于植物多酚与甲醛结合量均较低，植物多酚交联的程度不足，因此较酚醛胶而言，未经改性处理的植物多酚胶树脂可能表现为脆性，胶合强度不足，不能适应某些较高的胶合要求。为了提高甲醛结合量，增强其黏合性能，目前比较成熟的处理方法有以下 4 种：

（1）树脂增强。用水溶性酚醛清漆（或脲醛漆、氨基树脂）代替一部分甲醛可以在相距较远的 A 环间形成交联，由于这两种组分能形成较长的桥链，故此法可用于酚醛树脂的增强（图 9.19）。通常，木材密度是确定增强剂用量的一个重要因素，一般高密度材种需要较多的增强剂。可以用未增强的植物多酚胶胶合某些低密度木材，但是随着增强树脂比例的减少会造成胶黏剂可用时间的减少。

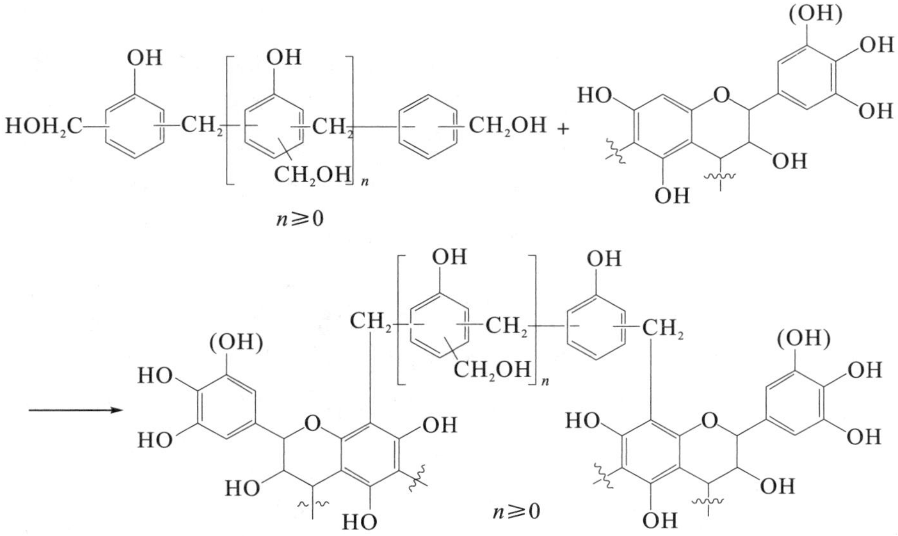

图 9.19 植物多酚与甲阶酚醛树脂的共缩聚反应

(2) 植物多酚的亚硫酸化处理。用亚硫酸盐处理缩合类植物多酚，可以使黄烷醇单元杂环的醚键打开，释放出间位酚，也能使植物多酚分子的可变形性增加，空间位阻较小，甲醛值增加。在强碱性条件下，一部分—SO_3 可能被—OH 以 SN_2 形式取代，进一步增加酚环上的亲电活性（图 9.20）。对于落叶松单宁等聚原花青定，亚硫酸化处理还可以打断单元间连接键，在一定程度上降低分子量。但由于引入了亲水性基团，将对胶黏剂的防水性有所不利。

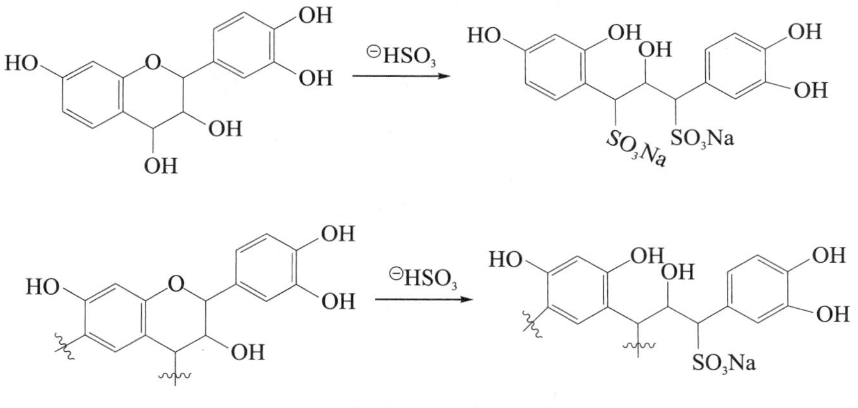

图 9.20 植物多酚的亚硫酸化反应

(3) 植物多酚、间苯二酚、甲醛共缩合。小分子酚与甲醛缩合物具有良好的流动性，并能与植物多酚亲核中心形成桥键，同时在植物多酚分子上增加反应活性位置，使植物多酚分子的交联增加。从反应式（图 9.21）可见，间苯二酚与甲醛的反应产物具有两个强烈的亲电中心，可以与植物多酚分子上相对不强的亲核中心桥连。将间苯二酚引入植物多酚分子中，可以限制它本身与甲醛的缩聚。另外，将间苯二酚与植物多酚在甲醛溶液中接枝，形成稳定的接枝物。

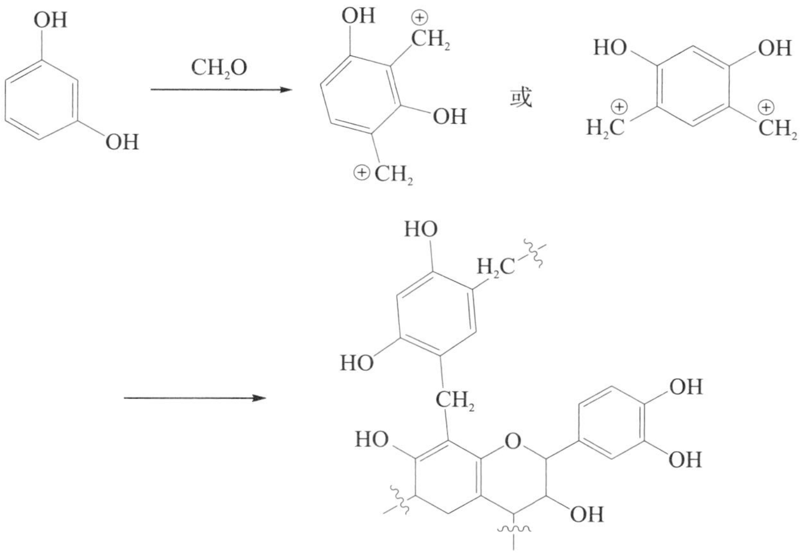

图 9.21　植物多酚与甲醛的缩合反应

(4) 其他处理方法：酸碱催化、二价金属盐作为催化剂、对栲胶纯化处理等。

2. 高反应速率

酚类与甲醛缩合的反应速率可以通过“凝胶时间”进行判断。凝胶时间是指植物多酚溶液与甲醛在一定反应条件下形成凝胶所需的时间。凝胶时间在胶黏剂使用过程中很重要，可以衡量胶黏剂的“可用时间”。因此，对于植物多酚胶黏剂，控制胶黏时间是判断其是否实用的关键。对植物多酚类胶黏剂的凝胶时间的控制主要通过调整胶黏剂的 pH 和胶合时间来实现。通常，在 pH 为 3.3～4.5 时，植物多酚与甲醛的反应速度最慢，凝胶时间最长；在此范围之外，pH 升高或降低都使反应速度加快。添加某些二价金属盐（Zn^{2+}、Mg^{2+}），可以在中性条件下活化植物多酚的 B 环，使之参与缩合反应，提高反应速率，缩短胶黏剂固化时间，而三价金属离子反而会延长凝胶化时间。

3. 高黏度

黏度问题是制备胶黏剂时经常遇到的难题。植物多酚溶液的高黏度也使植物多酚-醛反应不完全，增加植物多酚浓度和降低黏度有利于甲醛多点交联，但浓度增加和黏度降低是互相矛盾的。在胶黏剂制备中，植物多酚以亲水性胶体的形式存在，当固体浓度超过一定量时，黏度迅速增大。除浓度以外，植物多酚溶液的黏度还受其高分子量黄烷醇聚合物的比例、黏胶质含量、pH 和温度的影响，其中分子量范围和高分子量聚合物含量多少的影响是非常显著的。例如，已发现分子量大于 10^6 的辐射松单宁组分是造成植物多酚水溶液黏度过高的主要原因。因此，平均分子量大、高分子量组分含量高、树胶含量高的落叶松单宁在黏度上所遇到的困难往往要大于平均分子量小、高分子量组分含量少、树胶含量低的荆树皮植物多酚。

4. 木材和植物多酚胶黏剂含水率

木材含水率是影响胶合强度的关键因素，必须严格控制木材含水率，使胶层含水率处于合适的范围内，并在较长时间内不至于明显下降，这将使陈化时间有较大弹性。由于植物多酚胶的分子量范围比酚醛胶的分子量宽得多，在陈化和热压期间，其低分子量部分会较快渗透到木材内部，使胶层中仅留下植物多酚中的高分子部分，而它的流动需要较多的水分，因此普遍认为使用植物多酚胶所需的木材含水率要比使用酚醛胶高。

9.3.2.3 聚氨酯木材表面涂料

目前，以黑荆树栲胶为原料制备用于木材表面的聚氨酯涂料，其漆膜在硬度、光泽、耐磨、耐候性等方面可与其他商品聚氨酯涂料相媲美。用一般的聚氨酯涂料时，木材表面的纤维素会因紫外光的作用而降解，使漆膜与木材表面脱离。而用黑荆树单宁为原料的涂料因植物多酚有吸收紫外光的特性，仍可保持优良的黏附性。

1. 聚氨酯植物多酚清漆制备原理

聚氨酯的生成是通过异氰酸酯与植物多酚的羟基之间的逐步聚合完成的，在常温下即使不使用催化剂，反应也进行得相当迅速。由于黑荆树单宁分子中每个黄酮单元上一般有 4 个羟基可与异氰酸酯反应，如不加以控制（通过酯化或醚化封闭部分羟基），就有可能聚合交联成网状结构，在很短的时间内即固化，不能作为涂料使用。但是由于剩余的羟基过少，又不能生成具有一定分子量的高聚物，故所得的漆膜不具备应有的力学性能。此外，通过制备衍生物可将黑荆树栲胶中含有的碳水化合物（树胶、糖等）及水分分离掉，引入适当的基团又可使衍生物易溶于有机溶剂，适于与异氰酸酯反应。

植物多酚聚氨酯清漆的制备途径通常是：先将植物多酚部分苯甲酰化或苄基化制得植物多酚衍生物，然后按 S. E. Drewes 法在适当的无水溶剂中与二异氰酸酯反应，即可制得涂料。以苯甲酰化黑荆树单宁为原料的聚氨酯示意结构式如下：

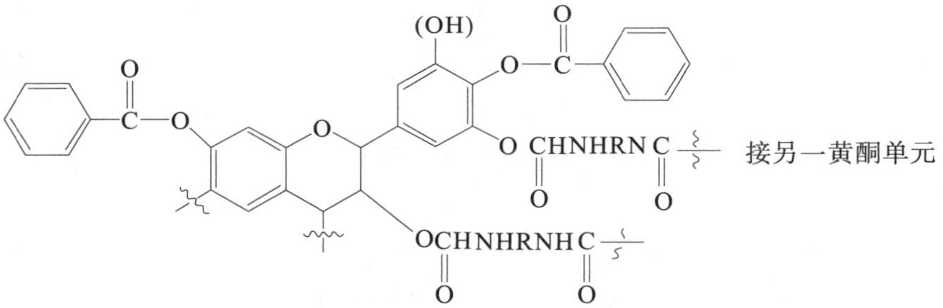

(OH)
O CHNHRNC 接另一黄酮单元
OCHNHRNHC

2. 苯甲酰化植物多酚聚氨酯的制备

对于植物多酚聚氨酯的制备，关键的技术在于确定恰当的苯甲酰化程度，以取代 50%～75%的酚羟基为最佳，因此应以保证每个黄酮单元中平均取代 2.5 个酚羟基来确定苯甲酰氯和氢氧化钾的用量。异氰酸酶和苯甲酰化植物多酚的摩尔比以(1.75～2.00)∶10.0 为宜。如果植物多酚衍生物含量过多，则会影响漆膜的耐候性，按上述最佳配比制成的涂层耐候性优于普通聚氨酯树脂。

9.3.3 基于植物多酚的水处理用材料

随着全球水资源危机和环境污染的加剧，以及工业和民用用水质量要求的提高，水处理已成为一门新兴产业。水处理领域的内容非常广泛，包括各种工业和生活用水及废水处理，其目的大致可分为三类：去除水中影响水质的杂质；为了满足用水的要求，在水中加入新的成分以改变水的化学性质；改变水的物理性质的处理等。因此，水处理化学不只是水的化学，更多的是与溶质的分离纯化、金属的防腐清洗、胶体的分散絮凝、微生物的培养和控制等化学物理过程密切相关，相应的水处理剂包括絮凝剂、缓蚀剂、阻垢剂、清洗剂、消毒剂、吸附剂、除氧剂等多种精细化学品。

植物多酚在水处理中的作用主要有两方面：一方面，植物多酚因其独特的物理化学性质，本身或其化学改性产品可用于配制锅炉、冷却系统水稳剂，具有防垢、除垢、分散、除氧、缓蚀、抑菌等多重功效；另一方面，其也可用为絮凝剂，适用于各种类型水质的沉淀。此外，还可用于制备功能型高分子树脂以充分利用其离子交换和吸附特性。高浓度的植物多酚是造纸厂、栲胶厂及制革厂废液的主要成分之一，同时也是这些废液高 COD、高色度的根本原因，且已证实废液具有微生物和鱼毒性，因此对含高浓度多酚废液的处理也是废水治理中一项重要的环保课题。

9.3.3.1　植物多酚基水稳剂

广泛用于工业生产和日常供暖的锅炉和热交换器等供热设备对供水都有一定的要求，需尽量减少生成水垢和金属腐蚀的可能性以保证传热效率、设备寿命和安全运行。垢体的生成有多种原因，其中最主要的原因是硬水中钙镁离子与 SO_4^{2-} 和 CO_3^{2-} 受热形成坚硬沉淀，其次是管壁腐蚀产物。冷却水中一些悬浮物质凝聚或藻类、微生物滋生将导致软垢的生成。而金属的腐蚀与水中溶解氧和铁细菌等有密切的关系。因此，炉内或炉外水处理对于维持设备运行是必需的，然而目前大多数中小型锅炉和冷却水系统缺乏软化和除氧外处理供水设备，研制和开发高效简便的水稳剂成为迫切的需求。植物多酚用于水稳剂已经有相当长的历史，虽然目前已开发出和使用了多种新型特效的水稳剂，但植物多酚用于水处理还是有其特色。作为一种天然处理剂，植物多酚的效用虽然不是最强，用量也较大，但其具有价格低廉、使用简便、处理温和等优点，最重要的是其同时兼具分散、防垢、除垢、软化、缓蚀、抑菌等多种功效，因而经改性或复配处理后其仍是一类性能良好的水稳剂。

1. 防垢作用

锅炉和热交换器中无机类型的水垢一般由 CO_3^{2-}、SO_4^{2-} 与 Ca^{2+}、Mg^{2+} 等阳离子形成，最常见的是 $CaCO_3$。这些无机垢结晶致密坚硬，称为硬垢。植物多酚用于防垢通常都直接采用栲胶的形式。采用栲胶防垢以后，管壁垢层很薄，像涂了一层泥浆，用手容易抹掉，避免了厚而坚硬的垢层的形成。水解类植物多酚和缩合类植物多酚都具有防垢效果，除坚木栲胶（包括胺化改性植物多酚）常被采用外，单宁酸、栗木、黑荆树皮松树皮栲胶，甚至茶叶、柿子、葡萄籽提取物皆有被采用的相关报道。植物多酚防垢用于锅炉水的炉内处理，适用于中小型锅炉，且主要适用于以暂硬为主或永久硬度不大的水质，不能消除水中的永久硬度，当永久硬度很大时，就需采用以碱为主的碱法。植物多酚防垢与其独特的物化性质相关，其中最主要的是多酚的分散性和金属螯合性，有以下 3 种机理：

（1）螯合作用。植物多酚是一类多官能团（酚羟基、羧基或磺酸基）配体，具有螯合作用。正如前文所述，植物多酚与多种金属离子都可发生螯合作用，特别是与 Ca^{2+} 形成溶解度较大的络合物。在锅炉和热交换器运行中，植物多酚与 Ca^{2+} 、Mg^{2+} 发生络合，可降低水的硬度，起到炉内水软化的作用，其络合物可进一步形成粒度较大的垢泥沉积下来，随排污排出。

（2）分散作用。防垢剂成分中一般包括两种组分：一种是沉淀剂（如 Na_3PO_4 等），能和钙、镁离子产生沉淀；另一种是吸附剂，可使已经生成的沉淀被吸附而不附着在管壁上形成水垢。植物多酚具有分散性，分子中大量亲水性酚羟基可以起到吸附或胶体保护作用。水中的 $CaCO_3$ 和 $Ca_3(PO_4)_2$ 等成垢物质具有疏水性，容易引起凝结，植物多酚可以促使其稳定，不易结晶形成水垢。对于热交换系统，冷却水中可使悬浮物受热发生凝聚，也是水垢的一大成因。

（3）破坏晶体。植物多酚在水中可使形成水垢盐的晶体结构发生变化，由原来的立方晶形转变成正交晶形，易于脱落，达到阻垢的目的。根据结晶学观点，水中盐类过饱和溶液一旦形成会出现晶核，晶体可迅速长大。晶体生长的动力学是通过台阶产生的运动实现的，外部原因造成防垢剂镶嵌在晶格上使得晶体处于不稳定状态。植物多酚不仅可以与水中的钙镁离子生成稳定的螯合物，也可与晶体表面进行螯合，所形成的螯合物占据晶格位置，结果使得晶体不能正常生长。若晶体继续生长，螯合物嵌入在晶体中，会使晶体不稳定，晶格疏松，晶体生长发生畸变，容易破碎。

2. 除垢作用

采用植物多酚对锅炉或热交换器进行除垢处理，既属于水处理也属于工业设备化学清洗的内容。植物多酚适用于碳酸型水垢的清除，对含有少部分硫酸盐的碳酸盐水垢也具有一定效果，对硫酸盐和硅酸盐水垢的效果较差。经植物多酚除垢，特别是防垢的锅炉运转半年后，停炉检查，金属壁表面附着一层很薄的垢层，很容易清除。除垢前管壁垢层呈针状，除垢后成颗粒状。采用植物多酚除垢效果不如盐酸和氨基磺酸，但不腐蚀设备，清洗后不需进行钝化处理且不影响设备的运行。除垢的方式有利用植物多酚作为主要除垢剂；也有用植物多酚作为预清洗剂，辅助其他化学清洗。例如，对闪速熔炼炉循环冷却水系统进行在线清洗时，可利用植物多酚进行鞣化（预清洗）将系统内所结硬垢分散、松散，为酸洗创造有利条件。

植物多酚的除垢效用除了在防垢时体现的对水质的软化、对水垢的分散、对硬垢晶形的破坏以外，还在于碱性条件下植物多酚及其分解产物可渗入松软的水垢层，也可在热力作用下从水垢裂纹处渗透到炉体与钢板之间，溶解钢板表面的氧化铁层，破坏水垢对钢板的附着作用，使水垢剥离而成片状或大块状脱落。

对于冷却水系统，铁锈沉积也是一类主要的水垢成分。一方面铁锈来自设备钢铁的内部腐蚀，另一方面来自循环水中铁盐的沉淀。植物多酚，尤其是水解类的单宁酸和栗木单宁可与铁锈生成部分可溶性络合物。当用植物多酚对系统进行鞣化时，植物多酚渗入氧化铁垢层软化，并在金属表面形成保护膜从而使其与垢层分离。酸洗时，有机酸与植物多酚铁络合物反应，生成溶解度更大的有机酸铁，并释放出植物多酚从而使铁垢消失，之后加入高分子分散剂或缓蚀剂。

9.3.3.2　植物多酚基絮凝剂

絮凝分离是水净化中常用的操作。水处理中去除固体物质主要是指去除粒度小于 10 μm 的颗粒。直径为 10 μm 的粉砂如果按 Stokes 公式计算，下沉 1 m 水深约需 100 min。而 1 pm 的颗粒属于具有布朗运动的胶体，始终处于悬浮状态而不下沉，这一类极细颗粒从水中除去必须经过絮凝（混凝）处理以便于沉淀分离。除了水中的颗粒、胶体，水溶性物质（如重金属离子、染料、表面活性剂）也可作为絮凝处理的对象。目前使用的絮凝剂（混凝剂）主要分为两大类：一类是无机盐类物质（如铝盐 [$Al_2(SO_4)_3$ 和 $AlCl_3$]、铁盐 [$Fe_2(SO_4)_3$，$FeSO_4$，$FeCl_3$] 及其聚合物），另一类是有机高分子类物质（如聚丙烯酰胺系列）。

对于水中大部分呈阴电荷的胶体而言，植物多酚作为阴电性、亲水性胶体，因同种电荷相斥而具有显著的分散作用，当其与无机或有机阳电荷絮凝剂联合使用时，可以起到絮凝的作用。与单独使用无机或聚丙烯酰胺絮凝剂相比，植物多酚可减少后者的用量且提高处理质量。而植物多酚用于絮凝剂的最重要的原因还在于它具有与蛋白质、多糖、聚乙烯醇、非离子表面活性剂、金属离子（特别是重金属盐）结合沉淀的特性。为了充分利用此特性，将植物多酚经化学反应在其分子中引入含氮基团，将其改性成为两性或阳离子产品，可大大提高植物多酚絮凝剂的性能和使用价值。

9.3.3.3　植物多酚基离子交换与吸附树脂

前面曾反复讨论过植物多酚与蛋白质、金属离子的结合反应，在水处理中可以应用这些反应原理，借助植物多酚对水溶液中蛋白质及金属离子进行脱除或富集，对水质进行净化和软化。但由于植物多酚的水溶性，使其直接作为吸附剂用于水处理受到了限制。除将植物多酚改性制备絮凝剂外，极易想到以植物多酚为主体合成一类不溶性的树脂类物质，而保持其分子中大部分活性基团，从而极大地改善植物多酚作为选择性吸附剂的使用性能且可以再生反复使用，这一途径称为植物多酚的固化。其固化的方法可以分为两类：一类是将植物多酚分子键合在不溶性底物上（如纤维素、聚乙烯），另一类采用交联剂与植物多酚共聚形成水不溶性高分子（如植物多酚甲醛树脂）。

9.3.3.4　含植物多酚废液的处理

植物多酚是栲胶厂、造纸厂、制革厂产生的废液的主要污染成分，会显著提高废水的化学耗氧量（COD）。对于某些造纸厂而言，其排污废液 COD 中 50%源于植物多酚。高浓度的植物多酚具有微生物毒性和鱼毒性，因此从环保角度考虑，含高浓度的植物多酚的废水必须经过脱毒净化处理。

由于植物多酚对甲烷细菌活性的抑制，通常生物发酵法处理植物多酚废液的效率不高。可以采用一些对植物多酚抗性较强的真菌（如黑曲霉）进行预处理。黑曲霉可以以植物多酚为生长碳源，经过 4 天的培养使植物多酚浓度降低 50%，溶液 COD 降低 63%。植物多酚在高 pH 下易于氧化偶合，进一步缩合生成红粉或腐殖酸，丧失了与蛋白质作用的能力，因而用碱处理有利于脱毒，但只用此法并不能降低废液的色度。考虑到植物多酚对金属离子的络合沉淀作用，采用 $Ca(OH)_2$ 沉淀法可以取得良好的效果且最为经济。

9.3.4 基于植物多酚的化妆品用材料

目前，消费者要求化妆品除具有美化效果之外，还应具有促进皮肤新陈代谢、调理皮肤、真实美容的效果。为了养颜护肤，一些含天然成分特别是含中草药提取物的化妆品深受欢迎，而中国传统的护肤品更是含有多种草药有效成分，而黄酮类化合物是其中的一类主要活性成分，与黄酮类化合物具有密切生源关系且共生的植物多酚也是起重要作用的活性物质。黄酮类物质一度被称为“维生素 P”，具有多种生物活性，特别是可以激发皮肤血液循环，抗毛细血管脆性和异常通透性。以黄酮和植物多酚为主要成分的化妆品皆具祛斑、防皱、保湿、防止皮肤粗糙的功效。

植物多酚具有独特的化学和生理活性，在护肤品中可起到多重作用，如抗氧化、抗衰老、抗紫外线、增白及保湿等，因而对多种因素造成的皮肤老化（皱纹和色素沉着）都有独到的功效。而植物多酚的利用一般以小分子或低分子的多酚组分（如花青素、儿茶素、槲皮素、棓酸、鞣花酸、熊果苷及其衍生物）为重点，大分子多酚因其过强的收敛性可能会刺激皮肤等，使其应用受到限制。人们从某些特殊种类的植物中得到用于化妆品的植物多酚，如从熊果叶中提取熊果苷，从槐花中提取芦丁，从银杏叶中提取黄酮。实际上，这类天然产物都可起到类似的效果，可从一些常见植物（如绿茶、葡萄籽、柿子、棉花叶）中得到性能相当的活性物质。

9.3.4.1 植物多酚的收敛作用

植物多酚与蛋白质以疏水键和氢键等方式发生的复合反应是其最重要的化学性质，在食品化学中被称为涩性，在制革化学中被称为鞣性，而在日用化学中因其令人产生收敛的感觉故通常被称为收敛性（Astringency）。在植物多酚的研究中，收敛性是被研究最多的也是最透彻的。人们在化妆品中采用植物多酚，最直接的原因在于其收敛性。这一性质使含多酚的化妆品在防水条件下对皮肤也有很好的附着力，并且可使粗大的毛孔收缩、汗腺膨胀，使松弛的皮肤收敛、绷紧而减少皱纹，从而使皮肤显现出细腻的外观。

植物多酚的收敛作用还可减少油腻性皮肤皮脂的过度分泌，除用于护肤品外，还可用于洗发水的配制，添加 0.2%的单宁酸即可对油性发质产生良好的效用。因其收敛性，植物多酚接触皮肤后，可使汗腺口肿胀而堵塞汗液的渗透，抑制排汗，从而减少汗液分泌量，因此植物多酚也可用作抑汗剂。

9.3.4.2 植物多酚的防晒作用

适当的日光照射是维持人体健康的必要条件，但若经日光曝晒、久晒，就会使皮肤出现灼痛、红肿，甚至出现红疹、皮炎、皮肤老化及皮肤癌等病症，这都是日光中紫外线照射所带来的不良后果。

日光可分为三个区间：紫外线，波长为 200～400 nm；可见光，波长为 400～800 nm；

红外线，波长为800 nm以上。紫外线又可分为三个区域：短波区UVC，波长为200～280 nm；中波区UVB，波长为280～320 nm；长波区UVA，波长为320～400 nm。波长越短，能量越高。UVB绝大部分被皮肤真皮吸收，使血管扩张，出现红肿、水泡等急性症状，长久照射产生日晒皮炎；UVA射线的能阶为同剂量UVB射线的千分之一，但到达人体的能量却占紫外线总能量的98%，对衣物和人体皮肤的穿透性远比UVB深，经对表皮部位黑色素的作用而引起皮肤黑色素沉着，促使皮肤老化，虽然不会对皮肤引起急性炎症，但长期积累仍会导致皮肤老化和严重受损。UVC射线经大气同温层时，可被臭氧层吸收，但目前环境污染及氟利昂等化学品破坏臭氧层使大量UVC射线渗透到达地面，其高能量的特性使皮肤癌的发生剧增。因此，当前防止紫外线照射对人体所引起的伤害已经和传统观念有所不同。以往人们比较注重的是UVB，当前则需对整个紫外区进行广谱性的防御。

防晒剂大致可分为物理性的紫外线屏蔽剂和化学性的紫外线吸收剂两大类，一般有机类防晒剂皆属于后者。植物多酚是一类在紫外光区有强吸收作用的天然产物，茶多酚、柿子单宁等从人类食品和药物中提取的植物多酚已经被证实对人体无毒。黄酮类化合物一般在UVA和UVB区有很强的吸收效果且高度稳定。例如，芦丁能吸收UVA，$\lambda_{max1}=327$ nm，$\varepsilon=11760$；$\lambda_{max2}=381$ nm，$\varepsilon=17920$；黄芩苷能吸收UVB，$\lambda_{max}=283$ nm，$\varepsilon=24700$。人体皮肤经芦丁涂抹后，对紫外线的吸收率达98%以上，即使在强光下也可免受紫外线辐射带来的危害，对日晒皮炎和各种色斑均有明显的抗御作用。而植物多酚与黄酮类的差别在于多酚对紫外线的吸收多在于UVC区，如单宁酸$\lambda_{max}=263$ nm，$\varepsilon=8350$；儿茶素$\lambda_{max}=280$ nm，$\varepsilon=3740$；鞣花酸在整个紫外线区均有强烈的吸收（$\lambda_{max1}=255$ nm，$\lambda_{max2}=352$ nm，$\lambda_{max3}=316$ nm）。

9.3.4.3 植物多酚的美白作用

汞和氢醌可以阻碍色素的生成，具有祛斑增白的作用，因此早期的美白剂经常使用这两种已在化妆品中禁止使用的毒性较强、皮肤刺激性大的成分。目前，通常使用的美白成分有维生素E、维生素C、超氧歧化酶SOD、曲酸和植物提取物。桑白皮、地榆、啤酒花、丹皮、金缕梅均具有很好的美白祛斑的效果，其有效成分中含有大量的多酚。熊果苷（对-羟基苯-β-D吡喃葡萄糖苷）及其酯ρ-O棓酰酯熊果苷，是公认的有效美白剂，其性质和结构皆与棓酸酯类多酚相近，可以认为是植物多酚的一个特例。植物多酚的美白作用是一种综合效应，与其抗氧化清除自由基、吸收紫外光、酶抑制能力有关。

皮肤的颜色主要由黑色素的含量决定，而肤色的深浅变化与黑色素生成或消失有关。黑色素是一种天然的紫外线吸收剂。当受到日光照射时，皮肤中的黑色素细胞即生成黑色素颗粒，使皮肤变黑，吸收过量的日光光线，特别是紫外线，以防止紫外线透入体内，有保护身体的作用。黑色素一般认为是由黑色素细胞内黑素体中的酪氨酸经酪氨酸酶催化合成的。除了皮肤黑化，雀斑和褐斑等症状也主要是肌体酪氨酸代谢紊乱，色素的异常沉着所致。

9.3.4.4 植物多酚的抗皱作用

皮肤的老化除表现为出现上述雀斑和褐斑外，同时还表现出皮肤弹性下降、松弛、粗糙、皱纹产生等现象，对人的外貌和精神状态造成严重影响。皱纹的产生是一个复杂的现象，从生理上看，主要涉及皮肤蛋白质和结缔组织的交联和降解两类反应。

皮肤的真皮层中富含结缔组织，主要成分是大分子的纤维状蛋白，其中胶原约占皮肤蛋白干重的70%，弹性蛋白占1%～3%，其余是粘蛋白和结构糖蛋白。胶原在真皮中形成致密的束状与皮肤表面平行。随着年龄的增加，胶原相互间形成交联：一种是氨基酸之间的交联（衰老时主要是组氨酸丙氨酸交联），另一类是脂类过氧化产生的丙二醛MDA由美拉德反应形成的交联。交联后的胶原增加了对胶原酶的抵抗能力，胶原纤维重新组合成稳定的纤维束，使结构变得坚固，缺乏弹性同时形成皱纹。抗氧化剂通过清除自由基起到了抗皱作用，如维生素C和维生素E以及SOD都是抗衰老化妆品中常用的活性成分。植物多酚也具有此种功效，棓酸脂肪酸酯显著抑制了皱纹的形成，加入金缕梅或丹皮提取物（主要成分为棓酸酯类多酚）进行复配则加强了这种能力。

9.3.5 基于植物多酚的其他传统材料

9.3.5.1 植物多酚基油田用产品

植物多酚分子中大量的酚羟基使其具有亲水性和吸附能力，这一化学性质使植物多酚（栲胶）成为石油钻井中使用的一种有效的泥浆处理剂。我国从1965年就开始使用这类泥浆处理剂，多年来通过不断发展和改进，特别是通过化学改性提高了其耐温、耐盐析特性，使之仍然在石油开采领域占有重要的一席之位。据统计，1983—1993年，我国用于泥浆处理的栲胶用量平均每年达4040 t，最多达6848 t，仅次于木质素。此外，用植物多酚制备油田化学堵水调剖剂，特别是稠油蒸汽驱地层堵水调剖剂（又称为高温堵剂），也是植物多酚在石油开采中极具应用价值的一个方向。

1. 泥浆处理剂

在石油钻探中，泥浆是必不可少的。使用泥浆的目的是将钻头钻下的岩屑借助于泥浆循环作用，使用泥浆泵将之携带到井上来。泥浆还可以起冷却钻头，形成泥饼，提高井壁的稳定性，形成液柱压力，防止卡、塌、喷、崩等事故的作用。植物多酚作为一种泥浆处理剂，主要起到降黏的作用，与木质素类似，可以归为减水剂或降黏剂一类。

植物多酚是一类同时具有亲水基和疏水基结构的表面活性物质，这种两亲结构使植物多酚可以明显降低水溶液的表面张力，且紧密吸附在黏土上。植物多酚在泥浆中可以降低稠化泥浆的剪切力和黏度，从而提高泥浆的流动性。一方面植物多酚分子通过邻位酚羟基，吸附于黏土片状胶粒边缘；另一方面通过分子上其他极性基团的水化，使黏土颗粒边缘生成吸附水化层，削弱或拆散了泥浆中黏土颗粒之间的网状结构，使之放出所包含的自由水，同时也减少了黏土颗粒之间相互运动时的摩擦。由于植物多酚吸附在黏土颗粒表面，在该处增强了水化作用，因而可在井壁形成失水量少的致密泥饼，对巩固井壁、保护油层起到重要作用。

2. 油田化学堵水调剖剂

目前油井出水是油田注水开发中普遍存在的一个问题，由于油层的非均质性和油水流度比的不同会导致油层过早水淹。随着油田开发进入晚期，油层水淹愈来愈严重。油井出水会严重影响经济效益，使经济效益好的井变为无工业价值的井，同时增加产水量就必然会增加地面脱水的费用，并带来整个采油工艺上的复杂性。目前，堵水多采用化学堵水的办法，而相应的堵水剂称为油田化学堵水调剖剂。对堵水材料要求具有的性能是：可以控制注入地层的深度；可以选择性地在油层的含水带形成坚硬的不渗透隔层；在地层条件下具有持久的坚固性；能够耐寒、无毒；具有可泵性，货源足，价格低。

虽然植物多酚在高 pH 时溶于水，注入地层后，溶液稀释使 pH 降低，产生沉淀封堵水位层，但在实际情况中，由于对堵水剂的机械强度等指标有一定的要求，通常植物多酚基堵水剂的制备是利用植物多酚与醛类的反应制备成水溶性酚醛树脂，然后在一定时间、pH 和交联剂（及催化剂）作用下使之胶凝化生成堵水剂。植物多酚基堵水剂与常用的丙烯酰胺类堵水剂及各种酚醛树脂相比，其主要优点在于凝胶时间短（特别是在低温时），抗压强度高，毒性小，价格低廉。

3. 植物多酚高温堵剂

目前，国内外常用蒸汽驱或蒸汽吞吐等方法降低稠油的黏度，以利于开采。但在开采过程中，由于油藏的不均质性和蒸汽与稠油密度之间的差异，会出现蒸汽的重力超覆和气窜现象，致使原油采收率和开采成本升高。为了改善蒸汽采油的效果，提高蒸汽注入的质量，可用耐高温堵剂封堵油藏的高渗透层。这种堵剂除用于封堵蒸汽外，还可用于热采堵水，应该属于油田用堵水剂的一类，但对其耐高温（200℃以上）、封堵强度、胶凝温度与时间等指标有了更高的要求。根据我国稠油油藏的地质条件和注蒸汽开采工艺，所用高温堵剂应满足如下要求：在高于 250℃温度下，保持凝胶强度的长期稳定性；与地层水（矿化度 200～150000 mg/L）有良好的配伍性；胶凝时间在 8～50 h 之间可调；堵剂液抗剪切，黏度一般不大于 50 mPa・s;有良好的解堵性，原料来源广，价廉低毒。随着我国对稠油油田的不断开发，对堵剂的耐高温性要求已高达 300℃，现有的一些高温堵剂已无法使用。

植物多酚可代替酚类原料制备高温堵剂凝胶，其凝胶比普通酚类凝胶有更好的耐热性，在 300℃时仍有良好的热稳定性。在现有的各种高温堵剂中，栲胶类堵剂是较为便宜的一种，其凝胶性能良好。

一般情况下，缩合类植物多酚较水解植物多酚的耐温性更好，其分子结构单元间以 C—C 键相连，高温下不易发生水解，而水解类植物多酚分子中的酯键在高温条件下不稳定会发生水解。更为重要的是，缩合类植物多酚对醛的缩合活性较水解类植物多酚高得多。因此，通常采用缩合类植物多酚在碱性条件下与醛类（甲醛、糠醛、可溶性酚醛树脂）作为反应主体制备水凝胶，可处理温度为 10℃～250℃的地层，形成凝胶的强度很高，封堵液最好用盐水或海水配制，凝胶时间在几小时至几百小时内可调，而在常温下很宽的 pH 范围内都是低黏度的溶液状态。

9.3.5.2 植物多酚基金属表面保护涂料

金属腐蚀是一个十分普遍的现象。据统计，全世界因腐蚀而损耗的金属每年达1亿吨以上，占年总产量的 20%～40%。金属腐蚀不仅造成重大的经济损失，引起严重的资源危机，也造成灾难性事故和环境污染。为了防止腐蚀，人们采取了许多有效的措施，如采取金属表面磷酸盐处理和涂刷防护油漆。植物多酚也可以作为一种天然、低毒、可生物降解的天然材料，用于金属防腐涂料的配制。虽然很早以前植物多酚就已用于低压蒸汽锅炉的进水处理以防止钢内表面的腐蚀，但是直到 20 世纪 50 年代，人们才意识到利用其抗蚀性可以配制金属表面保护涂料。

植物多酚不仅对黑色金属钢铁的腐蚀有抑制作用，还对有色金属（如铝、钼、银、铅、锌等）的腐蚀都有抑制作用。植物多酚的抗腐蚀性最主要来源于其分子中含有大量的邻苯二酚或联苯三酚基团。上述酚羟基能与多价的金属离子产生强烈的络合作用，生成不溶性的植物多酚－金属盐络合物。此外，将植物多酚用于金属预处理底漆的配制，可避免常用红铅、铬盐等抗锈颜料对环境的污染，而其最大优点是具有锈转化功能，使用时不必对锈蚀进行彻底清洗，特别适宜于轻度锈钢的防护处理。此外，植物多酚处理也会大大延长传统金属涂层的保护期。

1. 植物多酚抗锈蚀机理

虽然从 20 世纪 50 年代起，人们就已经知道植物多酚的抗锈蚀性来自植物多酚与金属离子络合生成不溶性物质，但是从分子水平对植物多酚抗蚀机理及影响因素的研究是基于 FTIR、X 射线衍射、穆斯堡尔能谱、电子探针等现代分析测试技术的发展而深入进行的。这些测试结果表明，植物多酚的抗锈蚀可能是多种途径的共同作用结果。首先，生成的植物多酚－铁络合物是一层致密的薄膜，在很大程度上隔绝了空气和水汽的渗入；然后，观察到薄膜先在金属的阴极区生成，而在阳极区有氢气放出，这说明植物多酚是一类阴极抑制剂，所生成的薄膜可能在阴阳两极形成绝缘体以阻止电腐蚀；此外，用 X 射线对铁锈植物多酚处理前后的成分分析表明，植物多酚促进了铁锈中的活泼成分 $\alpha-FeOOH$ 向惰性的 Fe_3O_4 转化，在这里植物多酚起到还原剂的作用。

2. 植物多酚涂层的抗蚀效果的主要影响因素

植物多酚涂层的抗蚀效果的主要影响因素为锈蚀的程度、氧气和湿度。用磷酸将黑荆树栲胶水溶液的 pH 调至 2，并添加润湿剂配制成处理液刷涂在生锈（擦去浮锈）和光亮的试验钢板上，然后将钢板置于室外一定的时间，测定钢板的腐蚀面积，可以看出表面有锈蚀的钢板比清洁的钢板有更好的抗蚀性。残存的铁锈能促进植物多酚与铁离子的络合反应，并且作为附着层和植物多酚铁盐牢固结合。而在光亮的或较少锈斑的钢板上生成的植物多酚－铁络合物的附着性和强度均较差，通过扫描电镜可以直观地看到这一差别。植物多酚处理液干燥后在两种钢面都生成蓝黑色的薄膜，但在干净钢面上的薄膜附着性差，易碎裂剥落，且残存着一些棕色的未反应的植物多酚，而在锈钢表面的薄膜保持紧密的状态，裂纹很细。

通常认为，植物多酚是通过以下反应进行锈转化的：钢铁在潮湿的大气中与氧作用腐蚀生成棕褐色的铁锈。它是一种含水的 Fe_2O_3 和 FeO 的混合物，其化学成分一般式可用 $xFe_2O_3-yFeO\cdot zH_2O$ 表示，从结构上看由 $\gamma-FeOOH$、$\alpha-FeOOH$ 和 FeO 多羟基配合物等组成。植物多酚并不直接与铁或铁锈反应，而与 Fe^{3+} 反应。铁和铁锈在潮湿大气中或酸性刷涂液中形成 Fe^{3+} 及 Fe^{2+}：

$$Fe+3H^{+}+3/4O_2=Fe^{3+}+3/2H_2O$$
$$Fe+2H^{+}+1/2O_2=Fe^{2+}+H_2O$$
$$FeOOH+3H^{+}=Fe^{3+}+2H_2O$$
$$Fe^{2+}+1/4O_2+H^{+}=Fe^{3+}+1/2H_2O$$

植物多酚通过邻位酚羟基与铁离子螯合，但由于植物多酚具有强还原性，在螯合的同时将高铁还原成亚铁，植物多酚与 Fe^{2+} 产生浅色的络合物，有一定的水溶性，但空气中的氧很快将络合物中的亚铁转化为高铁，生成蓝黑色、不溶于水的植物多酚 Fe^{3+} 络合物。由于植物多酚分子中含有多个螯合结构，铁离子在植物多酚间形成交联，最终形成致密的网状结构。

3. 植物多酚原料的选择

在制备植物多酚基带锈涂料中，如果采用栲胶为原料，一般要求其植物多酚含量达85%以上。栲胶中的树脂类成分有利于植物多酚涂层在金属表面的黏附性。虽然缩合类的荆树皮、坚木栲胶也可用来配制涂料，但通常水解类植物多酚的抗蚀效果更好，因为它们具有更易与金属离子发生络合反应的联苯三酚的结构，且较容易分解成络合反应中表现十分活泼的酚羧酸。试验证实，植物多酚对金属表面极化电阻的增大，对金属表面锈蚀的封闭能力，以及对铁锈中 FeOOH 的转化率、转化后铁锈对钢铁的抗蚀性，都取决于多酚的分子量及酚羟基数目。配方中植物多酚分子量大者和酚羟基数目多者所具有的金属抗蚀性更高。其中，单宁酸 TA 具有最强的抗蚀性。人们发现植物多酚的抗蚀能力与其清除自由基能力（如 DPPH 自由基）也存在线性的相关性，这是因为这两类反应都发生在植物多酚分子中的同一部位——酚羟基上，并且植物多酚的还原反应也是一种自由基反应。因此，利用电子顺磁共振波谱仪（ESR）测定植物多酚的自由基清除能力可以快速评价各种多酚的抗蚀性。

4. 多酚对其他金属腐蚀的抑制

植物多酚还可用于黄铜、锌及锌合金、铝及铝合金、镀铝铁板、镀锡的防腐。其防腐机理主要是通过植物多酚和金属表面的金属离子生成植物多酚-金属络合物膜。通常，将植物多酚或单宁酸配制成防腐液，将处理的金属放入其中浸渍一定时间，然后干燥即得一层坚牢的有机涂层。

9.4 基于植物多酚的吸附功能材料

随着全球水资源危机和环境污染的加剧，以及工业和民用用水质量要求的提高，水处理技术的研发已经成为当前研究热点，而水处理已发展成为一门新兴产业。水处理领域的内容非常广泛，包括各种工业和生活给水及废水处理。为满足用水要求，水处理的目的大致可分为三类：去除水中影响使用水质的杂质，在水中加入新的成分以改变水的化学性质，改变水的物理性质等。鉴于污水中含有的毒性污染物种类复杂，化学性质各异，必须对污水中不同的污染物采取分类处理的方法。经过几十年的不断发展，目前已经报道了许多方法用于污水的处理，包括物理方法、化学方法和生物方法，其中主要有焚烧法、撇油法、光催化法、氧化法、过滤法、吸附法。

此外，重贵金属的高效开发和提取是发展以重贵金属为核心材料的重心。以重金属铀为例，铀资源是核能持续发展的基础资源和战略资源，为保证核能可持续发展，亟须解决核燃料铀资源的保障问题。2015 年，国际原子能机构（IAEA）和经济合作与发展组织核能机构（OECD-NEA）公布，全球已探明铀资源总量约为 764 万吨，再加上未探明的约 770 万吨铀矿资源，以及从其他含极少量铀的矿石中提炼的 730～840 万吨铀，这三类统称常规铀资源。据估算，总常规铀资源仅能供人类使用 300 年左右。近年来，人类能源消费不断提高，导致化石燃料资源日趋匮乏甚至枯竭，化石燃料的过度燃烧同时也引起了严重的温室效应和全球气候变暖等生态环境恶化问题，解决全球范围内的能源供给问题迫在眉睫。核能作为一种新型清洁能源，在核能发电、国防、核医学、工农业等多领域占有重要地位，核能发电产业是否发达也逐渐成为衡量一个国家综合国力的重要标准。2019 年，我国核能发电仅占发电总量的 4.88%，与当今世界核能发电占发电总量超过 10%这一平均值有较大差距。面对全球核能发电占比不断提高的趋势，我国制定了到 2050 年核能发电占比要达到 15%的目标，因此，开发非常规铀资源具有极其重要的战略意义。海水中含有约 45 亿吨铀，理论上可以用于向世界供应数千年的核能。如果能开发高效、稳定、经济并可重复利用的海水提铀方法，海水中的铀将成为一种取之不尽的能源，足以保证能源的可持续发展。铀提取的关键评估标准包括选择性、动力学、容量和可持续性。尤其是从高盐度、低铀浓度的海水中提取铀极具挑战性，因此，任何可行的铀提取技术都应能够以切实可行的成本有效地处理大量海水。

目前，鉴于处理污水有害物质、提取重贵金属等的需求，各种吸附分离技术取得了长足的进步，其中包括合成有机聚合物、蛋白质基吸附剂、离子液体、有机-无机框架材料、碳基吸附剂等。然而，考虑到成本控制因素取决于吸附剂材料可重复使用性和吸附剂寿命，亟须开发经济上可行且对环境友好的，具有高选择性、高容量和可再生性的新型吸附材料。

9.4.1 基于植物多酚的金属离子吸附材料

工业废水、电子产品废水、生活污水和其他水资源中常常含有各种重贵金属离子。这些重贵金属离子如不能被回收会随着食物链在动物、植物及人类的体内富集。这既导致严重的环境污染，并对动植物的健康造成严重威胁，也造成了资源的浪费。有效地回收利用这些贵金属（金、银、钯等）及核原料（铀），将大大地缓解能源及环境污染压力。植物多酚作为一种生物质，广泛存在于植物中，在绿色环境及经济成本上都表现出巨大的优势。如前文所述，植物多酚具有与金属发生螯合的作用，可将其开发成为吸附材料对有害重金属、贵金属等进行吸附回收。利用植物多酚与相应介质材料所构造的植物多酚吸附材料在水体净化、资源回收利用等领域展现出巨大的应用潜力。

9.4.1.1　植物多酚对金属离子的吸附原理

1. 植物多酚与金属络合

植物多酚中的大量酚羟基可以与大多数的三价金属离子和过渡金属离子发生络合。一般络合主要发生在植物多酚分子中的两个相邻的酚羟基上，特别是棓酸酯类多酚的棓酰基和黄烷醇类多酚的 B 环，并在邻苯二酚与金属离子之间形成稳定的五元螯合环。植物多酚的酚羟基一般是以离子态的氧负离子与金属离子络合，未解离的酚羟基虽然也可以配位，但其稳定性比解离的氧离子差很多。因此，植物多酚的络合由两步反应组成，首先使酚羟基解离：$R—OH \longrightarrow R—O^- + H^+$。其次，含有孤对电子的氧负离子作为电子供体，以金属离子作为中心，以双齿形式进行配位：$R—O^- + M_n \longrightarrow [R—O—M]_{n-1}$。

不同的金属离子由于其价电荷不同，与植物多酚进行结合的配合数也不同。例如，Fe^{3+} 可以接受三组酚羟基的孤对电子，从而形成三配位。

当 pH 下降时，植物多酚上的酚羟基去质子化受到抑制，会导致植物多酚与金属的配位减弱和金属多酚超分子网络结构的解离。因此，可将植物多酚负载到载体材料表面，制备植物多酚功能化改性材料，对水中的金属离子进行吸附回收。当金属离子在材料表面的吸附完成后，用弱酸将金属离子洗脱下来。植物多酚功能化改性材料上的酚羟基又可以在此对金属离子进行吸附，实现材料的可重复化使用。

因此，研究人员想通过利用植物多酚与金属离子进行络合的特性，在环境领域进行一系列的研究应用。

2. 植物多酚的还原性吸附

植物多酚的邻苯二酚、邻苯三酚基团具有很高的还原势能，能够将 Au^+、Pd^+、Ag^+ 等金属离子还原为相应的金属单质纳米粒子，并附着在植物多酚吸附材料表面。而植物多酚分子上的邻苯二酚、邻苯三酚基团及所对应的醌类基团可以维持纳米金属单质的稳定。最后可用王水将贵金属洗脱下来，实现贵金属的浓缩回收。

9.4.1.2　植物多酚吸附材料的影响因素

植物多酚吸附材料对 Ag^+、Au^+、Pd^+ 等金属离子的吸附受溶液初始 pH 的影响很大。植物单宁对于这些金属离子的吸附属于一个还原性吸附的过程，金属离子与邻苯二酚或邻苯三酚接触并被还原为单质金属，而酚羟基结构则被氧化为醌基结构。当 pH 为 3.0～7.0 时，植物多酚中的酚羟基大量失去质子发生电离，生成$—O^-$。金属离子首先与$—O^-$发生金属络合反应，再进一步被还原为单质金属颗粒。单质金属颗粒在此 pH 下不稳定，会以金属纳米颗粒的形式释放进入溶液，形成紫色溶液。这些纳米颗粒经过进一步的聚集，形成小颗粒并在溶液中析出。当 pH 下降至 2.0～3.0，酚羟基的电离受到抑制，金属离子由于静电作用的影响被吸附，并被酚羟基还原为金属单质。金属纳米颗粒在此 pH 条件下相对稳定，因此不会被释放进入溶液，溶液呈无色。

植物多酚吸附材料对 Hg(Ⅱ)、Cr(Ⅲ)等离子的吸附主要是通过酚羟基与金属离子发生络合反应、以配位键相连形成五元环结构而完成的。pH 会对金属离子与酚羟基的配位造成影响，从而进一步影响植物多酚材料对金属的吸附。以 Hg(Ⅱ)为例，当

pH<2.0时，酚羟基只能微弱地去质子化发生电离，因而与 Hg(Ⅱ) 发生微弱的络合反应。随着 pH 的升高，酚羟基去质子化增强，其与 Hg(Ⅱ)的络合反应也增强，植物多酚对于 Hg(Ⅱ)的吸附也显著提高，并在 pH=4.0 时达到最大吸附，继续升高 pH，吸附量不变。

另外，在不同的 pH 下，金属离子与酚羟基的配位数也可能不同，以 Fe(Ⅲ)为例，当溶液 pH<3.0 时，邻苯三酚基团与 Fe^{3+} 以 1∶1 相配位；当溶液 3.0<pH<5.0 时，邻苯三酚基团与 Fe^{3+} 以 2∶1 相配位；当溶液 pH>5.0 时，邻苯三酚基团与 Fe^{3+} 以 3∶1相配位。

9.4.1.3 植物多酚吸附材料应用示例

1. 重金属 Cr(Ⅲ)、Hg(Ⅱ)和铀的金属螯合性吸附

介孔二氧化硅材料在各种溶剂中都表现出优良的耐溶胀性，且其具有很高的机械强度和化学稳定性，在工业中被广泛使用。另外，介孔二氧化硅颗粒是一种含有大量内部微孔结构的材料，因此具有很高的比表面，可以负载更多的植物多酚，从而提高植物多酚功能化改性材料对于金属离子的吸附量。下面以氨基化的介孔二氧化硅球为载体，制备固化杨梅单宁吸附剂。

如图 9.22 所示，杨梅单宁 A 环上的 C−6 具有很高的亲核性，因此可以与亲和试剂发生亲核反应，以共价键交联起来。而氨基化的介孔二氧化硅可以与含醛基的分子发生醛氨交联，以共价键相连。因此选取亲和试剂戊二醛作为交联剂将杨梅单宁固定在介孔二氧化硅表面。随后，对 Cr(Ⅲ)进行吸附实验用于评估 BT−SiO_2 的吸附性能，发现 Cr(Ⅲ)在 BT−SiO_2 上的吸附受 pH 影响，在 pH 为 5.0～5.5 时可获得最大吸附容量。当 Cr(Ⅲ)的初始浓度为 2.0 mmol/L 时，在 303 K 和 pH=5.5 的条件下的吸附容量为 1.30 mmol/g。基于氢质子核磁共振（H−NMR）分析，Cr(Ⅲ)在BT−SiO_2上的吸附机理被证明是一种螯合相互作用。因此，基于杨梅单宁的介孔二氧化硅改性材料作为一种新型的吸附材料，可以快速、高效地对 Cr(Ⅲ)进行吸附，在污水净化领域展现出巨大的潜力与优势。

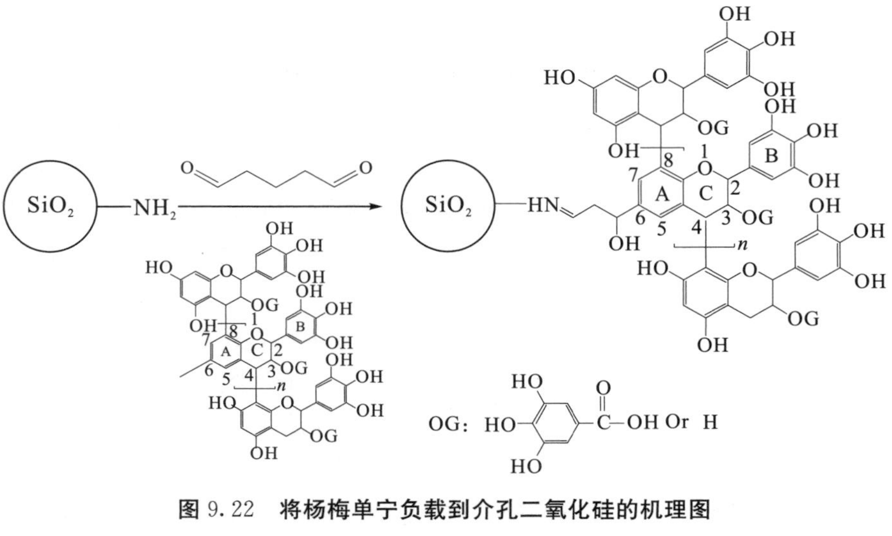

图 9.22 将杨梅单宁负载到介孔二氧化硅的机理图

废皮屑（牛皮、羊皮等）含有大量的胶原纤维，胶原纤维含有丰富的氨基、羧基、羟基等官能团，这些官能团使得胶原纤维可以与植物多酚以疏水键和氢键相交联结合。因此，皮胶原纤维可作为载体，负载植物多酚，形成以植物多酚修饰的胶原纤维。研究证明，杨梅单宁固定的胶原纤维（BTICF）在宽 pH 范围内（4.0～9.0）显示出对Hg(Ⅱ)的高吸附能力。当 pH＝7.0 时，达到其最大吸附量（198.49 mg/g）。并且，BTICF 对 Hg(Ⅱ)的吸附机理基于金属离子与植物多酚的螯合反应。吸附过程完成后，BTICF 可以很容易地用 0.1 mol/L 的盐酸进行再生，并循环至少 4 次，而不会损失吸附能力。

海洋中大约有 40 亿吨铀存在。然而，由于高盐度和相对较低的铀浓度（3.3 μg/L 左右），在海水中提取铀非常困难。目前的方法通常受到其选择性、可持续性或经济竞争力的限制。基于金属多酚超分子网络结构（MPN），利用铀能高选择性地与多酚形成稳定配合物的原理，将植物多酚（单宁）固定在微孔滤膜上，可以构建出通量大、选择性高、可多次循环使用的海水提铀新型膜材料，用于从海水中捕获铀。利用该类材料对 10 L 天然海水进行铀提取，基于金属多酚超分子网络结构的新型膜对铀的吸附容量达到了 27.81 μg/10 L，是传统吸铀方法的 9 倍以上。97%被吸附的铀可以通过稀酸很快地进行解吸，将铀洗脱下来，从而进行重复性使用。因此，基于金属多酚超分子网络结构的膜是目前最具经济可行性的海水提铀吸附材料。

2. 对贵金属进行吸附回收

植物多酚具有还原性，可将某些贵金属离子还原为金属单质，因此可利用植物多酚功能化改性材料对水中的贵金属离子进行吸附回收。杨梅单宁和落叶松单宁等植物多酚被固定在胶原纤维基质上，可以制备对 Au(Ⅲ)具有优异吸附能力的新型吸附剂。当 Au(Ⅲ)的初始浓度为 478 mg/L，吸附剂的量为 20.0 mg 时，固定化杨梅单宁和落叶松单宁在平衡温度下的吸附容量分别为 877 mg Au(Ⅲ)/g 和 784 mg Au(Ⅲ)/g。另外，还可将杨梅单宁（BT）固定在介孔二氧化硅基质上，用于从水溶液中吸附回收 Au(Ⅲ)。固定杨梅单宁的介孔二氧化硅能够有效地从酸性溶液（pH＝2.0）中回收 Au(Ⅲ)。在 323 K 时，Au(Ⅲ)在 $BT-SiO_2$ 上的平衡吸附容量高达 642.0 mg/g。由于其介孔结构，$BT-SiO_2$ 对 Au(Ⅲ)的吸附速率极快。与其他单宁凝胶吸附剂相比，其他共存金属离子［如 Pb(Ⅱ)、Ni(Ⅱ)、Cu(Ⅱ) 和 Zn(Ⅱ)］的存在并没有降低 Au(Ⅲ) 在 $BT-SiO_2$ 上的吸附。$BT-SiO_2$ 对上述共存的金属离子几乎没有吸附能力，这表明 $BT-SiO_2$ 对Au(Ⅲ)具有高吸附选择性。另外，使用王水可以解吸约 73%的 Au(Ⅲ)，并且与原始溶液相比，Au(Ⅲ)的溶液浓缩了约 18.0 倍。因此，$BT-SiO_2$ 的优异特性提供了从稀溶液中有效回收和浓缩 Au(Ⅲ) 的可能性。

9.4.2　基于植物多酚的有机污染物吸附材料

膜过滤吸附法依赖过滤技术分离污水中的污染物，常使用膜、不朽钢网、铜网和静电纺丝纳米纤维等基材。过滤法因其分离效率高、操作方便、循环利用性好等优点，常作为一种简单有效的方法用于污水中油水混合物和有毒溶剂以及重金离子和有机染料分子的分离。然而，它仍有一些缺点，如有机、石油、生物污染、微生物膜污染、重金属离子难以排除等，这些都与膜的表面特性密切相关。目前，利用多种化学或物理改性方法，用各种有机和（或）无机功能材料对膜表面进行修饰，从而制备出具有多功能的膜。

植物多酚作为一种生物质，广泛存在于植物中，其在绿色环境及经济成本上都表现出巨大的优势。植物多酚具有与大量不同化学组成物质进行多重作用力结合的能力。经过改性的多酚，其吸附性质比较稳定，能够生物降解，不会对环境造成二次污染。从而可减轻污水后续处理的压力。因此，近年来，由植物多酚进行功能化改性的材料展现出巨大的潜力和优势，在学术界和工业界被广泛地研究和应用。例如，通过将单宁酸和铁离子快速一步组装涂覆在商用聚醚砜膜上，制备出多功能过滤膜。该富含儿茶酚和没食子酸酯的膜表面具有多种理想的性能，如对蛋白质、油脂和微生物的防污，以及抗菌和重金属离子去除性能。

9.4.2.1　多酚改性材料对污染物的吸附原理

由于植物多酚会和不同分子产生配位键、氢键、疏水键、静电吸附、π－π 重叠、π－阳离子键等作用力，因此植物多酚能与蛋白质、多糖、非离子表面活性剂结合产生沉淀。另外，植物多酚水溶液有半胶体溶液的性质，通常带负电。然而，对天然多酚进行改性，可以使其带正电或两性带电。此外，植物多酚本身是天然大分子物质，体积大，这样容易从水中絮凝沉淀。因此，多酚改性材料可以广泛用于饮用水、废水和工业废水处理。但天然植物多酚的电荷密度较小、性质多活泼、很易发生缩合或降解失去活性，吸附效果不理想。为了提高多酚的吸附效果，人们将一些带电荷的基团（如含氮基团、磺酸基等）引入植物多酚中，大大提高了植物多酚吸附剂的性能和使用价值。目前，对植物多酚表面电荷进行改性主要有阳离子化、阴离子化、两性化。

1. 阳离子化

胶体和悬浮物颗粒通常带负电荷，因此在实际应用中多将植物多酚改性为阳离子吸附剂。通常情况，通过以下两种方式进行阳离子化改性：一是与带正电荷的离子型单体接枝共聚产生，二是通过酚羟基醚化的方法将 N 原子引入植物多酚分子中获得季铵盐型吸附剂。改性后的阳离子植物多酚通过与水中带负电荷微粒中和与吸附架桥作用，使体系中的微粒脱稳絮凝，同时还有脱色功能，因此较适于处理有机物质含量较高的废水。

2. 阴离子化

植物多酚含有酚羟基、羧基等活性基团，水溶液有半胶体溶液的性质。植物多酚带负电能与带正电荷粒子形成稳定的螯合物并产生沉淀。在水处理中，植物多酚可用于净化含蛋白质和表面活性剂废水，使之生成絮凝物沉淀再除去，以降低 COD，避免水中蛋白质类有机物发出恶臭。

3. 两性化

利用缩合类植物多酚 A 环的亲核反应活性，采用仲胺、甲醛与植物多酚进行曼尼希反应，将胺甲基引入 A 环，制成胺化植物多酚，所得的改性产物是一种两性化合物。两性植物多酚既带有阴离子基团又带有阳离子基团。其阳离子可以捕捉水中的有机悬浮杂质，阴离子可以促进无机悬浮物的沉降。在处理许多其他絮凝剂难以处理的水质时，有很好的应用效果。

9.4.2.2 生物大分子吸附材料应用示例

1. 植物多酚功能化改性材料对染料的吸附

植物多酚与阳离子染料和重金属离子具有良好的结合能力，然而植物多酚易溶于水的性质限制了其单独作为一种吸附材料的应用。可采用均相体系反应同步完成植物多酚在纤维素载体的固定化及材料成型。通过红外和 Zeta 电位测定证明，植物多酚成功固定在纤维素上；所得植物多酚-纤维素复合微球表面及内部均呈现多孔结构，该结构有利于染料的吸附传质。以亚甲基蓝为阳离子染料模型，对植物多酚-纤维素复合微球展现出快速吸附能力。由于植物多酚分子结构上酚羟基电离的影响，复合微球吸附量随 pH 升高而提高，结合 Zeta 电位结果证明，复合微球与亚甲基蓝之间存在静电作用。复合微球吸附行为符合 Langmuir 等温吸附模型，为单分子层均一表面吸附；复合微球的动力学拟合数据符合准二级吸附动力学模型。通过再生循环利用实验证明，复合微球具有良好的重复利用性能。因此，纤维素固定化植物多酚微球可作为一种有效的吸附材料用于水体中阳离子有机染料吸附。

2. 植物多酚功能化改性材料对氨氮的吸附

以天然植物多酚为吸附剂，以硫酸铁为沉淀剂，对废水中的氨氮进行去除。植物多酚溶于水后形成稳定的悬浮液（胶体），金属盐（如铁、铝 等）能破坏这种稳定结构，使之形成絮状共聚体从而沉淀。大量的酚羟基使植物多酚具有络合或吸附 NH_4^+-N 的能力［植物多酚对氨氮的络合和（或）吸附，统称为吸持］，同时由于在水中形成了均匀胶体体系，植物多酚能充分与 NH_4^+-N 接触和结合，呈胶体体系的植物多酚-NH_4^+-N 悬浮液在外源添加少量铁盐的作用下脱稳而沉淀，最后经过固液分离，废水中的氨氮得以去除。结果表明：植物多酚功能化改性材料对氨氮的最大吸附量达 13.8 mg/g，是人造沸石吸附量的 2.4 倍；在研究设定的投加量范围内，随着投加量的增加，氨氮去除率持续上升，达到 16.3%；在试验条件下，植物多酚功能化改性材料对猪场废水的吸附量达到 19.3 mg/g，是人造沸石的 3.3 倍，略优于阳离子交换树脂。植物多酚功能化改性材料有望作为一种新材料用于含氨氮废水的快速处理。

3. 植物多酚功能化改性材料对大肠杆菌的吸附

在偏远地区，安全饮用水往往受到当地水污染和基础设施不可靠的影响。因此，高效能的水处理和安全储存技术对于解决重金属和致病性污染物造成的复杂水污染显得至关重要。基于植物多酚功能化改性设计一种多功能重力驱动膜系统，可提供家庭层面的病原消毒和生物污染预防方法。例如，将没食子酸通过交联剂聚乙烯亚胺接枝到聚偏氟乙烯滤膜上，使膜表面具有增强的正电荷、良好的亲水性和金属结合能力。将制备的膜应用于模拟含重金属和致病污染物的多组分废水的重力驱动过滤中，可以有效降低细菌含量。部分金属离子还可以与没食子酸结合在滤膜表面，并被原位还原，捕获并稳定在膜界面，赋予后续膜更高抗的菌活性。通过增强膜表面性能和抗菌协同作用，该工程膜平台在生物膜预防方面具有较强的效果［腺苷三磷酸（ATP）含量降低了 97%］，在循环操作中渗透通量恢复高（>90%）。经没食子酸功能化改性的滤膜在开发低能耗、易于使用的膜系统，以及改善偏远落后地区的家庭用水源方面展现了巨大的应用前景。

9.5 基于植物多酚的生物医学功能材料

人类从很早开始就利用草药治疗疾病。70%以上的中草药都含有多酚，如富含多酚的五倍子、贯众、芳儿茶、仙鹤草等。20 世纪 80 年代以前，由于分离分析技术的限制，人们对植物多酚的化学结构和生理活性认识较少，植物多酚在中草药中的作用常常被忽视和误解。随着近 20 年现代分析技术的飞跃发展及人们对病理学研究的深入，植物多酚在分子水平上的药学活性得以深入研究。植物多酚这种具有多种活性的天然药物在抗病毒、抗病菌、抗肿瘤、抗炎和抗衰老等方面的疗效均得到了证实。近年来，人们对植物多酚类材料的兴趣与日俱增，尤其是植物多酚被应用于药物释放材料和医学成像材料等领域。植物多酚与生物医学应用之间的联系可以归因于它们普遍存在的生物相容性及其固有的生化性能和物理性质（如金属螯合作用、氢键作用和两亲性等）。时至今日，植物多酚因其天然性、生物相容性、生物可降解性和通过不同机制组装的能力，已衍生成为工程生物材料的重要组成部分。通过模块化或直接的合成路线，可以制备具有不同物理或化学性质、独特刺激响应、不同长度尺度的生物医学材料。本节将介绍基于植物多酚的生物医学材料，重点着眼于包覆植物多酚的胶囊、颗粒和水凝胶为载体的药物释放材料及医学成像材料。

9.5.1 基于植物多酚的药物释放材料

药物递送系统（Drug Delivery System，DDS）是指在空间、时间及剂量上全面调控药物在生物体内分布的技术体系。其目标是在恰当的时机将适量的药物递送到正确的位置，从而增加药物的利用效率，提高疗效，降低成本，减少毒副作用。通过常规方法诊断和治疗的癌症患者通常饱受病情频繁复发和转移的困扰，有的甚至在治疗后不久会出现严重的副作用。例如，盐酸阿霉素（DOX）是最著名的用于多种癌症治疗的细胞抑制性化疗药物之一，DOX 分子在体内作用时通常伴有严重的造血功能抑制及胃肠道和心脏毒性。因此，探索可能降低该类药物的毒副作用的方法是现在的研究热点。其中，药物递送系统根据载体的形态结构，可将其分为胶束、脂质体、乳剂、微球、胶囊等多种类型。一个有效的药物载体应能同时实现药物的稳定封装、载药的可控释放和低脱靶效应的准确细胞靶向。基于植物多酚的组装技术可以实现模板介导的配位复合物的制备，所得配位复合物由于其金属－多酚网络结构（Metal－Polyphenol Networks，MPN）作为药物释放载体在释药中表现出可控的物理学、化学和生物学特性、尺寸可调性、选择渗透性、刺激响应性、可控制释放性和降解性等。因此，天然多酚及其合成衍生物被广泛应用于构建颗粒功能材料或细胞集成生物杂化体系。

9.5.1.1 基于植物多酚制备的空心囊释药材料

天然多酚上的邻苯二酚和邻苯三酚部分可以有效地与大量金属离子络合，形成金属-多酚网络结构。因此，该类具有上述多酚结构单元的天然生物质材料被广泛用于制备金属-多酚网络结构涂层。MPN 包覆的癌细胞可用于免疫治疗，该包覆层可以有效地保护肿瘤抗原免于降解，增强抗原摄取和树突状细胞活化。利用金属-多酚配位、自氧化和氢键为组装提供驱动力的模式，可以在模板基质［如可溶解的二氧化硅（SiO_2）、聚苯乙烯（PS）和碳酸钙（$CaCO_3$）］上均匀地形成纳米结构的薄膜，制备具有核壳结构的球形粒子。去除模板颗粒后，可获得具有均匀尺寸分布的空心微胶囊。该胶囊的性质主要由配位金属离子的种类决定，包括薄膜厚度、可拆卸特性和荧光响应特性等。具体制备方法的原理及影响因素等如下所述。

1. 基于植物多酚合成的空心囊释药材料的制备及工作原理

植物多酚空心囊释药材料的制备主要基于金属离子与植物多酚络合所形成的纳米薄膜网络结构，这种纳米薄膜的形成是以植物多酚在界面的吸附开始的，随后植物多酚中大量的酚羟基使其可以与大多数三价的金属离子和过渡金属离子发生络合。与金属离子的络合是酚类物质的共性，植物多酚的特性在于分子中的多个酚羟基之间具有协同作用，一般络合主要发生在多酚分子中两个相邻的酚羟基上，特别是棓酸酯类植物多酚的棓酰基和黄烷醇类植物多酚的B环，在邻苯二酚和金属离子之间形成稳定的五元螯合环。植物多酚的酚羟基一般是以离子态的氧负离子与金属离子络合，未离解的酚羟基虽然也可以配位，但是其稳定性比离解的氧离子差得多。因此，植物多酚的络合可以看成是由两步反应组成的。首先因为苯酚中苯环对羟基的影响，使其极性增强，苯酚发生电离，然后氧负离子作为配体与金属离子配位，形成超网络结构组装在 SiO_2、PS、$CaCO_3$ 等模板上，构建负载 MPN 的核壳结构球形纳米子。当除去模板核后，即制得尺寸分布均匀的中空微囊。通常，大量的药物分子在金属多酚网络结构形成前就沉积在模板的多孔内部空间中，并通过静电、氢键、疏水性等相互作用稳定地锁在模板内部。当在模板外层形成一定厚度的稳定 MPN 后，再将模板溶解，可获得单分散药物分子负载的 MPN 胶囊（图 9.23）。

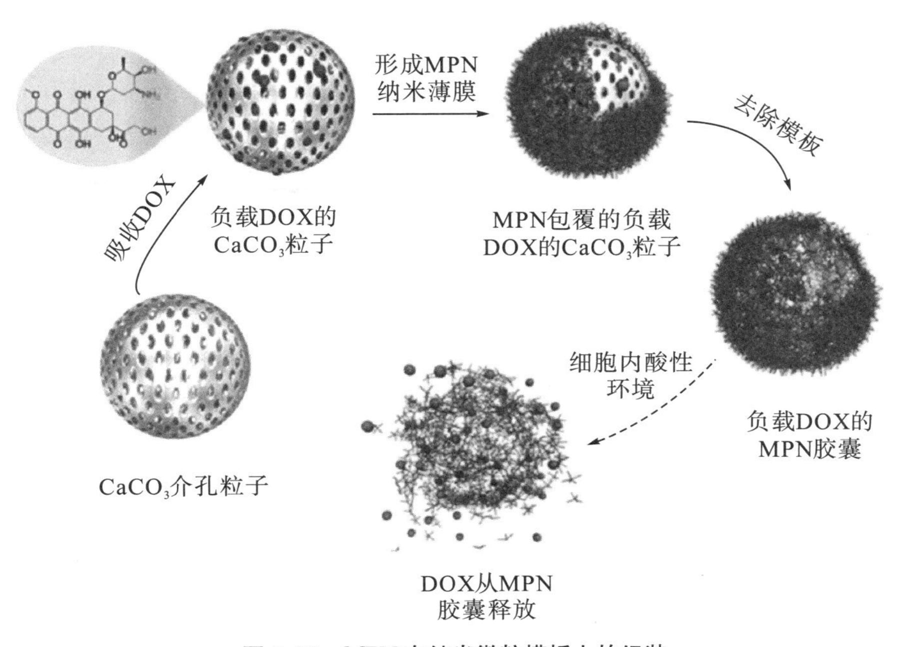

图 9.23 MPN 在纳米微粒模板上的组装

MPN 胶囊药物递送系统中药物释放的机理大多基于金属离子与植物多酚配位键的 pH 响应性，使得药物靶向性地在肿瘤部位或肿瘤细胞内被释放。这是因为肿瘤组织中（pH 为 5.7～6.8），偏碱的细胞外液（pH 为 7.4）与胞内（pH 为 5.5～6.0）、溶酶体内腔（pH 为 4.5～5.0）的酸性微环境之间存在明显的 pH 梯度。在癌细胞内吞 MPN 载药胶囊后，MPN 胶囊的分子结构在酸性微环境中解体，胶囊破裂，使药物靶向性释放在特定的病变部位，并在局部形成相对高的药物浓度，从而减少了对正常组织和细胞的伤害。通过 MPN 胶囊给药后能在机体内缓慢释放药物，使血液中或特定部位的药物浓度能够在较长时间内维持有效浓度范围，从而减少给药次数，并降低产生毒副作用的风险。

2. 基于植物多酚合成的空心囊释药材料的影响因素

（1）金属离子的种类。

如前面图 9.11 所示，目前已经建立了一个功能性 MPN 库，MPN 胶囊的制备可由普遍存在的天然多酚与多种不同的金属离子配位形成，其中包括铝（Al^{3+}）、钒（V^{3+}）、铬（Cr^{2+}）、锰（Mn^{2+}）、铁（Fe^{2+}）、钴（Co^{2+}）、镍（Ni^{2+}）、铜（Cu^{2+}）、锌（Zn^{2+}）、锆（Zr^{4+}）、钼（Mo^{2+}）、钌（Ru^{2+}）、铑（Rh^{2+}）、镉（Cd^{2+}）、铈（Ce^{2+}）、铕（Eu^{3+}）、钆（Gd^{3+}）和铽（Tb^{3+}），以生成能够形成中空结构胶囊的坚固 MPN 膜。胶囊的性质主要由金属离子的种类决定，包括薄膜厚度、可拆卸特性和荧光响应特性等。此外，钛（Ti^{4+}）与多酚之间的强配位键使胶囊在 pH 为 3～11 时能保持高结构稳定性。MPN 薄膜的厚度和稳定性取决于金属的选择和金属离子浓度。一般情况下，高配位数的 MPN 结构所形成的膜更厚。因此，Zr^{4+}－TA 胶囊最厚，Cu^{2+}－TA 胶囊最薄。当增加 Cu^{2+} 与 TA 的配比数时，MPN 的膜厚可由（9.0±0.8）nm 增加到（10.7±1.5）nm。此外，对三种模型金属（Cu^{2+}、Al^{3+}、Zr^{4+}）制备的 MPN 胶囊的 pH 分解动力学进行研究发现，当 pH=5.0 时，超过 25%的 Cu^{2+}－TA 胶囊在1 h 内解体，而 25%的Al^{3+}－TA 胶囊在约6 h 后解体。在 168 h 后，只有不到 25%的 Zr^{4+}－TA 胶囊（14.2～1.5 nm）解体。

（2）载药胶囊和释药环境 pH。

由于在 MPN 膜形成过程中，羟基需要去质子化形成氧负离子与具有络合能力的金属离子结合，而化学环境的 pH 对酚羟基的解离和金属离子的水解起着决定性作用，最终导致酚羟基与金属离子的络合差异性。因此往往在一定碱性的环境中形成稳定的 MPN 膜以实现胶囊的制备。特别是 pH 较高时，络合反应与金属离子的水解配聚反应同时发生，因此产物中还有双核和多核的配合物存在。但 pH 继续升高，一方面多酚易于被氧化成醌，失去酚氧基配体；另一方面金属离子的水解反应占主体，生成氢氧化物沉淀，不利于形成配位键。对于具有氧化性的高价金属离子（如 Fe^{3+} 和 Cr^{6+}），植物多酚在络合的同时也体现出其强还原性，可将其还原成低价态的 Fe^{2+} 和 Cr^{3+}。

MPN 胶囊药物递送系统中药物释放的机理大多基于植物多酚和金属离子配位键的 pH 响应性。由于人体不同部位的 pH 不同，例如，血液（pH 为 7.4）、胃（pH 为 1.0～3.0）、十二指肠（pH 为 4.8～8.2）等导致各部位对 MPN 胶囊药的分解的敏感性不同。例如，Fe^{3+} 和 TA 之间的配合物形成的胶囊膜具有 pH 依赖性的拆卸行为，其可拆解的 pH 范围为 3.0～4.0。不同金属制备的 MPN 胶囊在酸性条件下的分解动力学有显著差异。例如，将 Al^{3+}－TA 胶囊在生理相关的 pH 范围内进行拆解，其中 7.4、6.0 和 5.0 分别模拟细胞外液环境、细胞内的核内体和溶酶体，发现 Al^{3+}－TA 胶囊的分解具有高度的 pH 依赖性，且其稳定性随 pH 下降（从 7.4 下降到 5.0）而下降。因此，在癌细胞内吞 MPN 胶囊后，MPN 胶囊在酸性微环境中破裂，使药物靶向性释放在特定的病变部位，在局部形成相对高的药物浓度以治疗病变组织，减少了对正常组织和细胞的伤害。通过 MPN 胶囊给药后能在机体内缓慢释放药物，使血液中或特定部位的药物浓度能够在较长时间内维持有效浓度范围，从而减少给药次数，并降低产生毒副作用的风险。

（3）盐浓度。

在低浓度多酚溶液中，Ca^{2+} 对多酚的作用与 Li^{+}、K^{+}、Na^{+}、Mg^{2+} 等其他碱金属和碱土金属离子有相当大的差异。如图 9.24 所示，说明与其他离子不同，Ca^{2+} 能与 1,2,3,4,6－五－O－棓酰基－β－D－葡萄糖（PGG）为代表的植物多酚形成溶解性较好的络合物。

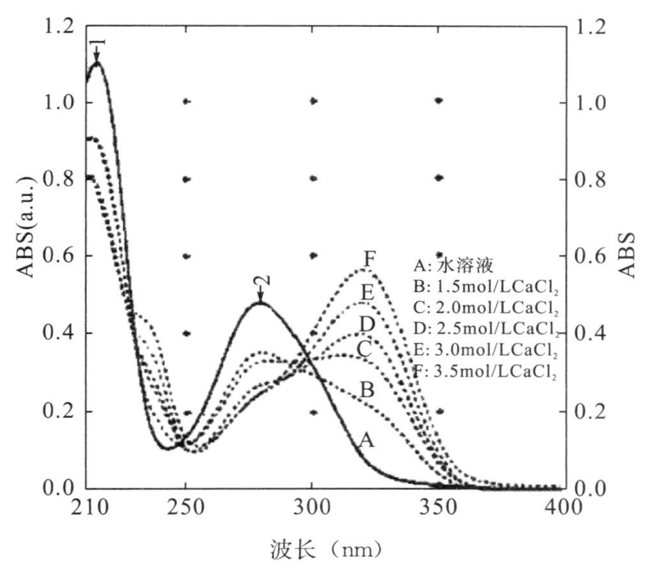

图 9.24　$CaCl_2$ 对 PGG 溶液紫外吸收光谱的影响

在实际应用中，以单宁为主体的植物多酚溶液（如栲胶液）通常是以胶体的形式存在的。与溶液状态的植物多酚分子类似，中性盐也可使之发生盐析，使植物多酚的沉淀率增加，这主要是由于电解质的加入使植物多酚胶团发生了去电荷、去溶剂化作用，即感胶化作用。这不仅不能使单宁盐析，反而使沉淀分散和溶解。盐析作用与盐的用量有很大关系，单宁胶体溶液中加入少量的中性盐（如 NaCl）并不沉淀，逐渐加大盐量后，粒径较大的胶粒先失去稳定性而析出，随后较小粒径的多酚胶粒也陆续析出，但仍有一部分单宁不被析出。

高离子强度对 MPN 薄膜沉积络合物在溶液中形成络合物的影响会导致薄膜更厚、更粗糙。此外与螯合金属类似，高离子强度改变了 MPN 复合体结构，使得部分多酚基团从金属离子中心延伸出来，并与其他配合物相互作用。从均匀的较薄的薄膜到粗糙较厚的薄膜的变化表明 MPN 沉积的叠加。正电荷的反离子（如钠离子）的存在促使多酚胶体破碎，酚基扩散到溶液。在 NaCl 浓度范围为 0～2 mol/L 的情况下，将 Fe^{3+}－TA 薄膜沉积在 PS 颗粒模板上，当盐浓度小于或等于 0.75 mol/L 时，胶囊具有相对光滑的表面，类似于在标准 0 mol/L NaCl 体系中制备的胶囊。然而，当盐浓度大于0.75 mol/L 时，胶囊变得粗糙，并观察到一些颗粒状的微结构。这增加的粗糙度可能是由于沉积了更大的 Fe^{3+}－TA 配合物。更大的 Fe^{3+}－TA 配合物嵌入薄膜中，导致薄膜厚度增加，薄膜破裂平滑度下降。然而，仅仅通过改变离子强度是无法形成比18 nm厚的薄膜的，这可能是由于屏蔽效应阻止了均匀和连续的沉积，这与聚电解质薄膜类似。Fe^{3+}－TA 膜厚度的变化可用原子力显微镜(AFM) 观察得到（图 9.25）。

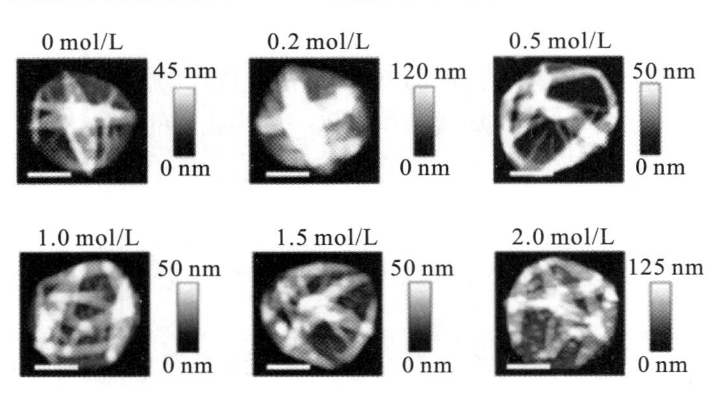

图 9.25　不同 NaCl 浓度下 Fe^{3+}－TA 薄膜的原子力显微镜图像

3. 基于植物多酚合成的空心囊释药材料的应用

MPN 薄膜的一步组装技术作为模板介导胶囊制备的一种快速、简单的替代技术，表现出可控的 pH 依赖性、降解性和向细胞内递送药物。作为概念验证，在 $CaCl_2$ 和 Na_2CO_3 的存在下，通过共沉淀制备了聚苯乙烯磺酸盐（PSS）掺杂的 $CaCO_3$ 颗粒。通过简单地将掺有 PSS 的 $CaCO_3$ 颗粒与 DOX 混合，大量的 DOX 可以沉积在 $CaCO_3$ 模板的多孔内部，并通过静电、氢键、疏水相互作用保持 PSS－DOX 复合体的稳定。然后，在 DOX 涂层的 $CaCO_3$ 周围迅速形成稳定的金属－多酚壳。模板溶解后，可获得单分散 DOX 加载的 MPN 胶囊。通过这种制造方法还获得了装有伊立替康、拓扑替康或维拉帕米的 MPN 胶囊。药物负载的 MPN 胶囊的制备是基于天然多酚和金属离子在药物包覆模板上形成的配位复合物，代表了一种快速设计和多用途的药物递送载体的策略。

除 pH 响应外，该药物递送载体还有紫外光响应、温度响应和特定化学物质响应等。例如，MPNs 可被用作微孔二氧化硅纳米管（MSNs）中客体分子的纳米级隔栅。TA 在 MSN 孔壁上的柔性结构形成了潜在的开放通道。但当 TA 与 Cu^{2+} 配位时，孔通道关闭，阻止了药物分子的释放。随着紫外光的照射，光致酸产生剂（水溶性聚醚）的光解导致了酸的生成，触发了 TA－Cu^{2+} 网络的解体，从而释放药物分子。

金属－多酚配位为 MPN 基胶囊提供了 pH 响应特性，在细胞内吞的酸性微环境中，MPN 基胶囊对细胞内药物释放至关重要。然而，这种单一的生物触发器缺乏以自然界中多用途的响应方式对复杂微环境做出反应的能力，在复杂的生物环境中存在双重或多重反应。因此，一种生物相关的双反应硼酸多酚网络（BPN）胶囊得以研发。由于可逆硼酸酯键的动态性质，BPN胶囊具有一种化学定义的pH和顺式二醇反应机制。通过降低pH和（或）加入顺式二醇可增加DOX的释放。这种快速复合和双刺激响应机制的有效结合为设计一系列生物应用的“智能”胶囊提供了新的途径，包括葡萄糖激活的闭环胰岛素传递系统和酸性pH触发器的抗癌药物传递系统。

Al(Ⅲ)/EGCG包裹的癌细胞可以用于免疫治疗，该包裹层有效地保护了肿瘤抗原免于降解，增强抗原的摄取和树突状细胞活化。在该项研究中，Fe(Ⅲ)/TA配位复合物显示出pH响应特征，可以通过降低细胞所处环境的pH来恢复细胞原有状态。细胞保护壳也可以通过使用强金属螯合剂［如乙二胺四乙酸(EDTA)］去除。此外，还可以将由紫杉醇或卡非佐米组成的自组装药物纳米颗粒负载在Fe(Ⅲ)/TA网络中，以实现药物持续输送。Fe(Ⅲ)/TA包覆的纳米颗粒可以进一步使用叶酸－聚乙二醇（PEG）进行功能化，用于靶向癌症治疗。用Fe(Ⅲ)/EGCG密封包裹各种中孔二氧化硅纳米颗粒（MSN），可以实现持续的药物输送。Cu(Ⅱ)/TA也被提出作为MSN的酸响应开关。当将Cu(Ⅱ)/TA包封的MSN与药物和光致酸产生剂（PAG）共同包封时，光照射可触发药物从纳米容器中释放，会导致酸的产生和Cu(Ⅱ)/TA壳的破裂。这些系统中的MSN可以嵌入其他功能纳米材料中［如上转换纳米粒子（UCNP），超顺磁性氧化铁纳米粒子（SPIONs）和金纳米棒］，以赋予药物输送系统多种生物功能。

此外，植物多酚还可用于制备蛋白质－植物多酚胶囊。例如，基于各种蛋白质和TA在各种底物上的界面组装技术，研究者提出了一种简单而通用的策略以创建一个胶囊群。利用蛋白质可以与TA之间以非共价相互作用力结合的特性，包括氢键、疏水相互作用和离子相互作用力，将生物功能和刺激响应特性等引入蛋白质－植物多酚胶囊系统中，得到TA/牛血清白蛋白（BSA）层层自组装（LBL）胶囊。该胶囊中释放的药物对α－胰凝乳蛋白酶反应，可有效降解胶囊中的蛋白质成分。由于该TA/牛血清白蛋白（BSA）层层自组装（LBL）胶囊在模拟胃液中相当稳定，但在肠液中却逐渐分解，故将其用于口服递送蛋白质（如免疫球蛋白）。利用TA、纤连蛋白和肝素制备的LBL膜可用于递送血管内皮生长因子（VEGF），膜中的肝素显示出与VEGF结合的强亲和力，从而可以长期存储和固定蛋白质。

9.5.1.2 基于植物多酚修饰的纳米颗粒释药材料

纳米系统倾向于优先与癌细胞相互作用并被癌细胞吸收，这使它们有可能成为通过细胞间相互作用，调节癌细胞特性的新型有效疗法。此外，大多数纳米粒子可能会在器官中积聚，导致急性或慢性毒性。因此，开发安全、可靠、具有生物相容性和无毒的纳米颗粒仍然是一个重大挑战。尽管天然多酚与金属离子在溶液中生成多功能金属－植物多酚纳米颗粒被成功设计并用于不同的生物医学应用领域，但在乳腺癌、卵巢癌、胰腺癌和非小细胞肺癌的治疗上仍离不开标准化疗药物。这些标准化疗药物在临床使用时可能会存在不良副作用或药效学参数不足等问题而使其应用受限。如今，纳米技术经常用于减少有效治疗所需的治疗剂量，同时也最大限度地减少化疗药物的全身副作用。长时间的体内血液循环仍然是双药物纳米载体协同化疗所面临的挑战。尽管具有治疗效果的智能纳米粒子为现有纳米粒子给药系统提供了解决低载药效率、代谢和消除快等问题的策略，但精确制备胶体稳定、大小可调的刺激响应型纳米载体仍然是一项具有挑战性的任务。通过植物多酚与药物分子的共组装，可形成具有 pH 响应且副作用小的超分子纳米颗粒用于协同癌症治疗；天然多酚还可以通过非共价相互作用与生物分子（如蛋白质和核酸）相互作用，从而形成具有生物功能的纳米复合物颗粒。尽管蛋白质的活性在与植物多酚结合的过程中可能受到抑制，但在复合物解离后，其活性可以完全恢复。因此，纳米复合物可以在递送过程中避免蛋白质的降解和额外的副作用，并通过在递送位点处的解离发挥生物分子的治疗活性。此外，植物多酚可用于通过非共价或共价交联来稳定聚合物胶束或纳米颗粒。例如，多酚可以通过氢键作用，产生用于癌症和心血管疾病治疗的具有药物输送能力的聚合物——多酚纳米颗粒。基于植物多酚修饰的纳米颗粒释药材料可通过结合基底物质及结合作用力的不同大致分为四类：金属－植物多酚纳米颗粒、药物分子－植物多酚纳米颗粒、生物分子－植物多酚纳米颗粒、高分子－植物多酚纳米颗粒。其具体制备方法原理及影响因素等将在本节中进行阐述。

1. 基于植物多酚修饰的纳米颗粒释药材料的制备及工作原理

（1）植物多酚与金属的络合作用。

多酚类化合物是一种具有多种功能且非常有前景的候选药物（图 9.26 为单宁酸的性质及其应用）。例如，蓝靛果中的天然花青素具有对眼科、炎症、冠状动脉等疾病的积极疗效。其主要原因在于天然多酚具有抗炎能力，当肌体受到外来病原菌侵袭时，人体的免疫细胞在病原菌侵袭的部位聚集，激活辅酶，产生大量的自由基。一方面，自由基攻击病原菌和病变细胞；另一方面，自由基攻击免疫细胞，引起细胞溶酶体释放大量的溶酶，伤害其他的组织细胞，导致炎症及关节炎。因此，植物多酚通过其强还原性，在活性氧自由基的存在下易被氧化为醌，达到清除自由基的目的，从而减轻炎症。天然多酚还具有一定的紫外吸收能力，一种通常被称为儿茶素多酚的绿茶提取物，最近已被证明在由紫外线辐射诱发的皮肤癌的肿瘤发生率、肿瘤多样性和肿瘤生长（大小）等方面可以起到明显的抑制作用。

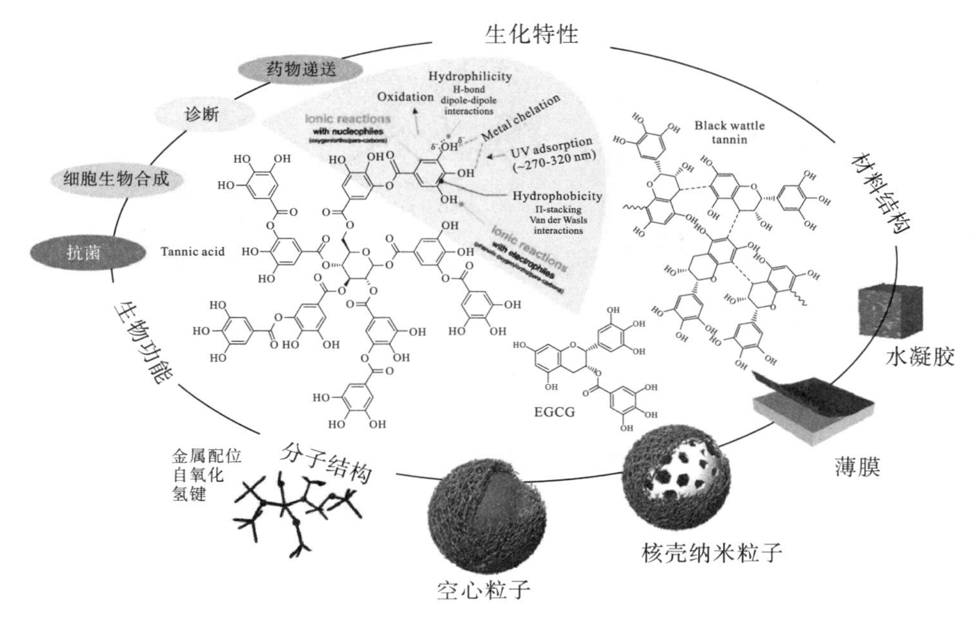

图 9.26　单宁酸的性质及其应用

前文提到空心囊释药材料的制备主要基于金属与植物多酚络合所形成的网络结构，植物多酚中大量的酚羟基使其可以与大多数三价的金属离子和过渡金属离子发生络合形成稳定的五元螯合环。该络合反应所形成的复合物具有良好的生物相容性、广泛的功能化和 pH 响应性分解等优点。这些植物多酚与金属络合后形成的金属－多酚纳米颗粒通过选择适当的植物多酚和金属离子的组合，可以使 MPN 纳米粒子对特定的疾病产生积极的治疗效果。

(2) 植物多酚的共价作用力。

理想的超分子纳米药物的一般设计原则是直接从天然多酚和含硼酸的疏水性药物构建中开发 3D 超分子纳米材料。通过儿茶酚－硼酸盐之间的动态共价化学将含硼酸的疏水性药物与天然多酚结合，可以同时促进超分子纳米结构的形成，这种超分子纳米结构具有两亲性的组装驱动力，由载体（天然多酚）和治疗剂（药物）之间的平衡控制(图 9.27)。值得一提的是，这种基于硼酸和邻苯二酚官能团的共价作用力依然可以通过低 pH 条件来打破。纳米颗粒在酸性微环境中破裂，使药物靶向释放到癌细胞，减少了对正常细胞的伤害，从而达到减少给药次数和降低毒副作用风险的目的。

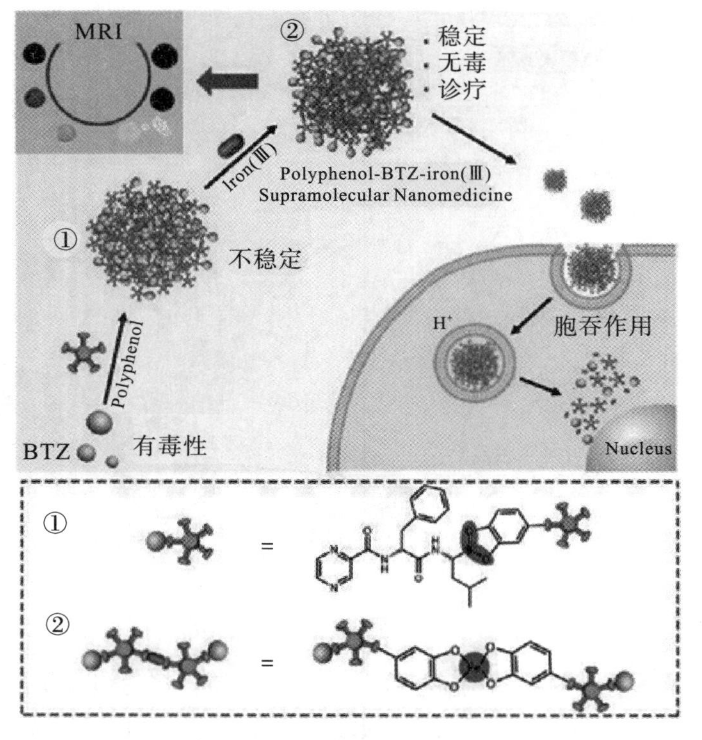

图 9.27　含硼酸疏水性药物与天然多酚的组装过程

（3）植物多酚的其他非共价作用力。

植物多酚与生物大分子（蛋白质、DNA、RNA）的结合主要依靠疏水键和氢键的相互作用。一般情况下，植物多酚能与蛋白质发生可逆性结合。植物多酚－蛋白质结合反应是植物多酚最具特征性的反应之一，单宁最初的定义就来自它具有沉淀蛋白质的能力，使明胶溶液浑浊也可作为一种基本的单宁定性实验。植物多酚与口腔唾液蛋白的结合，使人感到涩味，因此植物多酚与蛋白质结合的性质又称为涩性或收敛性（图9.28）。

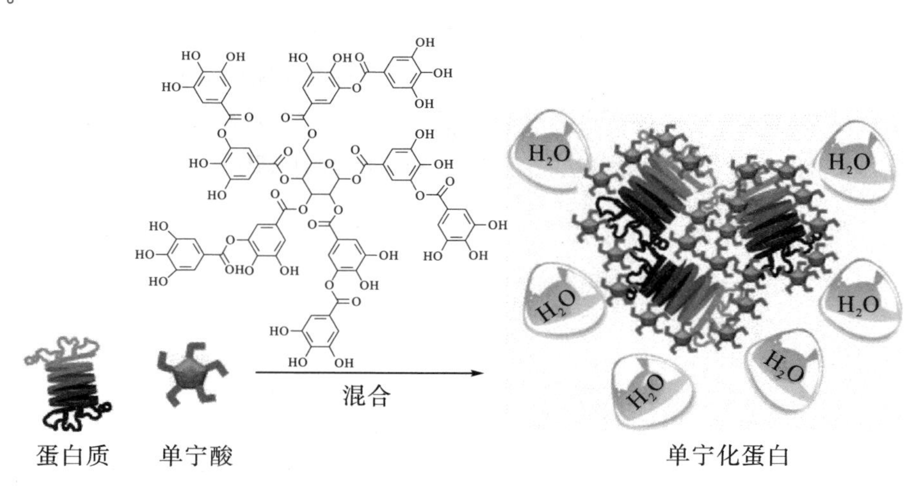

图 9.28　单宁酸与蛋白质的结合

植物多酚与蛋白质结合广泛存在于自然界中。植物多酚作为植物的次生代谢物，其涩味使植物免于受到动物的噬食和微生物的腐蚀，构成植物的一种自我防御机制。长期以来，由于人们对植物多酚、蛋白质两者的化学结构了解很少，对植物多酚－蛋白质反应长期停留在定性认知的水平上。直到20世纪80年代初，得到一系列已知化学结构的多酚纯样，人们才开始从分子结构水平上研究多酚－蛋白质反应，对反应机理和模式的认识才逐渐深入。目前，公认的是疏水键－氢键多点键合。例如，单宁酸（TA）是最丰富的多酚之一，存在于水果、蔬菜、橄榄、可可豆等植物中。TA与生物大分子有很强的亲和力，包括DNA和富含脯氨酸的蛋白质，如凝血酶、明胶、胶原和粘蛋白。TA与许多蛋白质结合的化学机制包括富酚羟基的部分，它们形成多个氢键和疏水键相互作用。由于反应体系的复杂性，多酚－蛋白质反应的本质还需要更深入的研究。单宁酸修饰的蛋白，命名为单宁化蛋白，单宁化可增加血液循环时间，从而增加给药停留时间（修饰后的蛋白质在血液中的半衰期延长）。然而，由于TA对心脏胞外基质蛋白的黏附能力，在注射后6～48 h内，单宁化蛋白在心脏心肌中逐渐积累，表现出对心脏明显的靶向性。且单宁化蛋白没有表现出任何心脏毒性，也没有引起明显的病理变化。

2. 基于植物多酚修饰的纳米颗粒释药材料的影响因素

（1）金属离子。

前文提到MPN薄膜的厚度和稳定性取决于金属的选择和金属离子浓度。研究人员也已建立了一个功能性MPN库。不同的是，上一节提到的金属多酚网络结构主要起到形成薄膜或胶囊包载药物的作用，以增加药物稳定性和实现药物的靶向性。而对于植物多酚修饰的纳米颗粒释药材料而言，金属－植物多酚的作用不侧重于金属－多酚薄膜的形成，而更多地强调在金属离子决定释药材料可拆卸特性和稳定性的同时，金属离子本身对于金属－多酚药效的协同疗效。例如，植物多酚螯合的Sm^{3+}可以同时传递到黑素瘤细胞，从而增强植物多酚的治疗效果，同时使植物多酚具有凝聚力，创建一个可行的药物传递系统。有研究发现，Sm^{3+}－植物多酚协同抑制黑素瘤细胞增殖并显著诱导细胞凋亡。在可拆卸特性的调控上，除通过pH进行释放和消除外，还可通过特定金属与螯合剂和植物多酚之间的络合能力差异设计动态分解过程。例如，甲磺酸去铁胺（DFO）是一种具有铁螯合能力的铁螯合剂，临床上可减少体内过量的铁。三价铁－花青素－共聚物纳米颗粒（FeAP－NPs）具有由DFO引发的体内动态分解的能力，FeAP－NPs可以被DFO降解，DFO降解FeAP－NPs的机理可能是铁与DFO螯合破坏了丙烯腈与铁的配位作用。因此，应用DFO进行FeAP－NPs的分解可以调节体内肝脏有害物质的清除。这一特点可用于解决EPR效应与肾脏清除的两难，减少FeAP－NPs在肝脏的积累时间。

（2）药效基团－多酚配比。

药效基团－多酚配比主要影响药效和纳米颗粒的尺寸。例如，用不同浓度的钐离子（Sm^{3+}）、(－)－表没食子酸儿茶素－3－O－没食子酸盐（EGCG）和Sm^{3+}－EGCG处理不同的细胞株。随着浓度从1 g/mL变化到250 g/mL，处理24 h，Sm^{3+}－EGCG显著抑制了B16F10细胞的增殖。当Sm^{3+}－EGCG浓度为1 g/mL时，癌细胞存活率为84.3%；当Sm^{3+}－EGCG浓度为250 g/mL时，癌细胞存活率为39.7%。而游离Sm^{3+}

或EGCG的药效低于Sm^{3+}－EGCG（仅在250 g/mL时，游离Sm^{3+}的癌细胞存活率为77.5%，EGCG的癌细胞存活率为75.2%）。这突出了本节介绍的纳米复合物的协同增效作用。

赫赛汀（Herceptin）是一种人源化单克隆抗体，针对特定受体，可诱导过表达转移性乳腺癌肿瘤，其水动力学直径（HD）为9 nm。将低聚(－)－表没食子酸儿茶素－3－O－没食子酸盐（OEGCG）加入Herceptin溶液中，可以自发形成一个大小分布相对较宽的复合物。事实上，Herceptin－OEGCG复合物是不同程度的复合物结合。将聚乙二醇（PEG）、EGCG加入Herceptin－OEGCG复合物中，形成单分散的球形复合物（HD为90 nm）。通过动态光散射实验研究OEGCG与Herceptin的络合作用。在药效基团浓度不变的情况下，随着OEGCG浓度的增加，所形成复合物的尺寸增大。然而，在保持OEGCG浓度不变的情况下，当Herceptin溶液浓度增加时，复合物的大小达到最大值，然后随着Herceptin溶液浓度的进一步增加而减小。这也间接表明OEGCG与赫赛汀是通过非共价键结合的。

（3）离子强度。

将Tween 20（一种非离子表面活性剂）、Triton X－100（一种阳离子表面活性剂）、十二烷基硫酸钠（SDS，一种阴离子表面活性剂）、尿素和NaCl加入络合物中。在疏水竞争的作用下，Tween 20、Triton X－100和SDS有效地将配合物分离。与此形成鲜明对比的是，在蛋白质浓度不变的情况下，尿素（具有参与形成强氢键的能力，本质上不是疏水的）和NaCl对解离配合物不起作用。这些结果表明，植物多酚与蛋白质之间的主要相互作用模式是疏水相互作用，而不是氢键或离子相互作用。

3. 基于植物多酚修饰的纳米颗粒释药材料的应用实例

（1）金属－植物多酚纳米颗粒。

天然多酚与金属离子在溶液中配位生成多功能金属－植物多酚纳米颗粒。例如，在聚乙烯吡咯烷酮（PVP）的存在下，Ga和Fe^{3+}组装成具有超小尺寸（约5 nm）和中性表面的纳米颗粒。纳米粒子具有很高的光热转换效率，可以用作可激活pH的MRI造影剂。^{125}I被进一步标记在纳米颗粒上，配位纳米粒子中的Fe^{3+}可以用W^{4+}或$^{64}Cu^{2+}$代替，用于敏化放射治疗。粒子中的W^{4+}由于其强大的X射线吸收能力而可能使放射疗法敏感。除了基于Ga的纳米颗粒外，其他种类的金属酚醛纳米颗粒（如EA/Fe^{3+}，TA/Fe^{3+}，EGCG/Sm^{3+}，儿茶素/Mg^{2+}，花青素/Fe^{3+}）也已被成功设计和制造用于不同的生物医学应用。这些纳米粒子在体内的降解可以通过使用强金属离子螯合剂来实现，如铁氧结合剂甲磺酸去铁胺，它加速了金属－植物多酚纳米粒子的清除。

（2）药物分子－植物多酚纳米颗粒。

可以通过植物多酚与药物分子的共组装来制备纳米颗粒。例如，天然多酚（如TA、EGCG、儿茶素、原花青素）可以与硼替佐米（BTZ）、特定的蛋白酶抑制剂等，通过硼酸－多酚动态共价键而结合。将疏水性BTZ掺入这些亲水性多酚中可生成动态的两亲结合物，进一步形成具有pH响应的超分子纳米颗粒，且副作用减少。这些BTZ酚类纳米颗粒的稳定性可以通过形成金属－多酚配位网络引入金属离子（如Fe^{3+}）来提高。同样，棉酚与DOX通过非共价结合以制备DOX－多酚纳米粒子。TA和紫杉醇

(PTX) 还用于制备多功能纳米颗粒以协同癌症治疗。

(3) 生物分子－植物多酚纳米颗粒。

天然多酚可以通过非共价相互作用与生物分子（如蛋白质和核酸）相互作用，形成具有生物功能的纳米颗粒。例如，EGCG 和 siRNA 能够在水溶液中共同组装成均匀的纳米颗粒（约 50 nm），且 EGCG 与 siRNA 的结合是一个吸热反应。这些结果表明，EGCG 成功地使 siRNA 络合，且它们的相互作用可能是由疏水键和氢键相互作用驱动的。同样，OEGCG 和抗体形成了几十到几百纳米大小不等的纳米颗粒。所得的纳米颗粒在尿素和盐溶液中稳定，但可能被 Tween 20（一种非离子表面活性剂）、Triton X－100（一种阳离子表面活性剂）和 SDS（一种阴离子表面活性剂）之类的表面活性剂破坏。EGCG 和蛋白质之间的相互作用主要是疏水相互作用，而不是氢键或离子相互作用。尽管蛋白质的活性受 OEGCG 的结合限制，但在复合物解离后，其活性可以完全恢复。因此，复合物可以在递送过程中保护蛋白质免于降解和产生副作用，但在递送位点处对复合物的解离发挥其治疗活性。对于绿色荧光蛋白－单宁酸（GFP－TA）系统，形成的纳米颗粒大小取决于 TA 与 GFP 的摩尔比。在 TA 与 GFP 摩尔比为 7∶2 的情况下，获得粒径为（14.8±2.9）nm 的颗粒，当 TA 与 GFP 的摩尔比例增加一倍时，粒径增加到（52.7±21.7）nm。该纳米颗粒在碱性溶液中很稳定，但在酸性条件下会进一步聚集成微米级颗粒。天然多酚/蛋白质纳米颗粒（如 EGCG/角蛋白）可用于持续药物输送。对于 siRNA 和抗体之类的生物分子，与天然多酚复合后，它们对酶促降解的稳定性得到了提高，且在释放生物分子时可以恢复其生物活性。

(4) 高分子－植物多酚纳米粒子。

植物多酚可通过非共价或共价交联来稳定聚合物胶束或纳米颗粒。例如，PEG－嵌段－聚（赖氨酸－赖氨酸－苯基硼酸）可以通过硼酸酯－邻苯二酚键与 EGCG 形成稳定的纳米胶束。TA 可以通过氢键作用与 PVP、羧甲基壳聚糖、透明质酸（HA）、Pluronic F－68 和聚(2－恶唑啉）等数种聚合物相互作用，产生用于药物输送、止血或伤口愈合的聚合物－植物多酚纳米颗粒。OEGCG 与壳聚糖复合制备纳米颗粒，以持续输送番茄红素。番茄红素是一种天然抗氧化剂，对治疗骨质疏松症、癌症和心血管疾病具有有益作用。

9.5.1.3　基于植物多酚改性的水凝胶释药材料

水凝胶（Hydrogel）是一类可以在水中快速溶胀并包含大量体积水的亲水三维网络结构凝胶。其含水量与交联网络的交联度相关，且交联度与吸水量呈负相关，与软组织的性质类似。其聚集态既非固体也非液体，但却含有两者的性质。水凝胶可在一定条件下具有一定的固体行为，其溶质也可在其交联网络内部扩散或渗透，从而表现出液体行为。

水凝胶已被广泛用于药物递送。天然多酚上的邻苯二酚和（或）邻苯三酚基团通常允许它们通过共价键（即与金属离子配位，或与硼酸形成动态二酯键）与其他物质交联。例如，在天然多酚中，TA 是优异的制备水凝胶的胶凝剂，由于它具有出色的溶解性及高密度的邻苯二酚和邻苯三酚基团，因此，多酚水凝胶对生物组织具有普遍的黏附性，这也是以植物多酚为构建模块开发凝胶基材料的一个动力。用于凝胶化的分子间相互作用是凝胶性能的关键因素，通过将植物多酚基团与预合成的聚合物共轭和由植物多酚类单体合成聚合物，可以很容易地获得各种植物多酚模块。所有这些优点都为设计具有特定功能的凝胶基材料提供了很大的自由度。使用植物多酚水凝胶材料装载活性药物成分，可控制其结晶过程和释放行为。植物多酚水凝胶材料具有优良的溶剂捕集能力，以及出色的生物相容性和免疫原性，与许多公认的系统相比，它们能显著改善药物的释放特性。本节将介绍近年来酚类化合物凝胶基生物材料组装的最新进展，其具体制备方法原理及影响因素等也将在本节中进行阐述。

1. 基于植物多酚改性的水凝胶释药材料的制备及工作原理

早期的研究主要集中于多酚官能团（如邻苯二酚）之间或酚官能团与亲核分子（如胺和硫醇）之间通过 Michael 加成和 Schiff 碱反应的氧化偶联反应，从而形成共价键水凝胶。通过在聚合物的侧链上接枝多酚官能团，然后进行化学或酶氧化（如酪氨酸酶、H_2O_2、$NaIO_4$ 和 O_2），可以实现各种聚合物的凝胶化，凝胶的力学性能可以由植物多酚改性的程度来控制。

传统化学共轭反应是一个相对简单的反应，但它仍然是一个费时费力的过程。以天然多酚为原料直接合成功能材料，具有简单、快速、成本低等优点，同时具有广阔的应用前景。例如，源自天然植物的 TA 被广泛用于制备水凝胶材料。上一节提到的金属多酚超分子网络结构（MPN）的络合是基于植物多酚改性的水凝胶释药材料凝胶化的核心驱动力，但由于所形成复合物的相对分子量较小且具有一定刚性的结构限制，从天然组分中获得的金属多酚超分子网络结构很难直接得到具有一定拉伸强度和保水性的金属-植物多酚凝胶。金属多酚超分子网络结构往往仅作为水凝胶合成用的部分复合物，水凝胶的性能还需要亲水性高分子作为主体结构交联缠绕来实现。水溶性或亲水性的高分子，通过一定的化学交联或物理交联，都可以形成以亲水性高分子作为主体结构的交联水凝胶。这些亲水性高分子按其来源可分为天然和合成两大类。天然的亲水性高分子包括多糖类（淀粉、纤维素、海藻酸、透明质酸、壳聚糖等）和多肽类（胶原、聚 L-赖氨酸、聚 L-谷氨酸等），合成的亲水性高分子包括醇、丙烯酸及其衍生物类（聚丙烯酸、聚甲基丙烯酸、聚丙烯酰胺、聚 N-聚代丙烯酰胺等）。

目前，研究发现只有少数（如钛或锆）金属离子可以直接与植物多酚形成凝胶，但其形成机理还尚不清楚。其原因可能是 Ti(Ⅳ）的高氧化态和形式电荷在凝胶的溶剂捕获过程中发挥了重要作用，结合基于金属-植物多酚配位的天然交联，使凝胶网得以形成。

2. 基于植物多酚改性的水凝胶释药材料的影响因素

（1）凝胶成分。

凝胶成分决定水凝胶的性质，并在极大程度上影响了药物活性成分（Active Pharmaceutical Ingredients，APIs）的结晶行为，从而影响了释药材料的性能。前文提到由于大分子植物多酚具有多重界面作用力，其能够与多种生物分子和药物发生强烈的相互作用，这可能会使药物延缓释放并能持续给药。例如，装入糖皮质类固醇地塞米松（一种治疗中耳炎的药物）的四价钛-单宁酸水凝胶通过原位注射可使 75%的药物在

6 天内释放，而在 Pluronic F127 凝胶中 75%的药物仅在 3 h 内就完全释放。相比之下，四价钛－单宁酸水凝胶的药物缓释能力是 Pluronic F127 凝胶的 40 倍。

有研究表明，凝胶对于药物分子的结晶具有促进作用，如咖啡因在溶液中的结晶得到的是表面光滑的针状结构。相反，咖啡因晶体显示出网状的微观结构域。卡马西平（一种抗惊厥药，CBZ）在没有凝胶的情况下，晶体形成球状聚合，而凝胶培养中呈块状晶体。

（2）药物浓度及种类。

有研究探究了 TA－Ti^{4+} 中不同药物分子在不同药物浓度下的结晶行为，药物分子包括咖啡因、卡马西平和吡罗西康（一种抗炎药，PX），并用微分干涉对比显微镜（Differential Interference Contrast，DIC）对它们的形貌进行了观察（图 9.29）。

咖啡因的结晶在浓度小于 3.0%时没有被观察到。显微镜图像显示，在 3.1%和 4.1%的咖啡因浓度下，咖啡因晶体呈现较短的针状分布，且更加均匀，凝胶培养的晶体在长度（500～700 μm）和颗粒数（40～50 个・mm^{-2}）上也比较接近。相比之下，在 5.4%的咖啡因浓度下，晶体尺寸明显变短（200～300 μm）且粒子数量明显增加（160～180 个・mm^{-2}）。随着 CBZ 浓度的增加，凝胶中形成的 CBZ 晶体呈近球形。随着 CBZ 浓度从 2.5%上升至 3.7%，形成更多的球形晶体。然而，尺寸进一步变小，从 500～600 μm 减小至 250～300 μm。PX 的结晶随 PX 浓度从 1.1%增加到 2.0%的过程中，也产生了显著形态差异。在凝胶中形成的块状晶体尺寸的大小随着 PX 浓度的增加，从 15～30 μm 增大到 40～60 μm 和 70～100 μm，相应的晶体颗粒数量从600～800 个・mm^{-2} 减少至 200～300 个・mm^{-2} 和 70～90 个・mm^{-2}。

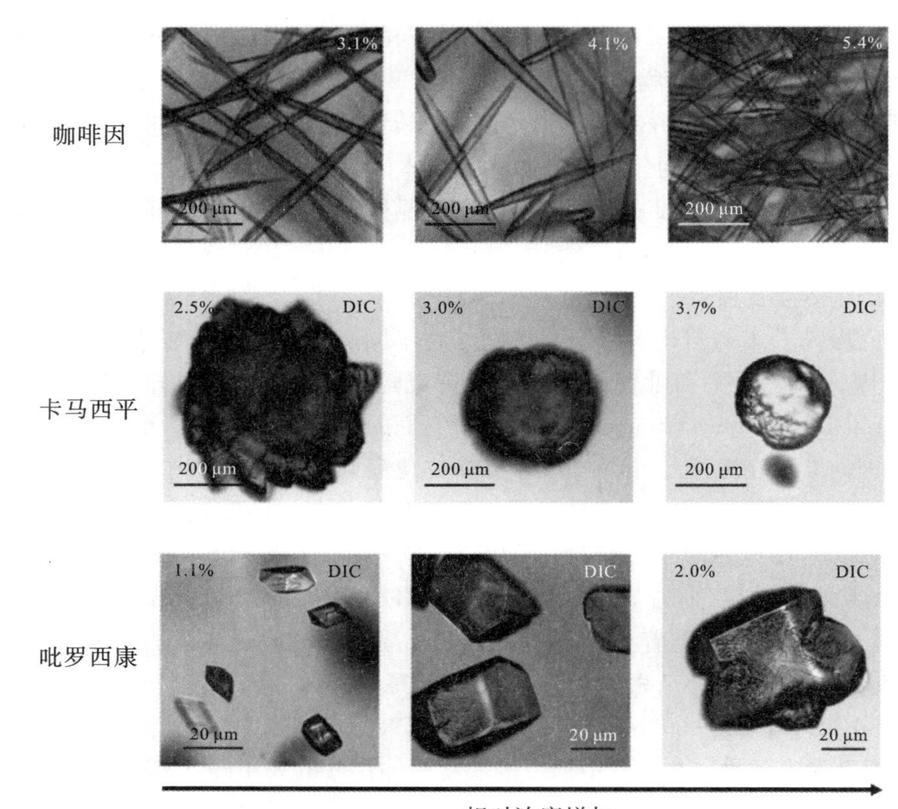

图 9.29　不同药物分子在凝胶中的结晶情况

(3) 时间。

基于非共价相互作用形成的植物多酚改性的水凝胶是动态的，其稳定性取决于局部环境和时间尺度。当植物多酚(如单宁酸、TA) 与Ⅳ族金属离子 (如 Ti^{4+}) 混合时，金属酚类超分子凝胶会自发形成。通过振幅扫描来确定水凝胶的线性黏弹性区域和交联点，而频率扫描则显示了水凝胶与频率无关的行为。时间扫描显示凝胶在 15 min 内发生，随后水凝胶会在 15 h 后慢慢老化。通过小瓶倒置测定 (图 9.30)，15 min 内发生凝胶化，与流变学测定的凝胶动力学一致。在较早的时间点 (如 30 s)，混合物仍然是液体，如果瓶子倒了，混合物不会保持静止。材料中较短范围 (纳米级) 的相互作用可能在几秒钟内完成，而形成稳定凝胶所需的较长范围的相互作用在这里观察到大约需要 15 min。值得注意的是，对于其他成分，凝胶时间变化很大，从 1 min 到 1 天不等。

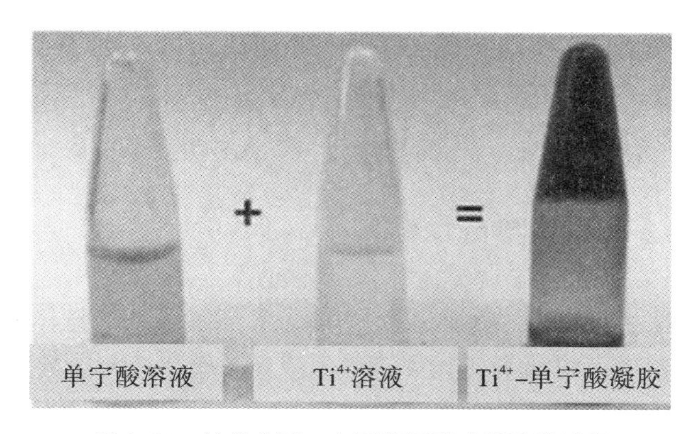

图 9.30 植物多酚－金属离子形成凝胶的过程

3. 基于植物多酚改性的水凝胶释药材料的应用实例

有研究证明了金属酚类超分子凝胶在体内的形成，并研究了宿主对材料超过 14 周的反应。在制备液体前体（单宁酸溶液和 Ti^{4+} 溶液）并进行了后处理后，经过调整，可达到大约 15 min 的凝胶时间，该指标说明植物多酚改性的水凝胶适合进行体内注射。在 14 周内的指定时间点，拍摄注射部位的外部和内部照片，并制作组织学切片发现，在大多数被研究的组织和时间点上，钛元素基本保持在基础水平，表明钛的积累很低，可以忽略不计。在免疫小鼠皮下注射后，评估生物相容性和免疫原性。对其装入皮质类固醇地塞米松后的体外载药和释药行为进行观察，发现钛凝胶载药在 10 天后全部释放，与 Pluronic F127 水凝胶 1 天后全部释放作为对照，证明了金属－植物多酚超分子凝胶在体内发生的可能性，以及钛凝胶稳定和良好的耐受性，并引起了持久但温和的异物反应、良好的生物相容性和载药释药能力。这些结果为钛凝胶在药物传递和再生医学等生物医学领域的进一步探索奠定了坚实的基础。

植物多酚－金属凝胶体系可调节活性药物成分（API）的结晶行为。与在溶液中形成的 API 晶体相比，凝胶介导的结晶导致 API 晶体具有不同的尺寸、形貌和晶型。这些凝胶介导的结晶的尺寸和形态也可以通过改变结晶参数（如凝胶成分）来实现调控。API 的结晶在解决制药工业中起着关键作用，因为晶体的大小、形态和多态性显著影响 API 的生物利用度、溶解度和可加工性。该植物多酚－金属凝胶体系具有多种固有优势，包括易于制备、使用廉价和组分来源丰富，以及能够整合多种添加剂等，利用该优势可以构建一个天然多酚－金属凝胶的通用平台。

通过配位驱动的超分子组装，研究了天然多酚（单宁酸）与钛离子（Ti^{4+}）的凝胶化。与传统的热冷触发凝胶相反，TA－Ti^{4+} 金属凝胶可以通过在不同的溶剂中简单混合，金属离子与配体螯合形成凝胶化。该系统的主要特点包括结构强度高和适应性好，能够实现一系列添加剂的原位凝胶，并控制其他并行组装过程（如金属有机框架的结晶）。研究观察了咖啡因、卡马西平和吡罗西康的凝胶介导结晶行为。与溶液中生长的 API 晶体相比，凝胶生长的 API 晶体的尺寸、形态和多态性表现出显著的差异。此外，凝胶生长晶体的大小和形态可以通过改变结晶参数和凝胶组成来调节，包括金属配体和添加剂类型。因此，结晶还可以由凝胶介质控制。此外，使用凝胶 API 晶体复合材料作为药物缓释的载体，与凝胶 API 分子复合材料相比，凝胶 API 晶体复合材料从凝胶基质中释放的 API 明显延迟。这种植物多酚－金属凝胶可以通过与各种材料原位掺杂共凝胶，赋予它们特定的应用性能，在药物结晶和传递、催化、金属隔离和环境修复等方面有宽广的潜在应用价值。

9.5.2 基于植物多酚的医学成像材料

1895 年以前，医生只能通过触诊或是外科手术了解病患的身体状况，但是两种方式都存在一定的风险。自 1895 年德国物理学家威廉·康拉德·伦琴发现 X 射线（一般称为 X 光）以来，医学成像技术开启了医疗诊断的新篇章。第二次世界大战中，雷达与声呐技术的发展促进了超声成像设备的发展，在 20 世纪 50 年代，超声诊断仪第一次开始使用于临床；随着人们对核磁共振谱学的研究越来越深入，在 20 世纪 70 年代后期，人体的磁共振成像也获得了成功。1978 年，英国放射学年会上，一位名叫 G. N. Hounsfield 的工程师公布了计算机断层摄影的结果。计算机断层扫描技术成为继发现 X 射线后放射医学领域里最重要的突破。

时至今日，CT、MRI、PET、超声成像和光学成像等多种诊断影像学技术已经发展起来，成为临床实践中不可或缺的技术。每种成像方式都有自己的优点和局限性。CT 可获得高分辨率的组织解剖结构的详细三维信息，但对软组织灵敏度低、分辨率差。MRI 对软组织具有良好的穿透性和敏感性，在肿瘤筛查中尤其有效。光学成像具有细胞水平成像和同时检测多个标志物的能力，但其受空间分辨率差和组织穿透性的限制。因此，应将这些成像技术相结合开发出多模态成像系统，充分发挥每种成像方式的优势，可大大提高诊断准确性，并获得更全面的成像信息。纳米技术和纳米医学的发展为纳米复合材料作为多模态成像造影剂提供了广阔的发展空间。纳米复合材料的应用可以克服小分子造影剂的局限性，减少显影剂的剂量，并诱导不同成像方式的协同效应。同时，将多种成像技术和治疗技术相结合，在治疗癌症方面显示出巨大的前景。然而，如何将肿瘤与正常组织进行特殊区分，或实现靶向成像和治疗仍然是一个挑战。这些系统依赖于肿瘤不受控制的生长特点，该特点伴随的现象是血管的快速生长、局部酶的变异表达、异常的缺氧和酸性 pH 环境。由于肿瘤细胞微环境中有这些共性的存在，区分健康组织和肿瘤的特异性成像和治疗将是可行的。理想情况下，用于癌症治疗的纳米材料应在不会引起严重副作用的前提下，满足良好的生物相容性、区域富集性、药物的靶向性及成像特异性。

前文我们提到了基于植物多酚形成的稳定载药体系，可在血液循环中将药物递送至肿瘤部位，并通过肿瘤细胞内吞后的酸性微环境释放药物，实现特异性治疗。不仅如此，植物多酚与不同金属络合后的结构还可以实现特异性成像。例如，Mn^{2+} 可以作为 MRI 的造影剂，而同位素铜－64（^{64}Cu）和锆－89（^{89}Zr）是 PET 的良好选择等。下面将对基于植物多酚的医学成像材料中的应用进行阐述。

9.5.2.1 基于植物多酚的核磁共振成像材料

1946 年，核磁共振（Nuclear Magnetic Resonance，NMR）现象被斯坦福大学的

Bloch F. 和哈佛大学的 Purell E. M. 领导的小组发现，并因此获得 1952 年的诺贝尔物理学奖。由于 NMR 能在不破坏样品的条件下迅速、准确地检测出物体内部的结构与性质，因此在物理、化学、材料、食品、石油、化工等领域都发挥了重要的作用。

1973 年，美国的 Lauterbur P. C. 首次得到了充水毛细管的核磁共振成像，并在 *Nature* 上发表成果。1974 年，人们获取到了活鼠的磁共振图像；1978 年，研究者第一次得到人头部的质子像磁共振图像；1980 年以后，由于核磁共振技术的发展，MRI 技术被利用到生物医学领域。1980 年，人们首次得到了胸、腹部的质子像图像，磁共振成像设备也于同年实现了商业化，并于 1983—1984 年经美国 FDA 获准进入市场。随着一些先进的 MRI 技术的出现（如平面回波成像、MR 血管造影、扩散加权与灌注成像、扩散张量成像、脑功能成像图等），使 MRI 不再只是用于解剖成像，而是成为动态研究正常或病理状态下生物体功能活动的重要工具。

MRI 因其高分辨率、多方位性、无创、无辐射等优点而被广泛应用在医学诊断中，特别是软组织病变检查。但 MRI 也存在诸如成像速度慢、对钙化灶和骨皮质病灶不够敏感、图像易受多种伪影干扰、禁忌证多、定量诊断困难等缺陷。增强对比度有利于提高成像质量，避免晕化效应，更容易区分不同区域。常见的造影剂稳定性和生物相容性较差，因此，开发一种具有低毒、高效对比性能的新型造影剂具有重要的现实意义。下面将重点介绍植物多酚在 MRI 成像材料中的应用。

1. 基于植物多酚的核磁共振成像材料的原理

核磁共振成像（Nuclear Magnetic Resonance Imaging，NMRI），又称为自旋成像（Spin imaging）和磁共振成像，是利用核磁共振原理，依据能量在物质内部不同结构环境中释放后所产生的不同衰减，再通过额外增加的梯度磁场，实现对发射出的电磁波的检测。以此即可了解构成物体的原子核的位置和种类，并模拟物体内部的结构图像。

许多元素的原子核带有正电并进行自旋运动。这种自旋在通常情况下是无序的，一旦存在外加磁场的干扰，原子核的自旋空间取向会变得有序。此时，自旋的原子核同时也以自旋轴和外加磁场的向量方向的夹角绕外加磁场向量旋进，这种旋进叫作拉莫尔旋进。自旋系统的磁化矢量由零逐渐增长，当系统达到平衡时，磁化强度达到稳定值。如果此时核自旋系统受到外界作用（如一定频率的射频激发原子核）即可引起共振效应。这样，自旋原子核受激化后还会在射频方向上旋进，这种叠加的旋进状态叫作章动。在停止射频脉冲后，已激化的原子核由于无法维持章动会恢复到磁场中原来的状态，同时释放出微弱的能量，并以射电信号的形式被检出，通过进行空间分辨后即得到运动中原子核的分布图像。

这种原子核从激化状态恢复到平衡排列状态的过程叫弛豫过程。它所需的时间叫弛豫时间。弛豫时间分为自旋－晶格弛豫时间（Spin－lattice relaxationtime）和自旋－自旋弛豫时间（Spin－spin relaxation time）。自旋－晶格弛豫时间又称纵向弛豫时间（Longitudinal relaxation time），反映的是自旋核把吸收的能量传给周围晶格所需要的时间，也是 90°射频脉冲质子由纵向磁化转到横向磁化之后再恢复到纵向磁化激发前状态所需的时间，称为 T_1。自旋－自旋弛豫时间又称为横向弛豫时间（Transverse relaxation time），其反映的是横向磁化衰减、丧失的过程，即横向磁化所维持的时间，

称为 T_2。与 T_1 不同，T_2 衰减是由共振质子之间相互磁化作用引起的，会引起相位的变化。

增强 T_1 对比度有利于提高成像质量，避免晕化效应，更容易区分不同区域。在已报道的 MRI 的 T_1 造影剂中，基于 Gd(Ⅲ) 的配合物已在临床中使用，超顺磁氧化铁纳米颗粒的 T_1 造影剂尺寸小于 3 nm，且它们具有良好的生物相容性。然而，它们都存在一些固有的缺陷，包括 Gd 的肾毒性，超顺磁氧化铁纳米颗粒容易在体内聚集，丧失其超小尺寸，并最终导致 T_1 对比度较差。

因此，基于植物多酚－金属复合物的 T_1 造影剂在 MRI 技术上的潜在应用价值正逐渐被研究者们挖掘。从前文对金属多酚超分子网络结构的描述中可知，人们可以利用生物毒性较小的植物多酚与弱磁场的内源性金属（锰，铁）的络合制备造影剂，可提高造影剂的稳定性，同时满足该材料对生物相容性的要求。含弱磁场配体的 Fe(Ⅲ) 的扭曲八面体几何结构易形成高自旋配合物，其性质类似于临床应用的 Gd(Ⅲ) 制剂。更重要的是，铁作为内源性金属，其配合物具有较低的细胞毒性。已有科研工作者提出了小分子植物多酚可与铁配位形成生物毒性较低的 T_1 造影剂。然而，由于这些造影剂的弛豫性较差，其成像性能不是很理想，因此，仍然需要进行相关研究来替换 Gd(Ⅲ)。为了提高成像性能和弛豫率，需要考虑内层和外层弛豫机制。内层弛豫机制涉及三个关键因素：化合物的自旋相关时间（τ_R）、内部结合水的保留时间（τ_m）和直接与金属配位的水分子数量（q）。其中，水分子的扩散相关时间（τ_D）根据外层弛豫机制决定了弛豫性。弛豫性的增加可以通过增加化合物的自旋相关时间、水分子的扩散相关时间和直接与金属配位的水分子数量三个参数或减小内部结合水的保留时间来实现。

考虑到毒性和稳定性等关键因素，选择合适的植物多酚，可以在降低配合物毒性的同时增加其弛豫性。大分子植物多酚（如 TA），因其无毒、抗菌的特性被广泛应用于制药、食品添加剂和生物医学领域，也已被证明其能与 Fe 离子形成高度稳定的配合物。更重要的是，TA 的分子结构比没食子酸配体更大，有利于减慢分子自旋，增加与 Fe 离子配合物的自旋相关时间，提高其弛豫性。

2. 具体应用案例

有研究探讨了用 Fe^{3+}、Mn^{2+} 和 Gd^{3+} 配位形成 MPN 胶囊来制作核磁共振造影剂的可能性。通过对这些胶囊的 MR 弛缓测量实验和在 9.4 T 动物 MRI 系统上测定的弛豫活性发现，三种样品中，Mn^{2+}－TA 胶囊的弛豫度最高，为 60 m/(M・s)，一般来说已经足够在体内使用。

科学家将天然多酚（如单宁酸）、牛血清蛋白(BSA) 和 Fe(Ⅲ) 盐用作构建铁配合物的安全 MRI 造影剂材料（TA－Fe@BSA）。TA 因无毒、抗菌的特性而被广泛应用于制药、食品添加剂和生物医学领域，且已被证明可与 Fe 形成高度稳定的配合物，球形 TA－Fe@BSA 的平均粒径仅为约 21 nm。更重要的是，TA 的分子结构比较大，有利于减慢分子自旋，增加与 Fe 配合物的 τ_R。BSA 具有生物可降解性和非免疫原性，其大分子空间效应不仅提高了生物相容性，而且限制了 Fe 的自旋和水分子的扩散，可以有效增加 τ_R 和 τ_D，进一步提高 MRI 成像的分辨率。所获得的 TA－Fe@BSA 不仅具有良好的稳定性和生物相容性，而且在 0.5 T、1.0 T 和 7.0 T 的磁场下均表现出良好的

MRI 增强效果，其弛豫性可与市面上的造影剂 Gd(DTPA)（Magnevist）相媲美。此外，TA−Fe@BSA 由于其在近红外（NIR）区域的吸收，可作为光热剂用于有效的肿瘤消融。TA−Fe@BSA 作为 T_1 增强 MRI 造影剂在体内的适用性也在瘤内和静脉注射后得到了验证。此外，TA−Fe^{3+} 配合物在肿瘤光热治疗（PTT）方面具有很大潜力。TA−Fe@BSA 的成功制备证明，可通过一个简单的合成路线获得天然多酚配体改性的造影剂（图 9.31）。

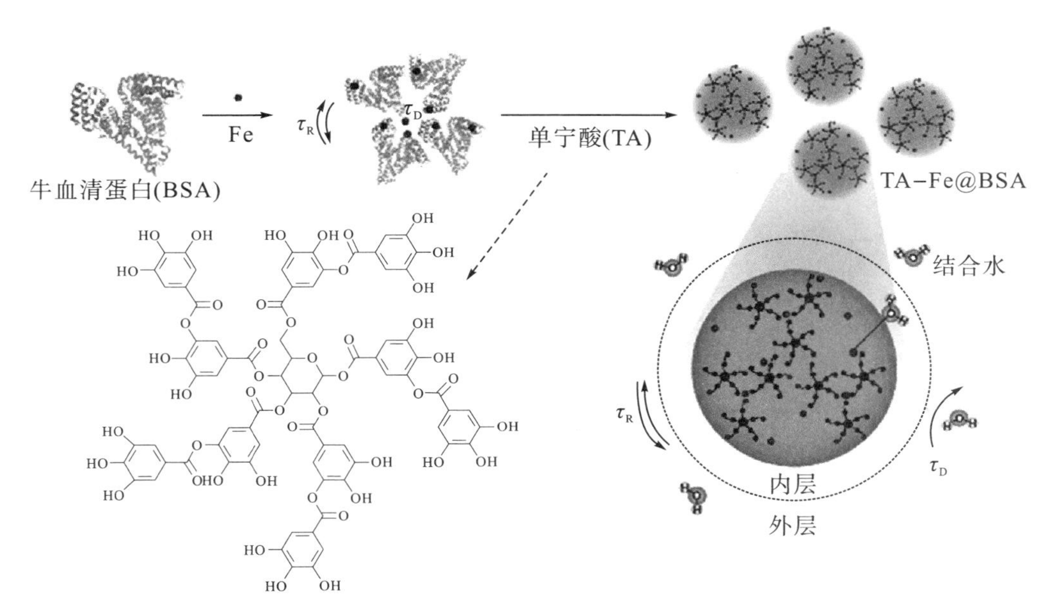

图 9.31　TA−Fe@BSA 的形成过程

遵循绿色化学原则，研究者利用葡萄籽原花青素（GSP），将三肽谷胱甘肽功能化 Fe_3O_4 纳米粒子与金（Au）杂化，得到具有超顺磁性和高 CT 对比度的多组分纳米体系。这些独特的结构使得这种混合造影剂非常适合于同时进行 T_2 弛豫增强的 MRI 成像和 X 射线成像。该研究中还使用 1.5 T 临床 MRI 系统通过自旋回波法测试纳米颗粒和杂化纳米颗粒的 MRI 成像能力。在 1.5 T 下测得 Fe_3O_4 杂化纳米颗粒的横向松弛系数为（124.20 ±3.02）m/(M · s)。这种绿色合成方法制得纳米颗粒的松弛系数明显高于市售 resvist SPIO 纳米颗粒［一种羧基葡聚糖包裹超顺磁性氧化铁合成的器官特异性 MRI 造影剂，据报道在 1.5 T 下，为（82.0±6.2）m/(M · s)］。上述结果表明，杂化纳米颗粒均表现出良好的超顺磁特性。不同于现有的各种杂化纳米粒子的报道，这种合成方案具有其优势和独特性，因为它利用了铁和金的单一前体及一种绿色化学物质（葡萄籽原花青素）在室温下还原和稳定纳米杂化颗粒。这些纳米杂化产物具有高磁饱和及高弛豫的超顺磁性。

9.5.2.2　基于植物多酚的 X 射线计算机断层成像材料

X 射线被发现以来一直作为人体健康检测的医学手段。但由于人体中的一些器官对 X 射线的吸收能力相同，早期使用 X 射线对一些前后重叠的组织的病变探测很困难。

1963 年，美国物理学家科马克总结了 X 射线的透过率在部分人体的组织中的计算公式，为 CT 的广泛应用奠定了一定的理论基础。1967 年，英国电子工程师亨斯菲尔德（Hounsfield）发明了一台 X 射线加强型放射源的扫描装置。并于 4 年后尝试用于病人检查。该机器将人体各部位对 X 射线的吸收数值反映在计数器上，经过计算机处理使人体各部位的图像被成功显示。基于此，1972 年第一台 CT 设备诞生了，但仅用于颅脑检查。同年 4 月，亨斯菲尔德在英国放射学年会上首次公布了这一结果，正式宣告了 CT 的诞生。

由于 CT 诊断的特殊诊断价值，已广泛应用于临床。CT 与正电子发射型计算机断层显像（Positron Emission Computed Tomography，PET）相结合的产物 CT/PET 在临床上得到普遍运用，特别是在肿瘤的诊断上更是具有很高的应用价值。CT 设备通常比较昂贵，检查费用偏高，对某些部位的检查的诊断价值，尤其是定性诊断，还有一定限度，不宜将 CT 检查视为常规诊断手段，应在了解其优势的基础上，合理地选择应用。

1. 基于植物多酚的 X 射线计算机断层成像材料的原理

CT 是利用 X 射线束对人体具有一定厚度的部位的层面进行扫描，在接收到透过该层面的 X 射线后，将其转变为可见光，再由光电转换变为电信号，再经模拟/数字转换器以及计算机处理得到图像。对选定层面分成若干个体积相同的长方体进行图像处理，称为“体素”。扫描所得信息经计算而获得每个体素的 X 射线衰减系数或吸收系数，再排列数字矩阵，经转换器把数字矩阵中的每个数字转为由黑到白不等灰度的小方块，称为“像素”，并按矩阵排列，即构成 CT 图像。人体不同组织对 X 射线的吸收与透过率不同，应用灵敏度极高的仪器对人体进行测量，然后将测量所获取的数据输入电子计算机，电子计算机对数据进行处理后，就可摄下人体被检查部位的断面或立体的图像，发现体内任何部位的细小病变。

常见的 CT 成像材料是具有高原子序数和高 X 射线吸收系数的元素钡（Ba）和钆（Gd)的 $BaGdF_5$ 纳米颗粒，这是因为它们具有出色的 CT 成像对比度。植物多酚在 CT 成像材料中的作用：一方面可作为组装模块将具有其他成像功能 MPN 模块与 CT 成像纳米材料进行组装构成多模态成像系统；另一方面可利用抗氧化性强的植物多酚作为强还原剂合成具有 CT 成像功能的抗氧化金属纳米粒子，其构造为具有 CT 成像功能的多模态成像系统提供了一种绿色简单的合成方法。

2. 具体应用案例

纳米复合材料的应用可以克服小分子造影剂的局限性，减少显影剂的剂量，并诱导不同成像方式的协同效应。$BaGdF_5$ 纳米颗粒是一种很有前途的多功能造影剂。高原子序数和高 X 射线吸收系数的元素钡（Ba）和钆（Gd）使 $BaGdF_5$ 纳米颗粒具有出色的 CT 成像对比度。同时，$BaGdF_5$ 纳米颗粒优异的磁性为 MRI 成像提供了可能性。$BaGdF_5$ 纳米颗粒作为一种无机纳米粒子，在临床应用前需要对其生物相容性和长期毒性进行充分的检测。与聚乙二醇（PEG）相结合是提高无机纳米颗粒生物相容性最常用的方法。然而，聚乙二醇化极大地抑制了造影剂被细胞摄取，限制了细胞内成像。此外，纳米复合材料的制备和 PEG 偶联方法往往是复杂和昂贵的。单宁酸和金属离子可以在不同基底上实现涂层的快速自组装。TA是一种可生物降解的多酚，其中心葡萄糖核通过葡萄糖羟基上的酯键与没食子酸连接，被美国食品和药物管理局认定为安全的。纳米粒子的生物相容性也可以通过MPN薄膜增强。基于此，有研究者设计了铕-单宁酸网络膜包覆$BaGdF_5$纳米复合材料，用于CT/MR/发光三模态成像。$BaGdF_5$@MPN纳米复合材料的合成简单、成本低。CT/MR/光学成像模式的集成为软组织或肿瘤提供了一个具有高分辨率、灵敏度、组织穿透性和良好鉴别能力的成像系统。BaGdF5@MPN纳米复合材料具有较低细胞毒性，可发生细胞摄取过程，从而实现发光成像、CT成像和MRI的功能。如前文所述，利用葡萄籽原花色素，遵循绿色化学原则，将三肽谷胱甘肽功能化Fe_3O_4纳米粒子与被葡萄籽原花色素（GSP）还原的金（Au）杂化，这些独特的结构使得这种混合造影剂非常适合于同时进行T_2弛豫增强的MRI成像和X射线成像，同时能得到具有超顺磁性和高CT对比度的多组分纳米体系。为了研究Au杂化纳米粒子作为X射线造影剂的可行性，使用临床CT扫描仪对样品进行成像，并比较了Au杂化纳米颗粒与Omnipaque（目前临床常用的基于碘的CT造影剂）对X射线吸收的差异，Fe_3O_4/Au杂化纳米颗粒中4.4 mg/mL金的X射线吸收当量与Omnipaque中7.2 mg/mL碘的X射线吸收当量相当。X射线衰减相当于是碘造影剂的近1.6倍，这可能是由于杂化产物中存在电子密度高的纳米金所致。金的原子序数和电子密度分别为79.00和19.32 g/cm^3，而碘的原子序数和电子密度分别为53和4.90 g/cm^3。在CT中使用的传统碘化材料、二氧化锆或硫酸钡造影剂的毒性问题不容忽视。因此，使用一种通过绿色路线制备的生物相容性纳米成像材料将具有极大的优势。

9.5.2.3 基于植物多酚的正电子发射型计算机断层成像材料

PET是目前世界上最先进的医学成像诊断技术之一，也是核医学分子影像技术中的一种。PET既可以在细胞分子水平上进行人体功能代谢显像，也可以从体外针对人体内的代谢物质或药物的变化进行定量、动态的检测。目前，PET在肿瘤、冠心病和脑部疾病这三大类疾病的诊疗中尤其显示出重要的价值。PET在临床医学的应用主要集中于恶性肿瘤、神经系统、心血管系统三个方面。

PET采用湮没辐射和正电子准直（或光子准直）技术，从体外无损伤地、定量地、动态地测定PET显像剂或其代谢物分子在活体内的空间分布、数量及其动态变化，从分子水平上获得活体内PET显像剂与靶点（如受体、酶、离子通道、抗原决定簇和核酸）相互作用所产生的生化、生理及功能代谢变化的影像信息，为临床研究提供重要资料。

1. 基于植物多酚的正电子发射计算机断层成像材料的原理

PET分子显像基本原理可分为以下六步：①向活体组织细胞内引入PET示踪剂（分子探针）；②PET分子探针与特定靶分子结合；③运用湮没辐射和正电子准直技术；④信号测定；⑤显示图像（活体组织分子、功能代谢和基因转变）。例如，将葡萄糖、蛋白质、核酸、脂肪酸等标记上短寿命的放射性核素（如^{18}F）制成显像剂（如氟代脱氧葡萄糖，FDG）注入人体后进行扫描成像。由于人体不同组织部位代谢能力的差异，被放射性核素标记过的物质在人体不同组织和部位中的分布也不同，如在高代谢的恶性肿瘤组织中分布较多，通过图像进行反映后便可对病变部位进行有针对性的诊断和分析。

PET 分子显像应具备以下条件：①具有高亲和力和合适药代动力学的 PET 分子探针。PET 分子探针是 PET 分子影像学研究的先决条件。PET 分子探针又称为 PET 显像剂，是被正电子核素（如^{11}C 和 ^{18}F）标记的分子。该分子可以是小分子（如受体配体、酶底物），也可以是大分子（如单克隆抗体）。它们都应该具有容易被正电子核素标记的特点。PET 分子探针应与靶（靶向组织）具有高度亲和力，而与非靶组织的亲和力低，分子探针应容易穿过细胞膜且与靶保持较长的时间作用，而不易被机体迅速代谢，并可快速从血液或非特异性组织中清除，靶/非靶放射性比值高，以便获得清晰图像。②PET分子探针应能克服各种生物传输屏障（如血管、细胞间隙、细胞膜等）。③有效的化学或生物学放大技术（如 PET 报告基因表达显像）。④具有快速、高空间分辨率和高灵敏度的成像系统。

在前面章节中提到的基于植物多酚的释药材料利用植物多酚与金属的络合作用可以形成稳定的螯合结构。该结构对肿瘤细胞具有良好的“亲和力”，如将形成螯合结构中的金属离子替换为同位素标记的金属离子［如$^{64}Cu(Ⅱ)$］，则释药材料也具备了 PET 成像功能，对于药物的递送和释放过程的实时监测具有重要意义。

2. 具体应用案例

利用植物多酚合成的 PET 成像材料的描述并不多，但有研究者通过实验数据证明了其应用的可行性与价值。有人在 MPN 膜组装过程中加入^{64}Cu，制备了具有放射性的$^{64}Cu^{2+}$－TA 胶囊。该胶囊显示了相应的 PET 影像图。且随着同位素标记金属离子浓度的增大显像效果趋于明显。这表明$^{64}Cu^{2+}$－TA 胶囊是有效的 PET 激活载体，对跟踪被载药物和载体本身的生物分布都很有用。

现代医学诊疗中，常将多种成像手段相结合以获得全面的病况并提高诊断精确性。将 PET 和 CT 相结合，即 PET/CT 系统，其同时具有 PET 和 CT 的检查功能，一次检查可同时提供病变（如恶性肿瘤）精确的解剖结构和功能、代谢改变的信息。将$^{64}Cu^{2+}$－TA胶囊注射到健康小鼠体内，30 min 后，通过 PET/CT 扫描得到了胶囊在生物体内分布的评估。PET/CT 图像（图 9.32）证明$^{64}Cu^{2+}$－TA胶囊主要积聚在肝脏和脾脏，这是微粒作用于网状上皮系统的结果。考虑到 MPN 材料的通用性，$^{64}Cu^{2+}$－TA 胶囊的生物分布甚至可以通过控制胶囊性能（如大小、形状和表面化学）来调整。由于 MPN 易于结合不同的金属，因此，在多模式生物成像中有着广阔的应用前景。例如，($^{64}Cu^{2+}/Eu^{3+}$－TTA)－TA 胶囊用于 PET 和荧光成像。

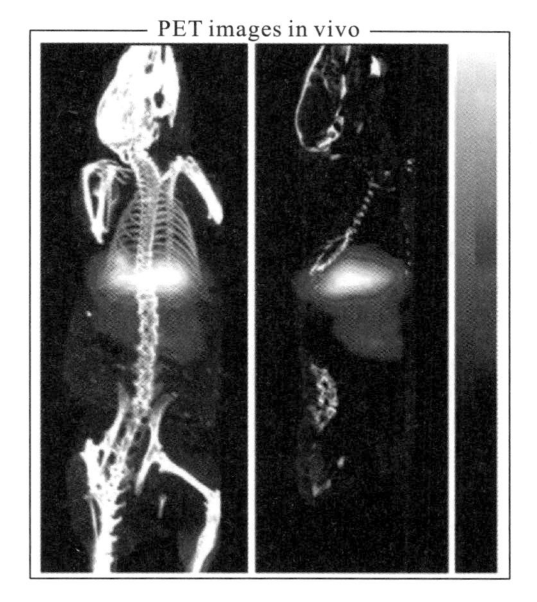

图 9.32　**药物注射后的小鼠全身** PET/CT **影像图**

注：左图为矢状面，右图为最大强度投影。

9.5.2.4　基于植物多酚的荧光成像材料

荧光是自然界中由分子与光子相互作用而产生的一种常见的发光现象。荧光是由光子与分子相互作用产生的，这种相互过程可以通过雅布隆斯基（Jablonslc）分子能级图描述：大多数分子在常态下，是处于基态的最低振动能级 S_0，当受到能量（光能、电能、化学能等）激发后，原子核周围的电子从基态能级 S_0 跃迁到能量较高的激发态（第一激发态或第二激发态），激发态的电子处于高能量状态，不稳定，会通过两种途径释放能量回到基态：一种是以光子形式释放能量的辐射跃迁（包括荧光和磷光过程），另一种是以热能等形式释放能量的非辐射跃迁。通常，原子核外电子受到激发从基态 S_0 跃迁到激发态 S_i 后，会通过非辐射跃迁的方式快速降落在最低振动能级，随后由最低振动能级回到基态，以光子辐射的形式释放出能量，具有这种性质的出射光称为荧光。在过去的几十年里，生命科学的快速发展推动了对生物成像和传感的高灵敏度探针的需求。

1. 基于植物多酚的荧光成像材料的原理

荧光成像的理论基础是荧光物质被激发后所发射的荧光信号的强度在一定的范围内与荧光素的量呈线性关系。荧光成像系统包括荧光信号激发系统（激发光源、光路传输组件）、荧光信号收集组件、信号检测及放大系统。荧光探针从荧光有机分子到纳米粒子，包括荧光蛋白或有机分子、量子点、上转换纳米晶体等。每种体系都有自身的优点，但大多数都表现出一些局限性（如快速光淬灭、闪烁和毒性），这限制了它们的实际应用。

镧系元素在游离状态下，荧光信号很微弱，仅仅是分子间共振能级的能量传递，无辐射跃迁回基态发射荧光的概率很小，但其螯合物在紫外光源的激发下能发射荧光。与传统的荧光素标记物相比，镧系元素具有较宽的激发光谱带和较窄的发射光谱带，荧光持续时间长，且荧光光谱的 Stocks 位移（激发波长与发射波长的波长差）较大，利用光谱分辨技术和时间分辨技术可有效排除激发光和非特异性荧光的干扰。Eu^{3+} 的峰值激发波长为 337 nm，峰值发射波长为 613 nm，Stocks 位移达到 276 nm。Eu^{3+} 螯合物的荧光寿命较长，可达到数百微秒，而普通荧光免疫分析中荧光团的荧光衰变时间只有 1～100 μs，样品中的一些蛋白质荧光衰变时间也很短，仅为 1～10 μs。利用植物多酚－金属的络合原理可得到具有荧光成像功能的植物多酚－镧系金属纳米复合物。

2. 具体应用案例

为了赋予 MPN 胶囊成像性能，有研究分别使用了 2－无酰三氟丙酮（TTA）和乙酰丙酮（AA）作为配体来增强 Eu^{3+}－TA 和 Tb^{3+}－TA 胶囊的荧光强度，这些客体功能配体可以很容易地与 MPN 薄膜结合。Eu^{3+}－TTA－TA 胶囊中观察到的红色荧光主要来自 613 nm 左右 $^5D_0 \rightarrow {}^7F_2$ 的跃迁。Tb^{3+}－AA－TA 胶囊的绿色荧光主要来自 545 nm 左右 $^5D_4 \rightarrow {}^7F_5$ 的跃迁。研究还发现，Eu^{3+}－TTA－TA 胶囊的荧光强度主要依赖于 Eu^{3+} 的荧光强度的增加（如图 9.33）。在 MPN 膜组装过程中加入 ^{64}Cu，制备了具有放射性的 $^{64}Cu^{2+}$－TA 胶囊。为了使 MPN 胶囊具有荧光特性，研究者将镧系元素 Eu^{3+} 结合到 MPN 胶囊中，由于 MPN 易于结合不同的金属，例如，（$^{64}Cu^{2+}/Eu^{3+}$－TTA）－TA 胶囊用于 PET 和荧光成像。植物多酚模块与无机纳米粒子的结合为获得独特的生物成像功能提供了新的途径，因此在多模式生物成像中有着广阔的应用前景。

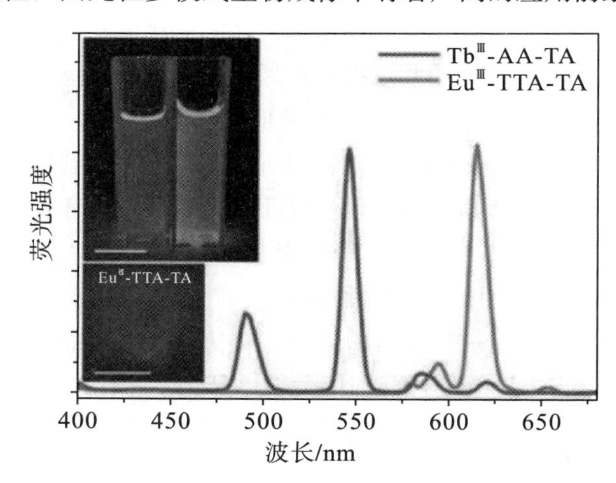

图 9.33　Eu^{3+} **和** Tb^{3+} **为金属配体的** MPN **体系的荧光图像**

还有研究利用基于植物多酚组装的复合材料对荧光素的猝灭作用，在示踪剂进入特定部位被分解前猝灭荧光。通过特定响应后恢复荧光的方法监测药物的释放过程。肿瘤微环境中的酸性 pH 已被广泛用于响应性治疗，具有广泛的适用性。此外，研究者也注意到癌细胞中的三磷酸腺苷（细胞内分子转移的能量单位，ATP）的量明显更高。将 TA 与磁性 Fe_3O_4 纳米粒子结合，与聚乙二醇及吲哚菁绿（一种用作试验肝脏排泄能力的染料，ICG）组装形成 Fe_3O_4@TA－PEG/ICG 纳米颗粒，发现 Fe_3O_4@TA－PEG/ICG 显示出非常弱的荧光信号。这是由于 Fe_3O_4 纳米颗粒对 ICG 部分的荧光猝灭作用。结果表明，当暴露在 10×10^{-3} mol/L 的 ATP 下，可以观察到较强的荧光信号，显示出较强的 ATP 响应分解能力。

9.5.2.5　植物多酚的医学成像材料展望

基于植物多酚组装的混合纳米结构材料除可应用在 MRI、CT、PET 及荧光成像中外，还可结合植物多酚－金属结构的催化活性而应用在先进的超声成像技术中，随着纳米技术和纳米医学的发展为纳米复合材料作为多模态成像造影剂提供了广阔的发展空间。而将多种成像技术相结合开发出多模态成像系统也已成为医学成像领域的发展趋势。通过多种成像技术的结合，充分发挥每种成像方式的优势，将大大提高诊断准确性，并获得更全面的监测信息。植物多酚的生物毒性低、易与不同金属络合以及可作为模块化自组装等特性赋予了它在医学成像材料中不可忽视的潜在应用价值。基于植物多酚的纳米颗粒成像造影剂的研究数量有限，但基于植物多酚－金属自组装的原理而设计的纳米成像材料还有很多。植物多酚的纳米颗粒成像材料的应用仅仅停留在研究阶段，至今还没有关于基于植物多酚基纳米材料在临床试验中的报告。不过相信随着科学技术水平的进步和科研工作者们不断的深入研究，植物多酚的其他性质及特性产生的原理会在不久后被呈现在世人面前。

参考文献

Adatoz E B，Hendessi S，Ow－Yang C W，et al. Restructuring of poly（2－ethyl－2－oxazoline）/tannic acid multilayers into fibers [J]. Soft Matter，2018（14）：3849－3857.

An L，Cai Y，Tian Q，et al. Ultrasensitive iron－based magnetic resonance contrast agent constructed with natural polyphenol tannic acid for tumor theranostics [J]. Science China Materials，2021（64）：498－509.

Arifur R M，Yuuki H，Mattias B，et al. Supramolecular metal－phenolic gels for the crystallization of active pharmaceutical ingredients [J]. Small，2018，4（26）：1801202.

Asquith T N，Butler L G. Interactions of condensed tannins with selected proteins [J]. Phytochemistry，1986，25（7）：1591－1893.

Barrett D G，Sileika T S，Messersmith P B. Molecular diversity in phenolic and polyphenolic precursors of tannin－inspired nanocoatings [J]. Chemical Communication，2014，50（55）：7265－7268.

Behboodi－Sadabad F，Zhang H，Trouillet V，et al. UV－triggered polymerization，deposition，and patterning of plant phenolic compounds [J]. Advanced Functional Materials，2017，27（22）：1700127.

Bickley J. Vegetable tannins and tanning [J]. Journal of the Society of Leather Technologists and Chemists，1991（76）：1－5.

Björnmalm M，Wong L M，Wojciechowski J P，et al. In vivo biocompatibility and immunogenicity of metal－phenolic gelation [J]. Chemical Science，2019，10（43）：10179－10194.

Brenner D J，Hall E J. Computed tomography—an increasing source of radiation exposure [J]. New England Journal of Medicine，2007（357）：2277－2284.

Cai Y，Lilley T H，Haslam E. Polyphenol－anthocyanin copigmentation [J]. Chemical Communication，1990：380－383.

Chowdhury P，Nagesh P K B，Hatami E，et al. Tannic acid－inspired paclitaxel nanoparticles for enhanced anticancer effects in breast cancer cells [J]. Journal of Colloid and Interface Science, 2018, 535 (1): 133−148.

Chung J E, Tan S, Gao S J, et al. Self−assembled micellar nanocomplexes comprising green tea catechin derivatives and protein drugs for cancer therapy [J]. Nature Nanotechnology, 2014, 9 (11): 907−912.

Covington A D, Shi B. High stability organic tanning using plant polyphenols Part 1: The interactions between vegetable tannins and aldehydic crosslinkers [J]. Journal Society of Leather Technologists and Chemists, 1997, 82 (2): 64−71.

Córdoba A, Monjo M, Hierro−Oliva M, et al. Bioinspired quercitrin nanocoatings: A fluorescence−based method for their surface quantification, and their effect on stem cell adhesion and differentiation to the osteoblastic lineage [J]. ACS Applied Materials & Interfaces, 2015, 48 (30): 146−151.

Córdoba A, Satué M, Gómez−Florit M, et al. Flavonoid−modified surfaces: Multifunctional bioactive biomaterials with osteopromotive, anti − inflammatory, and anti − fibrotic potential [J]. Advanced Healthcare Materials, 2015, 4 (4): 540−549.

Einstein F, Kiehlmann E, Wolowidnyk E. Structure and NMR spectra of 6−bromo−3,3′,4′,5,7−penta−O−methylcatechin [J]. Canadian Journal of Chemistry, 1985 (63): 2176−2180.

Ejima H, Richardson J J, Caruso F. Metal − phenolic networks as a versatile platform to engineer nanomaterials and biointerfaces [J]. Nano Today, 2017 (12): 136−48.

Ejima H, Richardson J J, Kang L, et al. One−step assembly of coordination complexes for versatile film and particle engineering [J]. Science, 2013, 341 (6142): 154−157.

Favre M, Landolt D. ChemInform abstract: The influence of gallic acid on the reduction of rust on painted steel surfaces [J]. Cheminform, 2010, 24 (48): 1993.

Feackowiak D. The jablonski diagram [J]. Journal of Photochemistry and Photobiology B: Biology, 1988, 2 (3): 399−408.

Field J A, Lettinga G. Treatment and detoxification of aqueous spruce bark extracts by aspergillus niger [J]. Water Ence & Technology A Journal of the International Association on Water Pollution Research & Control, 1991, 24 (1991): 127−137.

Geißler S, Barrantes A, Tengvall P, et al. Deposition kinetics of bioinspired phenolic coatings on titanium surfaces [J]. Langmuir, 2016, 32 (32): 8050−8060.

Gonçalves I, Abreu A S, Matamá T, et al. Enzymatic synthesis of poly (catechin) − antibiotic conjugates: An antimicrobial approach for indwelling catheters [J]. Applied Microbiology and Biotechnology, 2015, 99 (2): 637−651.

Guo J, Ping Y , Ejima H, et al. Engineering multifunctional capsules through the assembly of metal−phenolic networks [J]. Angewandte Chemie International Edition, 2014, 53 (22): 5546−5551.

Guo J, Richardson J J, Besford Q A, et al. Influence of ionic strength on the deposition of metal−phenolic networks [J]. Langmuir, 2017, 33 (40): 10616−10622.

Guo J, Suastegui M, Sakimoto K K, et al. Light−driven fine chemical production in yeast biohybrids [J]. Science, 2018, 362 (6416): 813−816.

Guo J, Suma T, Richardson J J, et al. Modular assembly of biomaterials using polyphenols as building blocks [J]. ACS Biomaterials Science and Engineering, 2019, 5 (11): 5578−5596.

Guo J, Sun H, Alt K, et al. Boronate−phenolic network capsules with dual response to acidic pH and cis—diols [J]. Advanced Healthcare Materials, 2015, 4 (12): 1796—1801.

Guo J, Tardy B L, Christofferson A J, et al. Modular assembly of superstructures from polyphenol—functionalized building blocks [J]. Nature Nanotechnology, 2010 (11): 1105—1111.

Gust J, Wawer I. Relationship between radical scavenging effects and anticorrosive properties of polyphenols [J]. Corrosion, 1995, 51 (1): 37—44.

Gustavson K. The function of basic groups of collagen in its reaction with vegetable tannins [J]. Journal of the Society of Leather Trades' Chemists, 1966, 50 (4): 144—160.

Guédron S, Duwig C, Prado B L, et al. (Methyl) Mercury, arsenic, and lead contamination of the world's largest wastewater irrigation system: The mezquital valley (hidalgo state—mexico) [J]. Water, Air & Soil Pollution, 2014, 225 (8): 1—19.

Hang X, Li T, Yang X, et al. Selective delivery of an anticancer drug with aptamer—functionalized liposomes to breast cancer cells in vitro and in vivo [J]. Journal of Materials Chemistry B, 2013, 1 (39):5288—5297.

Harborne J. The flavonoids: Advances in research since 1980 [M]. London: Chapman & Hall, 1988.

Haslam E, Lilley T, Cai Y, et al. Traditional herbal medicines—the role of polyphenols [J]. Planta Medical, 1989, 55 (1): 1—8.

Haslam E. Plant polyphenols vegetable tannins revisited [M]. Cambridge: Cambridge University Press, 1989.

Haslam E. Plant polyphenols Ⅱ [J]. Chemistry and Industry of Forest Products, 1987, 7 (4): 1—16.

Haslam E. Plant polyphenols (syn. vegetable tannins) and chemical defense—a reappraisal [J]. Journal of Chemical Ecology, 1988, 14 (10): 1789—1805.

Haslam E. Tannins, polyphenols and molecular complexation [J]. Chemistry and Industry of Forest Products, 1997 (36): 5566—5577.

Haslam E. Twenty—second procter memorial lecture vegetable tannins—renaissance and reappraisal [J]. Journal of the Society of Leather Technologists, 1988, 72 (2): 45—64.

Huang X, Liao X, Shi B. Hg(Ⅱ) removal from aqueous solution by bayberry tannin—immobilized collagen fiber [J]. Journal of Hazardous Materials, 2009, 170 (23): 1141—1148.

Huang X, Wang Y, Liao X, et al. Adsorptive recovery of Au^{3+} from aqueous solutions using bayberry tannin—immobilized mesoporous silica [J]. Journal of Hazardous Materials, 2010, 183 (1—3): 793—798.

Ivancheva S, Manolova N, Serkedjieva J. Polyphenols from bulgarian dedicinal plants with anti—infections activity [M]. New York: Plant Polyphenols, 1992.

Katiyar S K, Agarwal R, Mukhtar H. Protection against malignant conversion of chemically induced benign skin papillomas to squamous cell carcinomas in SENCAR mice by a polyphenolic fraction isolated from green tea [J]. Cancer Research, 1993, 53 (22): 5409—5412.

Kim B J, Han S, Lee K B, et al. Biphasic supramolecular self—assembly of ferric ions and tannic acid across interfaces for nanofilm formation [J]. Advanced Materials, 2017, 29 (28): 1700784.

Lei C, Chen J, Qiu S, et al. Biodegradable nanoagents with short biological half—life for SPECT/PAI/MRI multimodality imaging and PTT therapy of tumors [J]. Small, 2017, 14 (4): 1702700.

Li K, Xiao G, Richardson J J, et al. Self—Assembly: Targeted therapy against metastatic melanoma based on self—assembled meta—phenolic nanocomplexes comprised of green tea catechin [J]. Advanced Science, 2019, 6 (5): 1970028.

Liu F, He X, Chen H, et al. Gram—scale synthesis of coordination polymer nanodots with renal clearance properties for cancer theranostic applications [J]. Nature Communications, 2015 (6):8003.

Liu L, Xiao X, Li K, et al. Prevention of bacterial colonization based on self—assembled metal—phenolic nanocoating from rare earth ions and catechin [J]. ACS Applied Materials & Interfaces, 2020, 12 (19): 22237—22245.

Lomova M V, Brichkina A I, Kiryukhin M V, et al. Multilayer capsules of bovine serum albumin and tannic acid for controlled release by enzymatic degradation [J]. ACS Applied Materials & Interfaces, 2015, 7 (22): 11732—11740.

Maerten C, Lopez L, Lupattelli P, et al. Electrotriggered confined self—assembly of metal—polyphenol nanocoatings using a morphogenic approach [J]. Chemistry of Materials, 2017, 29 (22): 9668—9679.

Marwan A G, Nagel C W. Microbial inhibitors of cranberries [J]. Journal of Food Science, 1986, 51 (4):1009—1013.

Nadagouda M, Varma R. Green synthesis of silver and palladium nanoparticles at room temperature using coffee and tea extract [J]. Green Chemistry, 2008, 10 (8): 859—862.

Narayanan S, Sathy B N, Mony U, et al. Biocompatible magnetite/gold nanohybrid contrast agents via green chemistry for MRI and CT bioimaging [J]. ACS Applied Materials & Interfaces, 2012, 4 (1): 251—260.

Otake S, Makimura M, Kuroki T, et al. Anticaries effects of polyphenolic compounds from Japanese green tea [J]. Caries Research, 1991 (25): 438—443.

Park C, Yang B J, Jeong K B, et al. Signal—induced release of guests from a photolatent metal—phenolic supramolecular cage and its hybrid assemblies [J]. Angewandte Chemie International Edition, 2017, 56 (20): 5458.

Ping Y, Guo J, Ejima H, et al. pH—responsive capsules engineered from metal—phenolic networks for anticancer drug delivery [J]. Small, 2015, 11 (17): 2032—2036.

Pizzi A, Daling G M E. Warm—setting wood adhesives by generation of resorcinol from tannin extracts [J]. Journal of Applied Polymer Science, 1980, 32 (3): 64—67.

Pizzi A, Stephanou A. A 13C NMR study of polyflavonoid tannin adhesive intermediates Ⅰ noncolloidal performance determining rearrangements [J]. Journal of Applied Polymer Science, 1994, 51 (13): 2109—2124.

Pizzi A. Tannin—formaldehyde exterior wood adhesives through flavonoid B—ring cross linking [J]. Journal of Applied Polymer Science, 1978, 22 (8): 2397—2399.

Porter L, Hemingway R. Significance of the condensed tannins [M]. Heidelberg: Springer, 1989.

Pranantyo D, Xu L Q, Neoh K G, et al. Tea stains—inspired initiator primer for surface grafting of antifouling and antimicrobial polymer brush coatings [J]. Biomacromolecules, 2015, 16 (3): 723—732.

Rahim M A, Björnmalm M, Suma T, et al. Metal—phenolic supramolecular gelation [J]. Angewandte Chemie International Edition, 2016, 128 (44): 14007—14011.

Rahim M A, Ejima H, Cho K L, et al. Coordination—driven multistep assembly of metal—polyphenol films and capsules [J]. Chemistry of Materials, 2014, 26 (4): 1645—1653.

Rahim M A, Kristufek S L, Pan S, et al. Phenolic building blocks for the assembly of functional materials [J]. Angewandte Chemie International Edition, 2018, 58 (7): 1904-1927.

Ross T K, Francis R A. The treatment of rusted steel with mimosa tannin [J]. Corrosion Science, 1978, 18 (4): 351-361.

Russell A E, Shuttleworth S G, Williamswynn D A. Further studies on the mechanism of vegetable tannage: Part Ⅱ effect of urea extraction on hydrothermal stability of leathers tanned with a range of organic tanning agents [J]. Journal of the Society of Leather Trades' Chemists, 1967 (51): 222-229.

Russell A E, Shuttleworth S G, Williamswynn D A. Further studies on the mechanism of vegetable tannage: Part Ⅴ chromatography of vegetable tannins on collagen and cellulose [J]. Journal of the Society of Leather Trades' Chemists, 1968 (52): 459-467.

Ryu H, Lee Y, Kong W H, et al. Catechol-functionalized chitosan/pluronic hydrogels for tissue adhesives and hemostatic materials [J]. Biomacromolecules, 2011, 12 (7): 2653-2659.

Saiz-Poseu J, Mancebo-Aracil J, Nador F, et al. The chemistry behind catechol-based adhesion [J]. Angewandte Chemie International Edition, 2019, 58 (3): 696-714.

Scalbert A. Antimicrobial properties of tannins [J]. Phylochemistry, 1991, 30 (12): 3875-3883.

Shen G, Xing R, Zhang N, et al. Interfacial cohesion and assembly of bioadhesive molecules for design of long term stable hydrophobic nanodrugs toward effective anticancer therapy [J]. Acs Nano, 2016, 10 (6): 5720-5729.

Shi B, He X Q, Haslam E. Gelatin-polyphenol interaction [J]. Journal of the American Leather Chemists Association, 1994 (89): 96-102.

Shin M, Lee H A, Lee M, et al. Targeting protein and peptide therapeutics to the heart via tannic acid modification [J]. Nature Biomedical Engineering, 2018 (2): 304-317.

Shutava T, Prouty M, Kommireddy D, et al. pH responsive decomposable layer-by-layer nanofilms and capsules on the basis of tannic acid [J]. Macromolecules, 2005, 38 (7): 2850-2858.

Shuttleworth S G, Russell A E, Williamswynn D A. Further studies on the mechanism of vegetable tannage Part Ⅰ experiments on wattle tanned leather [J]. Journal of the Society of Leather Trades' Chemists, 1967, 51 (4): 134-143.

Shuttleworth S G, Russell A E, Williamswynn D A. Further studies on the mechanism of vegetable tannage: Part Ⅵ general conclusions [J]. Journal of the Society of Leather Trades' Chemists, 1968, 52 (4): 486-491.

Sileika T S, Barrett D G, Zhang R, et al. Colorless multifunctional coatings inspired by polyphenols found in tea, chocolate, and wine [J]. Angewandte Chemie International Edition, 2013, 52 (41): 10766-10770.

Slabbert N R. Mimosa-Al tannages: An alternative to chrome tanning [J]. Journal of the American Leather Chemists Association, 1981 (76): 231.

Song X R, Li S H, Dai J, et al. Polyphenol-inspired facile construction of smart assemblies for ATP- and pH-responsive tumor MR/optical imaging and photothermal therapy [J]. Small, 2017, 13 (20): 1603997.

Sun J, Su C, Zhang X, et al. Responsive complex capsules prepared with polymerization of dopamine, hydrogen-bonding assembly, and catechol dismutation [J]. Journal of Colloid & Interface Science,

2018，513（14）：470－479.

Sykes R L，Hancock R A，Rszulik S T. Tannage with aluminum salts，Part Ⅱ chemical basis of the reactions with polyphenols [J]. Journal of the Society of Leather Technologists and Chemists，1980（64）:32.

Takemoto Y，Ajiro H，Akashi M. Hydrogen－bonded multilayer films based on poly(N－vinylamide) derivatives and tannic acid [J]. Langmuir，2015，31（24）：6863－6869.

Temmink J H M，Field J A，Haastrecht J C V，et al. Acute and sub－acute toxicity of bark tannins in carp（cyprinus carpio L）[J]. Water Research，1989，23（3）：341－344.

Vasantha R，Rao K P，Joseph K T. Synthesis and characterization of vegetable tanninvinyl graft copolymers Part Ⅱ cutchpoly（methyl acrylate）graft copolymers [J]. Journal of Applied Polymer Science，1987（33）：2271－80.

Wang C，Sang H，Wang Y，et al. Foe to friend：Supramolecular nanomedicines consisting of natural polyphenols and bortezomib [J]. Nano Letters，2018，18（11）：7045－7051.

Wang D，Wang T，Yu H，et al. Engineering nanoparticles to locally activate T cells in the tumor microenvironment [J]. Science Immunology，2019，4（37）：6584.

Wang R，Liao X，Shi B，et al. Adsorption behaviors of Pt（Ⅱ）and Pd（Ⅱ）on collagen fiber immobilized bayberry tannin [J]. Industrial & Engineering Chemistry Research，2005，44（12）：4221－4226.

Wang X，Li X，Liang X，et al. ROS－responsive capsules engineered from green tea polyphenol－metal networks for anticancer drug delivery [J]. Journal of Materials Chemistry B，2018，6（7）：1000－1010.

Wang Y K. Executive migration and international mergers and acquisitions [J]. International Business Review，2019，28（2）：284－293.

Wang Y，Wu Y，Ke L，et al. Ultralong circulating lollipop－like nanoparticles assembled with gossypol，doxorubicin，and polydopamine via $\pi-\pi$ stacking for synergistic tumor therapy [J]. Advanced Functional Materials，2019，29（1）：1805582.

Xiao L，Mertens M，Wortmann L，et al. Enhanced in vitro and in vivo cellular imaging with green tea coated water－soluble iron oxide nanocrystals [J]. Acs Applied Materials & Interfaces，2015，7（12）:6530－6540.

Yan F，Gonuguntla S，Soh S，et al. Universal nature－inspired coatings for preparing noncharging surfaces [J]. ACS Applied Materials & Interfaces，2017，9（37）：32220－32226.

Yang D，Dai Y，Liu J，et al. Ultra－small $BaGdF_5$－based upconversion nanoparticles as drug carriers and multimodal imaging probes [J]. Biomaterials，2014，35（6）：2011－2023.

You X，Wu H，Zhang R，et al. Metal－coordinated sub－10nm membranes for water purification [J]. Nature Communications，2019（10）：4160.

Zeng Y，Sun Z，Chen G，et al. Size－controlled，colloidally stable and functional nanoparticles based on the molecular assembly of green tea polyphenols and keratins for cancer therapy [J]. Journal of Materials Chemistry B，2018，6（9）：1373－1386.

Zhong Q，Li S，Chen J，et al. Oxidation－mediated kinetic strategies for engineering metal－phenolic networks [J]. Angewandte Chemie International Edition，2019，131（36）：12693－12698.

谌凡更，候玲. 改性橡碗栲胶高温堵剂的制备 [J]. 西安石油学院学报，1990，5（1）：67－73.

大连轻工业学院. 酿造酒工艺学 [M]. 北京：轻工业出版社，1982.

邓义宝. 论医学影像技术与医学影像诊断的关系 [J]. 中国伤残医学，2013 (11)：479－480.

高婷婷，常丹，刘凤岐，等. 有机复合水凝胶的研究进展 [J]. 功能材料，2016，47 (1)：72－77.

惠晓霞. 油田化学基础 [M]. 北京：石油工业出版社，1988.

雷学军，陈方才. 化妆品中常用中草药的作用及有效成分的分类提取方法 [J]. 日用化学工业，1990 (3):21－27.

李永刚，肖锦. 水处理剂阻垢性质研究 [J]. 工业水处理，1994 (6)：18－20.

廖孟杨. 核磁共振成像技术 [M]. 武汉：武汉大学出版社，1994.

刘光远，王喜军. 落叶松栲胶改性酚醛树脂应用研究 [J]. 林业科学，1995，31 (6)：565－569.

罗艺，陈岳宁. 工业锅炉水垢类型及化学清洗对策 [J]. 清洗世界，1996，12 (4)：19－23.

马卡姆. 黄烷类化合物结构鉴定技术 [M]. 北京：科学出版社，1990.

马荣骏. 工业废水的治理 [M]. 长沙：中南工业大学出版社，1991.

南京林产工业学院. 栲胶生产工艺学 [M]. 北京：中国林业出版社，1985.

秦小玲，刘艳红. 植物单宁在水处理中的研究与应用 [J]. 工业水处理，2006，26 (3)：8－11.

裘炳毅. 生物技术制剂及其在化妆品的应用——（六）各类生物技术制剂在化妆品的应用 [J]. 日用化学工业，1996 (4)：43－46.

石碧，范浩军，何有节，等. 有机鞣法生产高湿热稳定性轻革 [J]. 中国皮革，1996 (6)：3－9.

石碧，何先祺，张敦信，等. 水解类植物鞣质性质及其与蛋白质反应的研究——Ⅱ：水解类鞣质在水和中性盐溶液中的疏水性研究 [J]. 皮革科学与工程，1993，3 (3)：23－27.

石碧，何先祺，张敦信，等. 水解类植物鞣质性质及其与蛋白质反应的研究——Ⅲ：有机酸对植物鞣质亲水性的影响 [J]. 皮革科学与工程，1993 (4)：7－10.

石碧，何先祺，张敦信，等. 水解类植物鞣质性质及其与蛋白质反应的研究——Ⅳ：植物鞣质与氨基酸的反应 [J]. 皮革科学与工程，1994，4 (1)：18－21.

石碧，何先祺，张敦信. 植物鞣质与胶原的反应机理研究 [J]. 中国皮革，1993 (8)：26－31.

石碧，何先祺. 植鞣过程中栲胶沉淀及原因研究（Ⅱ）：电解质对栲胶沉淀量影响规律的研究 [J]. 成都科技大学学报，1989 (1)：1－5.

石碧. 植物多酚 [M]. 北京：科学出版社，2000.

孙达旺，赵祖春，罗庆云，等. 落叶松树皮单宁组分的研究（凝缩类单宁组分研究之一）[J]. 林产化学与工业，1986 (4)：2－8.

孙达旺. 植物单宁化学 [M]. 北京：中国林业出版社，1992.

唐刚华. PET 分子影像学研究进展 [J]. 核技术，2004，27 (6)：456－460.

王丹. 基于荧光纳米粒子的一些生物功能成像研究 [D]. 杭州：浙江大学，2013.

王小泉，马宝岐. 调整蒸汽注入剖面用的高温堵剂 [J]. 油田化学，1991，8 (1)：74－78.

魏少敏. 皮肤衰老和抗衰老研究与化妆品的科研开发对策 [J]. 日用化学品科学，1997 (3)：30－35.

肖纪美. 腐蚀总论——材料的腐蚀及其控制方法 [M]. 北京：化学工业出版社，1994.

肖尊琰. 栲胶在皮革生产中应用现状及其发展趋势 [J]. 林产化工通讯，1990 (4)：14－19.

徐寿昌. 有机化学 [M]. 北京：高等教育出版社，1993.

徐同台，王奎才. 我国石油钻井泥浆处理剂发展状况与趋势 [J]. 油田化学，12 (1)：74－83.

殷蕾，李斌，蒋人俊，等. 美白添加剂美白效果的评价研究 [J]. 日用化学工业，1997，27 (3)：41－44.

印嘉骏. 芩芦凝胶防晒剂的制备及药效学研究 [J]. 日用化学工业，1997 (5)：16－17.

余雅琳，高菲，杨德坤，等. 植物多酚吸持硫酸铁沉淀法去除猪场粪污废水中氨氮的研究 [J]. 农业环境科学学报，2017，36（11）：2343－2348.
云月．微粒给药系统在体内分布的特点及制剂研究分析［J］．医药前沿，2016，6（22）：370－371.
恽魁宏．有机化学［M］．北京：高等教育出版社，1990.
曾少余，石碧，何有节．无铬少铬鞣生产山羊服装革［J］．中国皮革，1997（5）：3－5.
张文德，石碧．落叶松鞣质组分及结构的研究［J］．中国皮革，1989，18（6）：17－21.
张小龙．拉莫尔进动对磁性的影响［J］．科教文汇，2011（30）：79.
郑东晟．闪速熔炼炉循环冷却水系统在线清洗技术［J］．化学清洗，1997（5）：17－21.
中国林业科学研究院科技情报研究所．国外栲胶技术［M］．北京：中国林业出版社，1981.